高等职业教育『十三五』土建类技能型人才培养规划教材

边做边学——中望CAD 2014 建筑制图立体化实例教程

姜勇 周克媛／主编

工业和信息化高职高专
“十三五”规划教材立项项目

人 民 邮 电 出 版 社
北 京

图书在版编目（CIP）数据

中望CAD 2014建筑制图立体化实例教程 / 姜勇，周克媛主编. -- 北京 : 人民邮电出版社，2020.11
（边做边学）
高等职业教育“十三五”土建类技能型人才培养规划教材
ISBN 978-7-115-44688-6

Ⅰ. ①中… Ⅱ. ①姜… ②周… Ⅲ. ①建筑制图－计算机辅助设计－AutoCAD软件－高等职业教育－教材 Ⅳ. ①TU204

中国版本图书馆CIP数据核字(2017)第008330号

内容提要

本书按照“边做边学”的理念设计框架结构，将理论知识与实践操作交叉融合，重点培养学生的中望 CAD 应用技能，提高其解决实际问题的能力。

全书共 12 章，主要内容包括中望 CAD 建筑版 2014 绘图环境及基本操作，绘制和编辑平面图形，绘制组合体视图及剖视图，书写文字，标注尺寸，查询信息、图块、外部参照及设计工具，中望 CAD 建筑绘图工具，建筑施工图，打印图形，三维建模等。

本书可作为高等职业院校土建类专业的计算机辅助绘图课程教材，也可作为广大工程技术人员及计算机爱好者的自学用书。

◆ 主　　编　姜　勇　周克媛
责任编辑　王丽美
责任印制　王　郁　马振武
◆ 人民邮电出版社出版发行　　北京市丰台区成寿寺路 11 号
邮编　100164　　电子邮件　315@ptpress.com.cn
网址　https://www.ptpress.com.cn
北京隆昌伟业印刷有限公司印刷
◆ 开本：787×1092　1/16
印张：20.5　　2020 年 11 月第 1 版
字数：556 千字　　2020 年 11 月北京第 1 次印刷

定价：65.00 元

读者服务热线：(010)81055256　印装质量热线：(010)81055316
反盗版热线：(010)81055315
广告经营许可证：京东市监广登字 20170147 号

前言 FOREWORD

中望 CAD 建筑版 2014 是基于中望 CAD 平台的优秀建筑设计应用软件，拥有符合建筑设计规范及工程师使用习惯的一系列便捷实用的绘图功能，且与 AutoCAD 保持良好的兼容性。目前，该软件已被广泛应用于建筑、装饰、园林及水利等专业领域。

近年来，随着我国社会经济的迅猛发展，市场上急需一大批懂技术、懂设计、懂软件、会操作的应用型高技能人才。本书是基于目前社会上对 CAD 应用人才的需求和各职业院校开设相关课程的教学需求以及企业中部分技术人员学习 CAD 软件的需求而编写的。

根据新时代对人才的需求，本书按照“边做边学”的理念设计框架结构，每章结构大致按照“课堂实训→软件功能→课堂实战→课后综合演练”这一思路进行编排，思路创新，内容丰富，体现了教学改革的最新理念。

本书突出实用性，注重培养学生的实践能力，具有以下特色。

（1）在充分考虑课程教学内容及特点的基础上组织本书内容及编排方式，通过课堂实训将理论知识形象化展现出来，使之易于理解，以增强学生的学习兴趣，接着将理论知识与上机练习有机结合，便于教师构建“边讲、边练、边学”的教学模式。

（2）在具体内容组织上突出了实用原则，精心选取中望 CAD 建筑版 2014 的一些常用功能、建筑绘图专业工具及与建筑绘图密切相关的知识构成全书主要内容。

（3）本书专门安排一章内容介绍用中望 CAD 建筑版 2014 绘制建筑施工图的方法。通过这部分内容的学习，学生可以了解用中望 CAD 建筑版 2014 绘制建筑图的特点，并掌握一些实用的作图技巧，从而提高解决实际问题的能力。

（4）本书提供“课件”“教学素材”及“视频操作演示”等教学辅助材料，构建立体化教材，方便教师教学与学生学习。

本书编者长期从事 CAD 的应用、开发及教学工作，并且一直跟踪 CAD 技术的发展，对中望 CAD 软件的功能、特点及其应用有较深入的理解和体会。编者对该书的结构体系做了精心安排，力求全面、清晰地介绍用中望 CAD 建筑版 2014 绘制建筑图形的方法与技巧。

全书分为 12 章，主要内容如下。

- 第 1 章：介绍中望 CAD 建筑版 2014 用户界面及一些基本操作。
- 第 2 章：介绍线段、平行线、多线、多段线、圆及圆弧连接的绘制方法。
- 第 3 章：介绍多边形、椭圆等对象的绘制方法及阵列、镜像等编辑方法。
- 第 4 章：介绍样条曲线、点、圆环、面域及填充剖面图案的绘制方法。
- 第 5 章：介绍组合体视图及剖视图的绘制方法。
- 第 6 章：介绍如何书写文字。
- 第 7 章：介绍标注各种类型尺寸的方法。
- 第 8 章：介绍如何查询图形信息及图块、外部参照的用法。
- 第 9 章：介绍中望 CAD 建筑绘图工具的用法。
- 第 10 章：介绍利用中望 CAD 建筑绘图工具绘制建筑施工图的方法和技巧。
- 第 11 章：介绍怎样打印图形。

- 第12章：介绍创建三维实体模型的方法。

本书由姜勇和周克媛主编。参加本书编写工作的还有沈精虎、黄业清、宋一兵、谭雪松、冯辉、计晓明、董彩霞、滕玲、管振起等。

编者

2020年4月

目录 CONTENTS

Chapter 1

第1章 中望 CAD 建筑版 2014 绘图环境及基本操作

通过本章的学习，读者要熟悉中望 CAD 建筑版 2014 的用户界面，并掌握一些基本操作。

【学习目标】

- 了解中望 CAD 建筑版 2014 用户界面的组成。
- 掌握调用中望 CAD 建筑版 2014 命令的方法。
- 掌握选择对象的常用方法。
- 掌握快速缩放、移动图形及全部缩放图形的方法。
- 掌握重复命令和取消已执行的操作的方法。
- 掌握图层、线型及线宽等的设置方法。

1.1 了解用户界面及学习基本操作

本节介绍中望 CAD 建筑版 2014 用户界面的组成，并讲解常用的一些基本操作。

1.1.1 课堂实训——熟悉中望 CAD 建筑版 2014 用户界面

启动中望 CAD 建筑版 2014 后，其用户界面如图 1-1 所示。它主要由菜单浏览器、快速访问工具栏、功能区、屏幕菜单、绘图窗口、命令提示窗口及状态栏等部分组成。

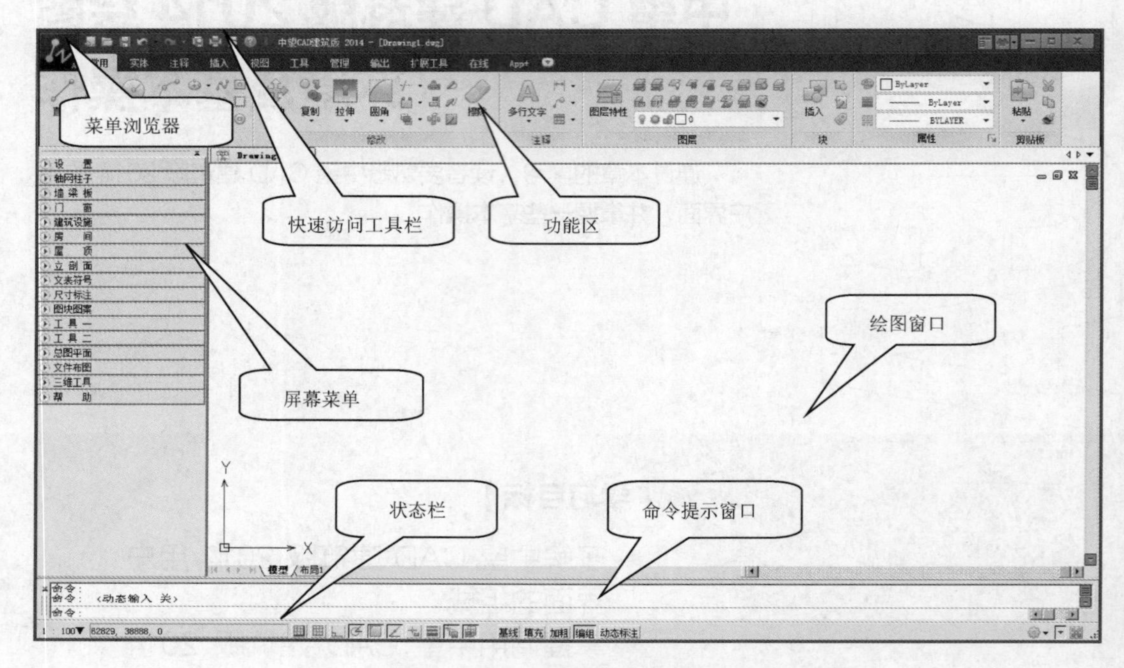

图 1-1 中望 CAD 建筑版 2014 用户界面

下面通过操作练习来熟悉中望 CAD 建筑版 2014 用户界面。

【练习 1-1】：熟悉中望 CAD 建筑版 2014 用户界面。

（1）单击程序窗口左上角的图标，弹出下拉菜单，该菜单包含【新建】【打开】及【保存】等常用选项。单击按钮，显示可打开的所有图形文件；单击按钮，系统显示最近使用的文件。打开文件列表上部的大图像下拉列表，选择【大图像】选项，则显示文件缩略图。将鼠标光标悬停在缩略图上，将显示文件路径信息。

（2）单击【功能区】上部的按钮，收拢功能区，仅显示选项卡的文字标签，再次单击该按钮，又展开功能区。

（3）按住 Ctrl 键后按 F12 键，关闭屏幕菜单，重复操作，又打开屏幕菜单。用鼠标光标按住屏幕菜单的上部，可将其拖动到其他位置。若将其移动到绘图窗口左右边界处，则屏幕菜单将自动固定在绘图窗口中。

（4）用鼠标右键单击屏幕菜单上的选项卡，弹出快捷菜单，该菜单上列出了选项卡中包含的命令选项。用鼠标右键单击屏幕菜单的空白处，利用快捷菜单上的相应命令，可打开或关闭屏幕菜单中某一选项卡的显示。

（5）单击程序窗口右上角的按钮，弹出下拉菜单，该菜单包含了中望CAD建筑版2014的所有的功能选项。

（6）绘图窗口是用户绘图的工作区域，该区域无限大，其左下方有一个表示坐标系的图标，图标中的箭头分别指示 x 轴和 y 轴的正方向。在绘图区域中移动鼠标光标，状态栏上将显示光标点的坐标读数。单击该坐标区可关闭或打开坐标的动态显示。

（7）中望CAD建筑版2014提供了两种绘图环境：模型空间及图纸空间。单击绘图窗口下部的\布局1/按钮，切换到图纸空间。单击\模型/按钮，切换到模型空间。默认情况下，中望CAD建筑版2014的绘图环境是模型空间，用户在这里按实际尺寸绘制二维或三维图形。图纸空间提供了一张虚拟图纸（与手工绘图时的图纸类似），用户可在这张图纸上将模型空间的图样按不同缩放比例布置在图纸上。

（8）中望CAD建筑版2014绘图环境的组成一般称为工作空间，它是工具栏、面板和选项板等的组合。单击状态栏上的按钮，打开下拉菜单，该菜单中的【二维草图与注释】选项被选中，表明现在处于二维草图与注释工作空间。选择该菜单上的【ZWCAD 经典】选项，切换至以前版本的默认工作空间，如图1-2所示，该工作空间显示出主菜单及工具栏。

（9）用鼠标右键单击工具栏，弹出快捷菜单，该菜单上列出了系统提供的所有工具栏。选择其中之一，就打开或关闭它。

（10）命令提示窗口位于中望CAD建筑版2014程序窗口的底部，用户输入的命令、系统的提示信息等都反映在此窗口中。将鼠标光标放在窗口的上边缘，鼠标光标变成双面箭头，按住鼠标左键向上拖动鼠标光标就可以增加命令窗口显示的行数。按F2键将打开命令提示窗口，再次按F2键可关闭此窗口。

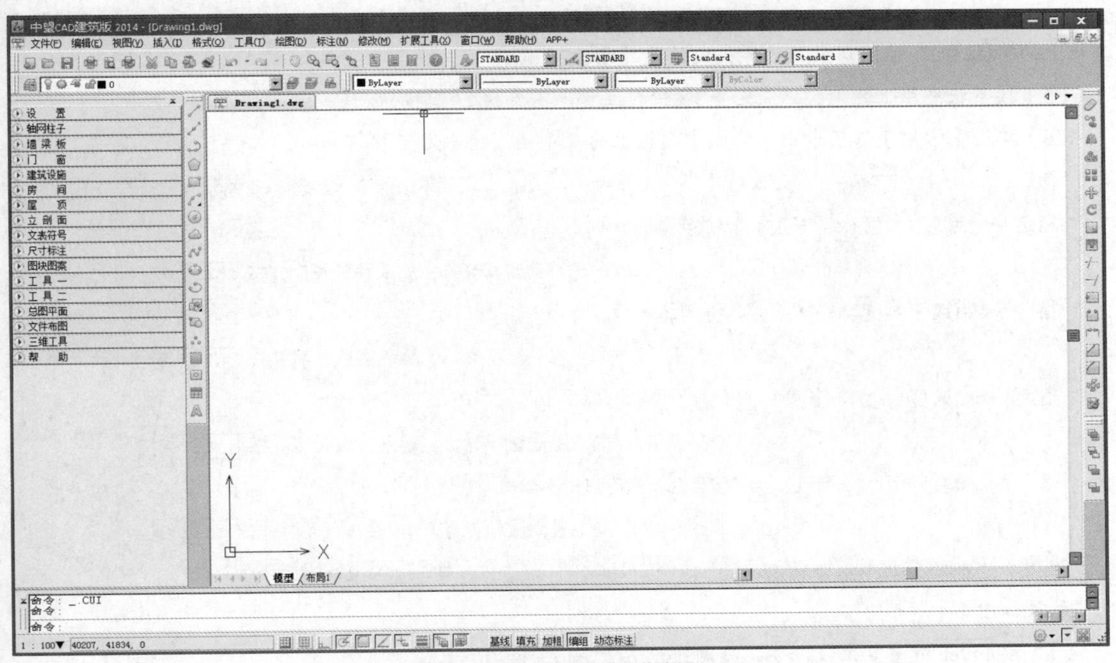

图1-2　ZWCAD经典工作空间

1.1.2　课堂实训——用中望CAD建筑版2014绘图的基本过程

实训的任务：新建文件、启动命令、输入命令参数、重复命令、结束命令及保存文件等。

【练习 1-2】：下面通过一个练习演示用中望 CAD 建筑版 2014 绘制图形的基本过程。

（1）启动中望 CAD 建筑版 2014。

（2）单击状态栏上的 按钮，打开下拉菜单，选择该菜单中的【ZWCAD 经典】选项，切换至中望 CAD 建筑版 2014 经典工作空间。

（3）选择菜单命令【文件】/【新建】，打开【选择样板】对话框，如图 1-3 所示。该对话框中列出了用于创建新图形的样板文件，默认的样板文件是“Arch2d.dwt”。单击 打开(O) 按钮，创建新图形。

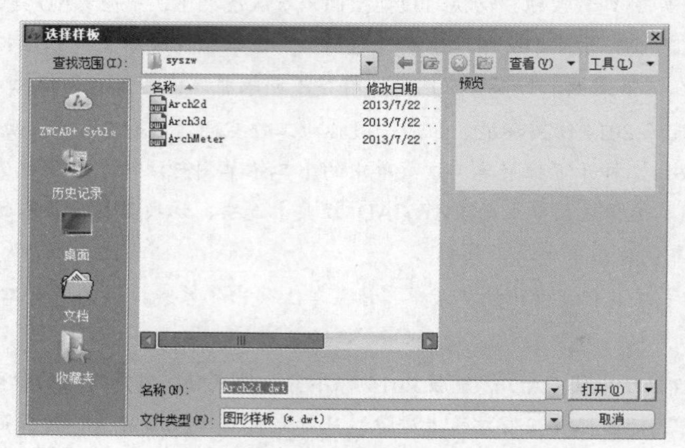

图 1-3 【选择样板】对话框

（4）切换回二维草图与注释工作空间。单击 图标，选择【新建】选项创建新图形(或单击快速访问工具栏上的 按钮)，该图形采用的样板文件是“Arch2d.dwt”。

（5）按下状态栏上的 、 及 按钮。注意，不要按下 按钮。

（6）单击【常用】选项卡中【绘制】面板上的 按钮，系统提示如下。

```
命令: _line 指定第一个点:                          //单击点 A，如图 1-4 所示
指定下一点或 [角度(A)/长度(L)/放弃(U)]:10000
                        //向右移动鼠标光标，输入线段长度并按 Enter 键
指定下一点或 [角度(A)/长度(L)/放弃(U)]:20000
                        //向上移动鼠标光标，输入线段长度并按 Enter 键
指定下一点或[角度(A)/长度(L)/闭合(C)/放弃(U)]:15000
                        //向右移动鼠标光标，输入线段长度并按 Enter 键
指定下一点或[角度(A)/长度(L)/闭合(C)/放弃(U)]:20000
                        //向下移动鼠标光标，输入线段长度并按 Enter 键
指定下一点或[角度(A)/长度(L)/闭合(C)/放弃(U)]:     //按 Enter 键结束命令
```

结果如图 1-4 所示。

（7）按 Enter 键重复画线命令，绘制线段 *BC*，如图 1-5 所示。

（8）单击快速访问工具栏上的 按钮，线段 *BC* 消失，再次单击该按钮，连续折线也消失。单击 按钮，连续折线显示出来，继续单击该按钮，线段 *BC* 也显示出来。

（9）输入画圆命令全称 CIRCLE 或简称 C，系统提示如下。

```
命令: C                                          //输入命令，按Enter键确认
CIRCLE 指定圆的圆心或 [三点(3P)/两点(2P)/切点、切点、半径(T)]:
        //将鼠标光标移动到端点A处，系统自动捕捉该点，再单击鼠标左键确认，如图1-6所示
指定圆的半径或 [直径(D)]: 5000                     //输入圆半径，按Enter键确认
```

结果如图1-6所示。

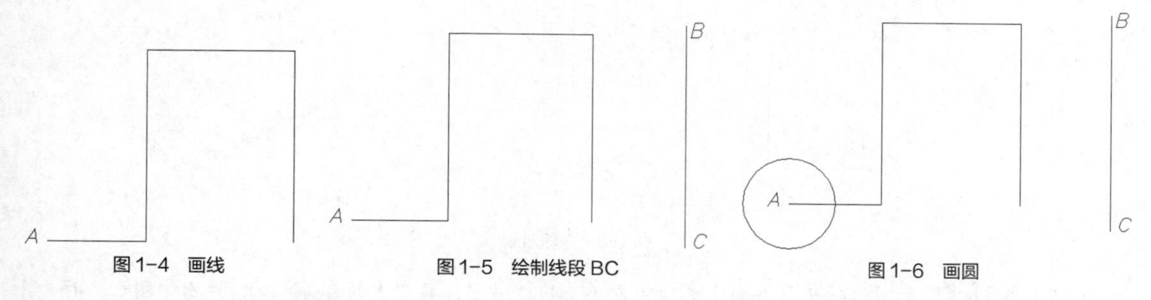

图1-4 画线　　图1-5 绘制线段BC　　图1-6 画圆

（10）前后转动鼠标滚轮，缩放图形。按住滚轮，鼠标光标变成手的形状，向右拖动鼠标光标，直至图形不可见为止。双击滚轮，图形又充满绘图窗口显示出来，如图1-7所示。

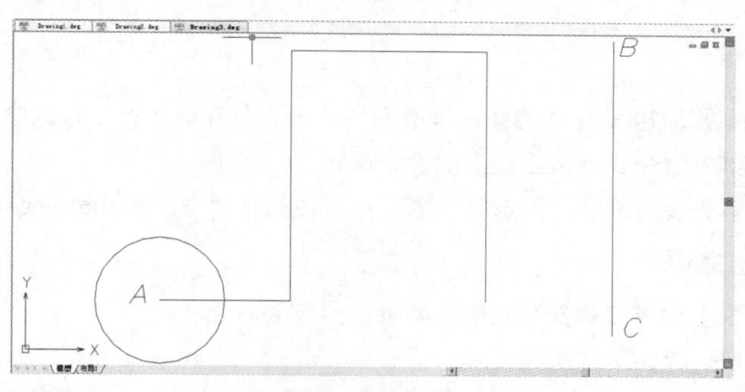

图1-7 全部显示图形

（11）单击【视图】选项卡中【定位】面板上的平移按钮，再单击右键，选择快捷菜单上的【缩放】命令，鼠标光标变成放大镜形状，此时按住鼠标左键向下拖动鼠标光标，缩小图形；向上拖动鼠标光标，放大图形。按Esc键或Enter键退出，也可单击鼠标右键，选择快捷菜单上的【退出】命令退出。该菜单上的【范围缩放】命令可使图形充满整个图形窗口显示。

（12）启动命令Z，按回车键，鼠标光标变成放大镜形状，此时可缩放图形。

（13）启动命令P，鼠标光标变成手的形状，此时可平移图形。单击鼠标右键，选择【窗口缩放】命令，按住鼠标左键并拖动鼠标光标，使矩形框包含图形的一部分，松开鼠标左键，矩形框内的图形被放大。继续单击鼠标右键，选择【回到最初的缩放状态】命令，则又返回原来的显示。

（14）单击【常用】选项卡中【修改】面板上的按钮（删除对象），系统提示如下。

```
命令: _erase
选择对象:                         //单击点A，如图1-8（a）所示
指定对角点: 找到 1 个              //向右下方拖动鼠标光标，出现一个实线矩形窗口
                                  //在点B处单击，矩形窗口内的圆被选中，被选对象变为虚线
选择对象:                         //单击点C
指定对角点: 找到 3 个，总计 4 个    //向左下方拖动鼠标光标，出现一个虚线矩形窗口
```

```
                                      //在点 D 处单击，矩形窗口内及与该窗口相交的所有对象都被选中
选择对象:                              //按 Enter 键删除圆和线段
```

结果如图 1-8（b）所示。

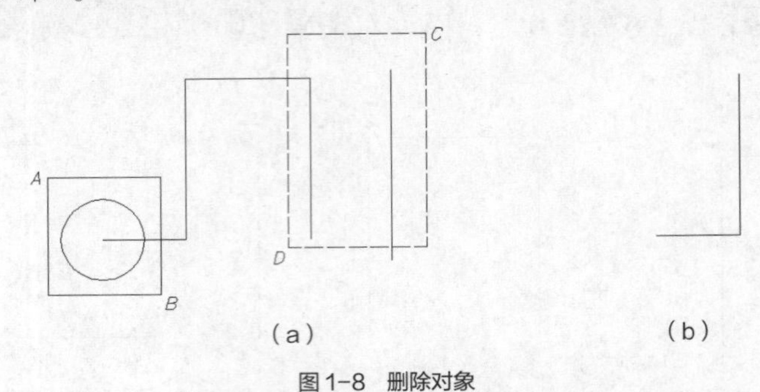

图 1-8　删除对象

（15）单击图标，选择【另存为】选项（或单击快速访问工具栏上的按钮），弹出【图形另存为】对话框，在该对话框的【名称】文本框中输入新文件名。该文件默认类型为“dwg”，若想更改，可在【文件类型】下拉列表中选择其他类型。

1.1.3 调用命令

启动中望 CAD 建筑版 2014 命令的方法一般有两种：一种是在命令行中输入命令全称或简称；另一种是用鼠标光标选择一个菜单命令或单击面板上的命令按钮。

使用编辑命令时，可先发出命令，再选择对象，也可先选择对象，再启动命令。

1. 使用键盘发出命令

在命令行中输入命令全称或简称就可以使系统执行相应的命令。

一个典型的命令执行过程如下。

```
命令: circle                                //输入命令全称 CIRCLE 或简称 C，按 Enter 键或空格键
指定圆的圆心或 [三点(3P)/两点(2P)/ 切点、切点、半径(T)]: 90,100
                                            //输入圆心的 x、y 坐标，按 Enter 键或空格键
指定圆的半径或 [直径(D)] <50>: 70   //输入圆半径，按 Enter 键或空格键
```

（1）方括号“[ ]”中以“/”隔开的内容表示各个选项。一般情况下，单击命令选项就执行相应的功能。此外，也可输入圆括号中的字母启动相应功能（不必按 Enter 键）。输入的字母可以是大写形式，也可以是小写形式。例如，想通过三点画圆，就输入“3P”。

（2）尖括号“<>”中的内容是当前默认值。

中望 CAD 建筑版 2014 的命令执行过程是交互式的。当用户输入命令后，需按 Enter 键或空格键确认，系统才执行该命令，而执行过程中，系统有时要等待用户输入必要的绘图参数，如点的坐标或其他几何数据等，输入完成后，也要按 Enter 键或空格键，系统才能继续执行下一步操作。

要点提示

当使用某一命令时按 F1 键，中望 CAD 建筑版 2014 将显示该命令的帮助信息，也可将鼠标光标在命令按钮上放置片刻，则系统在按钮附近显示该命令的简要提示信息。

2. 利用鼠标发出命令

用鼠标选择主菜单中的命令选项或单击面板上的命令按钮，系统就执行相应的命令。此外，也可在命令启动前或执行过程中，单击鼠标右键，通过快捷菜单中的命令启动相应命令。利用中望CAD建筑版2014绘图时，用户多数情况下是通过鼠标发出命令的。鼠标各按键定义如下。

- 左键：拾取键，用于单击命令按钮及选择菜单选项以发出命令，也可在绘图过程中指定点和选择图形对象等。
- 右键：在命令执行过程中或者是选中对象时，单击鼠标右键将弹出相关快捷菜单。有时可作为回车键使用，命令执行完成后，常单击鼠标右键或是利用快捷菜单上的【确认】命令来结束命令。
- 滚轮：转动滚轮，将放大或缩小图形，默认情况下，缩放增量为10%。按住滚轮并拖曳鼠标光标，则平移图形。双击滚轮，全部缩放图形。

1.1.4 选择对象的常用方法

用户在使用编辑命令时，选择的多个对象将构成一个选择集。系统提供了多种构造选择集的方法。默认情况下，用户可以逐个拾取对象或者利用矩形窗口、交叉窗口一次选取多个对象。

1. 用矩形窗口选择对象

当系统提示选择要编辑的对象时，用户在图形元素的左上角或左下角单击一点，然后向右拖曳鼠标光标，系统显示一个实线矩形窗口，让此窗口完全包含要编辑的图形实体，再单击一点，则矩形窗口中所有对象（不包括与矩形边相交的对象）被选中，被选中的对象将以虚线形式表示出来。

下面通过ERASE命令来演示这种选择方法。

【练习1-3】: 用矩形窗口选择对象。

打开素材文件“dwg\第1章\1-3.dwg”，如图1-9（a）所示，用ERASE命令将其修改为图1-9（b）所示的图形。

```
命令:_erase
选择对象:                        //在点A处单击，如图1-9（a）所示
指定对角点: 找到 6个              //在点B处单击
选择对象:                        //按Enter键结束
```

结果如图1-9（b）所示。

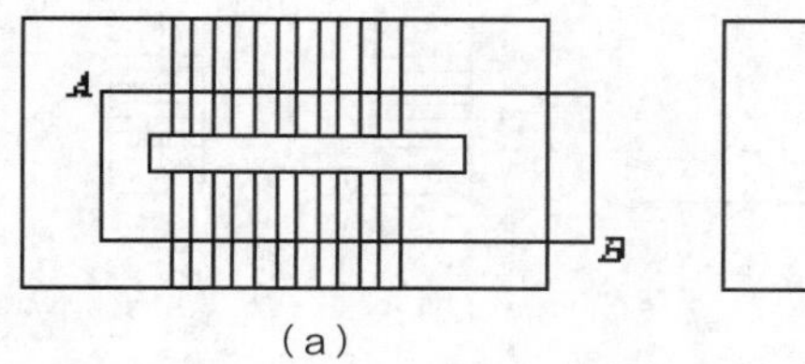

（a）

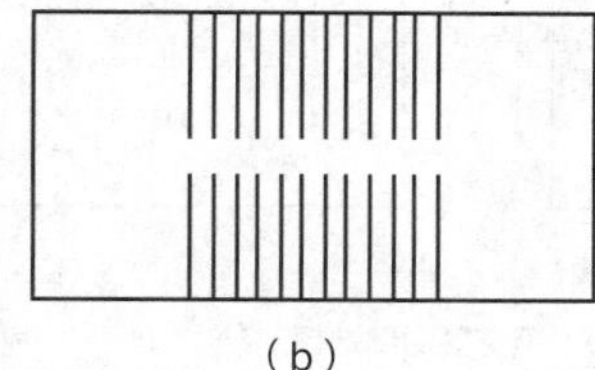

（b）

图1-9　用矩形窗口选择对象

2. 用交叉窗口选择对象

当系统提示“选择对象”时，在要编辑的图形元素右上角或右下角单击一点，然后向左拖曳鼠标光标，此时出现一个虚线矩形框，使该矩形框包含被编辑对象的一部分，而让其余部分与矩形框边相交，再单击一点，则框内的对象和与框边相交的对象全部被选中。

下面通过ERASE命令来演示这种选择方法。

【练习1-4】：用交叉窗口选择对象。

打开素材文件"dwg\第1章\1-4.dwg"，如图1-10（a）所示，用ERASE命令将其修改为图1-10（b）所示的图形。

```
命令：_erase
选择对象：                          //在点C处单击，如图1-10（a）所示
指定对角点：找到 31 个                //在点D处单击
选择对象：                          //按Enter键结束
```

结果如图1-10（b）所示。

3. 给选择集添加或去除对象

编辑过程中，用户构造选择集常常不能一次完成，需向选择集中添加或从选择集中删除对象。在添加对象时，可直接选取或利用矩形窗口、交叉窗口选择要加入的图形元素。若要删除对象，可先按住Shift键，再从选择集中选择要清除的多个图形元素。

下面通过ERASE命令来演示修改选择集的方法。

【练习1-5】：修改选择集。

打开素材文件"dwg\第1章\1-5.dwg"，如图1-11（a）所示。用ERASE命令将其修改为图1-11（b）所示的图形。

```
命令：_erase                          //在点A处单击，如图1-11（a）所示
选择对象：指定对角点：找到 25 个          //在点B处单击
选择对象：找到 1 个，删除 1 个            //按住Shift键，选取线段C，该直线从选择集中去除
选择对象：找到 1 个，删除 1 个            //按住Shift键，选取线段D，该直线从选择集中去除
选择对象：找到 1 个，删除 1 个            //按住Shift键，选取线段E，该直线从选择集中去除
选择对象：                              //按Enter键结束
```

结果如图1-11（b）所示。

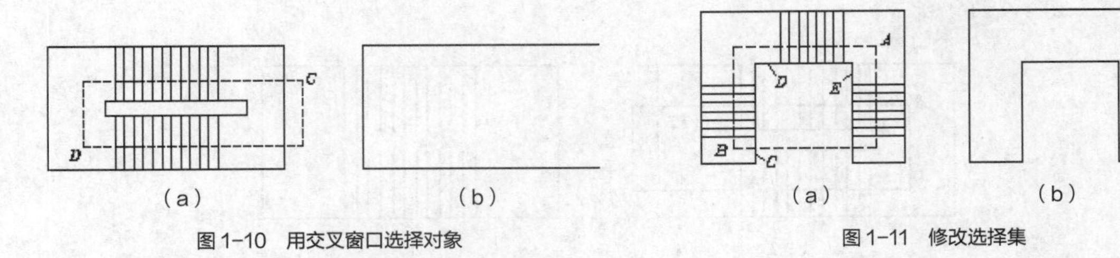

图1-10 用交叉窗口选择对象　　图1-11 修改选择集

1.1.5 删除对象

删除对象的方法如下。

（1）选择对象，单击【修改】面板上的按钮，或者键入命令ERASE（命令简称E）。

（2）选择对象，利用右键快捷菜单的【删除】命令或者按Delete键即可。

（3）发出删除命令，再选择要删除的对象。

1.1.6 撤销和重复命令

发出某个命令后，用户可随时按Esc键终止该命令。此时，系统又返回到命令行。

用户经常遇到的一个情况是在图形区域内偶然选择了图形对象，该对象上出现了一些高亮的小框，这些小框被称为关键点，关键点可用于编辑对象（第4章将详细介绍），要取消这些关键点，按Esc键即可。

在绘图过程中，用户会经常重复使用某个命令，重复刚使用过的命令的方法是直接按Enter键。

1.1.7 取消已执行的操作

用中望CAD建筑版2014绘图时，难免会出现各种各样的错误。要修正这些错误，可使用UNDO命令（命令简称U）或单击快速访问工具栏上的按钮。如果想要取消前面执行的多个操作，可反复使用UNDO命令或反复单击按钮。

当取消一个或多个操作后，若又想恢复原来的效果，可使用REDO命令或单击快速访问工具栏上的按钮。

1.1.8 快速缩放及移动图形

中望CAD建筑版2014的图形缩放及移动功能是很完备的，使用起来也很方便。绘图时，经常通过Z（ZOOM）、P（PAN）命令来完成这两项任务。此外，启动这两个命令后，单击鼠标右键，弹出快捷菜单，该菜单上列出了许多观察图形的命令。

【练习1-6】：观察图形的方法。

（1）打开素材文件“dwg\第1章\1-6.dwg”，如图1-12所示。

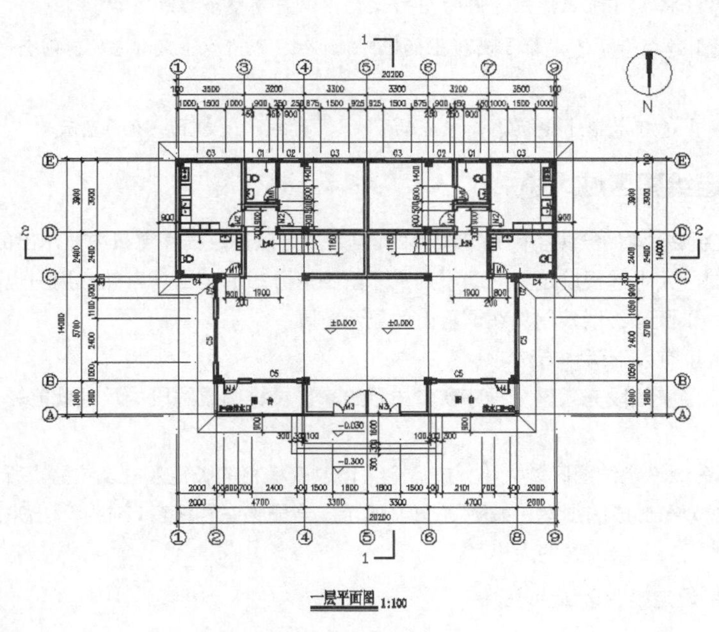

图1-12 观察图形

（2）启动命令Z，按Enter键，中望CAD建筑版2014进入实时缩放状态，鼠标光标变成放大镜形状，此时按住鼠标左键向上拖曳鼠标光标，放大图样，向下拖曳鼠标光标缩小图样。按Esc键或Enter键退出实时缩放状态。也可单击鼠标右键，然后选择快捷菜单上的【退出】命令实现这一操作。

（3）启动命令 P，或者单击【视图】选项卡中【定位】面板上的平移按钮，中望 CAD 建筑版 2014 进入实时平移状态，鼠标光标变成手的形状，此时按住鼠标左键并拖动鼠标，就可以平移视图。单击鼠标右键，打开快捷菜单，然后选择【退出】命令退出。

（4）启动命令 P，单击鼠标右键，选择【缩放】命令，进入实时缩放状态。再次单击鼠标右键，选择【平移】命令，切换到实时平移状态，按 Esc 键或 Enter 键退出。

（5）不要关闭文件，1.1.9 小节将继续练习。

1.1.9 窗口放大图形、全部显示图形及返回上一次的显示

在绘图过程中，用户经常要将图形的局部区域放大，以方便绘图。绘制完成后，又要返回上一次的显示或者将图形全部显示在程序窗口中，以观察绘图效果。利用【缩放】命令中右键快捷菜单的相应命令可方便地实现这 3 项功能。

继续前面的练习。

（1）启动命令 P，单击鼠标右键，选择【缩放】命令，缩小图形。再次单击鼠标右键，选择【范围缩放】命令，使图形充满绘图窗口显示。

（2）单击鼠标右键，选择【窗口缩放】命令，按住鼠标左键拖出一个矩形窗口，松开鼠标左键，中望 CAD 建筑版 2014 把矩形内的图形放大，以充满整个程序窗口。

（3）单击鼠标右键，选择【回到最初的缩放状态】命令，返回上一步缩放时的显示。

（4）退出缩放状态。单击【视图】选项卡中【定位】面板上的窗口按钮，指定矩形窗口的第一个角点，再指定另一角点，系统将尽可能地把矩形内的图形放大，以充满整个程序窗口。

（5）单击【视图】选项卡中【定位】面板上的范围按钮，或者双击鼠标滚轮，则全部图形充满整个程序窗口显示出来。

（6）单击【视图】选项卡中【定位】面板上的上一个按钮，返回上一次的显示。

1.1.10 设定绘图区域大小

中望 CAD 建筑版 2014 的绘图空间是无限大的，但用户可以设定程序窗口中显示出的绘图区域的大小。作图时，事先对绘图区大小进行设定将有助于用户了解图形分布的范围。当然，用户也可在绘图过程中随时缩放（使用 Z 命令）图形，以控制其在屏幕上的显示范围。

设定绘图区域大小有以下两种方法。

（1）将一个圆或竖直线段充满整个程序窗口显示出来，依据圆或线段的尺寸就能轻易地估计出当前绘图区的大小了。

（2）用 LIMITS 命令设定绘图区域大小，该命令可以改变栅格的长宽尺寸及位置。所谓栅格是点在矩形区域中按行、列形式分布形成的图案，如图 1-14 所示。当栅格在程序窗口中显示出来后，用户就可根据栅格分布的范围估算出当前绘图区的大小了。

【练习 1-7】：设定绘图区域大小。

（1）单击【常用】选项卡中【绘制】面板上的按钮，系统提示如下。

```
命令：_circle 指定圆的圆心或 [三点(3P)/两点(2P)/ 切点、切点、半径(T)]:
                                        //在屏幕的适当位置单击一点
指定圆的半径或 [直径(D)]: 5000          //输入圆半径
```

（2）双击鼠标滚轮，直径为ϕ10000的圆就充满整个绘图窗口显示出来了，如图1-13所示。此时，绘图窗口高度为10000个图形单位。

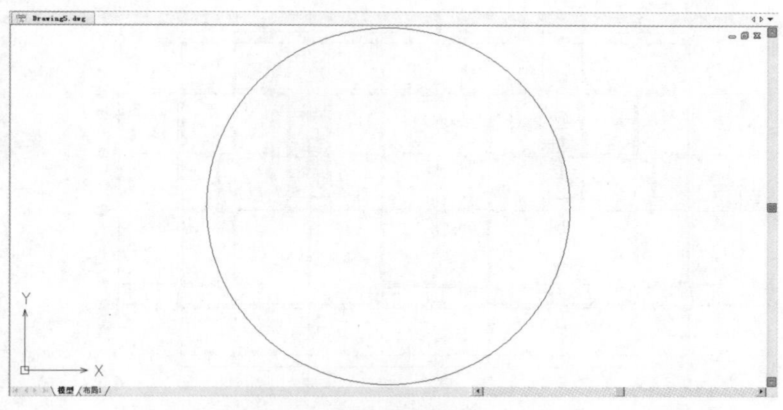

图1-13 设定绘图区域大小

【练习1-8】：用LIMITS命令设定绘图区域大小。

（1）单击绘图窗口右上角的按钮，选择菜单命令【格式】/【图形界限】，系统提示如下。

```
命令: _limits
指定左下角点或 [开(ON)/关(OFF)] <0,0>:
                    //单击点A，或者输入点的x、y坐标值，如图1-14所示
指定右上角点 < <36000,27000>>: @30000,20000
                    //输入点B相对于点A的坐标，按Enter键（在2.1.2小节中将介绍相对坐标）
```

（2）若想查看已设定的绘图区域范围，可单击状态栏上的按钮，打开栅格显示。用鼠标右键单击按钮，选择【设置】命令，打开【草图设置】对话框，设定栅格沿x、y轴的间距为“500”。

（3）双击鼠标滚轮，使矩形栅格充满整个程序窗口，该栅格的长宽尺寸为30000×20000，如图1-14所示。

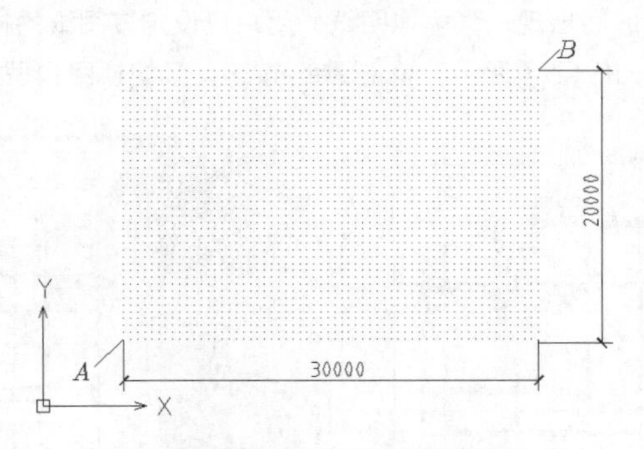

图1-14 用LIMITS命令设定绘图区域大小

1.1.11 在多个文件间切换

中望CAD建筑版2014是一个多文档环境，用户可同时打开多个图形文件，如图1-15所示。系统在绘图窗口的上部排列出所有打开图形的标签，单击其中之一，就切换到相应文件。用鼠标右键单击标签，弹出快捷菜单，利用此菜单可保存或关闭文件。

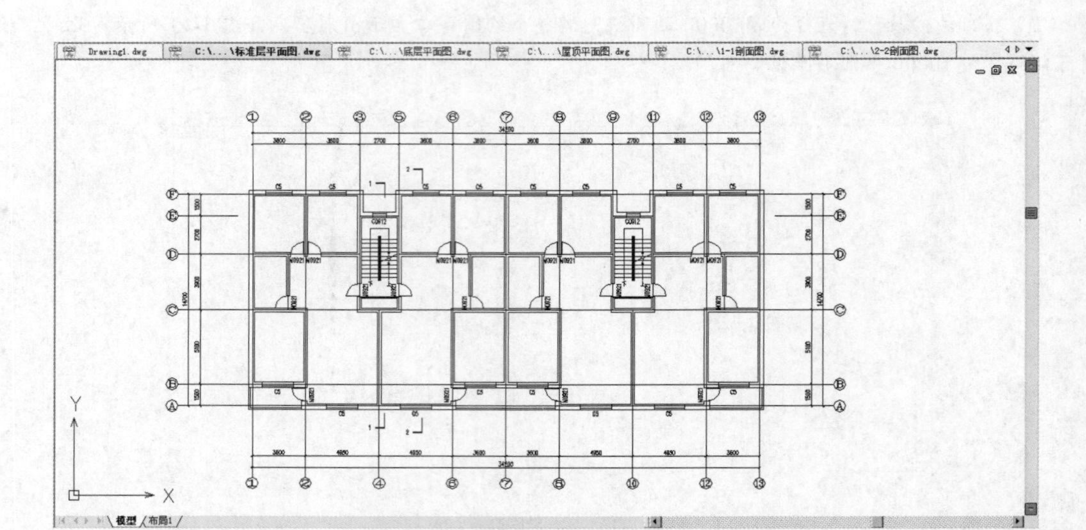

图 1-15　在文件间切换

打开多个图形文件后，可利用【视图】选项卡中【窗口】面板上的相关命令按钮控制多个文件在绘图窗口中的分布形式。例如，可将它们以层叠、水平或竖直排列等形式布置在主窗口中。

多文档设计环境具有 Windows 窗口的剪切、复制和粘贴等功能，利用【常用】选项卡中【剪贴板】面板上的命令按钮或者通过右键快捷菜单上的相关命令可以方便地在各个图形文件间复制、移动对象。如果考虑到复制的对象需要在其他的图形中准确定位，则还可在复制对象的同时指定基准点，这样在执行粘贴操作时就可根据基准点将图元复制到正确的位置。

1.1.12　在模型空间及图纸空间切换

中望 CAD 建筑版 2014 提供了两种绘图环境：模型空间及图纸空间。默认情况下，系统的绘图环境是模型空间，用户在这里按实际尺寸绘制二维或三维图形，如图 1-16（a）所示。单击绘图窗口底部的\布局1/按钮，切换到图纸空间，图形区将出现一张虚拟图纸，用户可设定该图纸的幅面，并能将模型空间中的图形布置在虚拟图纸上，如图 1-16（b）所示。单击\模型/按钮，又切换回模型空间。

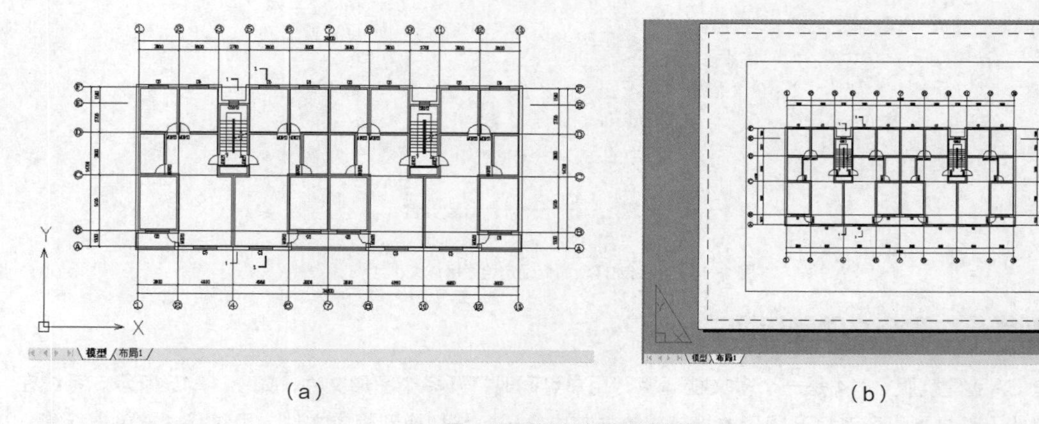

（a）　（b）

图 1-16　模型空间及图纸空间

1.1.13 上机练习——布置用户界面及设定绘图区域大小

【练习1-9】: 布置用户界面，练习中望CAD建筑版2014的基本操作。

（1）启动中望CAD建筑版2014，单击【功能区】上部的按钮，收拢功能区。按住Ctrl键后按F12键，关闭屏幕菜单，重复操作，又打开屏幕菜单。用鼠标光标按住屏幕菜单的上部，将其拖动到绘图窗口右边界处固定，如图1-17所示。

（2）单击状态栏上的按钮，选择下拉菜单中的【ZWCAD经典】选项，切换至中望CAD建筑版2014经典工作空间。

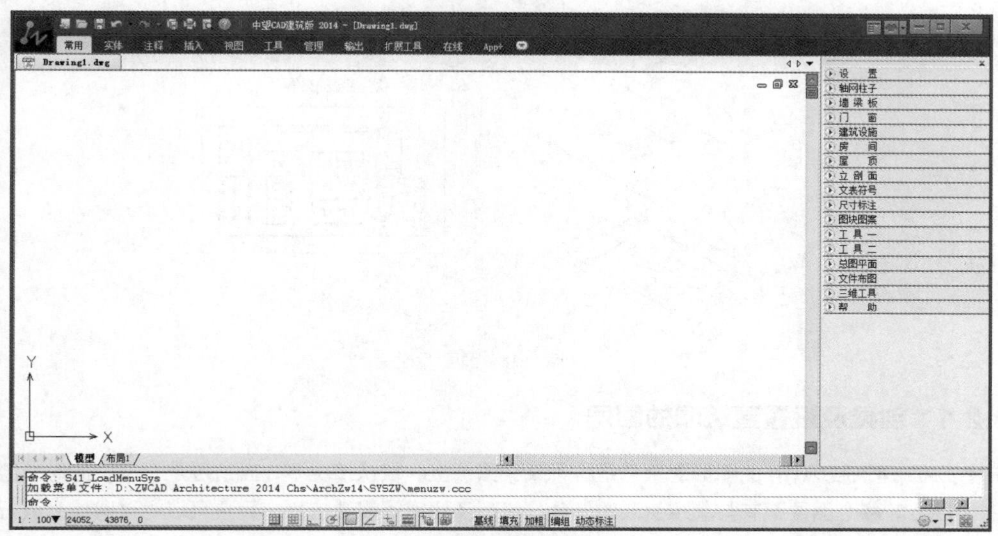

图1-17 布置用户界面

（3）利用中望CAD建筑版2014提供的样板文件“Arch2d.dwt”创建新文件。

（4）设定绘图区域的大小为1500×1200，设置栅格沿x、y轴的间距为100，并显示出绘图区域范围内的栅格。双击鼠标滚轮，使栅格充满整个图形窗口。

（5）切换回二维草图与注释工作空间，并展开【功能区】面板。单击【绘制】面板上的按钮，系统提示如下。

```
命令: _circle 指定圆的圆心或 [三点(3P)/两点(2P)/ 切点、切点、半径(T)]:
                                            //在屏幕上单击一点
指定圆的半径或 [直径(D)] <30.0>: 1             //输入圆半径
命令: CIRCLE                                 //按Enter键重复上一个命令
指定圆的圆心或 [三点(3P)/两点(2P)/相切、相切、半径(T)]: *取消*
                                            //按Esc键取消命令
```

（6）双击鼠标滚轮，使圆充满整个绘图窗口。

（7）单击程序窗口左上角的图标，弹出下拉菜单，单击【选项】，打开【选项】对话框，在【显示】选项卡的【圆弧和圆的平滑度】文本框中输入“10000”。

（8）启动命令P，平移图形。单击鼠标右键，选择【缩放】命令，缩放图形。

（9）以文件名“User.dwg”保存图形。

1.2 设置图层、线型、线宽及颜色

中望 CAD 建筑版 2014 图层是透明的电子图纸，用户把各种类型的图形元素绘制在这些电子图纸上，系统将它们叠加在一起显示出来。如图 1-18 所示，在图层 *A* 上绘制了建筑物的墙体，图层 *B* 上绘制了室内家具，图层 *C* 上绘制了建筑物内的电器设施，最终显示的结果是各图层叠加的效果。

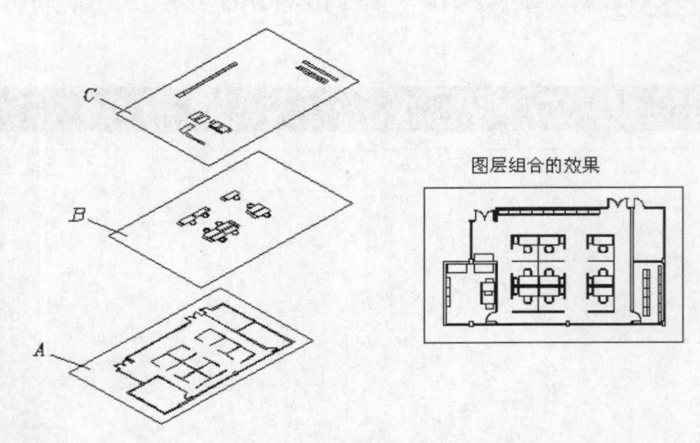

图 1-18 图层

1.2.1 创建及设置建筑图的图层

中望 CAD 建筑版 2014 的图形对象总是位于某个图层上。默认情况下，当前层是 0 层，此时所绘图形对象在 0 层上。每个图层都有与其相关联的颜色、线型及线宽等属性信息，用户可以对这些信息进行设定或修改。

【练习 1-10】：创建以下图层并设置图层线型、线宽及颜色。

名称	颜色	线型	线宽
建筑-轴线	蓝色	Center	默认
建筑-柱网	白色	Continuous	默认
建筑-墙体	白色	Continuous	0.7
建筑-门窗	红色	Continuous	默认
建筑-楼梯	红色	Continuous	默认
建筑-阳台	红色	Continuous	默认
建筑-文字	白色	Continuous	默认
建筑-标注	白色	Continuous	默认

（1）单击【常用】选项卡中【图层】面板上的按钮，打开【图层特性管理器】对话框，再单击按钮，列表框显示出名称为“图层 1”的图层，直接输入“建筑-轴线”，按 Enter 键结束。

（2）继续创建其他图层，总共新建 8 个图层，结果如图 1-19 所示。图层“0”前有绿色标记“√”，表示该图层是当前层。

（3）指定图层颜色。选中“建筑-门窗”，单击与所选图层关联的图标■ white，打开【选择颜色】对话框，选择红色，如图 1-20 所示。再设置其他图层的颜色。

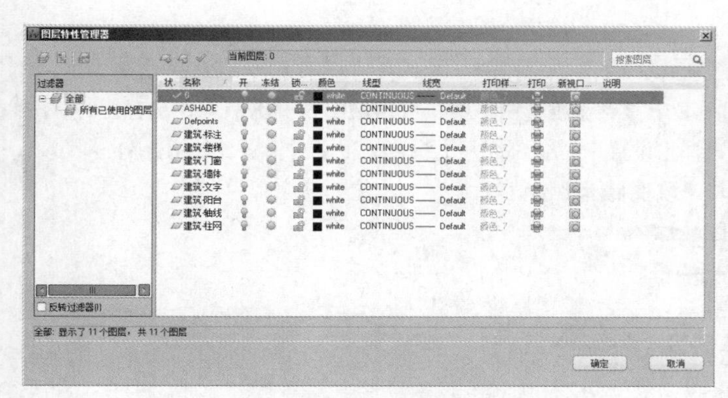
图1-19　创建图层

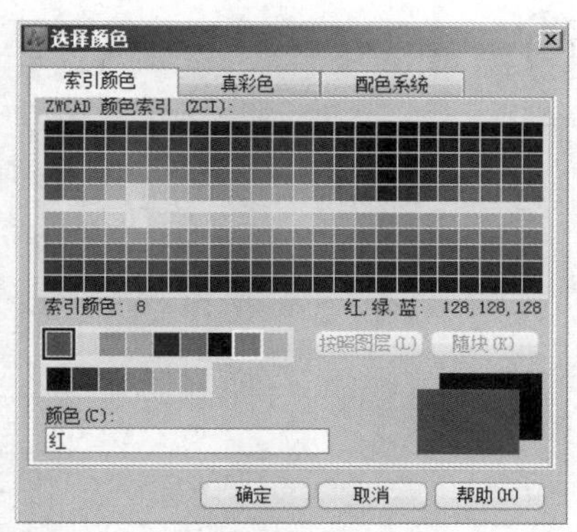

图1-20　【选择颜色】对话框

（4）给图层分配线型。默认情况下，图层线型是“CONTINUOUS”。选中“建筑-轴线”，单击与所选图层关联的“CONTINUOUS”，打开【选择线型】对话框，如图1-21所示，通过此对话框用户可以选择一种线型或从线型库文件中加载更多线型。

（5）单击 加载(L)... 按钮，打开【加载或重载线型】对话框，如图1-22所示。选择线型“04b1”和“02b035”，再单击 确定 按钮，这些线型就被加载到系统中。当前线型库文件是“ZWCAD.lin”，单击 文件(F)... 按钮，可选择其他的线型库文件。

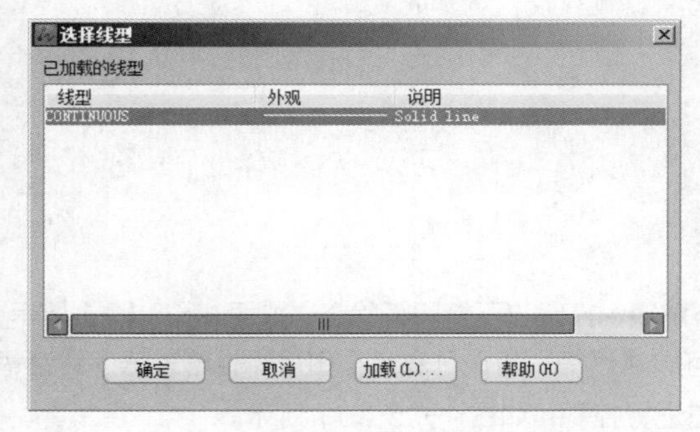

图1-21　【选择线型】对话框

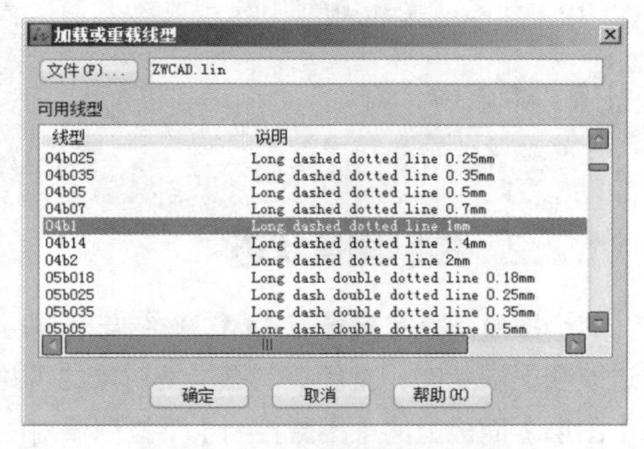

图1-22　【加载或重载线型】对话框

（6）返回【选择线型】对话框，选择“04b1”，单击 确定 按钮，该线型就分配给“建筑-轴线”。

（7）设定线宽。选中“建筑-墙线”，单击与所选图层关联的图标—— Default，打开【线宽】对话框，指定线宽为“0.7mm”，如图1-23所示。

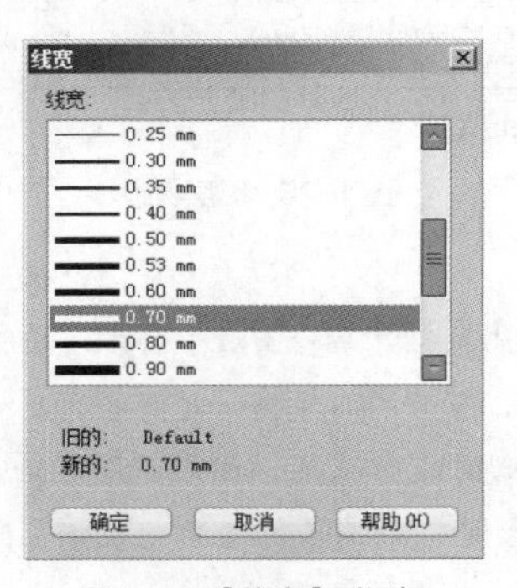

图1-23　【线宽】对话框

要点提示

如果要使图形对象的线宽在模型空间中显示得更宽或更窄一些，可以调整线宽比例。在状态栏的按钮上单击鼠标右键，弹出快捷菜单，选择【设置】命令，打开【线宽设置】对话框，如图 1-24 所示，在【调整显示比例】分组框中移动滑块来改变显示比例值。

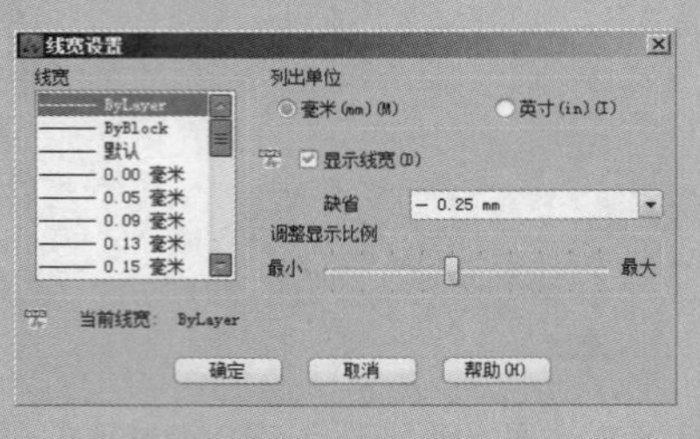

图 1-24 【线宽设置】对话框

（8）指定当前层。选中“建筑-墙线”，单击按钮，图层前出现绿色标记“√”，说明“建筑-墙线”变为当前层。

（9）关闭【图层特性管理器】对话框，单击【绘制】面板上的按钮，绘制任意几条线段，这些线条的颜色为黑色，线宽为 0.7mm。单击状态栏上的按钮，这些线条就显示出线宽。

（10）设定“建筑-轴线”或“建筑-门窗”为当前层，绘制线段，观察效果。

要点提示

中心线及虚线中的短画线及空格大小可通过线型全局比例因子（LTSCALE）调整，详见 1.2.4 小节。

1.2.2 控制图层状态

每个图层都具有打开与关闭、冻结与解冻、锁定与解锁、打印与不打印等状态，如图 1-25（a）所示，通过改变图层状态，就能控制图层上对象的可见性及可编辑性等。用户可利用【图层特性管理器】对话框或【图层】面板上的【图层控制】下拉列表对图层状态进行控制，如图 1-25（b）所示。

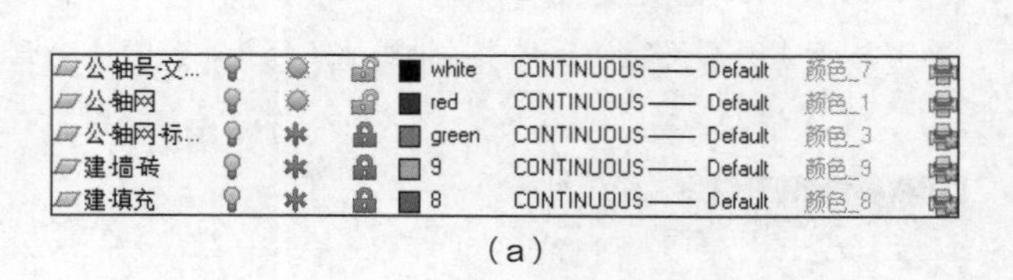

（a）

（b）

图 1-25 图层状态

下面对图层状态作简要说明。

- 打开/关闭：单击图标，将关闭或打开某一图层。打开的图层是可见的，而关闭的图层不可见，也不能被打印。当图形重新生成时，被关闭的层将一起被生成。
- 解冻/冻结：单击图标，将冻结或解冻某一图层。解冻的图层是可见的，冻结的图层不可见，也不能被打印。当重新生成图形时，系统不再重新生成该层上的对象，因而冻结一些图层后，可以加快许多操作的速度。

- 解锁/锁定：单击图标，将锁定或解锁图层。被锁定的图层是可见的，但图层上的对象不能被编辑。
- 打印/不打印：单击图标，就可设定图层是否被打印。

也可以利用【图层】面板上的各种按钮来修改图层状态，该面板上常用按钮的功能如表1-1所示。

表1-1　【图层】面板中按钮的功能

按　钮	功　能
	将所选对象所在图层隔离，仅显示隔离的图层
	取消图层隔离
	关闭、冻结或锁定选定对象所在的图层
	解锁选定对象所在的图层
	打开或解冻所有图层
	打开【图层浏览器】对话框，在该对话框中显示图层上对象的缩略图，并可对图层状态进行设置
	打开【图层浏览】对话框，选择一个图层，则绘图窗口中仅显示出该层上的对象
	将选定对象所在的图层设置为当前图层
	将所选对象移至当前层
	更改选定对象所在的图层，使之与目标图层相匹配

1.2.3　修改对象图层、颜色、线型和线宽

用户通过【常用】选项卡中【属性】面板上的【颜色】【线型】和【线宽】下拉列表可以方便地修改或设置对象的颜色、线型及线宽等属性，如图1-26所示。默认情况下，这3个列表框中显示"Bylayer"，意思是所绘对象的颜色、线型及线宽等属性与当前层所设定的完全相同。

当要设置即将绘制的对象的颜色、线型及线宽等属性时，可直接在【颜色】【线型】和【线宽】下拉列表中选择相应的选项。

若要修改已有对象的颜色、线型及线宽等属性，可先选择对象，然后在【颜色】【线型】和【线宽】下拉列表中选择新的颜色、线型及线宽。

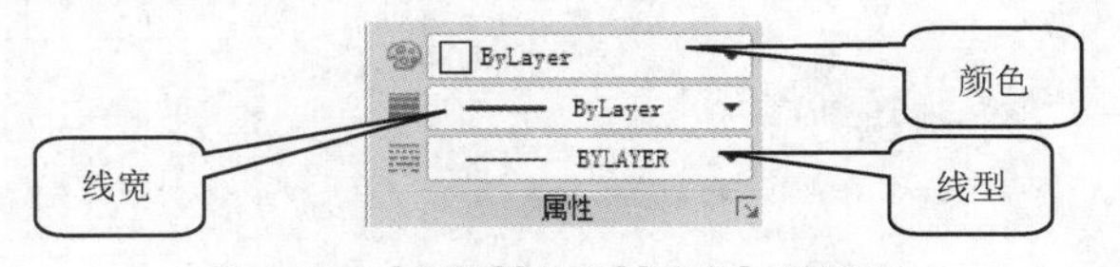

图1-26　【颜色】【线型】【线宽】下拉列表

【练习1-11】：控制图层状态、切换图层、修改对象所在的图层及改变对象线型和线宽。

（1）打开素材文件"dwg\第1章\1-11.dwg"。

（2）打开【图层】面板中的【图层】下拉列表，选择"PUB_WALL"层，则该层成为当前层。

（3）打开【图层】下拉列表，单击"PUB_DIM"层前面的图标，然后将鼠标光标移出下拉列表并单击一点，关闭该图层，则层上的对象变为不可见。

（4）打开【图层】下拉列表，单击"WALL"层及"HATCH"层前面的图标，然后将鼠标光标移出下拉列表并单击一点，冻结这两个图层，则层上的对象变为不可见。

（5）选中所有黄色线条，则【图层】下拉列表显示这些线条所在的图层"WINDOW_TEXT"。在该列表中选择"WINDOW"层，操作结束后，列表框自动关闭，被选对象转移到中心线层上。

（6）展开【图层】下拉列表，单击"PUB_DIM"层前面的图标，再单击"WALL"层及"HATCH"

层前面的*图标，打开这些图层，则3个图层上的对象变为可见。

（7）选中所有图形对象，打开【属性】面板上的【颜色】下拉列表，从列表中选择蓝色，则所有对象变为蓝色。改变对象线型及线宽的方法与修改对象颜色类似。

1.2.4 修改非连续线的外观

非连续线是由短横线、空格等构成的重复图案，图案中的短线长度、空格大小由线型比例控制。用户绘图时常会遇到这样一种情况：本来想画虚线或点画线，但最终绘制出的线型看上去却和连续线一样，出现这种现象的原因是线型比例设置得太大或太小。

LTSCALE是控制线型外观的全局比例因子，它将影响图样中所有非连续线型的外观，其值增加时，将使非连续线中短横线及空格加长，否则，会使它们缩短。图1-27所示为使用不同比例因子时虚线及点画线的外观。

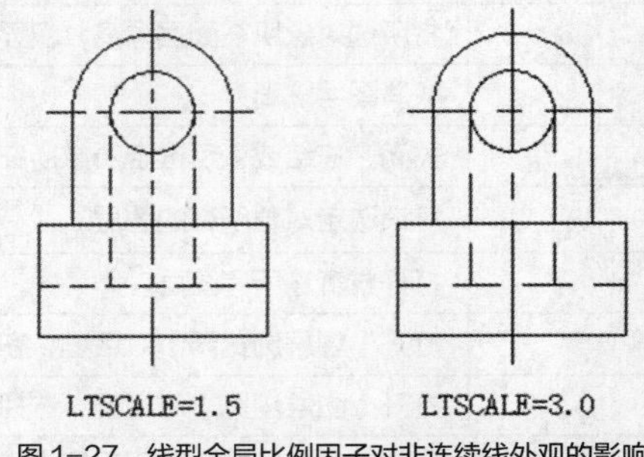

图1-27 线型全局比例因子对非连续线外观的影响

【练习1-12】： 改变线型全局比例因子。

（1）打开【属性】面板上的【线型】下拉列表，选择【其他】选项，打开【线型管理器】对话框，再单击 显示细节(H) 按钮，在该对话框底部出现【详细信息】分组框，如图1-28所示。

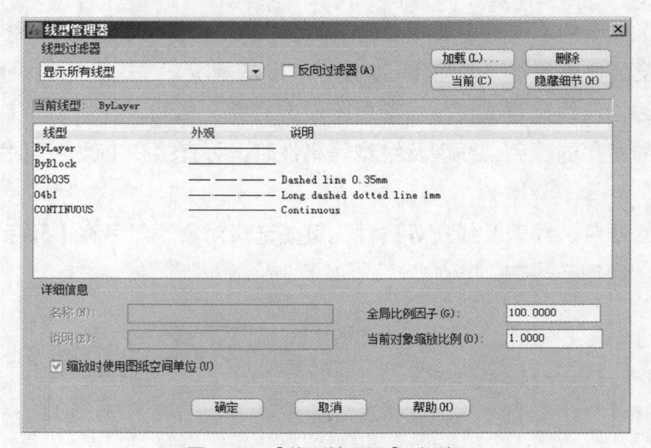

图1-28 【线型管理器】对话框

（2）在【详细信息】分组框的【全局比例因子】文本框中输入新的比例值。

1.2.5 上机练习——使用图层及修改线型比例

【练习1-13】： 这个练习的内容包括创建图层、改变图层状态、将图形对象修改到其他图层上及修改线型比例等。

（1）打开素材文件“dwg\第1章\1-13.dwg”。

（2）创建以下图层。

图层	颜色	线型	线宽
建筑-标注	绿色	Continuous	默认
建筑-地坪	白色	Continuous	1.0

（3）关闭“建筑-轮廓”“建筑-装饰”及“建筑-窗洞”层，将尺寸标注及地坪线分别修改到“建筑-标注”及“建筑-地坪”层上。

（4）修改线型全局比例因子为100，然后打开“建筑-轮廓”“建筑-装饰”及“建筑-窗洞”层。

（5）将建筑轮廓线的线宽修改为0.7mm。

习题

1. 以下练习内容包括创建及存储图形文件、新建图层、熟悉中望CAD建筑版2014命令执行过程及快速查看图形等。

（1）利用中望CAD建筑版2014提供的样板文件“Arch2d.dwt”创建新文件。

（2）进入“ZWCAD经典”工作空间，用LIMITS命令设定绘图区域的大小为10000×10000。

（3）设置栅格沿 *x*、*y* 轴的间距为100，显示出绘图区域范围内的栅格，并使栅格充满整个图形窗口显示出来。

（4）创建以下图层。

名称	颜色	线型	线宽
建筑-轮廓	白色	Continuous	0.7
建筑-轴线	红色	Center	默认

（5）切换到轮廓线层，单击【绘制】面板上的按钮，系统提示如下。

```
命令: _circle 指定圆的圆心或 [三点(3P)/两点(2P)/ 切点、切点、半径(T)]:
                                                //在绘图区中单击一点
指定圆的半径或 [直径(D)] <30.0000>: 50          //输入圆半径
命令:CIRCLE                                     //按Enter键重复上一个命令
指定圆的圆心或 [三点(3P)/两点(2P)/ 切点、切点、半径(T)]:
                                               //在屏幕上单击一点
指定圆的半径或 [直径(D)] <50.0000>: 100        //输入圆半径
命令:CIRCLE                                    //按Enter键重复上一个命令
指定圆的圆心或 [三点(3P)/两点(2P)/ 切点、切点、半径(T)]: *取消*
                                               //按Esc键取消命令
```

（6）使圆充满整个绘图窗口显示，然后单击【视图】选项卡中【定位】面板上的上一个按钮，返回上一次的显示。

（7）单击【绘制】面板上的按钮，绘制任意几条线段，然后将这些线段修改到“建筑-轴线”层上。

（8）利用【属性】面板上的【线型】下拉列表将线型全局比例因子修改为50。

（9）使所有图形充满整个绘图窗口，然后移动并缩小图形。

（10）以文件名“User.dwg”保存图形。

2. 以下练习内容包括创建图层、控制图层状态、将图形对象修改到其他图层上及改变对象的颜色和线型等。

（1）打开素材文件“dwg\第1章\1-14.dwg”。

（2）创建以下图层。

名称	颜色	线型	线宽
建筑-轴线	蓝色	Center	默认
建筑-墙线	白色	Continuous	0.7
建筑-门窗	红色	Continuous	默认
建筑-楼梯	白色	Continuous	默认
建筑-标注	绿色	Continuous	默认

（3）将图形中的轴线、标注、墙体、门窗及楼梯等修改到对应图层上。
（4）通过【属性】面板上的【颜色】下拉列表把楼梯修改为蓝色。
（5）通过【属性】面板上的【线型】下拉列表将墙体线的线型修改为 Dashed。
（6）修改全局线型比例因子为 1000。
（7）将墙体线的线宽修改为 1.0mm。
（8）关闭或冻结“建筑-标注”层。

Chapter 2

第2章 绘制和编辑平面图形（一）

通过本章的学习，读者应掌握绘制线段、斜线、平行线、多线、多段线、圆及圆弧连接的方法，并能够灵活运用这些命令绘制常见平面图形。

【学习目标】

- 学会输入点的绝对坐标或相对坐标画线。
- 掌握结合对象捕捉、极轴追踪及自动追踪功能画线的方法。
- 熟练绘制平行线及任意角度斜线。
- 掌握修剪、打断线条及调整线条长度的方法。
- 能够绘制及编辑多线和多段线。
- 能够画圆、圆弧连接及圆的切线。
- 学会如何倒圆角及倒角。
- 掌握移动、复制及旋转对象的方法。

2.1 绘制线段的方法（一）

本节主要内容包括输入相对坐标画线、捕捉几何点、修剪线条及延伸线条等。

2.1.1 课堂实训——用 LINE 命令绘制住宅立面图主要轮廓线

实训的任务是绘制图 2-1 所示的住宅立面图，该立面图由水平线段、竖直线段及倾斜线段构成。启动 LINE 命令，通过输入点的坐标或利用对象捕捉、极轴追踪和自动追踪等工具绘制线段。

【练习 2-1】： 绘制住宅立面图，如图 2-1 所示。

（1）设定绘图区域的大小为 20000×20000。

（2）打开极轴追踪、对象捕捉及自动追踪功能。设置极轴追踪角度增量为“90”，设定对象捕捉方式为“端点”“交点”，设置仅沿正交方向自动追踪。

（3）使用 LINE 命令，通过输入线段长度绘制出线段 *AB*、*CD* 等，如图 2-2 所示。

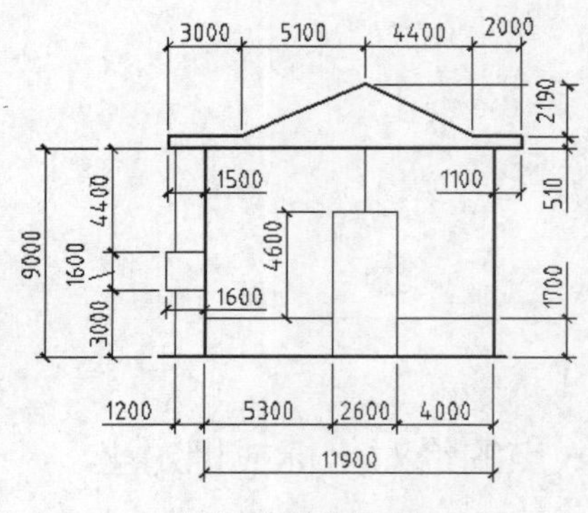

图 2-1 住宅立面图

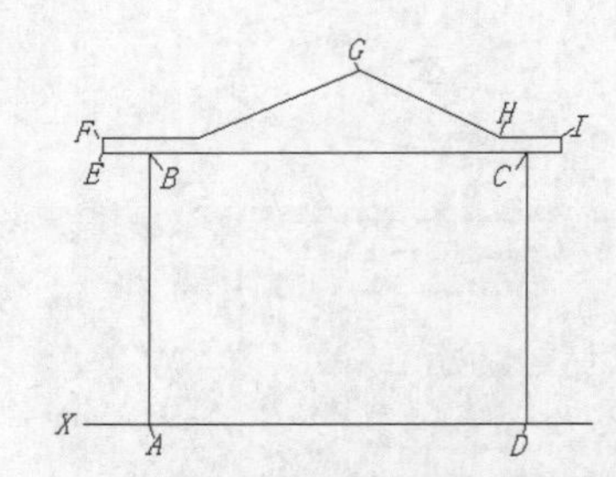

图 2-2 通过输入线段长度绘制线段

（4）利用画线辅助工具绘制线段 *KL*、*LM* 等，如图 2-3 所示。

（5）用类似的方法绘制出其余线段，结果如图 2-4 所示。

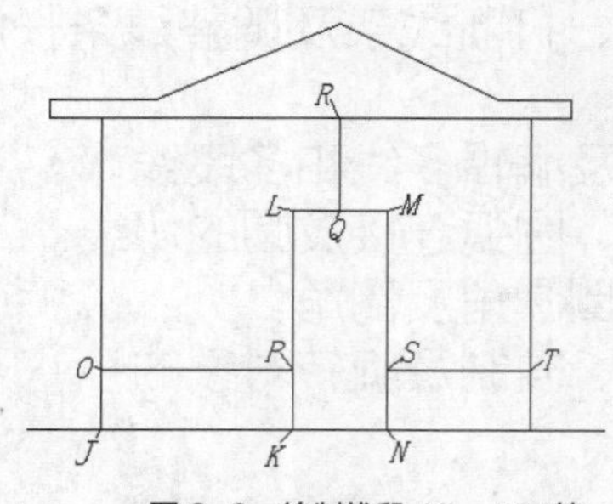

图 2-3 绘制线段 *KL*、*LM* 等

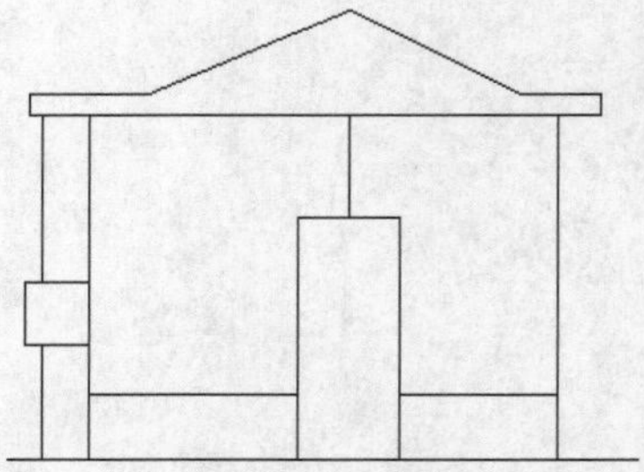

图 2-4 绘制其余线段

2.1.2 输入点的坐标绘制线段

LINE 命令可在二维或三维空间中创建线段。发出命令后，用户通过鼠标光标指定线段的端点或利用键盘输入端点坐标，系统就将这些点连接成线段。

常用的点坐标形式如下。

- 绝对直角坐标或相对直角坐标。绝对直角坐标的输入格式为“X,Y”，相对直角坐标的输入格式为“@X,Y”。X 表示点的 x 坐标值，Y 表示点的 y 坐标值，两坐标值之间用“,”号分隔开。例如：（–60,30）、（40,70）分别表示图 2-5 所示的点 A、点 B。
- 绝对极坐标或相对极坐标。绝对极坐标的输入格式为“$R<\alpha$”，相对极坐标的输入格式为“@$R<\alpha$”。R 表示点到原点的距离，α 表示极轴方向与 x 轴正向间的夹角。若从 x 轴正向逆时针旋转到极轴方向，则 α 角为正；否则，α 角为负。例如：（70<120）、（50<–30）分别表示图 2-5 所示的点 C、点 D。

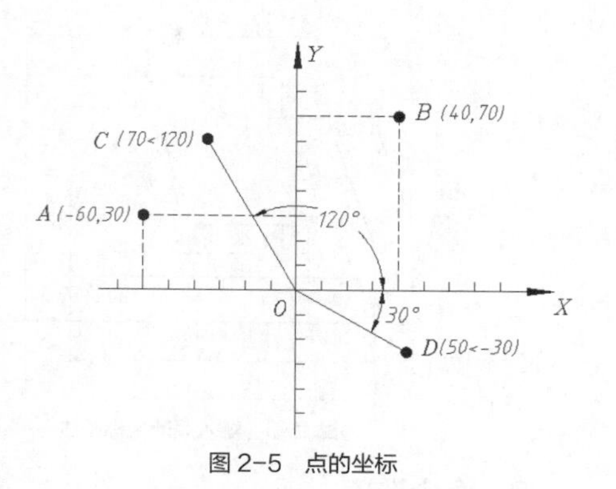

图 2-5　点的坐标

画线时若只输入“$<\alpha$”，而不输入“R”，则表示沿 α 角度方向绘制任意长度的直线，这种画线方式称为角度覆盖方式。

1. 命令启动方法

- 菜单命令：【绘图】/【直线】。
- 面板：【常用】选项卡中【绘制】面板上的按钮。
- 命令：LINE 或简写 L。

【练习 2-2】：图形左下角点的绝对坐标及图形尺寸如图 2-6 所示，下面用 LINE 命令绘制此图形。

（1）设定绘图区域大小为 80 × 80，该区域左下角点的坐标为（190,150），右上角点的相对坐标为（@80,80）。双击鼠标滚轮，使绘图区域充满整个图形窗口显示出来。

（2）单击【绘制】面板上的按钮或输入命令代号 LINE，启动画线命令。

```
命令: _line 指定第一点: 200,160                          //输入点A的绝对直角坐标，如图2-7所示
指定下一点或 [角度(A)/长度(L)/放弃(U)]: @66,0             //输入点B的相对直角坐标
指定下一点或 [角度(A)/长度(L)/放弃(U)]: @0,48             //输入点C的相对直角坐标
指定下一点或 [角度(A)/长度(L)/闭合(C)/放弃(U)]: @-40,0
                                                        //输入点D的相对直角坐标
指定下一点或 [角度(A)/长度(L)/闭合(C)/放弃(U)]: @0,-8
                                                        //输入点E的相对直角坐标
指定下一点或 [角度(A)/长度(L)/闭合(C)/放弃(U)]: @-17,0
                                                        //输入点F的相对直角坐标
指定下一点或 [角度(A)/长度(L)/闭合(C)/放弃(U)]: @26<-110
                                                        //输入点G的相对极坐标
指定下一点或 [角度(A)/长度(L)/闭合(C)/放弃(U)]: c        //使线框闭合
```

结果如图 2-7 所示。

（3）绘制图形的其余部分。

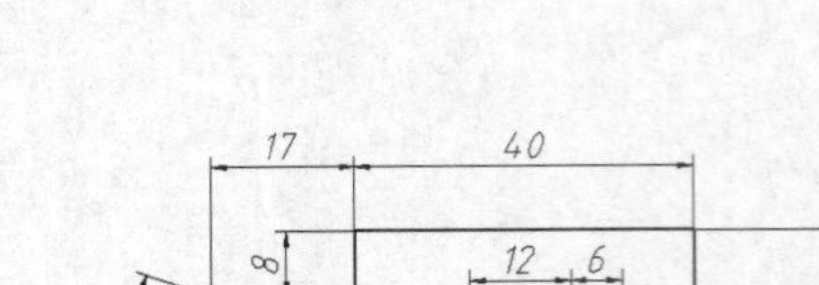
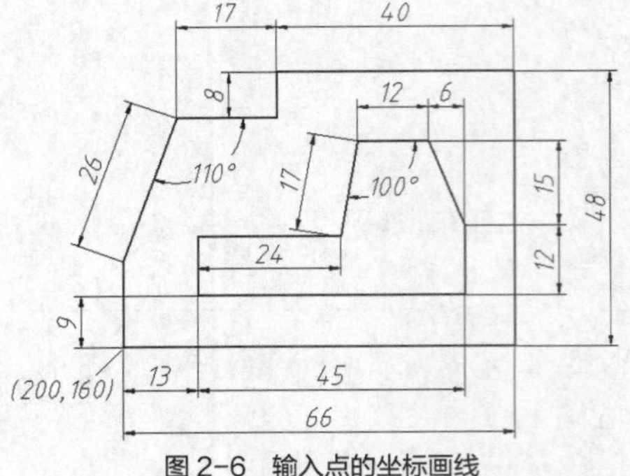

图 2-6　输入点的坐标画线

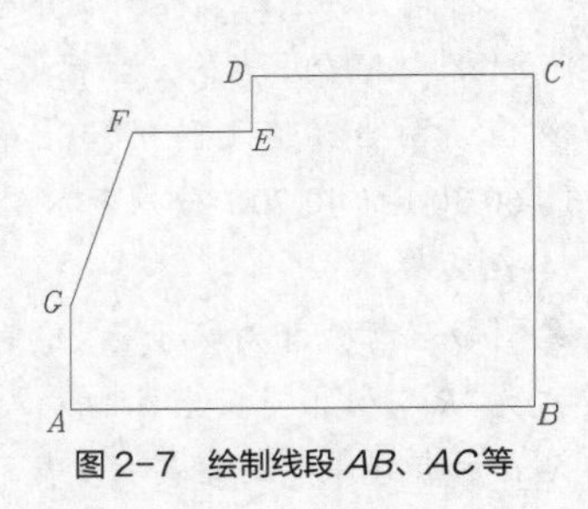

图 2-7　绘制线段 *AB*、*AC* 等

2. 命令选项

- 指定第一点：在此提示下，用户需指定线段的起始点，若此时按 Enter 键，则系统将以上一次所绘制线段或圆弧的终点作为新线段的起点。
- 指定下一点：在此提示下，输入线段的端点，按 Enter 键后，系统继续提示“指定下一点”，用户可输入下一个端点。若在“指定下一点”提示下按 Enter 键，则命令结束。
- 角度（A）：输入画线的角度。
- 长度（L）：输入线段长度。
- 放弃（U）：在“指定下一点”提示下，输入字母“U”，将删除上一条线段，多次输入“U”，则会删除多条线段。该选项可以及时纠正绘图过程中的错误。
- 闭合（C）：在“指定下一点”提示下，输入字母“C”，系统将使连续折线自动封闭。

2.1.3 使用对象捕捉精确绘制线段

用 LINE 命令绘制线段的过程中，可启动对象捕捉功能，以拾取一些特殊的几何点，如端点、圆心、切点等。【对象捕捉】工具栏中包含了各种对象捕捉工具，其中常用捕捉工具的功能及命令代号如表 2-1 所示。

表 2-1　对象捕捉工具的功能及代号

捕捉按钮	代　号	功　能
	FROM	正交偏移捕捉。先指定基点，再输入相对坐标来确定新点
	END	捕捉端点
	MID	捕捉中点
	INT	捕捉交点
	EXT	捕捉延伸点。从线段端点开始沿线段方向捕捉一点
	CEN	捕捉圆、圆弧及椭圆的中心
	QUA	捕捉圆、椭圆的 0°、90°、180° 或 270° 处的点——象限点
	TAN	捕捉切点
	PER	捕捉垂足
	PAR	平行捕捉。先指定线段起点，再利用平行捕捉绘制平行线
无	M2P	捕捉两点间连线的中点

【练习 2-3】: 打开素材文件“dwg\第 2 章\2-3.dwg”，如图 2-8（a）所示，使用 LINE 命令将其修改为图 2-8（b）所示的图形。

（1）设置自动捕捉类型

单击状态栏上的□按钮，打开自动捕捉方式，在此按钮上单击鼠标右键，弹出快捷菜单，选择【设置】命令，打开【草图设置】对话框，在该对话框的【对象捕捉】选项卡中设置自动捕捉类型为【端点】【中点】及【交点】，如图 2-9 所示。

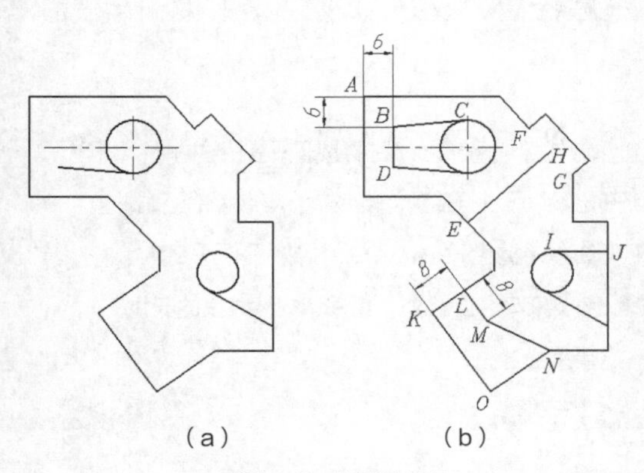

图 2-8　捕捉几何点

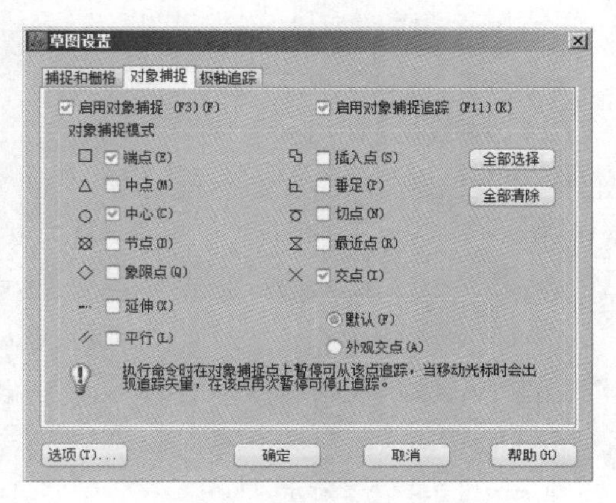

图 2-9　【草图设置】对话框

（2）绘制线段 BC、BD

点 B 的位置用正交偏移捕捉确定。

```
命令: _line 指定第一点: from          //输入正交偏移捕捉代号“FROM”，按 Enter 键
基点:                  //将鼠标光标移动到点 A 处，系统自动捕捉该点，单击鼠标左键确认
<偏移>: @6,-6                          //输入点 B 的相对坐标
指定下一点或 [放弃(U)]: tan 到 //输入切点捕捉代号“TAN”并按 Enter 键，捕捉切点 C
指定下一点或 [放弃(U)]:                //按 Enter 键结束
命令:LINE                              //重复命令
指定第一点:                            //自动捕捉端点 B
指定下一点或 [放弃(U)]:                //自动捕捉端点 D
指定下一点或 [放弃(U)]:                //按 Enter 键结束
```

结果如图 2-8（b）所示。

要点提示

为使罗列的命令序列简洁，此处已将部分命令选项省略，仅保留必要的部分，在后续习题中也将采用这种讲解方式。

（3）绘制线段 EH、IJ

```
命令: _line 指定第一点:                //自动捕捉中点 E
指定下一点或 [放弃(U)]: m2p            //输入捕捉代号“M2P”，按 Enter 键
```

```
中点的第一点:                    //自动捕捉端点 F
中点的第二点:                    //自动捕捉端点 G
指定下一点或 [放弃(U)]:          //按Enter键结束
命令:LINE                        //重复命令
指定第一点: qua 于               //输入象限点捕捉代号“QUA”，捕捉象限点 I
指定下一点或 [放弃(U)]: per 到   //输入垂足捕捉代号“PER”，捕捉垂足 J
指定下一点或 [放弃(U)]:          //按Enter键结束
```

结果如图 2-8（b）所示。

（4）绘制线段 *LM*、*MN*

```
命令: _line 指定第一点: EXT      //输入延伸点捕捉代号“EXT”并按Enter键
于 8                             //从点 K 开始沿线段进行追踪，输入点 L 与点 K 的距离
指定下一点或 [放弃(U)]: PAR      //输入平行偏移捕捉代号“PAR” 并按Enter键
到 8                   //将鼠标光标从线段 KO 处移动到 LM 处，再输入 LM 线段的长度
指定下一点或 [放弃(U)]:          //自动捕捉端点 N
指定下一点或 [闭合(C)/放弃(U)]   //按Enter键结束
```

结果如图 2-8（b）所示。

调用对象捕捉功能的方法有以下 3 种。

（1）绘图过程中，当提示输入一个点时，用户可单击捕捉按钮或输入捕捉命令代号来启动对象捕捉，然后将鼠标光标移动到要捕捉的特征点附近，系统就自动捕捉该点。

（2）利用快捷菜单。调用对象捕捉功能发出命令后，按下 Shift 键并单击鼠标右键，在弹出的快捷菜单中选择捕捉何种类型的点。

（3）前面所述的捕捉方式仅对当前操作有效，命令结束后，捕捉模式自动关闭，这种捕捉方式称为覆盖捕捉方式。除此之外，用户还可以采用自动捕捉方式来定位点，按下状态栏上的□按钮，就可以打开此方式。

2.1.4 利用正交模式辅助绘制线段

单击状态栏上的□按钮，打开正交模式。在正交模式下，鼠标光标只能沿水平或竖直方向移动。画线时若同时打开该模式，则只需输入线段的长度值，系统就自动绘制出水平或竖直线段。

当调整水平或竖直方向线段的长度时，可利用正交模式限制鼠标光标的移动方向。选择线段，线段上出现关键点（实心矩形点），选中端点处的关键点后，移动鼠标光标，系统就沿水平或竖直方向改变线段的长度。

2.1.5 结合对象捕捉、极轴追踪及自动追踪功能绘制线段

下面简要说明系统极轴追踪及自动追踪功能，然后通过练习掌握它们。

1. 极轴追踪

打开极轴追踪功能并启动 LINE 命令后，鼠标光标就沿用户设定的极轴方向移动，系统在该方向上显示一条追踪辅助线及光标点的极坐标值，如图 2-10 所示。输入线段的长度后，按 Enter 键，就绘制出指定长度的线段。

2. 自动追踪

自动追踪是指系统从一点开始自动沿某一方向进行追踪，追踪方向上将显示一条追踪辅助线及光标点的极坐标值。输入追踪距离，按Enter键，就确定新的点。在使用自动追踪功能时，必须打开对象捕捉。系统首先捕捉一个几何点作为追踪参考点，然后沿水平方向、竖直方向或设定的极轴方向进行追踪，如图 2-11 所示。

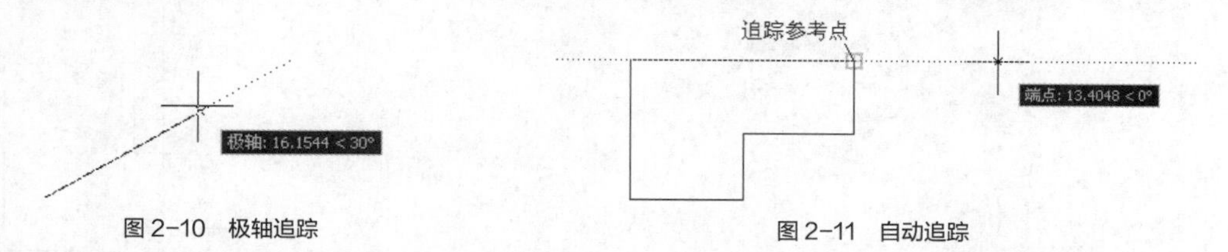

图 2-10　极轴追踪　　　　图 2-11　自动追踪

【练习 2-4】：打开素材文件“dwg\第 2 章\2-4.dwg”，如图 2-12（a）所示，用 LINE 命令并结合极轴追踪、对象捕捉及自动追踪功能将其修改为图 2-12（b）所示的图形。

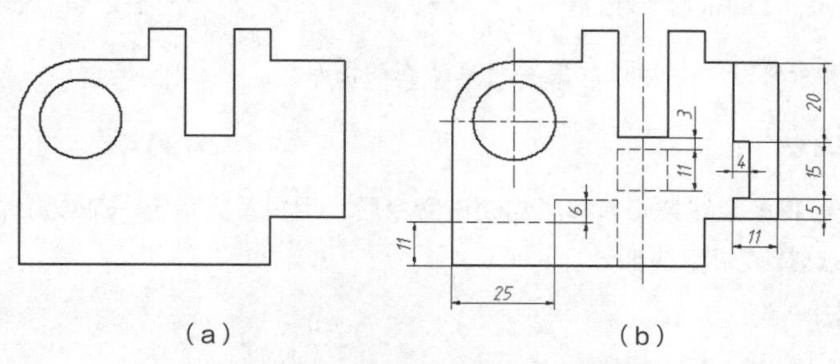

图 2-12　利用极轴追踪、对象捕捉及自动追踪功能画线

（1）打开对象捕捉，设置自动捕捉类型为“端点”“中点”“圆心”及“交点”，再设定线型全局比例因子为“0.2”。

（2）在状态栏的按钮上单击鼠标右键，在弹出的快捷菜单中选择【设置】命令，打开【草图设置】对话框，进入【极轴追踪】选项卡，在该选项卡的【增量角度】下拉列表中设定极轴角增量为“90”，如图 2-13 所示。此后，若用户打开极轴追踪画线，则鼠标光标将自动沿 0°、90°、180° 及 270° 方向进行追踪，再输入线段长度值，系统就在该方向上画出线段，最后单击 确定 按钮，关闭【草图设置】对话框。

（3）单击状态栏上的、及按钮，打开极轴追踪、对象捕捉及自动追踪功能。

（4）切换到轮廓线层，绘制线段 *BC*、*EF* 等，如图 2-14 所示。

```
命令: _line 指定第一点:                         //从中点 A 向上追踪到点 B
指定下一点或 [放弃(U)]:                         //从点 B 向下追踪到点 C
指定下一点或 [放弃(U)]:                         //按Enter键结束
命令:LINE                                       //重复命令
指定第一点: 11                                  //从点 D 向上追踪并输入追踪距离
指定下一点或 [放弃(U)]: 25                      //从点 E 向右追踪并输入追踪距离
指定下一点或 [放弃(U)]: 6                       //从点 F 向上追踪并输入追踪距离
指定下一点或 [闭合(C)/放弃(U)]:                 //从点 G 向右追踪并以点 I 为追踪参考点确定点 H
指定下一点或 [闭合(C)/放弃(U)]:                 //从点 H 向下追踪并捕捉交点 J
指定下一点或 [闭合(C)/放弃(U)]:                 //按Enter键结束
```

结果如图 2-14 所示。

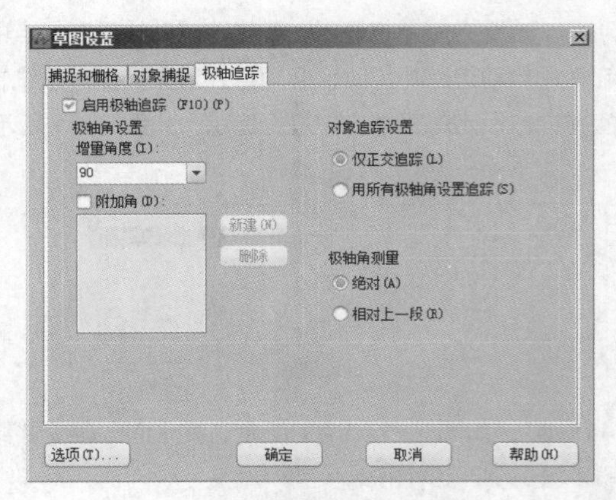

图 2-13 【草图设置】对话框

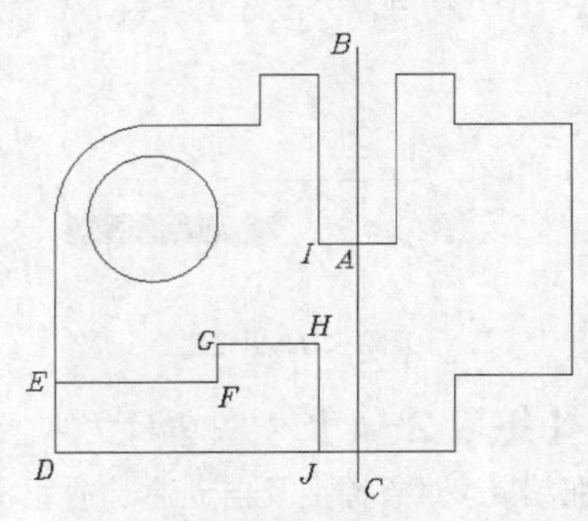

图 2-14 绘制线段 *BC*、*EF* 等

（5）绘制图形的其余部分，然后修改某些对象所在的图层。

2.1.6 修剪线条

使用 TRIM 命令可将多余线条修剪掉。启动该命令后，用户首先指定一个或几个对象作为剪切边（可以想象为剪刀），然后选择被修剪的部分。

1. 命令启动方法

- 菜单命令：【修改】/【修剪】。
- 面板：【常用】选项卡中【修改】面板上的 按钮。
- 命令：TRIM 或简写 TR。

【练习 2-5】：练习 TRIM 命令的使用。

（1）打开素材文件“dwg\第 2 章\2-5.dwg”，如图 2-15（a）所示，用 TRIM 命令将其修改为图 2-15（b）所示的图形。

（2）单击【修改】面板上的 按钮或输入命令代号 TRIM，启动修剪命令。

```
命令: _trim
选择对象或 <全部选择>:  找到 1 个                  //选择剪切边 A，如图 2-16（a）所示
选择对象:                                          //按Enter键
选择要修剪的对象，或按住 Shift 键选择要延伸的对象，或[栏选(F)/窗交(C)/投影(P)/边缘模式(E)
/删除(R)/撤销(U)]:                                 //在点 B 处选择要修剪的多余线条
选择要修剪的对象，或按住 Shift 键选择要延伸的对象，或[栏选(F)/窗交(C)/投影(P)/边缘模式(E)
/删除(R)/撤销(U)]:                                 //按Enter键结束
命令:TRIM                                          //重复命令
选择对象:总计 2 个                                 //选择剪切边 C、D
选择对象:                                          //按Enter键
选择要修剪的对象或[/边缘模式(E)]: e                //选择“边(E)”选项
输入隐含边延伸模式 [延伸(E)/不延伸(N)] <不延伸>: e  //选择“延伸(E)”选项
```

```
选择要修剪的对象：                                //在点E、点F及点G处选择要修剪的部分
选择要修剪的对象：                                //按Enter键结束
```

结果如图 2-16（b）所示。

要点提示

为简化说明，仅将第 2 个 TRIM 命令与当前操作相关的提示信息罗列出来，而将其他信息省略，这种讲解方式在后续的例题中也将采用。

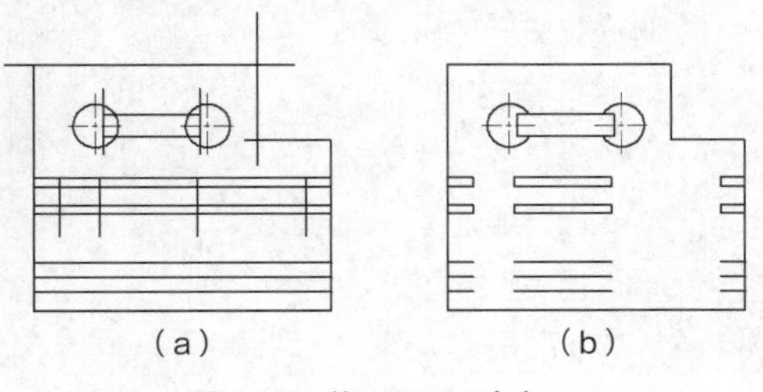

（a） （b）

图 2-15 练习 TRIM 命令

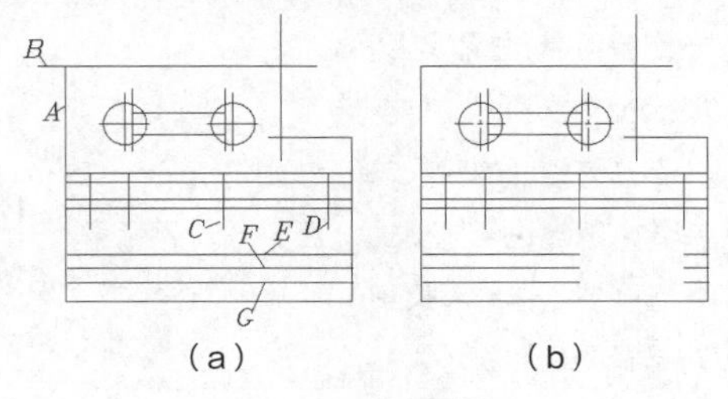

（a） （b）

图 2-16 修剪对象

（3）利用 TRIM 命令修剪图中的其他多余线条。

2. 命令选项

- 按住Shift键选择要延伸的对象：将选定的对象延伸至剪切边。
- 栏选（F）：用户绘制连续折线，与折线相交的对象被修剪。
- 窗交（C）：利用交叉窗口选择对象。
- 投影（P）：该选项可以使用户指定执行修剪的空间。例如，三维空间中的两条线段呈交叉关系，用户可利用该选项假想将其投影到某一平面上执行修剪操作。
- 边缘模式（E）：如果剪切边太短，没有与被修剪对象相交，就利用此选项假想将剪切边延长，然后执行修剪操作。
- 删除（R）：不退出 TRIM 命令就能删除选定的对象。
- 撤销（U）：若修剪有误，可输入字母"U"，撤销修剪。

2.1.7 延伸线条

利用 EXTEND 命令可以将线段、曲线等对象延伸到一个边界对象，使其与边界对象相交。有时对象延伸后并不与边界直接相交，而是与边界的延长线相交。

1. 命令启动方法

- 菜单命令：【修改】/【延伸】。
- 面板：【常用】选项卡中【修改】面板上的按钮。
- 命令：EXTEND 或简写 EX。

【练习 2-6】：练习 EXTEND 命令的使用。

（1）打开素材文件"dwg\第 2 章\2-6.dwg"，如图 2-17（a）所示，用 EXTEND 及 TRIM 命令将其修改为图 2-17（b）所示的图形。

（2）单击【修改】面板上的按钮或输入命令代号 EXTEND，启动延伸命令。

```
命令: _extend
选择对象或 <全部选择>:  找到 1 个                    //选择边界线段 A，如图 2-18（a）所示
选择对象:                                             //按 Enter 键
选择要延伸的对象，或按住 Shift 键选择要修剪的对象，或
[栏选(F)/窗交(C)/投影(P)/边(E)/撤销(U)]:             //选择要延伸的线段 B
选择要延伸的对象，或按住 Shift 键选择要修剪的对象，或
[栏选(F)/窗交(C)/投影(P)/边(E)/撤销(U)]:             //按 Enter 键结束
命令:EXTEND                                           //重复命令
选择对象:总计 2 个                                     //选择边界线段 A、C
选择对象:                                             //按 Enter 键
选择要延伸的对象或[/边(E)]:  e                         //选择“边(E)”选项
输入隐含边延伸模式 [延伸(E)/不延伸(N)] <不延伸>: e    //选择“延伸(E)”选项
选择要延伸的对象:                                     //选择要延伸的线段 A、C
选择要延伸的对象:                                     //按 Enter 键结束
```

结果如图 2-18（b）所示。

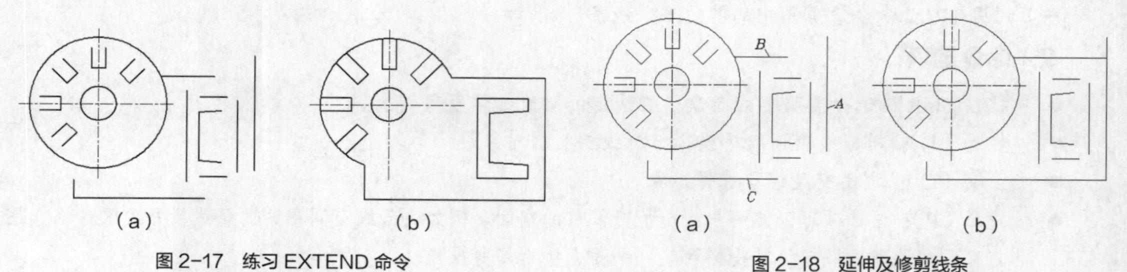

图 2-17 练习 EXTEND 命令　　图 2-18 延伸及修剪线条

（3）利用 EXTEND 及 TRIM 命令继续修改图形中的其他部分。

2. 命令选项

- 按住 Shift 键选择要修剪的对象：将选择的对象修剪到边界而不是将其延伸。
- 栏选（F）：用户绘制连续折线，与折线相交的对象被延伸。
- 窗交（C）：利用交叉窗口选择对象。
- 投影（P）：该选项使用户可以指定延伸操作的空间。对于二维绘图来说，延伸操作是在当前用户坐标平面（*xy* 平面）内进行的。在三维空间作图时，用户可通过该选项将两个交叉对象投影到 *xy* 平面或在当前视图平面内执行延伸操作。
- 边（E）：当边界边太短且延伸对象后不能与其直接相交时，就打开该选项，此时，系统假想将边界边延长，然后延伸线条到边界边。
- 撤销（U）：取消上一次的操作。

2.1.8 调整线条长度

调整线条长度，可采取以下 3 种方法。

（1）打开极轴追踪或正交模式，选择线段，线段上出现关键点（实心矩形点），选中端点处的关键点后，移动鼠标光标，系统就沿水平或竖直方向改变线段的长度。

（2）如果要沿线段自身方向进行延长或缩短，可打开自动追踪及对象捕捉模式，设定捕捉点类型为端点、延伸点。选择线段，线段上出现关键点（实心矩形点），选中端点处的关键点后，沿线段方向移动鼠标光标，系统显示改变量的长度及角度，输入长度值或单击一点完成。

（3）LENGTHEN 命令可一次改变线段、圆弧、椭圆弧等多个对象的长度。使用此命令时，经常采用的选项是“动态”，即直观地拖动对象来改变其长度。

1. 命令启动方法

- 菜单命令：【修改】/【拉长】。
- 面板：【常用】选项卡中【修改】面板上的按钮。
- 命令：LENGTHEN 或简写 LEN。

【练习 2-7】：打开素材文件“dwg\第 2 章\2-7.dwg”，如图 2-19（a）所示，用 LENGTHEN 等命令将其修改为图 2-19（b）所示的图形。

（1）用 LENGTHEN 命令调整线段 *A*、*B* 的长度，如图 2-20 所示。

```
命令：_lengthen
选择对象或 [增量(DE)/百分数(P)/全部(T)/动态(DY)]：dy
                                        //使用“动态(DY)”选项
选择要修改的对象或 [放弃(U)]：          //在线段 A 的上端选中对象
指定新端点：                            //向下移动鼠标光标，单击一点
选择要修改的对象或 [放弃(U)]：          //在线段 B 的上端选中对象
指定新端点：                            //向下移动鼠标光标，单击一点
选择要修改的对象或 [放弃(U)]：          //按 Enter 键结束
```

结果如图 2-20（b）所示。

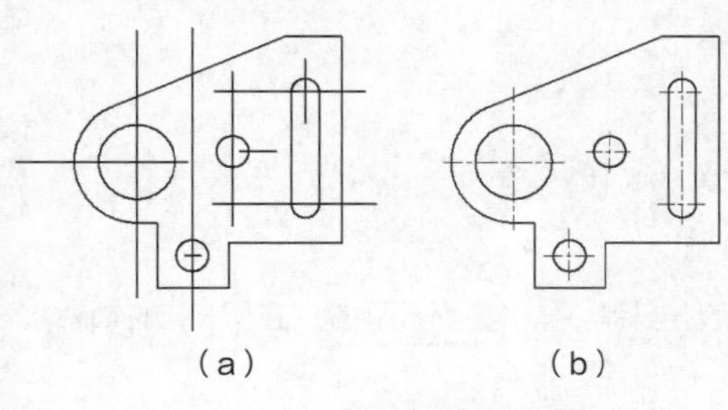

图 2-19　调整线条长度

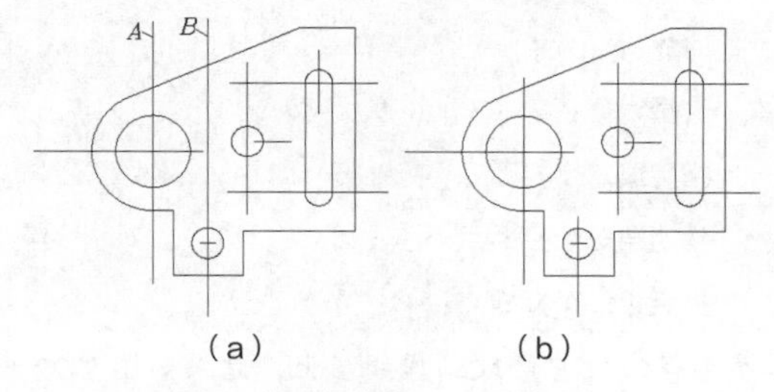

图 2-20　调整线段 *A*、*B* 的长度

（2）用 LENGTHEN 命令调整其他定位线的长度，然后将定位线修改到中心线层上。

2. 命令选项

- 增量（DE）：以指定的增量值改变线段或圆弧的长度。对于圆弧，还可通过设定角度增量改变其长度。
- 百分数（P）：以对象总长度的百分比形式改变对象长度。
- 全部（T）：通过指定线段或圆弧的新长度来改变对象总长。
- 动态（DY）：拖动鼠标光标就可以动态地改变对象长度。

2.1.9　打断线条

BREAK 命令可以删除对象的一部分，常用于打断线段、圆、圆弧及椭圆等。此命令既可以在一个点处打断对象，也可以在指定的两点间打断对象。

1. 命令启动方法

- 菜单命令：【修改】/【打断】。
- 面板：【常用】选项卡中【修改】面板上的按钮。
- 命令：BREAK 或简写 BR。

【练习 2-8】：打开素材文件"dwg\第 2 章\2-8.dwg"，如图 2-21（a）所示，用 BREAK 等命令将其修改为图 2-21（b）所示的图形。

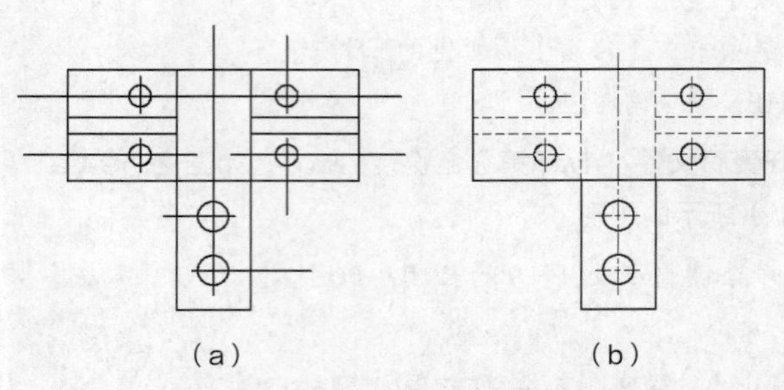

图 2-21　打断线条

（1）用 BREAK 命令打断线条，如图 2-22 所示。

```
命令: _break 选择对象:                    //在点 A 处选择对象，如图 2-22（a）所示
指定第二个打断点 或 [第一点(F)]:          //在点 B 处选择对象
命令:BREAK                                //重复命令
选择对象:                                 //在点 C 处选择对象
指定第二个打断点 或 [第一点(F)]:          //在点 D 处选择对象
命令:BREAK                                //重复命令
选择对象:                                 //选择线段 E
指定第二个打断点 或 [第一点(F)]: f        //使用"第一点(F)"选项
指定第一个打断点: int 于                  //捕捉交点 F
指定第二个打断点: @                       //输入相对坐标符号，按 Enter 键，在同一点打断对象
```

再将线段 E 修改到虚线层上，结果如图 2-22（b）所示。

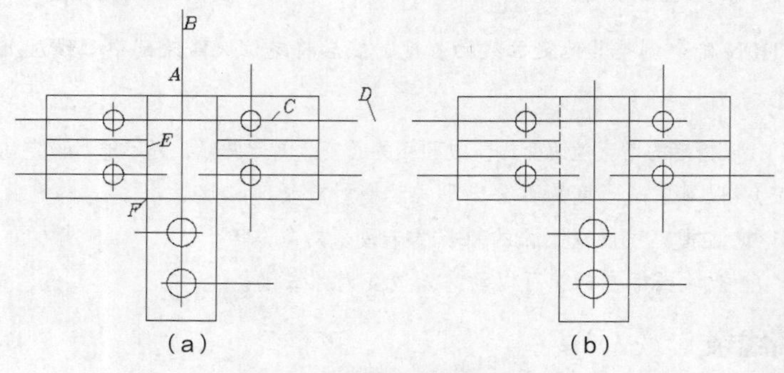

图 2-22　打断线条及改变对象所在的图层

（2）用 BREAK 等命令修改图形的其他部分。

2. 命令选项

- 指定第二个打断点：在图形对象上选取第二点后，系统将第一打断点与第二打断点间的部分删除。
- 第一点（F）：该选项使用户可以重新指定第一打断点。

2.1.10　上机练习——输入坐标及利用画线辅助工具画线

【练习 2-9】：启动 LINE、TRIM 等命令，通过输入点坐标方式绘制平面图形，如图 2-23 所示。

【练习 2-10】：输入坐标并结合极轴追踪、对象捕捉及自动追踪功能画线，如图 2-24 所示。

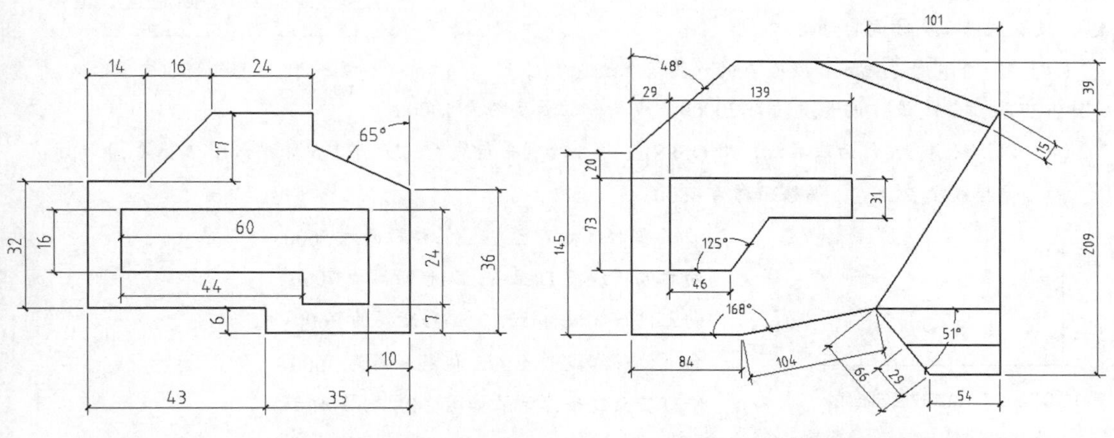

图 2-23　输入点坐标画线　　　图 2-24　输入点坐标及利用辅助工具画线（1）

【练习 2-11】：输入坐标并结合极轴追踪、对象捕捉及自动追踪功能画线，如图 2-25 所示。

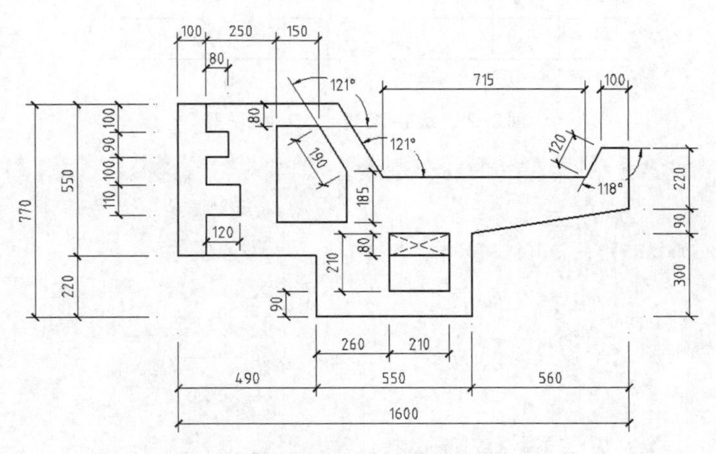

图 2-25　输入点坐标及利用辅助工具画线（2）

2.2　绘制线段的方法（二）

工程图中的线段主要分为 3 类：平行线、斜线及垂线，本节介绍这 3 类线段的绘制方法。

2.2.1 课堂实训——用 LINE、OFFSET 及 TRIM 命令绘制建筑立面图

实训的任务是绘制图 2-26 所示的建筑立面图，该立面图由水平线段、竖直线段及倾斜线段构成。首先绘制作图基准线，然后利用 OFFSET 和 TRIM 命令快速生成图形。

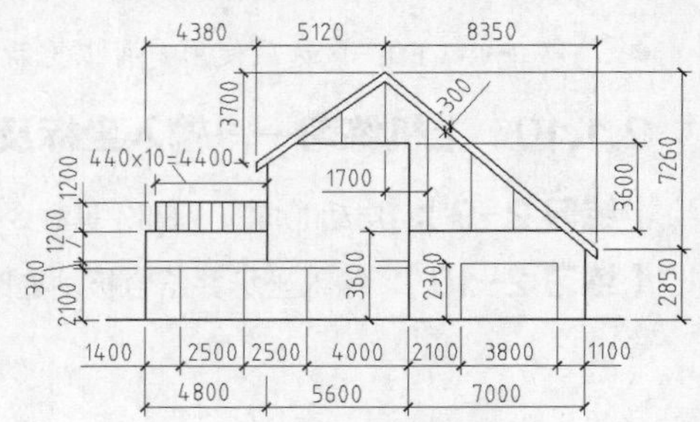

图 2-26 绘制建筑立面图

【练习 2-12】：用 LINE、OFFSET 及 TRIM 命令绘制建筑立面图，如图 2-26 所示。

（1）设定绘图区域大小为 30000×20000。

（2）打开极轴追踪、对象捕捉及自动追踪功能。指定极轴追踪角度增量为 90°，设定对象捕捉方式为“端点”“交点”，设置仅沿正交方向自动追踪。

（3）用 LINE 命令画水平及竖直的作图基准线 A、B，如图 2-27 所示。线段 A 的长度约为 20000，线段 B 的长度约为 10000。

（4）以线段 A、B 作为基准线，用 OFFSET 命令绘制平行线 C、D、E、F 等，如图 2-28（a）所示。

向右偏移线段 B 至 C，偏移距离为 4800。

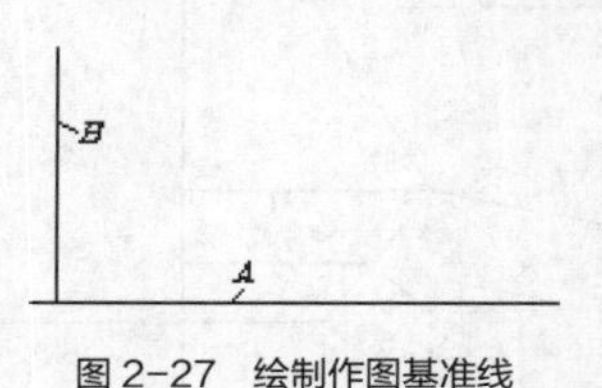

图 2-27 绘制作图基准线

向右偏移线段 C 至 D，偏移距离为 5600。

向右偏移线段 D 至 E，偏移距离为 7000。

向上偏移线段 A 至 F，偏移距离为 3600。

向上偏移线段 F 至 G，偏移距离为 3600。

修剪多余线条，结果如图 2-28（b）所示。

（5）用 XLINE 命令绘制作图基准线 H、I、J、K，如图 2-29 所示。

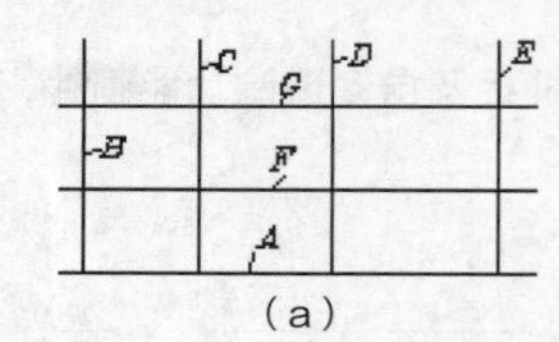

（a）

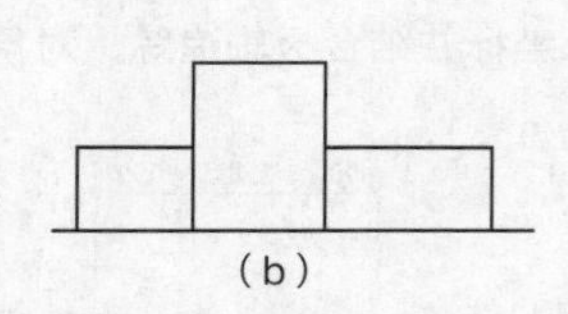
（b）

图 2-28 绘制平行线 C、D、E、F 等

```
命令: _xline 指定点或 [水平(H)/垂直(V)/角度(A)/二等分(B)/偏移(O)]: o
                                              //使用“偏移(O)”选项
指定偏移距离或 [通过(T)] <3600.0000>: 10110    //输入偏移距离
选择直线对象:                                  //选择线段 L
指定向哪侧偏移:                                //在线段 L 的上边单击一点
选择直线对象:                                  //按 Enter 键结束
命令:XLINE                                     //重复命令
指定点或 [水平(H)/垂直(V)/角度(A)/二等分(B)/偏移(O)]: o
                                              //使用“偏移(O)”选项
指定偏移距离或 [通过(T)] <10110.0000>: 9500    //输入偏移距离
选择直线对象:                                  //选择线段 M
指定向哪侧偏移:                                //在线段 M 的右边单击一点
选择直线对象:                                  //按 Enter 键结束
```

```
命令:XLINE                                              //重复命令
指定点或 [水平(H)/垂直(V)/角度(A)/二等分(B)/偏移(O)]:
                                                        //捕捉点 N
指定通过点: @8350,-7260                                 //输入直线 J 上一点的相对坐标
指定通过点: @-5120,-3700                                //输入直线 K 上一点的相对坐标
指定通过点:                                             //按 Enter 键结束
```

结果如图 2-29 所示。

（6）以直线 *I*、*J*、*K* 为基准线，用 OFFSET、TRIM 等命令形成图形细节 *O*，结果如图 2-30 所示。

（7）以线段 *A*、*B* 为基准线，用 OFFSET 和 TRIM 命令绘制图形细节 *P*，结果如图 2-31 所示。

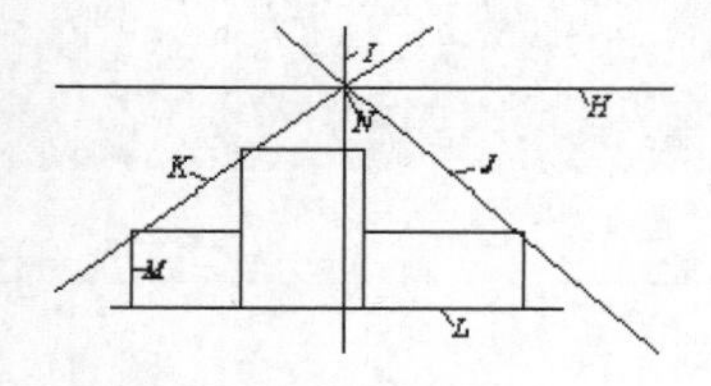

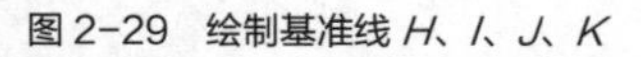
图 2-29　绘制基准线 *H*、*I*、*J*、*K*

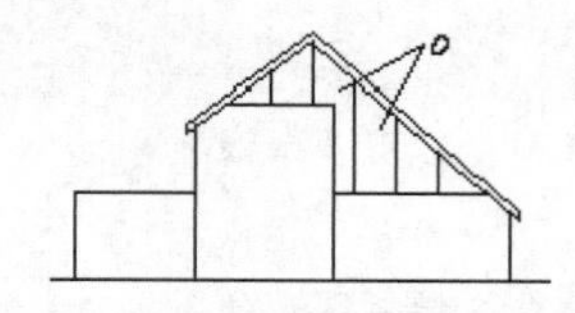

图 2-30　绘制图形细节 *O*

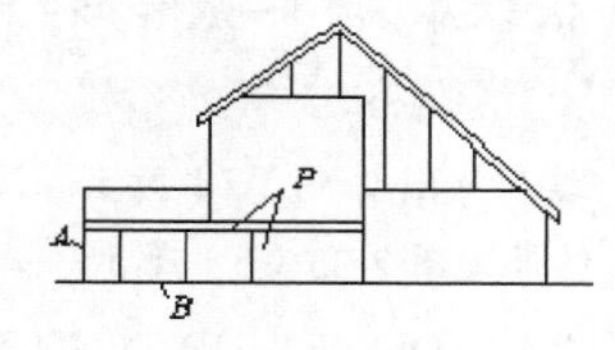

图 2-31　绘制图形细节 *P*

（8）用同样的方法绘制图形的其余细节。

2.2.2　绘制平行线

OFFSET 命令可将对象偏移到指定的距离，创建一个与原对象类似的新对象。使用该命令时，用户可以通过两种方式创建平行对象：一种是输入平行线间的距离，另一种是指定新平行线通过的点。

1. 命令启动方法

- 菜单命令：【修改】/【偏移】。
- 面板：【常用】选项卡中【修改】面板上的按钮。
- 命令：OFFSET 或简写 O。

【练习 2-13】：打开素材文件“dwg\第 2 章\2-13.dwg”，如图 2-32（a）所示，用 OFFSET、EXTEND、TRIM 等命令将其修改为图 2-32（b）所示的图形。

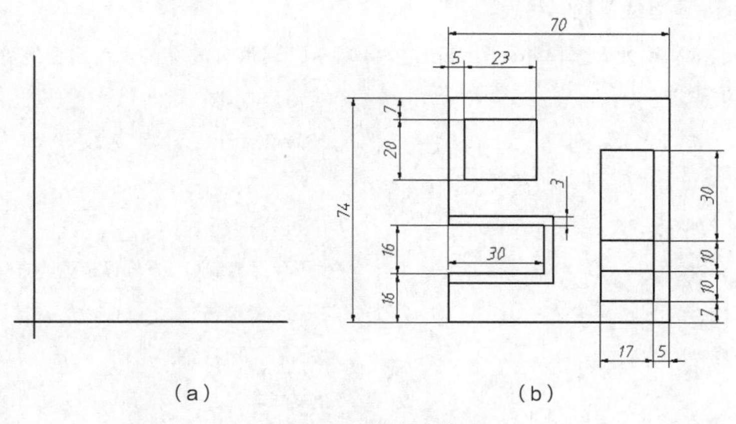

（a）　　　　（b）

图 2-32　绘制平行线

（1）用 OFFSET 命令偏移线段 *A*、*B*，得到平行线 *C*、*D*，如图 2-33 所示。

```
命令: _offset
指定偏移距离或 [通过(T)] <10.0000>: 70                //输入偏移距离
选择要偏移的对象或<退出>:                              //选择线段 A
指定要偏移的那一侧上的点:                              //在线段 A 的右边单击一点
选择要偏移的对象<退出>:                                //按 Enter 键结束
命令:OFFSET                                           //重复命令
指定偏移距离或 <70.0000>: 74                          //输入偏移距离
选择要偏移的对象或 <退出>:                             //选择线段 B
指定要偏移的那一侧上的点:                              //在线段 B 的上边单击一点
选择要偏移的对象或 <退出>:                             //按 Enter 键结束
```

结果如图 2-33（a）所示。用 TRIM 命令修剪多余线条，结果如图 2-33（b）所示。

（2）用 OFFSET、EXTEND 及 TRIM 命令绘制图形的其余部分。

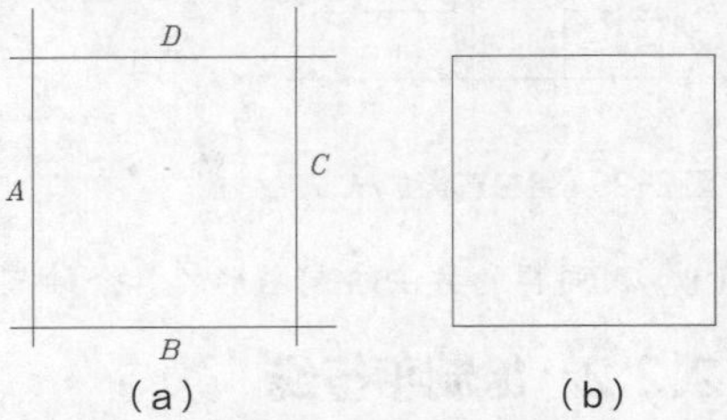

（a）　（b）

图 2-33　绘制平行线及修剪多余线条

2. 命令选项

- 指定偏移距离：输入偏移距离值，系统将根据此数值偏移原始对象，产生新对象。
- 通过（T）：通过指定点创建新的偏移对象。

2.2.3 过直线上一点绘制垂线及倾斜线段

如果要过直线上一点画垂线及倾斜线段，可采取以下方式。

（1）利用延伸捕捉“EXT”确定直线上的点，再通过 LINE 命令的“角度（A）”选项指定画线的角度。

（2）利用延伸捕捉“EXT”确定直线上的点，在系统提示输入下一点时，输入一个小于号“<”及角度值，该角度表明了画线的方向，系统将把鼠标光标锁定在此方向上。移动鼠标光标，线段的长度就发生变化，获取适当长度后，单击鼠标左键结束，这种画线方式称为角度覆盖。

【练习 2-14】：画垂线及倾斜线段。

打开素材文件“dwg\第 2 章\2-14.dwg”，如图 2-34 所示，利用角度覆盖方式画垂线 *BC* 和斜线 *DE*。

```
命令: _line 指定第一点: ext                          //使用延伸捕捉“EXT”
于 20                                                //输入点 B 与点 A 的距离
指定下一点或 [角度(A)/长度(L)/放弃(U)]: <120
                                                     //指定线段 BC 的方向
                                                     //也可利用“角度”选项设定画线方向
指定下一点或 [放弃(U)]:                              //在点 C 处单击
指定下一点或 [放弃(U)]:                              //按 Enter 键结束
命令:LINE                                            //重复命令
指定第一点: ext                                      //使用延伸捕捉“EXT”
```

```
于 50                                          //输入点 D 与点 A 的距离
指定下一点或 [[角度(A)/长度(L)/放弃(U)]: <130
                                               //指定线段 DE 的方向
指定下一点或 [放弃(U)]:                         //在点 E 处单击
指定下一点或 [放弃(U)]:                         //按 Enter 键结束
```

结果如图2-34所示。

2.2.4　用LINE及XLINE命令绘制任意角度斜线

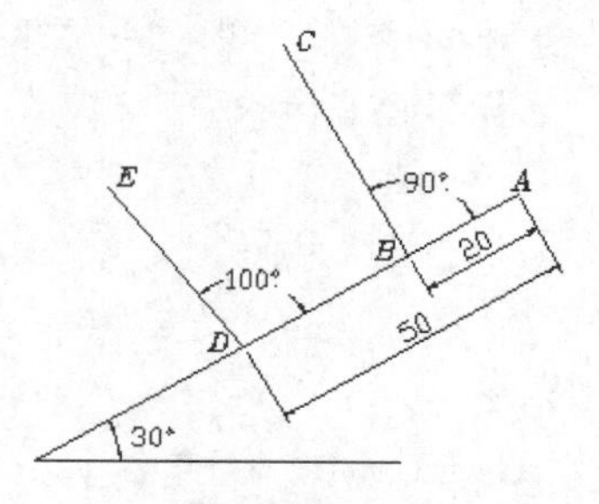

图2-34　绘制垂线及斜线

XLINE命令可以画无限长的构造线，利用它能直接画出水平方向、竖直方向、倾斜方向及平行关系的线段。作图过程中采用此命令画定位线或绘图辅助线是很方便的。

1. 命令启动方法

- 菜单命令：【绘图】/【构造线】。
- 面板：【常用】选项卡中【绘制】面板上的按钮。
- 命令：XLINE或简写XL。

【练习2-15】：打开素材文件"dwg\第2章\2-15.dwg"，如图2-35（a）所示，用LINE、XLINE、TRIM等命令将其修改为图2-35（b）所示的图形。

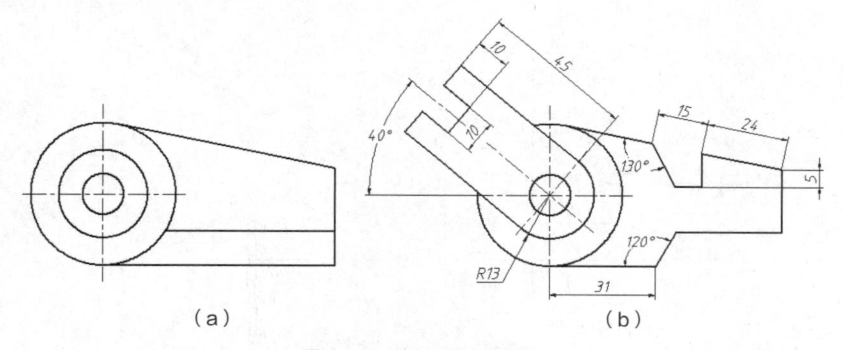

图2-35　绘制任意角度斜线

（1）用XLINE命令绘制直线G、H、I，用LINE命令绘制斜线J，如图2-36（a）所示。

```
命令: _xline 指定点或 [水平(H)/垂直(V)/角度(A)/二等分(B)/偏移(O)]: v
                                               //使用"垂直(V)"选项
指定通过点: ext                                 //捕捉延伸点 B
于 24                                          //输入点 B 与点 A 的距离
指定通过点:                                     //按 Enter 键结束
命令:XLINE                                     //重复命令
指定点或 [水平(H)/垂直(V)/角度(A)/二等分(B)/偏移(O)]: h
                                               //使用"水平(H)"选项
指定通过点: ext                                 //捕捉延伸点 C
于 5                                           //输入点 C 与点 A 的距离
```

```
指定通过点:                                              //按 Enter 键结束
命令:XLINE                                               //重复命令
指定点或 [水平(H)/垂直(V)/角度(A)/二等分(B)/偏移(O)]: a
                                                         //使用“角度(A)”选项
输入构造线的角度 (0) 或 [参照(R)]:  r                    //使用“参照(R)”选项
选择直线对象:                                            //选择线段 AB
输入构造线的角度 <0>: 130                                //输入构造线与线段 AB 的夹角
指定通过点: ext                                          //捕捉延伸点 D
于 39                                                    //输入点 D 与点 A 的距离
指定通过点:                                              //按 Enter 键结束
命令: _line 指定第一点: ext                              //捕捉延伸点 F
于 31                                                    //输入点 F 与点 E 的距离
指定下一点或 [放弃(U)]: <60                              //设定画线的角度
指定下一点或 [放弃(U)]:                                  //沿 60° 方向移动鼠标光标
指定下一点或 [放弃(U)]:                                  //单击一点结束
```

结果如图 2-36（a）所示。修剪多余线条，结果如图 2-36（b）所示。

（2）用 XLINE、OFFSET、TRIM 等命令绘制图形的其余部分。

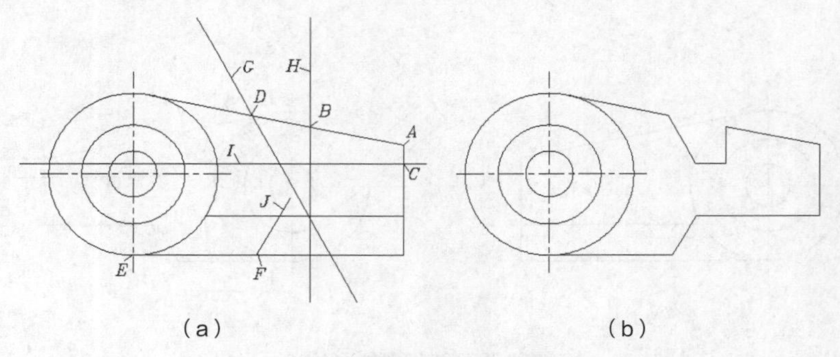

图 2-36　绘制斜线及修剪线条

2. 命令选项

- 水平（H）：绘制水平方向直线。
- 垂直（V）：绘制竖直方向直线。
- 角度（A）：通过某点绘制一条与已知直线成一定角度的直线。
- 二等分（B）：绘制一条平分已知角度的直线。
- 偏移（O）：可输入一个偏移距离来绘制平行线，或者指定直线通过的点来创建新平行线。

2.2.5　上机练习——利用 OFFSET 及 TRIM 命令快速绘制线段

OFFSET 命令可以偏移已有图形对象生成新对象，因此在绘图时并不需要用 LINE 命令绘制图中的每一条线段。用户可首先绘制出主要的作图基准线，然后使用 OFFSET 命令偏移这些线条，再修剪多余部分就生成新图形。

【练习 2-16】：利用 LINE、OFFSET、TRIM 等命令绘制平面图形，如图 2-37 所示。

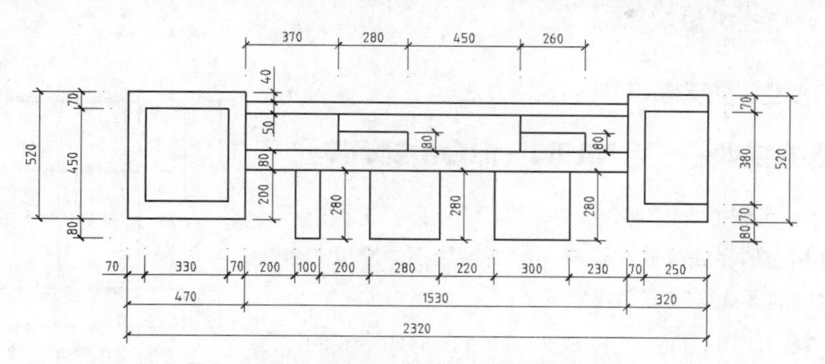

图 2-37　用 LINE、OFFSET、TRIM 等命令绘图

主要作图步骤如图 2-38 所示。

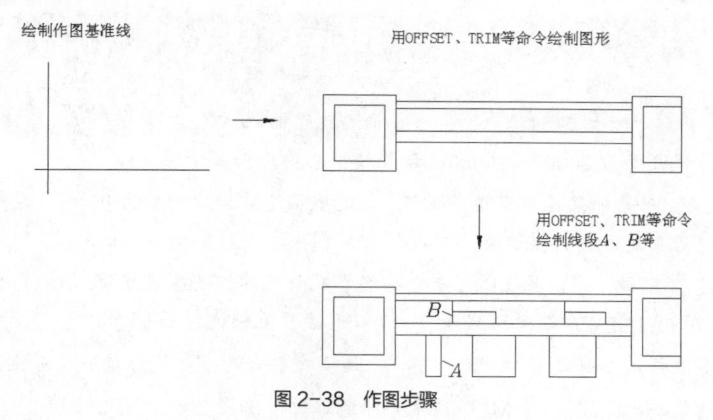

图 2-38　作图步骤

【练习 2-17】：利用 LINE、XLINE、OFFSET、TRIM 等命令绘制平面图形，如图 2-39 所示。

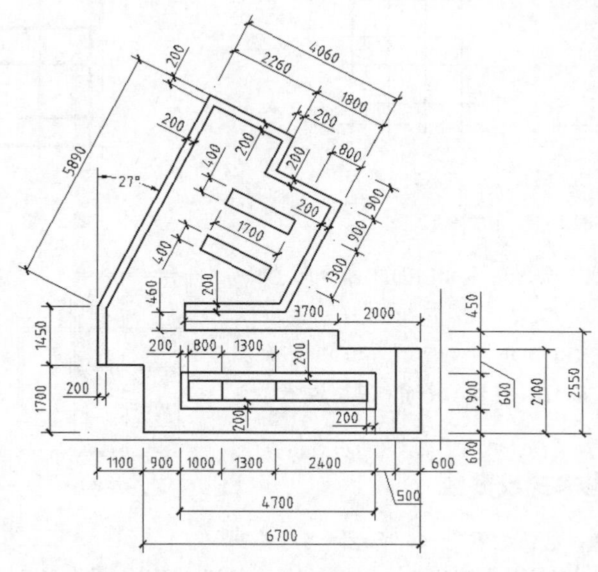

图 2-39　用 LINE、XLINE、OFFSET、TRIM 等命令绘图

2.3 多线、多段线及射线

本节将介绍多线、多段线及射线的绘制方法。

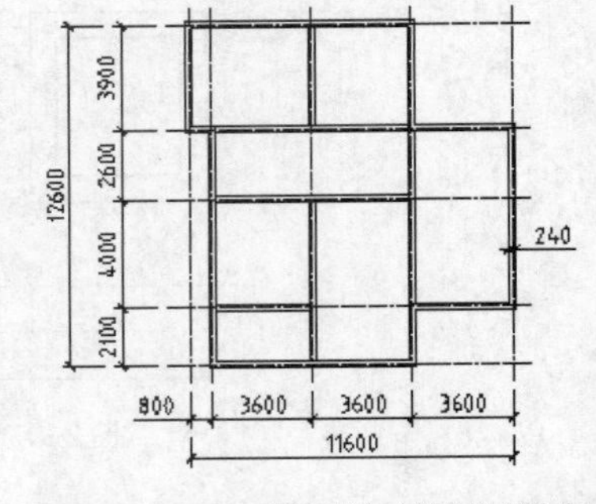

图2-40 用LINE、OFFSET、MLINE等命令画图

2.3.1 课堂实训——用 MLINE 命令绘制墙体

用 MLINE 命令可以很方便地绘制墙体线。绘制前，先根据墙体的厚度建立相应的多线样式，这样，每当创建不同厚度的墙体时，就使对应的多线样式成为当前样式即可。

【练习 2-18】: 用 LINE、OFFSET、MLINE 等命令绘制图 2-40 所示的建筑平面图。

（1）创建以下图层。

名称	颜色	线型	线宽
建筑-轴线	红色	Center	默认
建筑-墙线	白色	Continuous	0.7

（2）设定绘图区域大小为 20000×20000，设置线型全局比例因子为 20。

（3）打开极轴追踪、对象捕捉及自动追踪功能。指定极轴追踪角度增量为 90°，设定对象捕捉方式为“端点”“交点”，设置仅沿正交方向自动追踪。

（4）切换到“建筑-轴线”层。用 LINE 命令画水平及竖直的作图基准线 *A*、*B*，其长度约为 15000，如图 2-41（a）所示。用 OFFSET 命令偏移线段 *A*、*B* 以形成其他轴线，如图 2-41（b）所示。

（5）创建一个多线样式，样式名为“墙体 24”。该多线包含两条直线，偏移量分别为 120、–120。

（6）切换到“建筑-墙线”层，用 MLINE 命令绘制墙体，如图 2-42 所示。

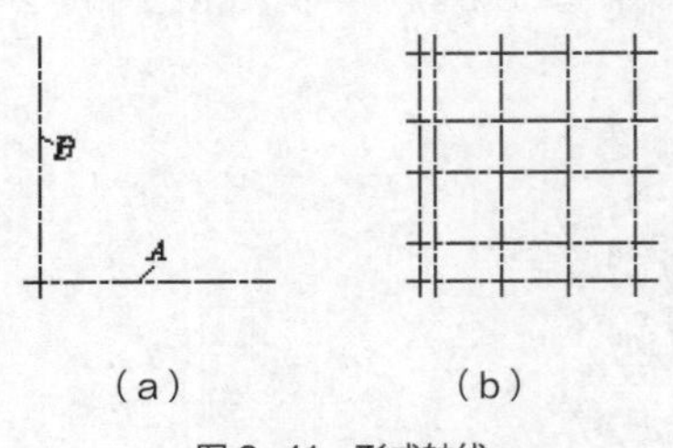

（a）　　（b）

图2-41 形成轴线

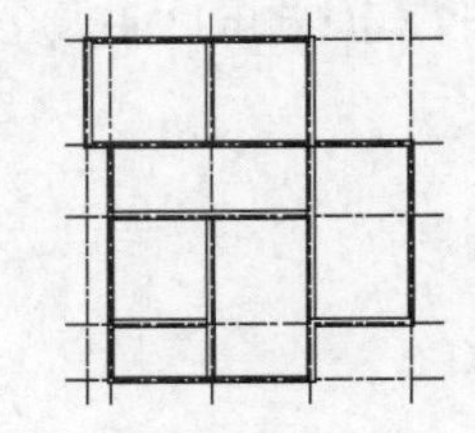
图2-42 绘制墙体

（7）关闭“建筑-轴线”层，利用 MLEDIT 命令的“T 形闭合”选项编辑多线交点 *C*、*D*、*E*、*F*、*G*、*H*、*I*、*J*，如图 2-43（a）所示。用 EXPLODE 命令分解所有多线，然后用 TRIM 命令修剪交点 *K*、*L*、*M* 处的多余线条，结果如图 2-43（b）所示。

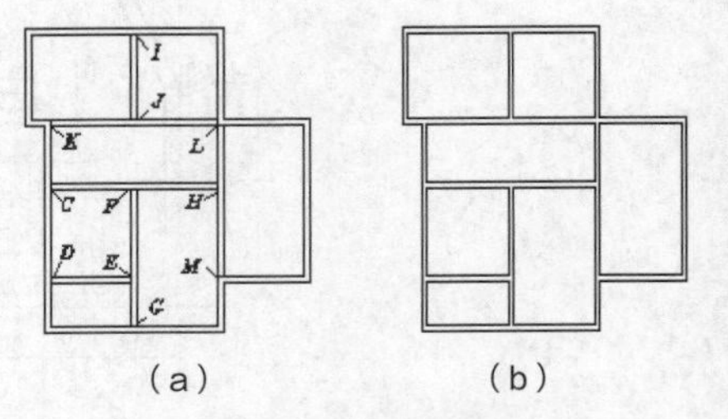

（a）　　（b）

图2-43 编辑多线

2.3.2 创建多线样式及多线

MLINE 命令用于创建多线，如图 2-44 所示。多线是由多条平行直线组成的对象，其最多可包含 16 条平行线，线间的距离、线的数量、线条颜色及线型等都可

以调整，该对象常用于绘制墙体、公路或管道等。

MLSTYLE 命令用于生成多线样式。多线的外观由多线样式决定，在多线样式中用户可以设定多线中线条的数量、每条线的颜色和线型、线间的距离等，还能指定多线两个端头的形式，如弧形端头、平直端头等。

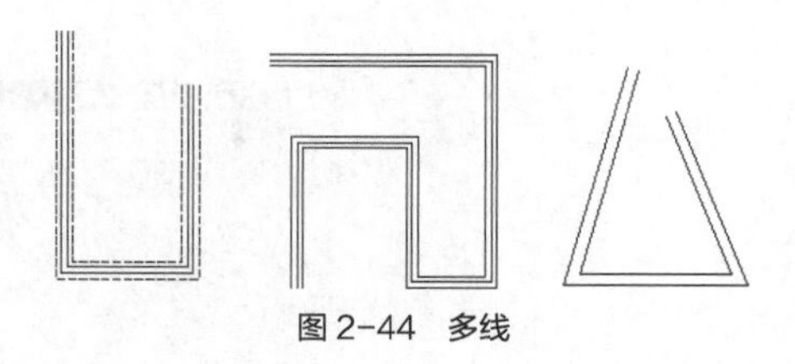

图 2-44　多线

多线样式的命令启动方法如表 2-2 所示。

表 2-2　启动命令的方法

方　　式	多 线 样 式	多　　线
菜单命令	【格式】/【多线样式】	【绘图】/【多线】
面板	【工具】选项卡中【样式管理器】面板上的 多线样式 按钮	
命令	MLSTYLE	MLINE 或简写 ML

【练习 2-19】：创建多线样式及多线。

（1）打开素材文件“dwg\第 2 章\2-19.dwg”。

（2）启动 MLSTYLE 命令，弹出【多线样式】对话框，如图 2-45 所示。

（3）单击 新建(N)... 按钮，弹出【创建新多线样式】对话框，如图 2-46 所示。在【新样式名称】文本框中输入新样式的名称“样式-240”，在【基础样式】下拉列表中选择样板样式，默认的样板样式是【STANDARD】。

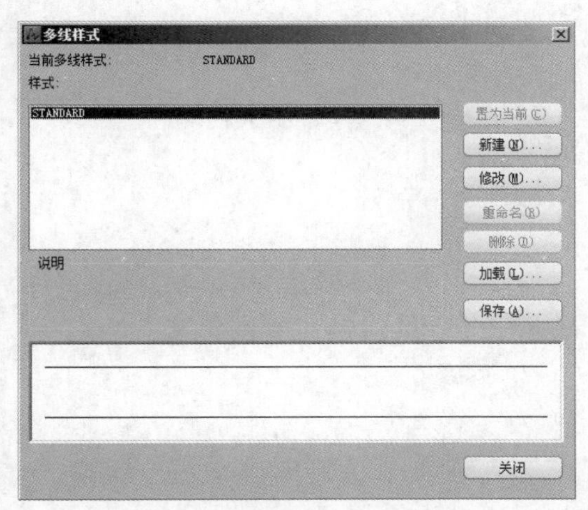

图 2-45　【多线样式】对话框

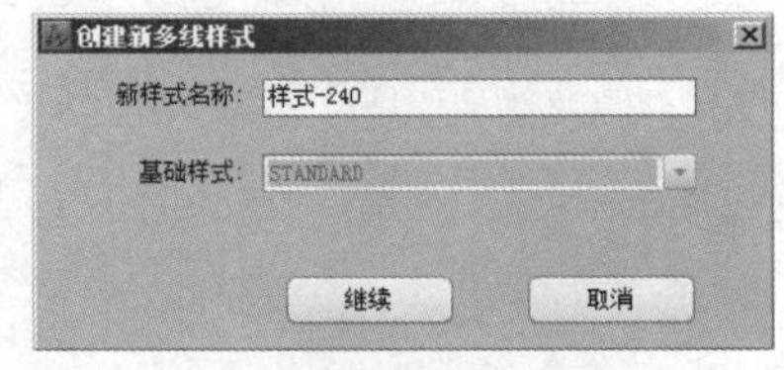

图 2-46　【创建新多线样式】对话框

（4）单击 继续 按钮，弹出【新建多线样式：样式-240】对话框，如图 2-47 所示。在该对话框中完成以下设置。

- 在【说明】文本框中输入关于多线样式的说明文字。
- 在【元素】列表框中选中“0.5”，然后在【偏移】文本框中输入数值“120”。
- 在【元素】列表框中选中“-0.5”，然后在【偏移】文本框中输入数值“-120”。

（5）单击 确定 按钮，返回【多线样式】对话框，然后单击 置为当前(U) 按钮，使新样式成为当前样式。

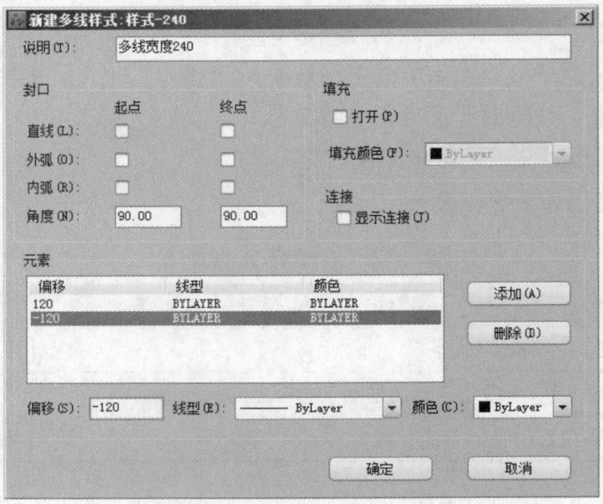

图 2-47 【新建多线样式：样式-240】对话框

（6）前面创建了多线样式，下面用 MLINE 命令生成多线。

```
命令： _mline
指定起点或 [对正(J)/比例(S)/样式(ST)]:  s        //选用“比例(S)”选项
输入多线比例 <20.00>:  1                        //输入缩放比例值
指定起点或 [对正(J)/比例(S)/样式(ST)]:  j        //选用“对正(J)”选项
输入对正类型 [上(T)/无(Z)/下(B)] <无>:  z        //设定对正方式为“无”
指定起点或 [对正(J)/比例(S)/样式(ST)]:           //捕捉点 A，如图 2-48(b)所示
指定下一点:                                      //捕捉点 B
指定下一点或 [放弃(U)]:                          //捕捉点 C
指定下一点或 [闭合(C)/放弃(U)]:                  //捕捉点 D
指定下一点或 [闭合(C)/放弃(U)]:                  //捕捉点 E
指定下一点或 [闭合(C)/放弃(U)]:                  //捕捉点 F
指定下一点或 [闭合(C)/放弃(U)]:  c               //使多线闭合
命令:MLINE                                       //重复命令
指定起点或 [对正(J)/比例(S)/样式(ST)]:           //捕捉点 G
指定下一点:                                      //捕捉点 H
指定下一点或 [放弃(U)]:                          //按 Enter 键结束
命令:MLINE                                       //重复命令
指定起点或 [对正(J)/比例(S)/样式(ST)]:           //捕捉点 I
指定下一点:                                      //捕捉点 J
指定下一点或 [放弃(U)]:                          //按 Enter 键结束
```

结果如图 2-48（a）所示。保存文件，该文件在后面将继续使用。

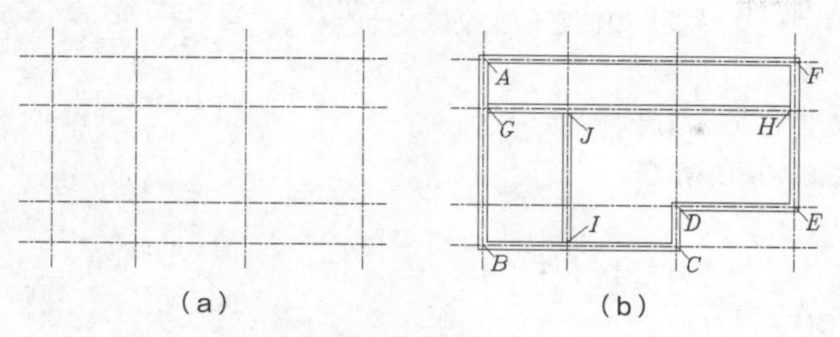

图2-48　绘制多线

【新建多线样式】对话框中的一些选项介绍如下。

- 添加(A) 按钮：单击此按钮，系统在多线中添加一条新线，该线的偏移量可在【偏移】文本框中输入。
- 【显示连接】：选中该复选项，则系统在多线拐角处显示连接线，如图2-49（a）所示。
- 【直线】：在多线的两端产生直线封口形式，如图2-49（b）所示。
- 【外弧】：在多线的两端产生外圆弧封口形式，如图2-49（b）所示。
- 【内弧】：在多线的两端产生内圆弧封口形式，如图2-49（b）所示。
- 【角度】：该角度是指多线某一端的端口连线与多线的夹角，如图2-49（b）所示。
- 【填充颜色】下拉列表：通过此下拉列表设置多线的填充色。

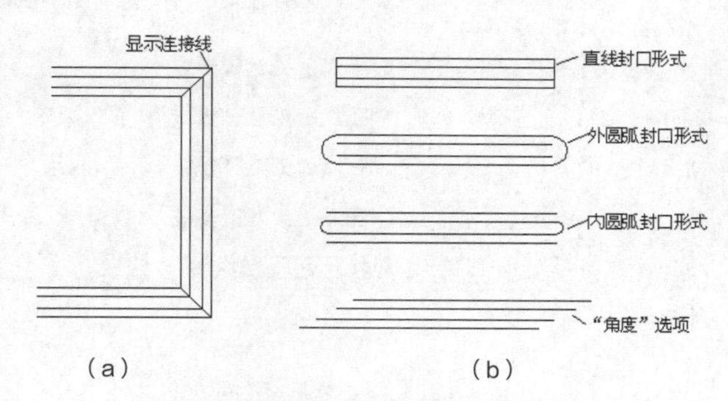

图2-49　多线的各种特性

MLINE的命令选项介绍如下。

- 对正（J）：设定多线的对正方式，即多线中哪条线段的端点与鼠标光标重合并随之移动，该选项有以下3个子选项。

—— 上（T）：若从左往右绘制多线，则对正点将在最顶端线段的端点处。

—— 无（Z）：对正点位于多线中偏移量为0的位置处。多线中线条的偏移量可在多线样式中设定。

—— 下（B）：若从左往右绘制多线，则对正点将在最底端线段的端点处。

- 比例（S）：指定多线宽度相对于定义宽度（在多线样式中定义）的比例因子，该比例不影响线型比例。
- 样式（ST）：该选项使用户可以选择多线样式，默认样式是"STANDARD"。

2.3.3 编辑多线

MLEDIT命令用于编辑多线，其主要功能如下。

（1）改变两条多线的相交形式，如使它们相交成“十”字形或“T”字形。

（2）在多线中加入控制顶点或删除顶点。

（3）将多线中的线条切断或接合。

命令启动方法：

- 菜单命令：【修改】/【对象】/【多线】。
- 命令：MLEDIT。

继续前面的练习，下面用MLEDIT命令编辑多线。

（1）启动MLEDIT命令，打开【多线编辑工具】对话框，如图2-50所示。该对话框中的小型图片形象地说明了各项编辑功能。

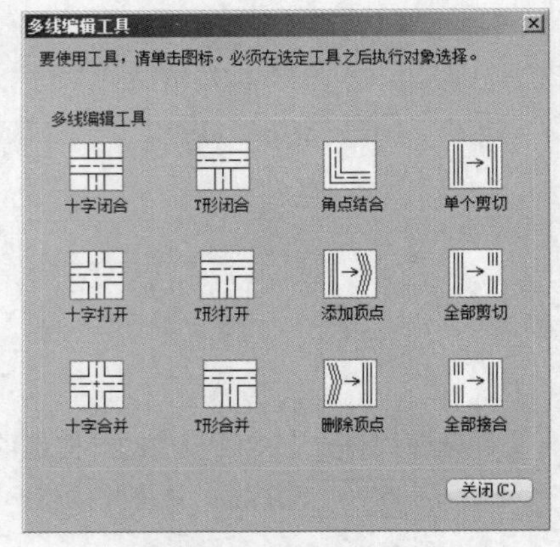

图2-50 【多线编辑工具】对话框

（2）选择【T形合并】选项，系统提示如下。

```
命令：_mledit
选择第一条多线：                    //在点A处选择多线，如图2-51(a)所示
选择第二条多线：                    //在点B处选择多线
选择第一条多线 或 [放弃(U)]：       //在点C处选择多线
选择第二条多线：                    //在点D处选择多线
选择第一条多线 或 [放弃(U)]：       //在点E处选择多线
选择第二条多线：                    //在点F处选择多线
选择第一条多线 或 [放弃(U)]：       //在点G处选择多线
选择第二条多线：                    //在点H处选择多线
选择第一条多线 或 [放弃(U)]：       //按Enter键结束
```

结果如图2-51（b）所示。

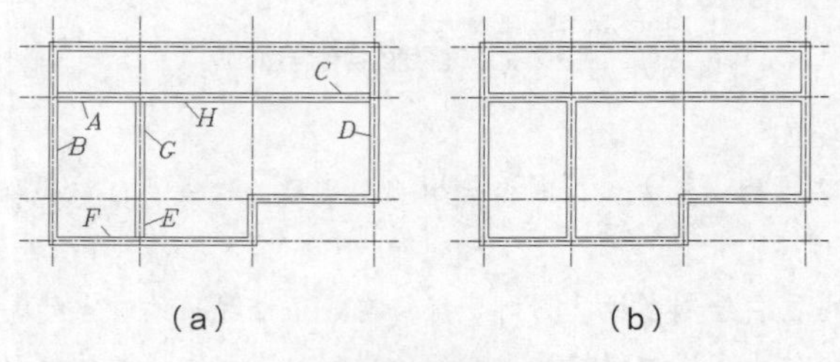

图2-51 编辑多线

2.3.4 创建及编辑多段线

PLINE命令用来创建二维多段线。多段线是由几段线段和圆弧构成的连续线条，它是一个单独的图形对象。二维多段线具有以下特点。

- 能够设定多段线中线段及圆弧的宽度。
- 可以利用有宽度的多段线形成实心圆、圆环或带锥度的粗线等。
- 能一次对多段线的所有交点进行倒圆角或倒角处理。

在绘制图 2-52 所示图形的外轮廓时，可利用多段线构图。用户首先用 LINE、CIRCLE 等命令形成外轮廓线框，然后用 PEDIT 命令将此线框编辑成一条多段线，最后用 OFFSET 命令偏移多段线就形成了内轮廓线框。图中的长槽或箭头可使用 PLINE 命令一次绘制出来。

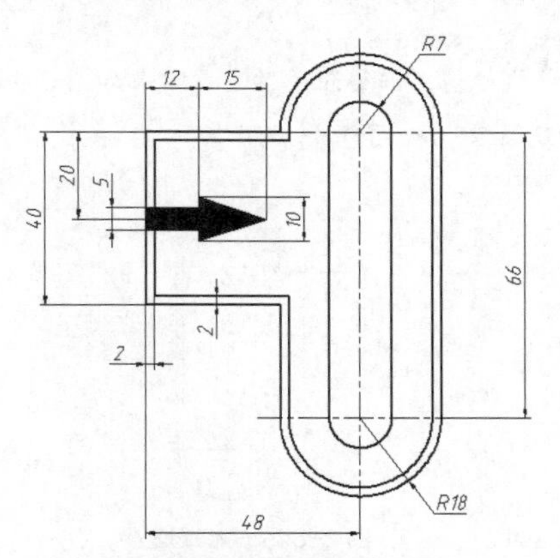

图 2-52　绘制及编辑多段线

启动 PLINE 命令的方法如表 2-3 所示。

表 2-3　启动命令的方法

方　式	多　段　线	编辑多段线
菜单命令	【绘图】/【多段线】	【修改】/【对象】/【多段线】
面板	【常用】选项卡中【绘制】面板上的按钮	【常用】选项卡中【修改】面板上的按钮
命令	PLINE 或简写 PL	PEDIT 或简写 PE

【练习 2-20】：用 LINE、PLINE、PEDIT 等命令绘制图 2-52 所示的图形。

（1）创建两个图层。

名称	颜色	线型	线宽
轮廓线层	白色	Continuous	0.5
中心线层	红色	Center	默认

（2）设定线型全局比例因子为 0.2，设定绘图区域大小为 100 × 100，然后双击鼠标滚轮，使绘图区域充满整个图形窗口显示出来。

（3）打开极轴追踪、对象捕捉及自动追踪功能。设置极轴追踪角度增量为 90°，设置对象捕捉方式为“端点”“交点”。

（4）用 LINE、CIRCLE、TRIM 等命令绘制定位中心线及闭合线框 *A*，如图 2-53 所示。

（5）用 PEDIT 命令将线框 *A* 编辑成一条多段线。

```
命令: _pedit                                        //启动编辑多段线命令
选择多段线或 [多条(M)]:                              //选择线框 A 中的一条线段
是否将其转换为多段线? <Y>                            //按 Enter 键
输入选项 [闭合(C)/合并(J)/宽度(W)/编辑顶点(E)/拟合(F)/样条曲线(S)/非曲线化(D)/
线型生成(L)/放弃(U)]:                               //使用“合并(J)”选项
```

```
选择对象:总计 11 个                                    //选择线框 A 中的其余线条
选择对象:                                              //按 Enter 键
输入选项 [打开(O)/合并(J)/宽度(W)/编辑顶点(E)/拟合(F)/样条曲线(S)/非曲线化(D)/
线型生成(L)/放弃(U)]:                                  //按 Enter 键结束
```

（6）用 OFFSET 命令向内偏移线框 *A*，偏移距离为 2，结果如图 2-54 所示。

（7）用 PLINE 命令绘制长槽及箭头，如图 2-55 所示。

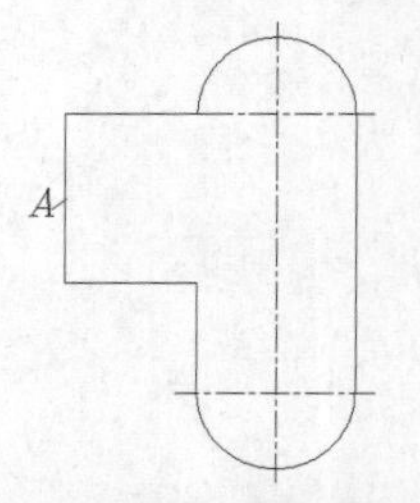

图 2-53 绘制定位中心线及闭合线框 *A*

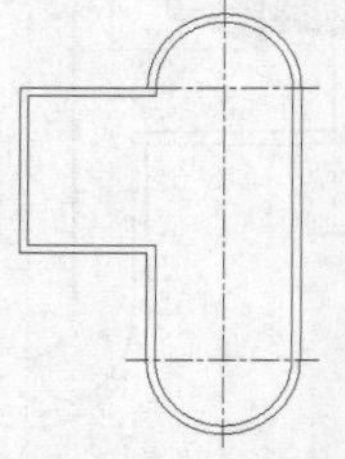
图 2-54 偏移线框

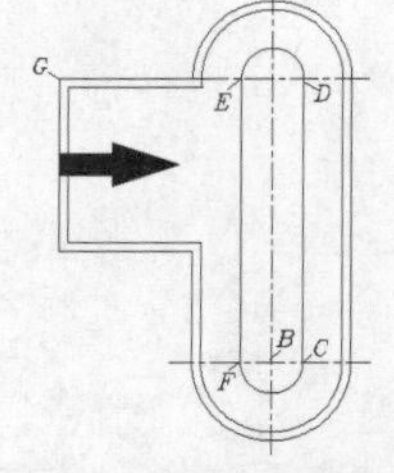

图 2-55 绘制长槽及箭头

```
命令: _pline                                           //启动绘制多段线命令
指定起点: 7                                            //从点 B 向右追踪并输入追踪距离
指定下一个点或 [圆弧(A)/半宽(H)/长度(L)/放弃(U)/宽度(W)]:
                                                       //从点 C 向上追踪并捕捉交点 D
指定下一点或 [圆弧(A)/闭合(C)/半宽(H)/长度(L)/放弃(U)/宽度(W)]: a
                                                       //使用"圆弧(A)"选项
指定圆弧的端点或[角度(A)/圆心(CE)/闭合(CL)/方向(D)/半宽(H)/直线(L)/半径(R)/
第二个点(S)/放弃(U)/宽度(W)]: 14                       //从点 D 向左追踪并输入追踪距离
指定圆弧的端点或[角度(A)/圆心(CE)/闭合(CL)/方向(D)/半宽(H)/直线(L)/半径(R)/
第二个点(S)/放弃(U)/宽度(W)]: l                        //使用"直线(L)"选项
指定下一点或 [圆弧(A)/闭合(C)/半宽(H)/长度(L)/放弃(U)/宽度(W)]:
                                                       //从点 E 向下追踪并捕捉交点 F
指定下一点或 [圆弧(A)/闭合(C)/半宽(H)/长度(L)/放弃(U)/宽度(W)]: a
                                                       //使用"圆弧(A)"选项
指定圆弧的端点或[角度(A)/圆心(CE)/闭合(CL)/方向(D)/半宽(H)/直线(L)/半径(R)/
第二个点(S)/放弃(U)/宽度(W)]:                          //从点 F 向右追踪并捕捉端点 C
指定圆弧的端点或[角度(A)/圆心(CE)/闭合(CL)/方向(D)/半宽(H)/直线(L)/半径(R)/
第二个点(S)/放弃(U)/宽度(W)]:                          //按 Enter 键结束
命令:PLINE                                             //重复命令
指定起点: 20                                           //从点 G 向下追踪并输入追踪距离
指定下一个点或 [圆弧(A)/半宽(H)/长度(L)/放弃(U)/宽度(W)]: w
                                                       //使用"宽度(W)"选项
指定起点宽度 <0.0000>: 5                               //输入多段线起点宽度值
```

```
指定端点宽度 <5.0000>:                                    //按Enter键
指定下一个点或 [圆弧(A)/半宽(H)/长度(L)/放弃(U)/宽度(W)]: 12
                                                          //向右追踪并输入追踪距离
指定下一点或 [圆弧(A)/闭合(C)/半宽(H)/长度(L)/放弃(U)/宽度(W)]: w
                                                          //使用"宽度(W)"选项
指定起点宽度 <5.0000>: 10                                 //输入多段线起点宽度值
指定端点宽度 <10.0000>: 0                                 //输入多段线终点宽度值
指定下一点或 [圆弧(A)/闭合(C)/半宽(H)/长度(L)/放弃(U)/宽度(W)]: 15
                                                          //向右追踪并输入追踪距离
指定下一点或 [圆弧(A)/闭合(C)/半宽(H)/长度(L)/放弃(U)/宽度(W)]:
                                                          //按Enter键结束
```

结果如图 2-55 所示。

2.3.5 分解多线及多段线

EXPLODE 命令（简写 X）可将多线、多段线、块、标注及面域等复杂对象分解成中望 CAD 基本图形对象。例如，连续的多段线是一个单独对象，用 EXPLODE 命令"炸开"后，多段线的每一段都是独立对象。

输入 EXPLODE 命令（简写 X）或单击【修改】工具栏上的按钮，系统提示"选择对象"，用户选择图形对象后，系统就对其进行分解。

2.3.6 绘制射线

RAY 命令用于创建无限延伸的单向射线。操作时，用户只需指定射线的起点及另一通过点，该命令可一次创建多条射线。

1. 命令启动方法

- 菜单命令：【绘图】/【射线】。
- 面板：【常用】选项卡中【绘制】面板上的按钮。
- 命令：RAY。

【练习 2-21】： 绘制两个圆，然后用 RAY 命令绘制射线，如图 2-56 所示。

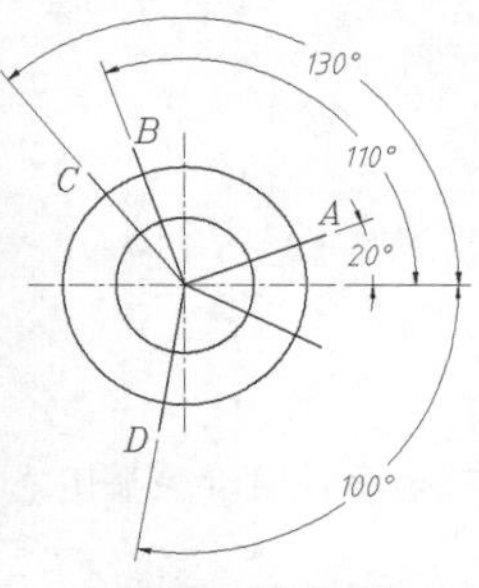

图 2-56 绘制射线

```
命令: _ray
射线: 等分(B)/水平(H)/竖直(V)/角度(A)/偏移(O)/<射线起点>: cen 于          //捕捉圆心
指定通过点: <20                    //设定画线角度
指定通过点:                        //单击点 A
指定通过点: <110                   //设定画线角度
指定通过点:                        //单击点 B
指定通过点: <130                   //设定画线角度
指定通过点:                        //单击点 C
指定通过点: <-100                  //设定画线角度
```

指定通过点：	//单击点 *D*
指定通过点：	//按 Enter 键结束

结果如图2-56所示。

2. 命令选项

- 等分（B）：绘制线段、圆弧的垂直平分线及角平分线。
- 水平（H）：绘制水平方向直线。
- 垂直（V）：绘制竖直方向直线。
- 角度（A）：指定角度画线，或者通过某点绘制一条与已知直线成一定角度的直线。
- 偏移（O）：可输入一个偏移距离来绘制平行线，或者指定直线通过的点来创建新平行线。

2.3.7 上机练习——使用LINE、MLINE及PLINE等命令绘图

【练习2-22】：创建图层，设置粗实线宽度0.7，点画线宽度默认。设定绘图区域大小为15000×15000。用LINE、OFFSET、MLINE、PLINE等命令绘图，如图2-57所示。

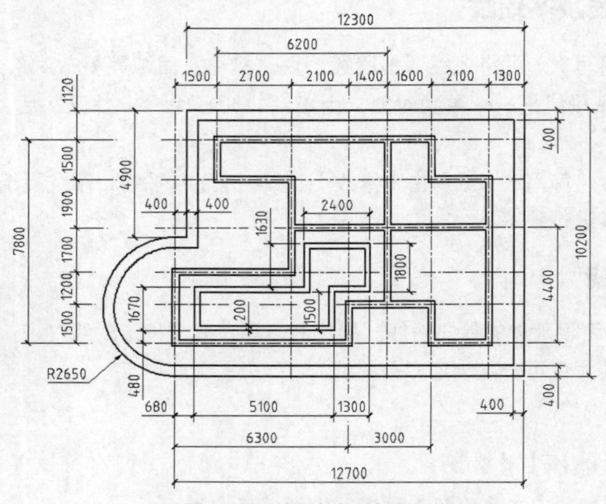

图2-57　绘制多线及多段线

主要作图步骤如图2-58所示。

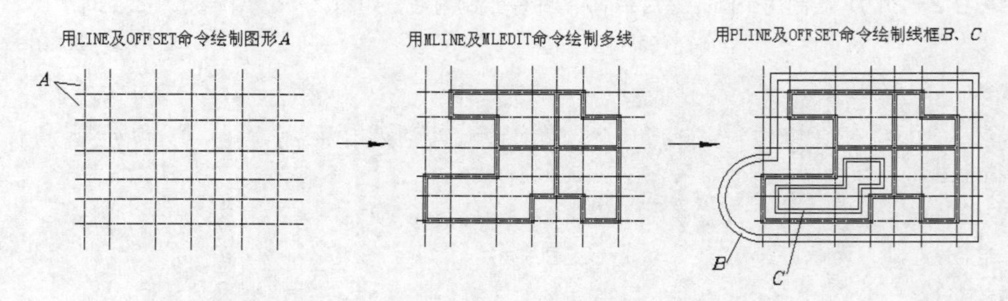

图2-58　练习2-22绘图过程

【练习2-23】：创建图层，设置粗实线宽度0.7，细实线宽度默认。设定绘图区域大小为15000×15000。用LINE、PLINE、OFFSET等命令绘图，如图2-59所示。

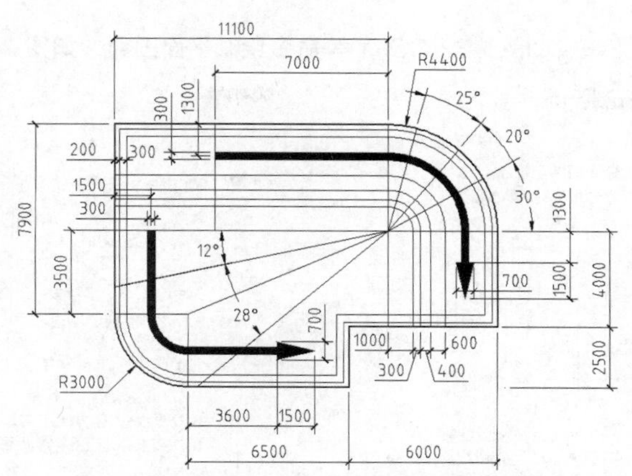

图 2-59　用 LINE、PLINE、OFFSET 等命令绘图

主要作图步骤如图 2-60 所示。

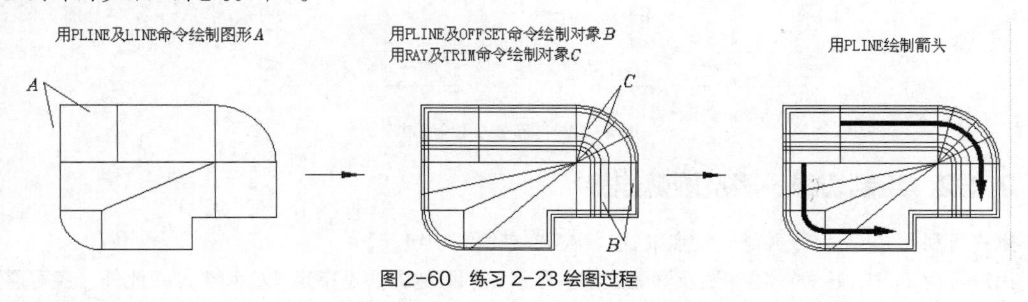

图 2-60　练习 2-23 绘图过程

2.4 绘制切线、圆及圆弧连接

本节主要内容包括绘制切线、圆及圆弧连接等。

2.4.1 课堂实训——绘制圆及圆弧构成的平面图形

实训的任务是绘制图 2-61 所示的平面图形，该图形由线段、圆及圆弧组成。先绘制圆的定位线及圆，然后绘制切线及过渡圆弧。

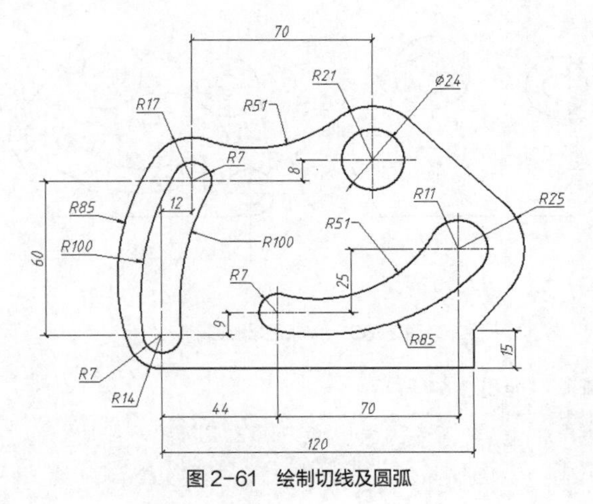

图 2-61　绘制切线及圆弧

【练习 2-24】：用 LINE、CIRCLE、COPY 等命令绘制平面图形，如图 2-61 所示。

主要绘图过程如图 2-62 所示。

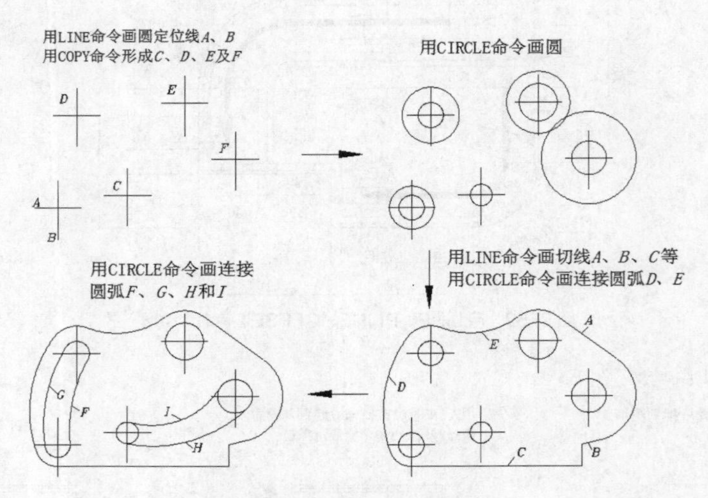

图 2-62　练习 2-24 绘图过程

2.4.2　绘制切线、圆及圆弧连接

用户可利用 LINE 命令并结合切点捕捉"TAN"来绘制切线。

用户可用 CIRCLE 命令绘制圆及圆弧连接。默认绘制圆的方法是指定圆心和半径，此外，还可通过两点或 3 点来绘制圆。

1. 命令启动方法

- 菜单命令：【绘图】/【圆】。
- 面板：【常用】选项卡中【绘制】面板上的按钮。
- 命令：CIRCLE 或简写 C。

【练习 2-25】：打开素材文件"dwg\第 2 章\2-25.dwg"，如图 2-63（a）所示，用 LINE、CIRCLE 等命令将其修改为图 2-63（b）所示的图形。

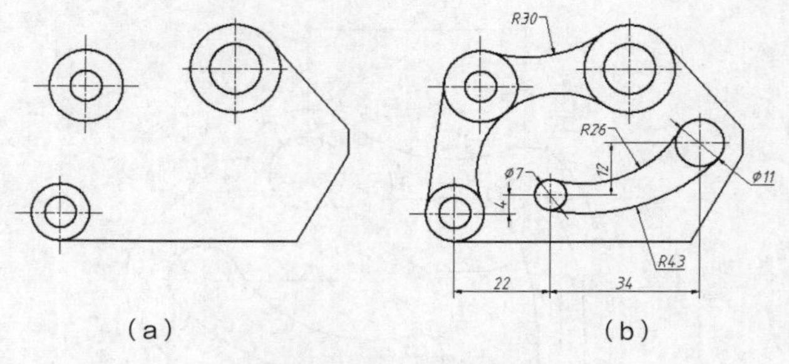

图 2-63　绘制圆及过渡圆弧

（1）绘制切线及过渡圆弧，如图 2-64 所示。

```
命令: _line 指定第一点: tan 到                //捕捉切点 A
指定下一点或 [放弃(U)]: tan 到                //捕捉切点 B
```

```
指定下一点或 [放弃(U)]:                              //按Enter键结束
命令: _circle 指定圆的圆心或 [三点(3P)/两点(2P)/相切、相切、半径(T)]: 3p
                                                    //使用"三点(3P)"选项
指定圆上的第一点: tan 到                             //捕捉切点 D
指定圆上的第二点: tan 到                             //捕捉切点 E
指定圆上的第三点: tan 到                             //捕捉切点 F
命令:CIRCLE                                          //重复命令
指定圆的圆心或 [三点(3P)/两点(2P)/相切、相切、半径(T)]: t
                                                    //利用"相切、相切、半径(T)"选项
指定对象与圆的第一个切点:                            //捕捉切点 G
指定对象与圆的第二个切点:                            //捕捉切点 H
指定圆的半径 <10.8258>:30                            //输入圆半径
命令:CIRCLE                                          //重复命令
指定圆的圆心或 [三点(3P)/两点(2P)/相切、相切、半径(T)]: from
                                                    //使用正交偏移捕捉
基点: int 于                                         //捕捉交点 C
<偏移>: @22,4                                        //输入相对坐标
指定圆的半径或 [直径(D)] <30.0000>: 3.5              //输入圆半径
```

结果如图 2-64（a）所示。修剪多余线条，结果如图 2-64（b）所示。

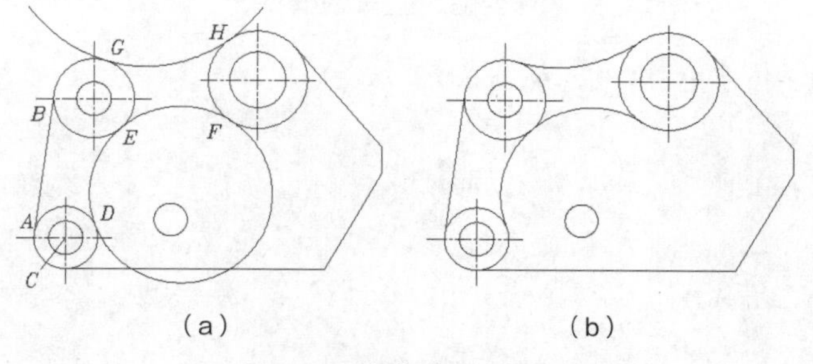

图 2-64　绘制切线及过渡圆弧

（2）用 LINE、CIRCLE 等命令绘制图形的其余部分。

2. 命令选项

- 三点（3P）：输入 3 个点绘制圆。
- 两点（2P）：指定直径的两个端点绘制圆。
- 相切、相切、半径(T)：选取与圆相切的两个对象，然后输入圆半径。

2.4.3　倒圆角及倒角

FILLET 命令用于倒圆角，操作的对象包括直线、多段线、样条线、圆及圆弧等。

CHAMFER 命令用于倒角，倒角时用户可以输入每条边的倒角距离，也可以指定某条边上倒角的长度及与此边的夹角。

用 FILLET 及 CHAMFER 命令倒圆角和倒角时，系统将显示预览图像，这样可直观感受到操作后的效果。

命令启动方法如表 2-4 所示。

表 2-4 命令启动方法

方　式	倒　圆　角	倒　　角
菜单命令	【修改】/【圆角】	【修改】/【倒角】
面板	【常用】选项卡中【修改】面板上的按钮	【常用】选项卡中【修改】面板上的按钮
命令	FILLET 或简写 F	CHAMFER 或简写 CHA

【练习 2-26】：打开素材文件"dwg\第 2 章\2-26.dwg"，如图 2-65（a）所示，用 FILLET 及 CHAMFER 命令将其修改为图 2-65（b）所示的图形。

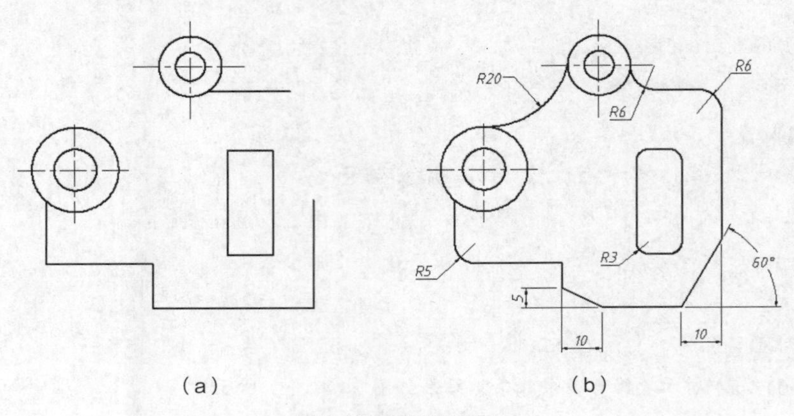

图 2-65 倒圆角及倒角

（1）倒圆角，圆角半径为 *R*5，如图 2-66 所示。

```
命令： _fillet
选择第一个对象或 [多段线(P)/半径(R)/修剪(T)/多个(M)]: r          //设置圆角半径
指定圆角半径 <3.0000>: 5                                          //输入圆角半径值
选择第一个对象或 [多段线(P)/半径(R)/修剪(T)/多个(M)]://选择线段 A
选择第二个对象:                                                   //选择线段 B
```

结果如图 2-66 所示。

（2）倒角，倒角距离分别为 5 和 10，如图 2-66 所示。

```
命令： _chamfer
选择第一条直线[多段线(P)/距离(D)/角度(A)/修剪(T)/方式(E)/多个(M)]:  d
                                                  //设置倒角距离
指定第一个倒角距离 <3.0000>: 5                    //输入第一个边的倒角距离
指定第二个倒角距离 <5.0000>: 10                   //输入第二个边的倒角距离
选择第一条直线或 [多段线(P)/距离(D)/角度(A)/修剪(T)/方式(E)/多个(M)]:
                                                  //选择线段 C
选择第二条直线:                                   //选择线段 D
```

结果如图 2-66 所示。

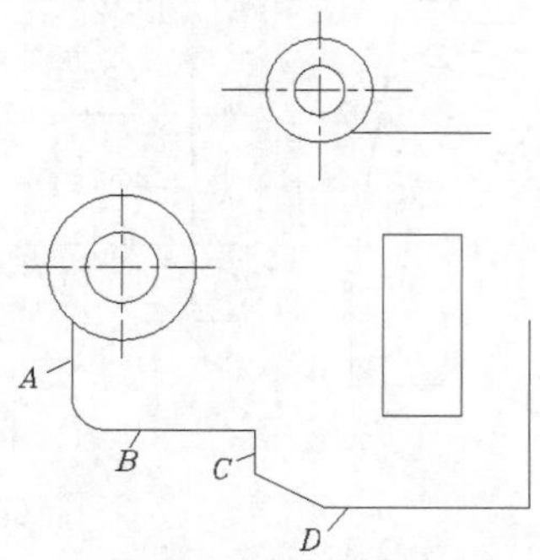

图 2-66　倒圆角及倒角

（3）创建其余圆角及斜角。

常用的命令选项及功能如表 2-5 所示。

表 2-5　常用的命令选项及功能

命　令	选　项	功　能
FILLET	多段线（P）	对多段线的每个顶点进行倒圆角操作
	半径（R）	设定圆角半径。若圆角半径为 0，则被倒圆角的两个对象交于一点
	修剪（T）	指定倒圆角操作后是否修剪对象
	多个（M）	可一次创建多个圆角
CHAMFER	多段线（P）	对多段线的每个顶点执行倒角操作
	距离（D）	设定倒角距离。若倒角距离为 0，则被倒角的两个对象交于一点
	角度（A）	指定倒角距离及倒角角度
	修剪（T）	设置倒角时是否修剪对象
	多个（M）	可一次创建多个倒角

2.4.4　移动及复制对象

移动及复制图形的命令分别是 MOVE 和 COPY，这两个命令的使用方法相似。启动 MOVE 或 COPY 命令后，首先选择要移动或复制的对象，然后通过两点或直接输入位移值指定对象移动或复制的距离和方向，系统就将图形元素从原位置移动或复制到新位置。

命令启动方法如表 2-6 所示。

表 2-6　命令启动方法

方　式	移　动	复　制
菜单命令	【修改】/【移动】	【修改】/【复制】
面板	【常用】选项卡中【修改】面板上的 按钮	【常用】选项卡中【修改】面板上的 按钮
命令	MOVE 或简写 M	COPY 或简写 CO

【练习 2-27】：打开素材文件“dwg\第 2 章\2-27.dwg”，如图 2-67（a）所示，用 MOVE、COPY 等命令将其修改为图 2-67（b）所示的图形。

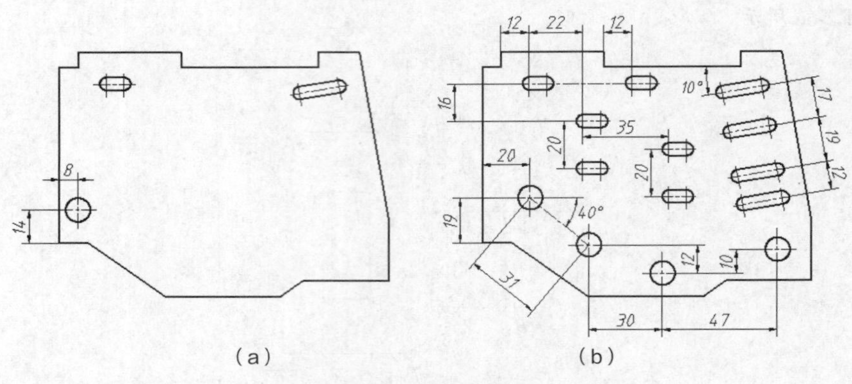

（a）　（b）

图2-67　移动及复制对象

（1）移动及复制对象，如图2-68所示。

```
命令：_move                                              //启动移动命令
选择对象：指定对角点：找到 3 个                          //选择对象A
选择对象：                                               //按Enter键确认
指定基点或 [位移(D)] <位移>:  12,5                       //输入沿x、y轴移动的距离
指定第二个点或 <使用第一个点作为位移>:                   //按Enter键结束
命令：_copy                                              //启动复制命令
选择对象：指定对角点：找到 7 个                          //选择对象B
选择对象：                                               //按Enter键确认
指定基点或 [位移(D)/模式(O)] <位移>:                     //捕捉交点C
指定第二个点或 [阵列(A)] <使用第一个点作为位移>:         //捕捉交点D
指定第二个点或[阵列(A) /退出(E)/放弃(U)] <退出>:         //按Enter键结束
命令：_copy                                              //重复命令
选择对象：指定对角点：找到 7 个                          //选择对象E
选择对象：                                               //按Enter键
指定基点或 [位移(D)/模式(O)] <位移>: 17<-80              //指定复制的距离及方向
指定第二个点或[阵列(A)] <使用第一个点作为位移>:          //按Enter键结束
```

结果如图2-68（b）所示。

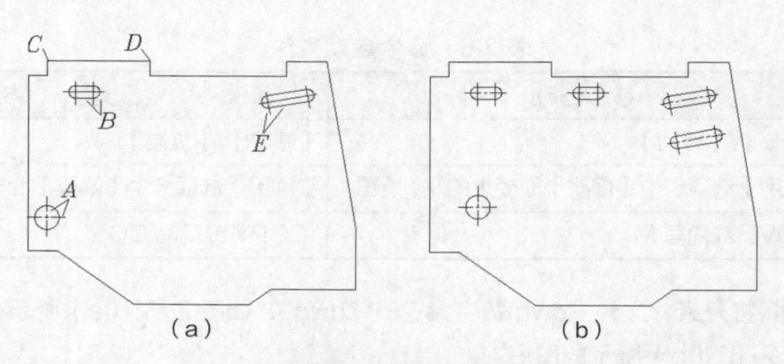

（a）　（b）

图2-68　移动对象A及复制对象B、E

（2）绘制图形的其余部分。

使用 MOVE 或 COPY 命令时，用户可通过以下方式指明对象移动或复制的距离和方向。

- 在屏幕上指定两个点，这两点的距离和方向代表了实体移动的距离和方向。当系统提示“指定基点”时，指定移动的基准点。在系统提示“指定第二个点”时，捕捉第二点或输入第二点相对于基准点的相对直角坐标或极坐标。
- 以“*X*，*Y*”方式输入对象沿 *x*、*y* 轴移动的距离，或者用“距离<角度”方式输入对象位移的距离和方向。当系统提示“指定基点”时，输入位移值。在系统提示“指定第二个点”时，按 Enter 键确认，这样系统就以输入的位移值来移动图形对象。
- 打开正交或极轴追踪功能，就能方便地将实体只沿 *x* 轴或 *y* 轴方向移动。当系统提示“指定基点”时，单击一点并把实体向水平或竖直方向移动，然后输入位移的数值。
- 使用“位移（D）”选项。启动该选项后，系统提示“指定位移”，此时，以“*X*，*Y*”方式输入对象沿 *x*、*y* 轴移动的距离，或者以“距离<角度”方式输入对象位移的距离和方向。

2.4.5　旋转对象

ROTATE 命令可以旋转图形对象，改变图形对象的方向。使用此命令时，用户指定旋转基点并输入旋转角度就可以转动图形对象，此外，用户也可以某个方位作为参照位置，然后选择一个新对象或输入一个新角度值来指明要旋转到的位置。

1. 命令启动方法

- 菜单命令：【修改】/【旋转】。
- 面板：【常用】选项卡中【修改】面板上的按钮。
- 命令：ROTATE 或简写 RO。

【练习 2-28】：打开素材文件“dwg\第 2 章\2-28.dwg”，如图 2-69（a）所示，用 LINE、CIRCLE、ROTATE 等命令将其修改为图 2-69（b）所示的图形。

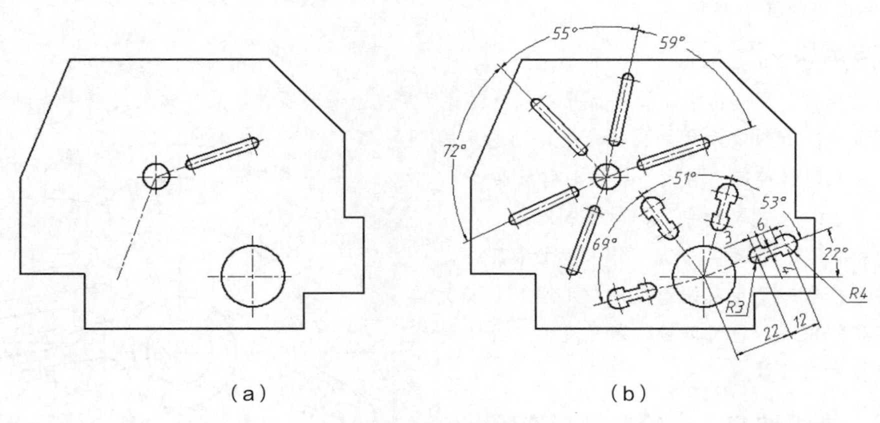

图 2-69　旋转对象

（1）用 ROTATE 命令旋转对象 *A*，如图 2-70 所示。

```
命令：_rotate
选择对象：指定对角点：找到 7 个                    //选择图形对象 A，如图 2-70（a）所示
选择对象：                                          //按 Enter 键
```

```
指定基点:                                              //捕捉圆心 B
指定旋转角度，或 [复制(C)/参照(R)] <70>:  c             //使用"复制(C)"选项
指定旋转角度，或 [复制(C)/参照(R)] <70>:  59            //输入旋转角度
命令:ROTATE                                            //重复命令
选择对象: 指定对角点: 找到 7 个                          //选择图形对象 A
选择对象:                                              //按 Enter 键
指定基点:                                              //捕捉圆心 B
指定旋转角度，或 [复制(C)/参照(R)] <59>:  c             //使用"复制(C)"选项
指定旋转角度，或 [复制(C)/参照(R)] <59>:  r             //使用"参照(R)"选项
指定参照角 <0>:                                        //捕捉 B 点
指定第二点:                                            //捕捉 C 点
指定新角度或 [点(P)] <0>:                               //捕捉 D 点
```

结果如图 2-70（b）所示。

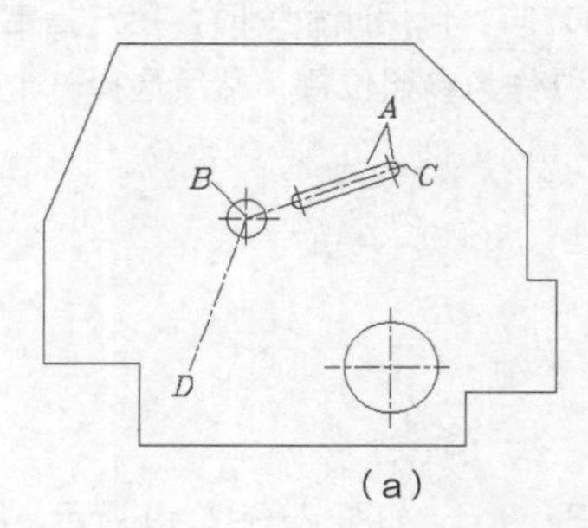

（a）

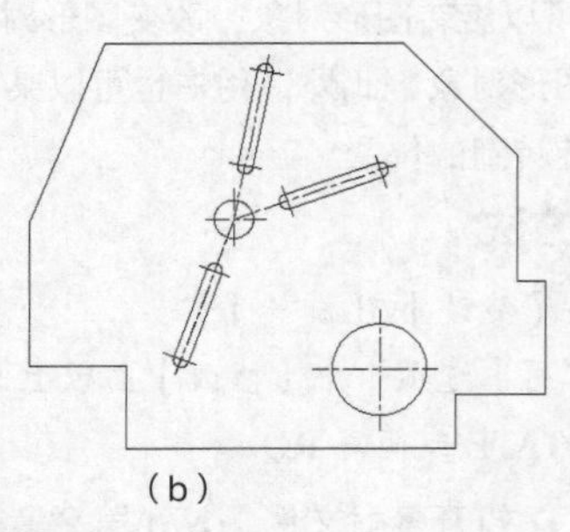
（b）

图 2-70 旋转对象 *A*

（2）绘制图形的其余部分。

2. 命令选项

- 指定旋转角度：指定旋转基点并输入绝对旋转角度来旋转实体。旋转角度是基于当前用户坐标系测量的。如果输入负的旋转角度，则选定的对象顺时针旋转；否则，将逆时针旋转。
- 复制（C）：旋转对象的同时复制对象。
- 参照（R）：指定某个方向作为起始参照角，然后拾取一个点或两个点来指定原对象要旋转到的位置，也可以输入新角度值来指明要旋转到的位置。

2.4.6 上机练习——绘制圆弧连接

【练习 2-29】：用 LINE、CIRCLE、TRIM 等命令绘制图 2-71 所示的图形。

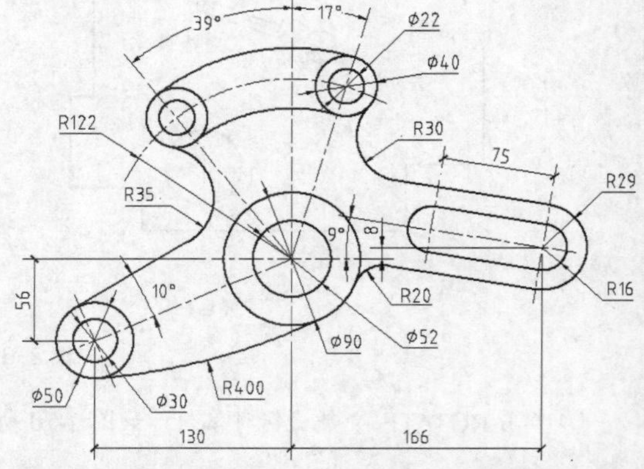

图 2-71 用 LINE、CIRCLE、TRIM 等命令绘图（1）

主要绘图过程如图 2-72 所示。

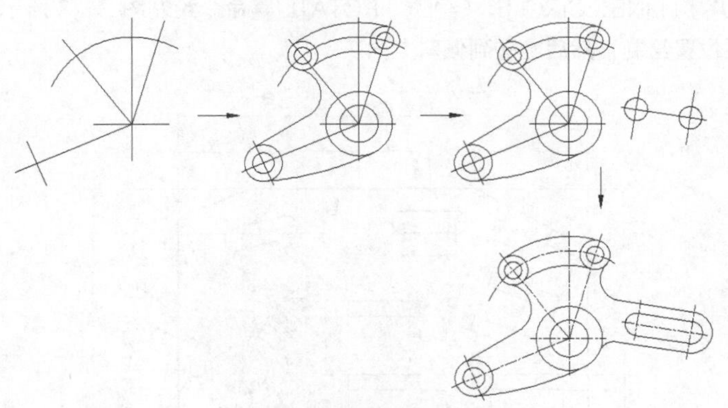

图 2-72　练习 2-29 绘图过程

【练习 2-30】：用 LINE、CIRCLE、TRIM 等命令绘制图 2-73 所示的图形。

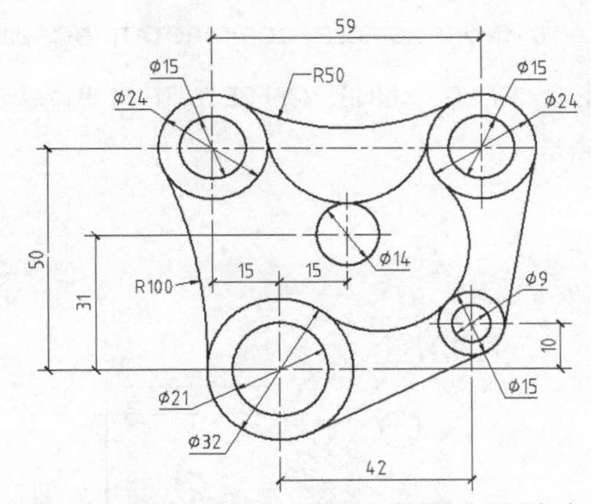

图 2-73　用 LINE、CIRCLE、TRIM 等命令绘图（2）

2.5　综合练习——绘制线段、圆构成的平面图形

【练习 2-31】：用 OFFSET、EXTEND、TRIM 等命令绘制平面图形，如图 2-74 所示。

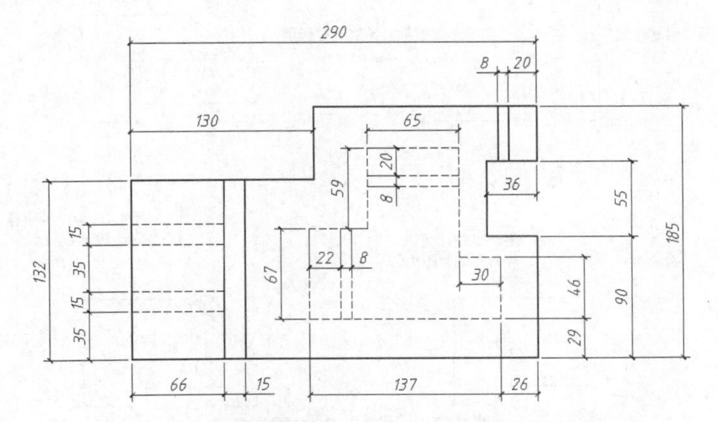

图 2-74　用 OFFSET、EXTEND、TRIM 等命令绘图

【练习 2-32】： 用 LINE、CIRCLE、COPY、ROTATE 等命令绘制图 2-75 所示的图形。图中倾斜的图形元素可先在水平位置绘制，然后旋转到倾斜方向。

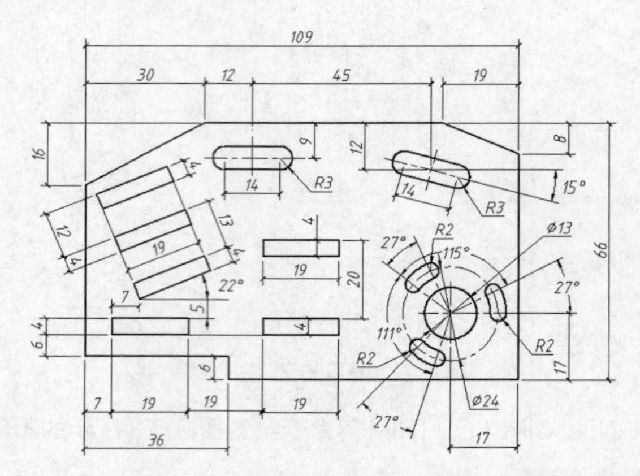

图 2-75　用 LINE、CIRCLE、COPY、ROTATE 等命令绘图

【练习 2-33】： 用 LINE、CIRCLE、XLINE、OFFSET、TRIM 等命令绘制图 2-76 所示的图形。主要作图步骤如图 2-77 所示。

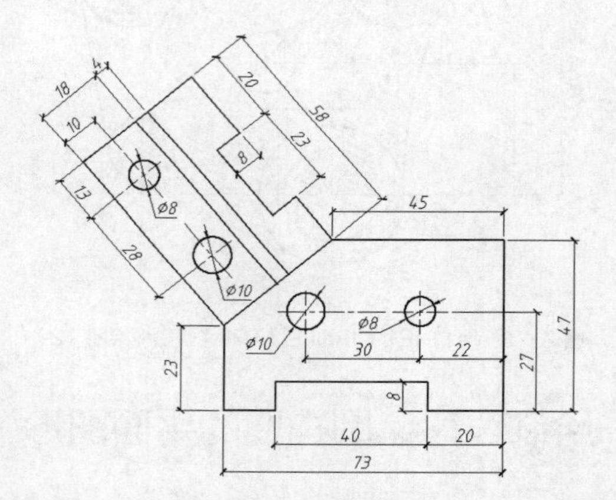

图 2-76　用 LINE、CIRCLE、XLINE、OFFSET、TRIM 等命令绘图

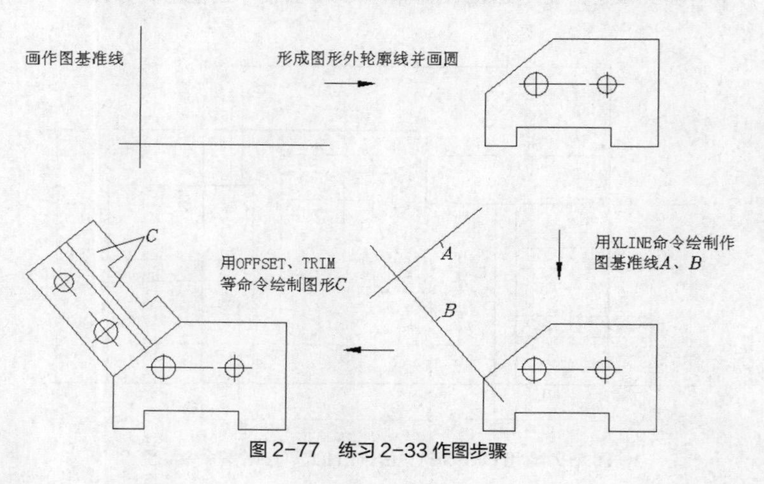

图 2-77　练习 2-33 作图步骤

习题

1. 输入点的相对坐标画线，如图 2-78 所示。
2. 打开极轴追踪、对象捕捉及自动追踪功能绘制线段，如图 2-79 所示。

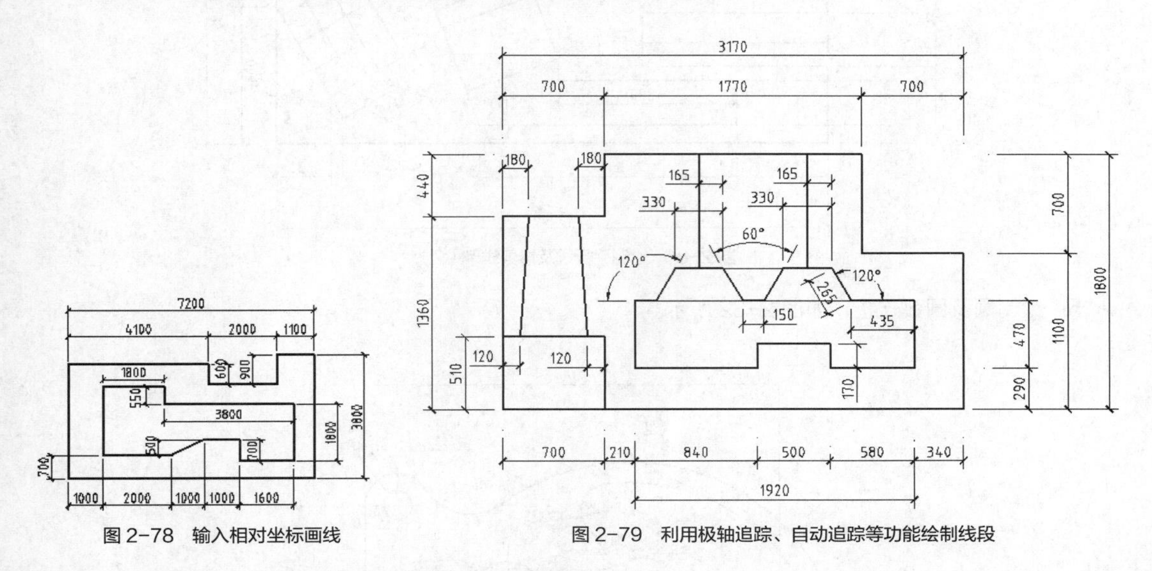

图 2-78 输入相对坐标画线

图 2-79 利用极轴追踪、自动追踪等功能绘制线段

3. 用 OFFSET、TRIM 等命令绘图，如图 2-80 所示。

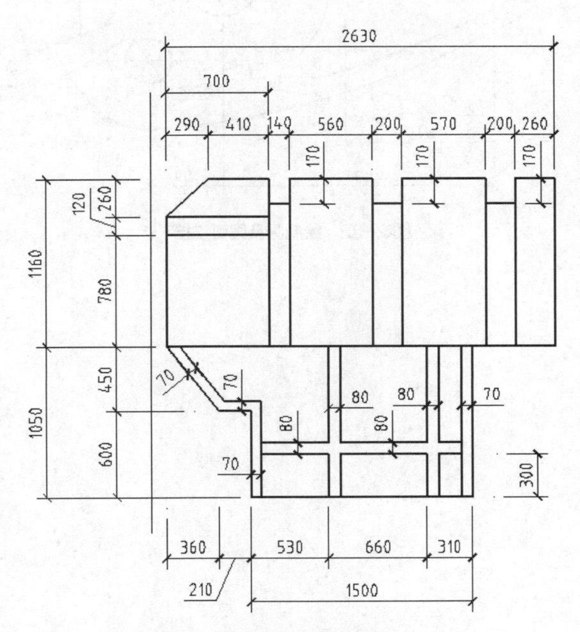

图 2-80 绘制平行线及修剪线条（1）

4. 用 OFFSET、TRIM 等命令绘图，如图 2-81 所示。

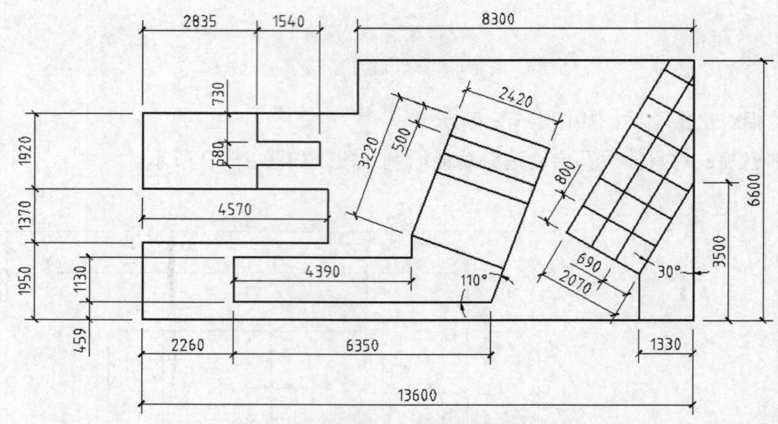

图 2-81　绘制平行线及修剪线条（2）

5. 绘制圆及圆弧连接，如图 2-82 所示。

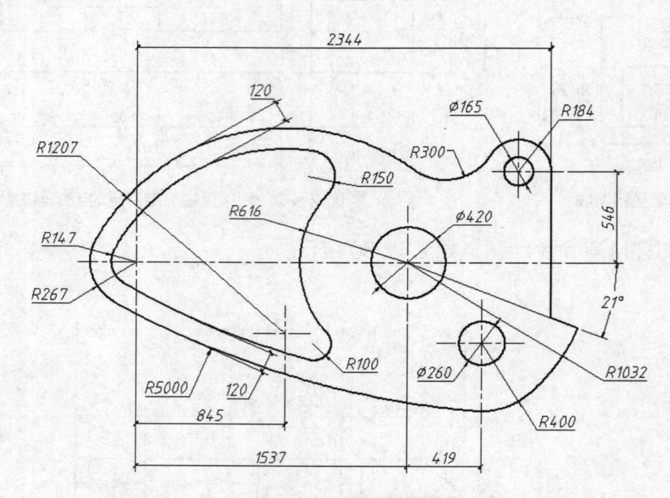

图 2-82　绘制圆及圆弧连接

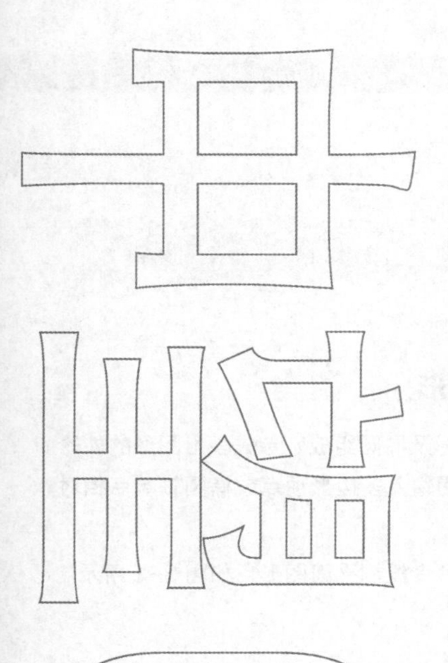

Chapter 3

第3章 绘制和编辑平面图形（二）

通过本章的学习，读者应学会如何创建矩形、正多边形及椭圆，掌握阵列、镜像、对齐及拉伸对象的方法，并能够灵活运用这些命令绘制常见的平面图形。

【学习目标】

- 熟练绘制矩形、正多边形及椭圆。
- 掌握矩形及环形阵列的创建方法，了解怎样沿直线路径阵列对象。
- 掌握镜像、对齐及拉伸图形的方法。
- 学会如何按比例缩放图形。
- 掌握利用关键点编辑图形的方法。
- 学会如何编辑图形对象的属性。

3.1 绘制多边形、椭圆，阵列及镜像对象

本节主要内容包括绘制矩形、正多边形、椭圆，阵列及镜像对象等。

3.1.1 课堂实训——绘制圆及多边形等构成的平面图形

实训的任务是绘制图 3-1 所示的平面图形，该图形由线段、多边形及椭圆组成。首先画出图形的外轮廓线，然后绘制多边形及椭圆。对于倾斜方向的多边形及椭圆，可采用输入多边形顶点或椭圆轴端点相对极坐标的方式绘制。

【练习 3-1】: 用 LINE、RECTANG、POLYGON、ELLIPSE 等命令绘制平面图形，如图 3-1 所示。

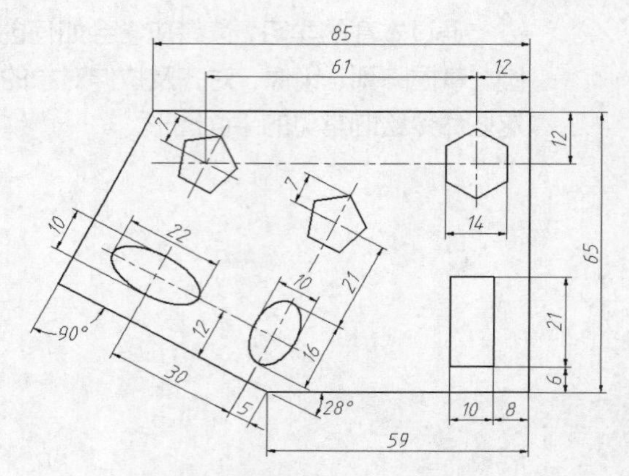

图 3-1 绘制矩形、正多边形及椭圆

主要绘图过程如图 3-2 所示。

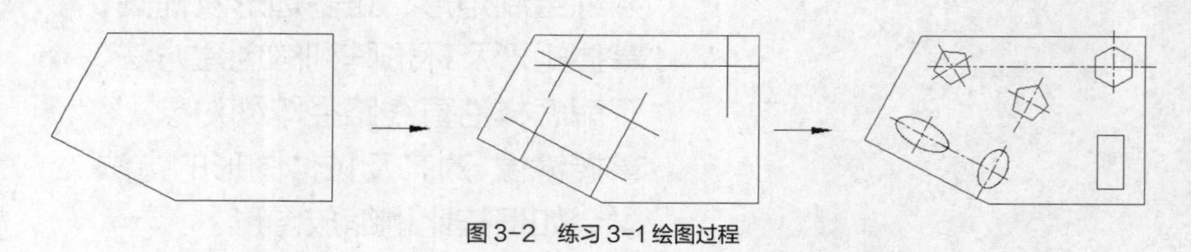

图 3-2 练习 3-1 绘图过程

3.1.2 绘制矩形

RECTANG 命令用于绘制矩形，该矩形是一个单独对象（多段线）。用户只需指定矩形对角线的两个端点就能画出矩形。绘制时，可指定顶点处的倒角距离及圆角半径。

1. 命令启动方法

- 菜单命令：【绘图】/【矩形】。
- 面板：【常用】选项卡中【绘制】面板上的按钮。
- 命令：RECTANG 或简写 REC。

【练习 3-2】: 打开素材文件“dwg\第 3 章\3-2.dwg”，如图 3-3（a）所示，用 RECTANG 和 OFFSET 命令将其修改为图 3-3（b）所示的图形。

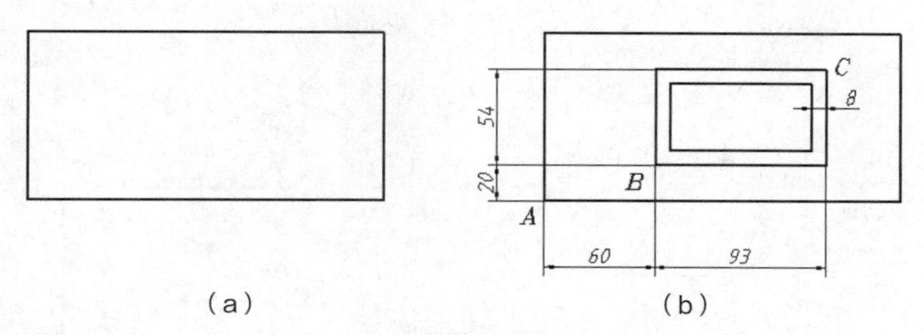

（a）　　　　　　　　（b）

图3-3　绘制矩形

```
命令: _rectang
指定第一个角点或 [倒角(C)/标高(E)/圆角(F)/厚度(T)/宽度(W)]: from
                                                        //使用正交偏移捕捉
基点: int 于                                             //捕捉点 A
 <偏移>: @60,20                                          //输入点 B 的相对坐标
指定其他的角点或 [面积(A)/尺寸(D)/旋转(R)]: @93,54         //输入点 C 的相对坐标
```

用 OFFSET 命令将矩形向内偏移，偏移距离为 8，结果如图 3-3（b）所示。

2. 命令选项

- 指定第一个角点：在此提示下，用户指定矩形的一个角点。拖动鼠标光标时，屏幕上显示出一个矩形。
- 指定其他的角点：在此提示下，用户指定矩形的另一角点。
- 倒角（C）：指定矩形各顶点倒角的大小。
- 标高（E）：确定矩形所在的平面高度。默认情况下，矩形在 *xy* 平面（*z* 坐标值为 0）内。
- 圆角（F）：指定矩形各顶点倒圆角的半径。
- 厚度（T）：设置矩形的厚度，在三维绘图时常使用该选项。
- 宽度（W）：该选项使用户可以设置矩形边的宽度。
- 面积（A）：先输入矩形面积，再输入矩形长度或宽度值创建矩形。
- 尺寸（D）：输入矩形的长、宽尺寸创建矩形。
- 旋转（R）：设定矩形的旋转角度。

3.1.3　绘制正多边形

在中望 CAD 建筑版 2014 中可以创建 3～1024 条边的正多边形，该多边形是多段线，用户可以设定其宽度。绘制正多边形一般采取以下两种方法。

（1）指定多边形边数及多边形中心。

（2）指定多边形边数及某一边的两个端点。

1. 命令启动方法

- 菜单命令：【绘图】/【正多边形】。
- 面板：【常用】选项卡中【绘制】面板上的⬠按钮。
- 命令：POLYGON 或简写 POL。

【练习 3-3】： 打开素材文件“dwg\第 3 章\3-3.dwg”，该文件包含一个大圆和一个小圆，下面用 POLYGON 命令绘制出圆的内接多边形和外切多边形，如图 3-4 所示。

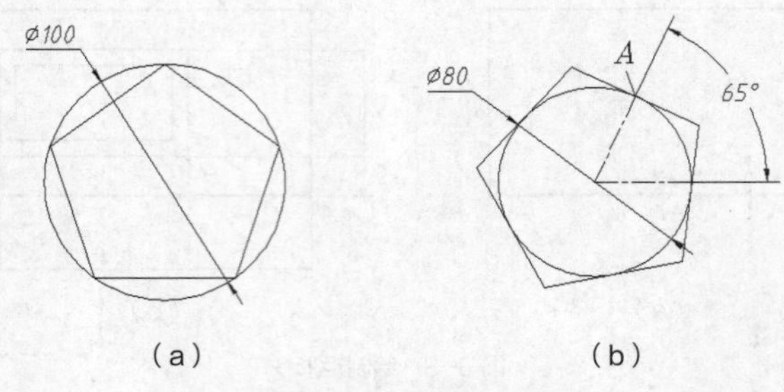

图 3-4　绘制正多边形

```
命令: _polygon
[多个(M)/线宽(W)]或输入边的数目 <4>: 5                //输入多边形的边数
指定正多边形的中心点或 [边(E)]: cen 于               //捕捉大圆的圆心，如图 3-4(a)所示
输入选项 [内接于圆(I)/外切于圆(C)] <I>: I           //采用内接于圆的方式绘制多边形
指定圆的半径: 50                                     //输入半径值
命令: POLYGON                                        //重复命令
 [多个(M)/线宽(W)]或输入边的数目 <5>:                //按 Enter 键接受默认值
指定正多边形的中心点或 [边(E)]: cen 于               //捕捉小圆的圆心，如图 3-4(b)所示
输入选项 [内接于圆(I)/外切于圆(C)] <I>: c           //采用外切于圆的方式绘制多边形
指定圆的半径: @40<65                                 //输入点 A 的相对坐标
```

结果如图 3-4 所示。

2. 命令选项

- 多个（M）：可一次创建多个正多边形。
- 线宽（W）：设定正多边形的线宽。
- 指定正多边形的中心点：用户输入多边形边数后，再拾取多边形中心点。
- 内接于圆（I）：根据外接圆生成正多边形。
- 外切于圆（C）：根据内切圆生成正多边形。
- 边（E）：输入多边形边数后，再指定某条边的两个端点即可绘制出多边形。

3.1.4　绘制椭圆

椭圆包含椭圆中心、长轴及短轴等几何特征。绘制椭圆的默认方法是指定椭圆第一根轴线的两个端点及另一轴长度的一半。另外，也可通过指定椭圆中心、第一轴的端点及另一轴线的半轴长度来创建椭圆。输入椭圆轴端点时可以采用相对极坐标的形式，因而可以很方便地指定椭圆轴的倾斜方向。

1. 命令启动方法

- 菜单命令：【绘图】/【椭圆】。
- 面板：【常用】选项卡中【绘制】面板上的按钮。
- 命令：ELLIPSE 或简写 EL。

【练习 3-4】：利用 ELLIPSE 命令绘制平面图形，如图 3-5 所示。

```
命令: _ellipse
指定椭圆的轴端点或 [圆弧(A)/中心点(C)]:            //拾取椭圆轴的一个端点，如图 3-5 所示
```

```
指定轴的另一个端点：@50<30                     //输入椭圆轴另一端点的相对坐标
指定另一条半轴长度或 [旋转(R)]：13              //输入另一轴的半轴长度
```

结果如图 3-5 所示。

2. 命令选项

- 圆弧（A）：该选项使用户可以绘制一段椭圆弧。过程是先绘制一个完整的椭圆，随后系统提示用户指定椭圆弧的起始角及终止角。
- 中心点（C）：通过椭圆中心点、长轴及短轴来绘制椭圆。
- 旋转（R）：按旋转方式绘制椭圆，即将圆绕直径转动一定角度后，再投影到平面上形成椭圆。

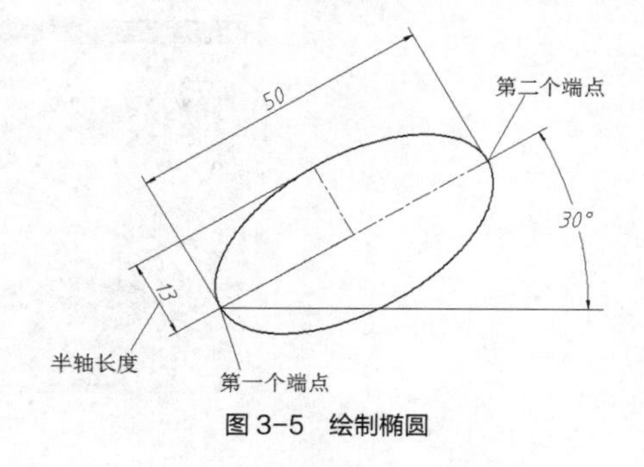

图 3-5　绘制椭圆

3.1.5　矩形阵列对象

ARRAY 命令可创建矩形阵列。矩形阵列是指将对象按行、列方式进行排列。操作时，用户一般应提供阵列的行数、列数、行间距及列间距等，如果要沿倾斜方向生成矩形阵列，还应输入阵列的倾斜角度。

命令启动方法如下。

- 菜单命令：【修改】/【阵列】。
- 面板：【常用】选项卡中【修改】面板上的按钮。
- 命令：ARRAY 或简写 AR。

【练习 3-5】：打开素材文件“dwg\第 3 章\3-5.dwg”，如图 3-6（a）所示，用 ARRAY 命令将其修改为图 3-6（b）所示的图形。

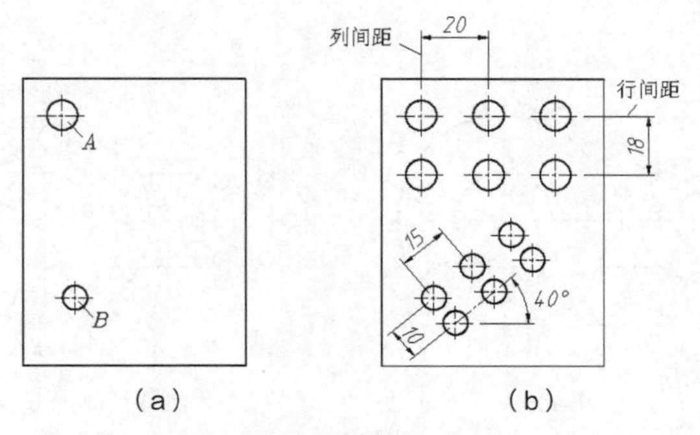

图 3-6　创建矩形阵列

（1）启动阵列命令，系统弹出【阵列】对话框，在该对话框中选取【矩形阵列】单选项，如图 3-7 所示。

（2）单击按钮，系统提示“选择对象”，选择要阵列的图形对象 A，如图 3-6（a）所示。

（3）分别在【行】【列】文本框中输入阵列的行数及列数，如图 3-7 所示。“行”的方向与坐标系的 x 轴平行，“列”的方向与 y 轴平行。

（4）分别在【行偏移】【列偏移】文本框中输入行间距及列间距，如图 3-7 所示。行、列间距的数值可为正或负，若是正值，则系统沿 x、y 轴的正方向形成阵列，否则，沿反方向形成阵列。在【行偏移】及【列偏移】文本框右边有按钮，单击此按钮可通过指定两点的方法来设定行、列间距。

（5）在【阵列角度】文本框中输入阵列方向与 x 轴的夹角，如图 3-7 所示。该角度逆时针为正，顺时针为负。单击【阵列角度】文本框右边的按钮，可通过指定两点的方法来设定阵列的角度。

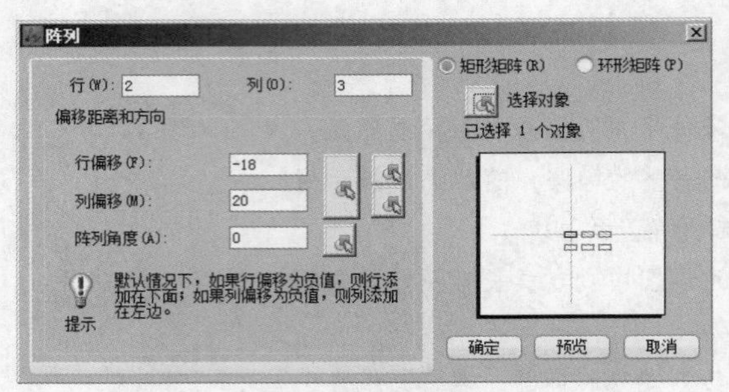

图 3-7 创建矩形阵列

（6）利用 预览 按钮可预览阵列效果。

（7）单击 确定 按钮，完成矩形阵列。

（8）再沿倾斜方向创建对象 B 的矩形阵列，如图 3-6（b）所示。阵列参数：行数“2”、列数“3”、行间距“-10”、列间距“15”及阵列角度“40”。

3.1.6 环形阵列对象

ARRAY 命令除可创建矩形阵列外，还能创建环形阵列。环形阵列是指把对象绕阵列中心等角度均匀分布。决定环形阵列的主要参数有阵列中心、阵列总角度及阵列数目。此外，用户也可通过输入阵列总数及每个对象间的夹角来生成环形阵列。

【练习 3-6】：打开素材文件“dwg\第 3 章\3-6.dwg”，如图 3-8（a）所示，用 ARRAY 命令将其修改为图 3-8（b）所示的图形。

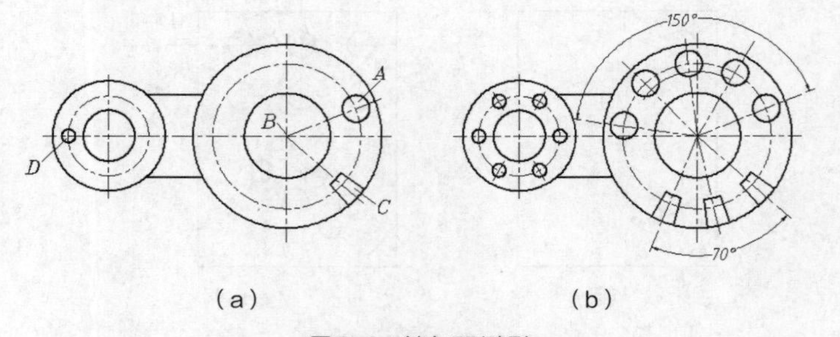

（a） （b）

图 3-8 创建环形阵列

（1）启动阵列命令，弹出【阵列】对话框，在该对话框中选取【环形阵列】单选项，如图 3-9 所示。

（2）单击按钮，系统提示“选择对象”，选择要阵列的图形对象 A，如图 3-8（a）所示。

（3）在【中心点】区域中单击按钮，系统切换到绘图窗口，在屏幕上指定阵列中心点 B，如图 3-8（a）所示。

（4）【方法和值】下拉列表中提供了 3 种创建环形阵列的方法，选择其中一种，中望 CAD 就列出需设定的参数。默认情况下，【项目总数和填充角度】是当前选项。此时，用户需输入的参数有项目总数和填充角度。

（5）在【项目总数】文本框中输入环形阵列的总数目，在【填充角度】文本框中输入阵列分布的总角度值，如图 3-9 所示。若阵列角度为正，则中望 CAD 建筑版 2014 沿逆时针方向创建阵列，否则，按顺时针方向创建阵列。

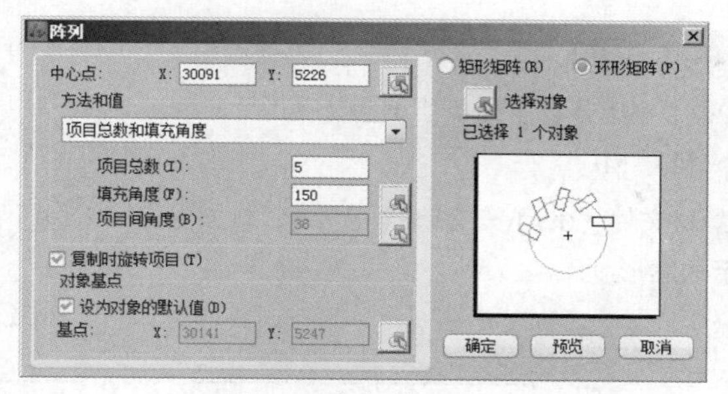

图 3-9　【阵列】对话框

（6）利用 预览 按钮可预览阵列效果。

（7）单击 确定 按钮，完成环形阵列。

（8）继续创建对象 *C*、*D* 的环形阵列，结果如图 3-8（b）所示。

3.1.7　沿直线路径阵列对象

中望 CAD 建筑版 2014 的多重复制命令 COPYM 可以将对象沿任何直线方向进行阵列，如图 3-10 所示。启动该命令，选择阵列对象，再设定阵列的总长度及新增对象数量，就将对象沿直线方向均匀分布。

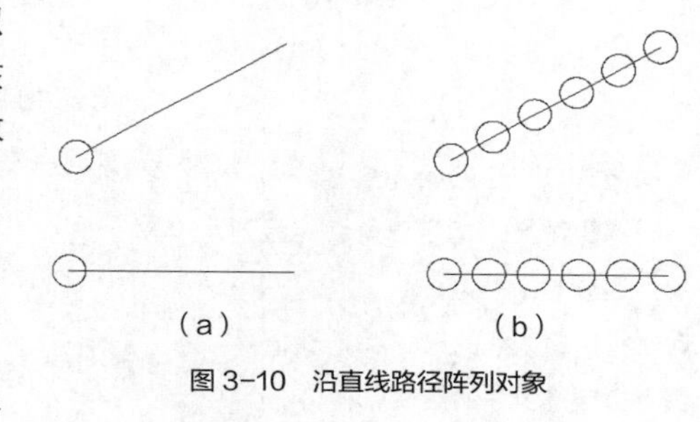

图 3-10　沿直线路径阵列对象

命令启动方法如下。

- 菜单命令：【扩展工具】/【编辑工具】/【多重复制】。
- 面板：【扩展工具】选项卡中【编辑工具】面板上的按钮。
- 命令：COPYM。

【练习 3-7】：将圆沿水平及倾斜方向直线均布，如图 3-10 所示。

```
命令：_copym                                  //启动多重复制命令
选择对象：找到 1 个                            //选择圆，如图 3-10(a)所示
选择对象：                                    //按Enter键
基点:end 于          //关闭自动捕捉功能，输入端点捕捉代号，捕捉线段的左端点
第二点或[重复(最后)(R)/间距(D)/计算(M)/阵列(动态)(A)/取消(U)]<退出(E)>D
                                              //选择“间距(D)”选项
选择间距结束点:end 于                          //输入端点捕捉代号，捕捉线段的右端点
复制的份数:5                                  //输入复制对象的数目
第二点或<退出(E)>                             //按Enter键结束
```

结果如图 3-10（b）所示。

3.1.8　镜像对象

对于对称图形，用户只需画出图形的一半，另一半可由 MIRROR 命令镜像出来。操作时，用户需先提供要对哪些对象进行镜像，然后再指定镜像线的位置。

命令启动方法如下。

- 菜单命令：【修改】/【镜像】。
- 面板：【常用】选项卡中【修改】面板上的按钮。
- 命令：MIRROR 或简写 MI。

【练习 3-8】：打开素材文件“dwg\第 3 章\3-8.dwg”，如图 3-11（a）所示，用 MIRROR 命令将其修改为图 3-11（b）所示的图形。

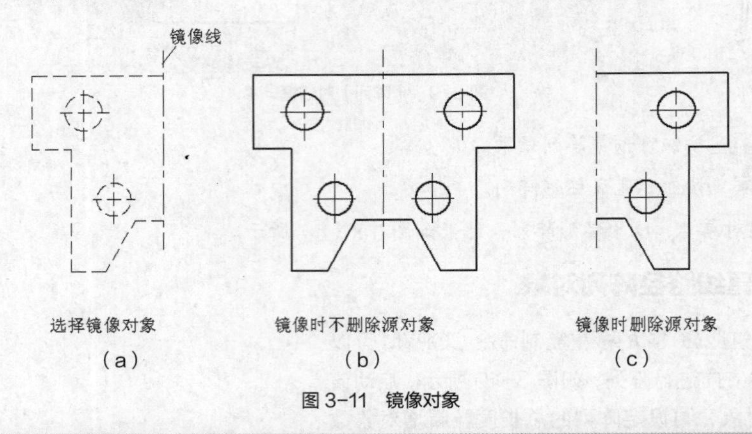

图 3-11　镜像对象

```
命令： _mirror                                    //启动镜像命令
选择对象： 指定对角点： 找到 13 个                //选择镜像对象
选择对象：                                        //按 Enter 键
指定镜像线的第一点：                              //拾取镜像线上的第一点
指定镜像线的第二点：                              //拾取镜像线上的第二点
要删除源对象吗？[是(Y)/否(N)] <N>：               //按 Enter 键，默认镜像时不删除源对象
```

结果如图 3-11（b）所示。如果删除源对象，则结果如图 3-11（c）所示。

3.1.9　上机练习——绘制矩形、正多边形及椭圆等构成的图形

【练习 3-9】：设置绘图区域大小为 200 × 200。用 RECTANG、OFFSET、ELLIPSE、POLYGON 等命令绘制图 3-12 所示的图形。

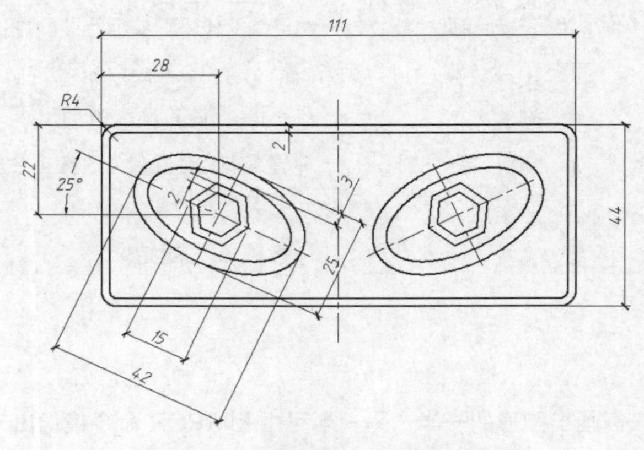

图 3-12　绘制矩形、六边形及椭圆

主要作图步骤如图 3-13 所示。

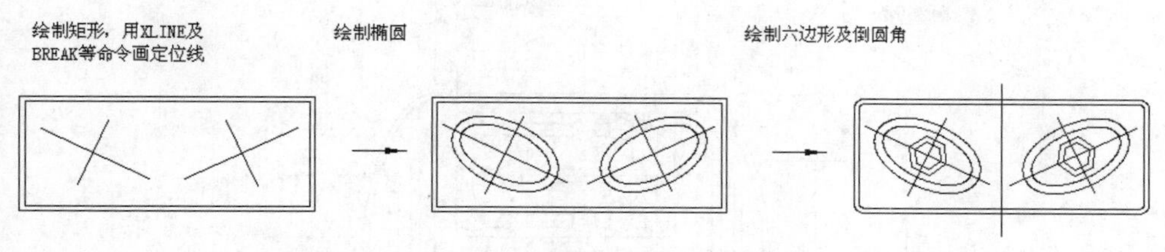

图 3-13　练习 3-9 绘图过程

【练习 3-10】：设定绘图区域大小为 20000×15000。用 LINE、RECTANG、POLYGON、ARRAY 等命令绘制图 3-14 所示的图形。

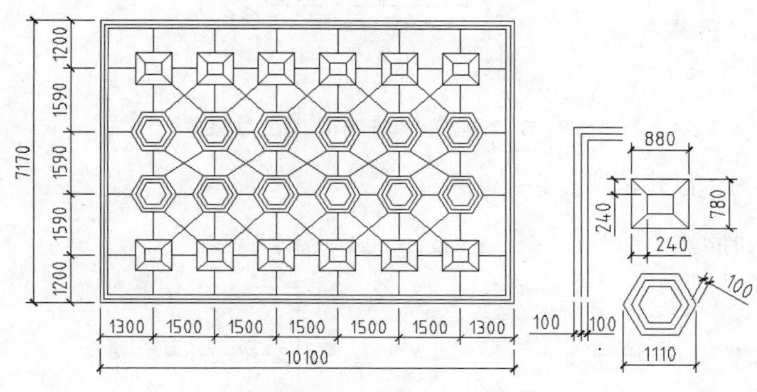

图 3-14　绘制矩形、多边形

3.1.10　上机练习——绘制对称图形及有均布特征的图形

【练习 3-11】：设置绘图区域大小为 300×300。利用 LINE、OFFSET、ARRAY、MIRROR 等命令绘制平面图形，如图 3-15 所示。

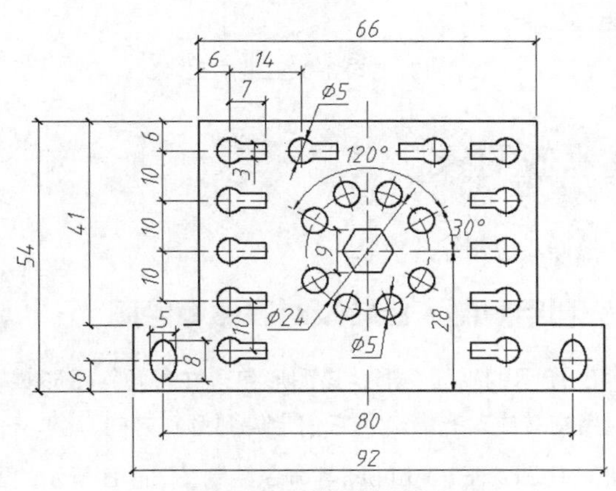

图 3-15　绘制对称图形

【练习 3-12】：设置绘图区域大小为 6000×6000。用 LINE、POLYGON、ELLIPSE、MIRROR 等命令绘图，如图 3-16 所示。

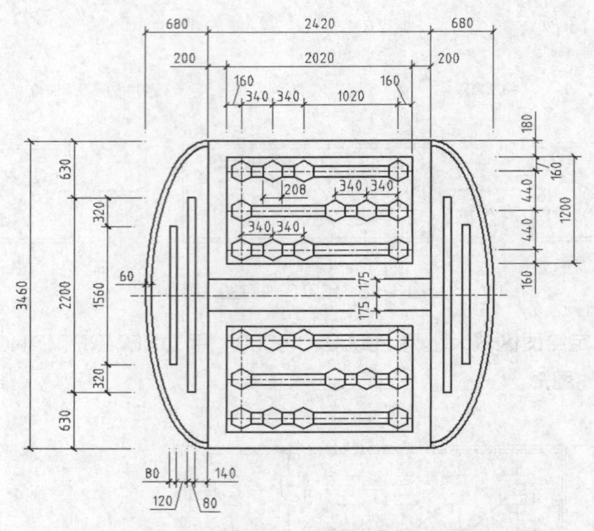

图 3-16　绘制多边形及椭圆等对象组成的图形

主要作图步骤如图 3-17 所示。

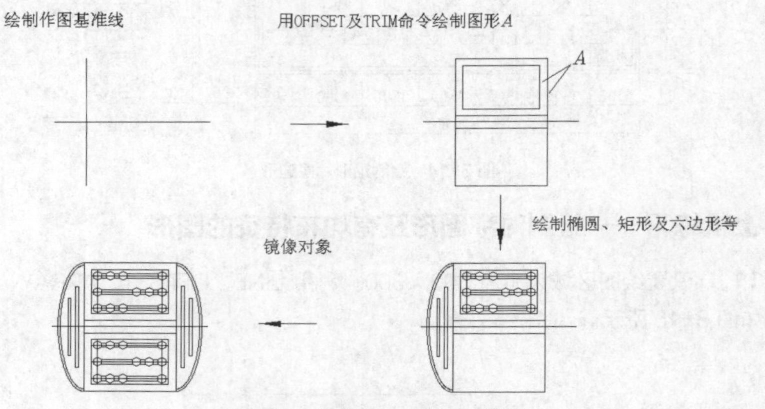

图 3-17　练习 3-12 主要作图步骤

3.2 对齐、拉伸及缩放对象

本节主要内容包括对齐、拉伸及比例缩放对象。

3.2.1 上机练习——利用复制、旋转及对齐命令绘图

实训的任务是绘制图 3-18 所示的平面图形，该图形包含许多倾斜图形对象。对于这些对象，可先在水平或竖直位置绘制，然后利用旋转或对齐命令将它们定位到倾斜方向。

【练习 3-13】：用 LINE、ROTATE、ALIGN 等命令绘制图 3-18 所示的图形。

（1）设定绘图区域大小为 100×100，设置线型全局比例因子为 0.2。

（2）打开极轴追踪、对象捕捉及捕捉追踪功能。设置极轴追踪角度增量为 90°，设定对象捕捉方式为“端点”“圆心”及“交点”，设置仅沿正交方向进行捕捉追踪。

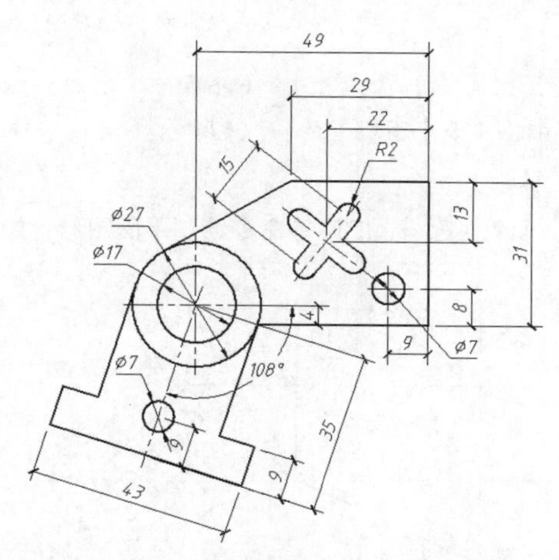

图3-18 用LINE、ROTATE、ALIGN等命令绘图

（3）绘制圆的定位线及圆，如图3-19（a）所示。用OFFSET、LINE、TRIM等命令绘制图形*A*，结果如图3-19（b）所示。

（4）用OFFSET、CIRCLE、TRIM等命令绘制图形*B*，如图3-20（a）所示。用ROTATE命令旋转图形*B*，结果如图3-20（b）所示。

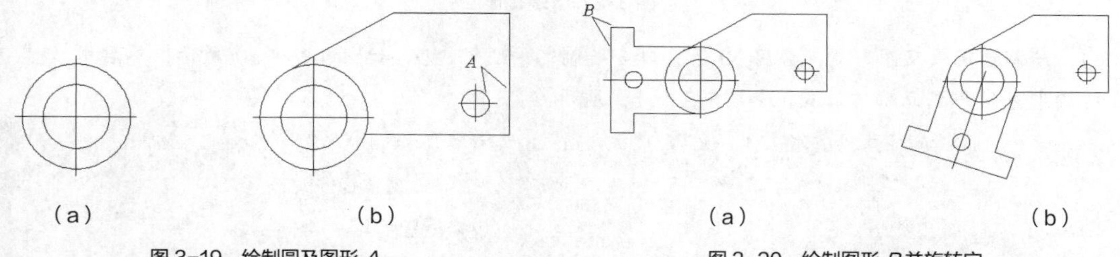

（a） （b） （a） （b）

图3-19 绘制圆及图形*A* 图3-20 绘制图形*B*并旋转它

（5）用XLINE及BREAK命令形成定位线*C*、*D*，再绘制图形*E*，如图3-21（a）所示。用ALIGN命令将图形*E*定位到正确的位置，然后把定位线修改为中心线，结果如图3-21（b）所示。

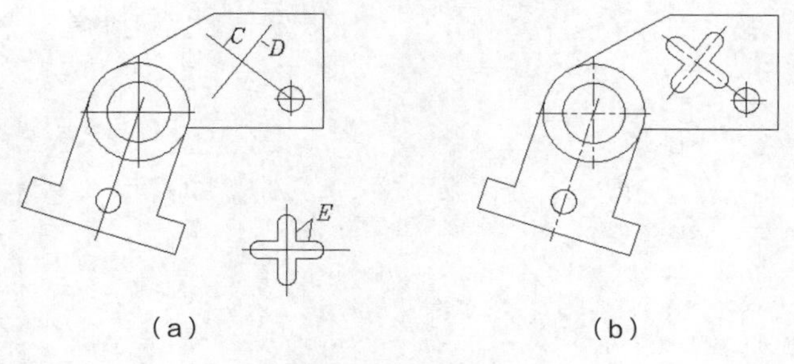

（a） （b）

图3-21 对齐图形

3.2.2 对齐图形

使用ALIGN命令可以同时移动、旋转一个对象使之与另一对象对齐。例如，用户可以使图形对象中的某点、某条直线或某一个面（三维实体）与另一实体的点、线或面对齐。操作过程中，用户只需按照系统提示指定源对象与目标对象的1点、2点或3点对齐就可以了。

命令启动方法如下。

- 菜单命令：【修改】/【三维操作】/【对齐】。
- 面板：【常用】选项卡中【修改】面板上的按钮。
- 命令：ALIGN 或简写 AL。

【练习 3-14】：用 LINE、CIRCLE、ALIGN 等命令绘制平面图形，如图 3-22 所示。

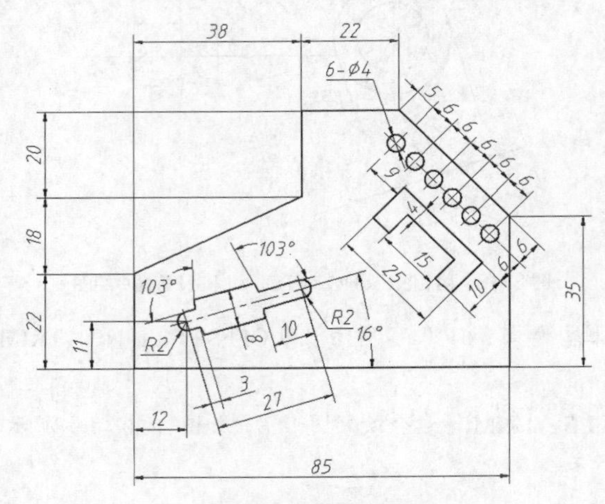

图 3-22　对齐图形

（1）绘制轮廓线及图形 *E*，再用 XLINE 命令绘制定位线 *C*、*D*，如图 3-23（a）所示，然后用 ALIGN 命令将图形 *E* 定位到正确的位置，如图 3-23（b）所示。

```
命令: _xline 指定点或 [水平(H)/垂直(V)/角度(A)/二等分(B)/偏移(O)]: from
                                                //使用正交偏移捕捉
基点:                                           //捕捉基点 A，如图 3-23(a)所示
<偏移>: @12,11                                  //输入点 B 的相对坐标
指定通过点: <16                                 //设定画线 D 的角度
指定通过点:                                     //单击一点
指定通过点: <106                                //设定画线 C 的角度
指定通过点:                                     //单击一点
指定通过点:                                     //按 Enter 键结束
命令: _align                                    //启动对齐命令
选择对象: 指定对角点: 找到 15 个                //选择图形 E
选择对象:                                       //按 Enter 键
指定第一个源点:                                 //捕捉第一个源点 F
指定第一个目标点:                               //捕捉第一个目标点 B
指定第二个源点:                                 //捕捉第二个源点 G
指定第二个目标点: nea 到                        //在直线 D 上捕捉一点
指定第三个源点或 <继续>:                        //按 Enter 键
是否基于对齐点缩放对象? [是(Y)/否(N)] <否>:     //按 Enter 键不缩放源对象
```

结果如图 3-23（b）所示。

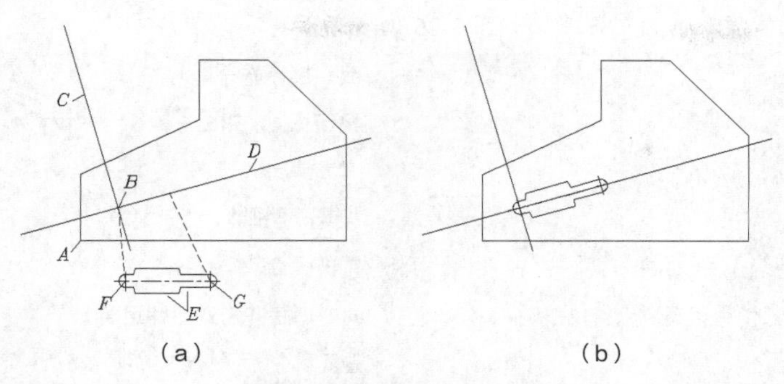

图 3-23　绘制及对齐图形 *E* 等

（2）绘制定位线 *H*、*I* 及图形 *J*，如图 3-24（a）所示。用 ALIGN 命令将图形 *J* 定位到正确的位置，结果如图 3-24（b）所示。

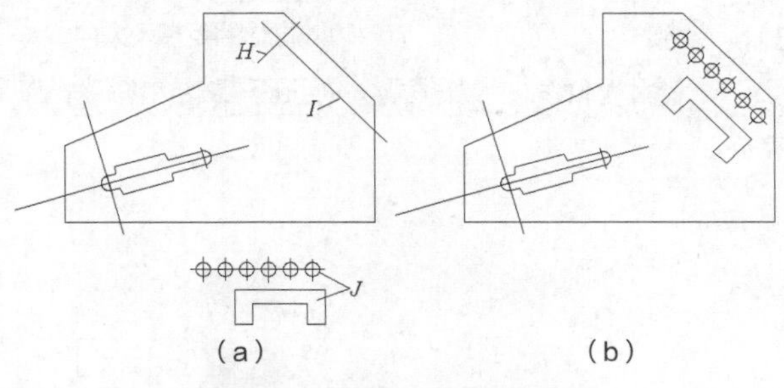

图 3-24　绘制及对齐图形 *J* 等

3.2.3　拉伸图形

利用 STRETCH 命令可以一次将多个图形对象沿指定的方向进行拉伸。编辑过程中必须用交叉窗口选择对象，除被选中的对象外，其他图元的大小及相互间的几何关系将保持不变。

命令启动方法如下。

- 菜单命令：【修改】/【拉伸】。
- 面板：【常用】选项卡中【修改】面板上的按钮。
- 命令：STRETCH 或简写 S。

【练习 3-15】：打开素材文件“dwg\第 3 章\3-15.dwg”，如图 3-25（a）所示，用 STRETCH 命令将其修改为图 3-25（b）所示的图形。

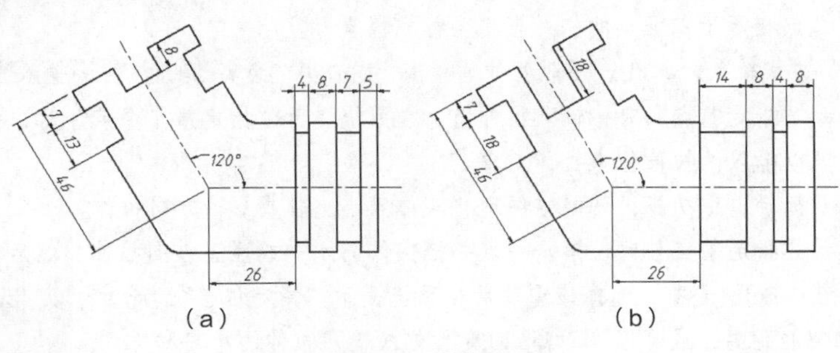

图 3-25　拉伸图形

（1）打开极轴追踪、对象捕捉及自动追踪功能。

（2）调整槽 *A* 的宽度及槽 *D* 的深度，如图3-26（a）所示。

```
命令: _stretch                                 //启动拉伸命令
选择对象:                                      //单击点B，如图3-26(a)所示
指定对角点: 找到 17 个                          //单击点C
选择对象:                                      //按Enter键
指定基点或 [位移(D)] <位移>:                    //单击一点
指定第二个点或 <使用第一个点作位移>: 10           //向右追踪并输入追踪距离
命令: STRETCH                                  //重复命令
选择对象:                                      //单击点E
指定对角点: 找到 5 个                           //单击点F
选择对象:                                      //按Enter键
指定基点或 [位移(D)] <位移>: 10<-60             //输入拉伸的距离及方向
指定第二个点或 <使用第一个点作为位移>:            //按Enter键结束
```

结果如图3-26（b）所示。

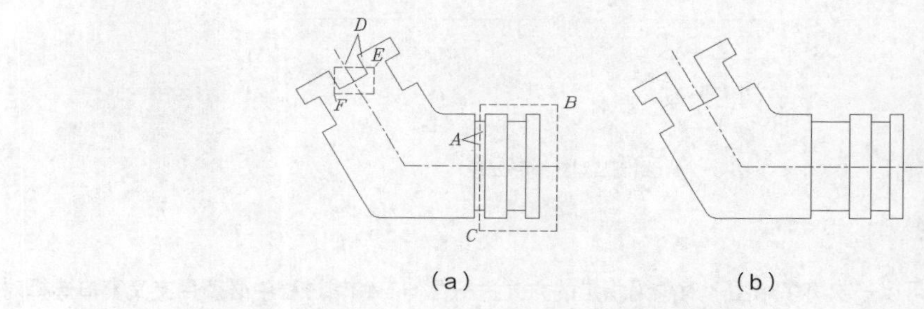

（a）　　（b）

图3-26　拉伸对象

（3）用STRETCH命令修改图形的其他部分。

使用STRETCH命令时，首先应利用交叉窗口选择对象，然后指定对象拉伸的距离和方向。凡在交叉窗口中的对象顶点都被移动，而与交叉窗口相交的对象将被延伸或缩短。

设定拉伸距离和方向的方式如下。

- 在屏幕上指定两个点，这两点的距离和方向代表了拉伸实体的距离和方向。
  当系统提示“指定基点”时，指定拉伸的基准点。当系统提示“指定第二个点”时，捕捉第二点或输入第二点相对于基准点的相对直角坐标或极坐标。
- 以“*X*，*Y*”方式输入对象沿 *x*、*y* 轴拉伸的距离，或者用“距离<角度”方式输入拉伸的距离和方向。
  当系统提示“指定基点”时，输入拉伸值。在系统提示“指定第二个点”时，按Enter键确认，这样系统就以输入的拉伸值来拉伸对象。
- 打开正交或极轴追踪功能，就能方便地将实体只沿 *x* 轴或 *y* 轴方向拉伸。
  当系统提示“指定基点”时，单击一点并把实体向水平或竖直方向拉伸，然后输入拉伸值。
- 使用“位移（D）”选项。选择该选项后，系统提示“指定位移”，此时，以“*X*，*Y*”方式输入沿 *x*、*y* 轴拉伸的距离，或者以“距离<角度”方式输入拉伸的距离和方向。

3.2.4 按比例缩放图形

SCALE 命令可将对象按指定的比例因子相对于基点放大或缩小，也可把对象缩放到指定的尺寸。

1. 命令启动方法

- 菜单命令：【修改】/【缩放】。
- 面板：【常用】选项卡中【修改】面板上的按钮。
- 命令：SCALE 或简写 SC。

【练习 3-16】：打开素材文件"dwg\第 3 章\3-16.dwg"，如图 3-27（a）所示，用 SCALE 命令将其修改为图 3-27（b）所示的图形。

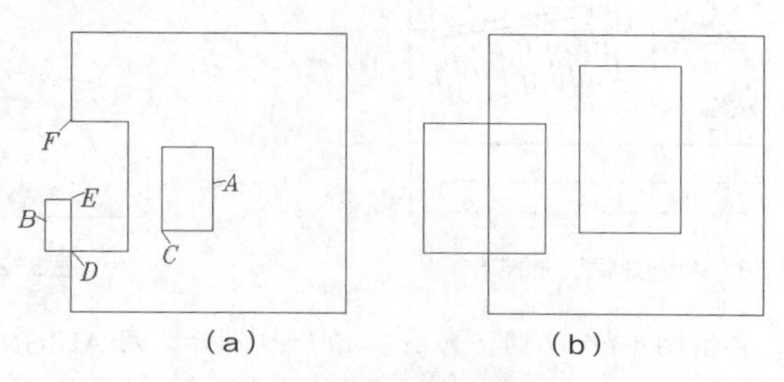

图 3-27 按比例缩放图形

```
命令: _scale                                          //启动比例缩放命令
选择对象: 找到 1 个                                    //选择矩形 A，如图 3-27(a)所示
选择对象:                                              //按 Enter 键
指定基点:                                              //捕捉交点 C
指定缩放比例或[复制(C)/参照(R)] <1.0000>: 2             //输入缩放比例因子
命令: SCALE                                           //重复命令
选择对象: 找到 4 个                                    //选择线框 B
选择对象:                                              //按 Enter 键
指定基点:                                              //捕捉交点 D
指定缩放比例或 [复制(C)/参照(R)] <2.0000>: r            //使用"参照(R)"选项
指定参照长度 <1.0000>:                                 //捕捉交点 D
指定第二点:                                            //捕捉交点 E
指定新的长度或 [点(P)] <1.0000>:                        //捕捉交点 F
```

结果如图 3-27（b）所示。

2. 命令选项

- 指定缩放比例：直接输入缩放比例因子，系统根据此比例因子缩放图形。若比例因子小于 1，则缩小对象；否则，放大对象。
- 复制（C）：缩放对象的同时复制对象。
- 参照（R）：以参照方式缩放图形。用户输入参考长度及新长度，系统把新长度与参考长度的比值作为缩放比例因子进行缩放。
- 点（P）：使用两点来定义新的长度。

3.2.5 上机练习——利用旋转、拉伸及对齐命令绘图

【练习 3-17】：绘制图 3-28 所示的图形，通过这个练习演示绘制倾斜图形的技巧。

（1）设定绘图区域大小为 1000×1000。

（2）打开极轴追踪、对象捕捉及自动追踪功能。指定极轴追踪角度增量为 90°，设定对象捕捉方式为“端点”“交点”，设置仅沿正交方向自动追踪。

（3）用 LINE 及 OFFSET 命令绘制图形 *A*，如图 3-29 所示。

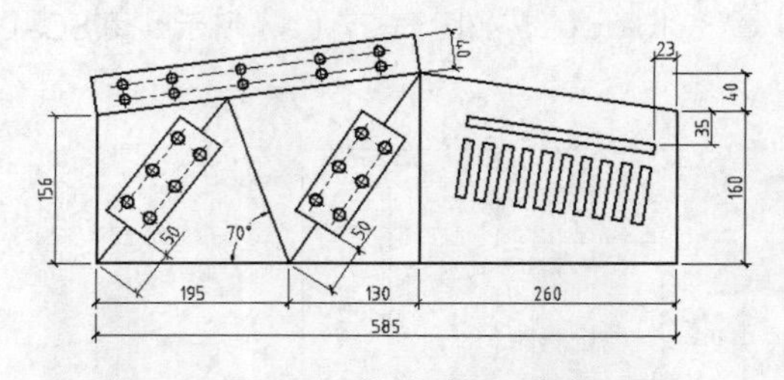

图 3-28　绘制倾斜图形的技巧

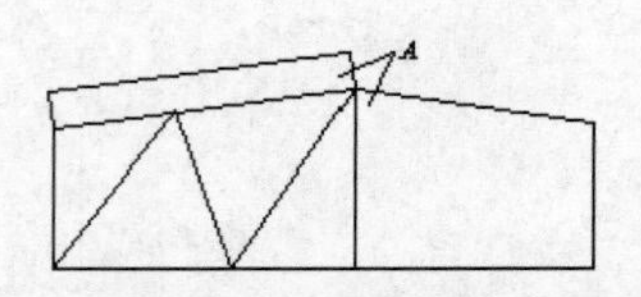

图 3-29　绘制图形 *A*

（4）绘制辅助线 *B*、*C*，再绘制 10 个小圆，如图 3-30（a）所示。用 ALIGN 命令将 10 个圆定位到正确的位置，结果如图 3-30（b）所示。

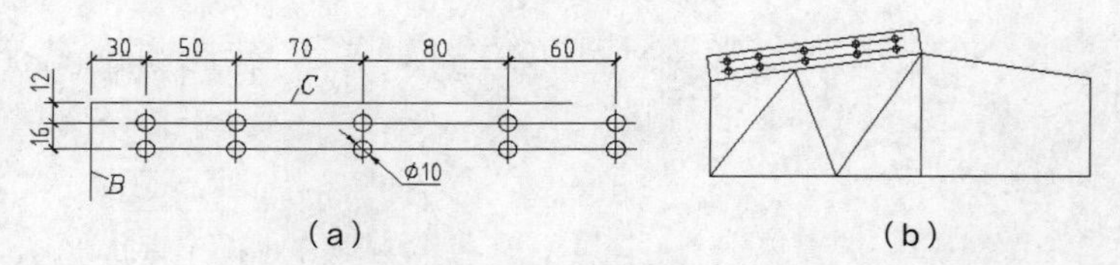

（a）　（b）

图 3-30　绘制辅助线 *B*、*C* 和 10 个小圆等

（5）用 LINE、OFFSET 及 CIRCLE 等命令绘制图形 *D*，如图 3-31（a）所示。用 COPY、ALIGN 命令形成图形 *E*、*F*，如图 3-31（b）所示。

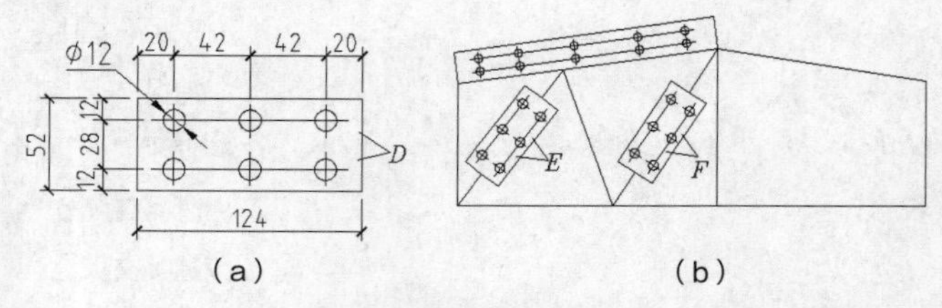

（a）　（b）

图 3-31　形成图形 *D*、*E* 及 *F*

（6）用 LINE、OFFSET 及 ARRAY 等命令绘制图形 *G*，如图 3-32（a）所示。用 MOVE、ROTATE 命令形成图形 *H*，如图 3-32（b）所示。

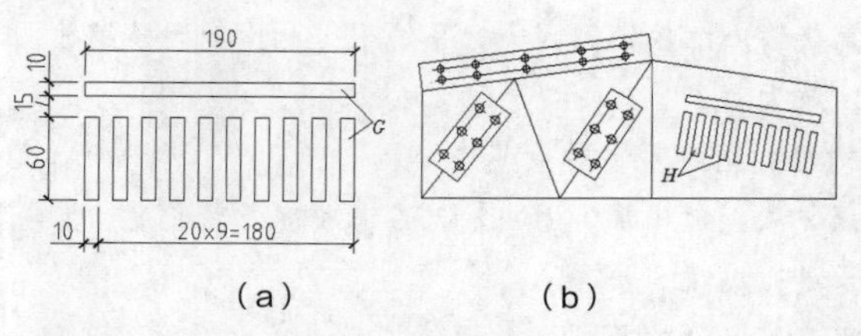

（a）　（b）

图 3-32　形成图形 *G*、*H*

【练习 3-18】：设置绘图区域大小为 60000 × 60000。利用 LINE、OFFSET、COPY、ROTATE、STRETCH 等命令绘制平面图形，如图 3-33 所示。

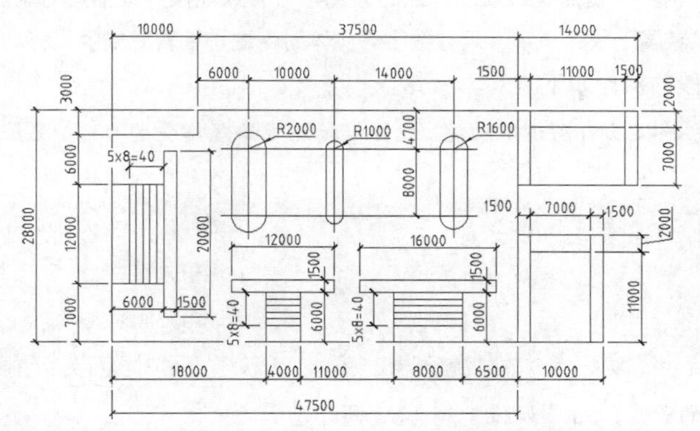

图 3-33　用 LINE、OFFSET、COPY、ROTATE、STRETCH 等命令绘图

3.3　关键点编辑方式

关键点编辑方式是一种集成的编辑模式，该模式包含了拉伸、移动、旋转、比例缩放和镜像 5 种编辑方法。

默认情况下，系统的关键点编辑方式是开启的。当用户选择实体后，实体上将出现若干方框，这些方框被称为关键点。把鼠标光标靠近并捕捉关键点，然后单击鼠标左键，激活关键点编辑状态，此时，系统自动进入拉伸编辑方式，连续按下 Enter 键，就可以在所有的编辑方式间切换。此外，用户也可在激活关键点后，单击鼠标右键，弹出快捷菜单，如图 3-34 所示，通过此快捷菜单选择某种编辑方法。

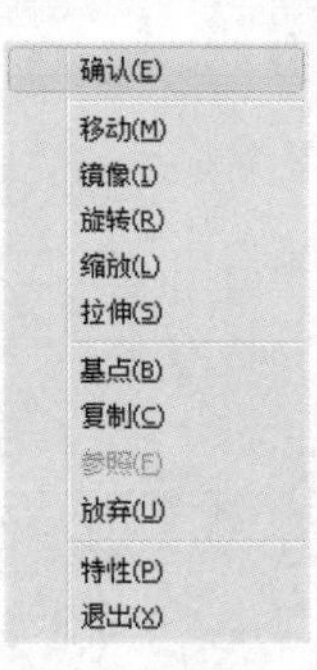

图 3-34　快捷菜单

在不同的编辑方式间切换时，系统为每种编辑方法提供的选项基本相同，其中“基点（B）”“复制（C）”选项是所有编辑方式所共有的。

- 基点（B）：使用该选项用户可以捡取某一个点作为编辑过程的基点。例如，当进入了旋转编辑模式要指定一个点作为旋转中心时，就使用“基点（B）”选项。默认情况下，编辑的基点是热关键点（选中的关键点）。
- 复制（C）：如果用户在编辑的同时还需复制对象，就选择此选项。

下面通过一个例子来熟悉关键点的各种编辑方式。

【练习 3-19】：打开素材文件“dwg\第 3 章\3-19.dwg”，如图 3-35（a）所示，用关键点编辑方式将其修改为图 3-35（b）所示的图形。

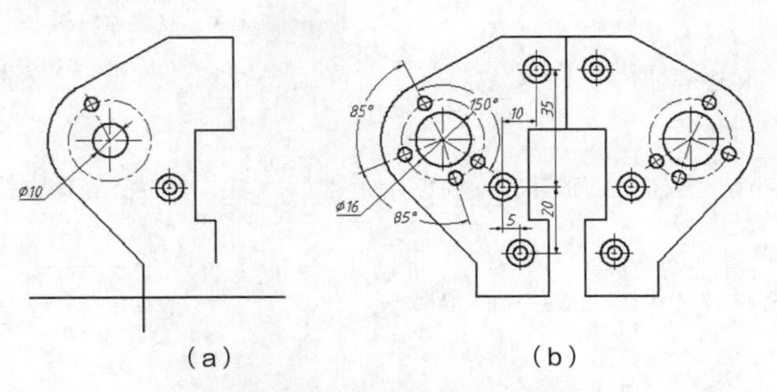

（a）　（b）

图 3-35　用关键点编辑方式修改图形

3.3.1 利用关键点拉伸对象

在拉伸编辑模式下，当热关键点是线段的端点时，用户可有效地拉伸或缩短对象。如果热关键点是线段的中点、圆或圆弧的圆心或者属于块、文字、尺寸数字等实体时，这种编辑方式就只移动对象。

利用关键点拉伸线段的操作如下。

打开极轴追踪、对象捕捉及自动追踪功能。设置极轴追踪角度增量为90°，设置对象捕捉方式为“端点”“圆心”及“交点”。

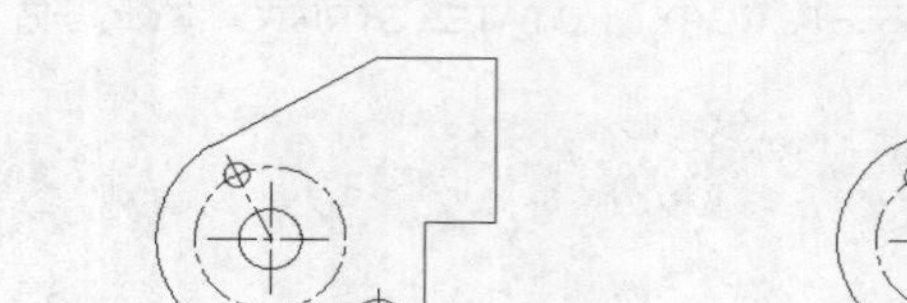

```
命令:                                              //选择线段 A，如图 3-36(a)所示
命令:                                              //选中关键点 B
** 拉伸 **                                         //进入拉伸模式
指定拉伸点或 [基点(B)/复制(C)/放弃(U)/退出(X)]:     //向下移动鼠标光标并捕捉点 C
```

继续调整其他线段的长度，结果如图3-36（b）所示。

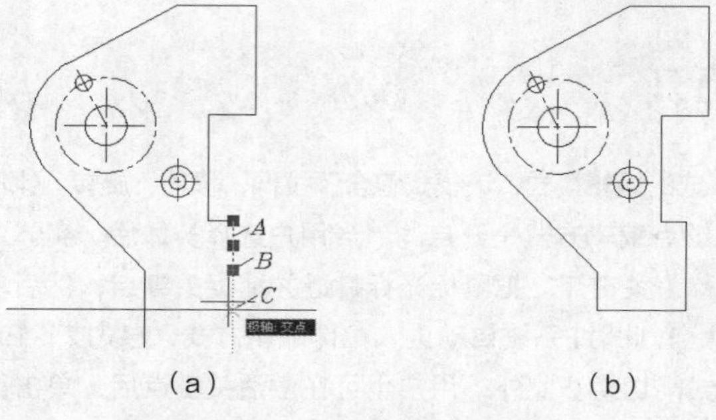

图3-36 利用关键点拉伸对象

要点提示

打开正交状态后用户就可利用关键点拉伸方式很方便地改变水平线段或竖直线段的长度。

3.3.2 利用关键点移动及复制对象

关键点移动模式可以编辑单一对象或一组对象，在此方式下使用“复制（C）”选项就能在移动实体的同时进行复制，这种编辑模式的使用与普通的MOVE命令很相似。

利用关键点复制对象的操作如下。

```
命令:                                              //选择对象 D，如图 3-37(a)所示
命令:                                              //选中一个关键点
** 拉伸 **
指定拉伸点或 [基点(B)/复制(C)/放弃(U)/退出(X)]:     //进入拉伸模式
** 移动 **                                         //按 Enter 键进入移动模式
指定移动点或 [基点(B)/复制(C)/放弃(U)/退出(X)]: c   //利用“复制(C)”选项进行复制
** 移动 (多重) **
指定移动点或 [基点(B)/复制(C)/放弃(U)/退出(X)]: b   //使用“基点(B)”选项
```

```
指定基点:                                              //捕捉对象 D 的圆心
** 移动 (多重) **
指定移动点或 [基点(B)/复制(C)/放弃(U)/退出(X)]: @10,35    //输入相对坐标
** 移动 (多重) **
指定移动点或 [基点(B)/复制(C)/放弃(U)/退出(X)]: @5,-20    //输入相对坐标
指定移动点或 [基点(B)/复制(C)/放弃(U)/退出(X)]:           //按 Enter 键结束
```

结果如图 3-37（b）所示。

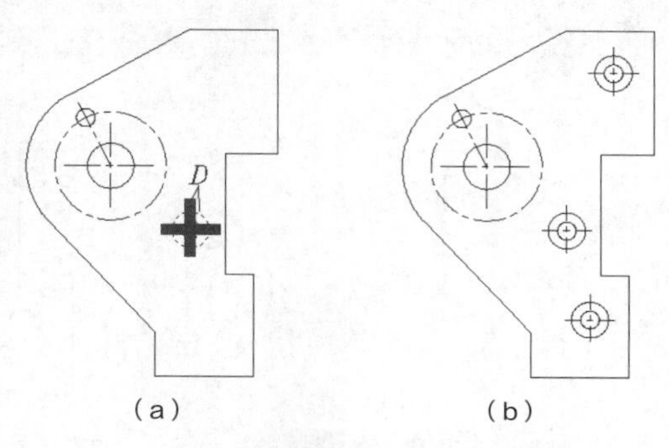

图 3-37　利用关键点复制对象

3.3.3　利用关键点旋转对象

旋转对象是绕旋转中心进行的，当使用关键点编辑模式时，热关键点就是旋转中心，但用户也可以指定其他点作为旋转中心。这种编辑方法与 ROTATE 命令相似，它的优点在于一次可将对象旋转且复制到多个方位。

旋转操作中的“参照（R）”选项有时非常有用，使用该选项用户可以旋转图形实体，使其与某个新位置对齐。

利用关键点旋转对象的操作如下。

```
命令:                                              //选择对象 E，如图 3-38(a)所示
命令:                                              //选中一个关键点
** 拉伸 **                                         //进入拉伸模式
指定拉伸点或 [基点(B)/复制(C)/放弃(U)/退出(X)]: _rotate
                                                   //单击鼠标右键，选择【旋转】命令
** 旋转 **                                         //进入旋转模式
指定旋转角度或 [基点(B)/复制(C)/放弃(U)/参照(R)/退出(X)]: c
                                                   //利用“复制(C)”选项进行复制
** 旋转 (多重) **
指定旋转角度或 [基点(B)/复制(C)/放弃(U)/参照(R)/退出(X)]: b
                                                   //使用“基点(B)”选项
指定基点:                                          //捕捉圆心 F
```

```
** 旋转 (多重) **
指定旋转角度或 [基点(B)/复制(C)/放弃(U)/参照(R)/退出(X)]: 85        //输入旋转角度
** 旋转 (多重) **
指定旋转角度或 [基点(B)/复制(C)/放弃(U)/参照(R)/退出(X)]: 170       //输入旋转角度
** 旋转 (多重) **
指定旋转角度或 [基点(B)/复制(C)/放弃(U)/参照(R)/退出(X)]: -150      //输入旋转角度
** 旋转 (多重) **
指定旋转角度或 [基点(B)/复制(C)/放弃(U)/参照(R)/退出(X)]:           //按Enter键结束
```

结果如图 3-38（b）所示。

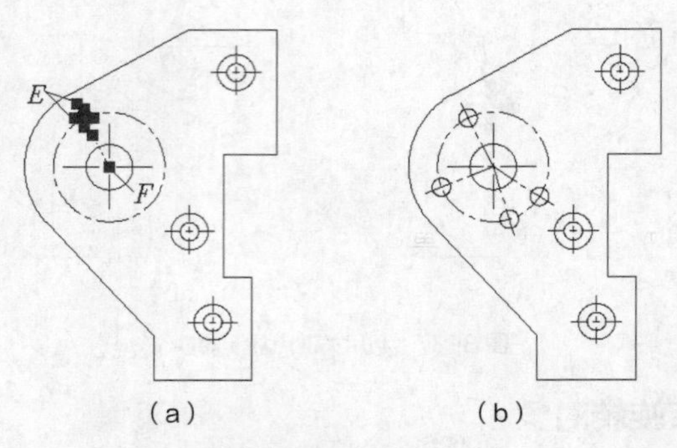

图 3-38 利用关键点旋转对象

3.3.4 利用关键点缩放对象

关键点编辑方式也提供了缩放对象的功能，当切换到缩放模式时，当前激活的热关键点是缩放的基点。用户可以输入比例系数对实体进行放大或缩小，也可利用“参照（R）”选项将实体缩放到某一尺寸。

利用关键点缩放模式缩放对象的操作如下。

```
命令:                                              //选择圆 G，如图 3-39(a)所示
命令:                                              //选中任意一个关键点
** 拉伸 **                                         //进入拉伸模式
指定拉伸点或 [基点(B)/复制(C)/放弃(U)/退出(X)]: _scale
                                                   //单击鼠标右键，选择【缩放】命令
** 比例缩放 **                                     //进入比例缩放模式
指定比例因子或 [基点(B)/复制(C)/放弃(U)/参照(R)/退出(X)]: b
                                                   //使用“基点(B)”选项
指定基点:                                          //捕捉圆 G 的圆心
** 比例缩放 **
指定比例因子或 [基点(B)/复制(C)/放弃(U)/参照(R)/退出(X)]: 1.6
                                                   //输入缩放比例值
```

结果如图 3-39（b）所示。

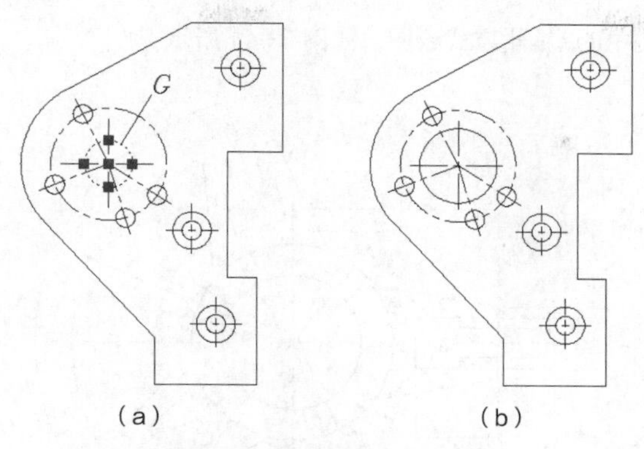

图 3-39 利用关键点缩放对象

3.3.5 利用关键点镜像对象

进入镜像模式后，系统直接提示“指定第二点”。默认情况下，热关键点是镜像线的第一点，在拾取第二点后，此点便与第一点一起形成镜像线。如果用户要重新设定镜像线的第一点，就要利用“基点（B）”选项。

利用关键点镜像对象。

```
命令:                                                  //选择要镜像的对象，如图 3-40(a)所示
命令:                                                  //选中关键点 H
** 拉伸 **                                             //进入拉伸模式
指定拉伸点或 [基点(B)/复制(C)/放弃(U)/退出(X)]: _mirror
                                                       //单击鼠标右键，选择【镜像】命令
** 镜像 **                                             //进入镜像模式
指定第二点或 [基点(B)/复制(C)/放弃(U)/退出(X)]: c      //镜像并复制
** 镜像 (多重) **
指定第二点或 [基点(B)/复制(C)/放弃(U)/退出(X)]:        //捕捉点 I
** 镜像 (多重) **
指定第二点或 [基点(B)/复制(C)/放弃(U)/退出(X)]:        //按 Enter 键结束
```

结果如图 3-40（b）所示。

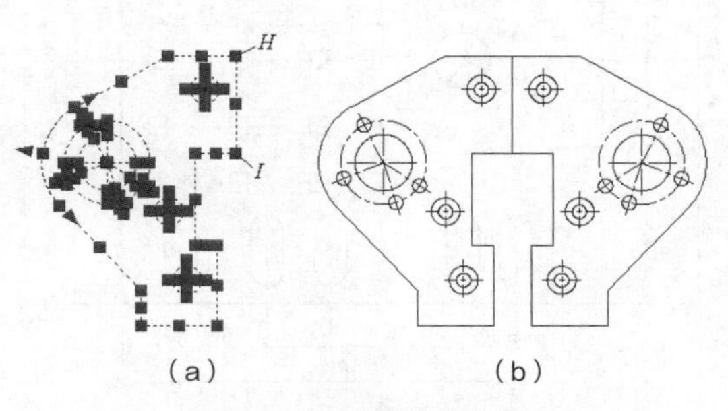

图 3-40 利用关键点镜像对象

3.3.6 上机练习——利用关键点编辑方式绘图

【练习 3-20】：利用关键点编辑方式绘图，如图 3-41 所示。

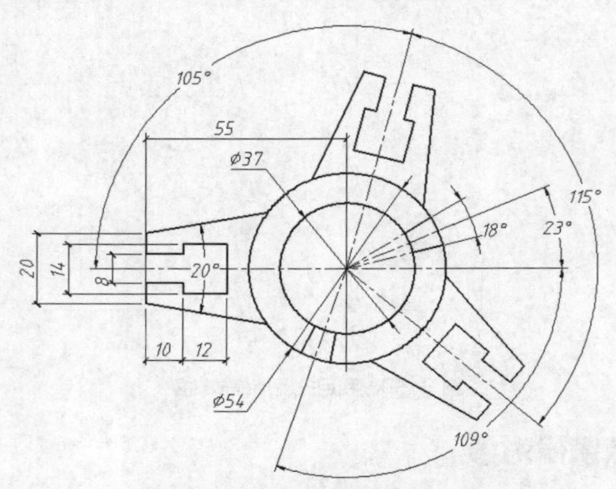

图 3-41 利用关键点编辑方式绘图（1）

主要作图步骤如图 3-42 所示。

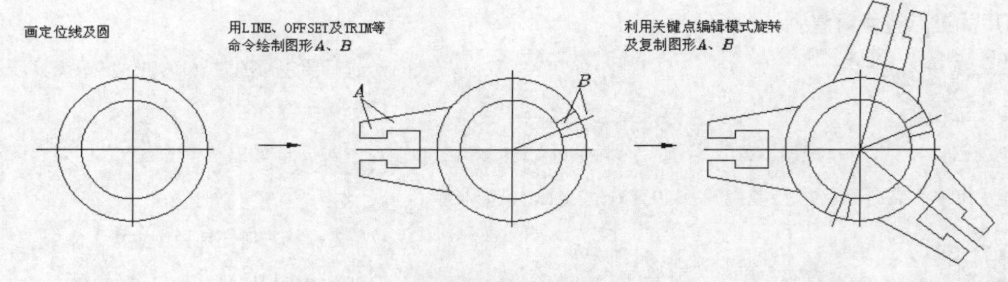

图 3-42 主要作图步骤

【练习 3-21】：利用关键点编辑方式绘图，如图 3-43 所示。图中图形对象的分布形式可利用关键点编辑方式一次形成。

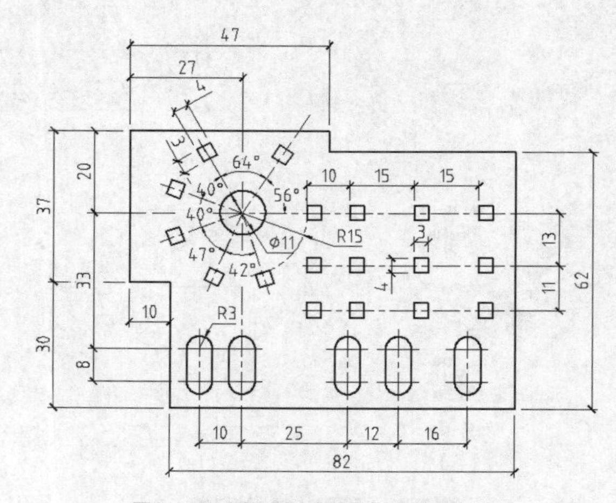

图 3-43 利用关键点编辑方式绘图（2）

3.4 编辑图形元素属性

在中望 CAD 中，对象属性是指系统赋予对象的特性，包括颜色、线型、图层、高度及文字样式等。例如，直线和曲线包含图层、线型及颜色等属性项目，而文本则具有图层、颜色、字体及字高等特性。改变对象属性一般可通过 PROPERTIES 命令，使用该命令时，系统打开【特性】对话框，该对话框列出所选对象的所有属性，用户通过此对话框就可以很方便地进行修改。

改变对象属性的另一种方法是采用 MATCHPROP 命令，该命令可以使被编辑对象的属性与指定的源对象的属性完全相同，即把源对象的属性传递给目标对象。

3.4.1 用 PROPERTIES 命令改变对象属性

下面通过修改非连续线当前线型比例因子的例子来说明 PROPERTIES 命令的用法。

【练习 3-22】：打开素材文件"dwg\第 3 章\3-22.dwg"，如图 3-44（a）所示，用 PROPERTIES 命令将其修改为图 3-44（b）所示的图形。

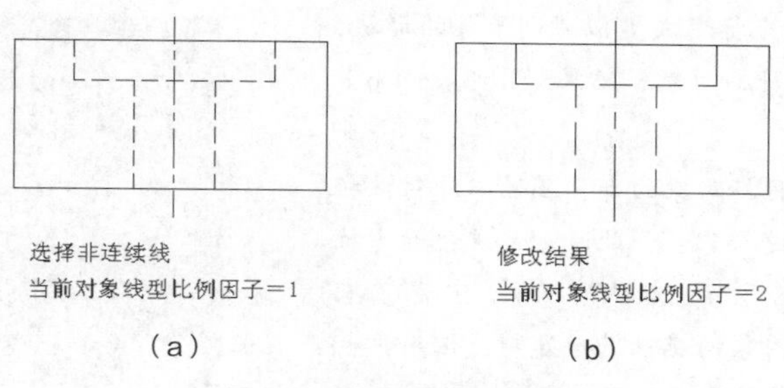

图 3-44　修改非连续线外观

（1）选择要编辑的非连续线，如图 3-44（a）所示。

（2）单击【常用】选项卡中【属性】面板上的按钮，系统打开【特性】对话框，如图 3-45 所示。根据所选对象不同，【特性】对话框中显示的属性项目也不同，但有一些属性项目几乎是所有对象所拥有的，如颜色、图层、线型等。当在绘图区中选择单个对象时，【特性】对话框就显示此对象的特性。若选择多个对象，则【特性】窗口显示它们所共有的特性。

（3）单击【线型比例】文本框，该比例因子默认值是"1"，输入新线型比例因子"2"后，按 Enter 键，图形窗口中的非连续线立即更新，显示修改后的结果，如图 3-44（b）所示。

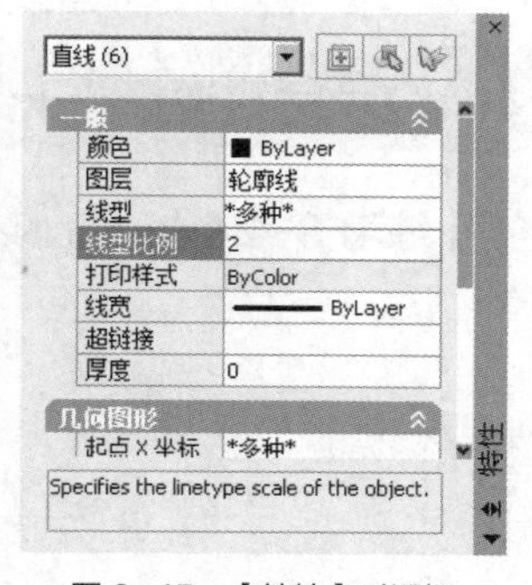

图 3-45　【特性】对话框

3.4.2 对象特性匹配

MATCHPROP 命令非常有用，用户可使用此命令将源对象的属性（如颜色、线型、图层及线型比例等）传递给目标对象。操作时，用户要选择两个对象，第 1 个是源对象，第 2 个是目标对象。

【练习 3-23】：打开素材文件"dwg\第 3 章\3-23.dwg"，如图 3-46（a）所示，用 MATCHPROP 命令将其修改为图 3-46（b）所示的图形。

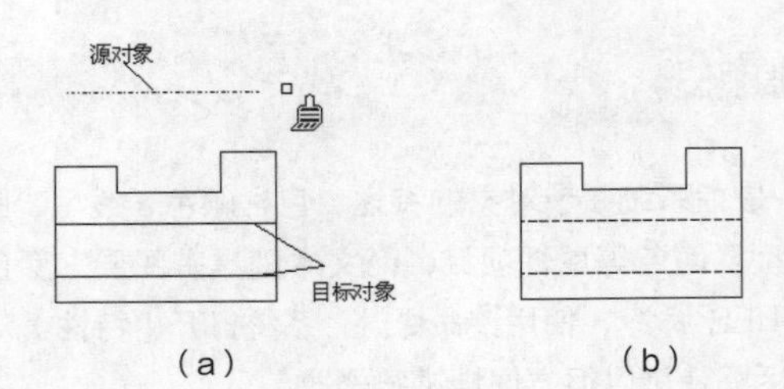

图 3-46 对象特性匹配

（1）单击【常用】选项卡中【剪贴板】面板上的按钮，或者输入 MATCHPROP 命令，系统提示如下。

命令：_matchprop	
选择源对象：	//选择源对象，如图 3-46(a) 所示
选择目标对象或 [设置(S)]：	//选择第 1 个目标对象
选择目标对象或 [设置(S)]：	//选择第 2 个目标对象
选择目标对象或 [设置(S)]：	//按 Enter 键结束

选择源对象后，鼠标光标变成类似“刷子”的形状，此时选择接受属性匹配的目标对象，结果如图 3-46（b）所示。

（2）如果用户仅想使目标对象的部分属性与源对象相同，可在选择源对象后，键入“S”，此时，系统打开【特性设置】对话框，如图 3-47 所示。默认情况下，中望 CAD 选中该对话框中的所有源对象的属性进行复制，但用户也可指定仅将其中的部分属性传递给目标对象。

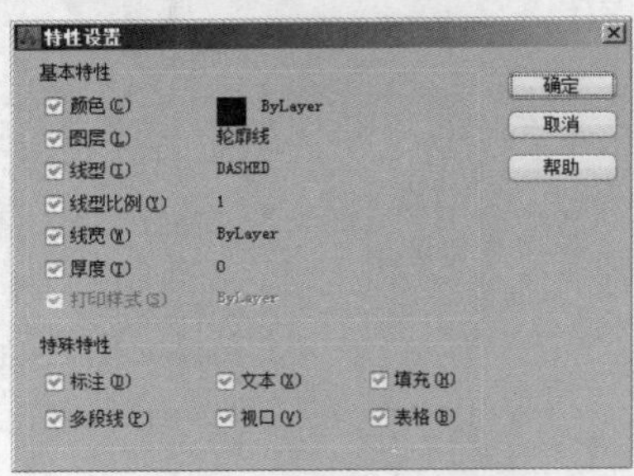

图 3-47 【特性设置】对话框

3.5 综合训练——巧用编辑命令绘图

【练习 3-24】： 用 LINE、COPY、ARRAY、ROTATE 等命令绘图，如图 3-48 所示。

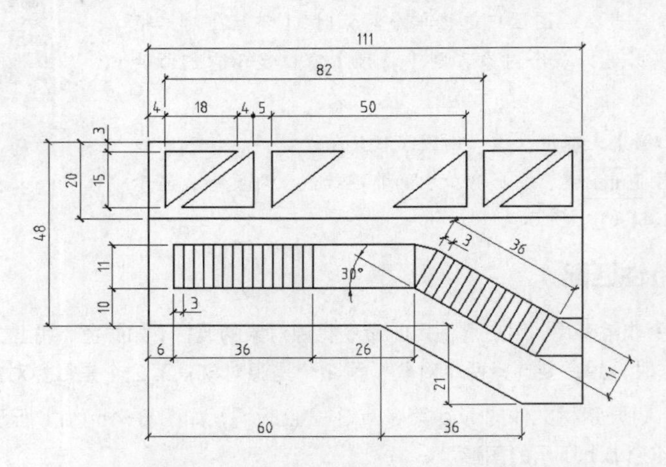

图 3-48 用 LINE、COPY、ARRAY、ROTATE 等命令绘图

【练习 3-25】：用 ROTATE、ALIGN 等命令及关键点编辑方式绘图，如图 3-49 所示。

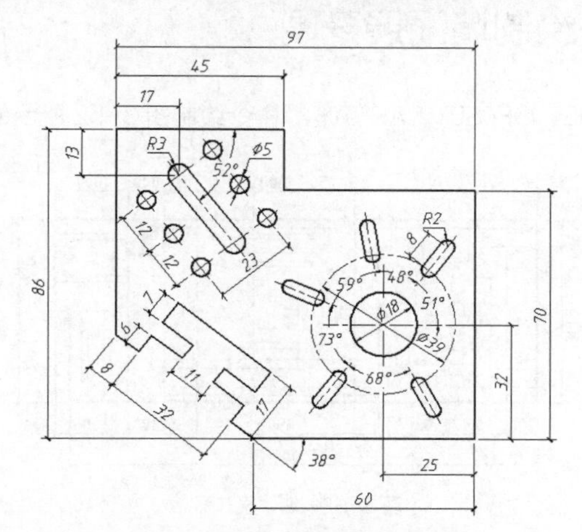

图 3-49　利用关键点编辑方式绘图

主要作图步骤如图 3-50 所示。

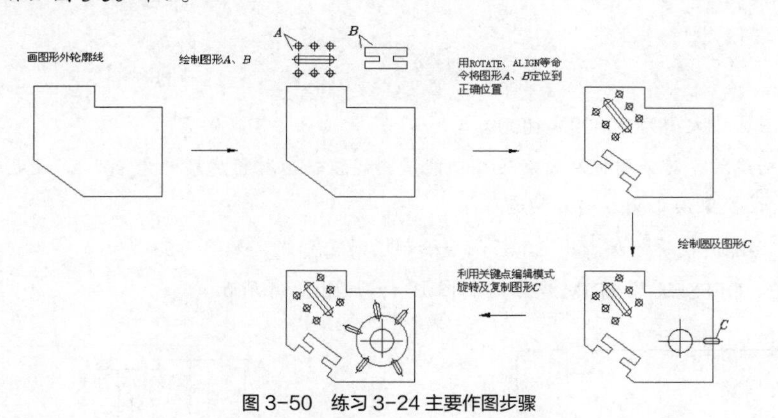

图 3-50　练习 3-24 主要作图步骤

【练习 3-26】：用 LINE、CIRCLE、ARRAY 等命令绘制平面图形，如图 3-51 所示。

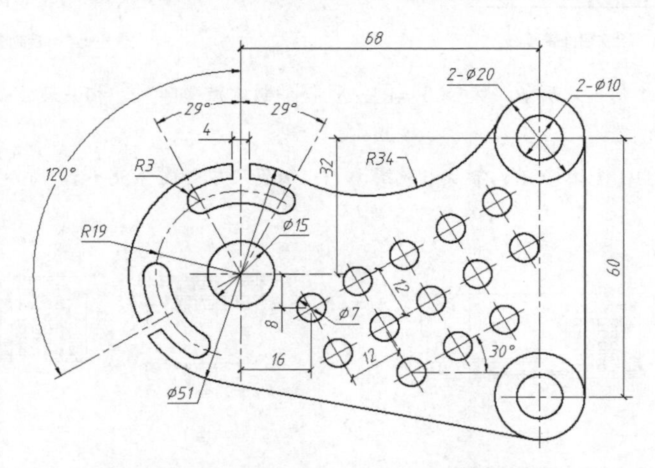

图 3-51　用 LINE、CIRCLE、ARRAY 等命令绘图

3.6 综合训练——绘制墙面展开图

【练习 3-27】：用 LINE、OFFSET、ARRAY 等命令绘制图 3-52 所示的墙体展开图。

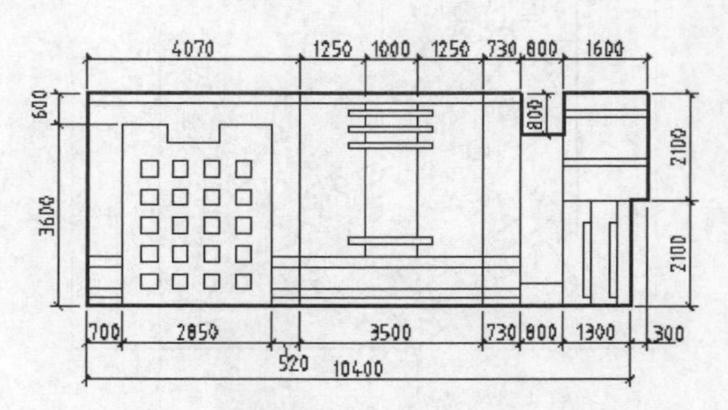

图 3-52　墙体展开图

（1）创建以下图层。

名称	颜色	线型	线宽
墙面-轮廓	白色	Continuous	0.7
墙面-装饰	青色	Continuous	默认

（2）设定绘图区域大小为 20000×10000。

（3）打开极轴追踪、对象捕捉及自动追踪功能。指定极轴追踪角度增量为 90°，设定对象捕捉方式为“端点”“交点”，设置仅沿正交方向自动追踪。

（4）切换到“墙面-轮廓”层。用 LINE 命令绘制墙面轮廓线，如图 3-53 所示。

（5）用 LINE、OFFSET 及 TRIM 命令绘制图形 *A*，如图 3-54 所示。

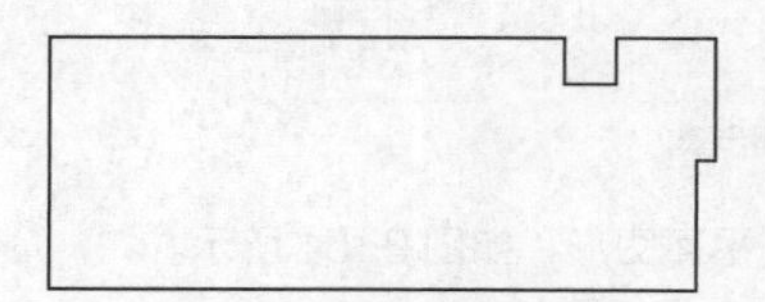
图 3-53　绘制墙面轮廓线

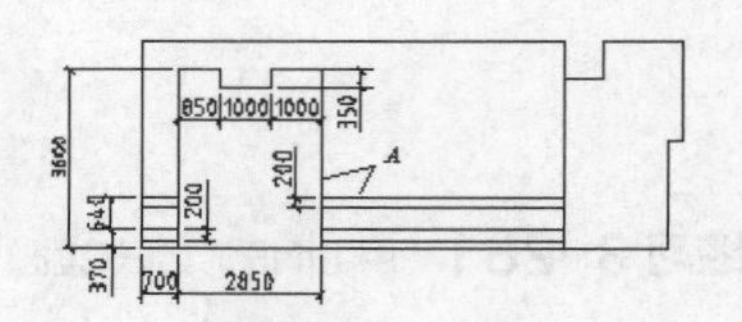

图 3-54　绘制图形 *A*

（6）用 LINE 命令绘制正方形 *B*，然后用 ARRAY 命令创建矩形阵列，相关尺寸如图 3-55（a）所示，结果如图 3-55（b）所示。

（7）用 OFFSET、TRIM 及 COPY 命令形成图形 *C*，细节尺寸如图 3-56（a）所示，结果如图 3-56（b）所示。

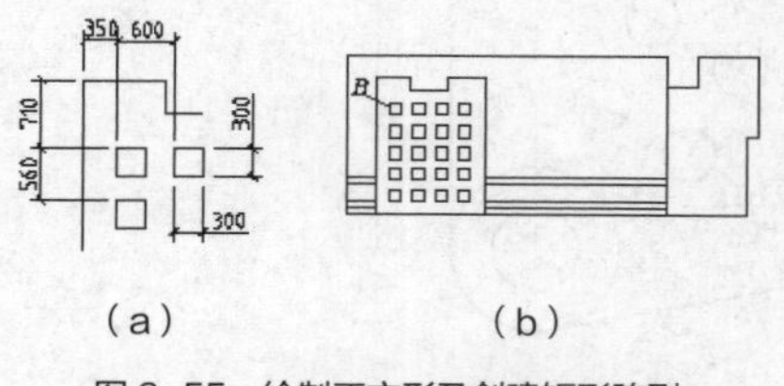

（a）　（b）

图 3-55　绘制正方形及创建矩形阵列

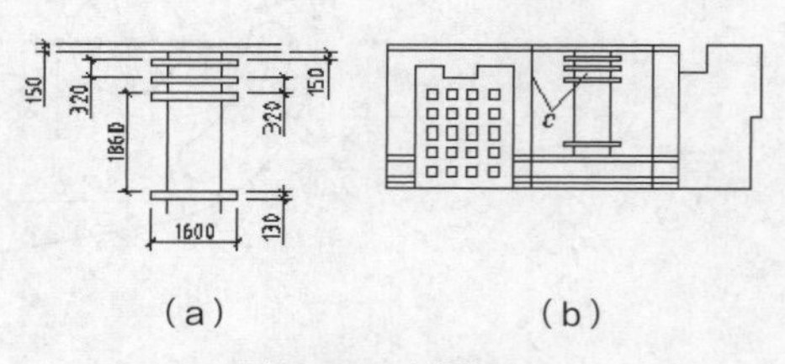

（a）　（b）

图 3-56　形成图形 *C*

（8）用OFFSET、TRIM及COPY命令形成图形D，细节尺寸如图3-57（a）所示，结果如图3-57（b）所示。

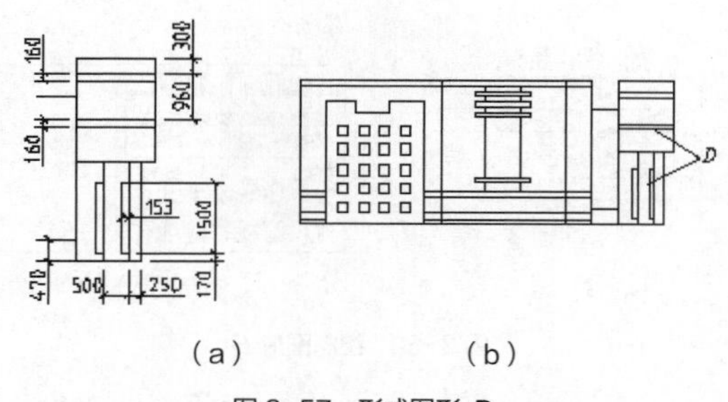

（a）　（b）

图3-57　形成图形D

3.7 综合训练——绘制顶棚平面图

【练习3-28】：用PLINE、LINE、OFFSET、ARRAY等命令绘制图3-58所示的顶棚平面图。

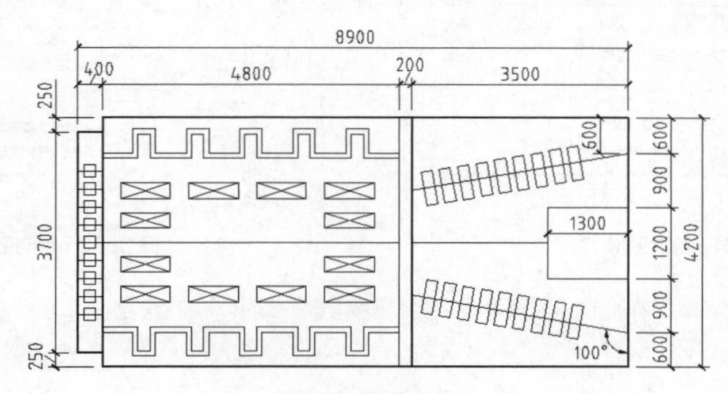

图3-58　顶棚平面图

（1）创建以下图层。

名称	颜色	线型	线宽
顶棚-轮廓	白色	Continuous	0.7
顶棚-装饰	青色	Continuous	默认

（2）设定绘图区域大小为15000×10000。

（3）打开极轴追踪、对象捕捉及自动追踪功能。指定极轴追踪角度增量为90°，设定对象捕捉方式为“端点”“交点”，设置仅沿正交方向自动追踪。

（4）切换到“顶棚-轮廓”层。用LINE、PLINE及OFFSET命令绘制顶棚轮廓线及图形A等。细节尺寸如图3-59（a）所示，结果如图3-59（b）所示。

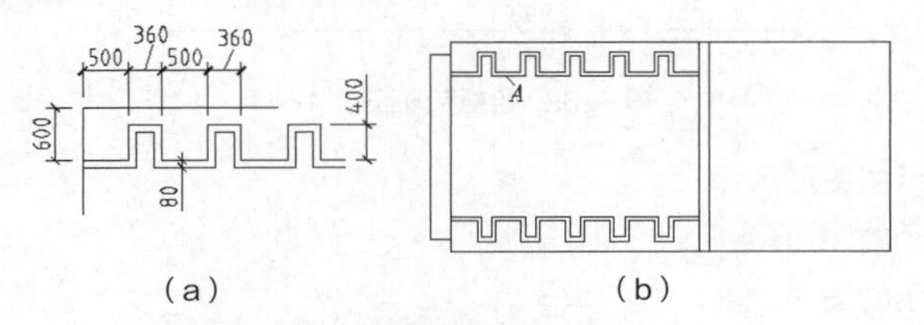

（a）　（b）

图3-59　绘制顶棚轮廓线及图形A等

（5）切换到"顶棚-装饰"层。用 OFFSET、TRIM、LINE、COPY、MIRROR 等命令绘制图形 *B*。细节尺寸如图 3-60（a）所示，结果如图 3-60（b）所示。

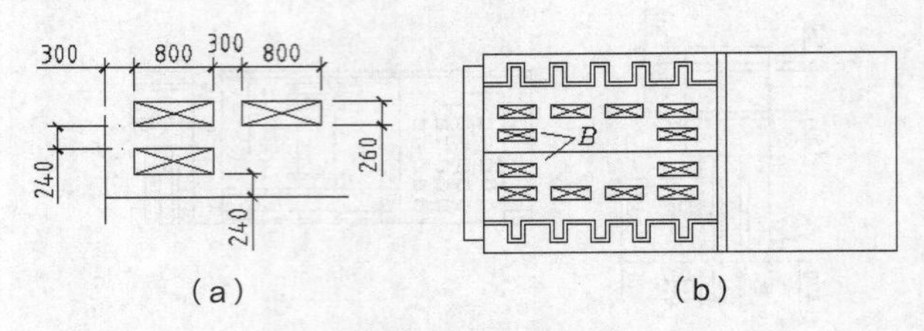

图 3-60　绘制图形 *B*

（6）用 OFFSET、TRIM、ARRAY 等命令绘制图形 *C*。细节尺寸如图 3-61（a）所示，结果如图 3-61（b）所示。

（7）用 XLINE、LINE、OFFSET、TRIM、ARRAY 等命令绘制图形 *D*。细节尺寸如图 3-62（a）所示，结果如图 3-62（b）所示。

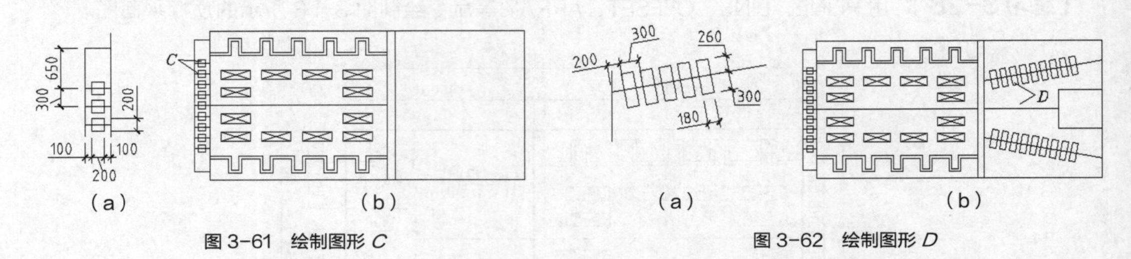

图 3-61　绘制图形 *C*　　　　图 3-62　绘制图形 *D*

习题

1. 绘制图 3-63 所示的图形。

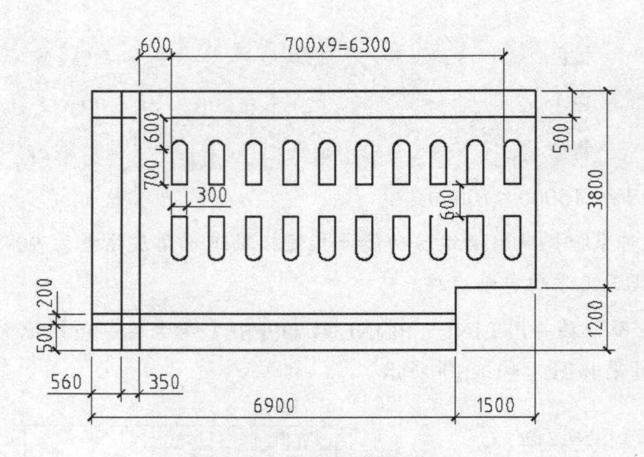

图 3-63　绘制平面图形（1）

2. 绘制图 3-64 所示的图形。
3. 绘制图 3-65 所示的图形。
4. 绘制图 3-66 所示的图形。

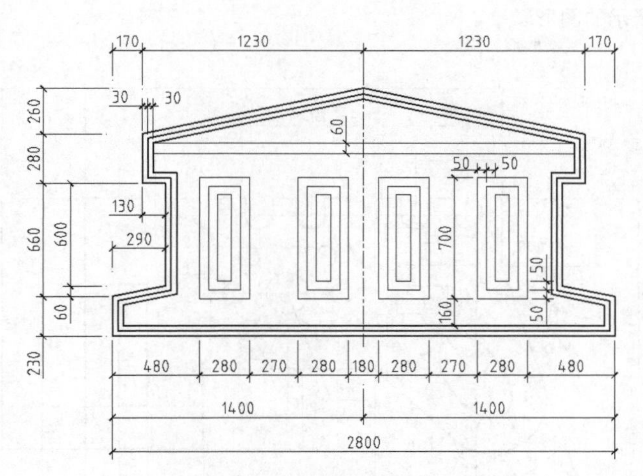

图 3-64　绘制平面图形（2）

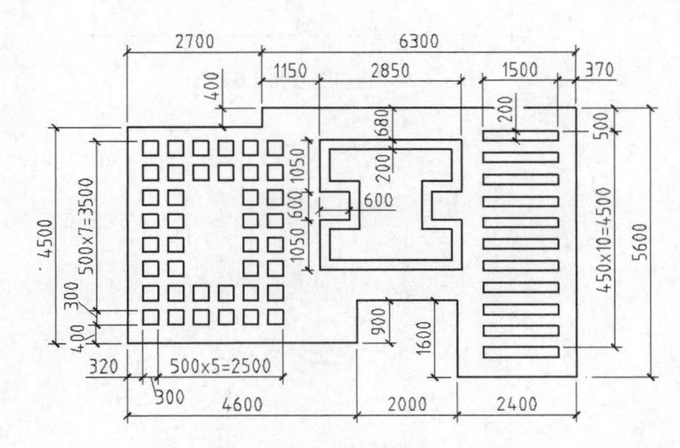

图 3-65　绘制平面图形（3）

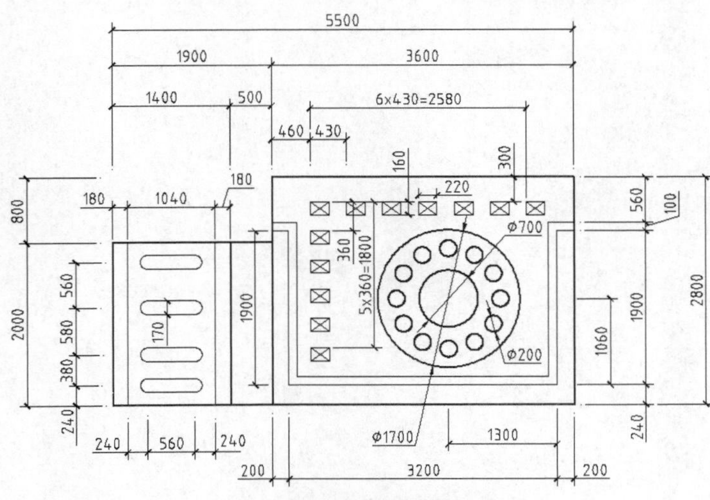

图 3-66　绘制平面图形（4）

5. 绘制图 3-67 所示的图形。

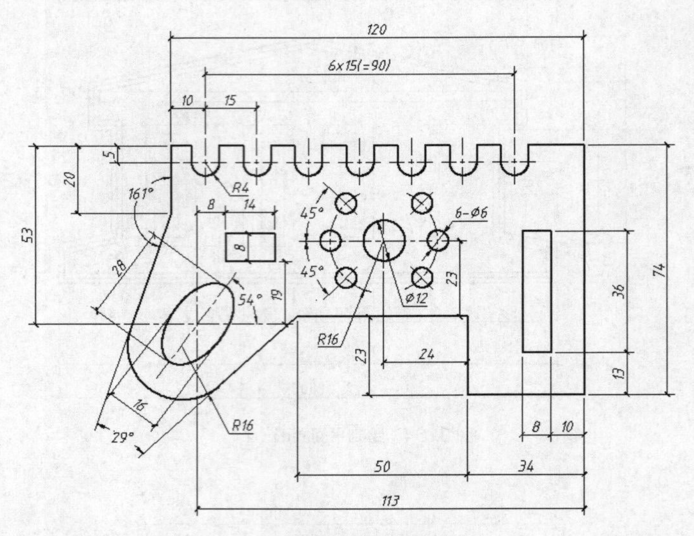

图 3-67 绘制平面图形（5）

第 4 章 绘制和编辑平面图形（三）

通过本章的学习，读者应掌握创建样条线、点对象、剖面图案、圆环及面域等的方法，并能够灵活运用这些命令绘制常见平面图形。

【学习目标】

- 能够绘制样条曲线及徒手线。
- 掌握填充剖面图案的方法。
- 学会绘制等分点和测量点。
- 学会创建圆环及圆点。
- 了解利用面域对象构建图形的方法。

4.1 绘制曲线及填充剖面图案

本节主要内容包括绘制样条线、徒手线、云状线及填充剖面图案。

4.1.1 课堂实训——填充剖面图案

实训的任务是绘制图 4-1 所示的平面图形，该图形包含了 3 种形式的图案：ANSI31、AR-CONC、EARTH。

【练习 4-1】：打开素材文件“dwg\第 4 章\4-1.dwg”，在图样中填充剖面图案，结果如图 4-1 所示。

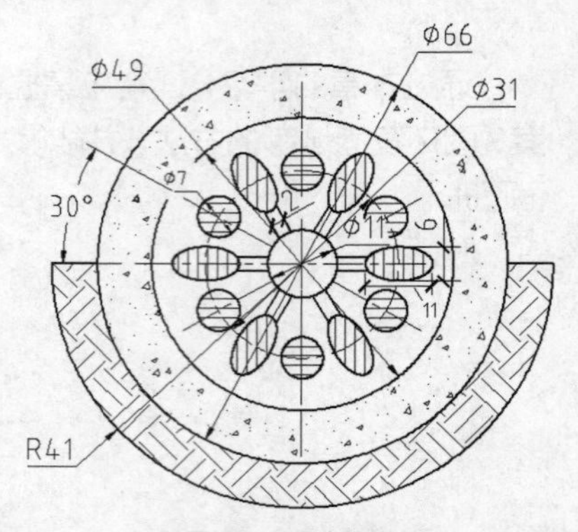

图 4-1 图案填充

（1）在 6 个小椭圆内填充图案，如图 4-2 所示。图案名称为 ANSI31，角度为 45° ，填充比例为 0.5。

（2）在 6 个小圆内填充图案，如图 4-3 所示。图案名称为 ANSI31，角度为-45° ，填充比例为 0.5。

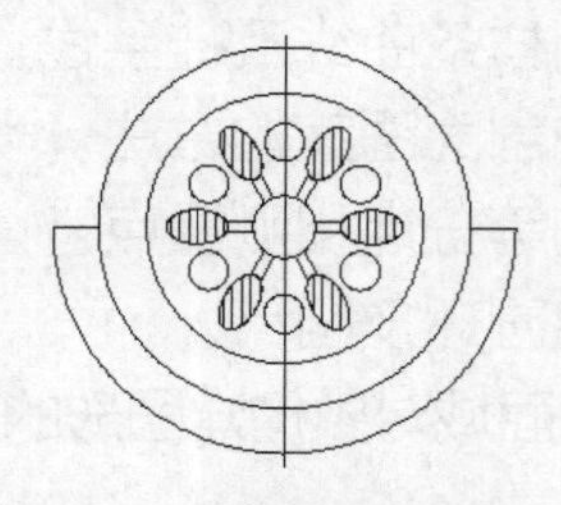

图 4-2 在椭圆内填充图案

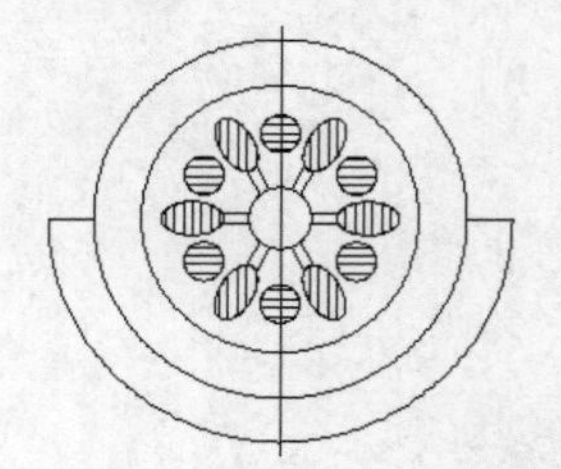

图 4-3 在小圆内填充图案

（3）在区域 *A* 中填充图案，如图 4-4 所示。图案名称为 AR-CONC，角度为 0°，填充比例为 0.05。

（4）在区域 *B* 中填充图案，如图 4-5 所示。图案名称为 EARTH，角度为 0°，填充比例为 1。

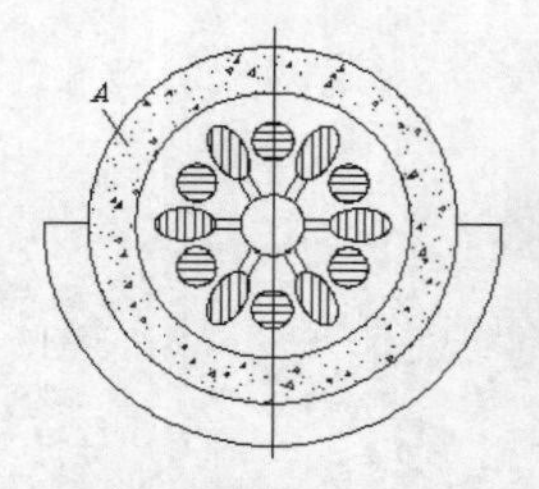

图 4-4 在区域 *A* 中填充图案

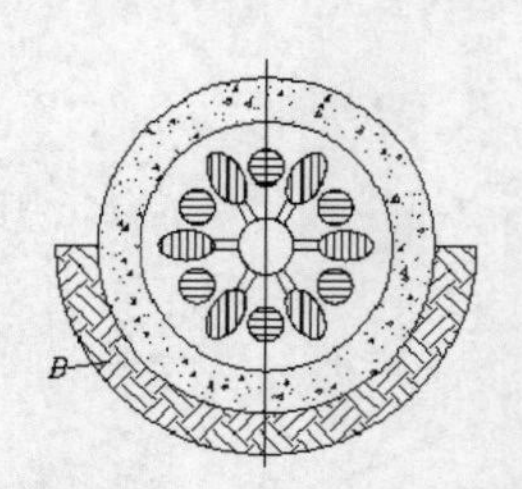

图 4-5 在区域 *B* 中填充图案

4.1.2 绘制样条曲线

利用 SPLINE 命令绘制光滑曲线，该线是样条线，系统通过拟合给定的一系列数据点形成这条曲线。绘制建筑图时，可利用 SPLINE 命令形成样条曲线（波浪线）。

1. 命令启动方法

- 菜单命令:【绘图】/【样条曲线】。
- 面板:【常用】选项卡中【绘制】面板上的按钮。
- 命令: SPLINE 或简写 SPL。

【练习 4-2】: 练习 SPLINE 命令。

单击【绘制】面板上的按钮。

```
命令: _spline
指定第一个点或 [对象(O)]:                          //拾取点 A，如图 4-6 所示
指定下一点:                                        //拾取点 B
指定下一点或 [闭合(C)/拟合公差(F)] <起点切向>:      //拾取点 C
指定下一点或 [闭合(C)/拟合公差(F)] <起点切向>:      //拾取点 D
指定下一点或 [闭合(C)/拟合公差(F)] <起点切向>:      //拾取点 E
指定下一点或 [闭合(C)/拟合公差(F)] <起点切向>:
                                 //按 Enter 键指定起点及终点切线方向
指定起点切向:                    //在点 F 处单击鼠标左键指定起点切线方向
指定端点切向:                    //在点 G 处单击鼠标左键指定终点切线方向
```

结果如图 4-6 所示。

2. 命令选项

- 闭合（C）: 使样条线闭合。
- 拟合公差（F）: 控制样条曲线与数据点的接近程度。

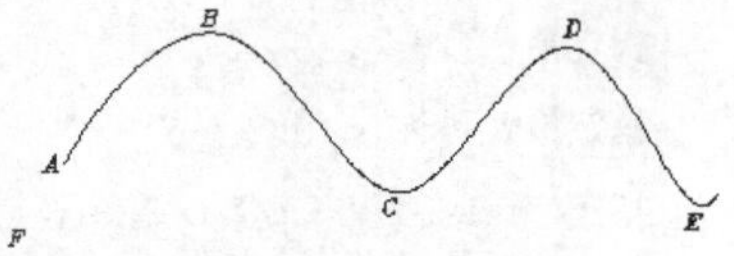

图 4-6 绘制样条曲线

4.1.3 徒手画线

SKETCH 可以作为徒手绘图的工具，发出此命令后，通过移动鼠标光标就能绘制出曲线（徒手画线），光标移动到哪里，线条就画到哪里。徒手画线是由许多小线段组成的，用户可以设置线段的最小长度。当从一条线的端点移动一段距离，而这段距离又超过了设定的最小长度值时，系统就产生新的线段。因此，如果设定的最小长度值较小，那么所绘曲线中就会包含大量的微小线段，从而增加图样的大小；否则，若设定了较大的数值，则绘制的曲线看起来就像连续折线。

系统变量 SKPOLY 控制徒手画线是否是一个单一对象，当设置 SKPOLY 为“1”时，用 SKETCH 命令绘制的曲线是一条单独的多段线。

【练习 4-3】: 绘制一个半径为 *R*50 的辅助圆，然后在圆内用 SKETCH 命令绘制树木图例。

```
命令: _skpoly                      //设置系统变量
输入 SKPOLY 的新值 <0>: 1          //使徒手画的曲线成为多段线
命令: sketch                       //单击【绘制】面板上的按钮
记录增量 <1.0000>: 1.5             //设定线段的最小长度
```

```
徒手画。画笔(P)/退出(X)/结束(Q)/记录(R)/删除(E)/连接(C)。
<笔 落>             //输入“P”落下画笔，然后移动鼠标光标画曲线
<笔 提>             //输入“P”抬起画笔，移动鼠标光标到要画线的位置
<笔 落>             //输入“P”落下画笔，继续画曲线
<笔 提>             //按Enter键结束
```

继续绘制其他线条，结果如图 4-7 所示。

图 4-7 徒手画线

要点提示

单击鼠标左键，也可改变系统的抬笔或落笔状态。

4.1.4 画云状线

云状线是由连续圆弧组成的多段线，线中弧长的最大值及最小值可以设定。

1. 命令启动方法

- 菜单命令：【绘图】/【修订云线】。
- 工具栏：【常用】选项卡中【绘制】面板上的按钮。
- 命令：REVCLOUD。

【练习 4-4】： 练习 REVCLOUD 命令。

```
命令: _revcloud
最小弧长: 10    最大弧长: 20    样式: 普通
指定起点或 [弧长(A)/对象(O)/ 样式(S)] <对象>: a
                                        //设定云状线中弧长的最大值及最小值
指定最小弧长 <35>: 40                   //输入弧长最小值
指定最大弧长 <40>: 60                   //输入弧长最大值
指定起点或 [弧长(A)/对象(O)/样式(S)] <对象>:   //拾取一点以指定云状线的起始点
沿云线路径引导十字光标...               //拖动鼠标光标，画出云状线
修订云线完成。      //当鼠标光标移动到起始点时，系统自动形成闭合云状线
```

结果如图 4-8 所示。

2. 命令选项

- 弧长（A）：设定云状线中弧线长度的最大及最小值，最大弧长不能大于最小弧长的 3 倍。
- 对象（O）：将闭合对象（如矩形、圆及闭合多段线等）转化为云状线，还能调整云状线中弧线的方向，如图 4-9 所示。

图 4-8 画云状线

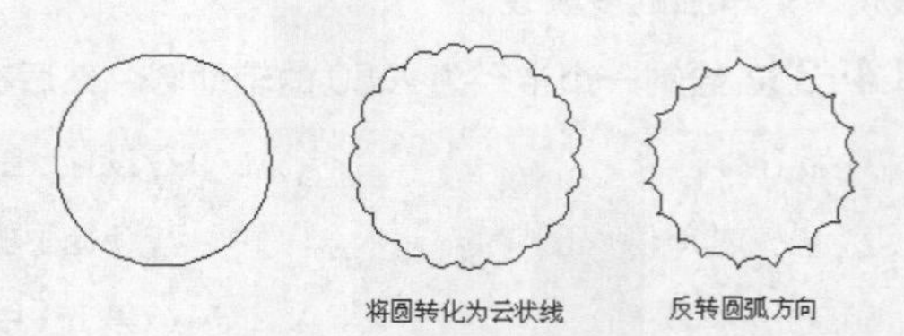

图 4-9 将闭合对象转化为云状线

4.1.5　在封闭区域填充剖面图案

工程图中的剖面线一般总是绘制在一个对象或几个对象围成的封闭区域中。最简单的，如一个圆或一条闭合的多义线等，较复杂的可能是几条线或圆弧围成的形状多样的区域。在绘制剖面线时，用户首先要指定填充边界。一般可用两种方法选定画剖面线的边界，一种是在闭合的区域中选一点，系统自动搜索闭合的边界；另一种是通过选择对象来定义边界。中望CAD为用户提供了许多标准填充图案，用户也可定制自己的图案，此外，还能控制剖面图案的疏密及剖面线条的倾角。

BHATCH命令用于生成填充图案。启动该命令，打开【图案填充和渐变色】对话框，用户在此对话框中指定填充图案类型，再设定填充比例、角度及填充区域，然后就可以创建图案填充。

命令启动方法如下。

- 菜单命令：【绘图】/【图案填充】。
- 工具栏：【常用】选项卡中【绘制】面板上的按钮。
- 命令：BHATCH或简写BH。

【练习4-5】：打开素材文件“dwg\第4章\4-5.dwg”，如图4-10（a）所示，下面用BHATCH命令将其修改为图4-10（b）所示的图形。

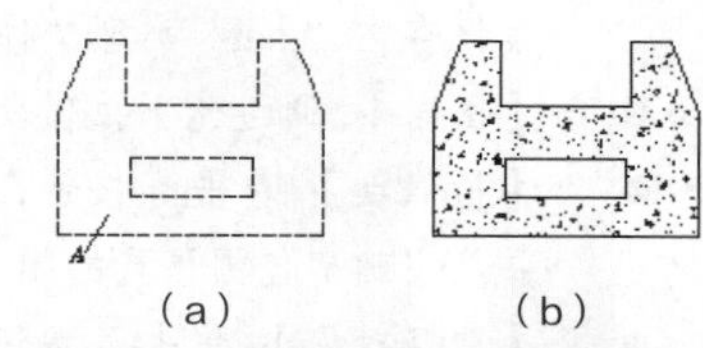

图4-10　在封闭区域内画剖面线

（1）启动图案填充命令，打开【图案填充和渐变色】对话框，进入【填充】选项卡，如图4-11所示。

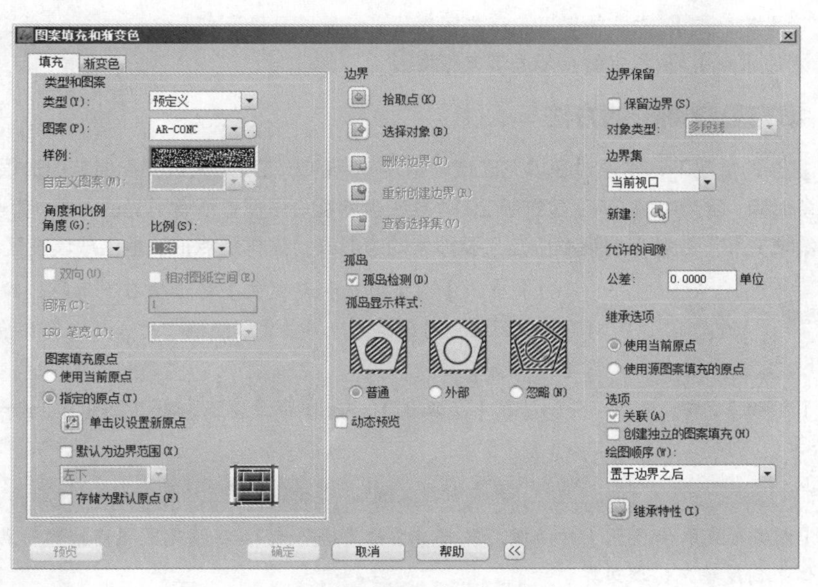

图4-11　【图案填充和渐变色】对话框

（2）单击【图案】下拉列表右边的按钮，打开【填充图案选项板】对话框，在【其他预定义】选项卡中选择剖面图案【AR-CONC】，如图4-12所示。

（3）返回【图案填充和渐变色】对话框，单击按钮（拾取点），系统提示“选择内部点”，在想要填充区域的点A处单击，此时系统自动寻找一个闭合的边界，如图4-10（a）所示。

（4）按Enter键，返回【图案填充和渐变色】对话框。

（5）在【角度】及【比例】栏中分别输入数值“0”和“1.25”。

（6）单击 预览 按钮，观察填充的预览图。如果满意，按 Enter 键，完成剖面图案的绘制，结果如图 4-10（b）所示。若不满意，按 Esc 键，返回【图案填充和渐变色】对话框，重新设定有关参数。

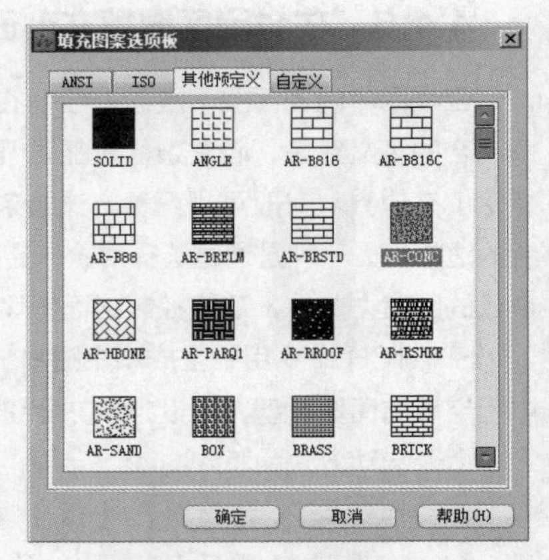

图 4-12 【填充图案选项板】对话框

【图案填充和渐变色】对话框中的常用选项介绍如下。

- 【类型】：设置图案填充类型，有以下 3 个选项。
  - 【预定义】：使用预定义图案进行图样填充，这些图案保存在“acad.pat”和“acadiso.pat”文件中。
  - 【用户定义】：利用当前线型定义一种新的简单图案。
  - 【自定义】：采用用户定制的图案进行图样填充，这个图案保存在“.pat”类型文件中。
- 【图案】：通过此下拉列表或右边的按钮选择所需的填充图案。
- 【拾取点】：单击按钮，然后在填充区域中拾取一点。中望 CAD 建筑版 2014 自动分析边界集，并从中确定包围该点的闭合边界。
- 【选择对象】：单击按钮，然后选择一些对象作为填充边界，此时不要求对象构成闭合的边界。
- 【删除边界】：填充边界中常常包含一些闭合区域，这些区域称为孤岛，若希望在孤岛中也填充图案，则单击按钮，选择要删除的孤岛。
- 【使用当前原点】：默认情况下，填充图案从坐标原点开始形成。
- 【指定的原点】：从指定的点形成填充图案。

4.1.6 填充复杂图形的方法

在图形不复杂的情况下，常通过在填充区域内指定一点的方法来定义边界。但若图形很复杂，这种方法就会浪费许多时间，因为中望 CAD 建筑版 2014 要在当前视口中搜寻所有可见的对象。为避免这种情况，用户可在【图案填充和渐变色】对话框中定义要搜索的边界集，这样就能很快地生成填充区域边界。

图 4-13 【边界集】区域

（1）单击【图案填充和渐变色】对话框右下角的按钮，完全展开对话框，利用该对话框【边界集】分组框中的选项设定要搜寻的对象，如图 4-13 所示。

（2）在【边界集】分组框中单击按钮（新建），则中望 CAD 建筑版 2014 提示如下。

选择对象：	//用交叉窗口、矩形窗口等方法选择实体

（3）返回【图案填充和渐变色】对话框，单击按钮（拾取点），在填充区域内拾取一点，此时系统仅分析选定的实体来创建填充区域边界。

4.1.7 创建无完整边界的图案填充

在建筑图中有一些断面图案没有完整的填充边界，如图 4-14 所示。形成此类图案的方法如下。

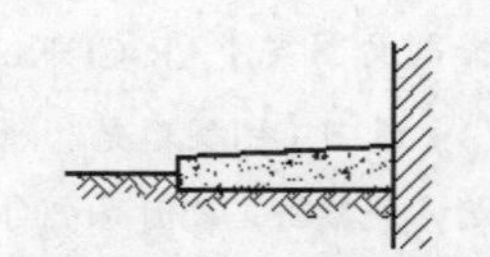

图 4-14 形成无完整边界的图案填充

- 在封闭的区域中填充图案，然后删除部分或全部边界对象。
- 将不需要的边界对象修改到其他图层上，关闭或冻结此图层使边界对象不可见。

- 在断面图案内绘制一条辅助线，以此线为剪切边修剪图案，再删除辅助线。

4.1.8　剖面图案的比例

在中望 CAD 建筑版 2014 中，剖面图案的默认缩放比例是 1.0，但用户可在【图案填充和渐变色】对话框的【比例】栏中设定其他比例值。绘制图案时，若没有指定特殊比例值，则中望 CAD 建筑版 2014 按默认值创建图案，当输入一个不同于默认值的图案比例时，可以增加或减小剖面图案的间距，如图 4-15 所示。

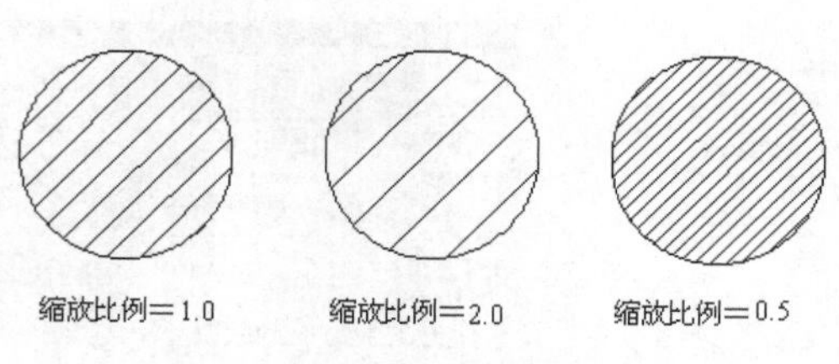

图 4-15　不同比例剖面线的形状

要点提示

如果使用了过大的填充比例，可能观察不到剖面图案，这是因为图案间距太大而不能在区域中插入任何一个图案。

4.1.9　剖面图案的角度

除图案间距可以控制外，图案的倾斜角度也可以控制。读者可能已经注意到在【图案填充和渐变色】对话框的【角度】下拉列表中，图案的角度是 0，而此时图案（ANSI31）与 x 轴夹角却是 45°。因此，在【角度】下拉列表中显示的角度值并不是图案与 x 轴的倾斜角度，而是图案以 45° 线方向为起始位置的转动角度。

当分别输入角度值 45°、90° 和 15° 时，图案将逆时针转动到新的位置，它们与 x 轴的夹角分别是 90°、135° 和 60°，如图 4-16 所示。

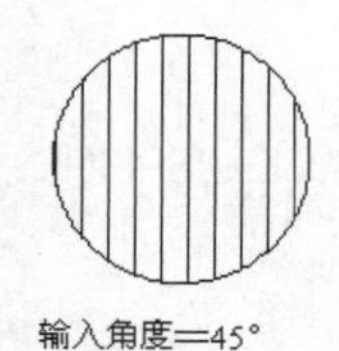

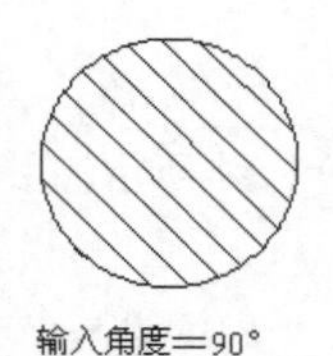

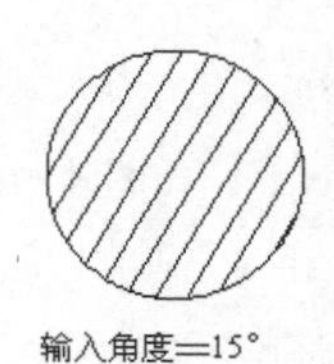

图 4-16　输入不同角度时的剖面线

4.1.10　编辑图案填充

HATCHEDIT 命令用于修改填充图案的外观及类型，如改变图案的角度、比例或用其他样式的图案填充图形等。双击图案，可启动该命令。

命令启动方法如下。

- 菜单命令：【修改】/【对象】/【图案填充】。
- 工具栏：【修改Ⅱ】工具栏中的按钮。
- 命令：HATCHEDIT 或简写 HE。

【练习 4-6】： 练习 HATCHEDIT 命令。

（1）打开素材文件“dwg\第 4 章\4-6.dwg”，如图 4-17（a）所示。

（2）启动 HATCHEDIT 命令，系统提示“选择图案填充对象”，选择图案填充后，弹出【图案填充编辑】对话框，如图 4-18 所示。该对话框中的内容与【图案填充和渐变色】对话框中的相似（参见 4.1.5 小节），通过此对话框用户就能修改剖面图案、比例及角度等。

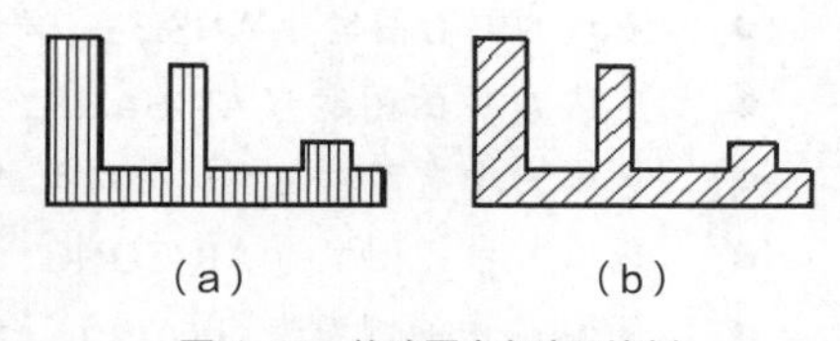

图 4-17　修改图案角度及比例

（3）在【角度】下拉列表框中输入数值“0”，在【比例】下拉列表框中输入数值“15”，单击 确定 按钮，结果如图 4-17（b）所示。

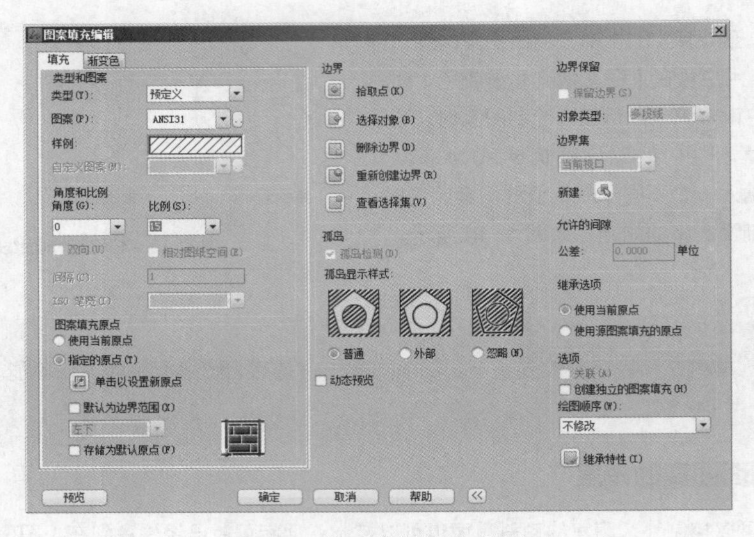

图 4-18 【图案填充编辑】对话框

4.1.11 上机练习——绘制植物及填充图案

【练习 4-7】：打开素材文件“dwg\第 4 章\4-7.dwg”，如图 4-19（a）所示，用 PLINE、SPLINE、BHATCH 等命令将其修改为图 4-19（b）所示的图形。

（1）用 PLINE、SPLINE 及 SKETCH 命令绘制植物及石块，再用 REVCLOUD 命令画云状线，云状线的弧长为 100，该线代表水平面，如图 4-20 所示。

（2）用 PLINE 命令绘制辅助线 *A*、*B*、*C*，然后填充剖面图案，如图 4-21 所示。

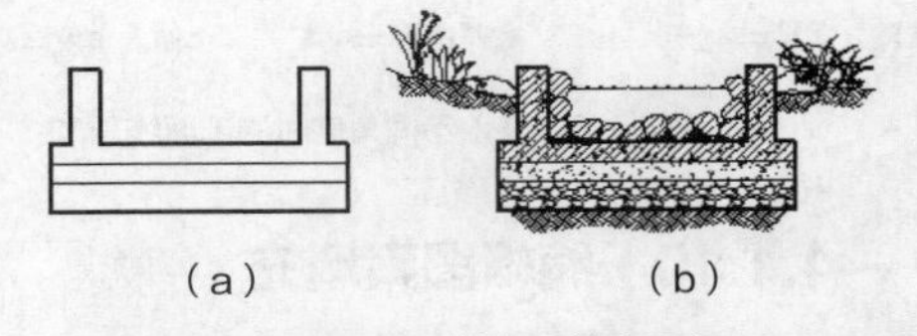

图 4-19 绘制植物及填充图案

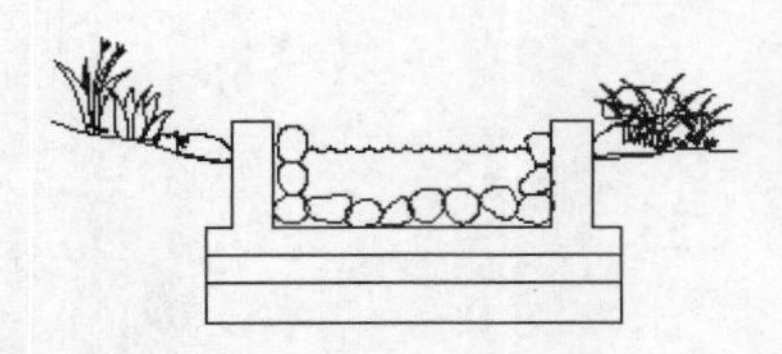

图 4-20 绘制植物、石块及水平面

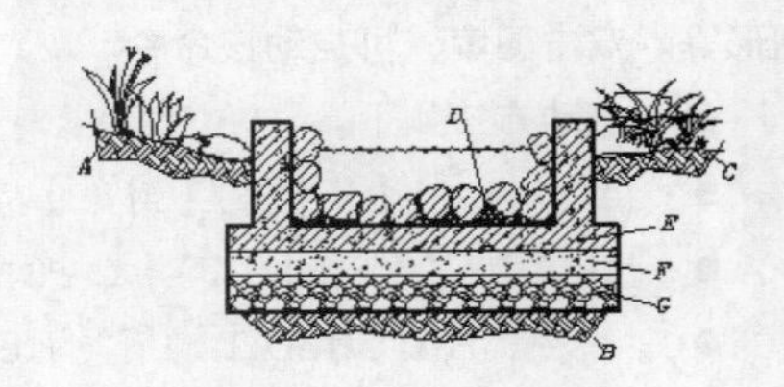

图 4-21 填充剖面图案

- 石块的剖面图案为 ANSI33，角度为 0°，填充比例为 16。
- 区域 *D* 中的图案为 AR-SAND，角度为 0°，填充比例为 0.5。
- 区域 *E* 中有两种图案，分别为 ANSI31 和 AR-CONC，角度都为 0°，填充比例为 16 和 1。
- 区域 *F* 中的图案为 AR-CONC，角度为 0°，填充比例为 1。
- 区域 *G* 中的图案为 GRAVEL，角度为 0°，填充比例为 8。
- 其余图案为 EARTH，角度为 45°，填充比例为 12。

（3）删除辅助线，结果如图 4-19（b）所示。

4.1.12　上机练习——绘制椭圆、多边形及填充剖面图案

【练习4-8】：绘制图4-22所示的图形。

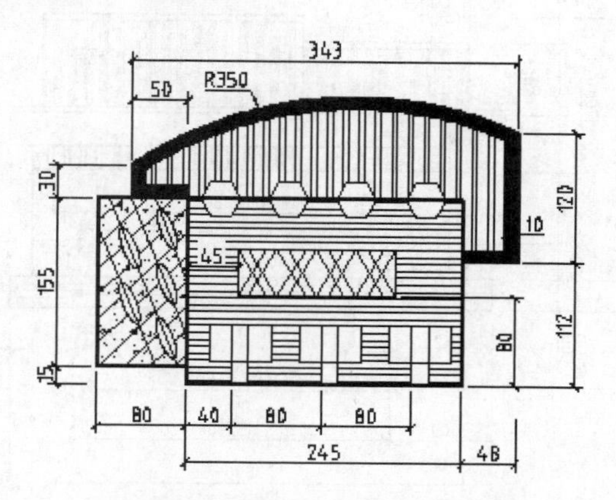

图4-22　绘制椭圆、多边形及填充剖面图案

（1）设定绘图区域大小为800×800。

（2）打开极轴追踪、对象捕捉及自动追踪功能。指定极轴追踪角度增量为90°，设定对象捕捉方式为“端点”“交点”，设置仅沿正交方向自动追踪。

（3）用LINE、ARC、PEDIT及OFFSET命令绘制图形*A*，如图4-23所示。

（4）用OFFSET、TRIM、LINE及COPY命令绘制图形*B*、*C*，细节尺寸及结果如图4-24所示。

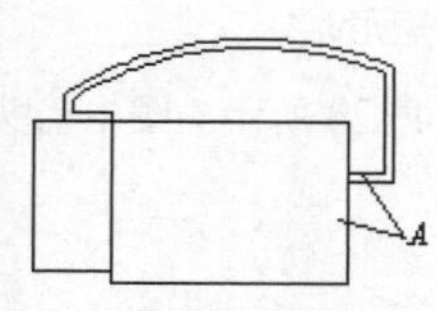

图4-23　绘制图形*A*

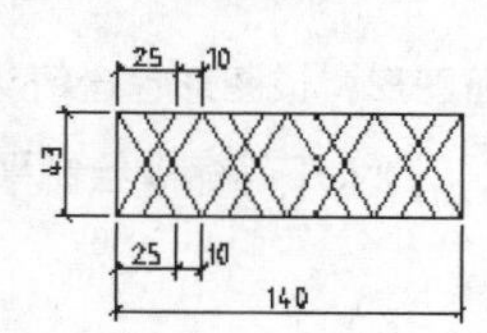

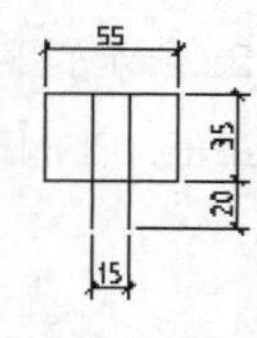

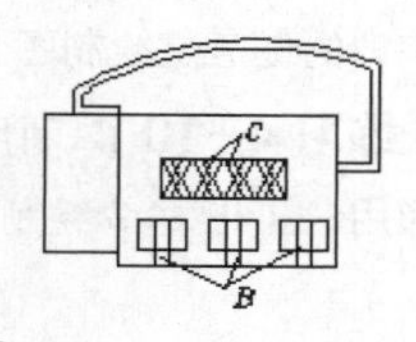

图4-24　绘制图形*B*、*C*

（5）用ELLIPSE、POLYGON、LINE及COPY命令绘制图形*D*、*E*，细节尺寸及结果如图4-25所示。

（6）填充剖面图案，结果如图4-26所示。

- 区域*F*中有两种图案，分别为ANSI31和AR-CONC，角度都为0°，填充比例为5和0.2。
- 区域*G*中的图案为LINE，角度为0°，填充比例为2。
- 区域*H*中的图案为ANSI32，角度为45°，填充比例为1.5。
- 区域*I*中的图案为SOLID。

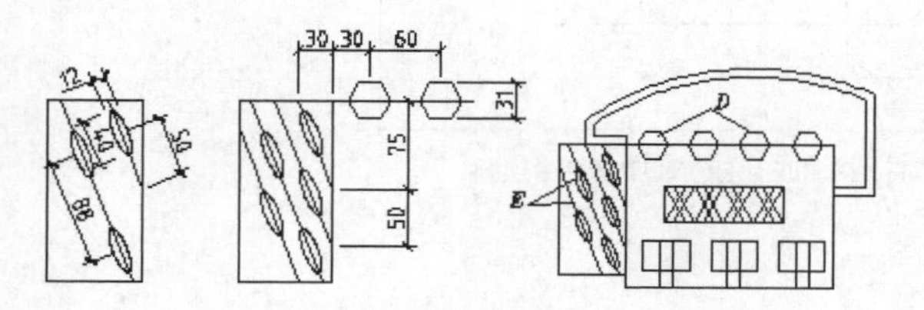

图4-25　绘制图形*D*、*E*

图4-26　填充剖面图案

【练习4-9】：利用LINE、OFFSET、ARRAY、BHATCH等命令绘制平面图形，如图4-27所示。

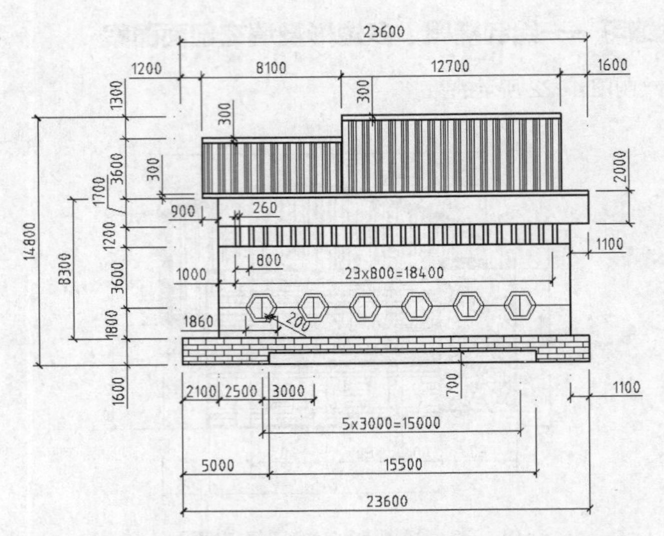

图 4-27　用 LINE、OFFSET、ARRAY、BHATCH 等命令绘图

4.2 点对象、圆点及圆环

本节主要内容包括点对象、等分点、测量点及圆环。

4.2.1 课堂实训——创建箭头、圆点及圆环

实训的任务是绘制图 4-28 所示的平面图形，该图形包含箭头、圆点及实心矩形。

【练习 4-10】：利用 LINE、PLINE、DONUT 等命令绘制平面图形，如图 4-28 所示。图中箭头及实心矩形用 PLINE 命令绘制。

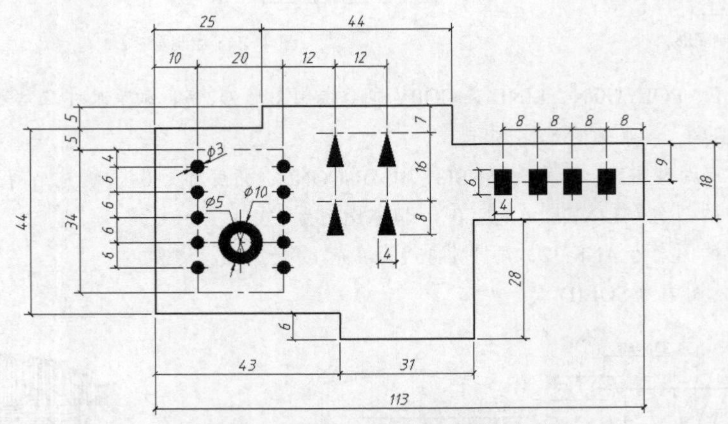

图 4-28　用 LINE、PLINE、DONUT 等命令绘图

4.2.2 设置点样式

在中望 CAD 中可创建单独的点对象，点的外观由点样式控制。一般在创建点之前要先设置点的样式，但也可先绘制点，再设置点样式。

单击【工具】选项卡中【样式管理器】面板上的【点样式】按钮或选取菜单命令【格式】/【点样式】，系统打开【点样式】对话框，如图 4-29 所示。该对话框提供了多种样式的点，用户可根据需要进行选择，此外，还能通过【点大小】文本框指定点的大小。点的大小既可相对于屏幕大小来设置，也可直接输入点的绝对尺寸。

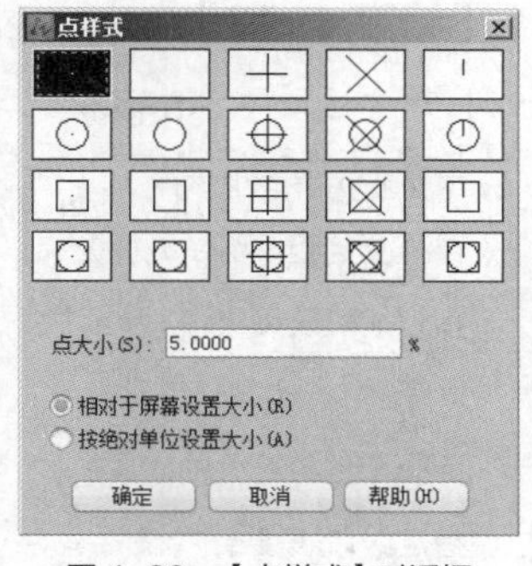

图 4-29　【点样式】对话框

4.2.3　创建点

POINT 命令可创建点对象，此类对象可以作为绘图的参考点，节点捕捉"NOD"可以拾取该对象。

命令启动方法如下。

- 菜单命令：【绘图】/【点】/【多点】。
- 面板：【常用】选项卡中【绘制】面板上的按钮。
- 命令：POINT 或简写 PO。

【练习 4-11】： 练习 POINT 命令。

```
命令： _point
指定点： //输入点的坐标或在屏幕上拾取点，系统在指定位置创建点对象，如图 4-30 所示
*取消*                                                   //按 Esc 键结束
```

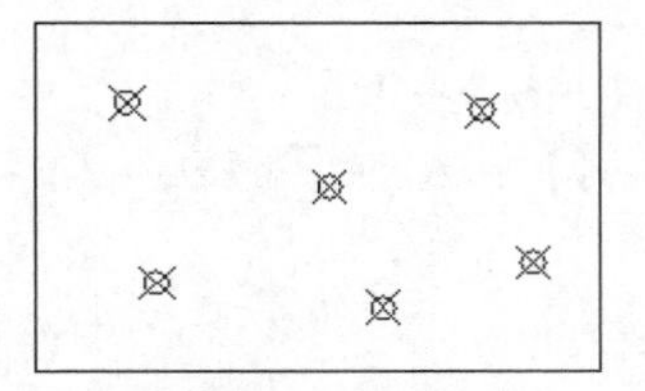

图 4-30　创建点对象

要点提示

若将点的尺寸设置成绝对数值，则缩放图形后将引起点的大小发生变化。而相对于屏幕大小设置点尺寸时，则不会出现这种情况（要用 REGEN 命令重新生成图形）。

4.2.4　绘制测量点

MEASURE 命令在图形对象上按指定的距离放置点对象（POINT 对象），这些点可用"NOD"进行捕捉。对于不同类型的图形元素，测量距离的起始点是不同的。若是线段或非闭合的多段线，则起点是离选择点最近的端点。若是闭合多段线，则起点是多段线的起点。如果是圆，就以捕捉角度的方向线与圆的交点为起点开始测量。

1. 命令启动方法

- 菜单命令：【绘图】/【点】/【定距等分】。
- 面板：【常用】选项卡中【绘制】面板上的按钮。
- 命令：MEASURE 或简写 ME。

【练习 4-12】：练习 MEASURE 命令。

打开素材文件“dwg\第 4 章\4-12.dwg”，如图 4-31 所示，用 MEASURE 命令创建两个测量点 C、D。

```
命令：_measure
选择要定距等分的对象：                         //在 A 端附近选择对象，如图 4-31 所示
指定线段长度或 [块(B)]：160                     //输入测量长度
命令:MEASURE                                   //重复命令
选择要定距等分的对象：                         //在 B 端处选择对象
指定线段长度或 [块(B)]：160                     //输入测量长度
```

结果如图 4-31 所示。

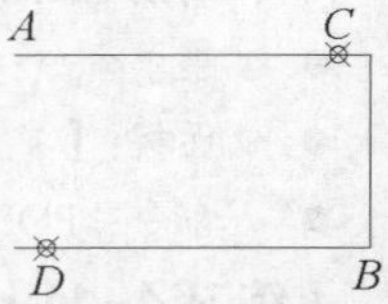

图 4-31 测量对象

2. 命令选项

块（B）：按指定的测量长度在对象上插入图块（在第 8 章中将介绍块对象）。

4.2.5 绘制等分点

DIVIDE 命令根据等分数目在图形对象上放置等分点，这些点并不分割对象，只是标明等分的位置。中望 CAD 中可等分的图形元素包括线段、圆、圆弧、样条线和多段线等。对于圆，等分的起始点一般位于 0° 角方向线与圆的交点处。

1. 命令启动方法

- 菜单命令：【绘图】/【点】/【定数等分】。
- 面板：【常用】选项卡中【绘制】面板上的按钮。
- 命令：DIVIDE 或简写 DIV。

【练习 4-13】：练习 DIVIDE 命令。

打开素材文件“dwg\第 4 章\4-13.dwg”，如图 4-32 所示，用 DIVIDE 命令创建等分点。

```
命令：_divide
选择要定数等分的对象：                   //选择线段，如图 4-32 所示
输入线段数目或 [块(B)]：4                //输入等分的数目
命令：DIVIDE                             //重复命令
选择要定数等分的对象：                   //选择圆弧
输入线段数目或 [块(B)]：5                //输入等分数目
```

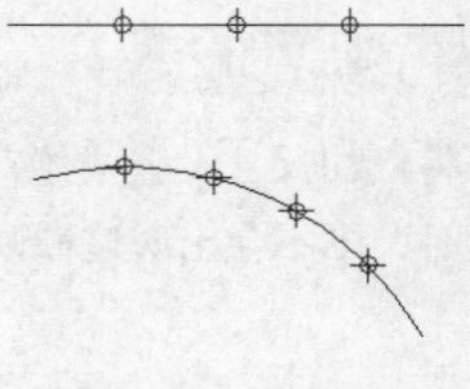

图 4-32 等分对象

结果如图 4-32 所示。

2. 命令选项

块（B）：系统在等分处插入图块。

4.2.6 将对象沿曲线均布

DIVIDE 命令可以创建直线及曲线的等分点，还能将图块对象在等分点处布置，使其沿线条均匀分布。图块是多个图形对象构成的单一对象，可由 BLOCK 命令生成，该命令将在第 8 章中详细介绍。

【练习 4-14】：打开素材文件“dwg\第 4 章\4-14.dwg”，如图 4-33（a）所示，用 DIVIDE、BLOCK、BHATCH 等命令将其修改为图 4-33（b）所示的图形。

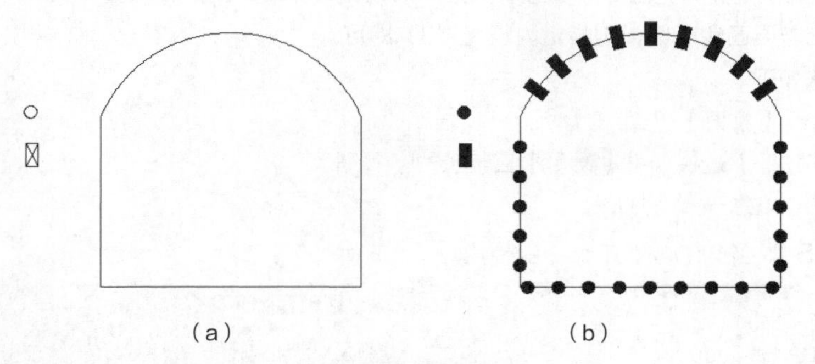

（a）　　（b）

图 4-33　沿曲线均布对象

（1）用颜色填充圆及小矩形，将它们创建成图块，如图 4-34 所示。单击【常用】选项卡中【块】面板上的按钮，弹出【块定义】对话框，如图 4-34（a）所示，在【名称】栏中输入新建图块的名称“矩形”。

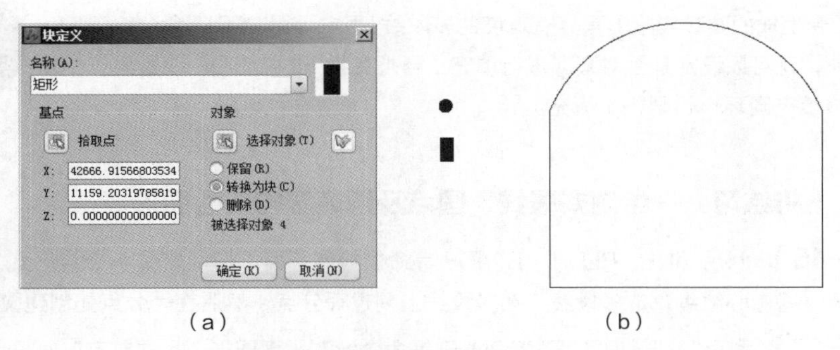

（a）　　（b）

图4-34　【块定义】对话框

（2）选择构成块的图形元素。单击按钮（选择对象），返回绘图窗口，选择“矩形”。

（3）指定块的插入基点。单击按钮（拾取点），返回绘图窗口，拾取矩形对角线的交点。

（4）将圆创建成图块，块名“圆”，插入点为圆心。

（5）用 PEDIT 命令将 3 条线段构成的连续线创建成多段线。

（6）启动 DIVIDE 命令将矩形块沿圆弧均布，如图 4-33（b）所示。

```
命令: _divide
选择要定数等分的对象:                              //选择圆弧，如图 4-33(a)所示
输入线段数目或 [块(B)]: B                          //使用“块(B)”选项
输入要插入的块名: 矩形                              //输入块名
是否将块与对象对齐? [是(Y)/否(N)] <是>:             //按 Enter 键
输入线段数目: 10                                    //输入等分数目
```

结果如图 4-33（b）所示。

（7）将“圆”块沿多段线均布，等分数目为 20，结果如图 4-33（b）所示。

4.2.7 绘制圆环及圆点

DONUT 命令用于创建填充圆环或实心填充圆。启动该命令后，用户依次输入圆环内径、外径及圆心，系统就生成圆环。若要画实心圆，则指定内径为“0”即可。

命令启动方法如下。

- 菜单命令：【绘图】/【圆环】。
- 面板：【常用】选项卡中【绘制】面板上的◎按钮。
- 命令：DONUT 或简写 DO。

【练习 4-15】：练习 DONUT 命令的使用。

```
命令: _donut                              //启动创建圆环命令
指定圆环的内径 <2.0000>: 3                 //输入圆环内径
指定圆环的外径 <5.0000>: 6                 //输入圆环外径
指定圆环的中心点或<退出>:                   //指定圆心
指定圆环的中心点或<退出>:                   //按Enter键结束
```

结果如图 4-35 所示。

DONUT 命令生成的圆环实际上是具有宽度的多段线，用户可用 PEDIT 命令编辑该对象，此外，还可以设定是否对圆环进行填充。当把变量 FILLMODE 设置为“1”时，系统将填充圆环；否则，不填充。

图 4-35 绘制圆环

4.2.8 上机练习——绘制多段线、圆点及圆环等构成的图形

【练习 4-16】：利用 LINE、PEDIT、DIVIDE 等命令绘制平面图形，如图 4-36 所示。圆沿中心线均布的绘制方法为：将中心线编辑成多段线，在多段线上创建等分点，然后在等分点处创建圆。

【练习 4-17】：利用 LINE、PLINE、DONUT 等命令绘制平面图形，尺寸自定，如图 4-37 所示。图形轮廓及箭头都是多段线。

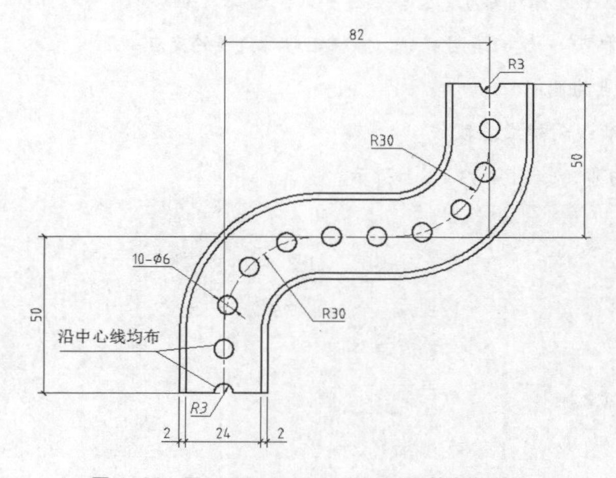

图 4-36 用 LINE、PEDIT、DIVIDE 等命令绘图

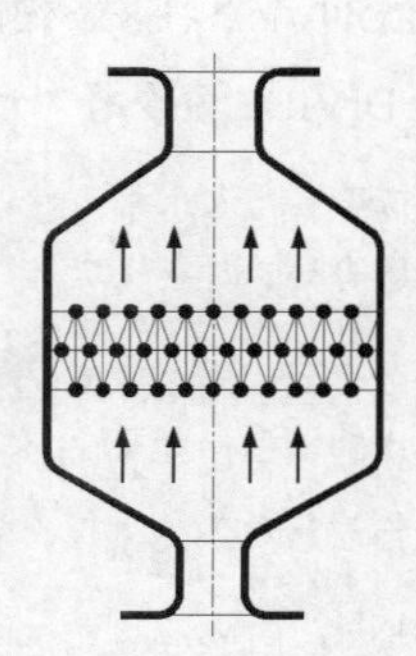

图 4-37 用 LINE、PLINE、DONUT 等命令绘图

4.2.9　上机练习——绘制钢筋混凝土梁的断面图

【练习 4-18】：绘制图 4-38 所示的钢筋混凝土梁的断面图。混凝土保护层的厚度为 25。

（1）创建以下图层。

名称	颜色	线型	线宽
结构-轮廓	白色	Continuous	默认
结构-钢筋	白色	Continuous	0.7

（2）设定绘图区域大小为 1000×1000。

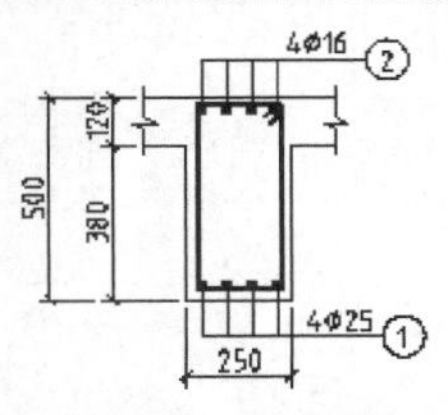

图 4-38　画梁的断面图

（3）打开极轴追踪、对象捕捉及自动追踪功能。指定极轴追踪角度增量为 90°，设定对象捕捉方式为“端点”“交点”，设置仅沿正交方向自动追踪。

（4）切换到“结构-轮廓”层，画两条作图基准线 A、B，其长度约为 700，如图 4-39（a）所示。用 OFFSET 及 TRIM 命令形成梁断面轮廓线及钢筋线，再用 PLINE 命令画折断线，如图 4-39（b）所示。

（5）用 LINE 命令画线段 E、F，再用 DONUT、COPY 及 MIRROR 命令形成黑色圆点，然后将钢筋线及黑色圆点修改到“结构-钢筋”层上。相关尺寸如图 4-40（a）所示，结果如图 4-40（b）所示。

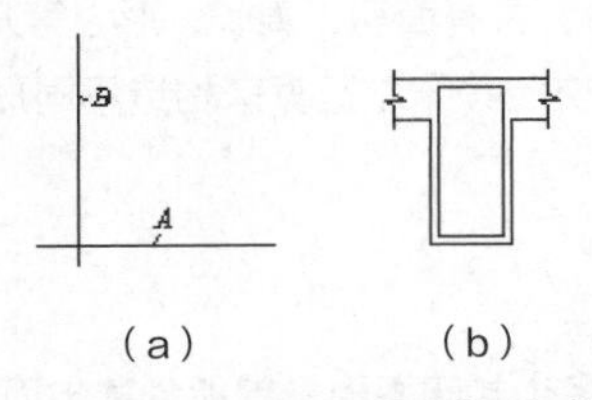

（a）　（b）

图 4-39　画梁断面轮廓线及钢筋线

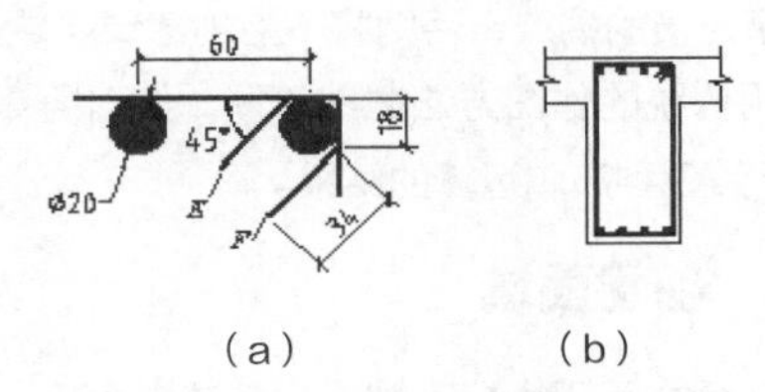

（a）　（b）

图 4-40　画线段 E、F 及黑色圆点

4.3　合并对象

JOIN 命令具有以下功能。

（1）将共线的、断开的线段连接为一条线段。

（2）把重叠的直线或圆弧合并为单一对象。

命令启动方法如下。

- 菜单命令：【修改】/【合并】。
- 面板：【常用】选项卡中【修改】面板上的按钮。
- 命令：JOIN。

4.4　清理重复对象

OVERKILL 命令用于删除重叠的线段、圆弧、多段线等对象。此外，对局部重叠或相连的共线对象进行合并。启动该命令，弹出【删除重复对象】对话框，如图 4-41 所示。通过此对话框控制 OVERKILL 处理重复对象的方式。

命令启动方法如下。

- 菜单命令：【扩展工具】/【编辑工具】/【删除重复对象】。

- 面板：【扩展工具】选项卡中【编辑工具】面板上的按钮。
- 命令：OVERKILL。

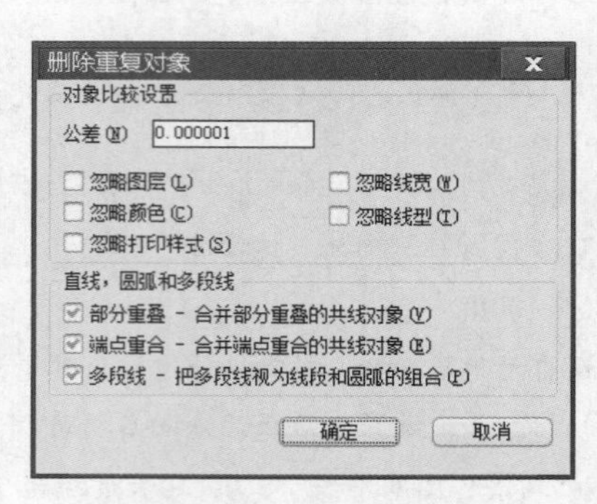

图 4-41 【删除重复对象】对话框

4.5 面域造型

域（REGION）是指二维的封闭图形，它可由直线、多段线、圆、圆弧、样条曲线等对象围成，但应保证相邻对象间共享连接的端点，否则将不能创建域。域是一个单独的实体，具有面积、周长、形心等几何特征，使用它作图与用传统的作图方法截然不同，此时可采用"并""差""交"等布尔运算来构造不同形状的图形。图 4-42 所示为 3 种布尔运算的结果。

4.5.1 创建面域

REGION 命令用于生成面域。启动该命令后，用户选择一个或多个封闭图形，就能创建出面域。

【练习 4-19】：打开素材文件"dwg\第 4 章\4-19.dwg"，如图 4-43 所示，用 REGION 命令将该图创建成面域。

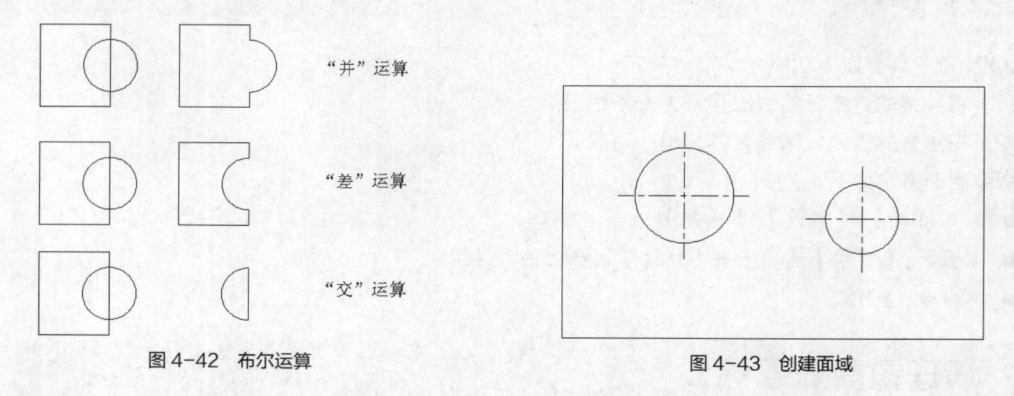

图 4-42 布尔运算

图 4-43 创建面域

单击【绘制】面板上的按钮或输入命令代号 REGION，启动创建面域命令。

```
命令：_region
选择对象：找到 7 个                //选择矩形及两个圆，如图 4-43 所示
选择对象：                         //按Enter键结束
```

图 4-43 所示包含了 3 个闭合区域，因而系统创建了 3 个面域。

面域以线框的形式显示出来，用户可以对面域进行移动、复制等操作，还可用 EXPLODE 命令分解面域，使其还原为原始图形对象。

4.5.2 并运算

并运算用于将所有参与运算的面域合并为一个新面域。

【练习 4-20】： 打开素材文件“dwg\第 4 章\4-20.dwg”，如图 4-44（a）所示，用 UNION 命令将其修改为图 4-44（b）所示的图形。

单击【实体】选项卡中【布尔运算】面板上的按钮或输入命令代号 UNION，启动并运算命令。

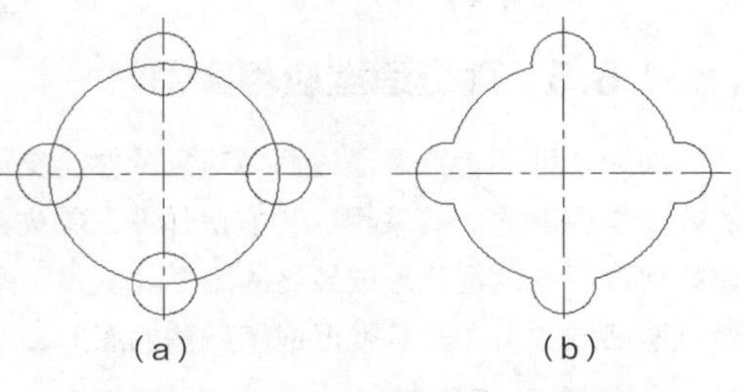

图 4-44　执行并运算

```
命令: _union
选择对象: 找到 7 个                    //选择 5 个面域，如图 4-44(a)所示
选择对象:                              //按 Enter 键结束
```

结果如图 4-44（b）所示。

4.5.3 差运算

用户可利用差运算从一个面域中去掉一个或多个面域，从而形成一个新面域。

【练习 4-21】： 打开素材文件“dwg\第 4 章\4-21.dwg”，如图 4-45（a）所示，用 SUBTRACT 命令将其修改为图 4-45（b）所示的图形。

单击【实体】选项卡中【布尔运算】面板上的按钮或输入命令代号 SUBTRACT，启动差运算命令。

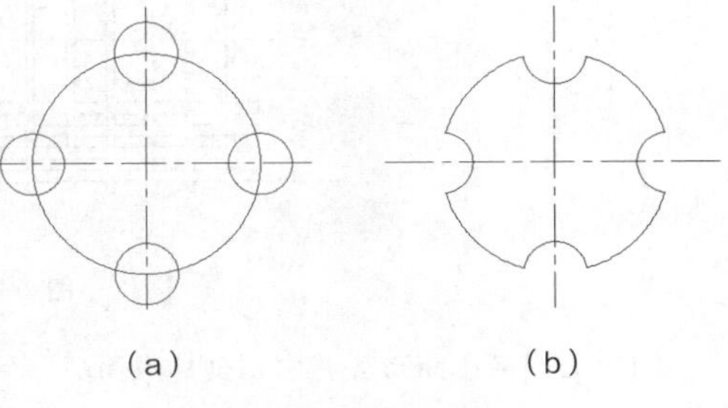

图 4-45　执行差运算

```
命令: _subtract
选择对象: 找到 1 个                    //选择大圆面域，如图 4-45(a)所示
选择对象:                              //按 Enter 键
选择对象:总计 4 个                     //选择 4 个小圆面域
选择对象                               //按 Enter 键结束
```

结果如图 4-45（b）所示。

4.5.4 交运算

交运算可以求出各个相交面域的公共部分。

【练习 4-22】： 打开素材文件“dwg\第 4 章\4-22.dwg”，如图 4-46（a）所示，用 INTERSECT 命令将其修改为图 4-46（b）所示的图形。

单击【实体】选项卡中【布尔运算】面板上的按钮或输入命令代号 INTERSECT，启动交运算命令。

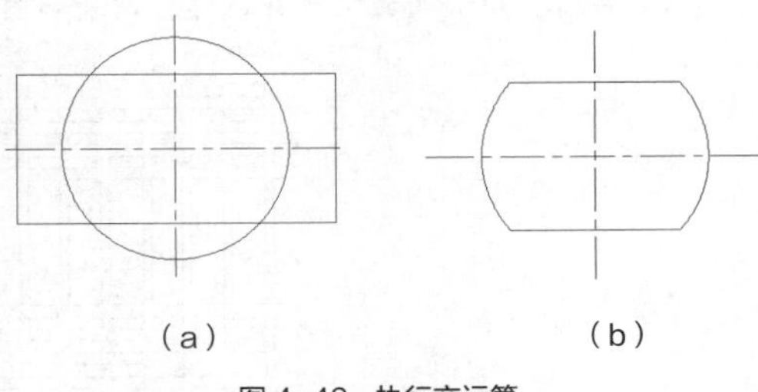

图 4-46　执行交运算

```
命令: _intersect
选择对象: 找到 2 个                    //选择圆面域及矩形面域，如图 4-46(a)所示
选择对象:                              //按 Enter 键结束
```

结果如图 4-46（b）所示。

4.5.5 面域造型应用实例

面域造型的特点是通过面域对象的并、交或差运算来创建图形，当图形边界比较复杂时，这种作图法的效率是很高的。要采用这种方法作图，首先必须对图形进行分析，以确定应生成哪些面域对象，然后考虑如何进行布尔运算形成最终的图形。例如，图 4-47 所示的图形可以看成是由一系列矩形面域组成的，对这些面域进行并运算就形成了所需的图形。

【练习 4-23】：利用面域造型法绘制图 4-47 所示的图形。

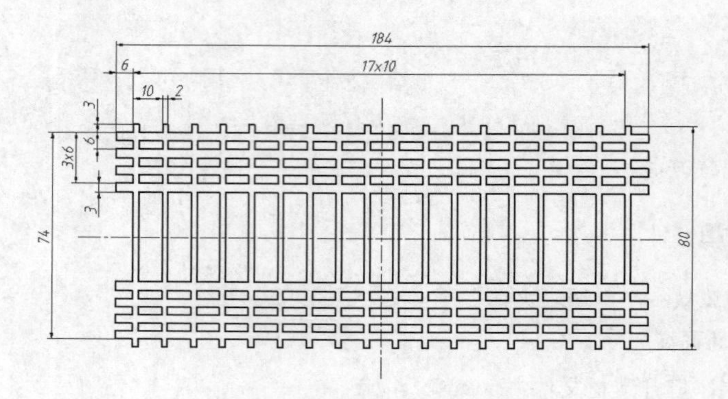

图 4-47 面域及布尔运算

（1）绘制两个矩形并将它们创建成面域，结果如图 4-48 所示。

（2）阵列矩形，再进行镜像操作，结果如图 4-49 所示。

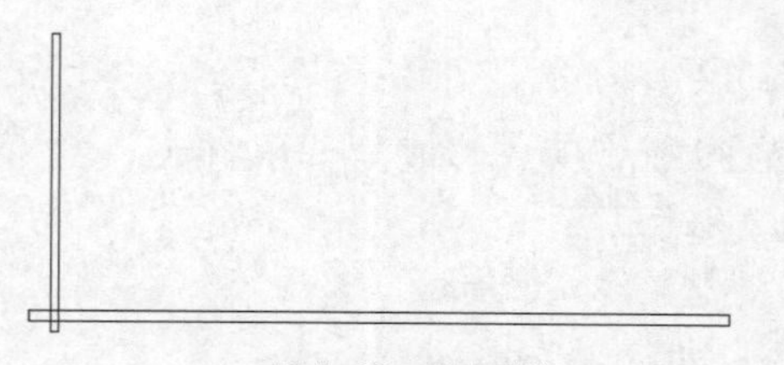

图 4-48 创建面域

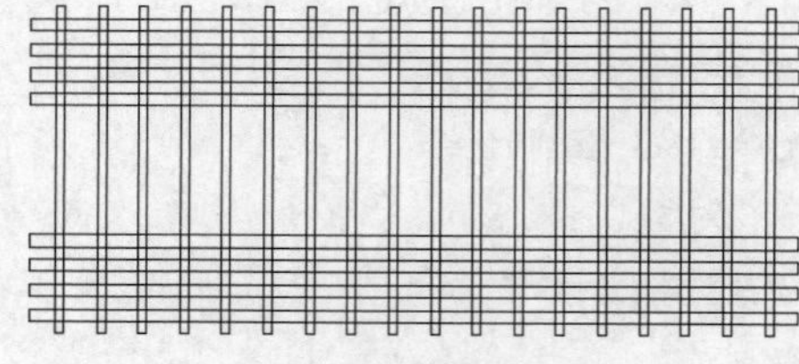

图 4-49 阵列面域

（3）对所有矩形面域执行并运算，结果如图 4-50 所示。

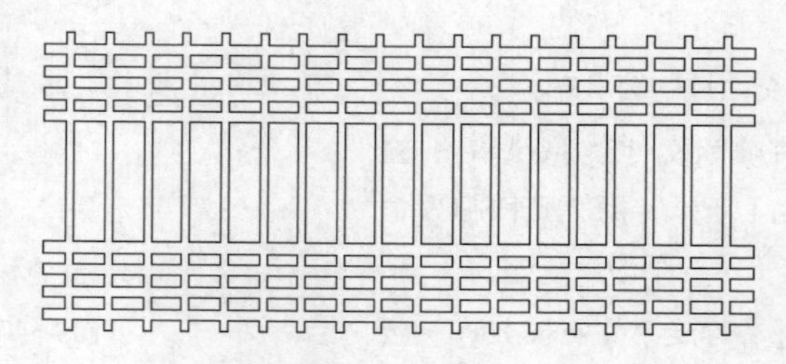

图 4-50 执行并运算

4.6 综合训练——绘制椭圆、多边形及填充剖面图案

【练习 4-24】：绘制图 4-51 所示的图形。

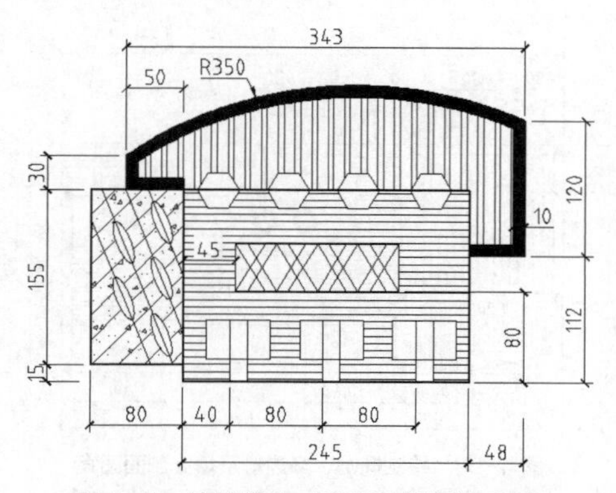

图 4-51　绘制椭圆、多边形及填充剖面图案

（1）设定绘图区域大小为 800×800。

（2）打开极轴追踪、对象捕捉及自动追踪功能。指定极轴追踪角度增量为 90°，设定对象捕捉方式为“端点”“交点”，设置仅沿正交方向自动追踪。

（3）用 LINE、ARC、PEDIT 及 OFFSET 命令绘制图形 *A*，如图 4-52 所示。

（4）用 OFFSET、TRIM、LINE 及 COPY 命令绘制图形 *B*、*C*，细节尺寸及结果如图 4-53 所示。

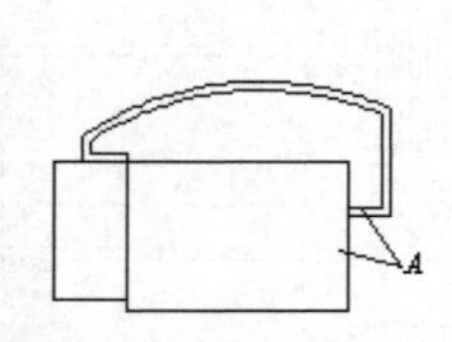

图 4-52　绘制图形 *A*

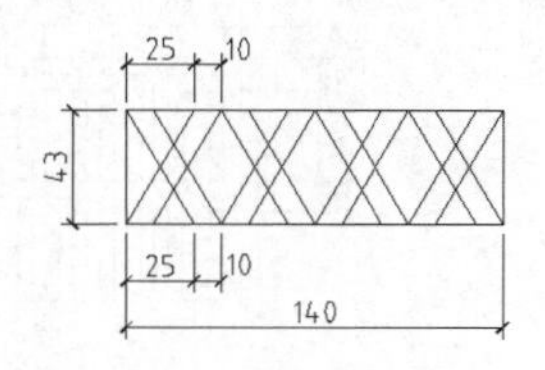

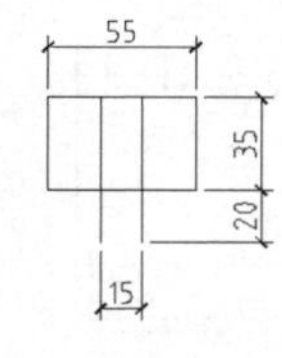

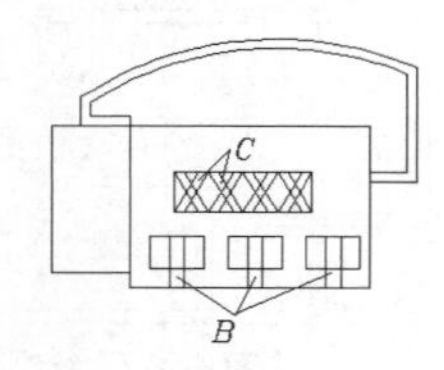

图 4-53　绘制图形 *B*、*C*

（5）用 ELLIPSE、POLYGON、LINE 及 COPY 命令绘制图形 *D*、*E*，细节尺寸及结果如图 4-54 所示。

（6）填充剖面图案，结果如图 4-55 所示。

- 区域 *F* 中有两种图案，分别为 ANSI31 和 AR-CONC，角度都为 0°，填充比例为 5 和 0.2。
- 区域 *G* 中的图案为 LINE，角度为 0°，填充比例为 2。
- 区域 *H* 中的图案为 ANSI32，角度为 45°，填充比例为 1.5。
- 区域 *I* 中的图案为 SOLID。

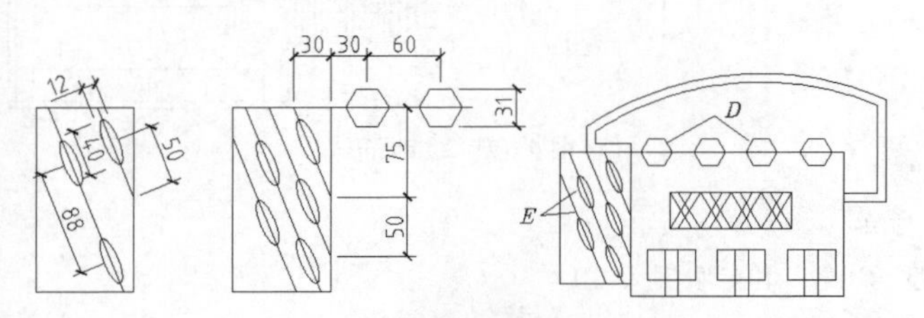

图 4-54　绘制图形 *D*、*E*

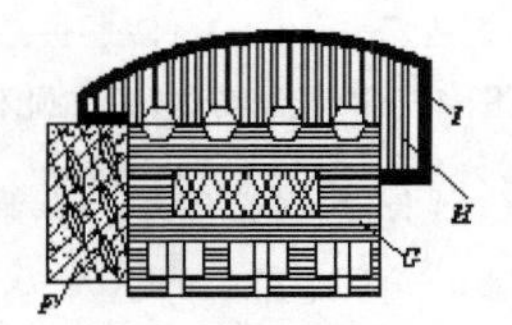

图 4-55　填充剖面图案

4.7 综合训练——绘制圆环、实心多边形及填充剖面图案

【练习 4-25】：绘制图 4-56 所示的图形。

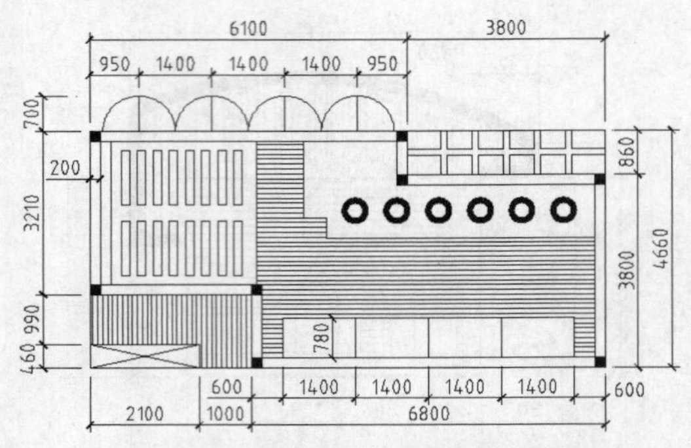

图 4-56 绘制椭圆、多边形及填充剖面图案

（1）设定绘图区域大小为 15000×10000。

（2）打开极轴追踪、对象捕捉及自动追踪功能。指定极轴追踪角度增量为 90°，设定对象捕捉方式为“端点”“交点”，设置仅沿正交方向自动追踪。

（3）用 PLINE、OFFSET、LINE 等命令绘制图形 *A*，如图 4-57 所示。

（4）用 LINE、RECTANG 及 COPY 命令绘制图形 *B*，细节尺寸及结果如图 4-58 所示。

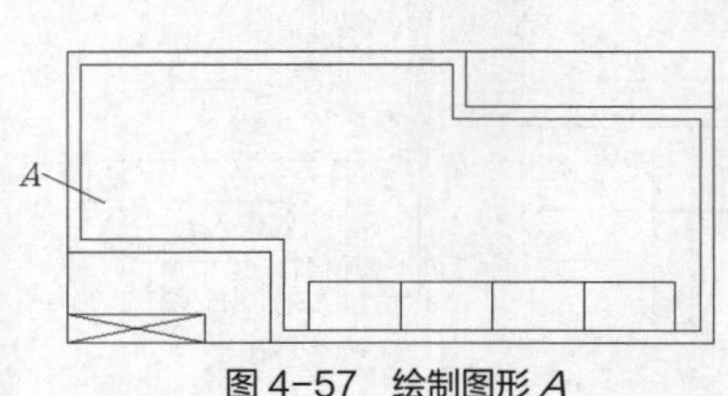

图 4-57 绘制图形 *A*

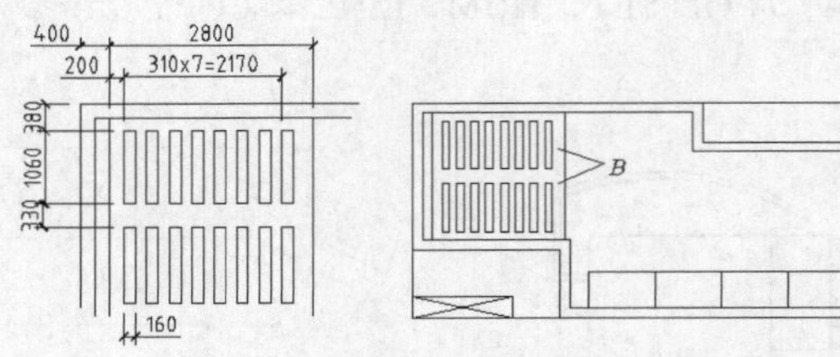

图 4-58 绘制图形 *B*

（5）用 SOLID、DONUT、COPY 及 LINE 命令绘制实心矩形、圆环及折线 *C*，细节尺寸及结果如图 4-59 所示。

（6）用 LINE、OFFSET、CIRCLE、COPY 等命令绘制图形 *D*，细节尺寸及结果如图 4-60 所示。

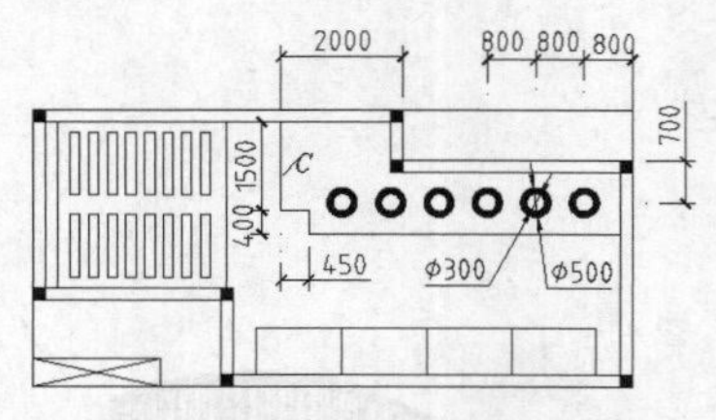

图 4-59 绘制实心矩形、圆环及折线 *C*

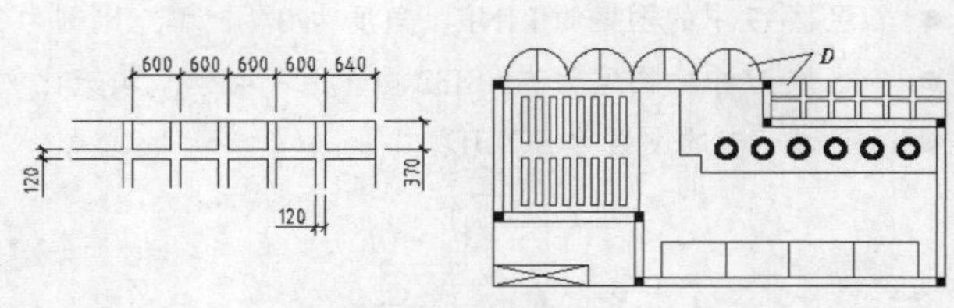

图 4-60 绘制图形 *D*

（7）填充剖面图案，结果如图 4-61 所示。

- 区域 *E* 中的图案为 LINE，角度为 0°，填充比例为 30。
- 区域 *F* 中的图案为 LINE，角度为 90°，填充比例为 30。

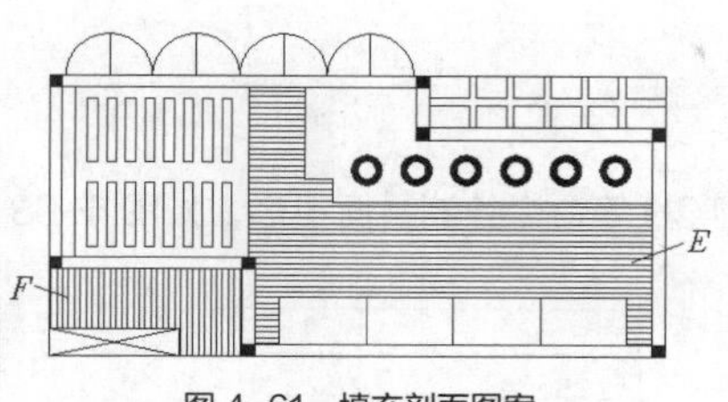

图 4-61　填充剖面图案

4.8 综合训练——绘制圆环、实心多边形及沿线条均布对象

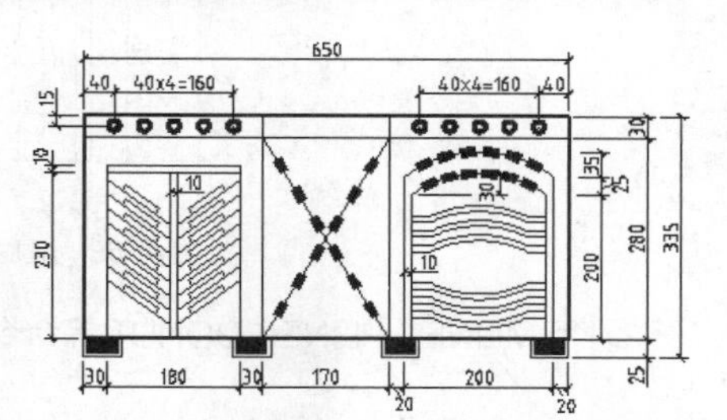

图 4-62　绘制椭圆、多边形及填充剖面图案

【练习 4-26】： 绘制图 4-62 所示的图形。

（1）设定绘图区域大小为 1000×800。

（2）打开极轴追踪、对象捕捉及自动追踪功能。指定极轴追踪角度增量为 90°，设定对象捕捉方式为“端点”“交点”，设置仅沿正交方向自动追踪。

（3）绘制两条作图基准线 *A*、*B*，其长度约为 800、400，如图 4-63（a）所示。用 OFFSET、TRIM 及 LINE 命令形成图形 *C*，结果如图 4-63（b）所示。

（4）用 LINE、XLINE、OFFSET、COPY、TRIM 及 MIRROR 命令绘制图形 *D*，细节尺寸及结果如图 4-64 所示。

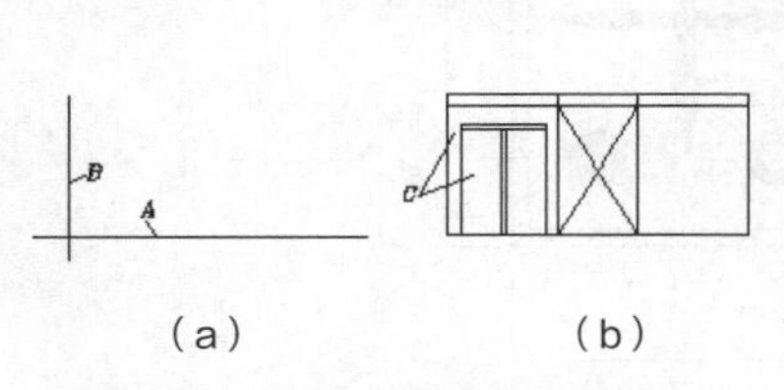

图 4-63　绘制作图基准线及图形 *C*

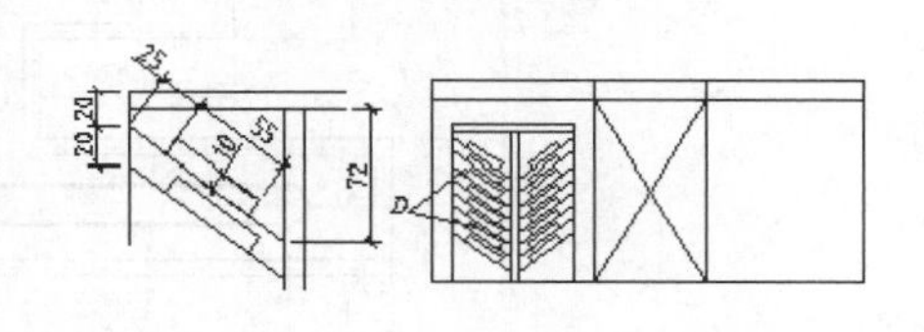

图 4-64　绘制图形 *D*

（5）用 LINE、ARC、COPY、MIRROR 等命令绘制图形 *E*，细节尺寸及结果如图 4-65 所示。

（6）用 DONUT、LINE、BHATCH、COPY 等命令绘制图形 *F*、*G* 等，细节尺寸及结果如图 4-66 所示。

（7）绘制 20×10 的实心矩形，然后将实心矩形沿直线及圆弧均布，结果如图 4-67 所示。

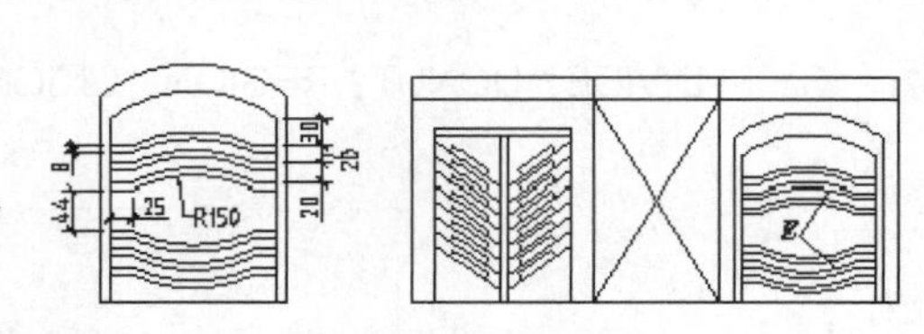

图 4-65　绘制图形 *E*

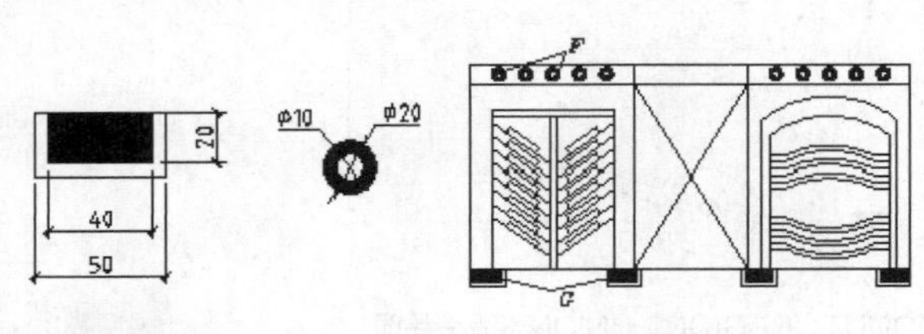

图 4-66　绘制图形 *F*、*G* 等

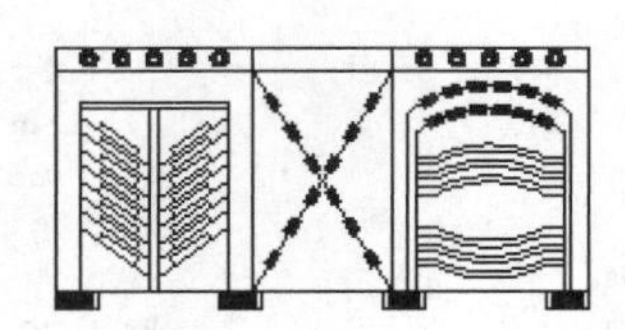

图 4-67　将对象沿直线及圆弧均布

习题

1. 用 LINE、DONUT、BHATCH 等命令绘制平面图形，如图 4-68 所示。

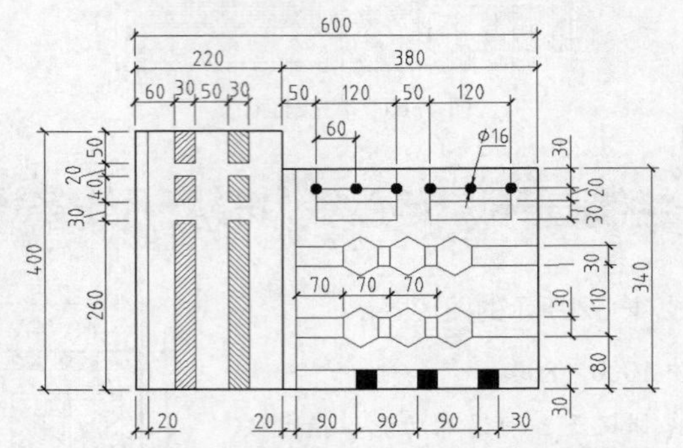

图 4-68　用 LINE、DONUT、BHATCH 等命令绘图

2. 用 MLINE、PLINE、DONUT 等命令绘制平面图形，如图 4-69 所示。

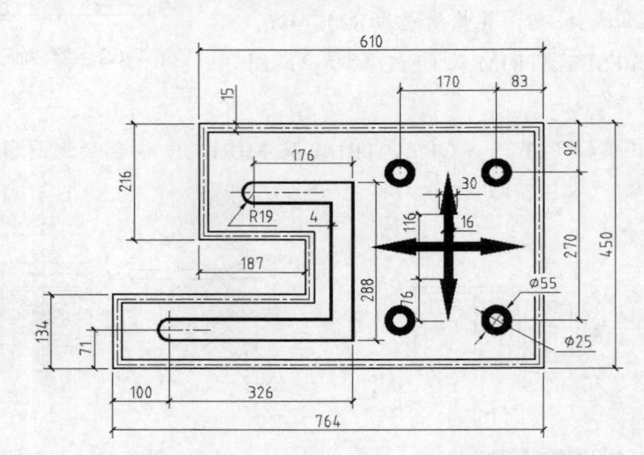

图 4-69　用 MLINE、PLINE、DONUT 等命令绘图

3. 用 DIVIDE、DONUT、REGION、UNION 等命令绘制平面图形，如图 4-70 所示。

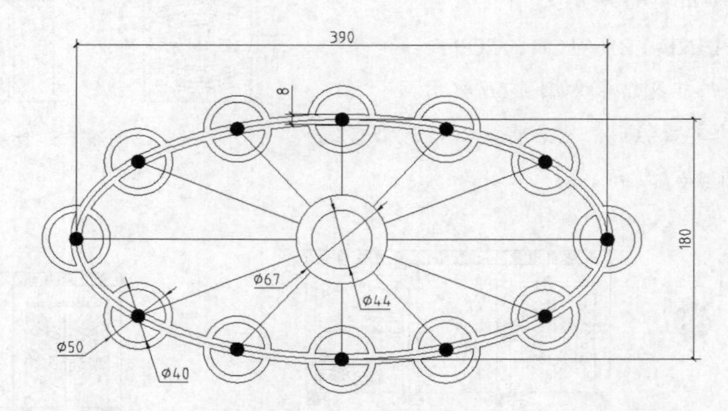

图 4-70　用 DIVIDE、DONUT、REGION、UNION 等命令绘图

4. 用面域造型法绘制图 4-71 所示的图形。

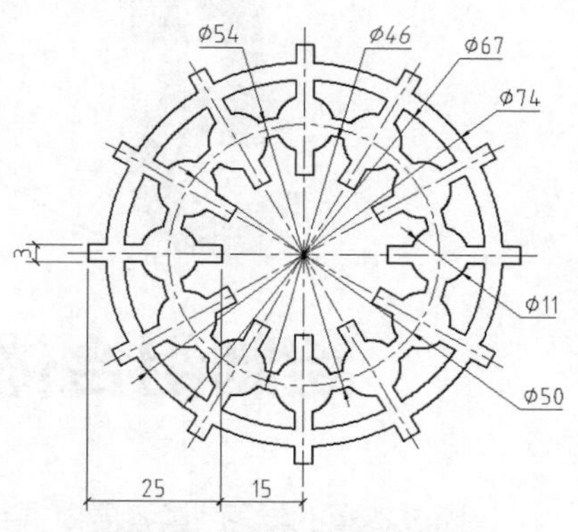

图 4-71　面域及布尔运算（1）

5. 用面域造型法绘制图 4-72 所示的图形。

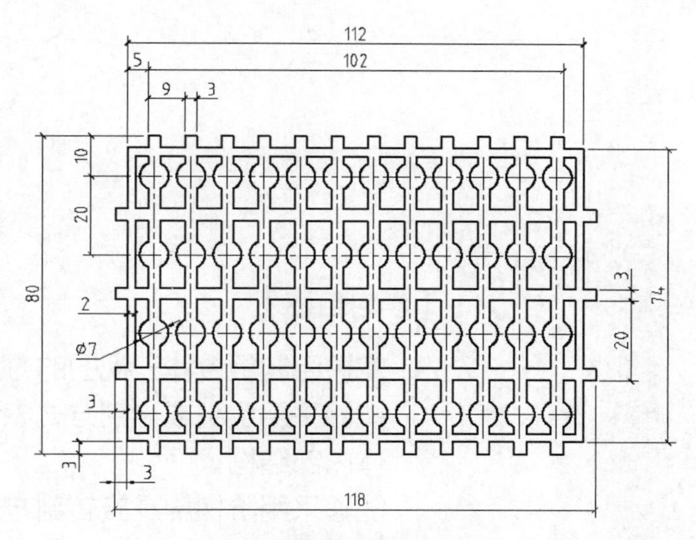

图 4-72　面域及布尔运算（2）

Chapter 5

第 5 章 绘制组合体视图及剖视图

通过本章的学习，读者要掌握绘制组合体视图及剖视图的方法和技巧。

【学习目标】

- 掌握绘制组合体三视图的方法。
- 能够采用全剖或半剖方式表达组合体内部结构。
- 能够采用阶梯剖及旋转剖方式表达组合体内部结构。
- 掌握绘制断面图的方法。

5.1 课堂实训——绘制视图及剖视图

实训的任务是绘制图 5-1 所示组合体的三视图，作图步骤如下。

（1）首先绘制主视图的作图基准线，利用基准线通过 OFFSET、TRIM 等命令形成主视图的大致轮廓，然后画出主视图细节。

（2）用 XLINE 命令绘制竖直投影线向俯视图投影，再画对称线等，形成俯视图大致轮廓并绘制细节。

（3）将俯视图复制到新位置并旋转 90°，然后分别从主视图和俯视图绘制水平及竖直投影线向左视图投影，形成左视图大致轮廓并绘制细节。

【练习 5-1】： 根据轴测图及视图轮廓绘制三视图，如图 5-1 所示。

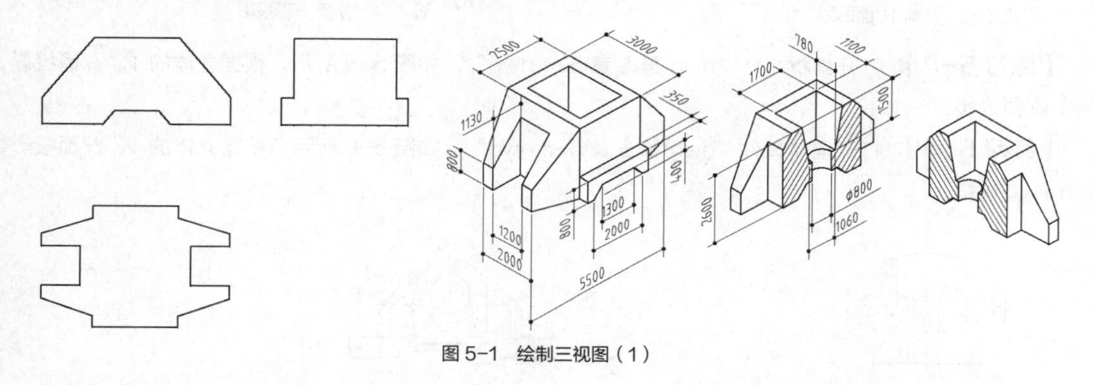

图 5-1　绘制三视图（1）

主要绘图过程如图 5-2 所示。

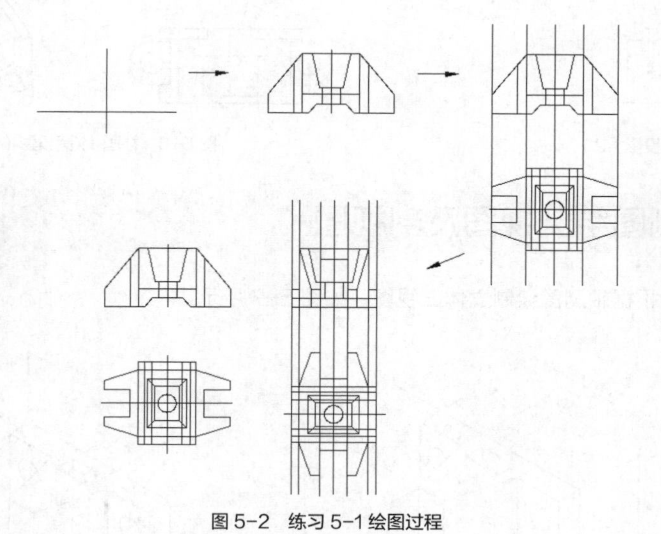

图 5-2　练习 5-1 绘图过程

5.2 根据两个视图绘制第三个视图

【练习 5-2】： 打开素材文件“dwg\第 5 章\5-2.dwg”，如图 5-3 所示，根据立体的 *V*、*H* 面投影，补画 *W* 面投影。

【练习 5-3】：打开素材文件“dwg\第 5 章\5-3.dwg”，如图 5-4 所示，根据立体的 *V*、*W* 面投影，补画 *H* 面投影。

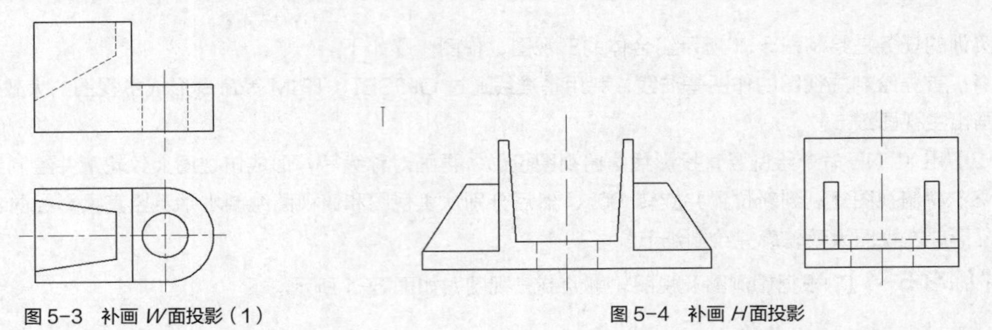

图 5-3　补画 *W* 面投影（1）　　　　图 5-4　补画 *H* 面投影

【练习 5-4】：打开素材文件“dwg\第 5 章\5-4.dwg”，如图 5-5 所示，根据立体的 *V*、*H* 面投影，补画 *W* 面投影。

【练习 5-5】：打开素材文件“dwg\第 5 章\5-5.dwg”，如图 5-6 所示，根据立体的 *V*、*H* 面投影，补画 *W* 面投影。

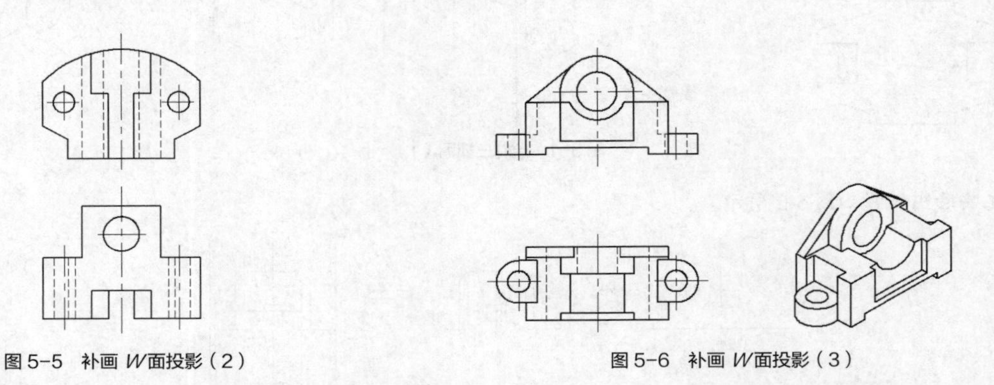

图 5-5　补画 *W* 面投影（2）　　　　图 5-6　补画 *W* 面投影（3）

5.3 根据轴测图绘制视图及剖视图

【练习 5-6】：根据轴测图绘制立体三视图，如图 5-7 所示。

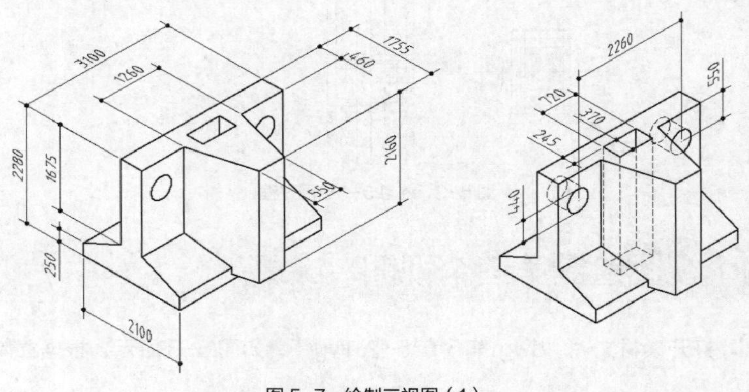

图 5-7　绘制三视图（1）

【练习 5-7】: 根据轴测图绘制立体三视图，如图 5-8 所示。

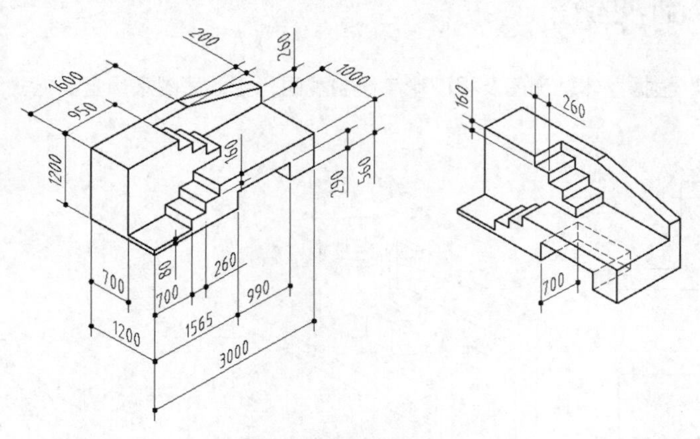

图 5-8 绘制三视图（2）

【练习 5-8】: 根据轴测图绘制三视图，平面图（俯视图）为外形视图，其他视图采用半剖方式绘制，如图 5-9 所示。

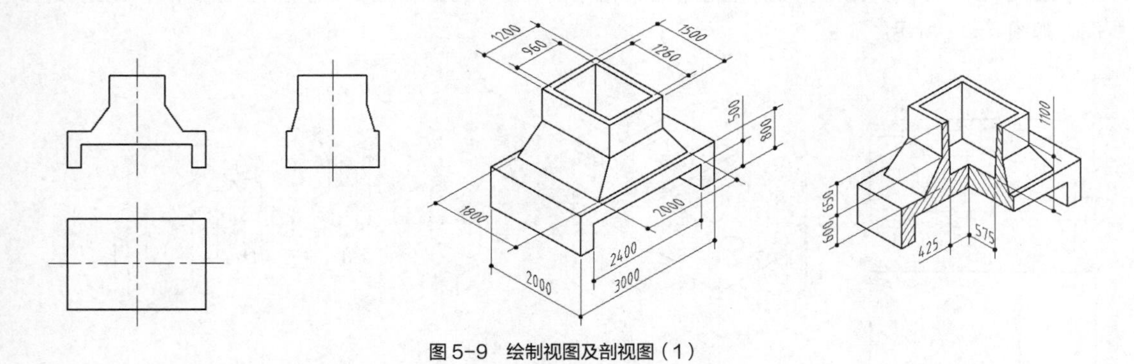

图 5-9 绘制视图及剖视图（1）

【练习 5-9】: 根据立体轴测图及正立面图轮廓绘制视图及 1—1、2—2 剖视图，如图 5-10 所示。

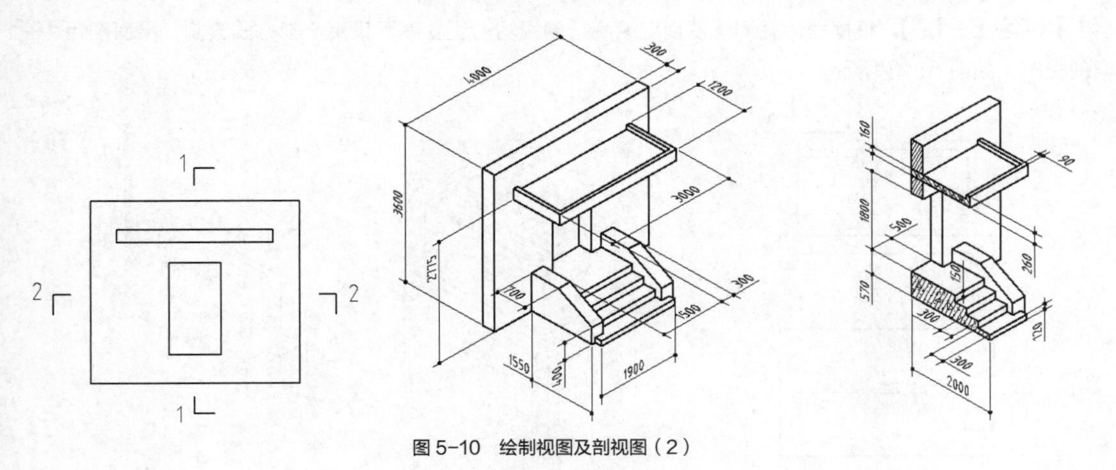

图 5-10 绘制视图及剖视图（2）

5.4 全剖及半剖视图

【练习 5-10】：根据立体轴测图及视图轮廓绘制视图，正立面图采用全剖方式绘制，平面图为外形视图，如图 5-11 所示。

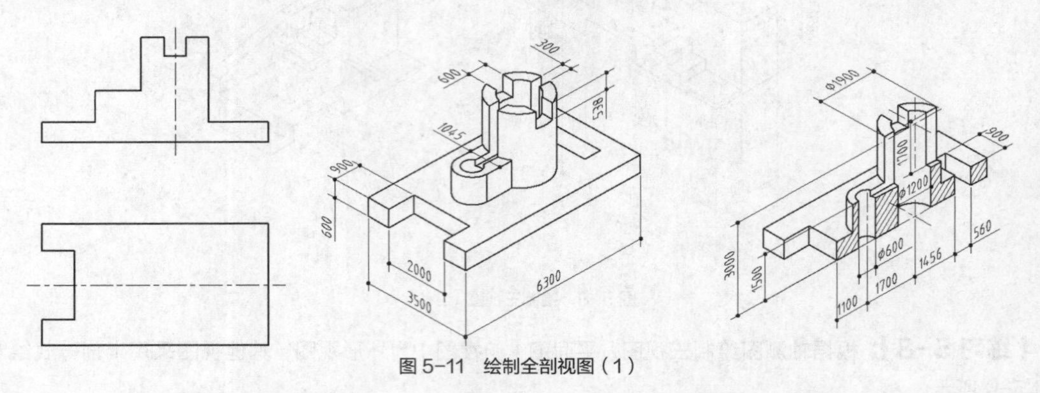

图 5-11 绘制全剖视图（1）

【练习 5-11】：根据立体轴测图及视图轮廓绘制视图，正立面图采用全剖方式绘制，平面图为外形视图，如图 5-12 所示。

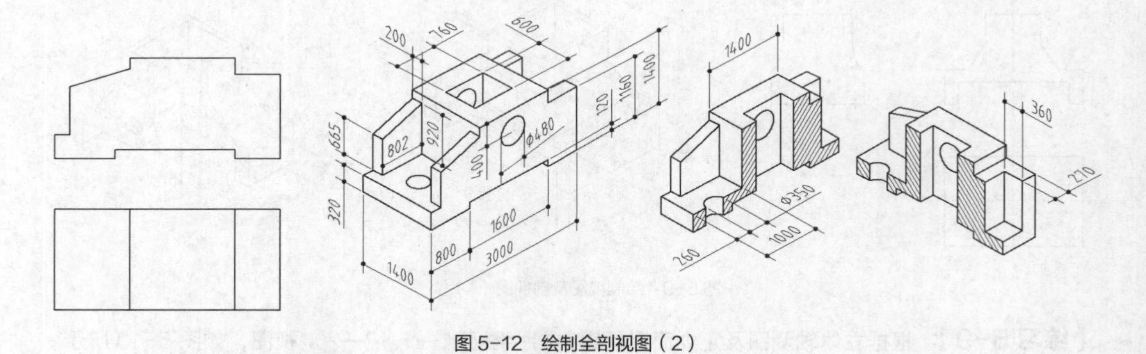

图 5-12 绘制全剖视图（2）

【练习 5-12】：根据立体轴测图及视图轮廓绘制视图，正立面图采用全剖方式绘制，平面图为 1—1 半剖视图，如图 5-13 所示。

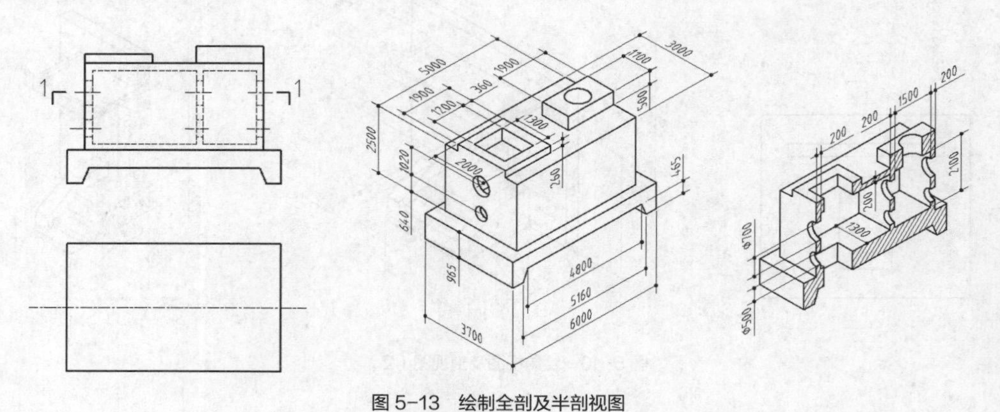

图 5-13 绘制全剖及半剖视图

【练习 5-13】：根据立体轴测图及视图轮廓绘制视图，正立面图采用全剖方式绘制，其他视图为外形视图，如图 5-14 所示。

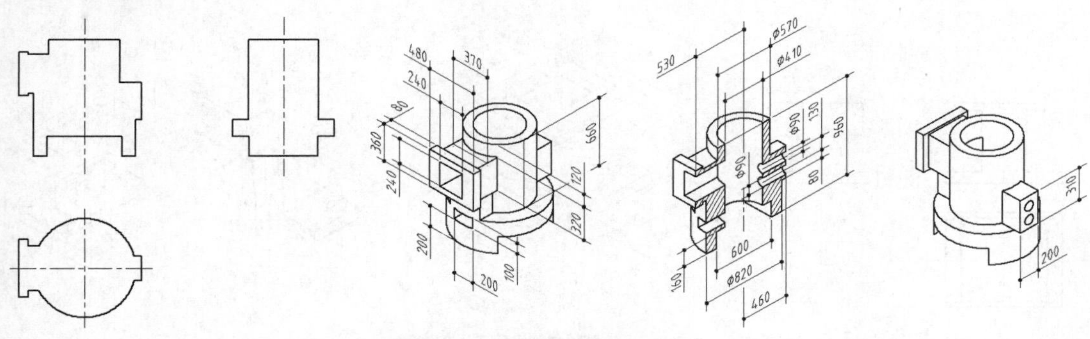

图 5-14　绘制全剖视图（3）

5.5 阶梯剖及旋转剖视图

【练习 5-14】：根据立体轴测图及视图轮廓绘制 1—1、2—2 剖视图，如图 5-15 所示。

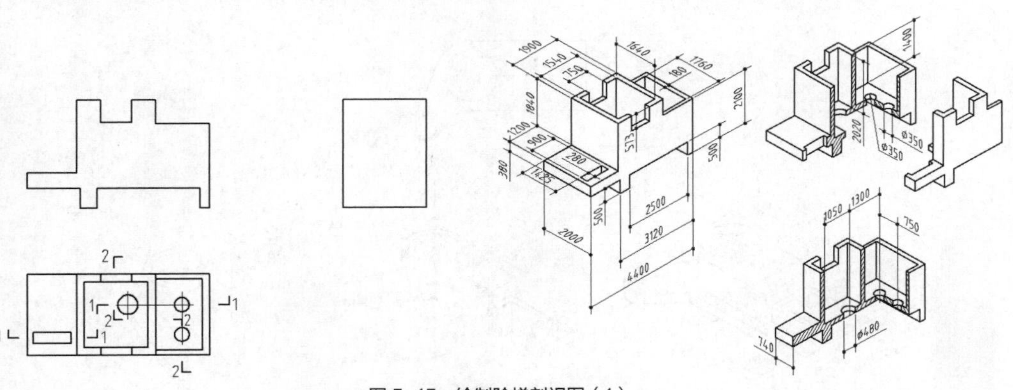

图 5-15　绘制阶梯剖视图（1）

【练习 5-15】：根据立体轴测图及视图轮廓绘制视图，正立面图为阶梯剖视图，平面图为外形图，如图 5-16 所示。

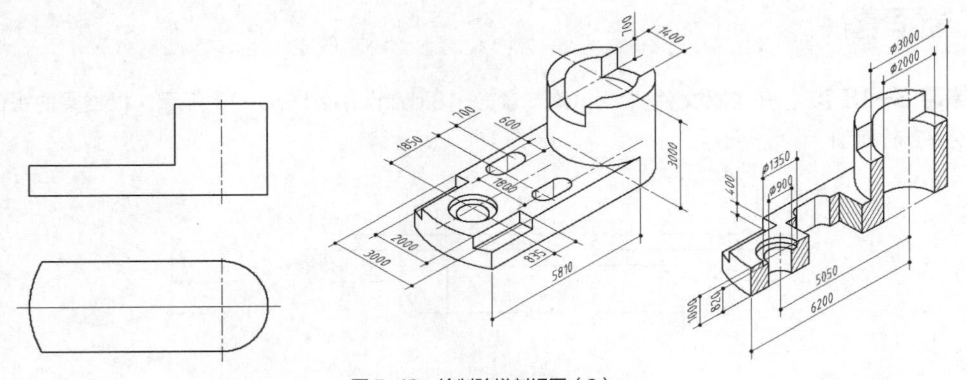

图 5-16　绘制阶梯剖视图（2）

【练习 5-16】：根据立体轴测图及视图轮廓绘制视图，正立面图为 1—1 阶梯剖视图，平面图为外形图，侧立面图为半剖视图，如图 5-17 所示。

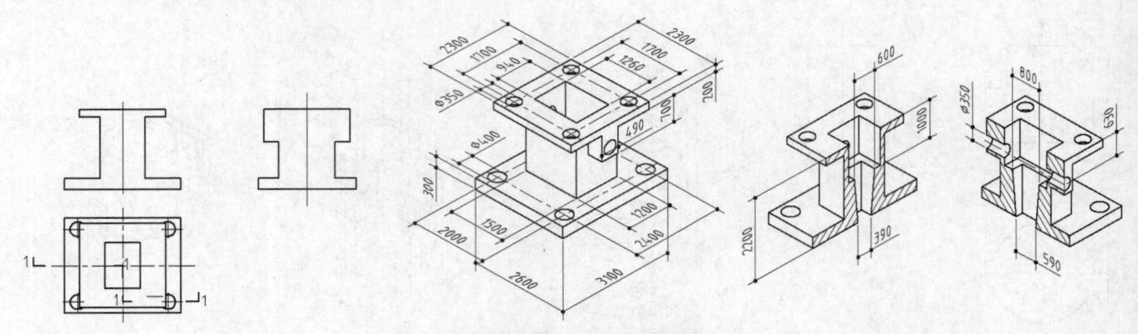

图 5-17　绘制阶梯剖视图及半剖视图

【练习 5-17】：根据立体轴测图及视图轮廓绘制视图，正立面图为 1—1 旋转剖视图，平面图为外形图，如图 5-18 所示。

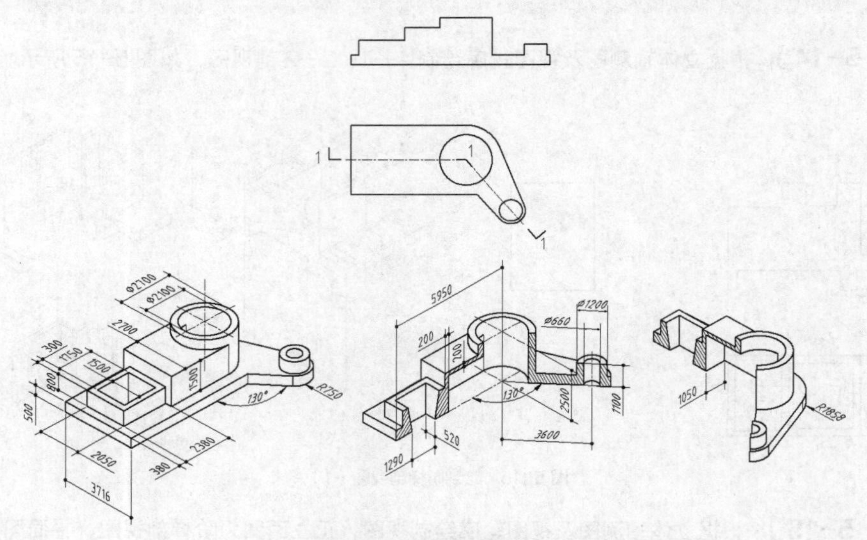

图 5-18　绘制旋转剖视图

5.6 断面图

【练习 5-18】：打开素材文件"dwg\第 5 章\5-18.dwg"，如图 5-19 所示，根据梁的视图绘制 1—1、2—2 断面图。

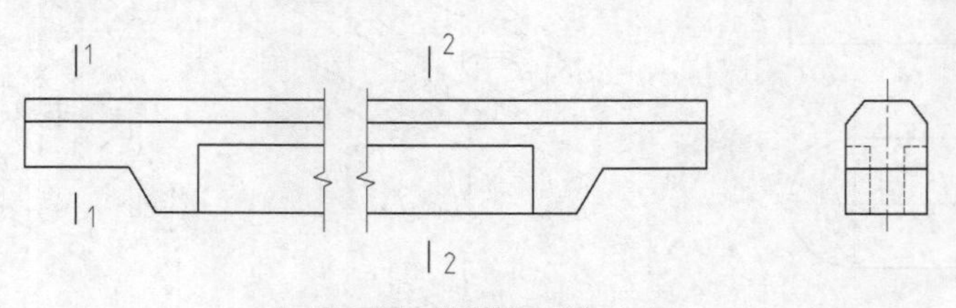

图 5-19　绘制断面图（1）

【练习 5-19】：打开素材文件“dwg\第 5 章\5-19.dwg”，如图 5-20 所示，根据立体视图绘制 1—1、2—2 及 3—3 断面图。

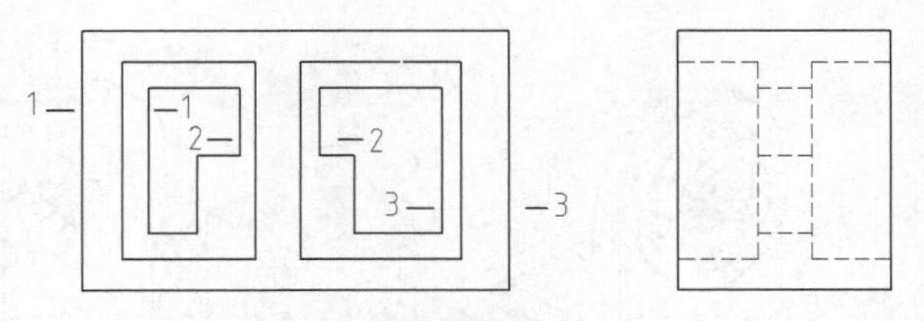

图 5-20　绘制断面图（2）

习题

1. 根据轴测图绘制三视图，如图 5-21 所示。

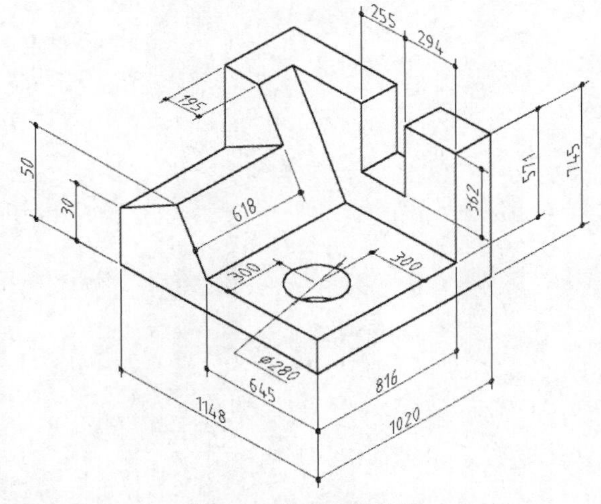

图 5-21　绘制三视图（1）

2. 根据轴测图绘制三视图，如图 5-22 所示。

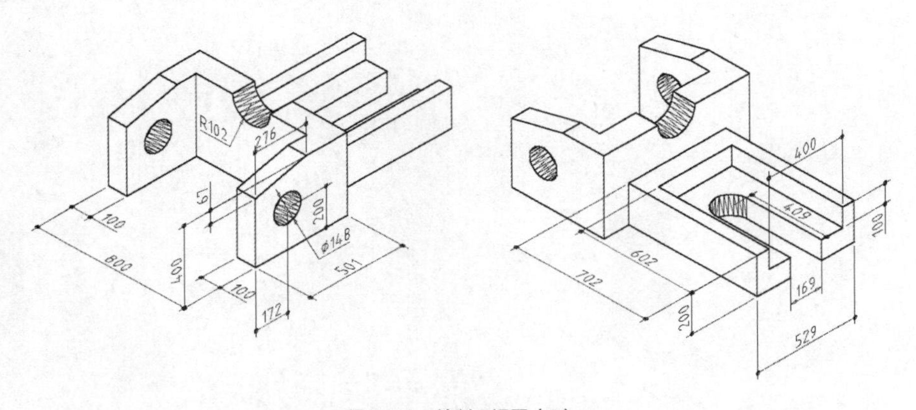

图 5-22　绘制三视图（2）

3. 根据轴测图绘制三视图，如图 5-23 所示。

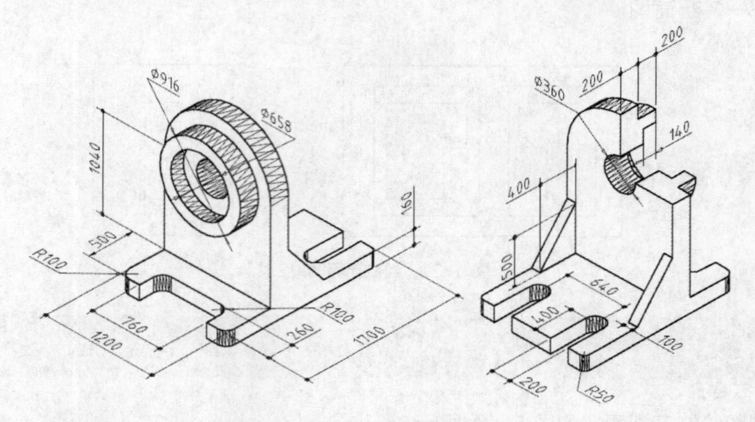

图 5-23　绘制三视图（3）

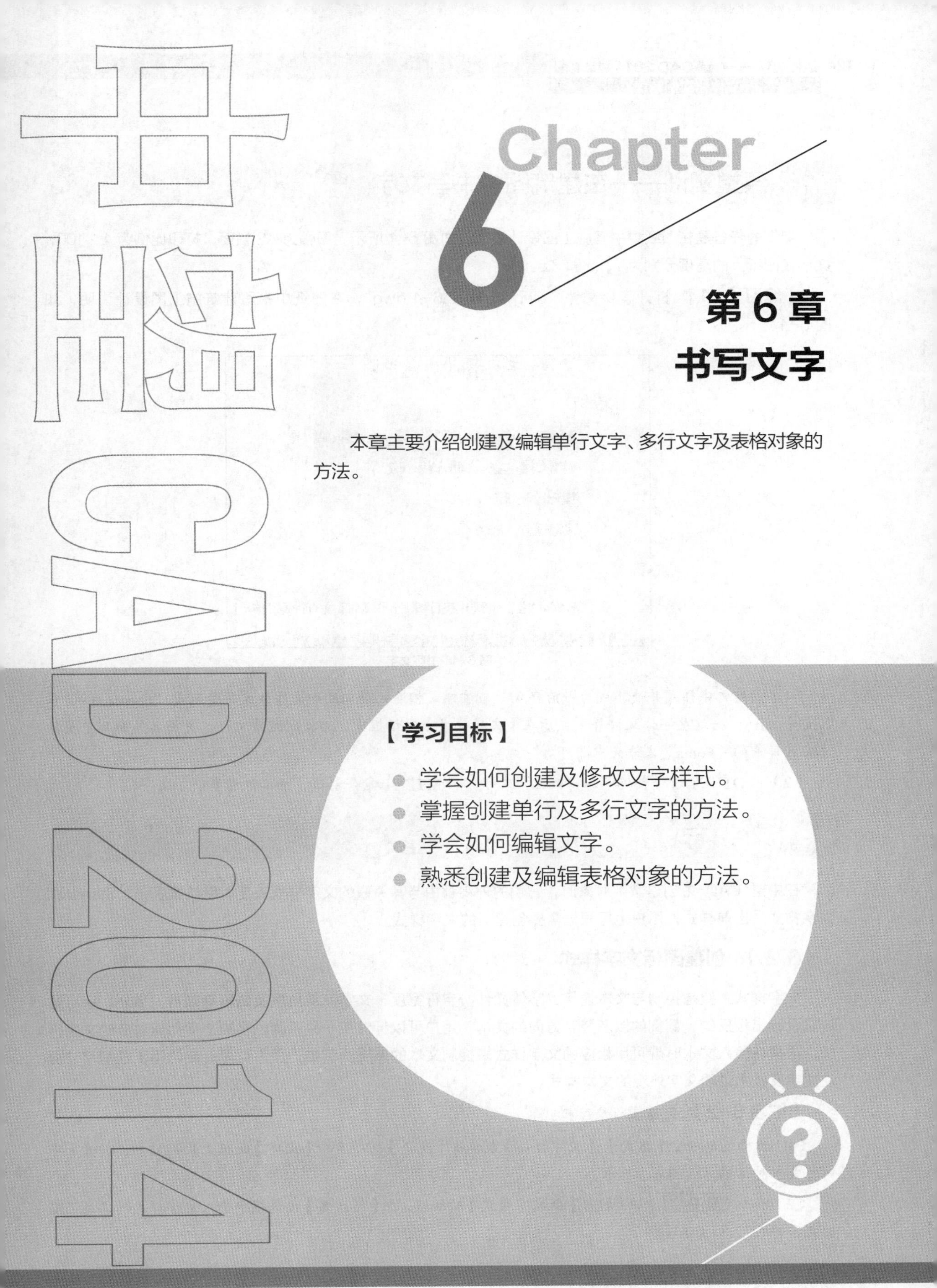

Chapter 6

第6章 书写文字

本章主要介绍创建及编辑单行文字、多行文字及表格对象的方法。

【学习目标】

- 学会如何创建及修改文字样式。
- 掌握创建单行及多行文字的方法。
- 学会如何编辑文字。
- 熟悉创建及编辑表格对象的方法。

6.1 课堂实训——在建筑图中书写文字

实训的任务是在图纸中书写施工图设计说明，如图 6-1 所示。图幅为 A2 幅面，打印比例为 1∶100，文字在图纸上的高度分别为 7、5 和 3.5。

【练习 6-1】：打开素材文件"dwg\第 6 章\6-1.dwg"，在图纸中书写建筑施工图设计说明，如图 6-1 所示。

建筑施工图设计总说明

一、工程概况

建筑面积：500平方米　建筑层数：二层　结构类型：框架结构

建筑耐火等级：二级　屋面防水等级：Ⅱ级

建筑设计合理使用年限：50 年

抗震设防烈度：六度三组

二、施工注意事项

门窗均采用推拉式PVC塑料窗，门均采用平开式塑钢门，施工图中所标门窗尺寸均为洞口尺寸。施工前先对门窗进行放样，确定无误并征求甲方同意后方可进行施工安装。

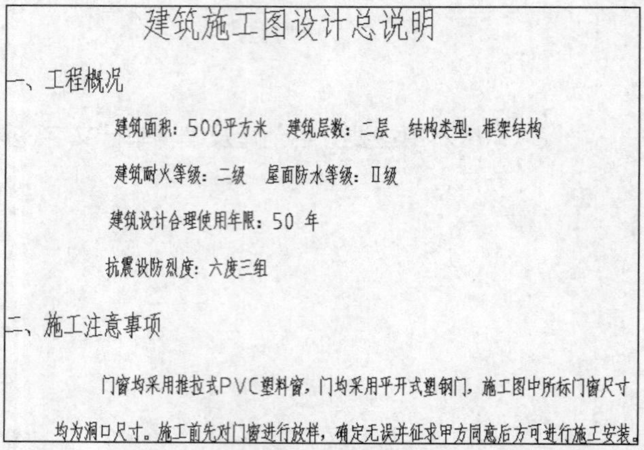

图 6-1　书写文字

（1）创建文字样式并使其成为当前样式，与该样式相连的西文及中文字体文件分别是"gbenor.shx"和"gbcbig.shx"。若这些字体文件并未显示在【文字样式】对话框中，可找到这些文件，并将其复制到中望软件安装目录的"Fonts"文件夹中即可。

（2）用 DTEXT 命令创建"工程概况"文字，用 MTEXT 命令创建"施工注意事项"文字。

6.2 文字样式

在中望 CAD 中创建文字对象时，它们的外观都由与其关联的文字样式决定。默认情况下，Standard 文字样式是当前样式，用户也可根据需要创建新的文字样式。

6.2.1 创建国标文字样式

文字样式主要是控制与文本连接的字体文件、字符宽度、文字倾斜角度及高度等项目，另外，还可通过它设计出相反的、颠倒的以及竖直方向的文本。用户可以针对每一种不同风格的文字创建对应的文字样式，这样在输入文本时就可用相应的文字样式来控制文本的外观。例如，用户可建立专门用于控制尺寸标注文字及技术说明文字外观的文本样式。

【练习 6-2】：创建国标文字样式。

（1）选择菜单命令【格式】/【文字样式】或单击【注释】选项卡中【文字】面板上的按钮，打开【字体样式】对话框，如图 6-2 所示。

（2）单击 新建(N)... 按钮，打开【新文字样式】对话框，在【样式名】文本框中输入文字样式的名称"国标文字样式"，如图 6-3 所示。

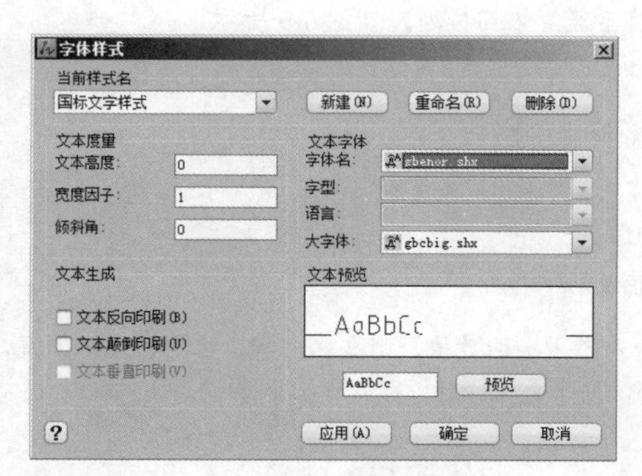

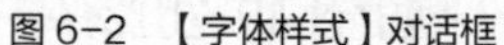

图6-2 【字体样式】对话框

图6-3 【新文字样式】对话框

（3）单击 确定 按钮，返回【字体样式】对话框。在【字体名】下拉列表中选择【gbenor.shx】，在【大字体】下拉列表中选择【gbcbig.shx】，如图6-2所示。若这两个字体文件并未出现在【文字样式】对话框中，应将它们复制到中望软件安装目录的“Fonts”文件夹里。

（4）单击 应用(A) 按钮，完成国标文字样式的创建。

设置字体、字高与特殊效果等外部特征以及修改、删除文字样式等操作都是在【字体样式】对话框中进行的，该对话框中的常用选项介绍如下。

- 【当前样式名】下拉列表：该下拉列表中显示了图样中所有文字样式的名称，用户可从中选择一个，使其成为当前样式。
- 删除(D) 按钮：在【当前样式名】下拉列表中选择一个文字样式，再单击此按钮就可以将该文字样式删除。当前样式和正在使用的文字样式不能被删除。
- 【字体名】下拉列表：此下拉列表中罗列了所有的字体。带有双“T”标志的字体是Windows系统提供的“TrueType”字体，其他字体是中望CAD自己的字体（*.shx），其中“gbenor.shx”和“gbeitc.shx”（斜体西文）字体是符合国标的工程字体。
- 【大字体】：大字体是指专为亚洲国家设计的文字字体。其中“gbcbig.shx”字体是符合国标的工程汉字字体，该字体文件还包含一些常用的特殊符号。由于“gbcbig.shx”中不包含西文字体定义，因而使用时可将其与“gbenor.shx”和“gbeitc.shx”字体配合使用。
- 【文本高度】：输入字体的高度。如果用户在该文本框中指定了文本高度，则当使用DTEXT（单行文字）命令时，系统将不再提示“指定高度”。
- 【文本反向印刷】：选中此复选项，文字将首尾反向显示，该选项仅影响单行文字，如图6-4所示。

AutoCAD 2012　　　　AutoCAD 2012

图6-4 首尾反向显示

- 【文本颠倒印刷】：选中此复选项，文字将上下颠倒显示，该选项仅影响单行文字，如图6-5所示。

AutoCAD 2012　　　　AutoCAD 2012

图6-5 上下颠倒显示

● 【文本垂直印刷】：选中此复选项，文字将沿竖直方向排列，如图 6-6 所示。

中望建筑　　中望建筑（竖排）

图 6-6　沿竖直方向排列

● 【宽度因子】：默认的宽度因子为 1。若输入小于 1 的数值，则文本变窄，否则，文本变宽，如图 6-7 所示。

AutoCAD 2012　　AutoCAD 2012

宽度比例因子为 1.0　　宽度比例因子为 0.7

图 6-7　调整宽度比例因子

● 【倾斜角】：该选项用于指定文本的倾斜角度，角度值为正时向右倾斜，为负时向左倾斜，如图 6-8 所示。

AutoCAD 2012　　AutoCAD 2012

倾斜角度为 30°　　倾斜角度为 –30°

图 6-8　设置文字倾斜角度

6.2.2　修改文字样式

修改文字样式也是在【字体样式】对话框中进行的，其过程与创建文字样式相似，这里不再重复。

修改文字样式时，用户应注意以下几点。

（1）修改完成后，单击【字体样式】对话框中的 应用(A) 按钮，则修改生效，中望 CAD 立即更新图样中与此文字样式关联的文字。

（2）当修改文字样式连接的字体文件时，中望 CAD 将改变所有文字的外观。

（3）当修改文字的“颠倒”“反向”和“垂直”特性时，中望 CAD 将改变单行文字的外观。而修改文字高度、宽度比例及倾斜角时，则不会引起已有单行文字外观的改变，但将影响此后创建的文字对象。

（4）对于多行文字，只有【垂直】【宽度比例】及【倾斜角度】选项才影响已有及即将创建的多行文字外观。

如果发现图形中的文本没有正确地显示出来，那么多数情况是由于文字样式所连接的字体不合适。

6.3　单行文字

用 DTEXT 命令可以非常灵活地创建文字项目，发出此命令后，用户不仅可以设定文本的对齐方式及文字的倾斜角度，而且还能用十字光标在不同的地方选取点以定位文本的位置（系统变量 DTEXTED 不等于 0），该特性使用户只发出一次命令就能在图形的任何区域放置文本。另外，DTEXT 命令还提供了屏幕预演的功能，即在输入文字的同时该文字也将在屏幕上显示出来，这样用户就能很容易地发现文本输入的错误，以便及时修改。

6.3.1 创建单行文字

启动 DTEXT 命令就可以创建单行文字。默认情况下，该文字关联的文字样式是“Standard”，采用的字体是“宋体”。如果要输入“楷体”“仿宋”等形式的中文，应修改当前文字样式，使其与相应中文字体相关联，此外，也可创建一个采用指定中文字体的新文字样式。

1. 命令启动方法

- 菜单命令：【绘图】/【文字】/【单行文字】。
- 面板：【常用】选项卡中【注释】面板上的 单行文字按钮。
- 命令：DTEXT。

【练习 6-3】： 练习使用 DTEXT 命令。

（1）打开素材文件“dwg\第 6 章\6-3.dwg”。

（2）创建新文字样式，并使该样式成为当前样式。设置新样式的名称为“工程文字样式”，与其相关联的字体文件是“gbenor.shx”和“gbcbig.shx”。

（3）执行 DTEXT 命令，书写单行文字，如图 6-9 所示。

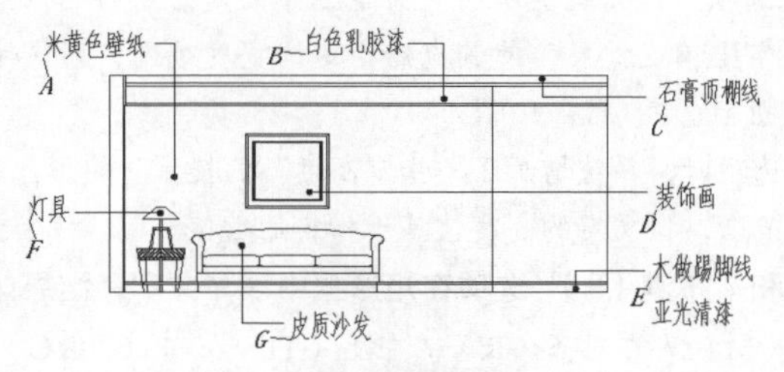

图 6-9 创建单行文字

```
命令: _dtext
指定文字的起点或 [对正(J)/样式(S)]:          //在点 A 处单击
指定高度 <4.0000>: 350                      //输入文本的高度
指定文字的旋转角度 <0>:                      //按 Enter 键指定文本的倾斜角度为 0°
输入文字: 米黄色壁纸                         //输入文字
输入文字: 白色乳胶漆                         //在点 B 处单击，并输入文字
输入文字: 石膏顶棚线                         //在点 C 处单击，并输入文字
输入文字: 装饰画                             //在点 D 处单击，并输入文字
输入文字: 木做踢脚线                         //在点 E 处单击，并输入文字
                                             //按 Enter 键
输入文字: 亚光清漆                           //输入文字
输入文字: 灯具                               //在点 F 处单击，并输入文字
输入文字: 皮质沙发                           //在点 G 处单击，并输入文字
输入文字:                                    //按 Enter 键结束命令
```

结果如图 6-9 所示。

2. 命令选项

- 样式（S）：指定当前文字样式。
- 对正（J）：设定文字的对齐方式，详见 6.3.2 小节。

用 DTEXT 命令可连续输入多行文字，每行可按 Enter 键结束，但用户不能控制各行的间距。DTEXT 命令的优点是文字对象的每一行都是一个单独的实体，因而对每行进行重新定位或编辑都很容易。

6.3.2 单行文字的对齐方式

发出 DTEXT 命令后，系统提示用户输入文本的插入点，此点和实际字符的位置关系由对齐方式“对正(J)”所决定。对于单行文字，中望 CAD 提供了 10 多种对正选项。默认情况下，文本是左对齐的，即指定的插入点是文字的左基线点，如图 6–10 所示。

文字的对齐方式
左基线点

图 6–10 左对齐方式

如果要改变单行文字的对齐方式，就使用“对正（J）”选项。在“指定文字的起点或[对正(J)/样式(S)]:”提示下，输入“j”，则中望 CAD 提示如下。

```
[对齐(A)/布满(F)/居中(C)/中间(M)/右对齐(R)/左上(TL)/中上(TC)/右上(TR)/左中(ML)/正中(MC)/右中(MR)/左下(BL)/中下(BC)/右下(BR)]:
```

下面对以上给出的选项进行详细说明。

- 对齐（A）：使用此选项时，系统提示指定文本分布的起始点和结束点。当用户选定两点并输入文本后，系统会将文字压缩或扩展，使其充满指定的宽度范围，而文字的高度则按适当比例变化，以使文本不至于被扭曲。
- 布满（F）：使用此选项时，系统增加了“指定高度”的提示。使用此选项也将压缩或扩展文字，使其充满指定的宽度范围，但文字的高度值等于指定的数值。

分别利用“对齐（A）”和“布满（F）”选项在矩形框中填写文字，结果如图 6–11 所示。

- 居中（C）/ 中间（M）/ 右对齐（R）/ 左上（TL）/ 中上（TC）/ 右上（TR）/ 左中（ML）/ 正中（MC）/ 右中（MR）/ 左下（BL）/ 中下（BC）/ 右下（BR）：通过这些选项设置文字的插入点，各插入点的位置如图 6-12 所示。

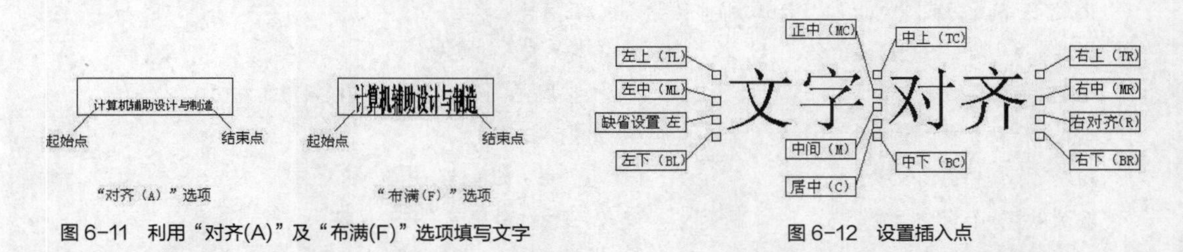

图 6–11 利用“对齐(A)”及“布满(F)”选项填写文字

图 6–12 设置插入点

6.3.3 在单行文字中加入特殊符号

工程图中用到的许多符号都不能通过标准键盘直接输入（一些输入法具有特殊符号输入功能），如文字的下画线、直径代号等。当用户利用 DTEXT 命令创建文字注释时，必须输入特殊的代码来产生特定的字符，这些代码及对应的特殊符号如表 6–1 所示。

使用表中代码生成特殊字符的样例如图 6–13 所示。

表 6-1 特殊字符的代码

代 码	字 符	代 码	字 符
%%o	文字的上画线	%%p	表示“±”
%%u	文字的下画线	%%c	直径代号
%%d	角度符号		

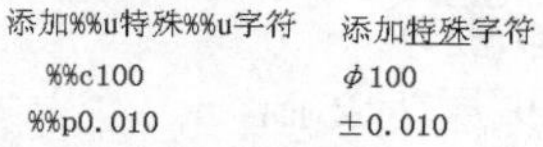

添加%%u特殊%%u字符
添加特殊字符
%%c100
ϕ100
%%p0.010
±0.010

图 6-13 创建特殊字符

6.4 使用多行文字

MTEXT 命令可以用于创建复杂的文字说明，用 MTEXT 命令生成的文字段落称为多行文字，它可由任意数目的文字行组成，所有的文字构成一个单独的实体。使用 MTEXT 命令时，用户可以指定文本分布的宽度，但文字沿竖直方向可无限延伸。另外，用户还能设置多行文字中单个字符或某一部分文字的属性（包括文本的字体、倾斜角度和高度等）。

6.4.1 创建多行文字

创建多行文字时，首先要建立一个文本边框，此边框表明了段落文字的左右边界，然后在文本边框的范围内输入文字。文字字高及字体可事先设定或随时修改。

1. 命令启动方法

- 菜单命令：【绘图】/【文字】/【多行文字】。
- 面板：【常用】选项卡中【注释】面板上的 多行文字按钮。
- 命令：MTEXT 或简写 MT。

【练习 6-4】： 使用 MTEXT 命令创建多行文字，文字内容及样式如图 6-14 所示。

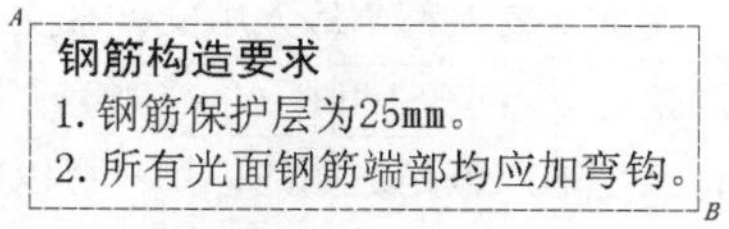

A
钢筋构造要求
1. 钢筋保护层为25mm。
2. 所有光面钢筋端部均应加弯钩。
B

图 6-14 创建多行文字

（1）设定绘图区域大小为 10000×10000，双击鼠标滚轮，使绘图区域充满绘图窗口显示出来。

（2）启动 MTEXT 命令，中望 CAD 提示如下。

```
指定第一角点：                    //在点 A 处单击，如图 6-14 所示
指定对角点：                      //在点 B 处单击
```

（3）系统弹出【文本格式】工具栏及顶部带标尺的文字输入框，如图 6-15 所示，在【字体】下拉列表中选择【黑体】，在【文字高度】文本框中输入数值 400，然后输入文字。

文本格式
STANDARD
黑体
ByLayer
400
OK
钢筋构造要求

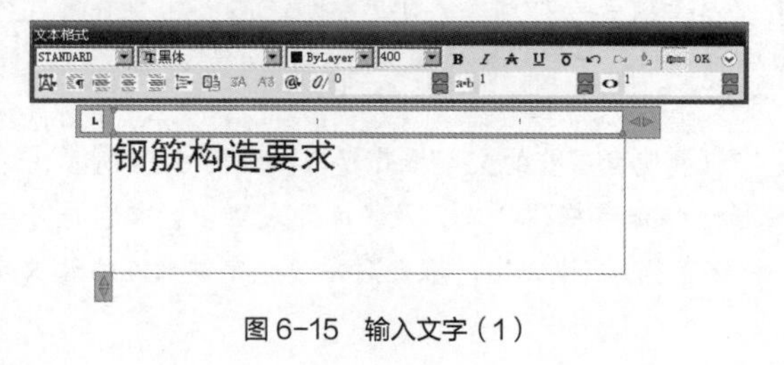

图 6-15 输入文字（1）

（4）在【字体】下拉列表中选择【宋体】，在【文本高度】文本框中输入数值 350，然后输入文字，如图 6-16 所示。

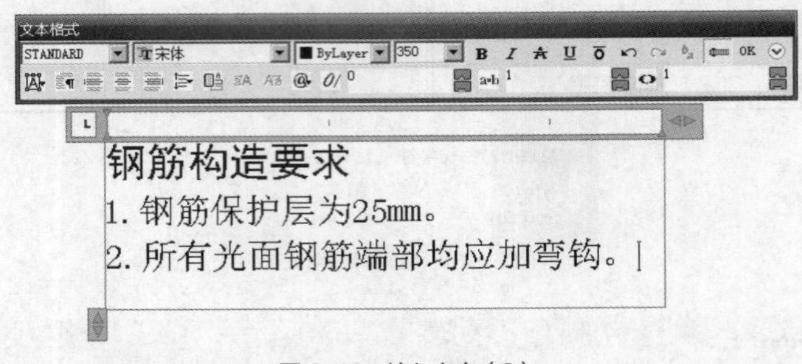

图 6-16　输入文字（2）

（5）单击 OK 按钮，结果如图 6-14 所示。

启动 MTEXT 命令并建立文本边框后，系统弹出【文本格式】工具栏及顶部带标尺的文字输入框，这两部分组成了多行文字编辑器，如图 6-17 所示。利用此编辑器可方便地创建文字并设置文字样式、对齐方式、字体及字高等。

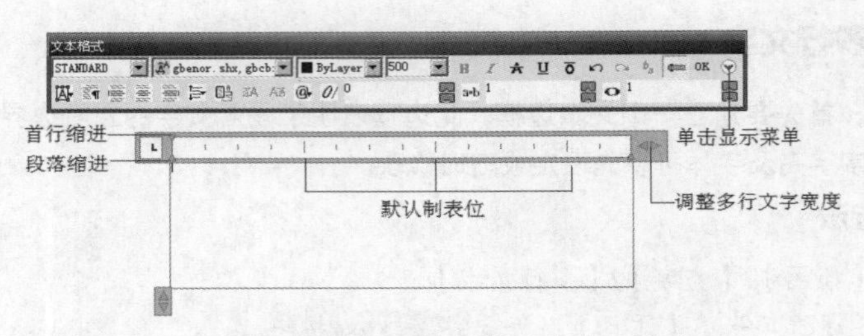

图 6-17　多行文字编辑器

在文字输入框中输入中文，当文本到达定义边框的右边界时，自动换行。若输入数字或英文，则不会自动换行，可按 Shift+Enter 键换行（若按 Enter 键换行，则表示已输入的文字构成一个段落）。默认情况下，文字输入框是透明的，用户可以观察到输入的文字与其他对象是否重叠。若要关闭透明特性，可单击【文本格式】工具栏上的按钮，然后选择【编辑器设置】/【不透明背景】命令。

下面对多行文字编辑器中的主要功能进行说明。

1.【文本格式】工具栏

- 【样式】下拉列表：设置多行文字的文字样式。若将一个新样式与现有的多行文字相关联，则不会影响文字的某些特殊格式，如粗体、斜体、堆叠等。
- 【字体】下拉列表：从此列表中选择需要的字体。多行文字对象中可以包含不同字体的字符。
- 【文字高度】栏：从此栏中选择或输入文字高度。多行文字对象中可以包含不同高度的字符。
- U 按钮：可利用此按钮将文字修改为下画线形式。
- O 按钮：给选定的文字添加上画线。
- 按钮：单击此按钮就使可层叠的文字堆叠起来，如图 6-18 所示，这对创建分数及公差形式的文字很有用。系统通过特殊字符“/”“^”及“#”表明多行文字是可层叠的。输入层叠文字的方式为：左边文字+特殊字符+右边文字，堆叠后左边文字被放在右边文字的上面。

要点提示

通过堆叠文字的方法也可创建文字的上标或下标，输入方式为“上标^”“^下标”。例如，输入“53^”，选中“3^”，单击按钮，结果为“5^3”。

- 按钮：打开或关闭文字输入框上部的标尺。
- 按钮：单击此按钮，打开【段落】对话框，如图 6-19 所示。利用此对话框可精确设置制表位、段间距及行间距等。

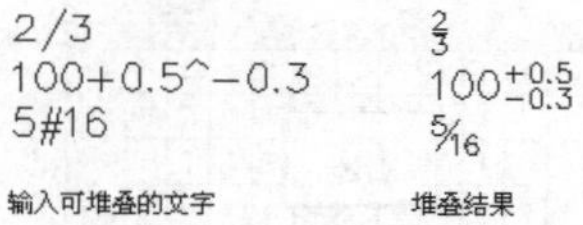

2/3　　　　　　$\frac{2}{3}$
100+0.5^-0.3　　$100^{+0.5}_{-0.3}$
5#16　　　　　　5⁄16

输入可堆叠的文字　　堆叠结果

图 6-18　堆叠文字

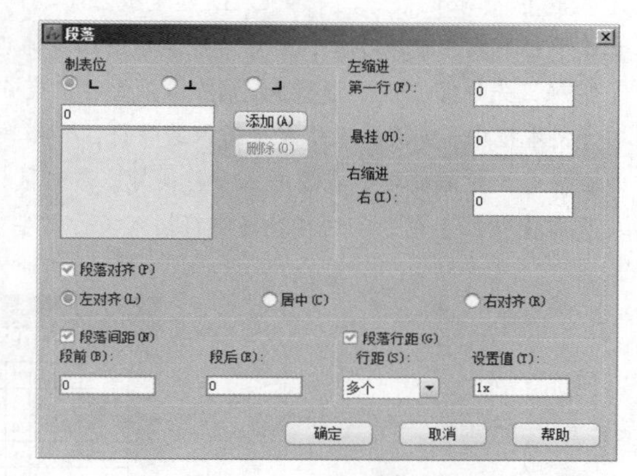

图 6-19　【段落】对话框

- 、、按钮：设定文字的对齐方式，3 个按钮的功能分别为左对齐、居中对齐及右对齐。
- 按钮：设定段落文字的行间距。
- 、按钮：两个按钮的功能分别为将选定文字更改为大写或小写。
- 按钮：单击此按钮，弹出菜单，该菜单包含了许多常用符号。
- 0/ 0 文本框：单击微调按钮或输入数值设定文字的倾斜角度。
- a•b 1 文本框：单击微调按钮或输入数值调整字符间的距离。若输入大于 1 的值，则增大字符间距。
- 1 文本框：单击微调按钮或输入数值设定文字的宽度因子。若输入小于 1 的数值，则文本将变窄，否则，文本变宽。

2. 文字输入框

（1）标尺：设置首行文字及段落文字的缩进，还可设置制表位，操作方法如下。

- 拖动标尺上第一行的缩进滑块，可改变所选段落第一行的缩进位置。
- 拖动标尺上第二行的缩进滑块，可改变所选段落其余行的缩进位置。
- 标尺上显示了默认的制表位，如图 6-17 所示。要设置新的制表位，可用鼠标光标单击标尺。要删除创建的制表位，可用鼠标光标按住制表位，将其拖出标尺。

（2）快捷菜单：在文本输入框中单击鼠标右键，弹出快捷菜单，该菜单中包含了一些标准编辑命令和多行文字特有的命令，如图 6-20 所示（只显示了部分命令）。

- 【符号】：该命令包含以下常用子命令。

——【度数】：在鼠标光标定位处插入特殊字符“%%d”，它表示度数符号“°”。

——【正/负】: 在鼠标光标定位处插入特殊字符“%%p”，它表示加、减符号“±”。

——【直径】: 在鼠标光标定位处插入特殊字符“%%c”，它表示直径符号“ϕ”。

——【几乎相等】: 在鼠标光标定位处插入符号“≈”。

——【角度】: 在鼠标光标定位处插入符号“∠”。

——【不相等】: 在鼠标光标定位处插入符号“≠”。

——【下标 2】: 在鼠标光标定位处插入下标“2”。

——【平方】: 在鼠标光标定位处插入上标“2”。

——【立方】: 在鼠标光标定位处插入上标“3”。

——【其他】: 选取该命令，中望 CAD 建筑版 2014 打开【字符映射表】对话框，在该对话框的【字体】下拉列表中选取字体，则对话框显示所选字体包含的各种字符，如图 6-21 所示。若要插入一个字符，先选择它后单击 选择(S) 按钮，此时中望 CAD 建筑版 2014 将选取的字符放在【复制字符】文本框中，依次选取所有要插入的字符，然后单击 复制(C) 按钮，关闭【字符映射表】对话框，返回多行文字编辑器，在要插入字符的地方单击鼠标左键，再单击鼠标右键，从弹出的快捷菜单中选取【粘贴】命令，这样就将字符插入多行文字中了。

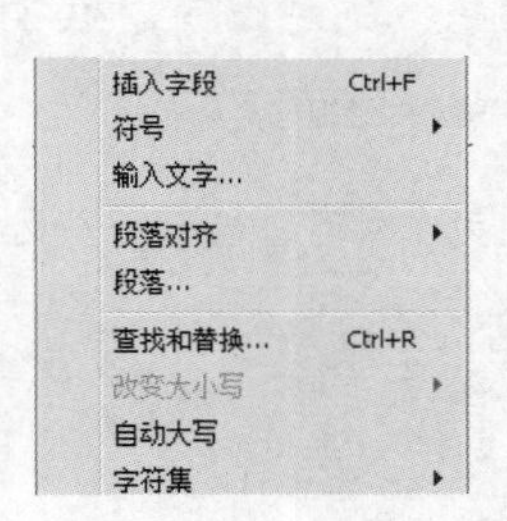

图 6-20 快捷菜单

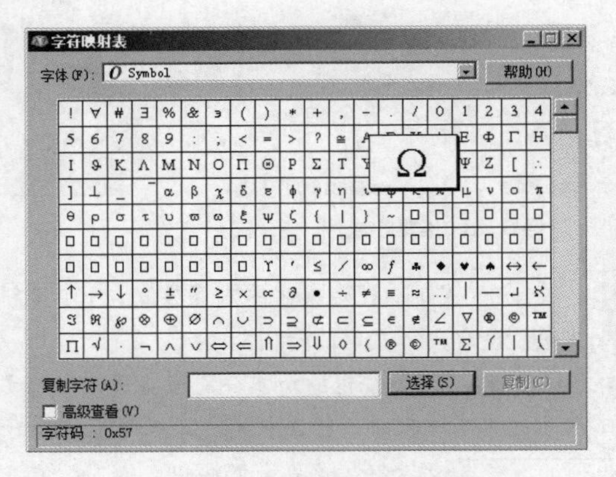

图 6-21 【字符映射表】对话框

- 【输入文字】: 选取该命令，则中望 CAD 建筑版 2014 打开【选择文件】对话框，用户可通过该对话框将其他文字处理器创建的文本文件输入到当前图形中。
- 【段落对齐】: 设置多行文字的对齐方式。
- 【段落】: 设定制表位和缩进，控制段落的对齐方式、段落间距和行间距。

6.4.2 添加特殊字符

下面通过实例演示如何在多行文字中加入特殊字符，文字内容及格式如下。

管道穿墙及穿楼板时，应装∅40的钢制套管。
供暖管道管径DN≤32采用螺纹连接。

【练习 6-5】: 添加特殊字符。

(1) 设定绘图区域大小为 10000×10000，双击鼠标滚轮，使绘图区域充满绘图窗口显示出来。

(2) 单击【注释】面板上的 多行文字 按钮，再指定文字分布的宽度，打开多行文字编辑器，在【字体】下拉列表中选择【宋体】，在【文字高度】文本框中输入数值 350，然后输入文字，如图 6-22 所示。

文本格式
STANDARD
宋体
ByLayer
350
OK
管道穿墙及穿楼板时，应装40的钢制套管。
供暖管道管径DN32采用螺纹连接

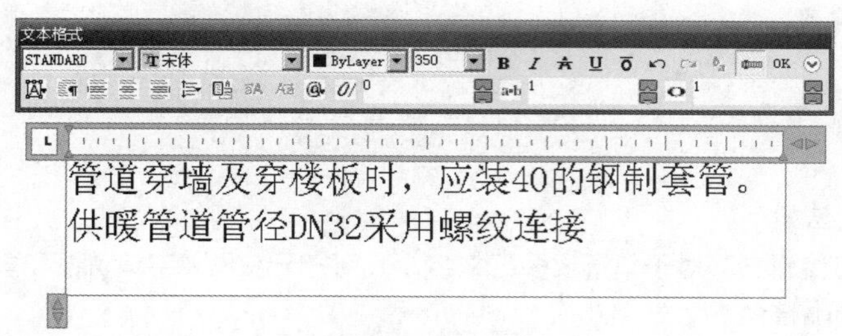

图6-22 书写多行文字

（3）在要插入直径符号的位置单击鼠标左键，再指定当前字体为“txt”，然后单击鼠标右键，弹出快捷菜单，选择菜单命令【符号】/【直径】，结果如图6-23所示。

（4）在文本输入窗口中单击鼠标右键，弹出快捷菜单，选择菜单命令【符号】/【其他】，打开【字符映射表】对话框，如图6-24所示。

（5）在【字符映射表】对话框的【字体】下拉列表中选择【宋体】，然后选取需要的字符“≤”，如图6-24所示。

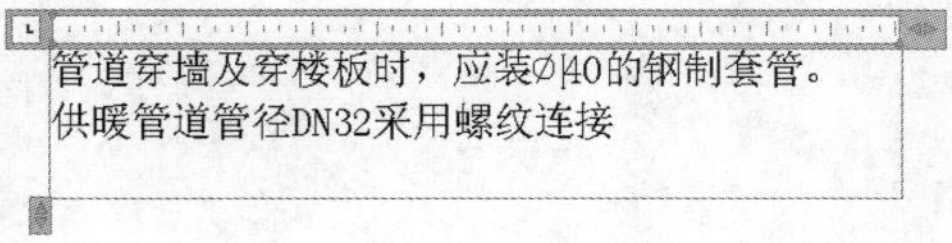

管道穿墙及穿楼板时，应装∅40的钢制套管。
供暖管道管径DN32采用螺纹连接

图6-23 插入直径符号

字符映射表
字体(F): 宋体
帮助(H)
复制字符(A):
选择(S)
复制(C)
高级查看(V)
U+2264: 小于或等于

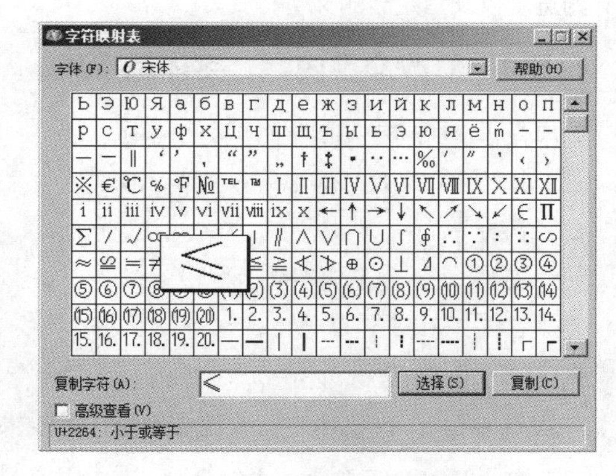

图6-24 【字符映射表】对话框

（6）单击 选择(S) 按钮，再单击 复制(C) 按钮。

（7）返回文字输入框，在需要插入“≤”符号的位置单击鼠标左键，然后再单击鼠标右键，弹出快捷菜单，选择【粘贴】命令，结果如图6-25所示。

要点提示

粘贴符号“≤”后，中望CAD建筑版2014将自动回车。

（8）把符号“≤”的高度修改为350，再将鼠标光标放置在此符号的后面，按Delete键，结果如图6-26所示。

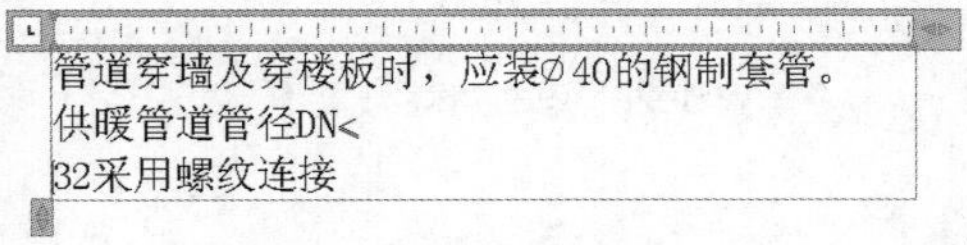

管道穿墙及穿楼板时，应装∅40的钢制套管。
供暖管道管径DN≤
32采用螺纹连接

图6-25 插入“≤”符号

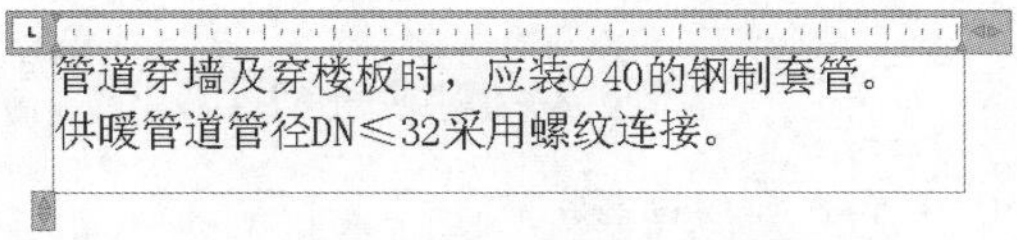

管道穿墙及穿楼板时，应装∅40的钢制套管。
供暖管道管径DN≤32采用螺纹连接。

图6-26 修改文字高度及调整文字位置

（9）单击 OK 按钮完成。

6.5 编辑文字

编辑文字的常用方法如下。

（1）双击文字就可编辑它。对于单行或多行文字，分别打开在位文字编辑器和多行文字编辑器，通过在位文字编辑器可连续编辑多个文字。

（2）使用 DDEDIT 命令编辑单行或多行文字。选择的对象不同，将打开不同的对话框。对于单行或多行文字，中望 CAD 分别打开在位文字编辑器和多行文字编辑器。用 DDEDIT 命令编辑文本的优点：此命令连续地提示用户选择要编辑的对象，因而只要发出 DDEDIT 命令就能一次修改许多文字对象。

（3）用 PROPERTIES 命令修改文本。选择要修改的文字后，再发出 PROPERTIES 命令，中望 CAD 建筑版 2014 打开【特性】对话框。在该对话框中，用户不仅能修改文本的内容，还能编辑文本的其他许多属性，如倾斜角度、对齐方式、高度和文字样式等。

【练习 6-6】： 下面通过练习来学习如何修改文字内容、改变多行文字的字体和字高、调整多行文字边界的宽度以及指定新的文字样式。

6.5.1 修改文字内容、字体及字高

使用 DDEDIT 命令编辑单行或多行文字。

（1）打开素材文件"dwg\第 6 章\6-6.dwg"，该文件所包含的文字内容如下。

工程说明

1.本工程±0.000 标高所相当的

绝对标高由现场定。

2.混凝土强度等级为 C20。

3.基础施工时，需与设备工种密切配合做好预留洞预留工作。

（2）输入 DDEDIT 命令，系统提示"选择注释对象"，选择文字，打开多行文字编辑器，如图 6-27 所示。选中标题中的文字"工程"，将其修改为"设计"。

（3）选中文字"设计说明"，然后在【字体】下拉列表中选择【黑体】，在【字体高度】文本框中输入数值"350"，按 Enter 键，结果如图 6-28 所示。

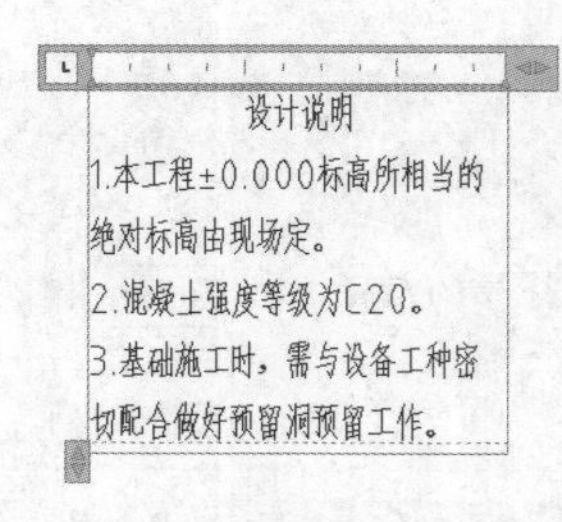

图 6-27 修改文字内容

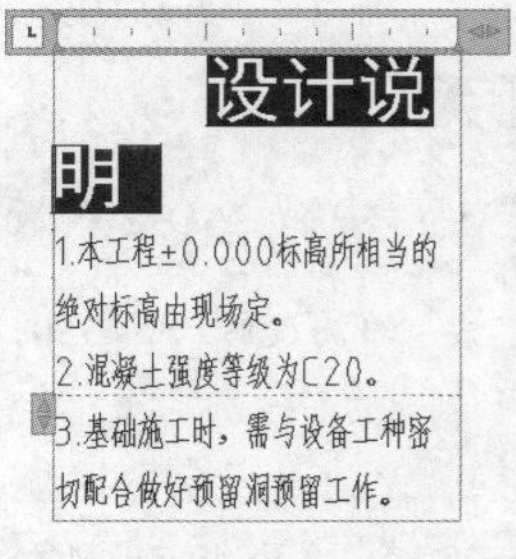

设计说
明
1.本工程±0.000标高所相当的
绝对标高由现场定。
2.混凝土强度等级为C20。
3.基础施工时，需与设备工种密
切配合做好预留洞预留工作。

图 6-28 修改字体及字高

（4）单击 OK 按钮完成。

6.5.2 调整多行文字的边界宽度

继续前面的练习，修改多行文字的边界宽度。

（1）选择多行文字，显示对象关键点，如图 6-29（a）所示，激活右边的一个关键点，进入拉伸编辑模式。

（2）向右移动鼠标光标，拉伸多行文字边界，结果如图 6-29（b）所示。

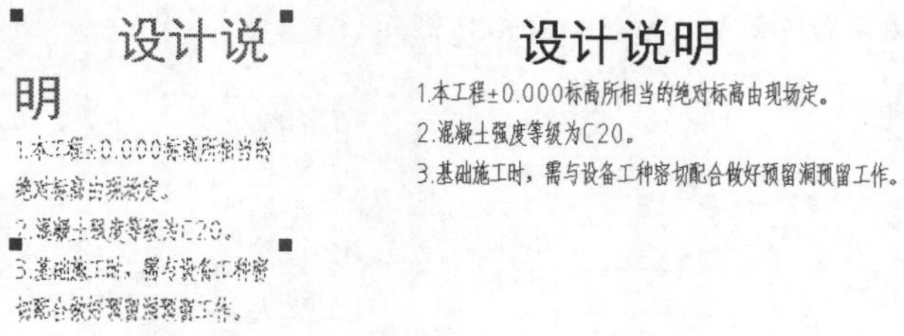

设计说明
1.本工程±0.000标高所相当的绝对标高由现场定。
2.混凝土强度等级为C20。
3.基础施工时，需与设备工种密切配合做好预留洞预留工作。

（a）

设计说明
1.本工程±0.000标高所相当的绝对标高由现场定。
2.混凝土强度等级为C20。
3.基础施工时，需与设备工种密切配合做好预留洞预留工作。

（b）

图 6-29 拉伸多行文字边界

6.5.3 为文字指定新的文字样式

继续前面的练习，为文字指定新的文字样式。

（1）创建新文字样式，样式名为“样式-1”，使该文字样式关联中文字体“楷体”。

（2）选择文字，单击【常用】选项卡中【属性】面板上的按钮，启动 PROPERTIES 命令，打开【特性】对话框。在该对话框的【样式】下拉列表中选择“样式-1”，在【高度】文本框中输入数值“400”，按 Enter 键，结果如图 6-30 所示。

（3）采用新样式及设定新字高后的文字外观如图 6-31 所示。

设计说明
1. 本工程±0. 000标高所相当的绝对标高由现场定。
2. 混凝土强度等级为C20。
3. 基础施工时，需与设备工种密切配合做好预留洞预留工作。

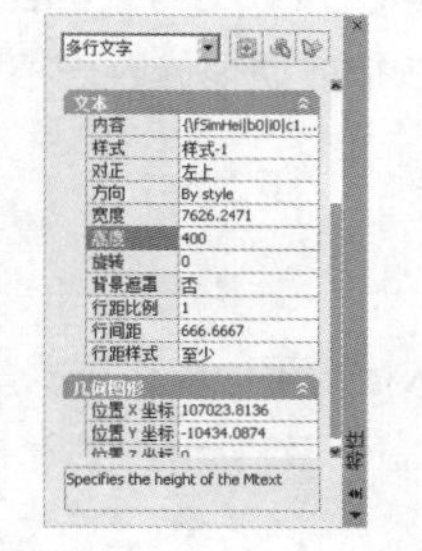

图 6-30 指定新文字样式并修改文字高度

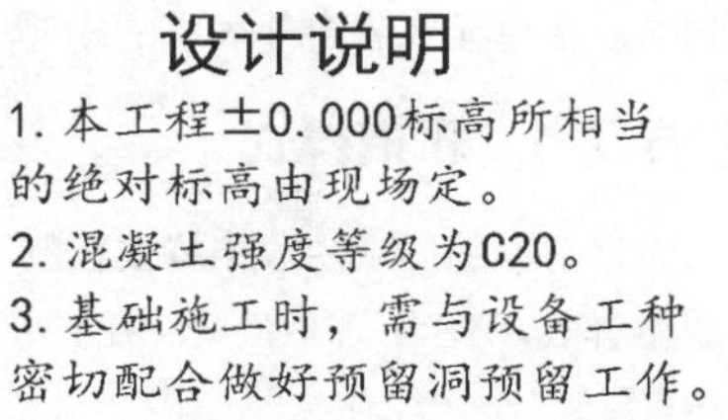

设计说明
1. 本工程±0. 000标高所相当的绝对标高由现场定。
2. 混凝土强度等级为C20。
3. 基础施工时，需与设备工种密切配合做好预留洞预留工作。

图 6-31 修改后的文字外观

6.6 上机练习——填写表格的技巧

【练习 6-7】：给表格中添加文字。

（1）打开素材文件“dwg\第 6 章\6-7.dwg”。

（2）用 DTEXT 命令在表格的第一行中书写文字“门窗编号”，如图 6-32 所示。

（3）用 COPY 命令将“门窗编号”由点 A 复制到点 B、点 C、点 D，结果如图 6-33 所示。

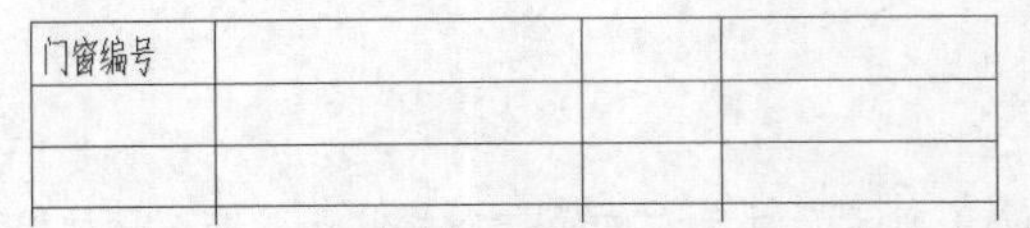

门窗编号			

图 6-32 书写单行文字

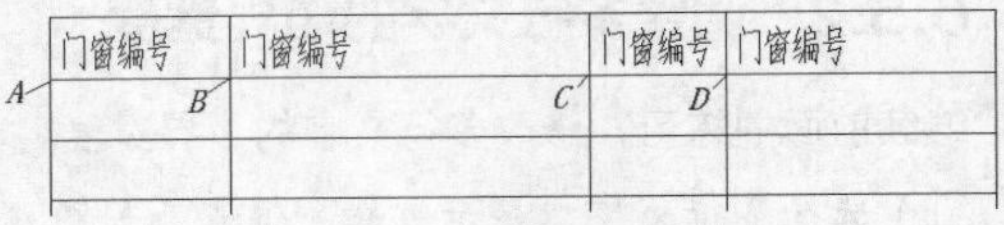

门窗编号	门窗编号		门窗编号	门窗编号

图 6-33 复制文字

（4）双击文字或用 DDEDIT 命令修改文字内容，再用 MOVE 命令调整“洞口尺寸”“位置”的位置，结果如图 6-34 所示。

（5）把已经填写的文字向下复制，结果如图 6-35 所示。

门窗编号	洞口尺寸	数量	位置

图 6-34 修改文字内容并调整其位置

门窗编号	洞口尺寸	数量	位置
门窗编号	洞口尺寸	数量	位置
门窗编号	洞口尺寸	数量	位置
门窗编号	洞口尺寸	数量	位置
门窗编号	洞口尺寸	数量	位置

图 6-35 向下复制文字

（6）用 DDEDIT 命令修改文字内容，结果如图 6-36 所示。

门窗编号	洞口尺寸	数量	位置
M1	4260X2700	2	阳台
M2	1500X2700	1	主入口
C1	1800X1800	2	楼梯间
C2	1020X1500	2	卧室

图 6-36 修改文字内容

6.7 创建表格对象

在中望 CAD 建筑版 2014 中，用户可以生成表格对象。创建该对象时，系统首先生成一个空白表格，随后用户可在该表中填入文字信息，并可以很方便地修改表格的宽度、高度及表中文字，还可按行、列方式删除表格单元或者合并表中的相邻单元。

6.7.1 表格样式

表格对象的外观由表格样式控制。默认情况下，表格样式是“Standard”，但用户可以根据需要创建新的表格样式。“Standard”表格的外观如图 6-37 所示，第一行是标题行，第二行是表头行，其他行是数据行。

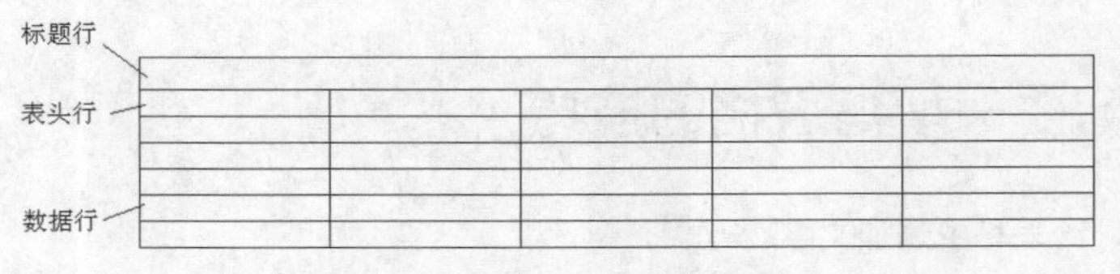

图 6-37 “Standard”表格的外观

在表格样式中，用户可以设定标题文字和数据文字的文字样式、字高、对齐方式及表格单元的填充颜色，还可设定单元边框的线宽、颜色以及控制是否将边框显示出来。

命令启动方法如下。

- 菜单命令：【格式】/【表格样式】。
- 面板：【工具】选项卡中【样式管理器】面板上的按钮。
- 命令：TABLESTYLE。

【练习6-8】：创建新的表格样式。

（1）创建新文字样式，新样式名称为“工程文字”，与其相连的字体文件是“gbenor.shx”和“gbcbig.shx”。

（2）启动TABLESTYLE命令，打开【表格样式】对话框，如图6-38所示，利用该对话框可以新建、修改及删除表格样式。

（3）单击 新建(N)... 按钮，打开【创建新的表格样式】对话框，在【基础样式】下拉列表中选取新样式的原始样式【Standard】，该原始样式为新样式提供默认设置。在【新样式名】文本框中输入新样式的名称“表格样式-1”，如图6-39所示。

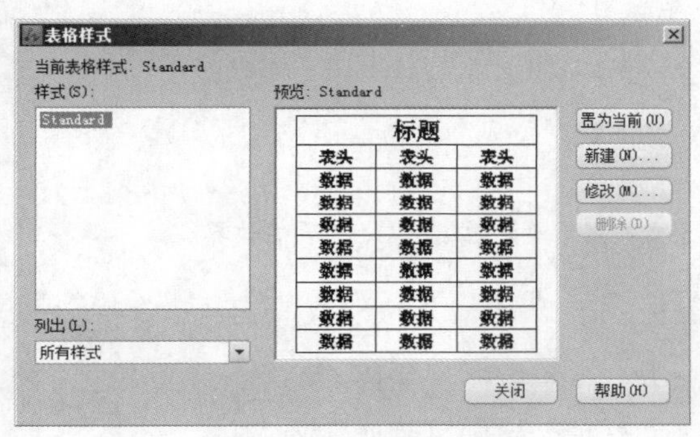

图6-38 【表格样式】对话框

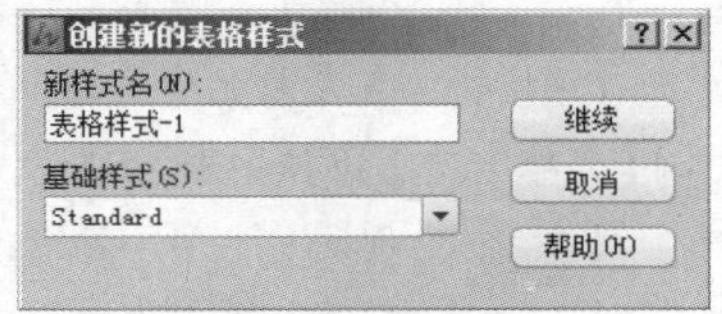

图6-39 【创建新的表格样式】对话框

（4）单击 继续 按钮，打开【新建表格样式】对话框，如图6-40所示。在【单元样式】下拉列表中分别选取【数据】【标题】【表头】选项，同时在【文字】选项卡中指定文字样式为“工程文字”，字高为3.5，在【基本】选项卡中指定文字对齐方式为“正中”。

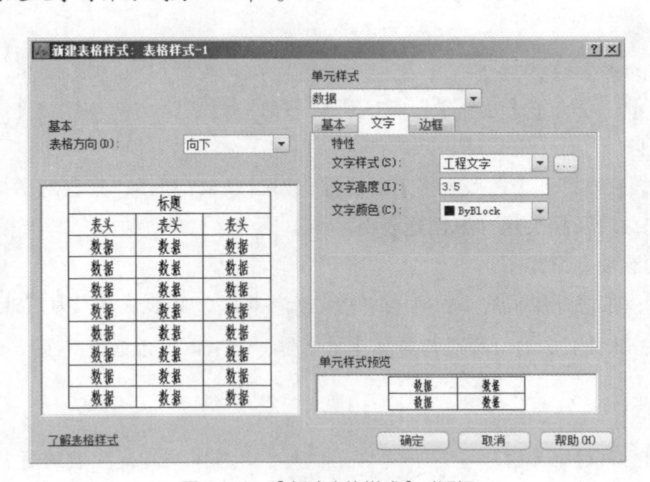

图6-40 【新建表格样式】对话框

（5）单击 确定 按钮，返回【表格样式】对话框，再单击 置为当前(U) 按钮，使新的表格样式成为当前样式。

【新建表格样式】对话框中常用选项的功能如下。

(1)【基本】选项卡

- 【填充颜色】：指定表格单元的背景颜色，默认值为“无”。
- 【对齐】：设置表格单元中文字的对齐方式。
- 【水平】：设置单元文字与左右单元边界之间的距离。
- 【垂直】：设置单元文字与上下单元边界之间的距离。

(2)【文字】选项卡

- 【文字样式】：选择文字样式。单击[...]按钮，打开【文字样式】对话框，从中可创建新的文字样式。
- 【文字高度】：输入文字的高度。

(3)【边框】选项卡

- 【线宽】：指定表格单元的边界线宽。
- 【颜色】：指定表格单元的边界颜色。
- 按钮：将边界特性设置应用于所有单元。
- 按钮：将边界特性设置应用于单元的外部边界。
- 按钮：将边界特性设置应用于单元的内部边界。
- 、、、按钮：将边界特性设置应用于单元的底、左、上及右边界。
- 按钮：隐藏单元的边界。

(4)【表格方向】下拉列表

- 【向下】：创建从上向下读取的表对象。标题行和表头行位于表的顶部。
- 【向上】：创建从下向上读取的表对象。标题行和表头行位于表的底部。

6.7.2 创建及修改空白表格

用 TABLE 命令创建空白表格，空白表格的外观由当前表格样式决定。使用该命令时，用户要输入的主要参数有“行数”“列数”“行高”及“列宽”等。

命令启动方法如下。

- 菜单命令：【绘图】/【表格】。
- 面板：【常用】选项卡中【注释】面板上的按钮。
- 命令：TABLE。

启动 TABLE 命令，系统打开【插入表格】对话框，如图 6-41 所示，在该对话框中用户可选择表格样式，并指定表的行、列数目及相关尺寸来创建表格。

该对话框中的常用选项介绍如下。

- 【表格样式】：在该分组框的下拉列表中指定表格样式，其默认样式为“Standard”。
- 按钮：单击此按钮，打开【表格样式】对话框，利用该对话框用户可以创建新的表格样式或修改现有样式。
- 【指定插入点】：指定表格左上角的位置。
- 【指定窗口】：利用矩形窗口指定表的位置和大小。若事先指定了表的行、列数目，则列宽和行高取决于矩形窗口的大小，反之亦然。
- 【列】：指定表的列数。
- 【列宽】：指定表的列宽。

- 【数据行】：指定数据行的行数。
- 【行高】：设定行的高度。“行高”是系统根据表样式中的文字高度及单元边距确定出来的。

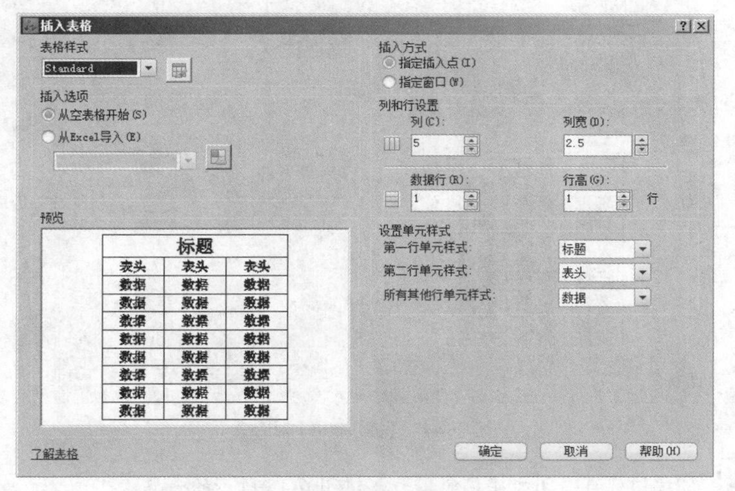

图6-41 【插入表格】对话框

对于已创建的表格，用户可用以下方法修改表格单元的长、宽尺寸及表格对象的行、列数目。

（1）利用【表格单元】选项卡（见图6-42）可插入及删除行、列，合并单元格，修改文字对齐方式等。

（2）选中一个单元，拖动单元边框的夹点就可以使单元所在的行、列变宽或变窄。

（3）选中一个单元，单击【常用】选项卡中【属性】面板上的按钮，启动 PROPERTIES 命令，打开【特性】对话框，利用此对话框修改单元的长、宽尺寸等。

图6-42 【表格单元】选项卡

用户若想一次编辑多个单元，则可用以下方法进行选择。

（1）在表格中按住鼠标左键并拖动鼠标光标，出现一个虚线矩形框，在该矩形框内以及与矩形框相交的单元都被选中。

（2）在单元内单击以选中它，再按住 Shift 键并在另一个单元内单击，则这两个单元以及它们之间的所有单元都被选中。

【练习6-9】：创建图6-43所示的空白表格。

（1）设定绘图区域大小为 300×300，双击鼠标滚轮，使绘图区域充满绘图窗口显示出来。

（2）修改当前表格样式，设定表格中所有文字高度为3.5。

（3）启动 TABLE 命令，打开【插入表格】对话框，在该对话框中输入创建表格的参数，如图6-44所示。

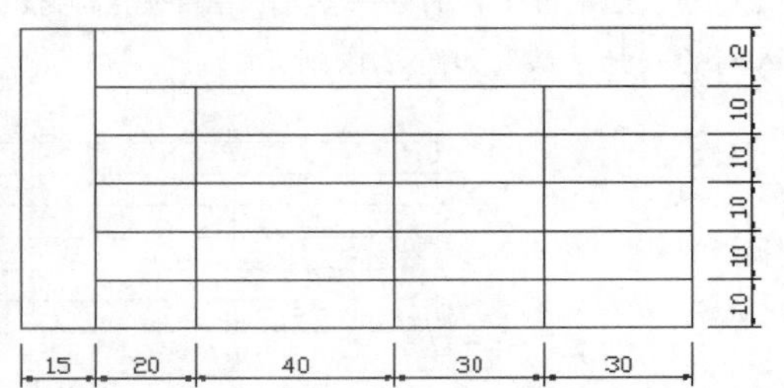

图6-43 创建表格

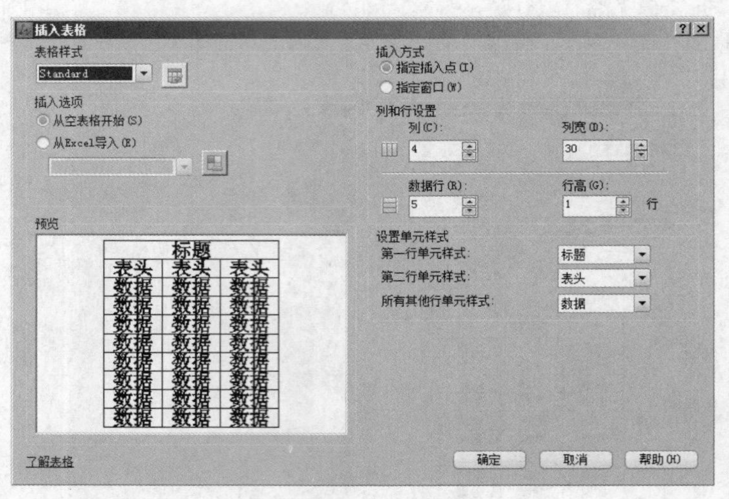

图 6-44 【插入表格】对话框

（4）单击确定按钮，再关闭文字编辑器，创建图 6-45 所示的表格。

（5）选中第 1、2 行，弹出【表格单元】选项卡，单击选项卡中【行】面板上的按钮，删除选中的两行，结果如图 6-46 所示。

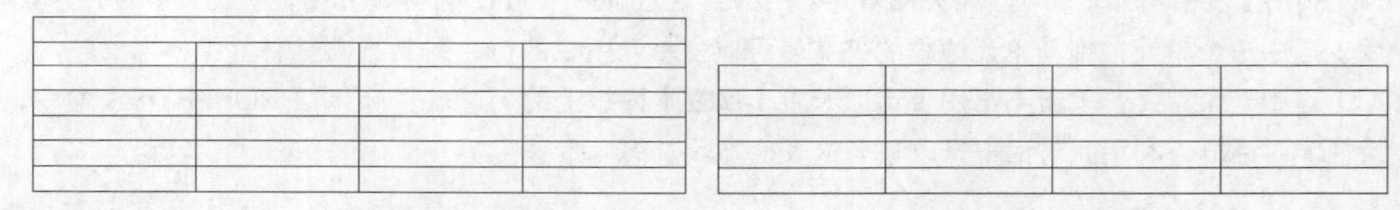

图 6-45 创建表格　　　　图 6-46 删除行

（6）选中第 1 列的任一单元，单击鼠标右键，弹出快捷菜单，选择菜单命令【列】/【在左侧插入】，插入新的一列，结果如图 6-47 所示。

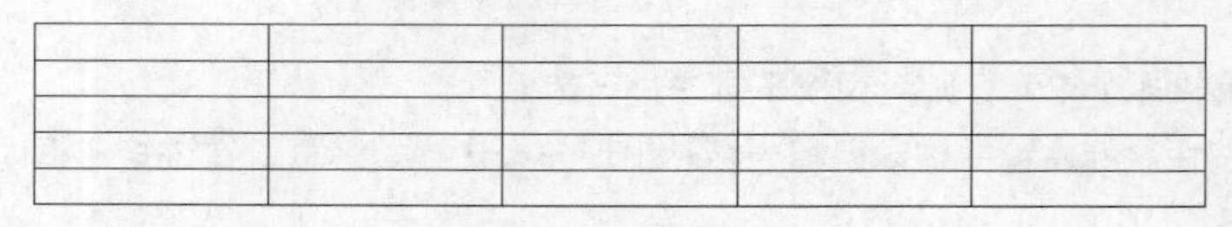

图 6-47 插入新的一列

（7）选中第 1 行的任一单元，单击鼠标右键，弹出快捷菜单，选择菜单命令【行】/【在上方插入】，插入新的一行，结果如图 6-48 所示。

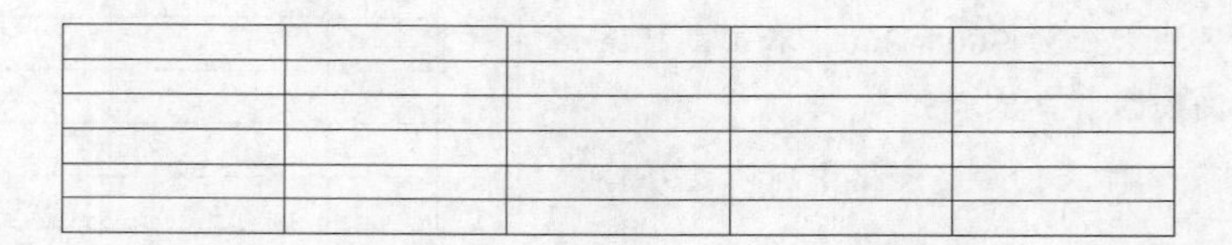

图 6-48 插入新的一行

（8）选中第 1 列的所有单元，单击鼠标右键，弹出快捷菜单，选择菜单命令【合并】/【全部】，结果如图 6-49 所示。

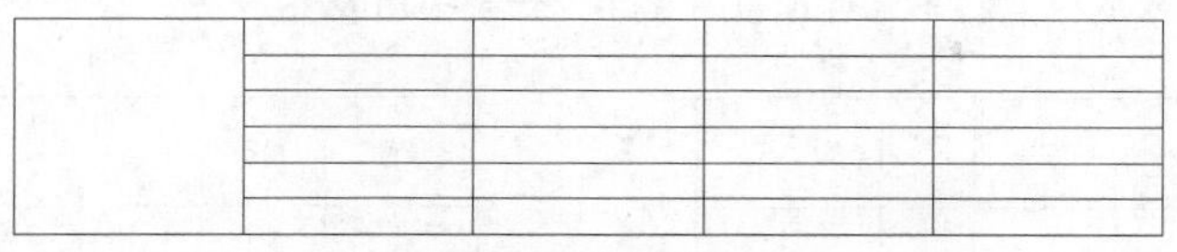

图 6-49　合并列单元

（9）选中第 1 行的所有单元，单击鼠标右键，弹出快捷菜单，选择菜单命令【合并】/【全部】，结果如图 6-50 所示。

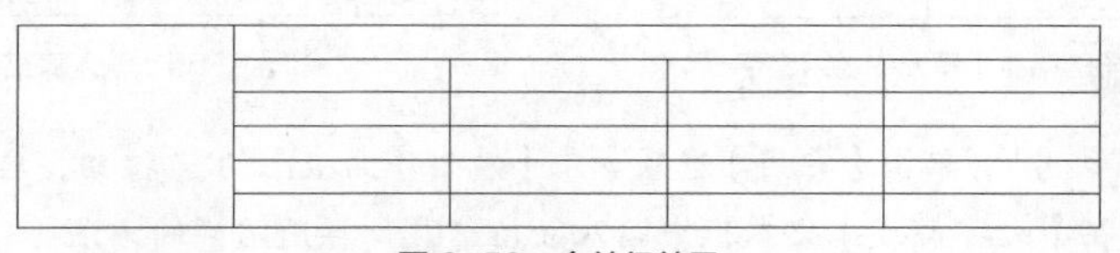

图 6-50　合并行单元

（10）分别选中单元 *A* 和 *B*，然后利用关键点拉伸方式调整单元的尺寸，结果如图 6-51 所示。

（11）选中单元 *C*，单击【常用】选项卡中【属性】面板上的按钮，启动 PROPERTIES 命令，打开【特性】对话框，在【单元宽度】及【单元高度】文本框中分别输入数值“20”“10”，结果如图 6-52 所示。

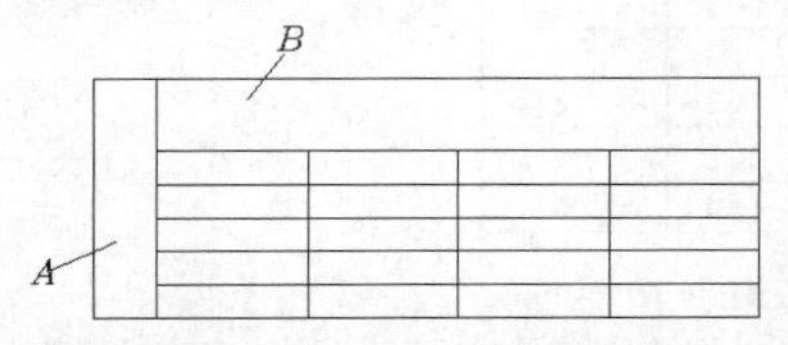

图 6-51　利用关键点拉伸方式调整单元的尺寸

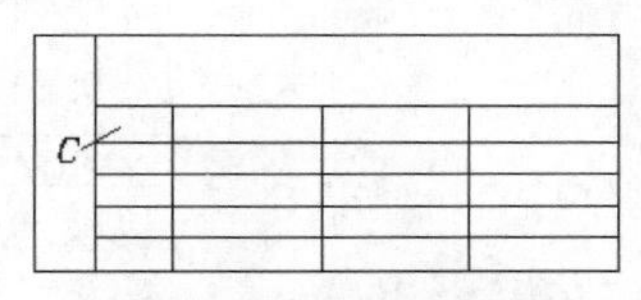

图 6-52　调整单元的宽度及高度

（12）用类似的方法修改表格的其余尺寸，结果如图 6-43 所示。

6.7.3　在表格对象中填写文字

在表格单元中可以很方便地填写文字信息。使用 TABLE 命令创建表格后，系统会高亮显示表格的第一个单元，同时打开文字编辑器，此时即可输入文字了。此外，也可选中某一单元后，单击鼠标右键，利用快捷菜单上的【编辑文字】命令填写或修改文字。当要移动到相邻的下一个单元时，可按 Tab 键，或者使用箭头键向左（右、上、下）移动。

【练习 6-10】：打开素材文件“dwg\第 6 章\6-10.dwg”，在表中填写文字，结果如图 6-53 所示。

类型	编号	洞口尺寸		数量	备注
		宽	高		
窗	C1	1800	2100	2	
	C2	1500	2100	3	
	C3	1800	1800	1	
门	M1	3300	3000	3	
	M2	4260	3000	2	
卷帘门	JLM	3060	3000	1	

图 6-53　在表中填写文字

（1）选中表格左上角的第 1 个单元，利用右键快捷菜单上的【编辑文字】命令在其中填写文字，结果如图 6-54 所示。

（2）使用箭头键进入其他表格单元继续填写文字，结果如图 6-55 所示。

类型					

图 6-54　在左上角的第 1 个单元中输入文字

类型	编号	洞口尺寸		数量	备注
		宽	高		
窗	C1	1800	2100	2	
	C2	1500	2100	3	
	C3	1800	1800	1	
门	M1	3300	3000	3	
	M2	4260	3000	2	
卷帘门	JLM	3060	3000	1	

图 6-55　输入表格中的其他文字

（3）选中“类型”“编号”，单击【常用】选项卡中【属性】面板上的按钮，启动 PROPERTIES 命令，打开【特性】对话框，在【文字高度】文本框中输入数值“7”，再用同样的方法将“数量”“备注”的高度改为 7，结果如图 6-56 所示。

类型	编号	洞口尺寸		数量	备注
		宽	高		
窗	C1	1800	2100	2	
	C2	1500	2100	3	
	C3	1800	1800	1	
门	M1	3300	3000	3	
	M2	4260	3000	2	
卷帘门	JLM	3060	3000	1	

图 6-56　修改文字高度

（4）选中除第 1 行、第 1 列以外的所有文字，单击【常用】选项卡中【属性】面板上的按钮，启动 PROPERTIES 命令，打开【特性】对话框，在【对齐】下拉列表中选择【左中】，结果如图 6-53 所示。

6.8 综合练习——书写单行及多行文字

【练习 6-11】：打开素材文件“dwg\第 6 章\6-11.dwg”，为建筑详图添加说明文字，如图 6-57 所示。图幅为 A3 幅面，打印比例为 1∶100，文字在图纸上的高度为 3.5，西文及中文字体文件分别是“gbenor.shx”和“gbcbig.shx”。

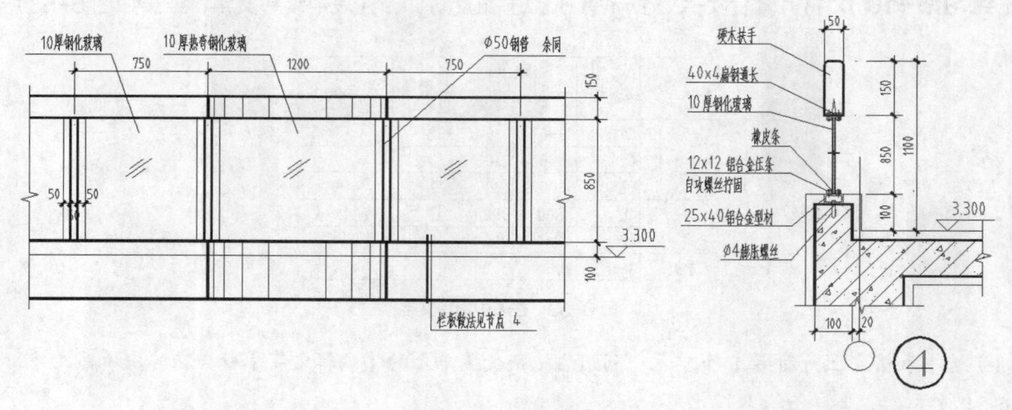

图 6-57　添加说明文字

【练习 6-12】: 打开素材文件“dwg\第6章\6-12.dwg”，在图形中加入多行文字，字高为7，字体为“宋体”，结果如图6-58所示。

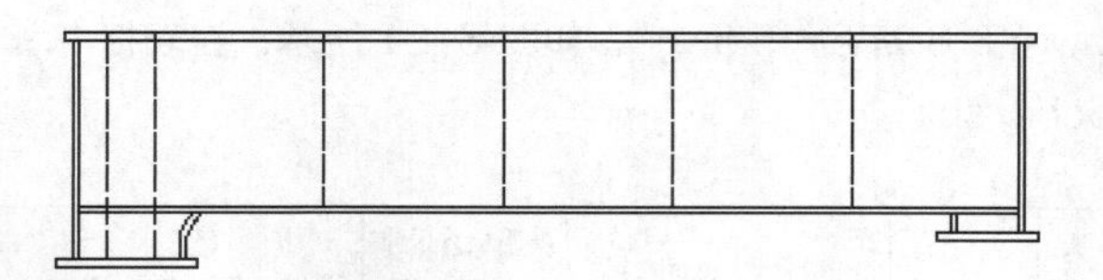

1.主梁在制造完毕后，应按二次抛物线起拱：
$y=f(x)=4(L-x)x/L^2$。
2.钢板厚度$\delta>6$mm。
3.隔板根部切角为20mm X 20mm。

图6-58 书写多行文字

习题

1. 打开素材文件“dwg\第6章\6-13.dwg”，如图6-59所示，在图中加入单行文字，字高为3.5，字体为“楷体”。

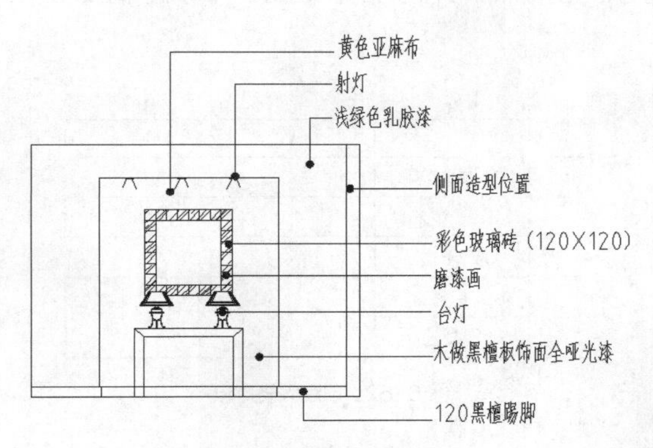

图6-59 添加单行文字

2. 打开素材文件“dwg\第6章\6-14.dwg”，在图中添加单行及多行文字，如图6-60所示。

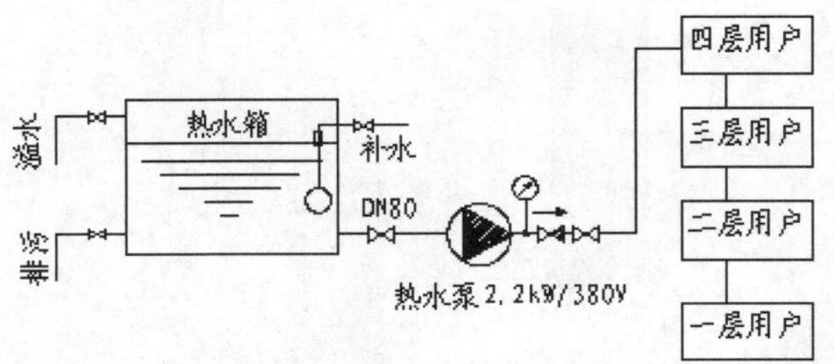

说 明
1.设备选型：各水泵均采用上海连成泵业有限公司产品。
2.管材选择：DN<100者采用镀锌钢管，丝扣连接。
3.各热水供应管均需做好保温，保温材料采用超细玻璃棉外加铝薄片管壳，保温厚度为40mm。

图6-60 添加单行及多行文字

图中文字的属性如下。

（1）上部文字为单行文字，字体为“楷体”，字高为 80。

（2）下部文字为多行文字，文字字高为 80，“说明”的字体为“黑体”，其余文字采用“楷体”。

3. 打开素材文件“dwg\第 6 章\6-15.dwg”，如图 6-61 所示，在表格中填写单行文字，字高分别为 500 和 350，字体为“gbcbig.shx”。

类别	设计编号	洞口尺寸（mm）		樘数	采用标准图集及编号		备注
		宽	高		图集代号	编号	
门	M1	1800	2300	1			不锈钢门（样式由业主自定）
	M2	1500	2200	1			实木门（样式由业主自定）
	M3	1500	2200	1			夹板门（样式由业主自定）
	M4	900	2200	11			夹板门（样式由业主自定）
窗	C1	2350,3500	6400	1	98ZJ721		铝合金窗（详见大样）
	C2	2900,2400	9700	1	98ZJ721		铝合金窗（详见大样）
	C3	1800	2550	1	98ZJ721		铝合金窗（详见大样）
	C4	1800	2250	2	98ZJ721		铝合金窗（详见大样）

图 6-61 在表格中填写单行文字

4. 使用 TABLE 命令创建表格，然后修改表格并填写文字，文字高度为 3.5，字体为“仿宋”，结果如图 6-62 所示。

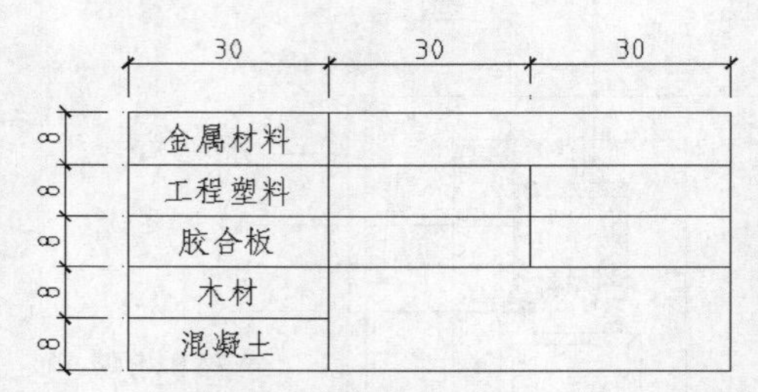

图 6-62 创建表格对象

第7章
标注尺寸

通过本章的学习，读者要了解尺寸样式的基本概念，掌握标注各类尺寸的方法。

【学习目标】

- 掌握创建及编辑尺寸样式的方法。
- 掌握创建长度和角度尺寸的方法。
- 学会创建直径和半径尺寸。
- 熟悉引线标注的方法。
- 熟悉如何编辑尺寸标注。

7.1 课堂实训——创建尺寸标注的过程

中望 CAD 建筑版 2014 的尺寸标注命令很丰富，利用它可以轻松地创建出各种类型的尺寸。所有尺寸与尺寸样式关联，通过设定尺寸样式，就能控制与该样式关联的尺寸标注的外观。

实训的任务是标注图 7-1 所示的平面图形，图幅为 A3，打印比例为 1∶100，通过这个实例介绍创建尺寸样式的方法和中望 CAD 建筑版 2014 的各类尺寸标注命令。

【练习 7-1】：打开素材文件“dwg\第 7 章\7-1.dwg”，标注此图样，如图 7-1 所示。

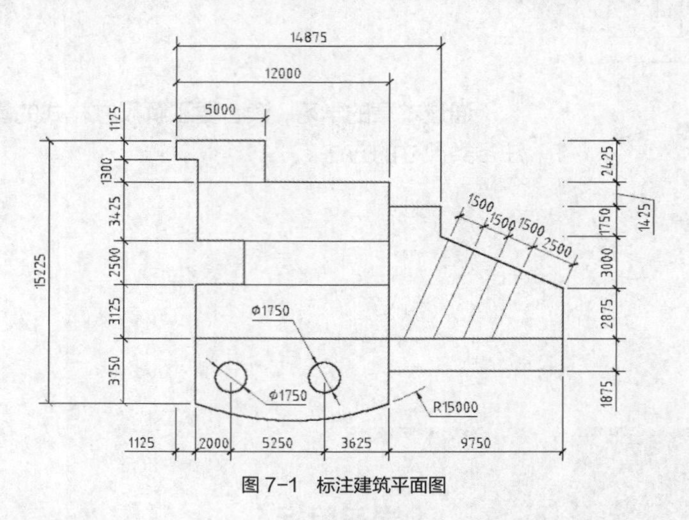

图 7-1　标注建筑平面图

（1）建立一个名为“建筑-标注”的图层，设置图层颜色为红色，线型为 Continuous，并使其成为当前层。

（2）创建新的文字样式，样式名为“标注文字”，与该样式相关联的字体文件是“gbenor.shx”和“gbcbig.shx”。

（3）创建一个尺寸样式，名称为“工程标注”，对该样式进行以下设置。

- 标注文本连接“标注文字”，文字高度为 2.5，精度为“0.0”，小数点格式为“句点”。
- 标注文本与尺寸线间的距离为 0.8。
- 尺寸起止符号为建筑标记，其大小为 2。
- 尺寸界线超出尺寸线的长度为 2.5。
- 尺寸线起始点与标注对象端点间的距离为 3。
- 标注基线尺寸时，平行尺寸线间的距离为 8。
- 标注全局比例因子为 100。
- 使“工程标注”成为当前样式。

（4）以“工程标注”为父样式，新建 3 个子样式：角度标注、直径标注及半径标注，对子样式进行以下设置。

- 尺寸起止符号为箭头，其大小为 3。
- 标注文本为水平放置。

（5）打开对象捕捉，设置捕捉类型为“端点”“交点”。

（6）创建连续标注、基线标注、半径及直径标注等，如图 7-2 所示。

（7）用 XLINE 命令画竖直辅助线 A 及水平辅助线 B、C 等，水平辅助线与竖直辅助线的交点是标注尺寸的起始及终止点，创建尺寸“1875”“2875”等，如图 7-3 所示。

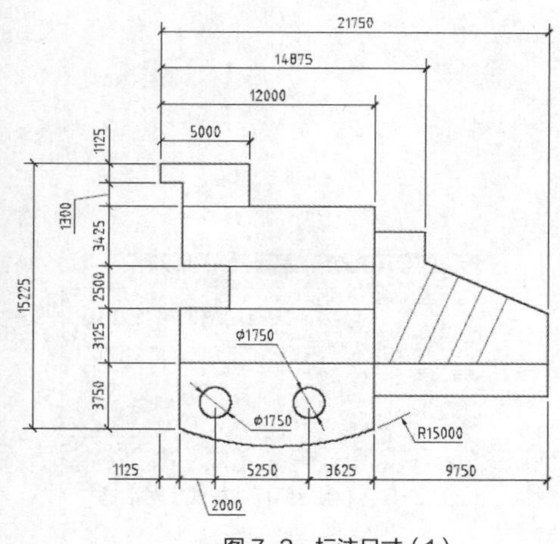

图 7-2 标注尺寸（1）

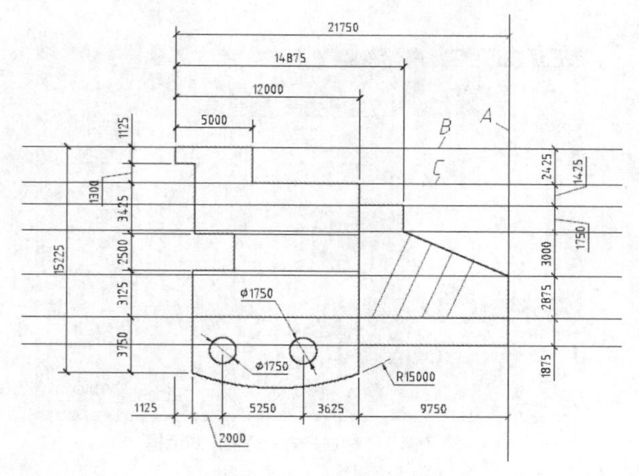

图 7-3 标注尺寸（2）

（8）删除辅助线，创建其余尺寸。

7.2 尺寸样式

尺寸标注是一个复合体，它以块的形式存储在图形中，其组成部分包括尺寸线、尺寸界线、标注文字和箭头，所有这些组成部分的格式都由尺寸样式来控制。尺寸样式是尺寸变量的集合，这些变量决定了尺寸标注中各元素的外观，用户只要调整样式中的某些尺寸变量，就能灵活地变动标注外观。

在标注尺寸前，用户一般都要创建尺寸样式，否则，中望 CAD 建筑版 2014 将使用默认样式生成尺寸标注。中望 CAD 建筑版 2014 可以定义多种不同的标注样式并为之命名，标注时，只需指定某个样式为当前样式，就能创建相应的标注形式。

7.2.1 创建国标尺寸样式

创建尺寸标注时，标注的外观是由当前尺寸样式控制的，系统提供了一个默认的尺寸样式“STANDARD”，用户可以改变这个样式，或者生成自己的尺寸样式。

下面在图形文件中建立一个符合国家标准的新尺寸样式。

【练习 7-2】：建立新的国标尺寸样式。

（1）打开素材文件“dwg\第 7 章\7-2.dwg”，该文件中包含一张绘图比例为 1∶50 的图样。注意，该图在中望 CAD 建筑版 2014 中是按 1∶1 的比例绘制的，打印时的输出比例为 1∶50。

（2）建立新文字样式，样式名为“标注文字”，与该样式相关联的字体文件是“gbenor.shx”和“gbcbig.shx”。

（3）单击【注释】选项卡中【标注】面板上的按钮或选择菜单命令【格式】/【标注样式】，打开【标注样式管理器】对话框，如图 7-4 所示。该对话框是管理尺寸样式的地方，通过它可以创建新的尺寸样式或修改样式中的尺寸变量。

（4）单击 新建(N)... 按钮，打开【创建新标注样式】对话框，如图 7-5 所示。在该对话框的【新样式名称】文本框中输入新的样式名称“工程标注”，在【基础样式】下拉列表中指定某个尺寸样式作为新样式的基础样式，则新样式将包含基础样式的所有设置。此外，用户还可在【用于】下拉列表中设定新样式控制的尺寸类型。默认情况下，【用于】下拉列表的默认选项是“所有标注”，意思是新样式将控制所有类型的尺寸。

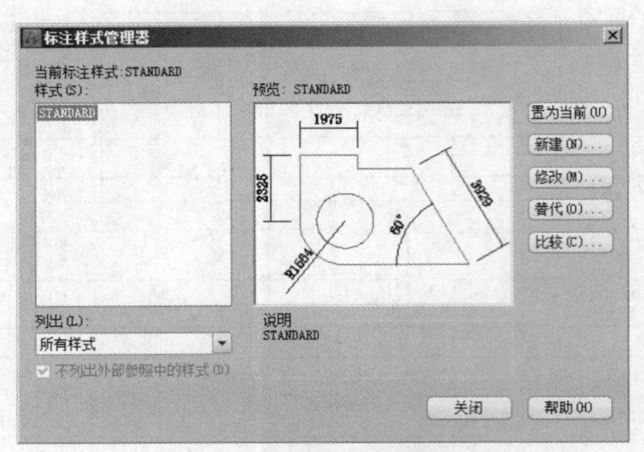

图 7-4 【标注样式管理器】对话框

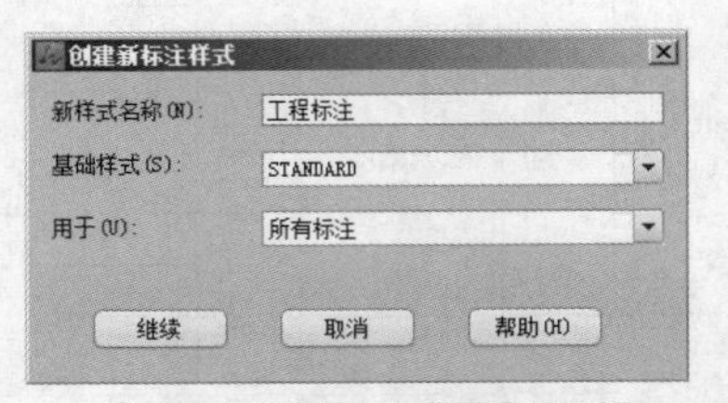

图 7-5 【创建新标注样式】对话框

（5）单击 继续 按钮，打开【新建标注样式】对话框，如图 7-6 所示。该对话框有 7 个选项卡，在这些选项卡中进行以下设置。

- 在【文字】选项卡的【文字样式】下拉列表中选择【标注文字】，在【文字高度】【从尺寸线偏移】栏中分别输入“2.5”和“0.8”，如图 7-6 所示。
- 进入【直线和箭头】选项卡，在【基线间距】【超出尺寸线】和【起点偏移量】栏中分别输入“8”“2.5”和“3”。在【箭头】分组框的【第一个】下拉列表中选择【建筑标记】，在【箭头大小】栏中输入“2”，如图 7-7 所示。

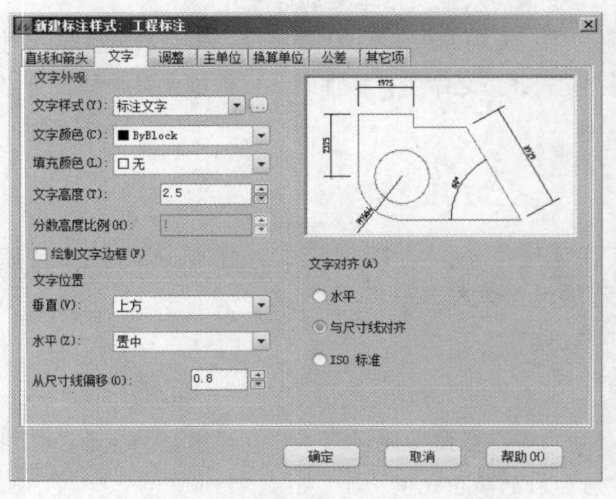

图 7-6 【新建标注样式】对话框

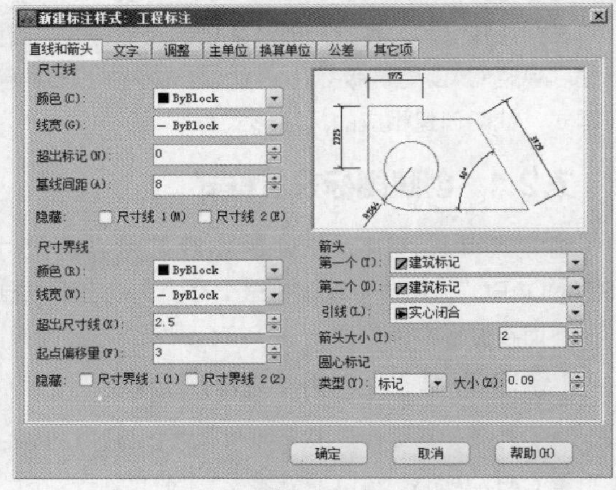

图 7-7 【直线和箭头】选项卡

- 进入【调整】选项卡，在【标注特征比例】分组框的【使用全局比例】后面的栏中输入“50”（绘图比例的倒数），如图 7-8 所示。文字及箭头位置按图示选项设定。
- 进入【主单位】选项卡，在【单位格式】【精度】和【小数分隔符】下拉列表中分别选择“小数”“0.00”和“句点”，如图 7-9 所示。

（6）单击 确定 按钮，得到一个新的尺寸样式，再单击 置为当前(U) 按钮，使新样式成为当前样式。

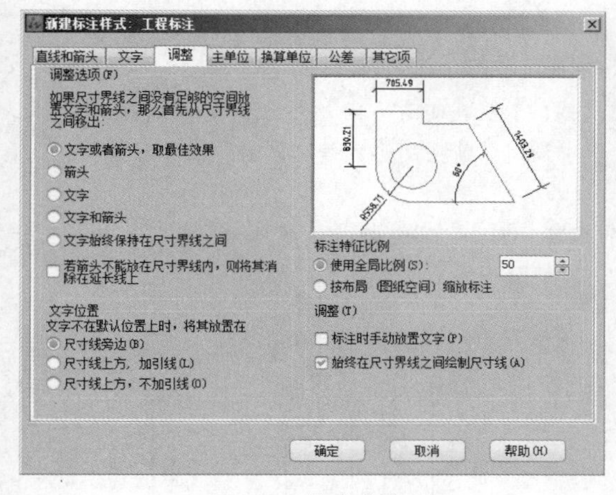

图 7-8 【调整】选项卡

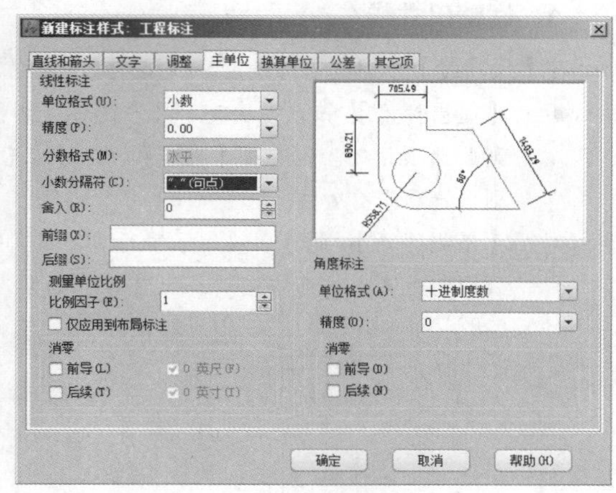

图 7-9 【主单位】选项卡

（7）继续创建控制角度的子样式（详见 7.4.2 小节），单击 新建(N)... 按钮，打开【创建新标注样式】对话框，如图 7-10 所示。在该对话框的【用于】下拉列表中选择【角度标注】选项，这样就创建了控制角度尺寸的子样式，“工程标注”为父样式。

（8）进入【直线和箭头】选项卡，设定尺寸起止符号为箭头，大小为 3。再进入【文字】选项卡，设置角度数值为水平放置。

（9）用同样的方法创建半径及直径尺寸的子样式，设定尺寸起止符号为箭头，大小为 3，设置标注文字为水平放置。

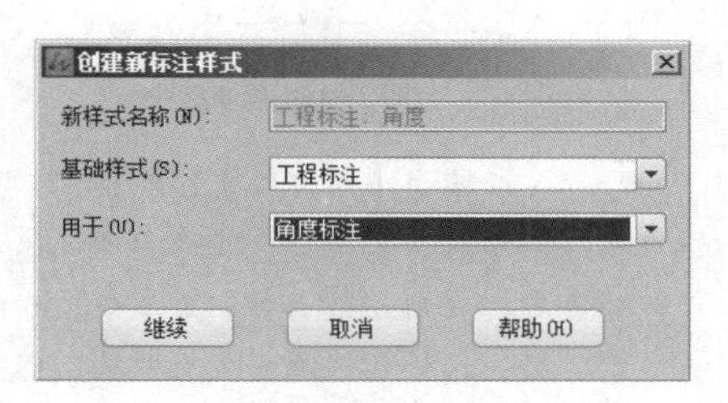

图 7-10 新建“角度标注”子样式

7.2.2 控制尺寸线、尺寸界线

在【标注样式管理器】对话框中单击 修改(M)... 按钮，打开【修改标注样式：工程标注】对话框，如图 7-11 所示，在该对话框的【直线和箭头】选项卡中可对尺寸线、尺寸界线进行设置。

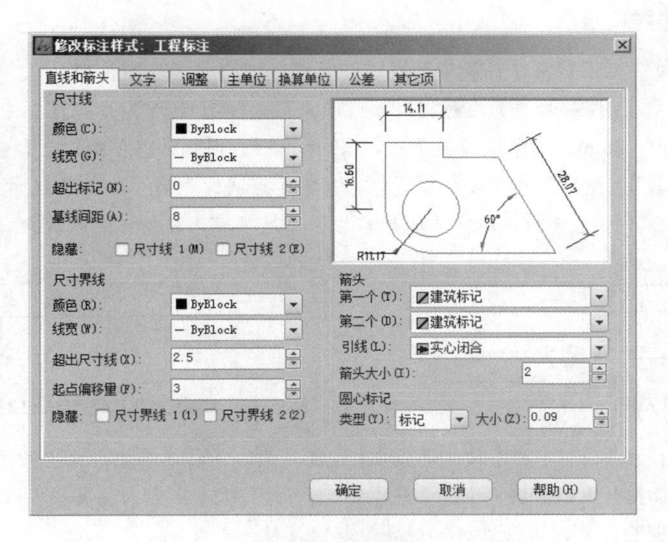

图 7-11 【修改标注样式：工程标注】对话框

1. 调整尺寸线

在【尺寸线】分组框中可设置影响尺寸线的变量，常用选项的功能如下。

- 【超出标记】：该选项决定了尺寸线超过尺寸界线的长度，如图 7-12 所示。若尺寸线两端是箭头，则此选项无效。但若在【直线和箭头】选项卡中设定了箭头的形式是“倾斜”或“建筑标记”，则该选项是有效的。
- 【基线间距】：此选项决定了平行尺寸线间的距离。例如，当创建基线型尺寸标注时，相邻尺寸线间的距离由该选项控制，如图 7-13 所示。

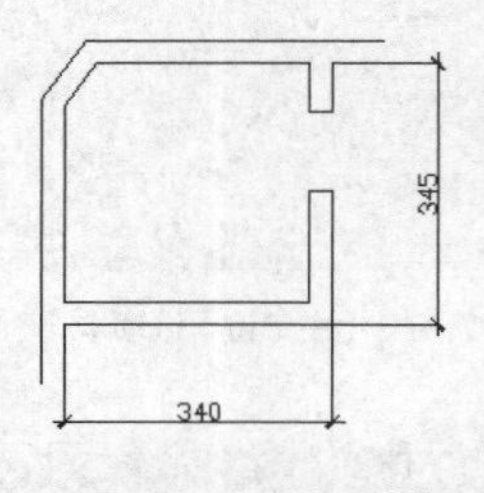

图 7-12　延伸尺寸线

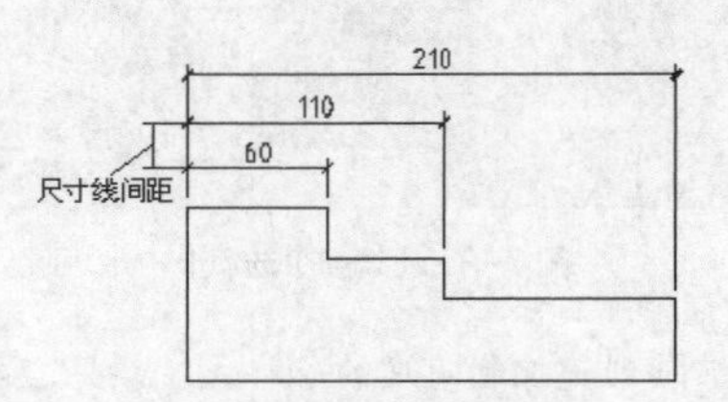

图 7-13　控制尺寸线间的距离

- 【隐藏】：【尺寸线 1】和【尺寸线 2】分别控制第一条和第二条尺寸线的可见性。在尺寸标注中，如果尺寸文字将尺寸线分成两段，则第一条尺寸线是指靠近第一个选择点的那一段，如图 7-14 所示，否则，第一条、第二条尺寸线与原始尺寸线长度一样。唯一的差别是第一条尺寸线仅在靠近第一选择点的那端带有箭头，而第二条尺寸线只在靠近第二选择点的那端带有箭头。

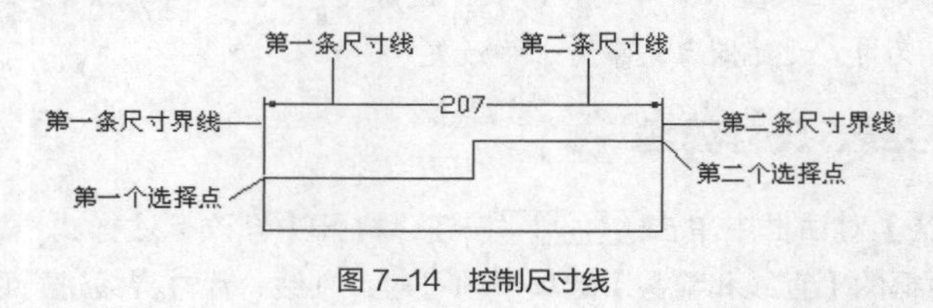

图 7-14　控制尺寸线

2. 控制尺寸界线

在【尺寸界线】分组框中包含了控制尺寸界线的选项，常用选项的功能如下。

- 【超出尺寸线】：控制尺寸界线超出尺寸线的距离，如图 7-15 所示。国标中规定，尺寸界线一般超出尺寸线 2～3mm，如果准备使用 1∶1 比例出图，则延伸值要输入 2 和 3 之间的值。
- 【起点偏移量】：控制尺寸界线起点与标注对象端点间的距离，如图 7-16 所示。通常应使尺寸界线与标注对象不发生接触，这样才能较容易区分尺寸标注和被标注的对象。

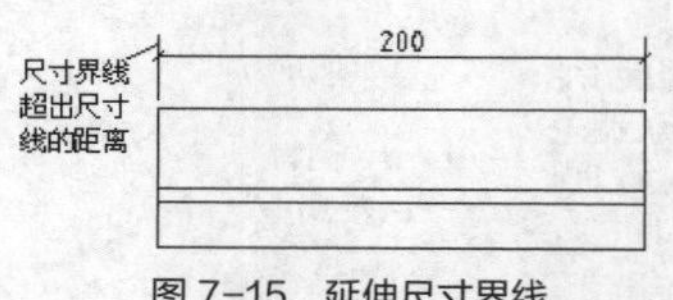

图 7-15　延伸尺寸界线

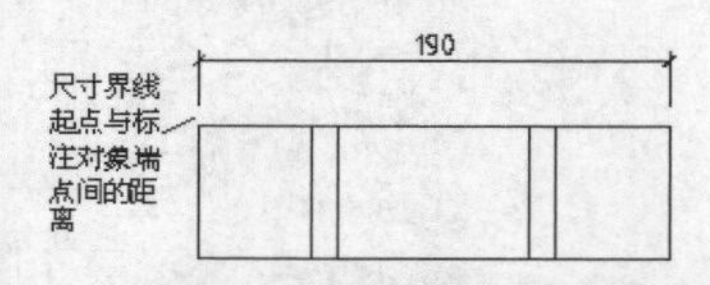

图 7-16　控制尺寸界线起点与标注对象端点间的距离

- 【隐藏】：【尺寸界线 1】和【尺寸界线 2】控制了第一条和第二条尺寸界线的可见性，第一条尺寸界线由用户标注时选择的第一个尺寸起点决定，如图 7-14 所示。当某条尺寸界线与图形轮廓线重合或与其他图形对象发生干涉时，就可隐藏这条尺寸界线。

3. 控制尺寸起止符号

【箭头】分组框提供了控制尺寸箭头的选项。

- 【第一个】及【第二个】：这两个下拉列表用于选择尺寸线两端箭头的样式。中望 CAD 建筑版 2014 中提供了 19 种箭头类型，如果选择了第一个箭头的形式，第二个箭头也将采用相同的形式，要想使它们不同，就需要在第一个下拉列表和第二个下拉列表中分别进行设置。
- 【引线】：通过此下拉列表设置引线标注的箭头样式。
- 【箭头大小】：利用此选项设定箭头大小。

4. 设置圆心标记及圆中心线

【圆心标记】分组框的选项用于控制创建直径或半径尺寸时圆心标记及中心线的外观。

- 【标记】：创建圆心标记。圆心标记是指表明圆或圆弧圆心位置的小十字线，如图 7-17（a）所示。
- 【直线】：创建中心线。中心线是指过圆心并延伸至圆周的水平及竖直直线，如图 7-17（b）所示。用户应注意，只有把尺寸线放在圆或圆弧的外边（内部无尺寸线）时，中望 CAD 建筑版 2014 才绘制圆心标记或中心线。

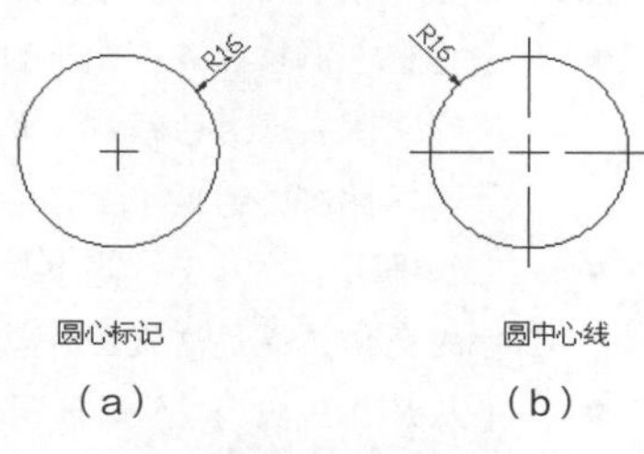

图 7-17 圆心标记及圆中心线

- 【大小】栏：利用该栏设定圆心标记或圆中心线的大小。若是圆中心线，该值是指中心线超出圆弧的长度。

7.2.3 控制尺寸文字外观和位置

在【修改标注样式：工程标注】对话框中选择【文字】选项卡，打开新界面，如图 7-18 所示。在此选项卡中用户可以调整尺寸文字的外观，并能控制文本的位置。

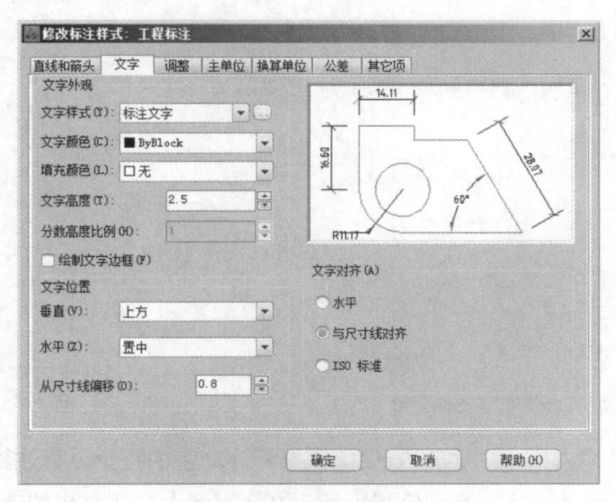

图 7-18 【文字】选项卡

1. 控制标注文字的外观

通过【文字外观】分组框可以调整标注文字的外观，常用选项的功能如下。

- 【文字样式】：在该下拉列表中选择文字样式或单击其右边的[...]按钮，打开【文字样式】对话框，可利用该对话框创建新的文字样式。

- 【文字高度】：在此栏中指定文字的高度。若在【文本样式】中已设定了文字高度，则此栏中设置的文本高度无效。
- 【分数高度比例】：该选项用于设定分数形式字符与其他字符的比例。只有当选择了支持分数的标注格式（标注单位为“分数”）时，此选项才可用。
- 【绘制文字边框】：通过此选项，用户可以给标注文本添加一个矩形边框，如图 7-19 所示。

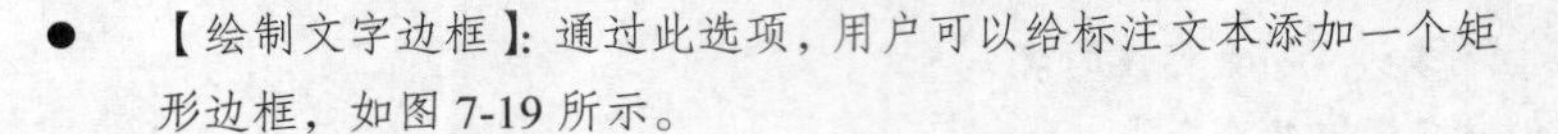

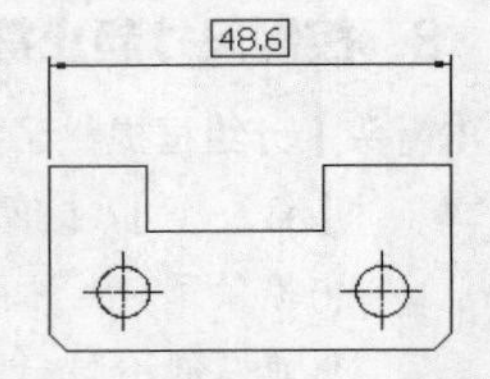

图 7-19　给标注文字添加矩形框

2．控制标注文字的位置

【文字位置】和【文字对齐】分组框中的选项可以控制标注文字的位置及放置方向，有关选项介绍如下。

- 【垂直】下拉列表：此下拉列表中包含【置中】【上方】【外部】和【JIS】4 个选项，当选中某一选项时，请注意对话框右上角预览图片的变化，通过这张图片就可以清楚地了解每一选项的功能。对于国标标注，选择【上方】选项。
- 【水平】下拉列表：此下拉列表包含有 5 个选项，当选中某一选项时，请注意对话框右上角预览图片的变化，通过这张图片就可以清楚地了解每一选项的功能。对于国标标注，选择【置中】选项。
- 【从尺寸线偏移】：该选项用于设定标注文字与尺寸线间的距离，如图 7-20 所示。若标注文本在尺寸线的中间（尺寸线断开），则其值表示断开处尺寸线的端点与尺寸文字的间距。另外，该值也用来控制文本边框与其中文本的距离。
- 【水平】：该选项使所有的标注文本水平放置。
- 【与尺寸线对齐】：该选项使标注文本与尺寸线对齐。
- 【ISO 标准】：当标注文本在两条尺寸界线的内部时，标注文本与尺寸线对齐，否则，标注文字水平放置。

国标中规定了尺寸文本放置的位置及方向，如图 7-21 所示。水平尺寸的数字字头朝上，垂直尺寸的数字字头朝左，要尽可能避免在图示 30° 范围内标注尺寸。线性尺寸的数字一般应写在尺寸线上方，也允许写在尺寸线的中断处，但在同一张图纸上应尽可能保持一致。

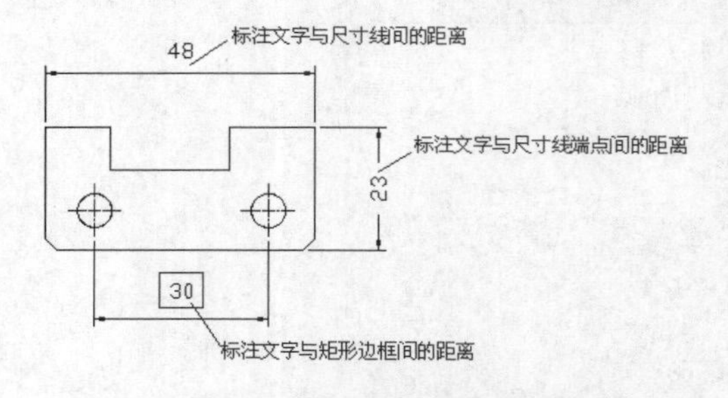

图 7-20　控制文字相对于尺寸线的偏移量

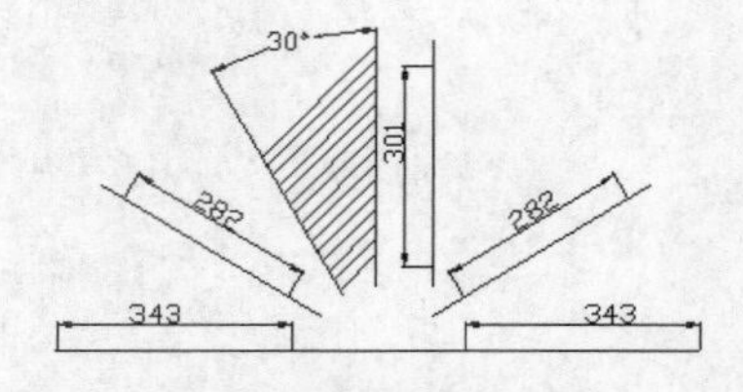

图 7-21　尺寸数字标注规则

在中望 CAD 建筑版 2014 中，用户可以方便地调整标注文字的位置。标注建筑图时，要正确地控制标注文本，可按照图 7-18 所示来设置【文字位置】和【文字对齐】分组框中的选项。

7.2.4　控制尺寸标注的全局比例

尺寸标注的全局比例因子将影响尺寸标注所有组成元素的大小，如标注文字、尺寸箭头等，如图 7-22 所示。当用户欲以 1∶100 的比例将图样打印在标准幅面的图纸上时，为保证尺寸外观合适，应设定标注的全局比例为打印比例的倒数，即 100。

在【修改标注样式：工程标注】对话框中打开【调整】选项卡，如图 7-23 所示。在该对话框的【使用全局比例】栏中设定标注的全局比例因子。

对于标注文字的位置及调整方式的设定，一般可按图 7-23 所示已选的选项进行设置。

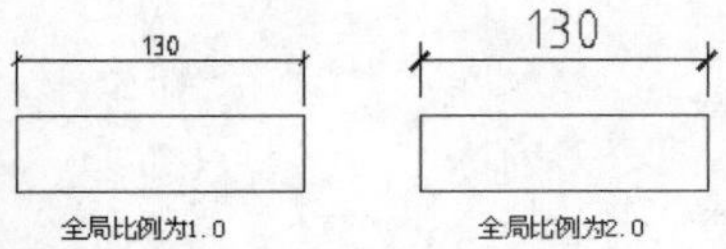

130　　130

全局比例为1.0　　全局比例为2.0

图 7-22　全局比例因子对尺寸标注的影响

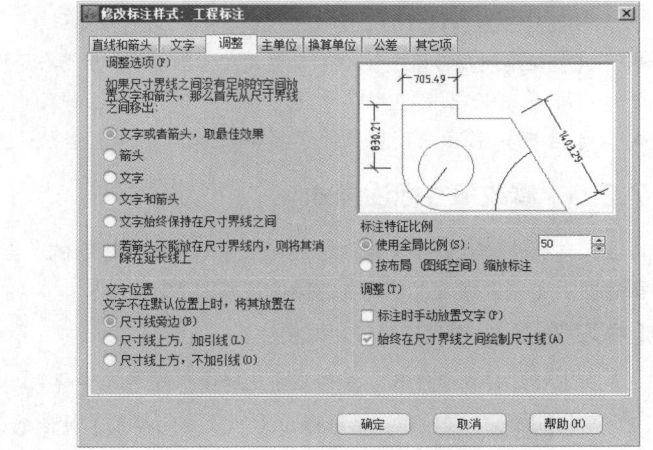

图 7-23　【调整】选项卡

7.2.5　设置尺寸精度及尺寸数值比例因子

进入【修改标注样式：工程标注】对话框中的【主单位】选项卡，如图 7-24 所示。

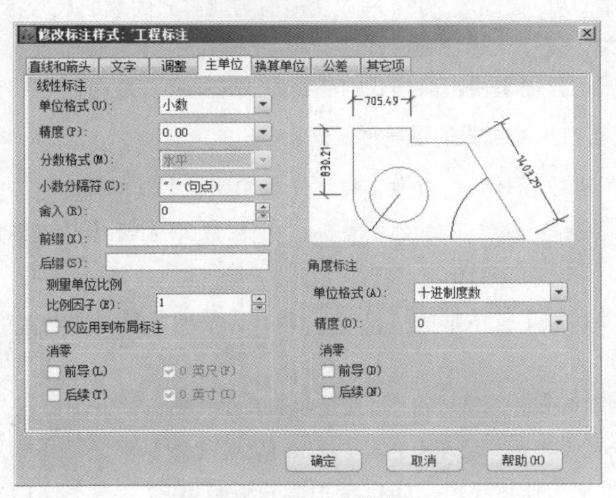

图 7-24　【主单位】选项卡

在【线性标注】和【测量单位比例】分组框中可以设置单位格式、精度、比例因子等，常用的选项功能如下。

- 【单位格式】：设置除角度之外的所有标注类型的当前单位格式。
- 【精度】：显示和设置标注文字中的小数位数。
- 【小数分隔符】：设置用于十进制格式的分隔符。
- 【舍入】：此选项用于设定标注数值的近似规则。例如，如果在此栏中输入 0.03，则中望 CAD 建筑版 2014 将标注数字的小数部分近似到最接近 0.03 的整数倍。

- 【前缀】：在此文本框中输入标注文本的前缀。
- 【后缀】：在此文本框中输入标注文本的后缀。
- 【比例因子】：设置线性标注测量值的比例因子。当标注尺寸时，中望 CAD 建筑版 2014 用此比例因子乘以真实的测量数值，然后将结果作为标注数值。例如，如果输入 2，则 1 个单位长度的线段标注后，尺寸将显示为 2。该值不应用到角度标注，也不应用到公差值。
- 【仅应用到布局标注】：仅将测量单位比例因子应用于布局视口中创建的标注。
- 【前导】：隐藏长度型尺寸数字前面的 0，例如，若尺寸数字是“0.578”，则显示为“.578”。
- 【后续】：隐藏长度型尺寸数字后面的 0，例如，若尺寸数字是“5.780”，则显示为“5.78”。

7.2.6 修改尺寸标注样式

修改尺寸标注样式是在【修改标注样式】对话框中进行的，当修改完成后，图样中所有使用此样式的标注都将发生变化，修改尺寸样式的操作步骤如下。

【练习 7-3】：修改尺寸标注样式。

（1）在【标注样式管理器】对话框中选择要修改的尺寸样式名称。

（2）单击 修改(M)... 按钮，系统弹出【修改标注样式】对话框。

（3）在【修改标注样式】对话框的各选项卡中修改尺寸变量。

（4）关闭【标注样式管理器】对话框后，系统便更新所有与此样式关联的尺寸标注。

7.2.7 临时修改标注样式——标注样式的覆盖方式

修改标注样式后，中望 CAD 建筑版 2014 将改变所有与此样式关联的尺寸标注。但有时用户想创建个别特殊形式的尺寸标注，如公差、给标注数值加前缀和后缀等，对于此类情况，用户不能直接修改尺寸样式，但也不必再创建新样式，只需采用当前样式的覆盖方式进行标注就可以。

【练习 7-4】：建立当前尺寸样式的覆盖形式。

（1）单击【标注】面板上的按钮，打开【标注样式管理器】对话框。

（2）再单击 替代(O)... 按钮（注意不要使用 修改(M)... 按钮），打开【替代当前标注样式】对话框，然后修改尺寸变量。

（3）单击【标注样式管理器】对话框的 关闭 按钮，返回中望 CAD 建筑版 2014 主窗口。

（4）创建尺寸标注，则系统暂时使用新的尺寸变量控制尺寸外观。

（5）如果要恢复原来的尺寸样式，就再次进入【标注样式管理器】对话框，在该对话框的列表框中选择该样式，然后单击 置为当前(U) 按钮。此时，系统打开一个提示性对话框，如图 7-25 所示，单击 确定 按钮，中望 CAD 建筑版 2014 就忽略用户对标注样式的修改。

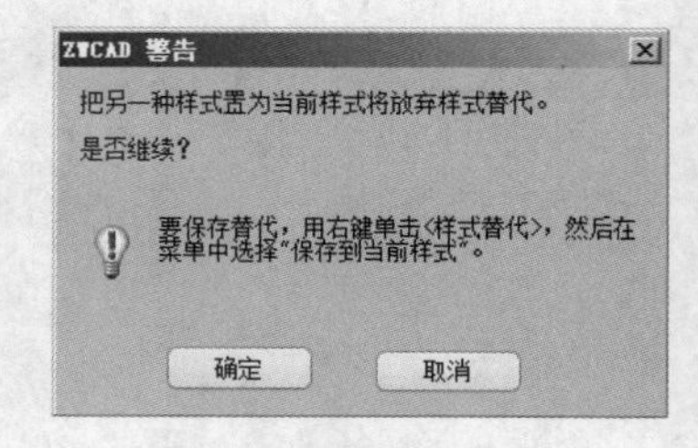

图 7-25 提示性对话框

7.2.8 删除和重命名标注样式

删除和重命名标注样式是在【标注样式管理器】对话框中进行的，具体操作步骤如下。

【练习 7-5】：删除和重命名标注样式。

（1）在【标注样式管理器】对话框的【样式】列表框中选择要进行操作的样式名。

（2）单击鼠标右键，打开快捷菜单，选取【删除】命令，就删除了尺寸样式，如图 7-26 所示。

（3）若要重命名样式，则选取【重命名】命令，然后输入新名称，如图 7-26 所示。

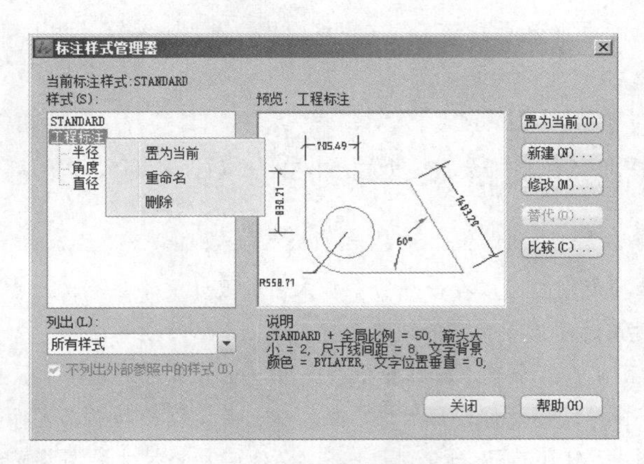

图 7-26 删除和重命名标注样式

需要注意的是，当前样式及正被使用的尺寸样式不能被删除，此外，也不能删除样式列表中仅有的一个标注样式。

7.3 创建长度尺寸

标注长度尺寸一般可使用以下两种方法。

（1）通过在标注对象上指定尺寸线的起始点及终止点，创建尺寸标注。

（2）直接选取要标注的对象。

在标注过程中，用户可随时修改标注文字及文字的倾斜角度，还能动态地调整尺寸线的位置。

7.3.1 标注水平、竖直及倾斜方向的尺寸

DIMLINEAR 命令可以标注水平、竖直及倾斜方向的尺寸。标注时，若要使尺寸线倾斜，则输入“R”选项，然后输入尺寸线倾角即可。

1. 命令启动方法

- 菜单命令：【标注】/【线性】。
- 面板：【常用】选项卡中【注释】面板上的 线性 按钮。
- 命令：DIMLINEAR 或简写 DIMLIN。

【练习 7-6】：练习使用 DIMLINEAR 命令。

打开素材文件“dwg\第 7 章\7-6.dwg”，用 DIMLINEAR 命令创建尺寸标注，如图 7-27 所示。

```
命令: _dimlinear
指定第一条尺寸界线原点或 <选择对象>: int 于
    //指定第一条尺寸界线的起始点 A，或者按 Enter 键选择要标注的对象，如图 7-27 所示
指定第二条尺寸界线原点:int 于                    //选取第二条尺寸界线的起始点 B
指定尺寸线位置或[多行文字(M)/文字(T)/角度(A)/水平(H)/垂直(V)/旋转(R)]:
                    //拖动鼠标光标将尺寸线放置在适当位置，然后单击鼠标左键完成操作
```

结果如图 7-27 所示。

2. 命令选项

- 多行文字（M）：使用该选项打开多行文字编辑器，利用此编辑器用户可输入新的标注文字。

若修改了系统自动标注的文字，则会失去尺寸标注的关联性，即尺寸数字不随标注对象的改变而改变。

- 文字（T）：此选项使用户可以在命令行中输入新的尺寸文字。
- 角度（A）：通过该选项设置文字的放置角度。
- 水平（H）/ 垂直（V）：创建水平或垂直型尺寸。用户也可通过移动鼠标光标指定创建何种类型的尺寸，若左右移动鼠标光标，则生成垂直尺寸；若上下移动鼠标光标，则生成水平尺寸。
- 旋转（R）：使用 DIMLINEAR 命令时，中望 CAD 自动将尺寸线调整成水平或竖直方向。此选项可使尺寸线倾斜一个角度，因此可利用它标注倾斜的对象，如图 7-28 所示。

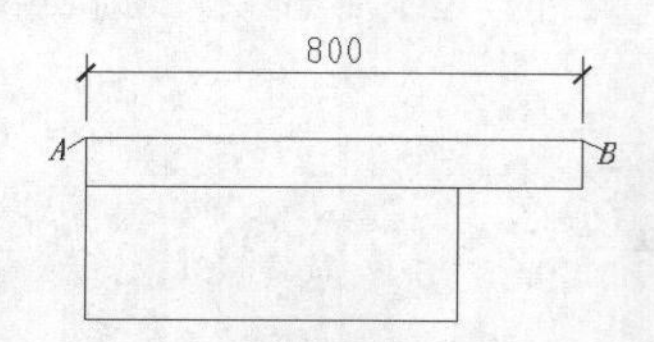

图 7-27　标注水平方向的尺寸

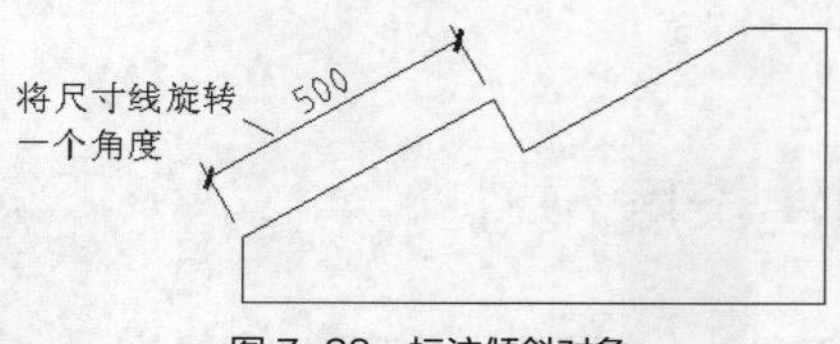

图 7-28　标注倾斜对象

7.3.2　创建对齐尺寸

要标注倾斜对象的真实长度可使用对齐尺寸，对齐尺寸的尺寸线平行于倾斜的标注对象。如果用户是选择两个点来创建对齐尺寸，则尺寸线与两点的连线平行。

命令启动方法如下。

- 菜单命令：【标注】/【对齐】。
- 面板：【常用】选项卡中【注释】面板上的 对齐 按钮。
- 命令：DIMALIGNED 或简写 DIMALI。

【练习 7-7】：练习使用 DIMALIGNED 命令。

打开素材文件"dwg\第 7 章\7-7.dwg"，用 DIMALIGNED 命令创建尺寸标注，如图 7-29 所示。

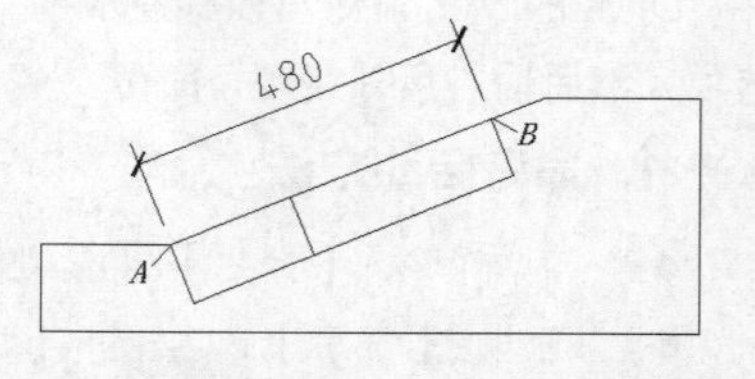

图 7-29　标注对齐尺寸

```
命令：_dimaligned
指定第一条延伸线原点或 <选择对象>：int 于
                    //捕捉交点 A，或者按 Enter 键选择要标注的对象，如图 7-29 所示
指定第二条延伸线原点：int 于                    //捕捉交点 B
指定尺寸线位置或[多行文字(M)/文字(T)/角度(A)]：  //移动鼠标光标，指定尺寸线的位置
```

结果如图 7-29 所示。

DIMALIGNED 命令各选项的功能说明参见 7.3.1 小节。

7.3.3　创建连续型及基线型尺寸标注

连续型尺寸标注是一系列首尾相连的标注形式，而基线型尺寸是指所有的尺寸都从同一点开始标注，即它们公用一条尺寸界线。连续型和基线型尺寸的标注方法类似。在创建这两种形式的尺寸时，首先应建立一个尺寸标注，然后发出标注命令，当系统提示“指定第二条尺寸界线原点或[放弃(U)/选择(S)] <选择>:”时，用户采取下面的某种操作方式。

- 直接拾取对象上的点。由于用户已事先建立了一个尺寸，因此系统将以该尺寸的第一条尺寸界线为基准线生成基线型尺寸，或者以该尺寸的第二条尺寸界线为基准线建立连续型尺寸。
- 若不想在前一个尺寸的基础上生成连续型或基线型尺寸，就按Enter键，系统提示“选择连续标注”或“选择基准标注”，此时，用户可重新选择某条尺寸界线作为建立新尺寸的基准线。

1. 基线标注

命令启动方法如下。

- 菜单命令：【标注】/【基线】。
- 面板：【注释】选项卡中【标注】面板的上按钮。
- 命令：DIMBASELINE 或简写 DIMBASE。

【练习 7-8】：练习使用 DIMBASELINE 命令。

打开素材文件“dwg\第 7 章\7-8.dwg”，用 DIMBASELINE 命令创建尺寸标注，如图 7-30 所示。

```
命令: _dimbaseline
选择基准标注:                                   //指定点 A 处的尺寸界线为基准线，如图 7-30 所示
指定第二条尺寸界线原点或 [放弃(U)/选择(S)] <选择>: int 于      //指定第二点 B
指定第二条尺寸界线原点或 [放弃(U)/选择(S)] <选择>: int 于      //指定第三点 C
指定第二条尺寸界线原点或 [放弃(U)/选择(S)] <选择>:             //按 Enter 键
选择基准标注:                                                  //按 Enter 键结束命令
```

结果如图 7-30 所示。

2. 连续标注

命令启动方法如下。

- 菜单命令：【标注】/【连续】。
- 面板：【注释】选项卡中【标注】面板的上按钮。
- 命令：DIMCONTINUE 或简写 DIMCONT。

【练习 7-9】：练习使用 DIMCONTINUE 命令。

打开素材文件“dwg\第 7 章\7-9.dwg”，用 DIMCONTINUE 命令创建尺寸标注，如图 7-31 所示。

```
命令: _dimcontinue
选择连续标注:                                   //指定点 A 处的尺寸界线为基准线，如图 7-31 所示
指定第二条尺寸界线原点或 [放弃(U)/选择(S)] <选择>: int 于            //指定第二点 B
指定第二条尺寸界线原点或 [放弃(U)/选择(S)] <选择>: int 于            //指定第三点 C
指定第二条尺寸界线原点或 [放弃(U)/选择(S)] <选择>: int 于            //指定第四点 D
指定第二条尺寸界线原点或 [放弃(U)/选择(S)] <选择>:                   //按 Enter 键
选择连续标注:                                                        //按 Enter 键结束命令
```

结果如图7-31所示。

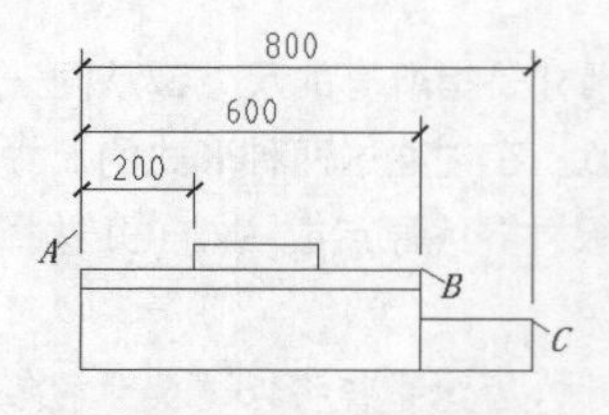

图7-30　创建基线标注

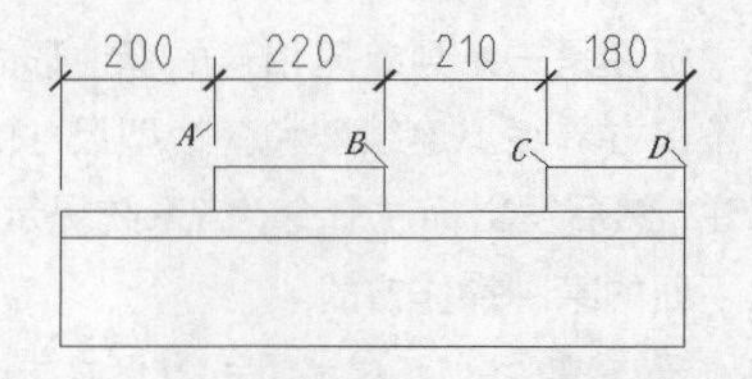

图7-31　创建连续标注

要点提示

用户可以对角度型尺寸使用DIMBASELINE和DIMCONTINUE命令。

7.4 创建角度尺寸

标注角度时，用户通过拾取两条边线、3个点或一段圆弧来创建角度尺寸。

命令启动方法如下。

- 菜单命令：【标注】/【角度】。
- 面板：【常用】选项卡中【注释】面板上的按钮。
- 命令：DIMANGULAR或简写DIMANG。

【练习7-10】： 打开素材文件“dwg\第7章\7-10.dwg”，用DIMANGULAR命令创建角度尺寸。

单击【注释】面板上的按钮，启动DIMANGULAR命令。

```
命令: _dimangular
选择圆弧、圆、直线或 <指定顶点>:                 //选择角的第一条边A，如图7-32所示
选择第二条直线:                                   //选择角的第二条边B
指定标注弧线位置或 [多行文字(M)/文字(T)/角度(A)/ 象限点(Q)]:
                                                  //移动鼠标光标，指定尺寸线的位置
命令:DIMANGULAR                                   //重复命令
选择圆弧、圆、直线或 <指定顶点>:                 //按Enter键
指定角的顶点:                                     //捕捉点C
指定角的第一个端点:                               //捕捉点D
指定角的第二个端点:                               //捕捉点E
指定标注弧线位置或 [多行文字(M)/文字(T)/角度(A)/ 象限点(Q)]:
                                                  //移动鼠标光标，指定尺寸线的位置
```

结果如图7-32所示。

选择圆弧时，系统直接标注圆弧所对应的圆心角，移动鼠标光标到圆心的不同侧时，标注的数值就不同。

选择圆时，第1个选择点是角度起始点，再单击一点是角度的终止点，系统标出这两点间圆弧所对应的圆心角。当移动鼠标光标到圆心的不同侧时，标注的数值就不同。

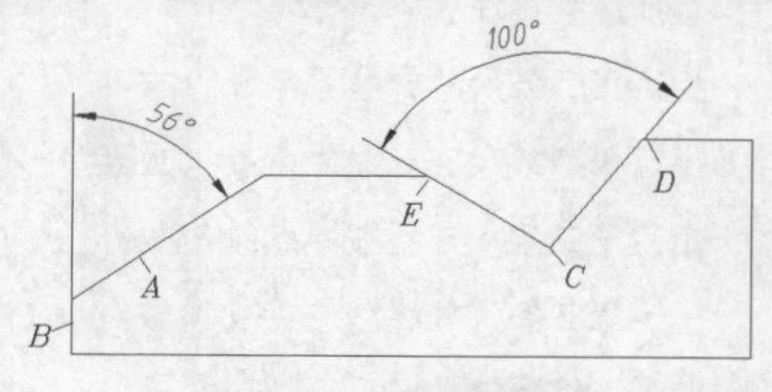

图7-32　创建角度尺寸

要点提示

用户可以使用角度尺寸或长度尺寸的标注命令来查询角度值和长度值。当发出命令并选择对象后，就能看到标注文本，此时按 Esc 键取消正在执行的命令，就不会将尺寸标注出来。

7.4.1 利用尺寸样式覆盖方式标注角度

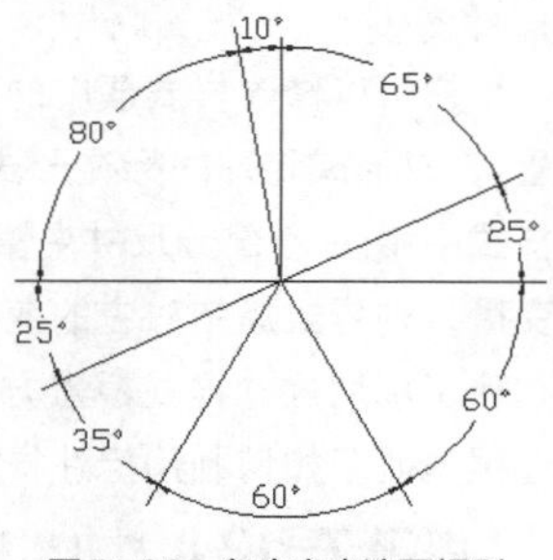

图 7-33 角度文本注写规则

国标中对于角度标注有规定，如图 7-33 所示，角度数字一律水平书写，一般注写在尺寸线的中断处，必要时可注写在尺寸线的上方或外面，也可画引线标注。显然，角度文本的注写方式与线性尺寸文本是不同的。

为使角度数字的放置形式符合国标规定，用户可采用当前样式覆盖方式标注角度。

【练习 7-11】: 用当前样式覆盖方式标注角度。

（1）单击【注释】选项卡中【标注】面板上的按钮，打开【标注样式管理器】对话框。

（2）单击 替代(O)... 按钮（注意不要使用 修改(M)... 按钮），打开【替代当前标注样式】对话框。

（3）进入【文字】选项卡，在该页的【文字对齐】分组框中选取【水平】单选项，如图 7-34 所示。

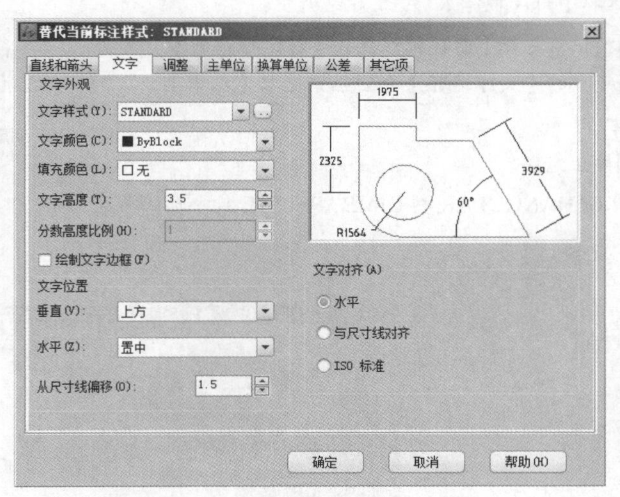

图 7-34 【替代当前标注样式】对话框

（4）返回中望 CAD 建筑版 2014 主窗口，标注角度尺寸，角度数字将水平放置。

（5）角度标注完成后，若要恢复原来的尺寸样式，就再次进入【标注样式管理器】对话框，在该对话框的列表框中选择尺寸样式，然后单击 置为当前(U) 按钮，此时，系统打开一个提示性对话框，继续单击 确定 按钮完成。

7.4.2 使用角度尺寸样式簇标注角度

对于某种类型的尺寸，其标注外观可能需要做一些调整，例如，创建角度尺寸时要求文字放置在水平位置，标注直径时想生成圆的中心线。在中望 CAD 建筑版 2014 中，用户可以通过尺寸样式簇对某种特定类型的尺寸进行控制。

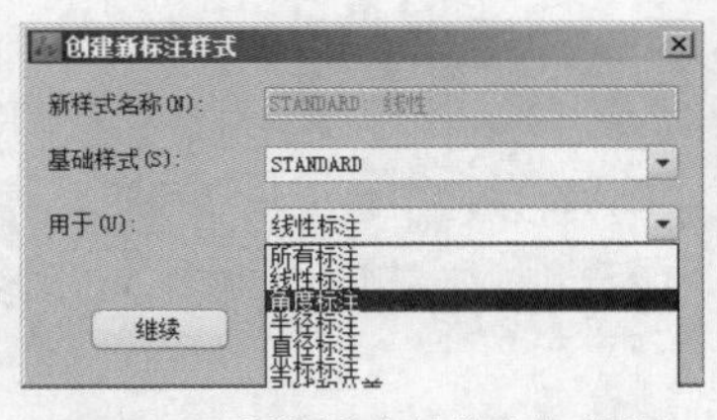

图 7-35 【创建新标注样式】对话框

在【标注样式管理器】对话框中单击 新建(N)... 按钮，打开【创建新标注样式】对话框，如图 7-35 所示。默认状态下，在【用于】下拉列表中【所有标注】选项自动被选中，利用此选项创建的尺寸样式通常称为上级样式（或父尺寸样式），如果想建立控制某种具体类型尺寸的样式簇（子样式），就在下拉列表中选择所需的尺寸类型。

用户可以修改样式簇中的某些尺寸变量（暂且称为 *A* 部分尺寸变量），以形成特殊的标注形式，但对这些变量的改动并不影响上级样式中相应的尺寸变量。同样，若在上级样式中修改 *A* 部分尺寸变量，也不会影响样式簇中此部分变量的设置。但若在父级样式中修改其他的尺寸变量，则样式簇中对应的变量就将跟随变动。

除了利用尺寸样式覆盖方式标注角度外，用户还可以建立专门用于控制角度标注外观的样式簇。下面的过程说明了如何利用标注样式簇创建角度尺寸。

【练习 7-12】：打开素材文件“dwg\第 7 章\7-12.dwg”，利用角度尺寸样式簇标注角度，如图 7-36 所示。

（1）单击【标注】面板上的 按钮，打开【标注样式管理器】对话框，再单击 新建(N)... 按钮，打开【创建新标注样式】对话框，在【用于】下拉列表中选取【角度标注】，如图 7-37 所示。

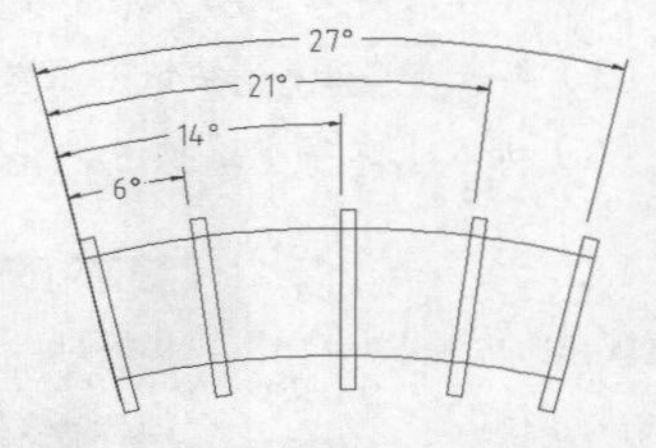

图 7-36 利用角度尺寸样式簇标注角度

（2）单击 继续 按钮，打开【新建标注样式】对话框，进入【文字】选项卡，在该选项卡的【文字对齐】分组框中选取【水平】单选项，如图 7-38 所示。

（3）单击 确定 按钮完成。

（4）返回主窗口，用 DIMANGULAR 和 DIMBASELINE 命令标注角度尺寸，此类尺寸的外观由样式簇控制，结果如图 7-36 所示。

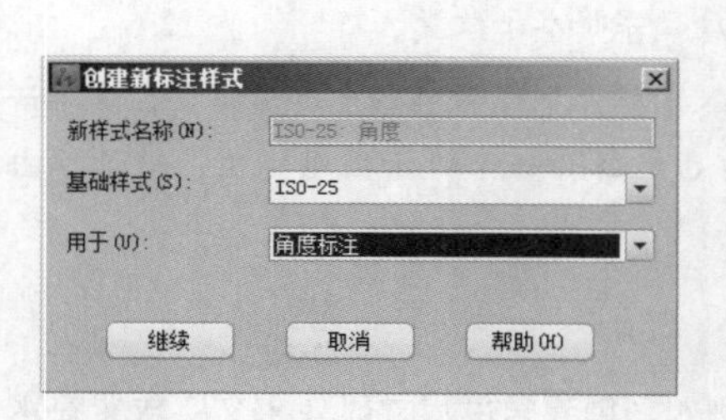

图 7-37 【创建新标注样式】对话框

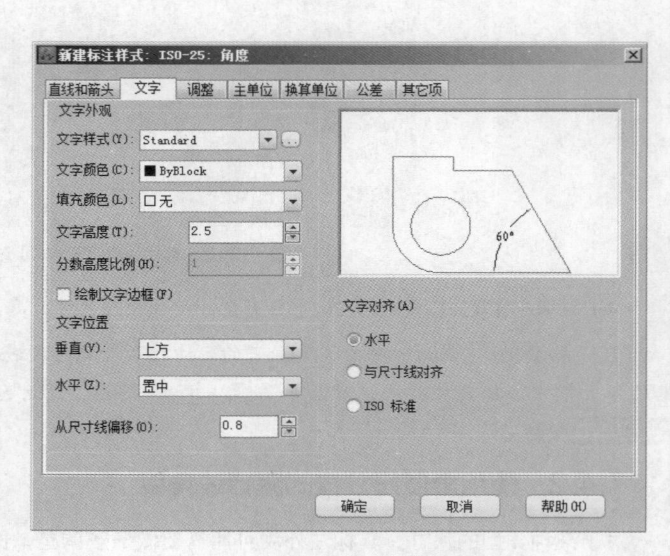

图 7-38 【新建标注样式】对话框

7.5 标注直径和半径尺寸

在标注直径和半径尺寸时，中望 CAD 建筑版 2014 自动在标注文字前面加入“ϕ”或“R”符号。实际标注中，直径和半径型尺寸的标注形式多种多样，若通过当前样式的覆盖方式进行标注就非常方便。

7.5.1 标注直径尺寸

命令启动方法如下。

- 菜单命令：【标注】/【直径】。
- 面板：【常用】选项卡中【注释】面板上的直径按钮。
- 命令：DIMDIAMETER 或简写 DIMDIA。

【练习 7-13】: 标注直径尺寸。

打开素材文件“dwg\第 7 章\7-13.dwg”，用 DIMDIAMETER 命令创建尺寸标注，如图 7-39 所示。

```
命令: _dimdiameter
选择圆弧或圆:                                    //选择要标注的圆，如图 7-39 所示
指定尺寸线位置或 [多行文字(M)/文字(T)/角度(A)]:
                                                 //移动鼠标光标，指定标注文字的位置
```

结果如图 7-39 所示。

DIMDIAMETER 命令各选项的功能参见 7.3.1 小节。

图 7-39　标注直径

7.5.2 标注半径尺寸

半径尺寸标注与直径尺寸标注的过程类似。

命令启动方法如下。

- 菜单命令：【标注】/【半径】。
- 面板：【常用】选项卡中【注释】面板上的半径按钮。
- 命令：DIMRADIUS 或简写 DIMRAD。

【练习 7-14】：标注半径尺寸。

打开素材文件“dwg\第 7 章\7-14.dwg”，用 DIMRADIUS 命令创建尺寸标注，如图 7-40 所示。

```
命令: _dimradius
选择圆弧或圆:                                    //选择要标注的圆弧，如图 7-40 所示
指定尺寸线位置或 [多行文字(M)/文字(T)/角度(A)]:
                                                 //移动鼠标光标，指定标注文字的位置
```

结果如图 7-40 所示。

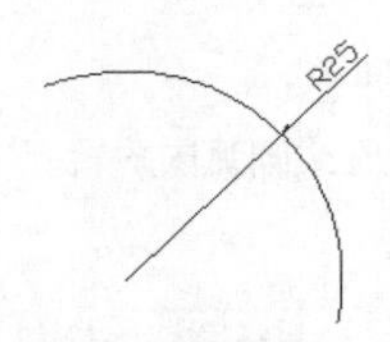

图 7-40　标注半径

DIMRADIUS 命令各选项的功能参见 7.3.1 小节。

7.5.3 工程图中直径及半径尺寸的几种典型标注形式

直径和半径的典型标注样例如图 7-41 所示，在中望 CAD 建筑版 2014 中用户可通过尺寸样式覆盖方式创建这些标注形式，下面的练习演示了具体的标注过程。

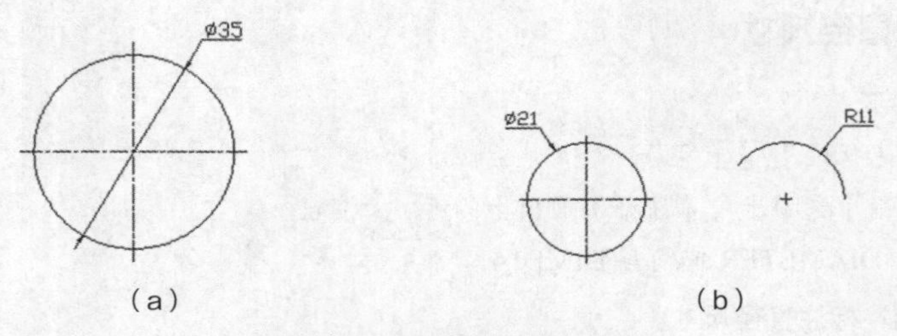

图 7-41 直径和半径的典型标注

【练习 7-15】：将标注文字水平放置。

（1）打开素材文件“dwg\第 7 章\7-15.dwg”。

（2）单击【标注】面板上的按钮，打开【标注样式管理器】对话框。

（3）单击 替代(O)... 按钮，打开【替代当前标注样式】对话框。

（4）进入【直线和箭头】选项卡，在【箭头】分组框的【第一个】下拉列表中选择【实心闭合】。

（5）进入【文字】选项卡，在【文字对齐】分组框中选取【水平】单选项，如图 7-42 所示。

（6）返回中望 CAD 建筑版 2014 主窗口，标注直径尺寸，结果如图 7-41（a）所示。

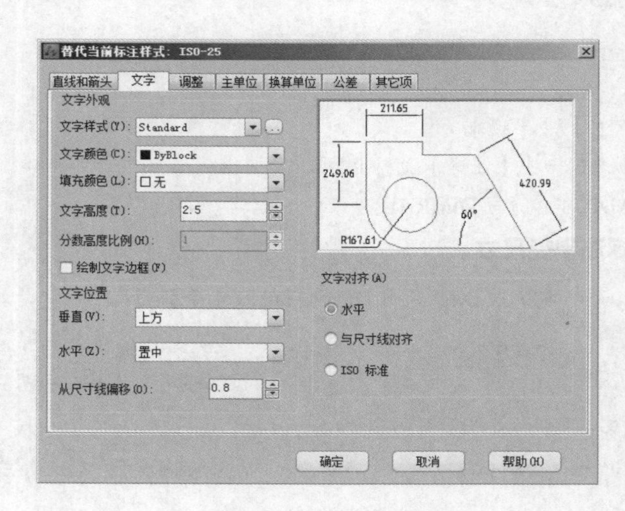

图 7-42 【文字】选项卡

【练习 7-16】：把尺寸线放在圆弧外面。

默认情况下，中望 CAD 建筑版 2014 将在圆或圆弧内放置尺寸线，但用户也可以去掉圆或圆弧内的尺寸线。

（1）打开素材文件“dwg\第 7 章\7-16.dwg”。

（2）打开【标注样式管理器】对话框，单击 替代(O)... 按钮，打开【替代当前标注样式】对话框。

（3）进入【调整】选项卡，在【调整】分组框中取消对【始终在尺寸界线之间绘制尺寸线】复选项的选取，如图 7-43 所示。

（4）进入【文字】选项卡，打开新界面，在该页的【文字对齐】分组框中选取【水平】单选项，如图 7-42 所示。

（5）返回中望 CAD 建筑版 2014 主窗口，标注直径及半径尺寸，结果如图 7-41（b）所示。

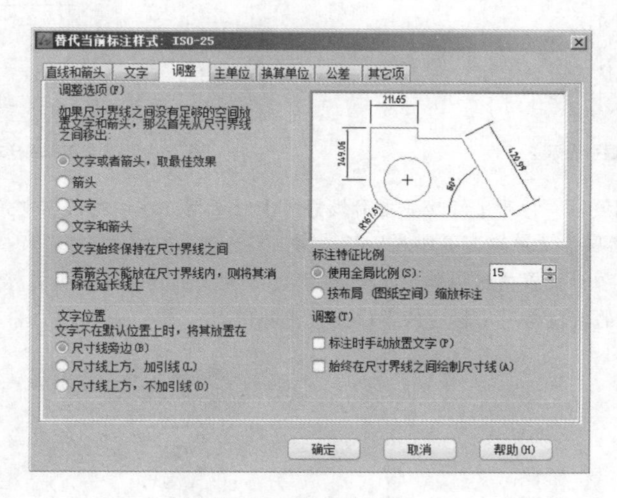

图 7-43 【调整】选项卡

7.6 引线标注

MLEADER 命令用于创建引线标注，引线标注由箭头、引线、基线（引线与标注文字间的线）、多行文字或图块组成，如图 7-44 所示，其中箭头的形式、引线外观、文字属性及图块形状等由引线样式控制。

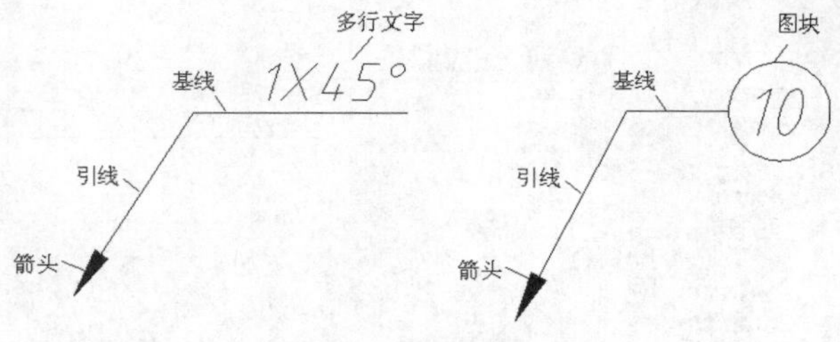

图 7-44 引线标注

选中引线标注对象，利用关键点移动基线，则引线、文字和图块随之移动。若利用关键点移动箭头，则只有引线跟随移动，基线、文字和图块不动。

【练习 7-17】：打开素材文件“dwg\第 7 章\7-17.dwg”，用 MLEADER 命令创建引线标注，如图 7-45 所示。

（1）单击【注释】选项卡中【引线】面板上的按钮，打开【多重引线样式管理器】对话框，如图 7-46 所示，利用该对话框可新建、修改、重命名或删除引线样式。

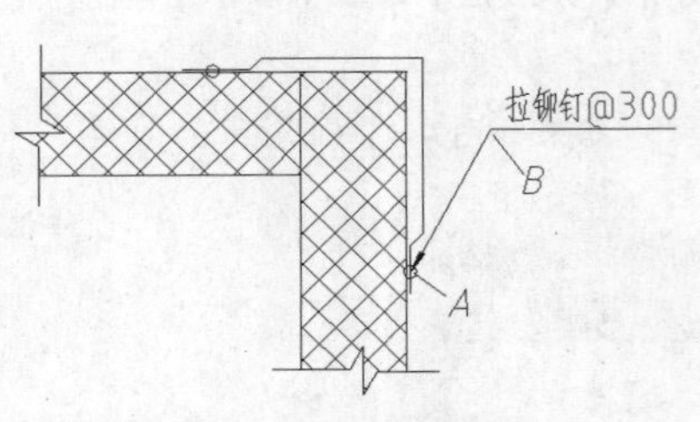

图 7-45　创建引线标注

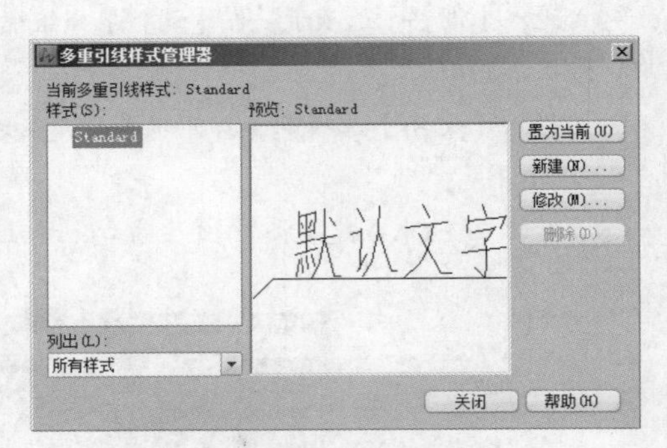

图 7-46　【多重引线样式管理器】对话框

（2）单击修改(M)...按钮，打开【修改多重引线样式】对话框，在该对话框中完成以下设置。

- 【引线格式】选项卡设置的选项如图 7-47 所示。
- 【引线结构】选项卡设置的选项如图 7-48 所示。【设置基线距离】栏中的数值表示基线的长度，【指定比例】栏中的数值为引线标注的整体缩放比例值。

图 7-47　【引线格式】选项卡

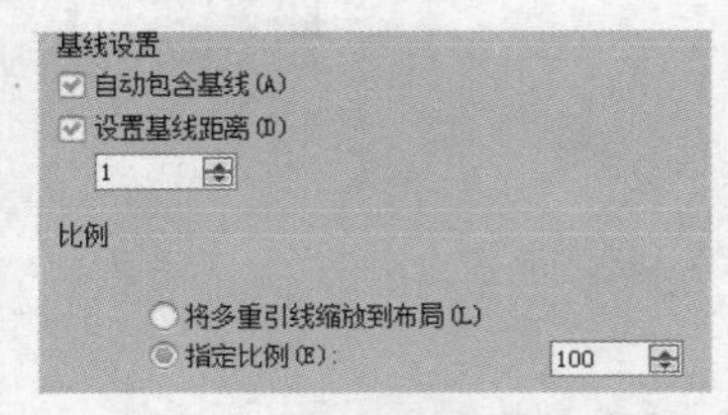

图 7-48　【引线结构】选项卡

- 【内容】选项卡设置的选项如图 7-49 所示。其中，【基线间距】栏中的数值表示基线与标注文字间的距离。

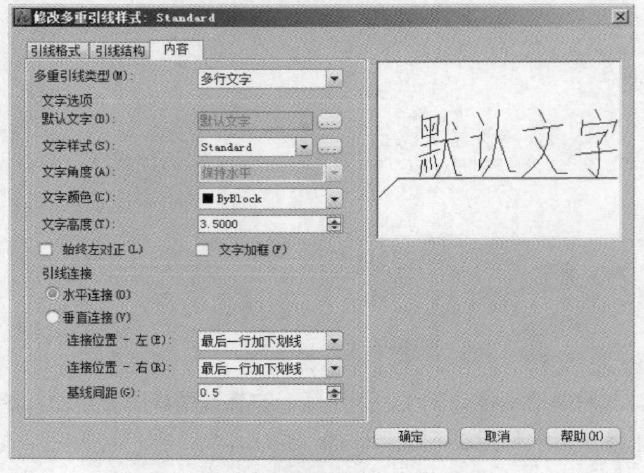

图 7-49　【修改多重引线样式】对话框

（3）单击【引线】面板上的按钮，启动创建引线标注命令。

```
命令：_mleader
指定引线箭头的位置或 [内容优先(C)/选项(O)] <选项>:
```

//指定引线起始点 A，如图 7-45 所示

指定引线基线的位置： //指定引线下一个点 B

//启动文字编辑器，然后输入标注文字“拉铆钉@300”

结果如图 7-45 所示。

创建引线标注时，若文本或指引线的位置不合适，则可利用关键点编辑方式进行调整。

7.7 编辑尺寸标注

尺寸标注的各个组成部分（如文字的大小、尺寸起止符号的形式等）都可以通过调整尺寸样式进行修改，但当变动尺寸样式后，所有与此样式相关联的尺寸标注都将发生变化。如果仅仅想改变某一个尺寸的外观或标注文本的内容该怎么办？本节将通过一个实例介绍编辑单个尺寸标注的方法。

以下练习包括修改标注文本的内容、调整标注的位置及更新尺寸标注等内容。

7.7.1 修改尺寸标注文字

如果仅仅是修改尺寸标注文字，那么最佳的方法是使用 DDEDIT 命令，执行该命令后，可以连续修改想要编辑的尺寸标注。

【练习 7-18】：下面使用 DDEDIT 命令修改标注文本的内容。

（1）打开素材文件“dwg\第 7 章\7-18.dwg”。

（2）输入 DDEDIT 命令，系统提示“选择注释对象或[撤销(U)]:”，选择尺寸“6000”后，打开文字编辑器，在该编辑器中输入新的尺寸值“6040”，如图 7-50 所示。

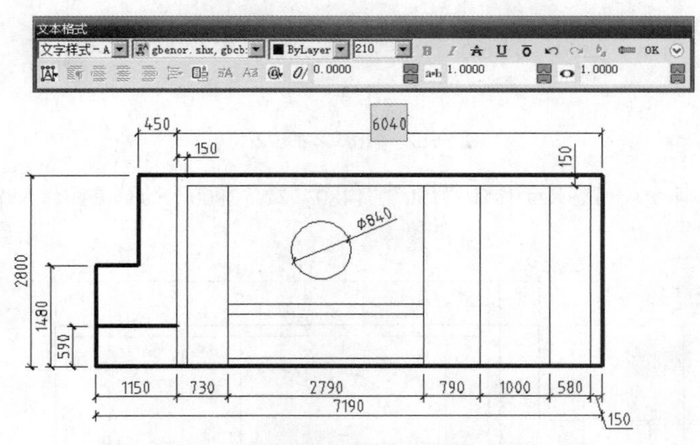

图 7-50 在文字编辑器中修改尺寸值

（3）单击 OK 按钮，返回绘图窗口，系统继续提示“选择注释对象或[放弃(U)]:”，此时选择尺寸“450”，然后输入新尺寸值“550”，结果如图 7-51 所示。

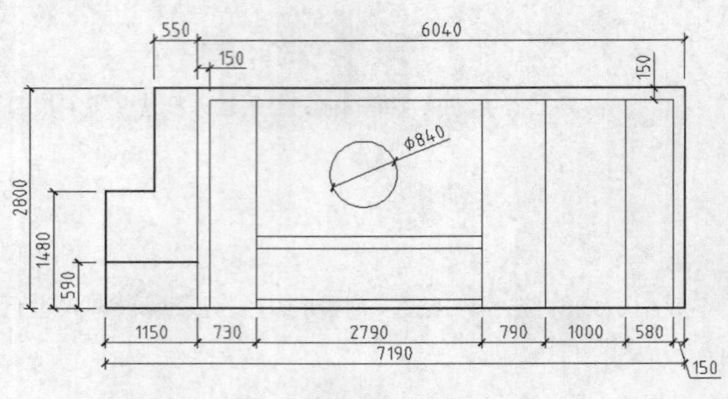

图 7-51　修改尺寸文本

7.7.2　利用关键点调整标注位置

关键点编辑方式非常适合于移动尺寸线和标注文字，这种编辑模式一般通过尺寸线两端的或标注文字所在处的关键点来调整尺寸标注的位置。

下面使用关键点编辑方式调整尺寸标注的位置。

（1）接上例。选择尺寸“7190”，并激活文本所在处的关键点，系统将自动进入拉伸编辑模式。

（2）向下移动鼠标光标，调整文本的位置，结果如图 7-52 所示。

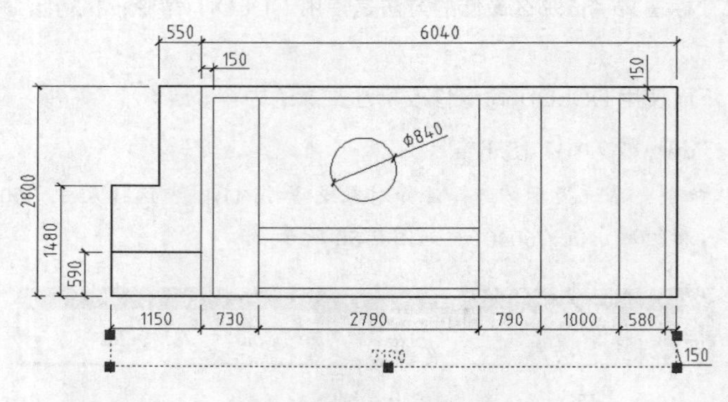

图 7-52　调整文本的位置

（3）使用关键点编辑方式调整尺寸标注“150”“1480”及“2800”的位置，结果如图 7-53 所示。

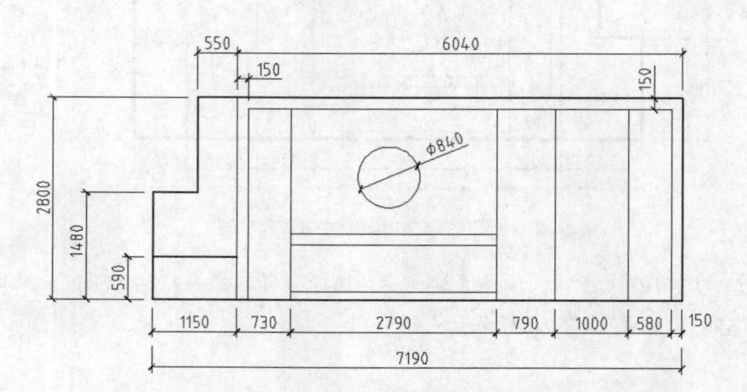

图 7-53　调整尺寸的位置

要点提示

使用 STRETCH 命令可以一次调整多个尺寸的位置。

调整尺寸标注位置的最佳方法是采用关键点编辑方式，激活关键点后，即可移动文本或尺寸线到适当的位置。若还不能满足要求，则可使用 EXPLODE 命令将尺寸标注分解为单个对象，然后调整它们的位置，以达到满意的效果。

7.7.3　更新标注

使用“DIMSTYLE”命令的“应用(A)”选项（或单击【注释】选项卡中【标注】面板上的按钮）可方便地修改单个尺寸标注的属性。如果发现某个尺寸标注的格式不正确，就修改尺寸样式中相关的尺寸变量，注意要使用尺寸样式的覆盖方式，然后通过“DIMSTYLE”命令使要修改的尺寸按新的尺寸样式进行更新。在使用此命令时，用户可以连续地对多个尺寸进行编辑。

下面通过使用“DIMSTYLE”命令将直径尺寸文本水平放置。

（1）接上例。单击【标注】面板上的按钮，打开【标注样式管理器】对话框。

（2）单击替代(O)...按钮，打开【替代当前标注样式】对话框。

（3）进入【直线和箭头】选项卡，在【箭头】分组框的【第一个】下拉列表中选择【实心闭合】，在【箭头大小】栏中输入数值“2.0”。

（4）进入【文字】选项卡，在【文字对齐】分组框中选择【水平】单选项。

（5）返回主窗口，单击【标注】面板上的按钮，系统提示“选择对象”，选择直径尺寸，结果如图 7-54 所示。

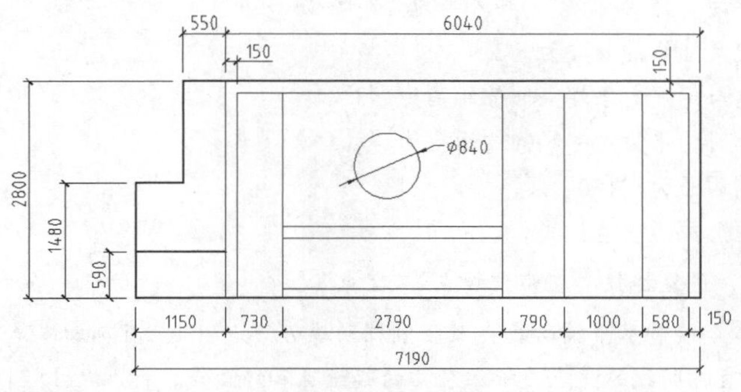

图 7-54　更新尺寸标注

7.8　综合练习——标注 1∶100 的建筑平面图

【练习 7-19】：打开素材文件“dwg\第 7 章\7-19.dwg”，该文件中包含一张 A3 幅面的建筑平面图，绘图比例为 1∶100。标注此图样，结果如图 7-55 所示。

（1）建立一个名为“建筑-标注”的图层，设置图层颜色为红色，线型为“Continuous”，并使其成为当前层。

（2）创建新文字样式，样式名为“标注文字”，与该样式相关联的字体文件是“gbenor.shx”和“gbcbig.shx”。

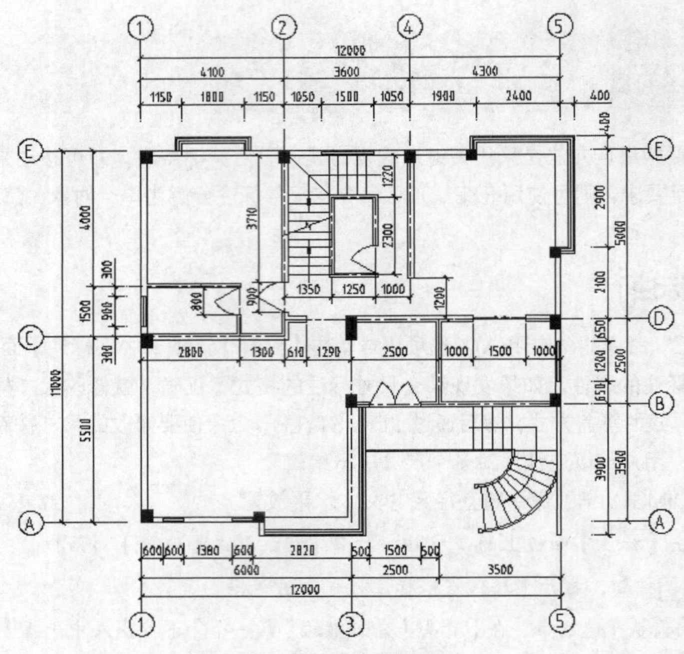

图 7-55 标注建筑平面图

（3）创建一个尺寸样式，名称为“工程标注”，对该样式进行以下设置。

- 标注文本连接“标注文字”，文字高度为“2.5”，精度为“0.0”，小数点格式为“句点”。
- 标注文本与尺寸线间的距离为“0.8“。
- 尺寸起止符号为“建筑标记”，其大小为“2”。
- 尺寸界线超出尺寸线的长度为“2.5”。
- 尺寸线起始点与标注对象端点间的距离为“3”。
- 标注基线尺寸时，平行尺寸线间的距离为“8”。
- 标注全局比例因子为“100”。
- 使“工程标注”成为当前样式。

（4）激活对象捕捉，设置捕捉类型为“端点”“交点”。

（5）使用 XLINE 命令绘制水平辅助线 *A* 及竖直辅助线 *B*、*C* 等，竖直辅助线是墙体、窗户等结构的引出线，水平辅助线与竖直辅助线的交点是标注尺寸的起始点和终止点，标注尺寸“1150”“1800”等，结果如图 7-56 所示。

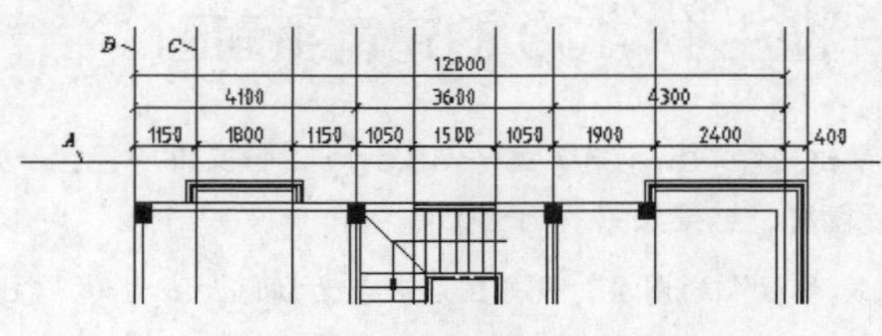

图 7-56 标注尺寸“1150”“1800”等

（6）使用同样的方法标注图样左边、右边及下边的轴线间距尺寸及结构细节尺寸。

（7）标注建筑物内部的结构细节尺寸，如图 7-57 所示。

（8）绘制轴线引出线，再绘制半径为 350 的圆，在圆内书写轴线编号，字高为 350，如图 7-58 所示。

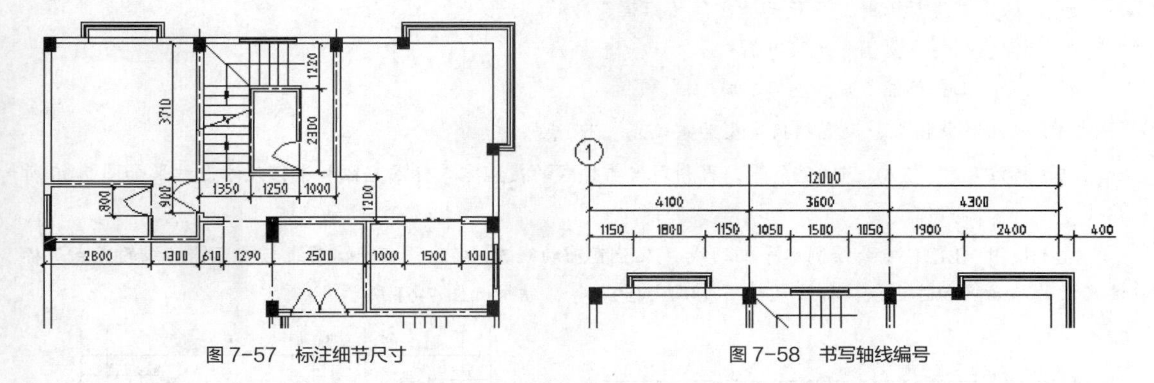

图 7-57　标注细节尺寸　　　　　　　　　　　　图 7-58　书写轴线编号

（9）复制圆及轴线编号，然后使用 DDEDIT 命令修改编号数字，结果如图 7-55 所示。

7.9 综合练习——标注不同绘图比例的剖面图

【练习 7-20】：打开素材文件“dwg\第 7 章\7-20.dwg”，该文件中包含一张 A3 幅面的图纸，图纸上有两个剖面图，绘图比例分别为 1：20 和 1：10，标注这两个图样，结果如图 7-59 所示。

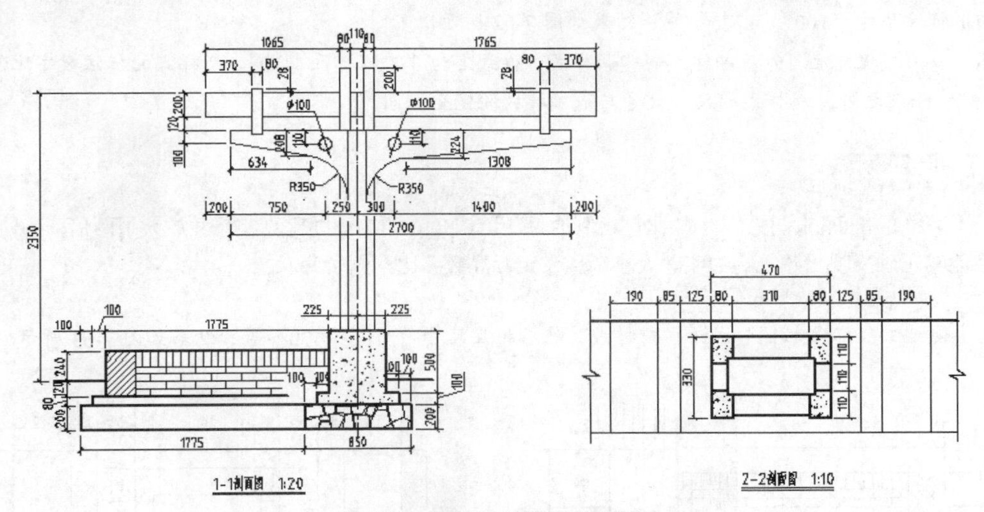

图 7-59　标注不同绘图比例的剖面图

（1）建立一个名为“建筑-标注”的图层，设置图层颜色为红色，线型为“Continuous”，并使其成为当前层。

（2）创建新文字样式，样式名为“标注文字”，与该样式相关联的字体文件是“gbenor.shx”和“gbcbig.shx”。

（3）创建一个尺寸样式，名称为“工程标注”，对该样式进行以下设置。

- 标注文本连接“标注文字”，文字高度为“2.5”，精度为“0.0”，小数点格式为“句点”。
- 标注文本与尺寸线间的距离为“0.8”。
- 尺寸起止符号为“建筑标记”，其大小为“2”。

- 尺寸界线超出尺寸线的长度为“2.5”。
- 尺寸线起始点与标注对象端点间的距离为“3”。
- 标注基线尺寸时，平行尺寸线间的距离为“8”。
- 标注全局比例因子为“20”。
- 使“工程标注”成为当前样式。

（4）激活对象捕捉，设置捕捉类型为“端点”“交点”。

（5）标注尺寸“370”“1065”等，再利用当前样式的覆盖方式标注直径和半径尺寸，结果如图 7-60 所示。

（6）使用 XLINE 命令绘制水平辅助线 *A* 及竖直辅助线 *B*、*C* 等，水平辅助线与竖直辅助线的交点是标注尺寸的起始点和终止点，标注尺寸“200”“750”等，结果如图 7-61 所示。

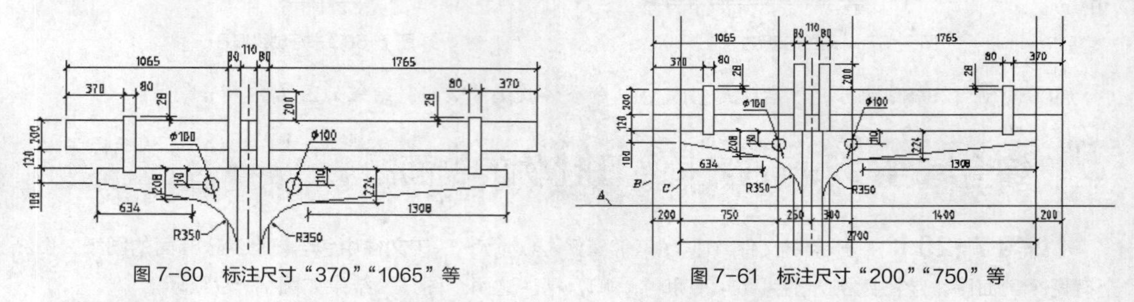

图 7-60　标注尺寸“370”“1065”等

图 7-61　标注尺寸“200”“750”等

（7）标注尺寸“100”“1775”等，结果如图 7-62 所示。

（8）以“工程标注”为基础样式创建新样式，样式名为“工程标注 1-10”。新样式的标注数字比例因子为“0.5”，除此之外，新样式的尺寸变量与基础样式的完全相同。

要点提示

由于 1∶20 的剖面图是按 1∶1 的比例绘制的，所以 1∶10 的剖面图比真实尺寸放大了两倍，为使标注文字能够正确反映出建筑物的实际大小，应设定标注数字比例因子为 0.5。

（9）使“工程标注 1-10”成为当前样式，然后标注尺寸“310”“470”等，结果如图 7-63 所示。

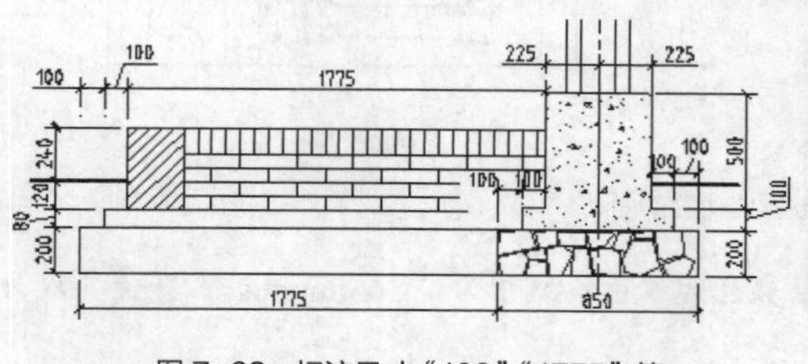

图 7-62　标注尺寸“100”“1775”等

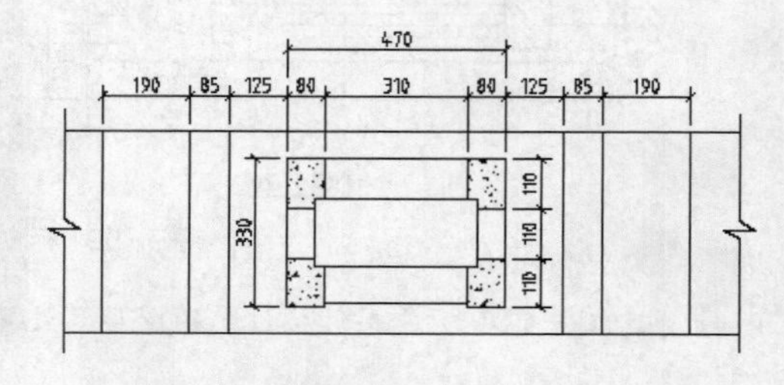

图 7-63　标注尺寸“310”“470”等

习题

1. 打开素材文件“dwg\第 7 章\7-21.dwg”，标注该图样，结果如图 7-64 所示。标注文字采用的字体为“gbenor.shx”，字高为 2.5，标注全局比例因子为 50。

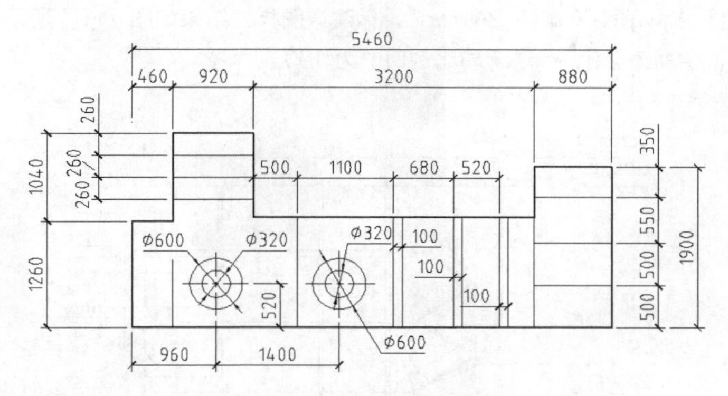

图 7-64 标注图样（1）

2. 打开素材文件“dwg\第 7 章\7-22.dwg”，标注该图样，结果如图 7-65 所示。标注文字采用的字体为“gbenor.shx”，字高为 2.5，标注全局比例因子为 150。

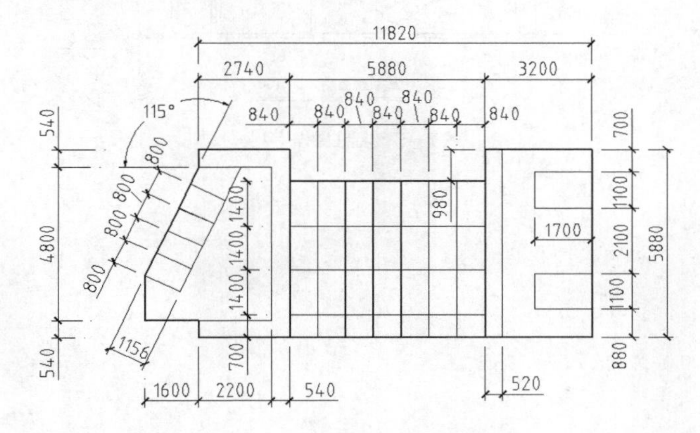

图 7-65 标注图样（2）

3. 打开素材文件“dwg\第 7 章\7-23.dwg”，标注该图样，结果如图 7-66 所示。标注文字采用的字体为“gbenor.shx”，字高为 2.5，标注全局比例因子为 100。

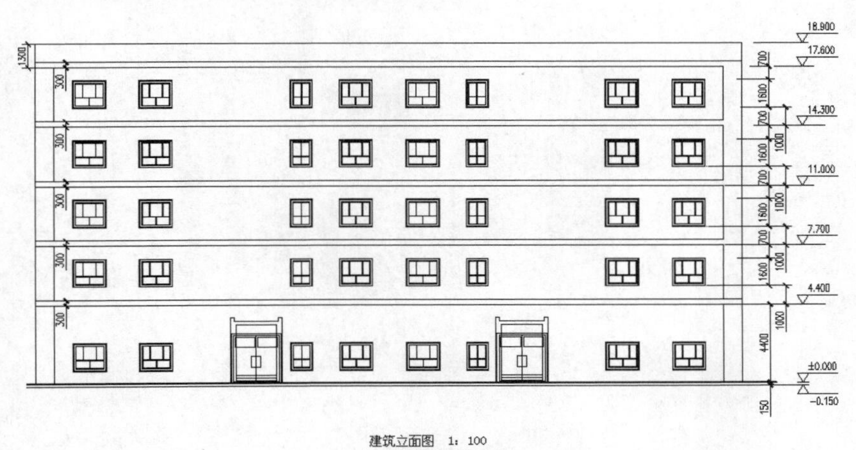

图 7-66 标注图样（3）

4. 打开素材文件“dwg\第 7 章\7-24.dwg”，标注该图样，结果如图 7-67 所示。标注文字采用的字体为“gbenor.shx”，字高为 2.5，标注全局比例因子为 100。

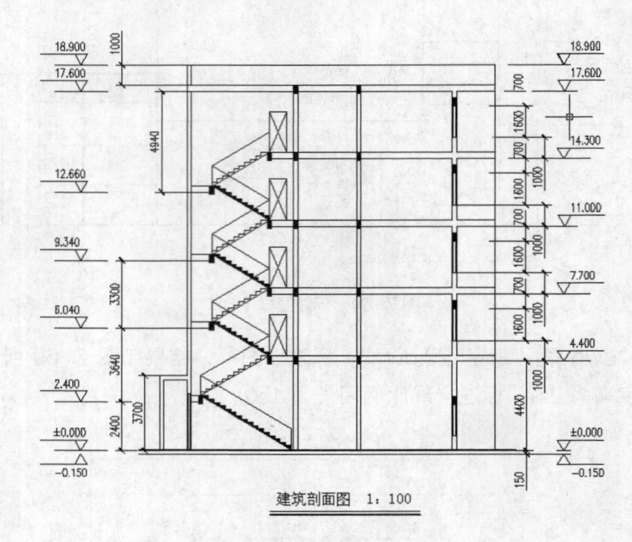

图 7-67 标注图样（4）

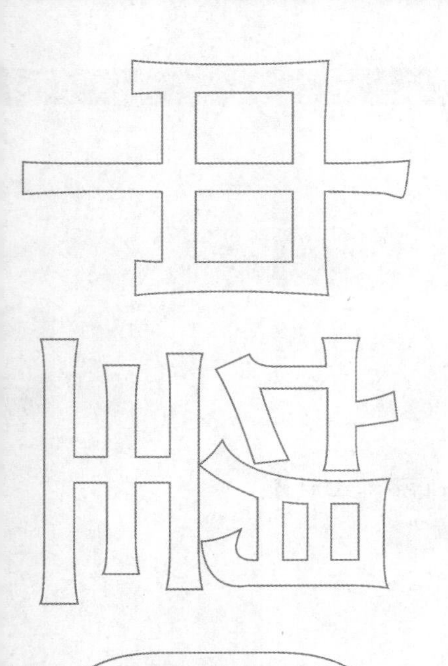

Chapter 8

第8章 查询信息、图块、外部参照及设计工具

通过本章的学习，读者要掌握查询距离、面积及周长等图形信息的方法，并了解块、外部参照及设计中心的基本使用方法。

【学习目标】

- 掌握获取图形信息的方法。
- 学会如何创建、使用及编辑块属性。
- 熟悉如何使用外部参照。
- 熟悉如何使用中望 CAD 建筑版 2014 设计中心。

8.1 获取图形信息的方法

本节将介绍获取图形信息的一些命令。

8.1.1 课堂实训——查询图形周长及面积

实训的任务是查询图 8-1 所示图形的周长、面积等信息。

【练习 8-1】：打开素材文件“dwg\第 8 章\8-1.dwg”，如图 8-1 所示。试计算：

（1）图形外轮廓线的周长。

（2）图形面积。

（3）圆心 *A* 到中心线 *B* 的距离。

（4）中心线 *B* 的倾斜角度。

具体操作步骤如下。

（1）用 REGION 命令将图形外轮廓线框 *C*（见图 8-2）创建成面域，然后用 LIST 命令获取此线框周长，数值为 1766.97。

（2）将线框 *D*、*E* 及 4 个圆创建成面域，用面域 *C*“减去”面域 *D*、*E* 及 4 个圆面域，如图 8-2 所示。

（3）用 LIST 命令查询面域面积，数值为 117908.46。

（4）查询圆心 *A* 到中心线 *B* 的距离，数值为 284.95。

（5）用 LIST 命令获取中心线 *B* 的倾斜角度，数值为 150°。

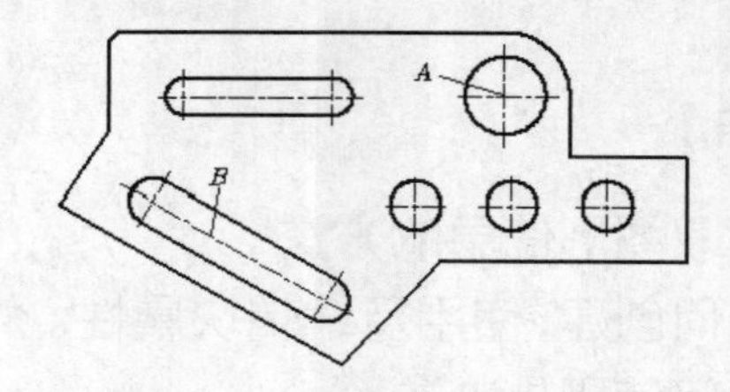

图 8-1 获取面积、周长等信息

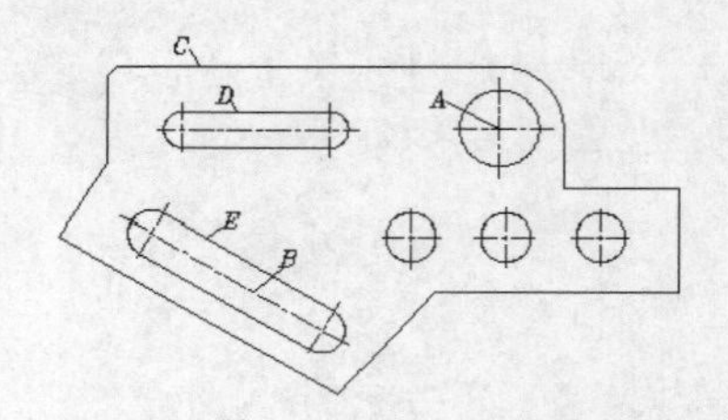

图 8-2 查询图形周长及面积

8.1.2 获取点的坐标

ID 命令用于查询图形对象上某点的绝对坐标，坐标值以“*x*,*y*,*z*”形式显示出来。对于二维图形，*z* 坐标值为零。

命令启动方法如下。

- 菜单命令：【工具】/【查询】/【点坐标】。
- 面板：【工具】选项卡中【实用工具】面板上的点坐标按钮。
- 命令：ID。

【练习 8-2】：练习 ID 命令。

打开素材文件“dwg\第 8 章\8-2.dwg”，单击【实用工具】面板上的点坐标按钮，启动 ID 命令，中望 CAD 提示如下。

```
命令： '_id 指定点： cen 于                          //捕捉圆心 A，如图 8-3 所示
X = 1463.7504   Y = 1166.5606   Z = 0.0000       //系统显示圆心坐标值
```

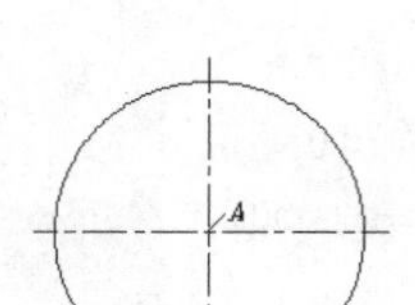

图 8-3　查询点的坐标

要点提示

ID 命令显示的坐标值与当前坐标系的位置有关。如果用户创建新坐标系（UCS），则 ID 命令测量的同一点坐标值将不同。

8.1.3　测量距离

DIST 命令可测量两点之间的距离，同时计算出与两点连线相关的某些角度。

命令启动方法如下。

- 菜单命令：【工具】/【查询】/【距离】。
- 面板：【工具】选项卡中【实用工具】面板上的 距离按钮。
- 命令：DIST 或简写 DI。

【练习 8-3】：练习 DIST 命令。

打开素材文件“dwg\第 8 章\8-3.dwg”，单击【实用工具】面板上的按钮，启动 DIST 命令，系统提示如下。

```
命令: _dist 指定第一点: end 于                    //捕捉端点 A，如图 8-4 所示
指定第二点: end 于                               //捕捉端点 B
距离 = 206.9383，XY 平面中的倾角 = 106，与 XY 平面的夹角 = 0
X 增量 = -57.4979,   Y 增量 = 198.7900，Z 增量 = 0.0000
```

DIST 命令显示的测量值意义如下。

- 距离：两点间的距离。
- XY 平面中的倾角：两点连线在 xy 平面上的投影与 x 轴间的夹角。
- 与 XY 平面的夹角：两点连线与 xy 平面间的夹角。
- X 增量：两点的 x 坐标差值。
- Y 增量：两点的 y 坐标差值。
- Z 增量：两点的 z 坐标差值。

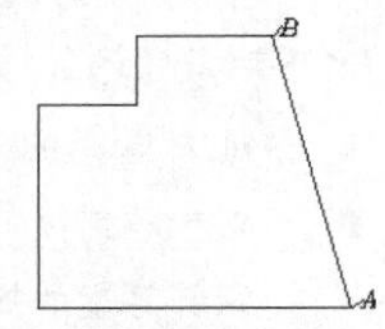

图 8-4　测量距离

要点提示

使用 DIST 命令时，两点的选择顺序不影响距离值，但影响该命令的其他测量值。

8.1.4　计算图形面积及周长

AREA 命令可以计算出圆、面域、多边形或一个指定区域的面积及周长，还可以进行面积的加、减运算。

1. 命令启动方法

- 菜单命令：【工具】/【查询】/【面积】。
- 面板：【工具】选项卡中【实用工具】面板上的 面积按钮。
- 命令：AREA 或简写 AA。

【练习 8-4】：练习 AREA 命令。

打开素材文件"dwg\第 8 章\8-4.dwg"，启动 AREA 命令，系统提示如下。

```
命令: _area
指定第一个角点或 [对象(O)/加(A)/减(S)]<对象(O)>:
                                              //捕捉交点 A，如图 8-5 所示
指定下一个点或 按下 ENTER 键全选:              //捕捉交点 B
指定下一个点或按下 ENTER 键全选:               //捕捉交点 C
指定下一个点或按下 ENTER 键全选:               //捕捉交点 D
指定下一个点或按下 ENTER 键全选:               //捕捉交点 E
指定下一个点或按下 ENTER 键全选:               //捕捉交点 F
指定下一个点或按下 ENTER 键全选:               //按 Enter 键结束
面积 = 553.7844，周长 = 112.1768
命令:AREA                                     //重复命令
指定第一个角点或 [对象(O)/加(A)/减(S)]<对象(O)>: //捕捉端点 G
指定下一个点或按下 ENTER 键全选:               //捕捉端点 H
指定下一个点或按下 ENTER 键全选:               //捕捉端点 I
指定下一个点或按下 ENTER 键全选:               //按 Enter 键结束
面积 = 198.7993，周长 = 67.4387
```

2. 命令选项

（1）对象（O）：求出所选对象的面积，有以下几种情况。

- 用户选择的对象是圆、椭圆、面域、正多边形及矩形等闭合图形。
- 对于非封闭的多段线及样条曲线，系统将假定有一条连线使其闭合，然后计算出闭合区域的面积，而所计算出的周长却是多段线或样条曲线的实际长度。

（2）加（A）：进入"加"模式。该选项使用户可以将新测量的面积加入总面积中。

```
命令: _area
指定第一个角点或 [对象(O)/加(A)/减(S)]<对象(O)>: A
                                                   //进入"增加面积"模式
指定第一个角点或 [对象(O)/减(S)]:                   //捕捉交点 A，如图 8-6 所示
指定下一个角点或按下 ENTER 键全选 ("加"模式):       //捕捉交点 B
指定下一个角点或按下 ENTER 键全选 ("加"模式):       //捕捉交点 C
指定下一个角点或按下 ENTER 键全选 ("加"模式):       //捕捉交点 D
```

```
指定下一个角点或按下 ENTER 键全选 ("加"模式):              //捕捉交点 E
指定下一个角点或按下 ENTER 键全选 ("加"模式):              //捕捉交点 F
指定下一个角点或按下 ENTER 键全选 ("加"模式):              //按 Enter 键
面积 = 389.6385, 周长 = 81.2421                            //左边图形的面积及周长
总面积 = 389.6385
指定第一个角点或 [对象(O)/减(S)]:                          //捕捉交点 G
指定下一个角点或按下 ENTER 键全选 ("加"模式):              //捕捉交点 H
指定下一个角点或按下 ENTER 键全选 ("加"模式):              //捕捉交点 I
指定下一个角点或按下 ENTER 键全选 ("加"模式):              //捕捉交点 J
指定下一个角点或按下 ENTER 键全选 ("加"模式):              //按 Enter 键
面积 = 146.2608, 周长 = 48.4006                            //右边矩形的面积及周长
总面积 = 535.8993                                          //两个图形的面积总和
指定第一个角点或 [对象(O)/减(S)]:                          //按 Enter 键结束
```

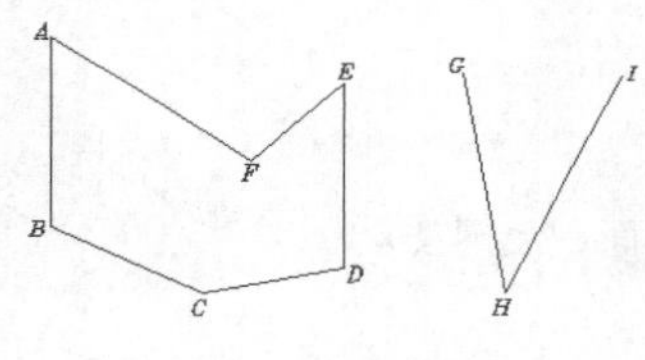

图 8-5　计算面积

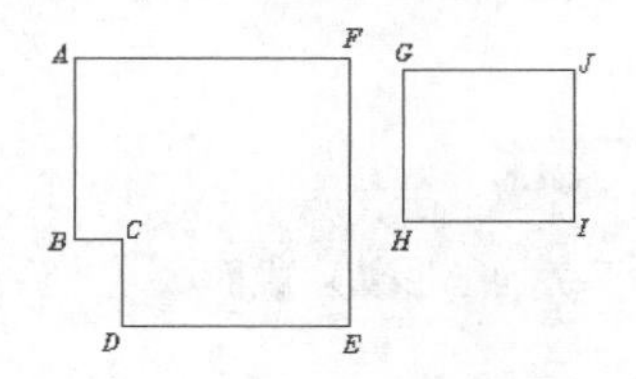

图 8-6　求图形总面积

（3）减（S）：利用此选项可使中望 CAD 建筑版 2014 把新测量的面积从总面积中扣除。

```
命令: _area
指定第一个角点或 [对象(O)/加(A)/减(S)]<对象(O)>: A
                                                    //进入"增加面积"模式
指定第一个角点或 [对象(O)/减(S)]:                   //捕捉交点 A，如图 8-7 所示
指定下一个角点或按下 ENTER 键全选 ("加"模式):       //捕捉交点 B
指定下一个角点或按下 ENTER 键全选 ("加"模式):       //捕捉交点 C
指定下一个角点或按下 ENTER 键全选 ("加"模式):       //捕捉交点 D
指定下一个角点或按下 ENTER 键全选 ("加"模式):       //按 Enter 键
面积 = 723.5827, 周长 = 111.0341                    //大矩形的面积及周长
总面积 = 723.5827
指定第一个角点或 [对象(O)/减(S)]: S                 //进入"减少面积"模式
指定第一个角点或 [对象(O)/加(A)]: O                 //使用"对象(O)"选项
("减"模式) 选择对象:                                //选择圆
面积 = 37.7705, 圆的周长 = 21.7862
总面积 = 685.8122                                   //大矩形与圆的面积之差
("减"模式) 选择对象:                                //按 Enter 键
```

```
指定第一个角点或 [对象(O)/加(A)]:                        //捕捉交点E
指定下一个角点或按下 ENTER 键全选 ("减"模式):              //捕捉交点F
指定下一个角点或按下 ENTER 键全选 ("减"模式):              //捕捉交点G
指定下一个角点或按下 ENTER 键全选 ("减"模式):              //捕捉交点H
指定下一个角点或按下 ENTER 键全选 ("减"模式):              //按Enter键
面积 = 75.5912, 周长 = 36.9312                            //小矩形的面积和周长
总面积 = 610.2210                                         //大矩形与圆、小矩形的面积之差
指定第一个角点或 [对象(O)/加(A)]:                         //按Enter键结束
```

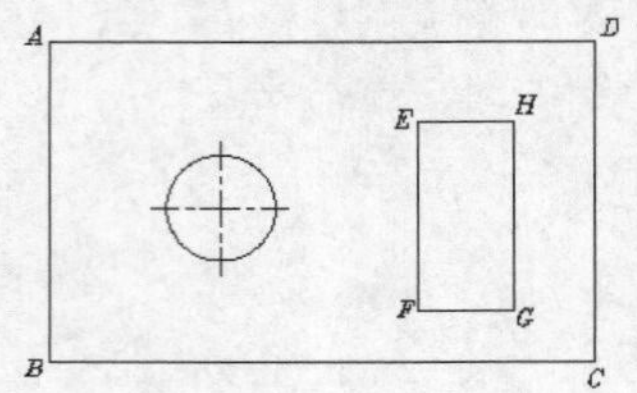

图 8-7 求面积之差

用户可以将复杂的图形创建成面域，然后用 LIST 命令查询面积及周长。

8.1.5 列出对象的图形信息

LIST 命令将列表显示对象的图形信息，这些信息随对象类型的不同而不同，一般包括以下内容。

- 对象的类型、图层及颜色。
- 对象的一些几何特性，如线段的长度、端点坐标、圆心位置、半径大小、圆的面积及周长等。

命令启动方法如下。

- 菜单命令：【工具】/【查询】/【列表显示】。
- 面板：【工具】选项卡中【实用工具】面板上的 列表按钮。
- 命令：LIST 或简写 LI。

【练习 8-5】：练习 LIST 命令。

打开素材文件“dwg\第 8 章\8-5.dwg”，单击【实用工具】面板上的 列表按钮，启动 LIST 命令，系统提示如下。

```
命令: _list
选择对象: 找到 1 个                //选择圆，如图 8-8 所示
选择对象:                          //按Enter键结束，中望 CAD 建筑版 2014 打开【文本窗口】
圆        图层: 0
空间: 模型空间
句柄 = 1e9
圆心 点， X=1643.5122  Y=1348.1237  Z= 0.0000
```

```
半径      59.1262
周长     371.5006
面积 10982.7031
```

8.1.6　查询图形信息综合练习

【练习 8-6】：打开素材文件“dwg\第 8 章\8-6.dwg”，如图 8-9 所示，计算其图形面积及周长。

（1）用 REGION 命令将图形外轮廓线框及内部线框创建成面域。

（2）用 LIST 查询外轮廓线面域的面积和周长，结果：面积等于 437365.5701，周长等于 2872.3732。

（3）用 LIST 查询内部线框面域的面积和周长，结果：面积等于 142814.4801，周长等于 1667.5426。

（4）用外轮廓线框构成的面域“减去”内部线框构成的面域。

（5）用 LIST 查询新面域的面积和周长，结果：面积等于 294551.0900，周长等于 4539.9158。

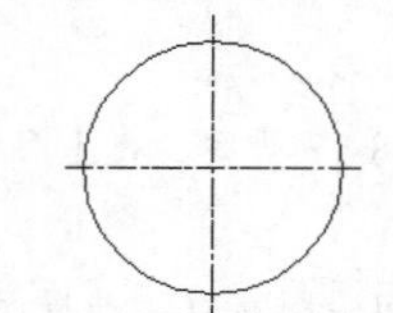

图 8-8　列出对象的几何信息

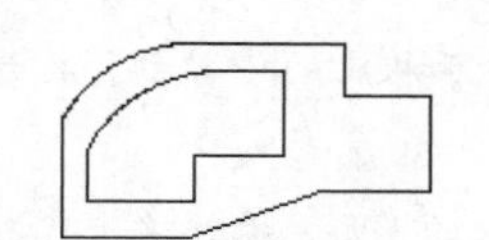

图 8-9　计算图形面积及周长

8.2　图块

图块是由多个对象组成的单一整体，在需要时可将其作为单独对象插入图形中使用。在建筑图中有许多反复使用的图形，如门、窗、家具等，若事先将这些对象创建成块，则使用时只需插入块即可，这样就避免了重复劳动，提高了设计效率。

8.2.1　课堂实训——创建图块、显示图块及插入图块

实训的任务是创建、显示图块并使用它。

【练习 8-7】：创建及插入图块。

（1）打开素材文件“dwg\第 8 章\8-7.dwg”，将图中“沙发”“转椅”及“计算机”复制到新图形文件中，新文件名为“符号库”。

（2）将新文件中“沙发”“转椅”及“计算机”创建成图块，设定块的插入点分别为点 *A*、点 *B* 及点 *C*，如图 8-10 所示。

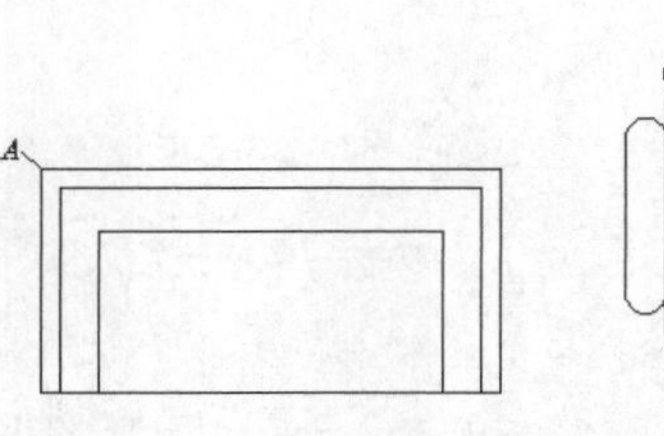

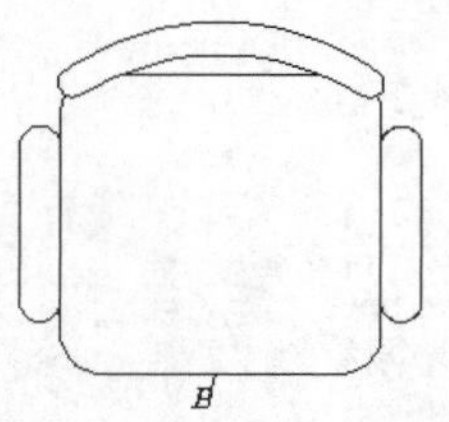

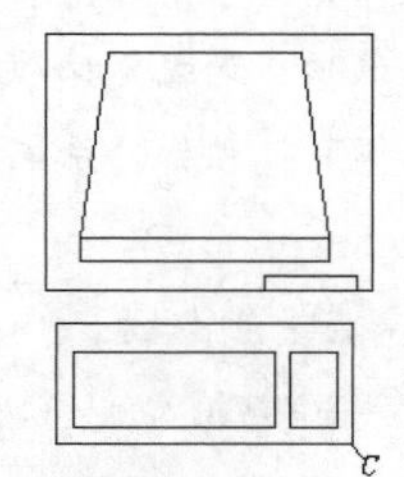

图 8-10　创建图块

（3）切换到文件“8-7.dwg”，打开设计中心，利用设计中心显示“符号库”中的图块，然后插入“沙发”“转椅”及“计算机”，如图 8-11 所示。

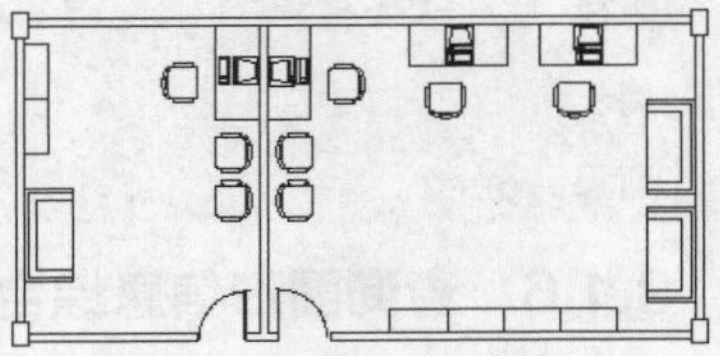

图 8-11　插入图块

8.2.2　创建及插入图块

用 BLOCK 命令可以将图形的一部分或整个图形创建成图块，用户可以给图块起名，并可定义插入基点。

命令启动方法如下。

- 菜单命令：【绘图】/【块】/【创建】。
- 面板：【常用】选项卡中【块】面板上的按钮。
- 命令：BLOCK 或简写 B。

【练习 8-8】：创建图块。

（1）打开素材文件“dwg\第 8 章\8-8.dwg”。

（2）单击【块】面板上的按钮，打开【块定义】对话框，如图 8-12 所示，在【名称】栏中输入新建图块的名称“座椅”。

（3）选择构成块的图形元素，单击按钮（选择对象），系统返回绘图窗口，并提示“选择对象”，选择“座椅”，如图 8-13 所示。

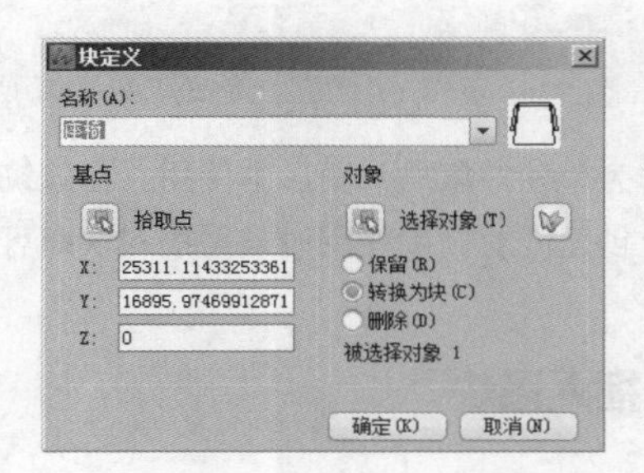

图 8-12　【块定义】对话框

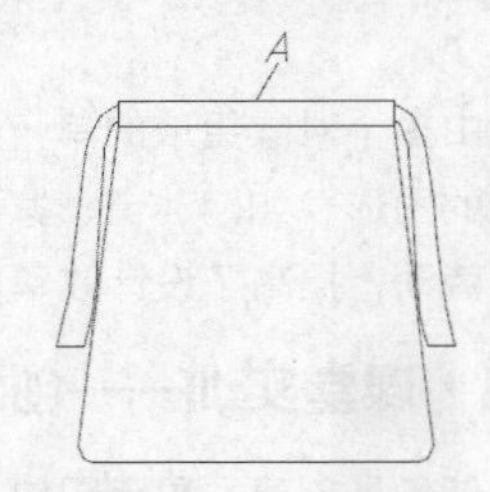

图 8-13　选择图块

（4）指定块的插入基点，单击按钮（拾取点），系统将返回绘图窗口，并提示“指定插入基点”，拾取点 A，如图 8-13 所示。

（5）单击 确定 按钮，生成图块。

（6）插入图块。单击【常用】选项卡中【块】面板上的按钮，或者键入 INSERT 命令，系统打开【插入】对话框，在【名称】下拉列表中选择“座椅”，并在【插入点】【比例】及【旋转】分组框中选择【在屏幕上指定】复选项，如图 8-14 所示。

（7）单击 确定 按钮，系统提示如下。

```
命令: _insert
指定块的插入点或[比例因子(S)/X/Y/Z/旋转角度(R)]:              //单击一点指定插入点
选择比例的另一角或输入 X 比例因子或[角点(C)/XYZ]<1>:1          //输入 x 方向缩放比例因子
Y 比例因子 < 等于 X 比例 >:1                                   //输入 y 方向缩放比例因子
块的旋转角度 <0>: -90                                           //输入图块的旋转角度
```

可以指定 x、y 方向的负缩放比例因子，此时插入的图块将进行镜像变换。

（8）插入其余图块，复制、旋转及镜像图块，结果如图 8-15 所示。

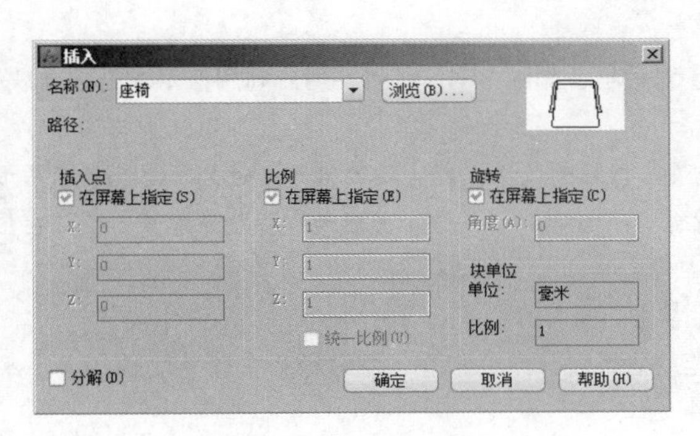

图 8-14 【插入】对话框

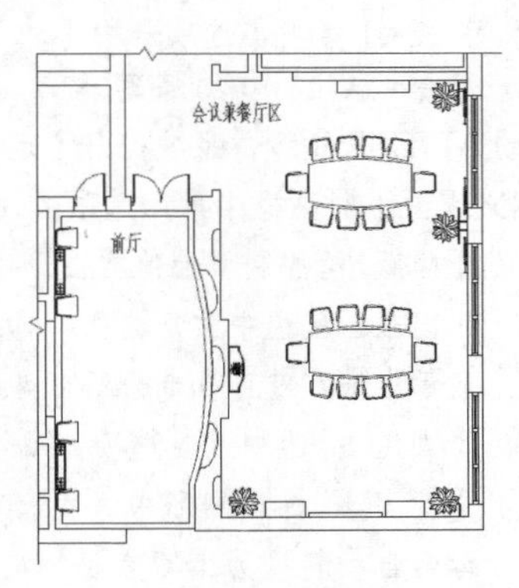

图 8-15　插入图块

要点提示

在定制符号块时，一般将块图形画在 1×1 的正方形中，这样就便于在插入块时确定图块沿 x、y 方向的缩放比例因子。

【块定义】及【插入】对话框中常用选项的功能如表 8-1 所示。

表 8-1　常用选项的功能

对　话　框	选　　项	功　　能
【块定义】	【名称】	在此栏中输入新建图块的名称
	【选择对象】	单击此按钮，系统切换到绘图窗口，用户在绘图区中选择构成图块的图形对象
	【拾取点】	单击此按钮，系统切换到绘图窗口，用户可直接在图形中拾取某点作为块的插入基点
	【保留】	系统生成图块后，还保留构成块的原对象
	【转换为块】	系统生成图块后，把构成块的原对象也转化为块
【插入】	【名称】	通过此下拉列表选择要插入的块。如果要将“.dwg”文件插入到当前图形中，就单击 浏览(B)... 按钮，然后选择要插入的文件
	【统一比例】	使块沿 x、y、z 方向的缩放比例都相同
	【分解】	系统在插入块的同时分解块对象

8.2.3　创建及使用块属性

在中望 CAD 建筑版 2014 中可以使块附带属性，属性类似于商品的标签，包含了图块所不能表达的其他各种文字信息，如型号、日期等，存储在属性中的信息一般称为属性值。当用 BLOCK 命令创建块时，将已定义的属性与图形一起生成块，这样块中就包含属性了，当然，用户也能仅将属性本身创建成一个块。

当在图样中插入带属性的图块时，系统会提示用户输入属性值，插入图块后，还可对属性进行编辑。块属性的这种特性使其在建筑图中非常有用，例如，可创建附带属性的门、窗块，设定属性值为门、窗型号，这样，当插入这些块时就可同时输入型号数据，或者事后编辑这些数据。

命令启动方法如下。

- 菜单命令：【绘图】/【块】/【定义属性】。
- 面板：【常用】选项卡中【块】面板上的按钮。
- 命令：ATTDEF 或简写 ATT。

启动 ATTDEF 命令，系统打开【定义属性】对话框，如图 8-16 所示，用户利用该对话框创建块属性。【定义属性】对话框中常用选项的功能如下。

- 【隐藏】：控制属性值在图形中的可见性。如果想使图中包含属性信息，但又不想使其在图形中显示出来，就选中该复选项。有一些文字信息（如零部件的成本、产地和存放仓库等）不必在图样中显示出来，就可设定为不可见属性。
- 【固定】：选中该复选项，属性值将为常量。
- 【标记】：标识图形中每次出现的属性。使用任何字符组合（空格除外）输入属性标记。小写字母会自动转换为大写字母。
- 【提示】：指定在插入包含该属性定义的块时显示的提示。如果不输入提示，那么属性标记将用作提示。
- 【缺省文本】：指定默认的属性值。
- 【插入坐标】：指定属性位置，输入坐标值或者在屏幕上指定。
- 【文字样式】：从该下拉列表中选择文字样式。
- 【对齐方式】：该下拉列表中包含了 10 多种属性文字的对齐方式，如布满、居中、中间、左对齐和右对齐等。这些选项的功能与 DTEXT 命令对应选项的功能相同。
- 【文字高度】：用户可直接在文本框中输入属性的文字高度，或者单击右侧按钮切换到绘图窗口，在绘图区中拾取两点以指定高度。
- 【旋转】：设定属性文字的旋转角度。

【练习 8-9】：下面的练习将演示定义属性及使用属性的具体过程。

（1）打开素材文件“dwg\第 8 章\8-9.dwg”。

（2）键入 ATTDEF 命令，系统打开【定义属性】对话框，如图 8-17 所示。在该对话框中输入下列内容。

标记：　　姓名及号码

提示：　　请输入您的姓名及电话号码

缺省文本：　李燕　2660732

（3）在【文字样式】下拉列表中选择【样式-1】，在【文字高度】文本框中输入数值“3”，单击 选择(S) > 按钮，系统提示“选择插入点”，在电话机的下边拾取点 A，如图 8-18 所示。单击 定义并退出(A) 按钮完成。

（4）将属性与图形一起创建成图块。单击【块】面板上的按钮，系统打开【块定义】对话框，如图 8-19 所示。

（5）在【名称】栏中输入新建图块的名称“电话机”，在【对象】分组框中选择【保留】单选项，如图 8-19 所示。

（6）单击按钮（选择对象），系统返回绘图窗口，并提示“选择对象”，选择电话机及属性，如图 8-18 所示。

（7）指定块的插入基点。单击按钮（拾取点），系统返回绘图窗口，并提示“指定基点”，拾取点 B，如图 8-18 所示。

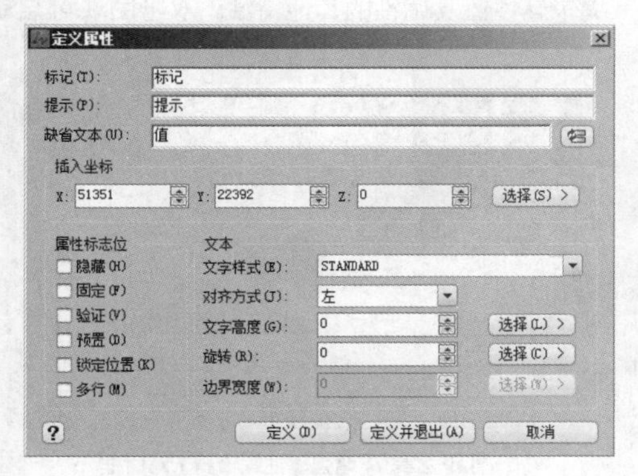

图 8-16　【定义属性】对话框（1）

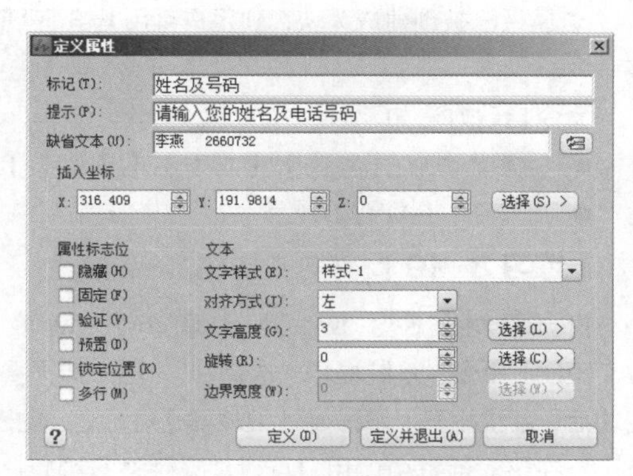

图 8-17　【定义属性】对话框（2）

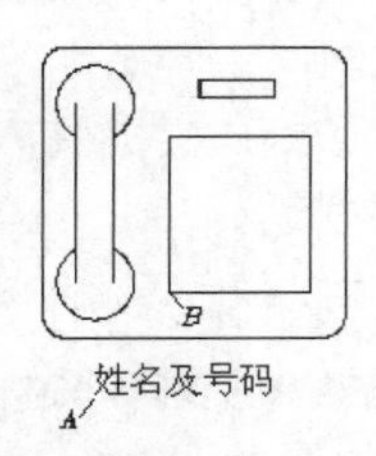

图 8-18　定义属性

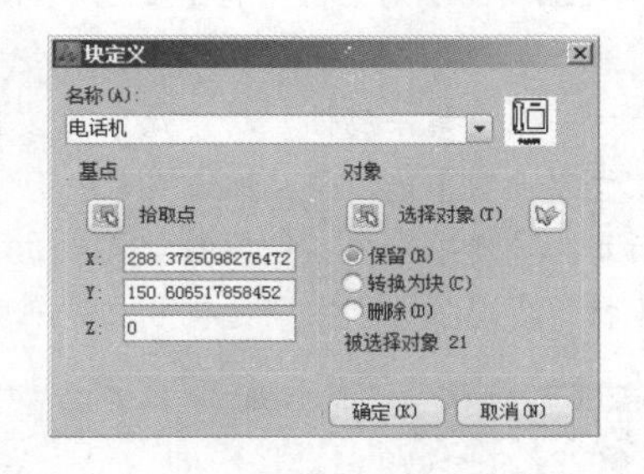

图 8-19　【块定义】对话框

（8）单击 确定 按钮，中望 CAD 建筑版 2014 生成图块。

（9）插入带属性的块。单击【块】面板上的按钮，系统打开【插入】对话框，在【名称】下拉列表中选择【电话机】，如图 8-20 所示。

（10）单击 确定 按钮，系统提示如下。

指定块的插入点或[比例因子(S)/X/Y/Z/旋转角度(R)]:　　　//在屏幕上的适当位置指定插入点

输入属性值

请输入您的姓名及电话号码 <李燕　2660732>: 张涛　5895926

//输入属性值

结果如图 8-21 所示。

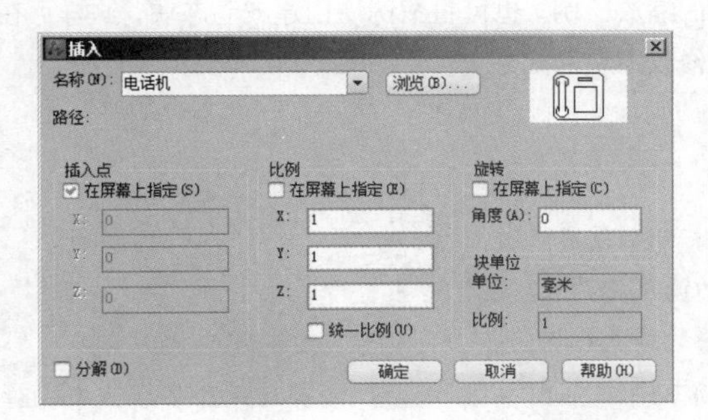

图 8-20　【插入】对话框

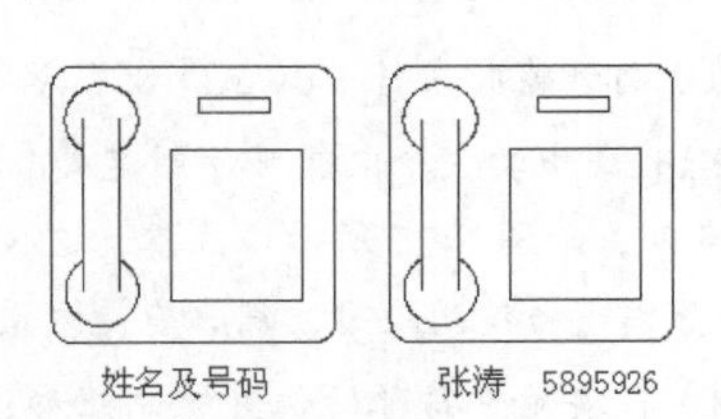

图 8-21　插入附带属性的图块

8.2.4 编辑块的属性

若属性已被创建成为块，则用户可用 EATTEDIT 命令来编辑属性值及属性的其他特性。双击图块可启动该命令。

命令启动方法如下。

- 菜单命令：【修改】/【对象】/【属性】/【单个】。
- 命令：EATTEDIT。

【练习 8-10】： 练习 EATTEDIT 命令。

打开素材文件“dwg\第 8 章\8-10.dwg”，启动 EATTEDIT 命令，系统提示“选择块”，用户选择要编辑的图块后，系统打开【增强属性编辑器】对话框，如图 8-22 所示。在该对话框中，用户可对块属性进行编辑。

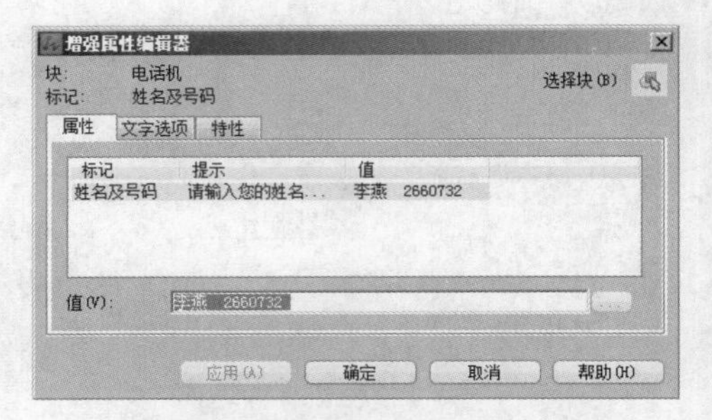

图 8-22 【增强属性编辑器】对话框

【增强属性编辑器】对话框中有【属性】【文字选项】和【特性】3 个选项卡，它们的功能如下。

- 【属性】选项卡：在该选项卡中，系统列出了当前块对象中各个属性的标记、提示及值，如图 8-22 所示。选中某一属性，用户就可以在【值】文本框中修改属性的值。
- 【文字选项】选项卡：该选项卡用于修改属性文字的一些特性，如文字样式、字高等，如图 8-23 所示。该选项卡中各选项的含义与【文字样式】对话框中同名选项的含义相同。
- 【特性】选项卡：在该选项卡中用户可以修改属性文字的图层、线型、颜色等，如图 8-24 所示。

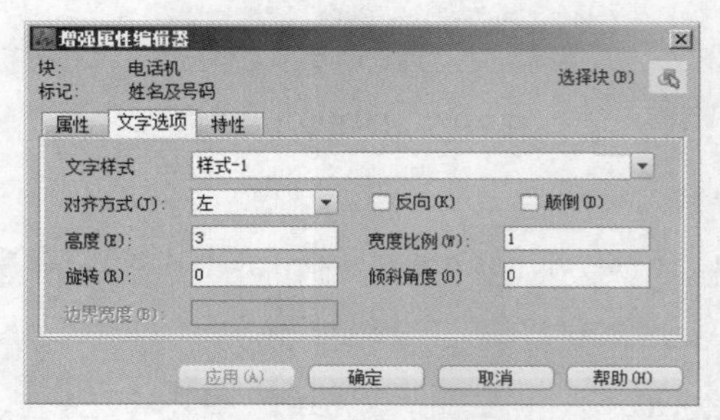

图 8-23 【文字选项】选项卡

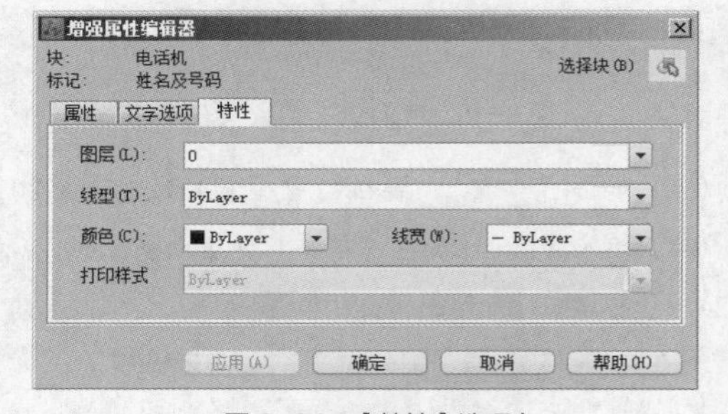

图 8-24 【特性】选项卡

8.2.5 创建建筑图例库

建筑图例库包含了建筑图中常用的图例，如门、窗、室内家具等，这些图例以块的形式保存在图形文件中。在绘制建筑图时，用户可以通过设计中心或工具选项板插入图例库中的图块。图例块一般都绘制在 1×1 的正方形中，插入时可以很方便地确定块的缩放比例。也可将图例块创建成动态块，这样可在插入图块后利用关键点编辑方式或 PROPERTIES 命令修改图块的尺寸。

【练习 8-11】： 利用符号块绘制电路图。

（1）打开素材文件“dwg\第 8 章\8-11.dwg”。

（2）将图中的 3 个电气符号创建成图块，插入点分别设定在 *A*、*B*、*C* 点处，如图 8-25 所示。注意，这 3 个符号的高度都为 1。这样做的原因是当使用块时，用户能更方便地控制块的缩放比例。

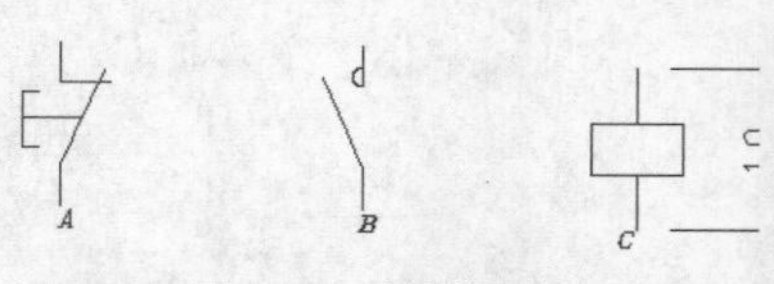

图 8-25 创建符号块

（3）在要放置符号的位置绘制矩形，矩形高度为 5，如图 8-26 所示。修剪及删除多余线条，结果如图 8-27 所示。

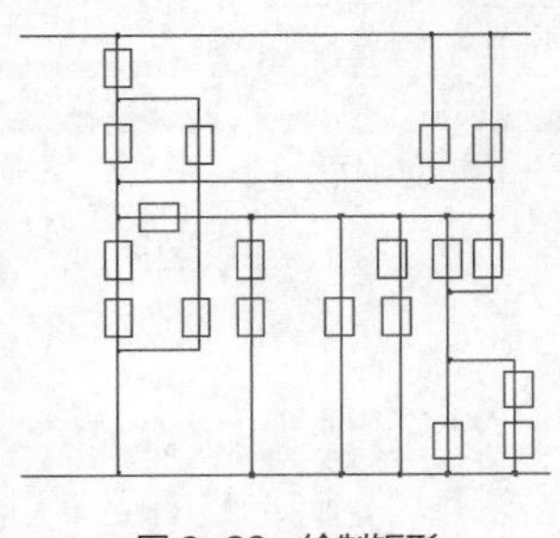

图 8-26　绘制矩形

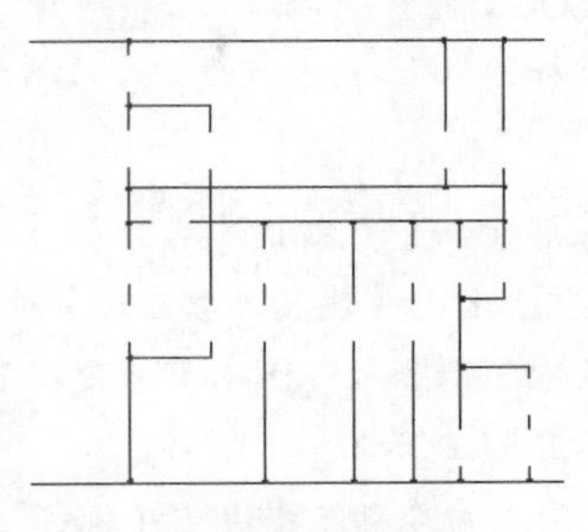

图 8-27　修剪结果

（4）插入电气符号块，块的缩放比例为 5，结果如图 8-28 所示。

（5）用 DTEXT 命令书写文字，字高为 2.5，宽度比例因子为 0.8，字体为宋体，结果如图 8-29 所示。

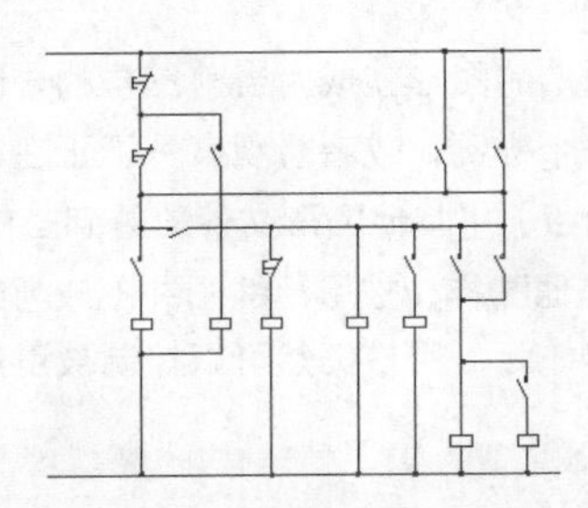

图 8-28　插入电气符号块

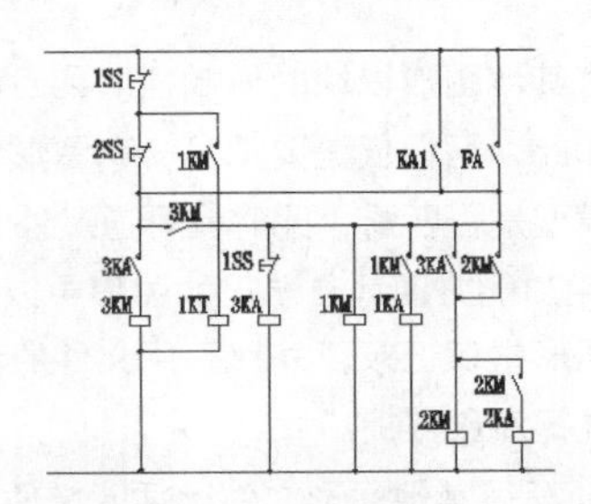

图 8-29　书写文字

8.2.6　上机练习——创建带属性的标题栏块

【练习 8-12】：创建标题栏块，该块中要填写的文字项目为块属性。

（1）打开素材文件“dwg\第 8 章\8-12.dwg”，创建属性项 *A*、*B*、*C*、*D*，如图 8-30 所示。属性包含的内容如表 8-2 所示，属性项字高为 3.5，字体为“gbcbig.shx”。

图名				建设单位	建设单位		
				工程名称	工程名称		
绘　图	绘图人 A	项目负责人		比　例		图　别	
设　计	设计人 B	工程负责人		图　号			
校　对	校对人 C	审　定		XXX市建筑设计院			
审　核	审核人 D	日　期					

图 8-30　创建属性项

表 8-2　各属性项包含的内容

项　目	标　记	提　示	值
属性 *A*	绘图人	请输入绘图人姓名	张三
属性 *B*	设计人	请输入设计人姓名	张三
属性 *C*	校对人	请输入校对人姓名	张三
属性 *D*	审核人	请输入审核人姓名	张三

（2）用 BLOCK 命令将属性与图形一起定制成图块，块名为“标题栏”，插入点设定在表格的右下角点。

（3）选择菜单命令【修改】/【对象】/【属性】/【块属性管理器】，打开【块属性管理器】对话框，利用 下移(D) 按钮或 上移(U) 按钮调整属性项目的排列顺序，如图 8-31 所示。

（4）用 INSERT 命令插入图块“标题栏”，并输入属性值，也可双击图块修改属性值。

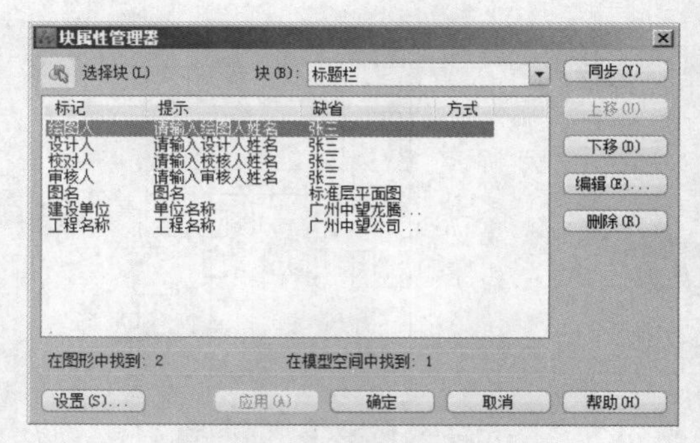

图 8-31 调整属性项目的排列顺序

8.3 使用外部参照

当用户将其他图形以块的形式插入到当前图样中时，被插入的图形就成为当前图样的一部分，但用户可能并不想如此，而仅仅是要把另一个图形作为当前图形的一个样例，或者想观察一下正在设计的模型与相关的其他模型是否匹配，此时就可通过外部引用（也称为 Xref）将其他图形文件放置到当前图形中。

Xref 使用户能方便地在自己的图形中以引用的方式看到其他图样，被引用的图并不成为当前图样的一部分，当前图形中仅记录了外部引用文件的位置和名称。虽然如此，用户仍然可以控制被引用图形层的可见性，并能进行对象捕捉。

利用 Xref 获得其他图形文件比插入文件块有更多的优点。

（1）由于外部引用的图形并不是当前图样的一部分，因而利用 Xref 组合的图样比通过文件块构成的图样要小。

（2）每当系统装载图样时，都将加载最新的 Xref 版本。因此，若外部图形文件有所改动，则用户装入的引用图形也将跟随着变动。

（3）利用外部引用将有利于几个人共同完成一个设计项目，因为 Xref 使设计者之间可以容易地查看对方的设计图样，从而协调设计内容。另外，Xref 也使设计人员同时使用相同的图形文件进行分工设计。例如，一个建筑设计小组的所有成员通过外部引用就能同时参照建筑物的结构平面图，然后分别开展电路、管道等方面的设计工作。

8.3.1 引用外部图形

引用外部“.dwg”图形文件的命令是 ATTACH，该命令可以加载一个或同时加载多个文件。

【练习 8-13】：练习 ATTACH 命令的使用。

（1）打开素材文件“dwg\第 8 章\8-13.dwg”。

（2）单击【插入】选项卡中【参照】面板上的 DWG 按钮，启动 ATTACH 命令，打开【选择参照文件】对话框，通过此对话框选择文件“dwg\第 8 章\8-13-A.dwg”，再单击 打开(O) 按钮，弹出【外部参照】对话框，如图 8-32 所示。

（3）单击 确定 按钮，再按系统提示指定文件的插入点，然后将图形移动到图框中，如图 8-33 所示。

（4）用上述相同的方法引用图形文件“dwg\第 8 章\8-13-B.dwg”，再用 MOVE 命令把两个平面图组合在一起，结果如图 8-33 所示。

（5）保存文件，8.3.2 小节将使用该文件。

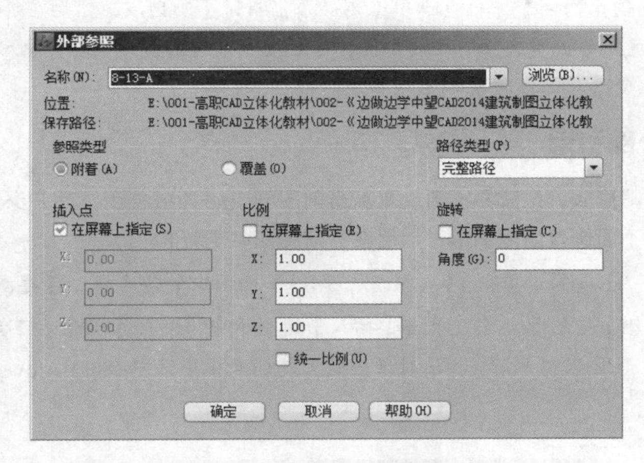

图 8-32 【外部参照】对话框

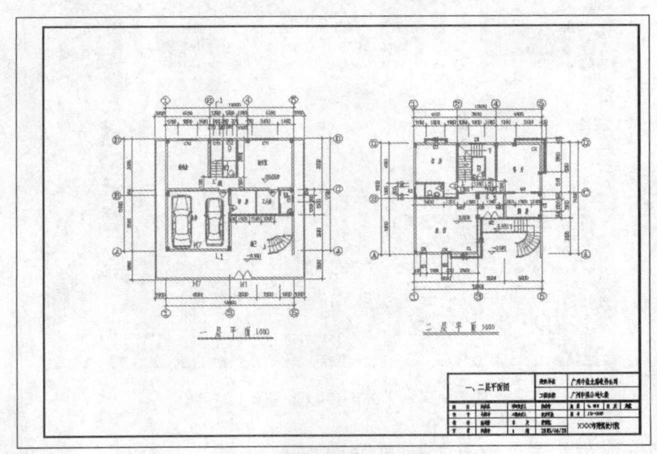

图 8-33 插入并组合图形

【外部参照】对话框中各选项的功能如下。

- 【名称】：该下拉列表显示了当前图形中包含的外部参照文件的名称。用户可在此下拉列表中直接选取文件，也可单击浏览(B)...按钮查找其他参照文件。
- 【附着】：图形文件 *A* 嵌套了其他的 Xref，而这些文件是以“附着型”方式被引用的。当新文件引用图形 *A* 时，用户不仅可以看到图形 *A* 本身，还能看到图形 *A* 中嵌套的 Xref。附加方式的 Xref 不能循环嵌套，即如果图形 *A* 引用了图形 *B*，而图形 *B* 又引用了图形 *C*，则图形 *C* 不能再引用图形 *A*。
- 【覆盖】：图形 *A* 中有多层嵌套的 Xref，但它们均以“覆盖型”方式被引用。当其他图形引用图形 *A* 时，就只能看到图形 *A* 本身，而其包含的任何 Xref 都不会显示出来。覆盖方式的 Xref 可以循环引用，这使设计人员可以灵活地查看其他任何图形文件，而无须为图形之间的嵌套关系而担忧。
- 【插入点】：在此分组框中指定外部参照文件的插入基点，可直接在【X】【Y】【Z】文本框中输入插入点坐标，也可选中【在屏幕上指定】复选项，然后在屏幕上指定。

- 【比例】：在此分组框中指定外部参照文件的缩放比例，可直接在【X】【Y】【Z】文本框中输入沿这 3 个方向的比例因子，也可选中【在屏幕上指定】复选项，然后在屏幕上指定。
- 【旋转】：确定外部参照文件的旋转角度，可直接在【角度】文本框中输入角度值，也可选中【在屏幕上指定】复选项，然后在屏幕上指定。

8.3.2 更新外部引用

当修改了被引用的图形时，系统并不自动更新当前图样中的 Xref 图形，用户必须重新加载以更新它。继续前面的练习，下面修改引用图形，然后在当前图形中更新它。

（1）打开素材文件"dwg\第 8 章\8-13-A.dwg"，删除平面图中的轿车块，保存图形。

（2）切换到"8-13.dwg"图形文件。单击【插入】选项卡中【参照】面板右下角的按钮，打开【外部参照管理器】对话框，如图 8-34 所示。在该对话框的文件列表框中选中"8-13-A.dwg"文件，单击重载(R)按钮以加载外部图形。

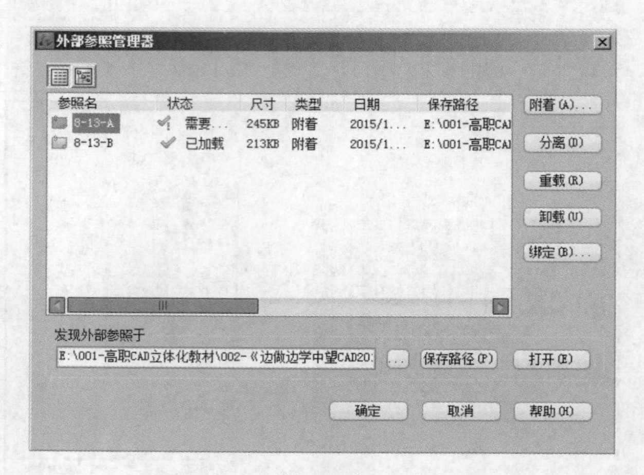

图 8-34 【外部参照管理器】对话框

（3）重新加载外部图形后，结果如图 8-35 所示。

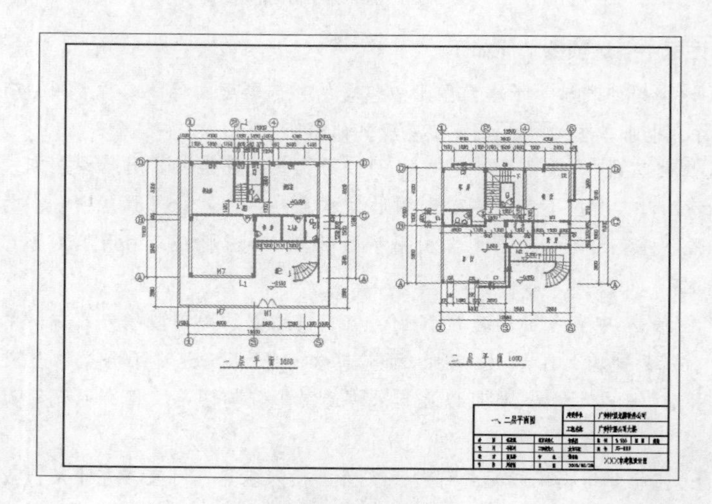

图 8-35 重新加载图形

【外部参照管理器】对话框中常用选项的功能如下。

- 附着(A)... 按钮：单击此按钮，系统弹出【外部参照】对话框，用户通过此对话框选择要插入的图形文件。
- 卸载(U) 按钮：单击此按钮，暂时移走当前图形中的某个外部参照文件，但在列表框中仍保留该文件的路径。
- 重载(R) 按钮：单击此按钮，在不退出当前图形文件的情况下更新外部引用文件。
- 分离(D) 按钮：单击此按钮，将某个外部参照文件去除。
- 绑定(B)... 按钮：单击此按钮，将外部参照文件永久地插入当前图形中，使之成为当前文件的一部分，详细内容参见 8.3.3 小节。

8.3.3 转化外部引用文件的内容为当前图样的一部分

由于被引用的图形本身并不是当前图形的内容，因此引用图形的命名项目（如图层、文本样式和尺寸标注样式等）都以特有的格式表示出来。Xref 的命名项目表示形式为“Xref 名称|命名项目”，通过这种方式，系统将引用文件的命名项目与当前图形的命名项目区别开来。

用户可以把外部引用文件转化为当前图形的内容，转化后 Xref 就变为图样中的一个图块，另外，也能把引用图形的命名项目（如图层、文字样式等）转变为当前图形的一部分。通过这种方法，用户可以轻易地使所有图纸的图层、文字样式等命名项目保持一致。

在【外部参照管理器】对话框（见图 8-34）中，选择要转化的图形文件，然后单击 绑定(B)... 按钮，打开【绑定外部参照】对话框，如图 8-36 所示，利用此对话框将外部参照图形转化为当前文件内容。

【绑定外部参照】对话框中有两个单选项，它们的功能如下。

- 【绑定】：选中该单选项时，引用图形的所有命名项目的名称由“Xref 名称|命名项目”变为“Xref 名称N命名项目”。其中，字母 N 是可自动增加的整数，以避免与当前图样中的项目名称重复。
- 【插入】：选中该选单项类似于先拆离引用文件，然后再以块的形式插入外部文件。当合并外部图形后，命名项目的名称前不加任何前缀。例如，外部引用文件中有图层 WALL，当利用【插入】选项转化外部图形时，若当前图形中无 WALL 层，那么系统就创建 WALL 层，否则继续使用原来的 WALL 层。

在命令行上输入 XBIND 命令，系统打开【外部参照绑定】对话框，如图 8-37 所示。在对话框左边的列表框中选择要添加到当前图形中的项目，然后单击 添加(A) -> 按钮，把命名项加入到【绑定定义】列表框中，再单击 确定 按钮完成。

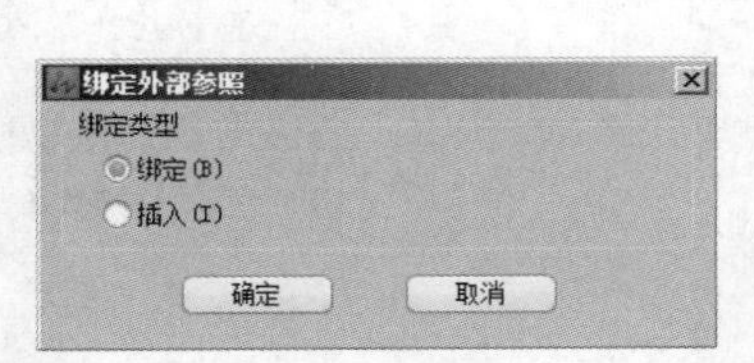

图 8-36 【绑定外部参照】对话框

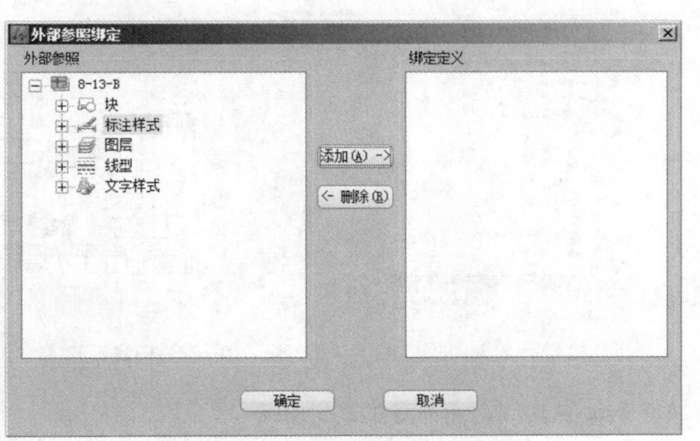

图 8-37 【外部参照绑定】对话框

要点提示

用户可以通过 Xref 连接一系列的库文件，如果想要使用库文件中的内容，就用 XBIND 命令将库文件中的有关项目（如尺寸样式、图块等）转化成当前图样的一部分。

8.4 使用设计中心

设计中心为用户提供了一种直观、高效且与 Windows 资源管理器相似的操作界面，通过它用户可以很容易地查找和组织本地或网络上存储的图形文件，同时还能方便地利用其他图形文件中的块、文本样式、尺寸样式等内容。此外，如果用户打开多个文件，还能通过设计中心进行有效的管理。

下面提供几个练习让读者了解设计中心的使用方法。

8.4.1 浏览及打开图形

【练习 8-14】：利用设计中心查看图形及打开图形。

（1）单击【工具】选项卡中【选项板】面板上的按钮，打开【设计中心】对话框，如图 8-38 所示。该对话框包含 3 个选项卡。

- 【文件夹】：显示本地计算机及网上邻居的信息资源，与 Windows 资源管理器类似。
- 【打开的图形】：列出当前系统中所有打开的图形文件。单击文件名前的图标"⊞"，设计中心即列出该图形所包含的命名项目，如图层、文字样式和图块等。
- 【历史记录】：显示最近访问过的图形文件，包括文件的完整路径。

（2）单击对话框上部的按钮，切换到"Sample"文件夹，再选中子目录中的"DesignCenter"文件夹，设计中心右边的窗口中出现图形文件的小型图片，选择该图片，单击按钮，显示出详细的预览图，如图 8-38 所示。

（3）用鼠标右键单击小型图片，弹出快捷菜单，如图 8-39 所示，选取【在应用程序窗口中打开】命令，就可打开此文件。

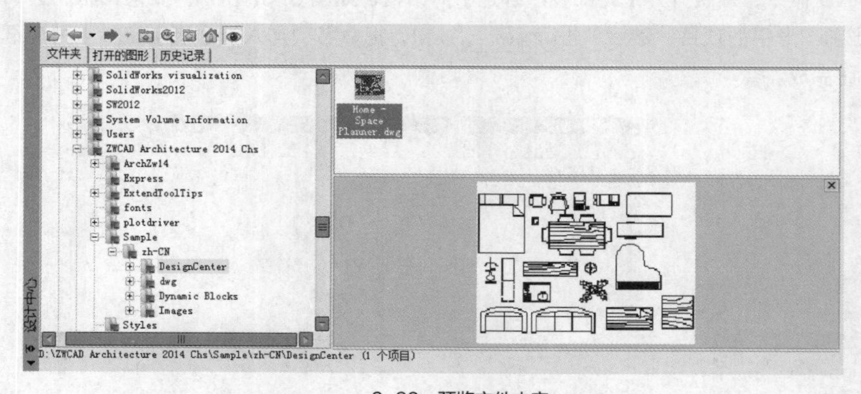

8-38 预览文件内容

浏览(E)
添加到收藏夹(D)
组织收藏夹(Z)...
附着为外部参照(A)...
复制(C)
在应用程序窗口中打开(O)
插入为块(I)...
创建工具选项板
设置为主页

图 8-39 快捷菜单

快捷菜单中其他常用命令的功能如下。

- 【浏览】：列出文件中块、图层和文本样式等命名项目。

- 【添加到收藏夹】：在收藏夹中创建图形文件的快捷方式，当用户单击设计中心的按钮时，能快速找到这个文件的快捷图标。
- 【附着为外部参照】：以附加或覆盖方式引用外部图形。
- 【插入为块】：将图形文件以块的形式插入到当前图样中。
- 【创建工具选项板】：创建以文件名命名的工具选项板，该选项板包含图形文件中的所有图块。

8.4.2　将图形文件的块、图层等对象插入当前图形中

【练习 8-15】： 利用设计中心插入图块、图层等对象。

（1）打开设计中心，单击对话框上部的按钮，切换到“Sample”文件夹，再选中子目录中的“DesignCenter”文件夹，设计中心在右边的窗口中显示出文件夹中图形文件的小型图片。

（2）展开“DesignCenter”文件夹，选中“Home-Space Planner.dwg”文件，则设计中心在右边的窗口中列出图层、图块和文字样式等项目，如图 8-40 所示。

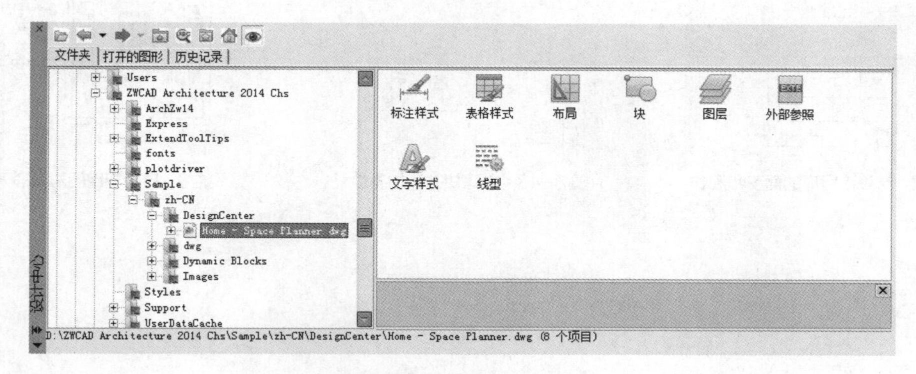

图 8-40　显示图层、图块等项目

（3）若要显示图形中块的详细信息，就选中【块】，然后单击鼠标右键，选择【浏览】命令，则设计中心列出图形中的所有图块，如图 8-41 所示。

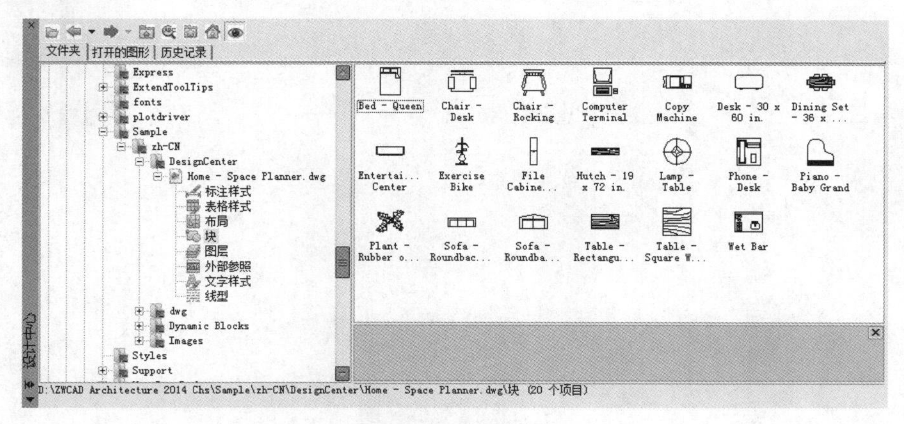

图 8-41　列出图块信息

（4）选中某一图块，单击鼠标右键，弹出快捷菜单，选取【插入块】命令，就可将此图块插入到当前图形中。

（5）用上述类似的方法可将图层、标注样式和文字样式等项目插入到当前图形中。

习题

1. 打开素材文件“dwg\第 8 章\8-16.dwg”，如图 8-42 所示，试计算该图形的面积和周长。

2. 创建标高符号块并添加属性，如图 8-43 所示。

3. 创建新图形文件，在新图形中引用素材文件“dwg\第 8 章\8-17.dwg”，然后利用设计中心插入“8-18.dwg”中的图块，块名为“双人床”“电视”及“电脑桌”，结果如图 8-44 所示。

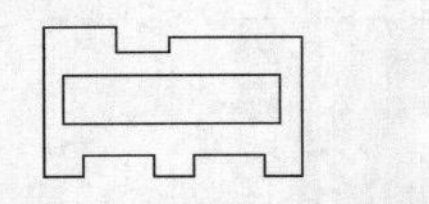

图 8-42 计算该图形的面积和周长

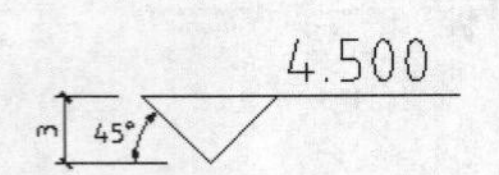

图 8-43 创建块并添加属性

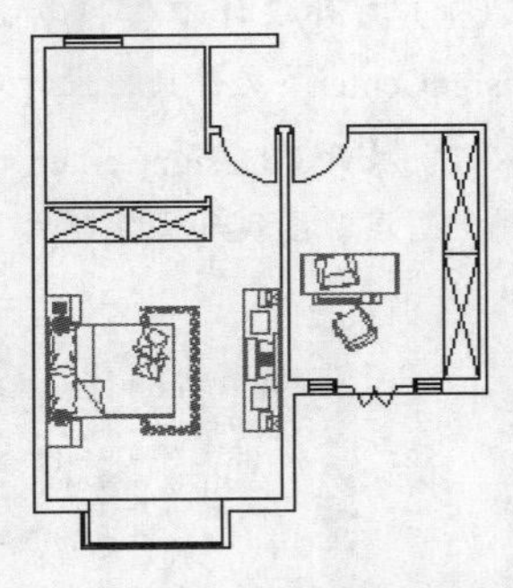

图 8-44 引用图形及插入图块

Chapter 9

第9章 中望CAD建筑绘图工具

通过本章的学习，读者要掌握创建及编辑轴网、墙体及门窗等建筑绘图工具的用法，并能根据建筑平面图生成立面图和剖面图。

【学习目标】

- 掌握绘制及编辑轴网的方法。
- 熟练绘制及编辑墙体。
- 掌握插入及编辑各类门窗的方法。
- 学会尺寸标注的常用命令，并能快速编辑。
- 学会文字及符号输入方法，并能快速编辑。
- 掌握根据平面图生成立面图、剖面图的方法。

9.1 平面绘图工具

中望 CAD 建筑版 2014 提供了一些高效的平面绘图工具，下面对常用的工具进行介绍。

9.1.1 创建多种形式矩形

【新建矩形】命令可以创建多种形式的矩形，如普通矩形、具有对角线的矩形及矩形网格等，这些对象也可设定为具有三维信息。选中矩形对象，激活关键点可移动或调整矩形大小，利用右键快捷菜单的【对象编辑】命令可输入其新的尺寸。

命令启动方法如下。

- 屏幕菜单：【工具二】/【新建矩形】。
- 命令：XJJX。

启动【新建矩形】命令，打开【矩形】对话框，如图 9-1 所示，输入矩形尺寸（非指定对角点方式），选择矩形类型，指定插入点位置，就创建出矩形。

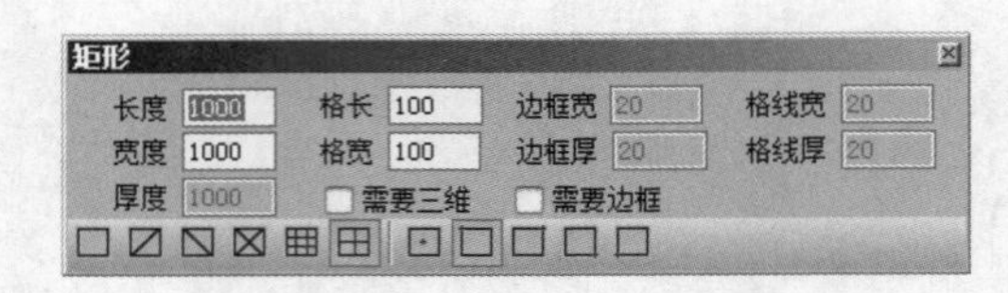

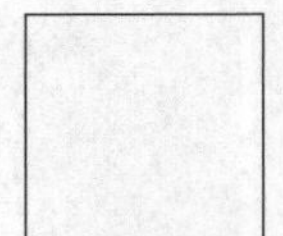 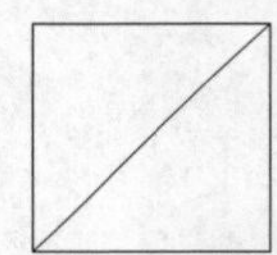 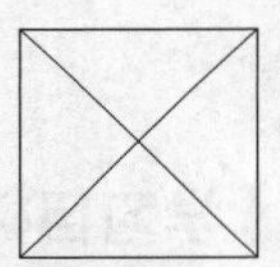 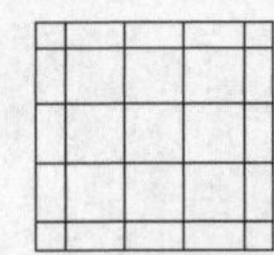 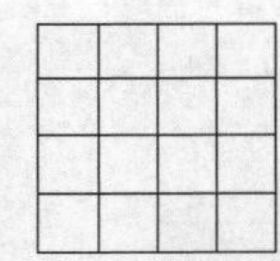

图 9-1 【矩形】对话框

9.1.2 将连续线转化为多段线

【线变 PL】命令可以将连续线转化为多段线。启动该命令，选择连续线，则所选对象转化为多段线。

命令启动方法如下。

- 屏幕菜单：【工具二】/【线变 PL】。
- 命令：XBPL。

9.1.3 连接曲线

【连接曲线】命令可将线段、圆弧等对象连接起来，如图 9-2 所示。若线段、圆弧等相交，可采用逐段选取的方式进行连接，选择的部分被保留，其他部分被延伸或被切割。

命令启动方法如下。

- 屏幕菜单：【工具二】/【连接曲线】。
- 命令：LJQX。

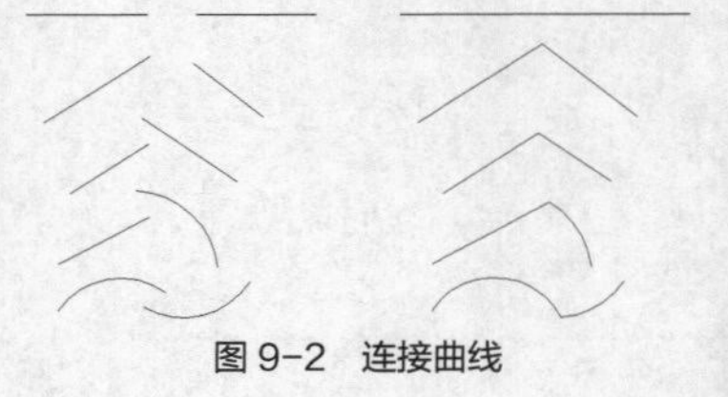

图 9-2 连接曲线

9.1.4 加粗线条

【加粗曲线】命令可以将线段、圆弧及多段线加粗，同时将连续线转变为多段线，如图 9-3 所示。

命令启动方法如下。

- 屏幕菜单:【工具二】/【加粗曲线】。
- 命令:JCQX。

启动【加粗曲线】命令,打开【加粗曲线】对话框,如图9-3所示,设定打印宽度(出图宽度)或绘图区的显示宽度,就改变线条宽度。

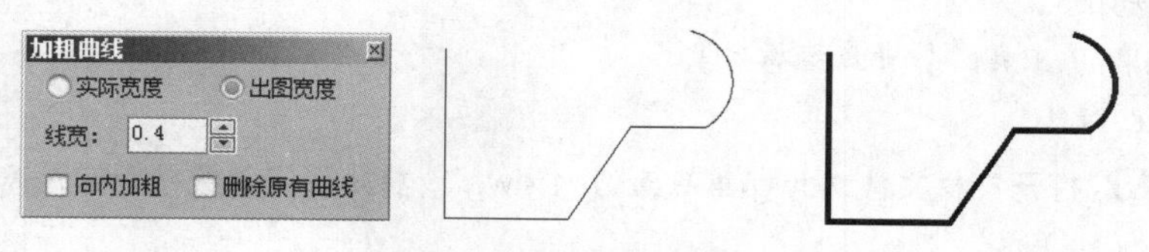

图9-3 【加粗曲线】对话框

9.1.5 交点打断

【交点打断】命令可以将线段、圆弧及多段线等对象在交点处打断。启动该命令,选择所有这些对象,则所选对象在交点处断开。

命令启动方法如下。

- 屏幕菜单:【工具二】/【交点打断】。
- 命令:JDDD。

9.1.6 选择交点或按指定长度打断曲线

【曲线打断】命令可以将所有相交对象在交点处打断,也可在单一对象上指定打断点。启动该命令,选择交点,则相交对象都被打断。若想按指定长度在某一对象上创建打断点,可启动该命令并结合延伸点(EXT)捕捉方式,通过输入捕捉距离确定打断点。

命令启动方法如下。

- 屏幕菜单:【工具二】/【曲线打断】。
- 命令:QXDD。

9.1.7 删除重合的线条

【消除重线】命令用于消除多余的重叠对象,能处理的线条包括搭接、部分重合和全部重合的线段或圆弧等,对于多段线,必须先将其分解,才能参与处理。

命令启动方法如下。

- 屏幕菜单:【工具二】/【消除重线】。
- 命令:XCCX。

9.1.8 以闭合多段线或图块为边界裁剪对象

【图形裁剪】命令以矩形、封闭曲线或图块为边界裁剪其他图形对象及图块。启动该命令,选择要裁剪的对象,再指定矩形窗口、多边形窗口或者是选择闭合多段线、图块等作为边界进行裁切。

命令启动方法如下。

- 屏幕菜单:【工具二】/【图形裁剪】。
- 命令:TXCJ。

9.1.9 沿路径布置对象

【路径排列】命令可沿着选定的路径按指定间距布置图形对象或图块。启动该命令，选择直线、圆弧或多段线作为路径，再选取要布置的对象，设定对象的排列基点，就可将对象沿路径分布，如图 9-4 所示。

命令启动方法如下。

- 屏幕菜单：【工具二】/【路径排列】。
- 命令：LJPL

【练习 9-1】：打开素材文件“dwg\第 9 章\9-1.dwg”，将矩形沿斜线按指定距离布置，如图 9-4 所示。

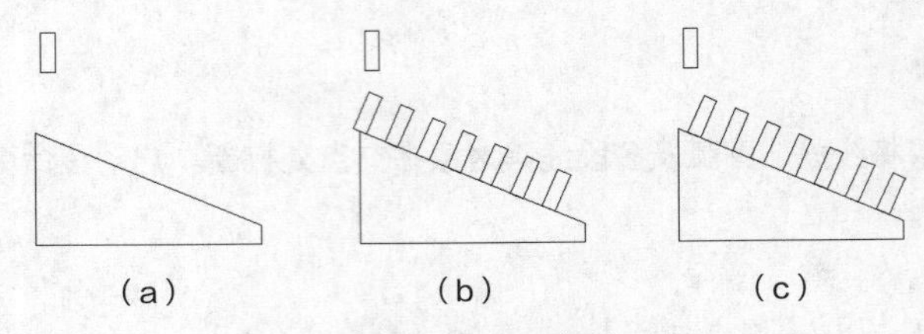

图 9-4　沿路径布置对象

（1）启动【路径排列】命令，选择路径斜线及矩形，如图 9-4（a）所示，显示【路径排列】对话框，如图 9-5 所示。

（2）在【单元宽度】文本框中输入矩形分布距离值“2600”，单击按钮，设定矩形底边中点为排列分布的基点，再设定对齐方式为【齐左边】，此时，基点将与路径起始点对齐。若选择【齐中间】，则两个矩形间距离的中点与路径起始点对齐。

（3）单击 确定 按钮，矩形沿斜线排列分布，如图 9-4（b）所示。图 9-4（c）所示为对齐方式为“齐中间”时的结果。

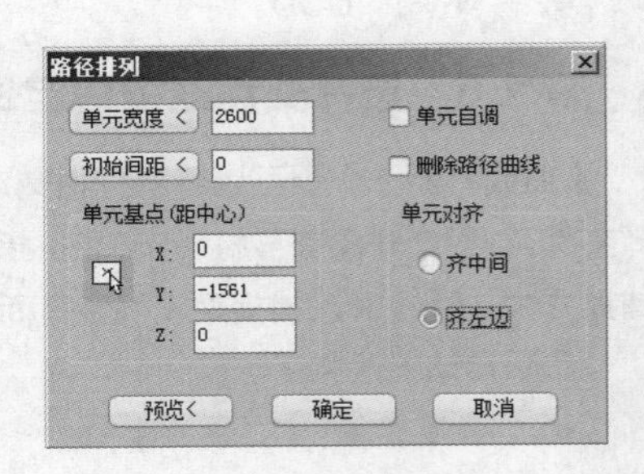

图 9-5　【路径排列】对话框

9.1.10 闭合对象间的布尔运算

【布尔编辑】命令能对一些对象执行交集、并集及差集运算。用户可以认为这些对象的轮廓围成一个面，面与面间可进行布尔运算形成新图形，如图 9-6 所示。该命令能处理的对象包括闭合多段线、圆等。

命令启动方法如下。

- 屏幕菜单：【工具一】/【布尔编辑】。
- 命令：BLBJ。

启动【布尔编辑】命令，也可先选择一个对象，再利用右键快捷菜单的【布尔编辑】命令启动该命令，弹出【选择运算类型】对话框，指定运算种类，选择相关对象即可。

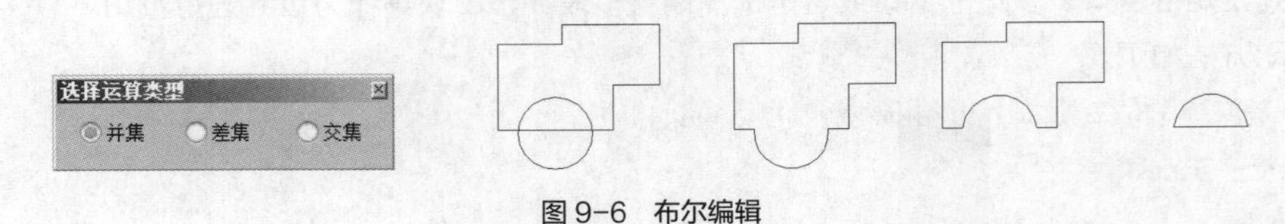

图 9-6　布尔编辑

9.2 总平面图工具

下面介绍绘制总平面图的一些工具。

9.2.1 道路绘制及圆角

【道路绘制】命令用于绘制道路，并能在道路转角及相交处自动添加圆角。

命令启动方法如下。

- 屏幕菜单：【总图平面】/【道路绘制】。
- 命令：DLHZ。

启动该命令，打开【绘制道路】对话框，如图 9-7（a）所示。先设置道路宽度、是否圆角及圆角尺寸等参数，然后指定道路经过的点就完成绘制，如图 9-7（b）所示。

也可以利用【道路绘制】命令创建没有圆角的道路，然后利用【道路倒角】命令对道路相交处进行倒圆角，这样可在多个位置设置不同的圆角大小。创建道路后，启动【道路倒角】命令，设置圆角半径，再框选要圆角的位置即可创建圆角。

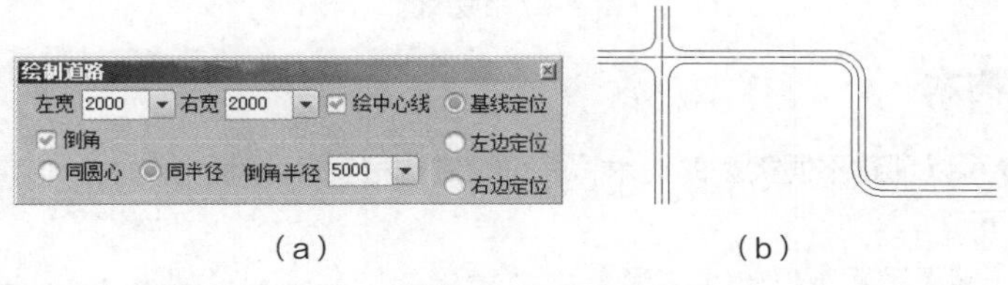

（a）　　（b）

图 9-7　绘制道路

命令启动方法如下。

- 屏幕菜单：【总图平面】/【道路倒角】。
- 命令：DLDJ。

9.2.2 布置车位

【布置车位】命令可以生成车位布置图，图中停车位可以采用汽车块、单斜线或双斜线表示，如图 9-8 所示。

命令启动方法如下。

- 屏幕菜单：【总图平面】/【布置车位】。
- 命令：BZCW。

启动该命令，打开【布置车位】对话框，如图 9-8（a）所示，设置相关参数，再指定车位起始点和终止点创建车位布置图。也可选择多段线、样条线或圆弧等对象，使停车位沿所选对象进行布置，如图 9-8（b）所示。

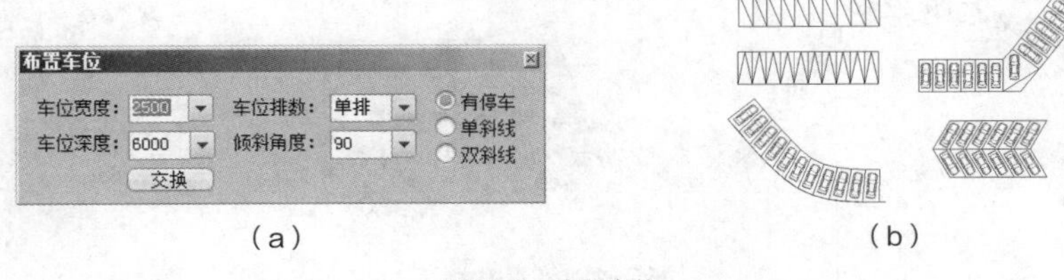

（a）　　（b）

图 9-8　布置车位

【布置车位】对话框中一些选项的功能介绍如下。

- 【有停车】：插入汽车块。
- 【单斜线】：以对角线表示车位。
- 【双斜线】：以双斜线表示车位。
- 【倾斜角度】：设定车位基线和车位朝向的夹角，但“沿曲线布置”选项只支持 90°。

【练习 9-2】：打开素材文件“dwg\第 9 章\9-2.dwg”，如图 9-9（a）所示，在图中布置车位，相关参数自定，结果如图 9-9（b）所示。形成沿曲线分布的车位时，应先将连续线创建成单一多段线。

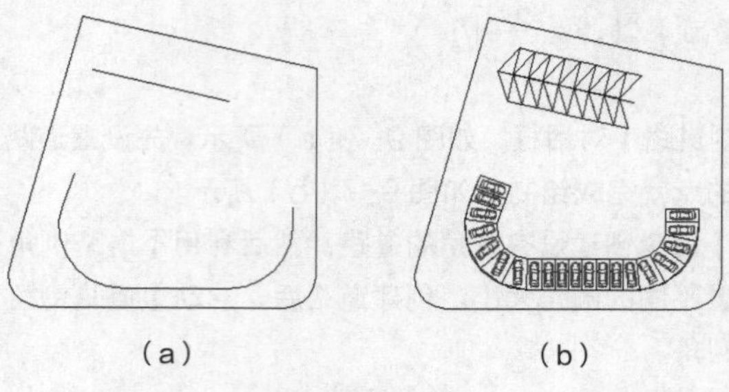

（a）　　　　（b）

图 9-9　形成车位

9.2.3　布置树木

【树木布置】命令可以创建不同类型的树木，并可设定树冠直径大小。

命令启动方法如下。

- 屏幕菜单：【总图平面】/【树木布置】。
- 命令：BZSM。

启动该命令，打开【布置树木】对话框，如图 9-10 所示。选择树木种类及设定树冠大小后，就可在当前图样中插入树木。该对话框提供了 3 种布置树木的方式。

- 【单个插入】指定任意点插入树木。
- 【沿线布置】沿直线、圆弧或多段线等对象插入树木，可指定偏移距离和树木间距。
- 【区域布置】在已有的多段线闭合区域或临时绘制区域随机布置树木。操作时，可按住 Ctrl 键选择选择多种树木。

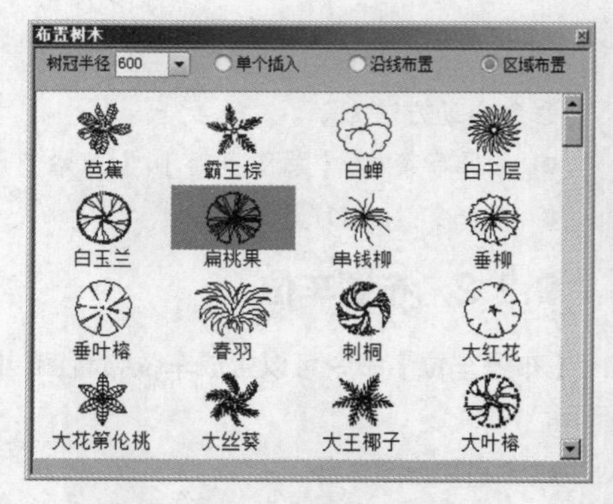

图 9-10　【布置树木】对话框

【练习 9-3】：打开素材文件“dwg\第 9 章\9-3.dwg”，首先沿多段线及在多段线闭合区域中布置树木，再自绘非闭合区域布置树木，如图 9-11 所示。

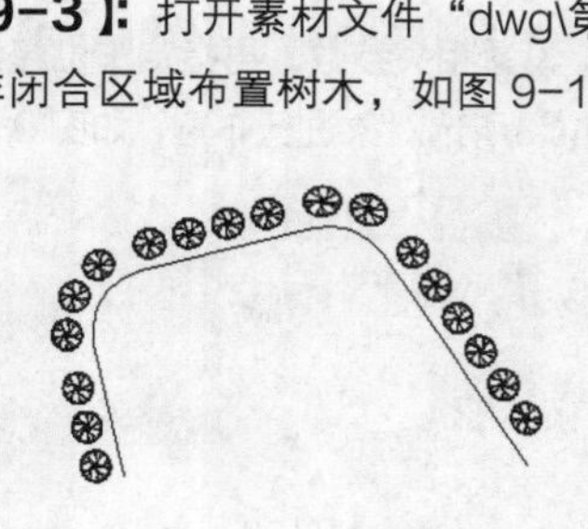

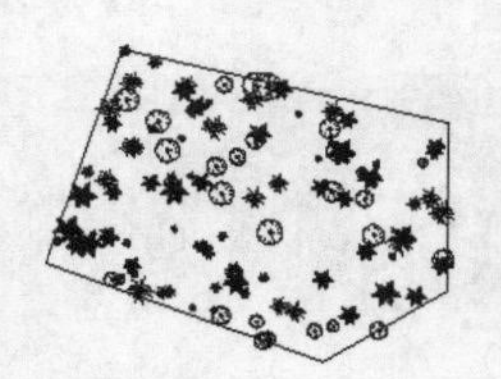

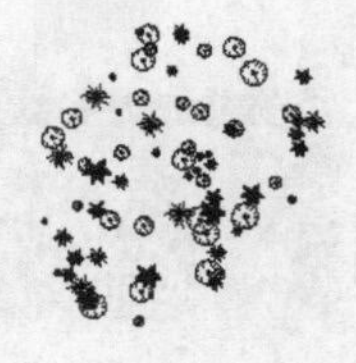

图 9-11　布置树木

（1）启动【树木布置】命令，沿多段线布置树木，相关尺寸为：树冠直径1200，分布间距3000，偏移距离2000。

（2）在已有的多段线闭合区域中分布树木，树木种类至少3种。

（3）自己绘制非闭合区域布置树木，树木种类至少3种。

9.2.4 布置灌木或草坪

【布灌木丛】命令用于绘制示意性灌木丛，如图9-12所示。启动该命令，单击一点并移动鼠标光标绘制灌木，鼠标光标移动的速度决定了单个灌木的大小，再单击一点结束本次绘制，又可从新的位置继续绘制灌木，全部绘制完成后，按Enter键结束。

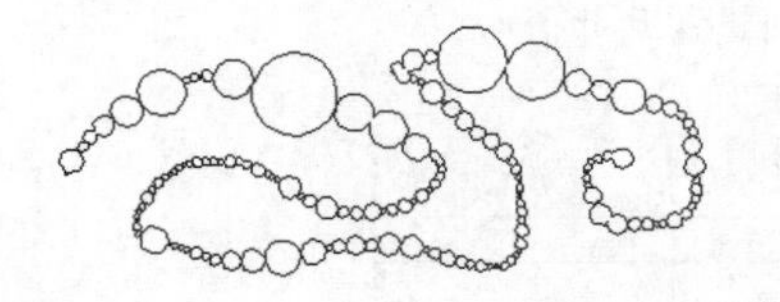
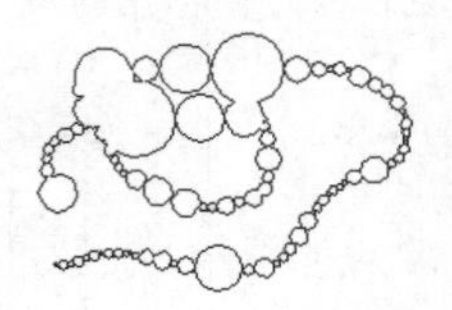

图9-12 布置灌木丛

命令启动方法如下。

- 屏幕菜单：【总图平面】/【布灌木丛】。
- 命令：BGMC。

【绘制草坪】命令用于生成众多点构成的草坪，如图9-13所示。点的密度可进行设置，分为稠密、适中和稀疏3级。该命令创建草坪的方式有以下两种。

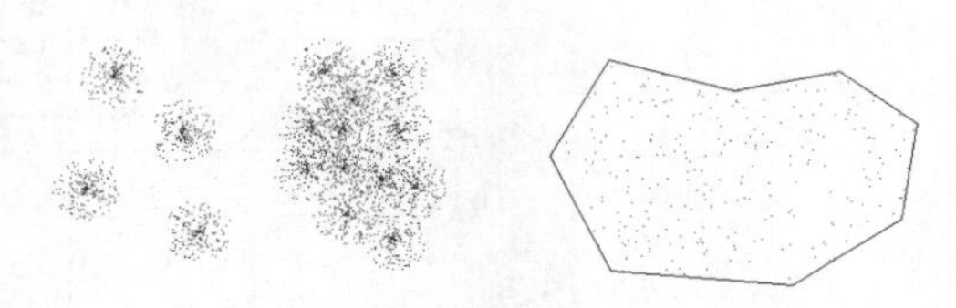

图9-13 布置草坪

- 指定一点作为草坪中心，再点取第二点确定分布半径，形成一个内密外疏的小“草坪”，然后在需要布置草坪的地方拾取一系列点，形成大片草坪。
- 选取已有的多段线闭合区域或临时自绘区域，系统自动在该区域内布置草坪。

命令启动方法如下。

- 屏幕菜单：【总图平面】/【绘制草坪】。
- 命令：HZCP。

9.3 平面图工具

本节主要介绍中望CAD建筑版2014绘制平面图、立面图及剖面图的各类工具，包括轴网、柱子、门窗、阳台及楼梯工具等。

9.3.1 直线轴网

轴网是由轴线组成的平面网格，是建筑物平面布置和墙柱构件定位的依据。中望CAD将轴线放置在“公-轴网”层上，并将该图层上的直线、圆弧等对象也识别为轴线对象。轴线默认的线型是细实线，这样做是为了便于在绘图过程中进行对象捕捉，用户可在出图前通过右键快捷菜单的【轴线改型】命令将其改为点画线。

轴网命令可以生成正交直线轴网及弧线轴网，对于斜交轴网可用旋转命令编辑正交轴网形成。

由轴网命令生成轴网后，可以利用中望 CAD 建筑版 2014 绘制及编辑命令给轴网中添加直线或圆弧对象，并将其修改到“公-轴网”层上，这样就形成了新形式的轴网。

命令启动方法如下。

- 屏幕菜单：【轴网柱子】/【绘制轴网】。
- 命令：HZZW。

【练习 9-4】：绘制直线轴网，如图 9-14 所示。该轴网包含的尺寸如下。

- 上开间尺寸：在轴网上方标注的房间开间尺寸。
- 下开间尺寸：在轴网下方标注的房间开间尺寸。
- 左进深尺寸：在轴网左侧标注的房间进深尺寸。
- 右进深尺寸：在轴网右侧标注的房间进深尺寸。

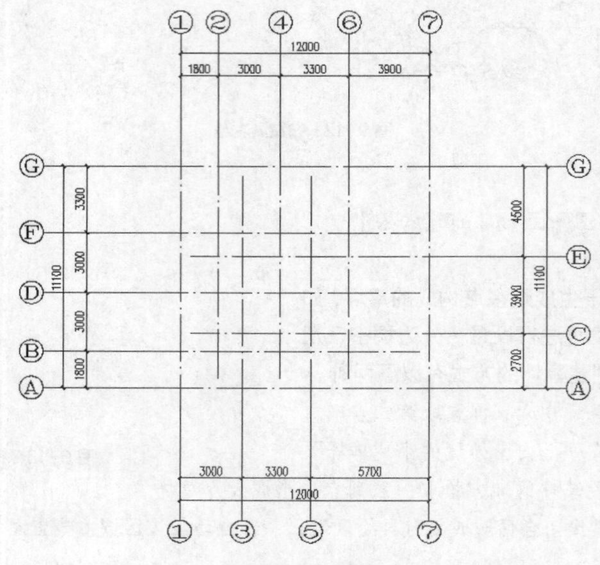

图 9-14　绘制轴网

（1）执行【绘制轴网】命令，打开【绘制轴网】对话框，进入【直线轴网】选项卡，如图 9-15 所示。在该对话框中完成以下操作。

- 选择【上开】选项，输入上开间尺寸。
- 在【尺寸】区域中设定轴网上开间尺寸。可以在【键入】文本框中输入“1800”，也可在其列表框中选择尺寸 1800。尺寸测量的起始点在轴网的左下角点处。
- 在【个数】区域中设定轴线个数。可以在【键入】文本框中输入“1”，也可在其列表框中选择 1。
- 单击 添加 按钮，添加轴线，在【进深/开间】列表框中以“轴线个数*尺寸”形式显示“1*1800”。

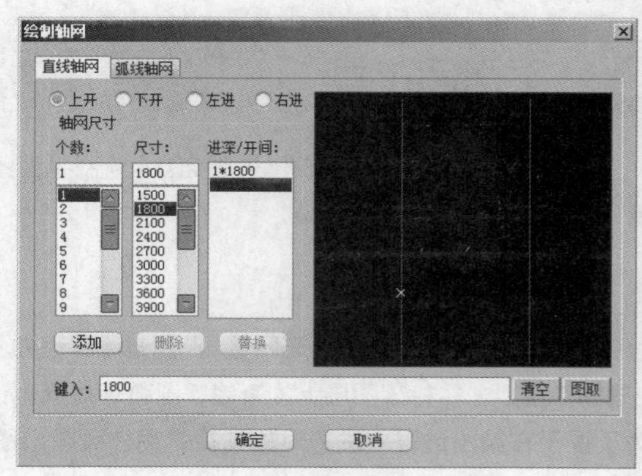

图 9-15　【绘制轴网】对话框

（2）继续输入上开间的其他尺寸。用同样的方法输入下开间、左进深及右进深尺寸。如果第一开间（进深）与第二开间（进深）的所有数据相同，则不必输入另一开间（进深）。

本例轴网尺寸如下。

- 上开间：1800、3000、3300、3900。
- 下开间：3000、3300、5700。
- 左进深：1800、2*3000、3300。
- 右进深：2700、3900、4500。

（3）也可在【键入】文本框中直接以“轴线个数*尺寸”的形式输入轴网数据，每项之间用空格隔开，输入完毕后按回车键或空格键生效。

（4）在【进深/开间】列表框中选择轴线，在【个数】及【尺寸】区域中重新设定轴线尺寸及个数，单击[替换]按钮，可替换旧的轴线参数。

（5）单击[确定]按钮，指定轴网插入点，生成轴网，结果如图9-14所示。

（6）对于已生成的轴网可以利用偏移、复制、移动、旋转、拉伸等命令进行编辑。

（7）选择轴网，单击鼠标右键，利用【轴改线型】命令将轴线改为点画线。

9.3.2 弧线轴网

绘制直线轴网的命令也可用于创建弧线轴网。该种轴网由一组同心弧线和过圆心的径向直线组成，常与直线轴网组合，两种轴网在结合处共用一条径向轴线。

【练习9-5】：绘制轴网，如图9-16所示，该轴网由直线轴网和弧线轴网构成。先创建直线轴网，再创建弧线轴网，然后利用一般的编辑命令将它们组合在一起。

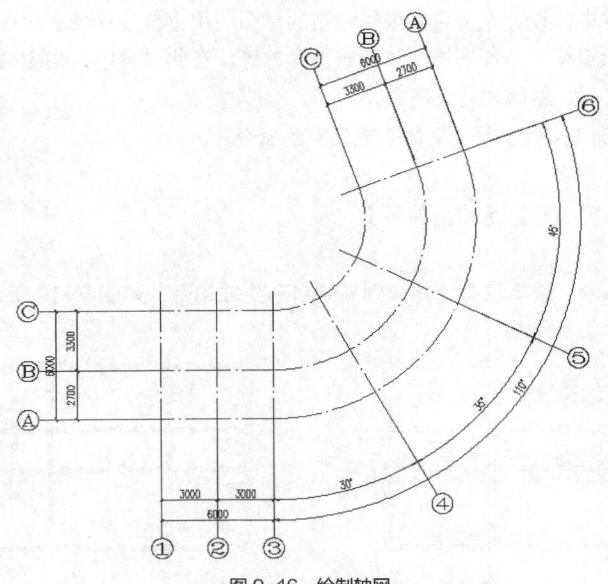

图9-16 绘制轴网

（1）创建直线轴网，轴网尺寸如下。

- 下开间：2*3000。
- 左进深：2700、3300。

（2）执行【绘制轴网】命令，打开【绘制轴网】对话框，进入【弧线轴网】选项卡，如图9-17所示。在该对话框中输入弧线轴网参数。

- 开间（角度值）：30、35、45。
- 进深：3300、2700。

（3）在【起始角度】文本框中输入弧线起始角度值“–90”，在【起始半径】文本框中输入轴网最小圆弧半径“5000”，然后单击 确定 按钮，指定弧线轴网插入点，生成轴网，如图9-18（a）所示。

（4）利用修剪及删除命令编辑直线轴网，然后利用移动命令将直线轴网与弧线轴网组合在一起，结果如图9-18（b）所示。

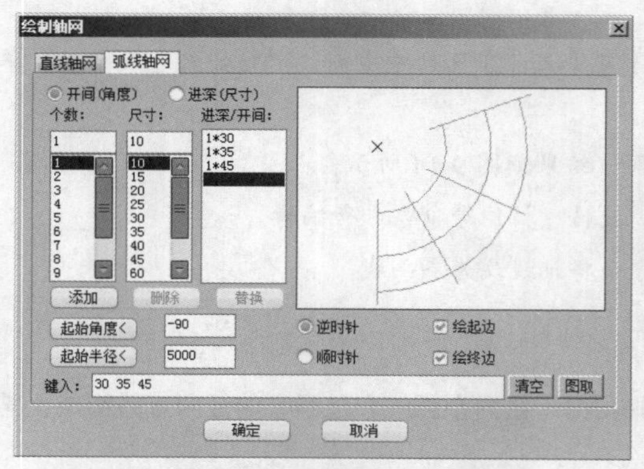

图9-17 【绘制轴网】对话框

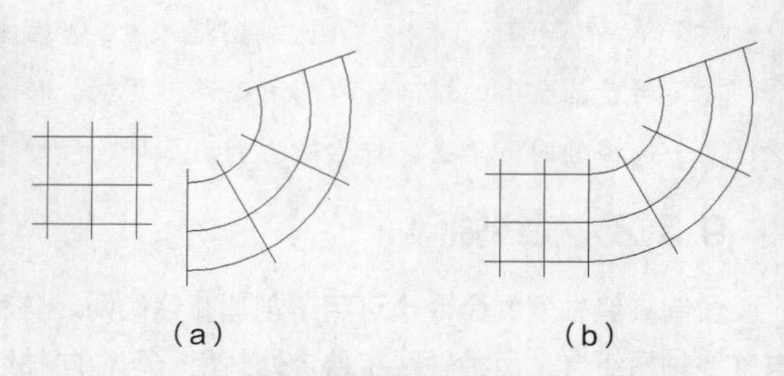

图9-18 组合直线及弧线轴网

9.3.3 墙生轴线

在建筑方案设计过程中，设计人员可以根据绘制的草图利用【单线变墙】命令形成建筑方案草图，然后进行讨论修改，如删除墙体、增加墙体、改变布置尺寸等。在此过程中，相应轴网的形状及尺寸是变动的，只有在设计方案确定后，轴网才随之确定。

中望CAD建筑版2014提供了根据墙体生成轴网的命令。

命令启动方法如下。

- 屏幕菜单：【轴网柱子】/【墙生轴网】。
- 命令：QSZW。

启动【墙生轴网】命令，选择已有墙体，则系统自动生成轴网，如图9-19所示。

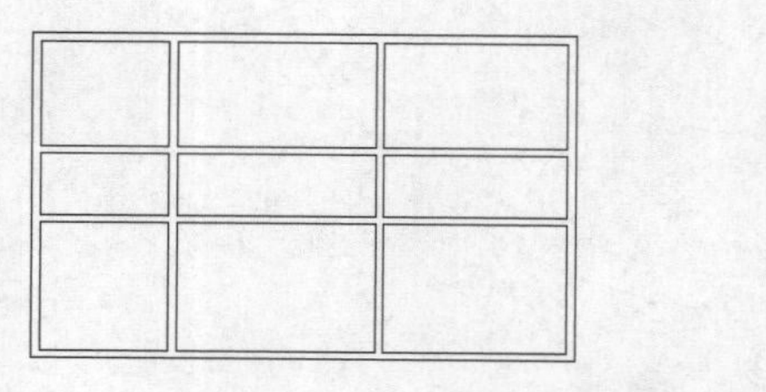

图9-19 根据墙体生成轴网

9.3.4 轴网编辑

利用绘制轴网命令创建直线或弧线轴网后，可对轴网进行以下编辑。

- 利用中望 CAD 的直线、圆、修剪、删除、偏移、拉伸、移动及旋转等命令编辑轴网，可以添加轴线，修改轴线长度及调整轴网的方向等。对于中望 CAD 图形对象，将其修改到轴网图层上后，这些对象变成轴线对象。
- 将轴线改为点画线。选择轴网，单击鼠标右键，利用【轴改线型】命令将轴线改为点画线。
- 添加轴线及标注。执行【轴网柱子】/【添加轴线】命令，启动添加轴线命令，选择参考轴线，指定新轴线为主轴线或附加轴线，输入偏移距离并将鼠标光标移动到偏移一侧，按回车键确认，系统就创建一条轴线，并自动完成标注，如图 9-20 所示，在①和②轴线间添加了一条附加轴线。

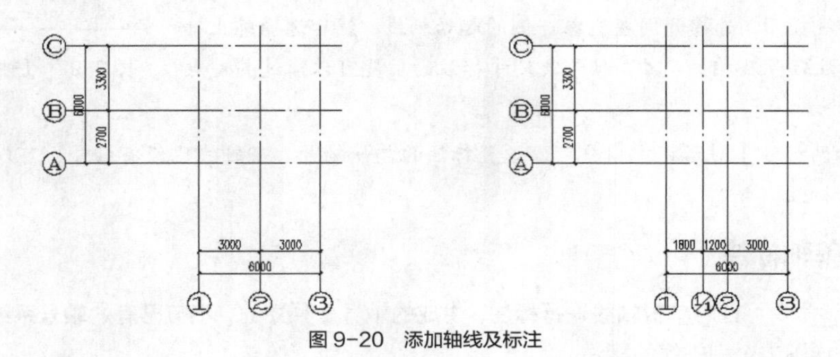

图 9-20　添加轴线及标注

9.3.5　轴网标注

轴网的标注包括轴号标注和尺寸标注。轴网标注命令能一次完成轴号和尺寸的标注，该命令能自动将纵向轴线标注数字轴号，将横向轴线以字母做轴号。轴号和尺寸标注两者属两个独立整体，可分别进行编辑。

命令启动方法如下。

- 屏幕菜单：【轴网柱子】/【轴网标注】。
- 命令：ZWBZ。

【练习 9-6】：绘制直线轴网并进行标注，如图 9-21 所示。

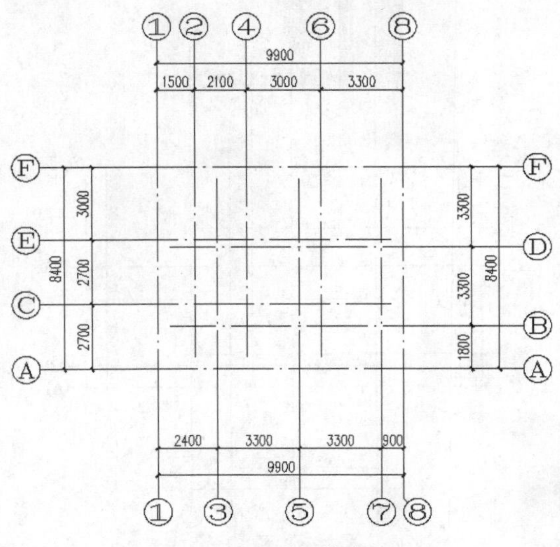

图 9-21　轴网标注

（1）创建直线轴网并修改轴线线性。轴网尺寸如下。

- 上开间：1500、2100、3000、3300。
- 下开间：2400、2*3300、900。
- 左进深：2*2700、3000。
- 右进深：1800、3300、3300。

（2）启动轴网标注命令，打开【轴网标注】对话框，选择【单侧标注】单选项，如图9-22所示。

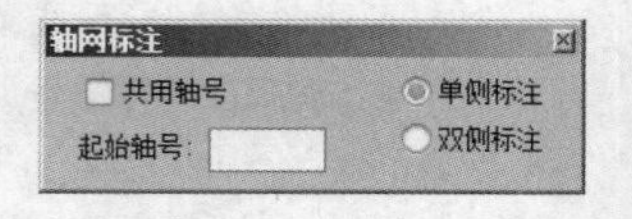

图9-22 【轴网标注】对话框

（3）根据系统提示，选择开间或进深一侧的起始轴线，然后选择终止轴线，系统自动标注轴号及相关尺寸。轴号及尺寸标注的位置可以通过关键点编辑方式调整。

（4）在【轴网标注】对话框中用户可以设置标注的起始轴号。若轴线已经有轴号，可以选择【共用轴号】复选项进行标注。

9.3.6 单轴标注

"轴号标注"命令可以对单根轴线进行标注，生成的轴号是独立的，不与已有的轴号系统相关联，常用于立面、剖面及详图中个别轴线的标注。

命令启动方法如下。

- 屏幕菜单：【轴网柱子】/【轴号标注】。
- 命令：ZHBZ。

启动【轴号标注】命令，选择一条轴线，再输入编号，就创建轴线标注，如图9-23所示。双击轴号可编辑轴号值，还可利用关键点编辑方式调整标注位置。

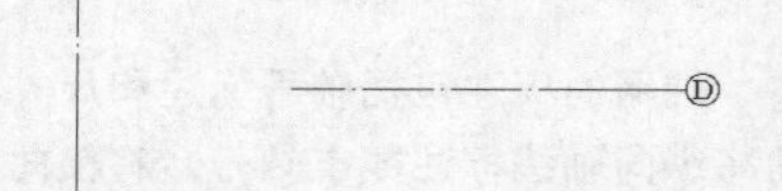

图9-23 标注单根轴线

9.3.7 综合练习——绘制及标注轴网

【练习9-7】：绘制轴网，然后进行标注，如图9-24所示。

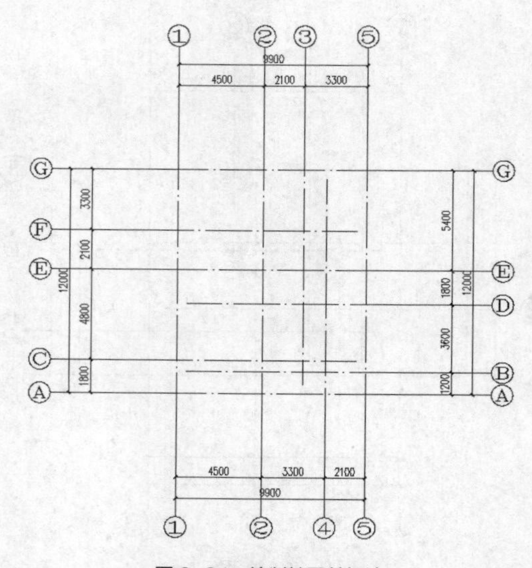

图9-24 绘制轴网并标注

【练习 9-8】：绘制并标注轴网，如图 9-25 所示。先创建直线轴网，再创建弧线轴网，然后将它们组合在一起。

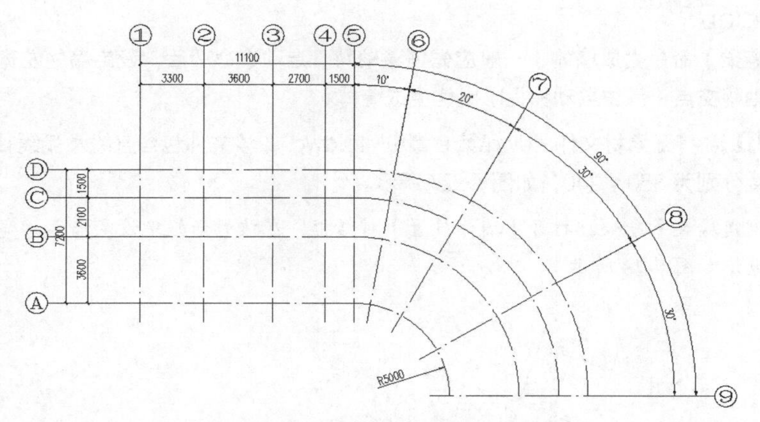

图 9-25　绘制直线及圆弧轴网并标注

【练习 9-9】：绘制轴网，然后将轴网组合成新的轴网，如图 9-26 所示。倾斜轴网角度为 45°。

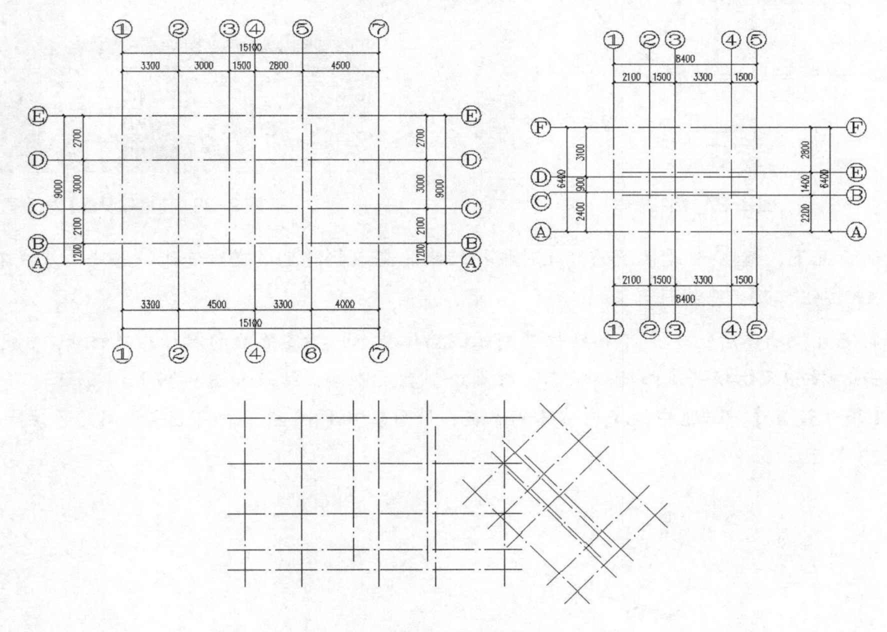

图 9-26　绘制轴网

9.3.8　墙体

墙对象由两条边线及基线组成，基线是墙体的定位线，一般不显示也不会被打印，通常位于墙体内部并与轴线重合，墙体的两条边线就是依据基线按左右宽度确定的。墙体的相关判断都是依据于基线，如墙体的连接相交、延伸和剪裁等，因此互相连接的墙体应当使得它们的基线准确的交接。墙体具有位置、高度、厚度这样的几何信息，还包括材料、内外墙等属性。

平面图及剖面图中的所有墙体并非单一的整体对象，而是由许多单个墙体对象构成，墙体的相交点或楼面线是墙体对象的分界位置。对于单个墙体可以移动、复制或是利用关键点编辑。

命令启动方法如下。

- 屏幕菜单:【墙梁板】/【创建墙梁】。
- 命令：CJQL。

使用【创建墙梁】命令生成墙体，一般应先创建轴网。启动该命令后，设定墙体左宽、右宽及总宽度等参数，再捕捉轴网交点（系统自动捕捉）就能生成墙体。

【练习 9-10】：打开素材文件“dwg\第 9 章\9-10.dwg”，该文件包含直线及弧线轴网，根据轴网绘制墙体，墙体厚度分别为 360、240，如图 9-27 所示。

（1）启动【创建墙梁】命令，打开【墙体设置】对话框，在该对话框中设定墙体总宽、左宽、右宽、材料及类型等参数，如图 9-28 所示。

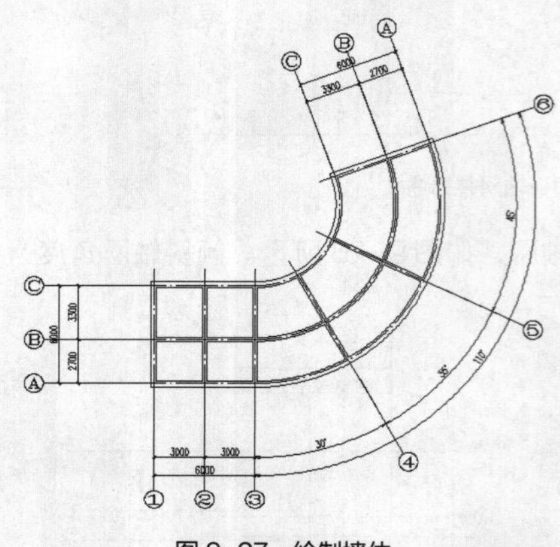

图 9-27　绘制墙体

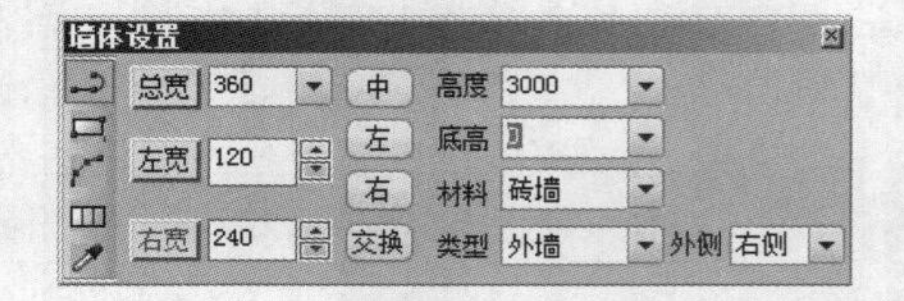

图 9-28　【墙体设置】对话框

（2）默认情况下，按钮是按下的，此时捕捉轴线的交点就能生成直线墙体。若墙体基线不与轴线重合，可单击交换按钮，改变基线位置。

（3）绘制完直线墙体后，单击按钮切换到弧线墙体状态，指定弧线的起始点及终止点，创建弧线墙体。再次单击按钮又切换到直线墙体状态，继续绘制直线墙体，结果如图 9-29（a）所示。

（4）在【墙体设置】对话框中设定内墙体的参数，如图 9-29（b）所示。用上述相同的方法生成内墙体，结果如图 9-27 所示。

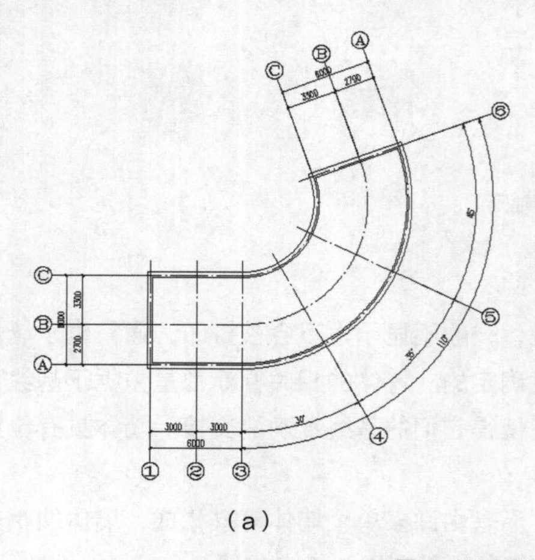

（a）

（b）

图 9-29　墙体及【墙体设置】对话框

【墙体设置】对话框中的一些选项介绍如下。

- 按钮：指定矩形的两个对角点创建墙体，如图9-30（a）所示。
- 按钮：选择相对的两个墙体创建等分墙体，如图9-30（b）所示。
- 按钮：获取已有墙体的参数，用于创建新墙体。

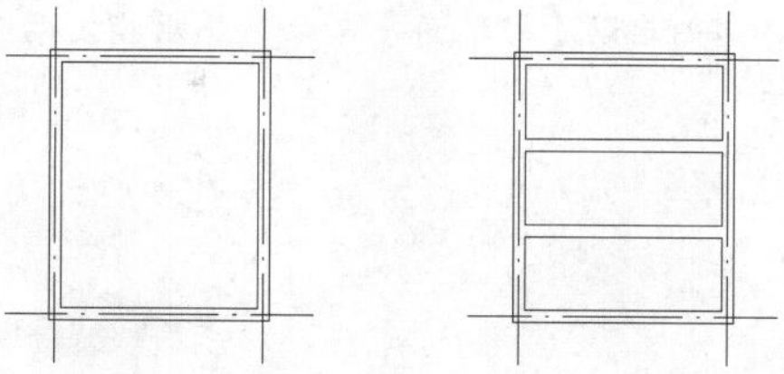

（a）　（b）

图9-30　创建墙体

9.3.9　单线变墙

在建筑方案设计阶段，可以用LINE、ARC命令绘制方案草图，待方案确定后再将草图线转变为墙体，还可继续用【墙生轴网】命令创建墙体轴线。

【单线变墙】命令具有两个功能：一个是将直线及圆弧等构成的线条转为墙体对象，并删除原线条；另一个是根据轴网生成墙体。系统自动将外围线条、轴网创建成外墙，内部线条、轴网创建成内墙体。所生成的墙体其基线与轴线或单线重合。对于不依赖于轴网的单条轴线，【单线变墙】命令不起作用。

很多情况下，将轴网生成墙体后，可在轴网内绘制直线和圆弧，将它们再创建成墙体，然后利用【修墙角】命令编辑墙体相交的多余部分。

命令启动方法如下。

- 屏幕菜单：【墙梁板】/【单线变墙】。
- 命令：DXBQ。
- 屏幕菜单：【墙梁板】/【修墙角】。
- 命令：XQJ。

【练习9-11】：打开素材文件“dwg\第9章\9-11.dwg”，该文件包含直线及弧线轴网，根据轴网生成墙体，再绘制直线及圆弧生成墙体，外墙、内墙厚度分别为360、200，如图9-31所示。

（1）启动【单线变墙】命令，打开【单线变墙】对话框，在该对话框中选中【轴网生墙】单选项，再设定内、外墙体参数，如图9-32所示。

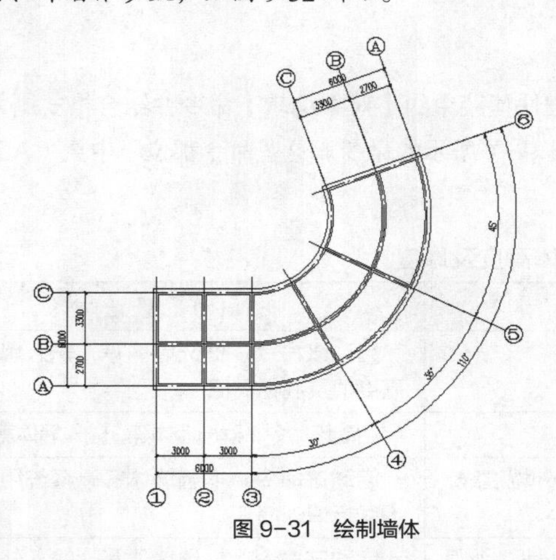

图9-31　绘制墙体

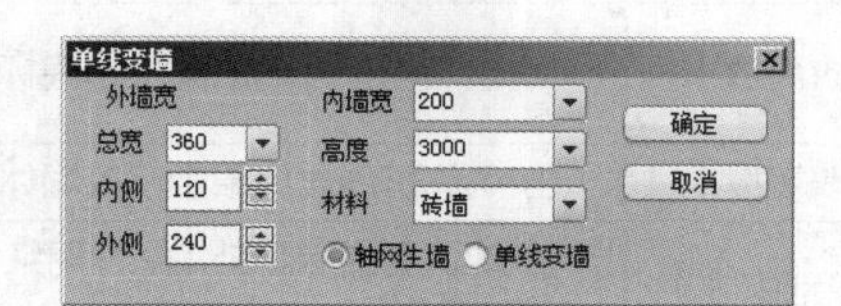

图9-32　【单线变墙】对话框

（2）单击 确定 按钮，选择所有轴线，自动生成外墙体及内墙体。

（3）在轴网内绘制直线及圆弧，直线及圆弧与轴线相交，如图9-33（a）所示。启动【单线变墙】命令，选中【单线变墙】单选项，然后选择直线及圆弧，生成内墙体，如图9-33（b）所示。

（4）启动【修墙角】命令，然后指定两个对角点，选择墙体相交部分使其自动合并。

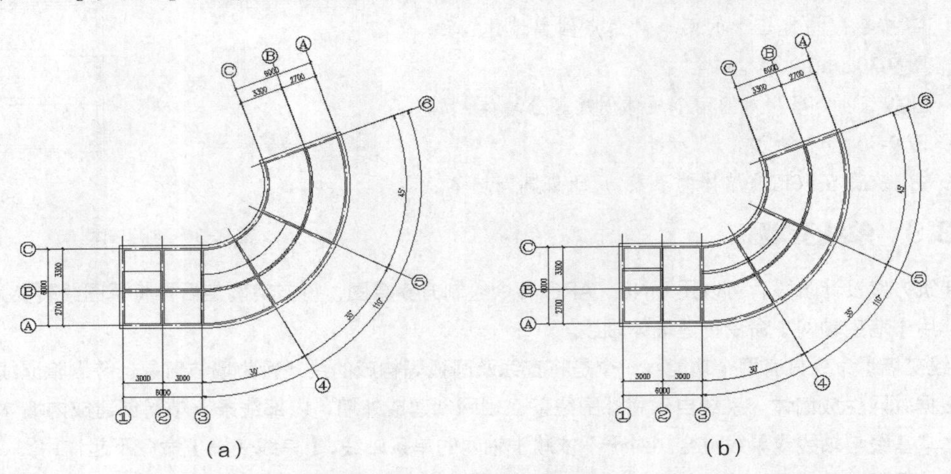

（a）　　　　（b）

图 9-33　生成墙体并修墙角

9.3.10　编辑墙体

利用中望墙体工具创建的墙体，每一段都是一个单独的对象，可以使用 ERASE、MOVE、COPY、OFFSET、TRIM、EXTEND 等命令进行编辑，也可以利用关键点编辑方式来修改。选中墙体，出现关键点，利用两端的关键点可调整墙体的长度，选择中间的关键点可调整墙体的位置，修改后的墙体能自动修剪。

图 9-34　【墙体设置】对话框

双击墙体，弹出【墙体设置】对话框，如图 9-34 所示，利用此对话框可修改墙体的多项参数。

对于相交的墙体，可以利用【修墙角】命令使墙体相交部分自动合并。选择【墙梁板】/【修墙角】命令或输入 XQJ 命令，然后指定两个对角点选择墙体相交部分即可。

9.3.11　批量修改墙体高度及厚度

当要修改个别墙体的高度及厚度时，可以利用右键快捷菜单的【对象编辑】命令并结合格式刷命令进行操作。若要批量修改墙体的高度及厚度，则可利用表 9-1 所示的命令。这些命令都位于中望 CAD 建筑版 2014 屏幕菜单的【墙梁板】选项卡中。

表 9-1　编辑墙体高度及厚度

命　令	功　能	操 作 方 法
【改高度】	修改墙体、柱等的高度和底标高	启动该命令，框选墙体等，输入墙体新高度值及底标高值
【改墙厚】	按墙体基线居中原则修改墙体厚度	启动该命令，框选墙体等，输入墙体宽度值
【识别内外】	自动识别内墙与外墙，并用红色虚线亮显外墙边线。可用重画（REDRAE）命令消除亮显虚线	启动该命令，框选墙体等，系统用红色虚线标识外墙
【改外墙高】	只针对外墙，执行本命令前应事先识别外墙，否则无法找到外墙进行处理	启动该命令，框选墙体等，输入外墙新高度值及底标高值
【改外墙厚】	只针对外墙，可分别指定内侧厚度和外侧厚度。执行本命令前应事先识别外墙，否则无法找到外墙进行处理	启动该命令，框选墙体等，输入墙体内侧厚度和外侧厚度值

9.3.12　根据墙体修剪轴网

在轴网的基础上绘制墙体后，有许多轴线的长度是多余的，若不修剪，则图样会显得拥挤、杂乱。【智剪轴网】命令可以根据已有墙体修剪多余轴线，使用该命令前，应先利用【识别内外】区分出内外墙体，然后选中轴线，单击鼠标右键，启动【智剪轴网】命令，使系统自动修剪多余轴线，如图 9-35 所示。

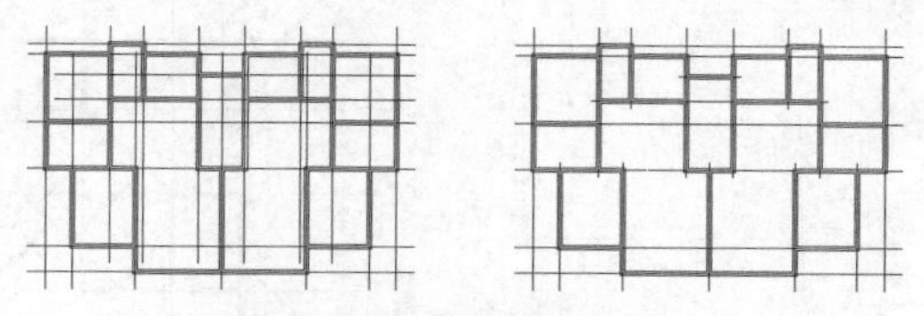

图 9-35　自动修剪多余轴线

9.3.13　综合练习——绘制轴网及墙体

【练习 9-12】：绘制轴网及墙体，并标注轴网，如图 9-36 所示。

【练习 9-13】：绘制轴网及墙体，并标注轴网，如图 9-37 所示。绘制完墙体后，利用【智剪轴网】命令修剪多余轴线。

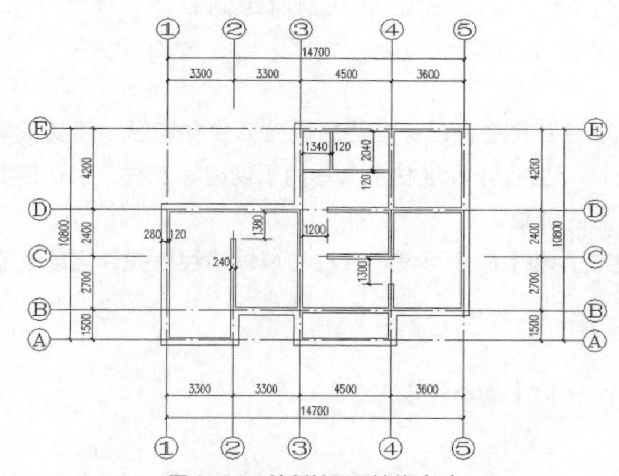

图 9-36　绘制轴网及墙体（1）

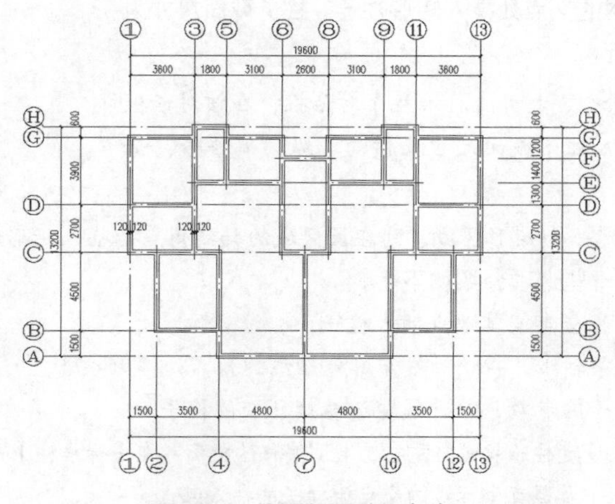

图 9-37　绘制轴网及墙体（2）

【练习 9-14】: 先绘制房间分布图，根据该图创建墙体，再由墙体生成轴网并进行标注，外墙厚 240，内墙厚 200，如图 9-38 所示。

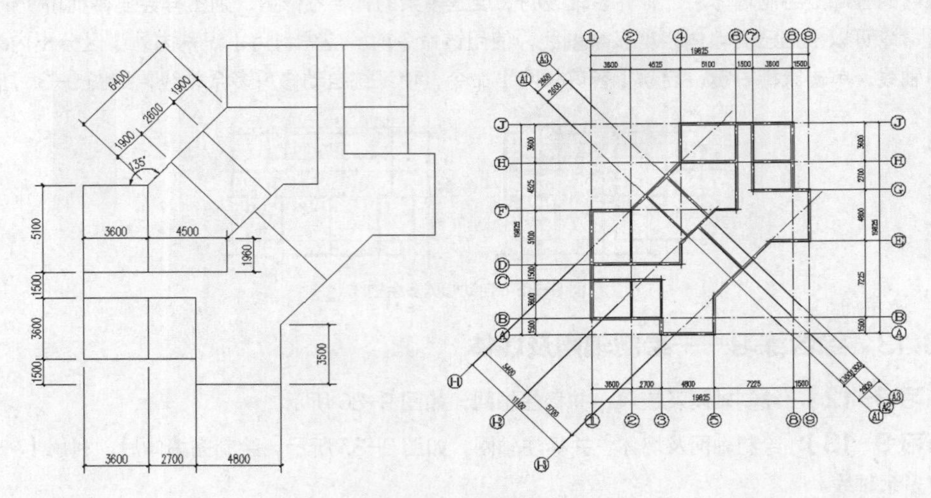

图 9-38　绘制墙体及轴网

9.3.14 标准柱

柱子按形状可以分为标准柱及异形柱，标准柱的截面形式有矩形、圆及正多边形，后者包括三边形、五边形、六边形、八边形及十二边形。【标准柱】命令用于创建标准柱，默认情况下，插入基点为截面的形心，但用户也可以修改插入点的位置。

利用【轴网柱子】/【柱子齐墙】命令可使标准柱与墙体边线对齐，启动该命令，选择柱子，然后指定要对齐的墙边即可。

命令启动方法如下。

- 屏幕菜单：【轴网柱子】/【标准柱】。
- 命令：BZZ。

【练习 9-15】: 打开素材文件“dwg\第 9 章\9-15.dwg”，该文件包含直线轴网，在轴网的交点处插入矩形柱子，柱子截面尺寸为 500×500，如图 9-39 所示。

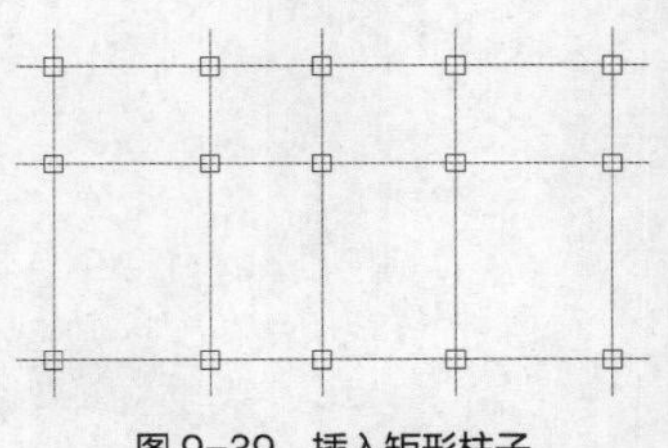

图 9-39　插入矩形柱子

（1）启动【标准柱】命令，打开【标准柱】对话框，在该对话框中设定柱子截面形状，输入柱子截面尺寸及横向、纵向偏移等，如图 9-40 所示。

（2）单击按钮，指定一个矩形区域，则在该区域的轴线角点处插入矩形柱。

【标准柱】对话框中的一些选项介绍如下。

- 按钮：指定轴线交点或其他点插入柱子。
- 按钮：选择一条轴线，在该轴线与其他轴线的角点处插入柱子。
- 按钮：修改柱子的参数，单选或窗选替换已有的柱子。
- 【横偏】【纵偏】：设定柱子截面向左右、上下偏移的距离，在【标准柱】对话框预览图片中显示偏移后的结果。图片中水平及竖直坐标线的交点为柱子的插入基点。

对于插入图中的柱子，可利用MOVE、COPY等命令进行修改，修改后相应墙段会自动更新。此外，还可通过关键点编辑功能进行修改，选中柱子，激活关键点，拖动柱子各边的关键点就可改变柱子截面的尺寸，利用截面中心关键点可改变柱子的转角及位置。

双击柱子，打开【标准柱】对话框，如图9-41所示，利用此对话框可修改柱子的多项参数。

图9-40 【标准柱】对话框（1）

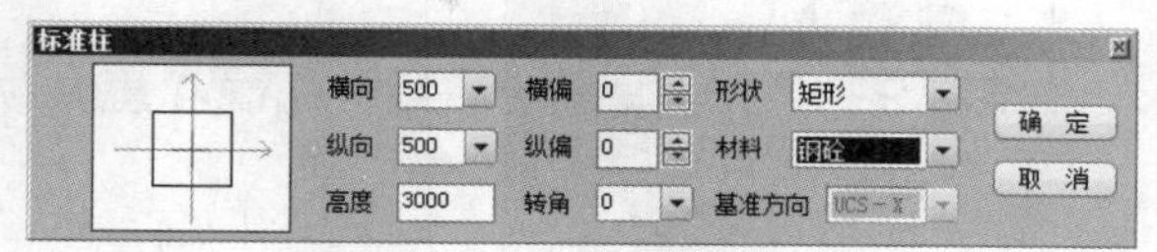

图9-41 【标准柱】对话框（2）

9.3.15 角柱

可以在墙体相交处插入角柱，角柱的形状有L形、T形及十字形，角柱宽度与墙体一致，各肢长度可设定。此外，选中角柱，利用关键点编辑方式可修改角柱各分肢宽度及长度。

命令启动方法如下。

- 屏幕菜单：【轴网柱子】/【角柱】。
- 命令：JZ。
- 屏幕菜单：【轴网柱子】/【等肢角柱】。
- 命令：DZJZ。

【练习9-16】： 打开素材文件“dwg\第9章\9-16.dwg”，该文件包含轴网及墙体，在墙角处插入角柱，柱子各肢尺寸自定，如图9-42所示。

（1）启动【角柱】命令，选择墙体交点，打开【角柱】对话框，如图9-43所示。在该对话框中设定柱子各肢尺寸后，创建L形、T形或十字形角柱。

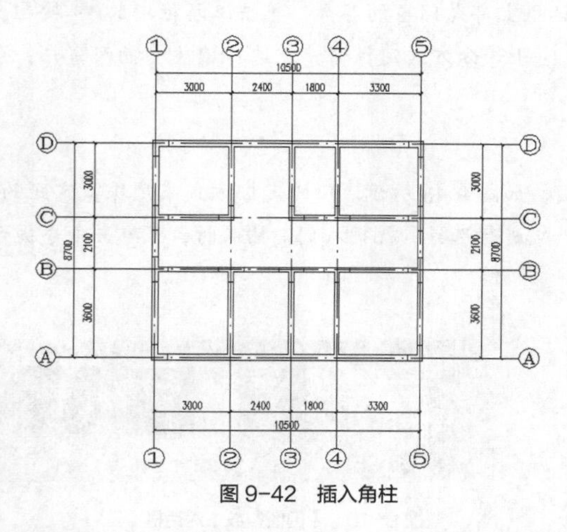

图9-42 插入角柱

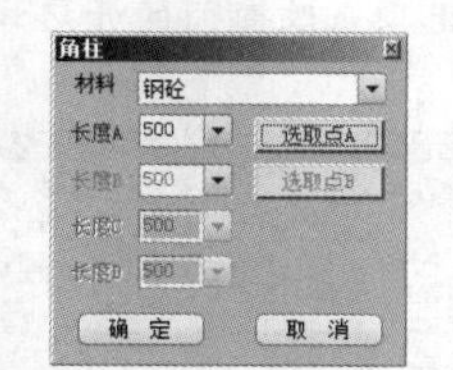

图9-43 【角柱】对话框

（2）启动【等肢角柱】命令，选择所有相关墙体，再输入柱子各肢的长度创建角柱。

9.3.16 创建及编辑门窗

利用【门窗】命令可以在墙体上创建多种形式的门窗，如普通门、普通窗、弧形窗、凸窗及矩形洞口等，门窗对象与墙体间具有联动关系，调整其位置时自动与墙体合并。

插入门窗时，可以采取多种定位方式，如设定与轴线或墙体边线的距离、两轴线间等分插入等。插入过程中，系统显示预览图片，若不正确，可单击命令窗口中的相关选项使门窗上下、左右翻转，还可随时切换门窗类型及修改尺寸参数。

命令启动方法如下。

- 屏幕菜单：【门窗】/【门窗】。
- 命令：MC。

【练习 9-17】：打开素材文件“dwg\第 9 章\9-17.dwg”，在平面图中插入门窗，如图 9-44 所示。

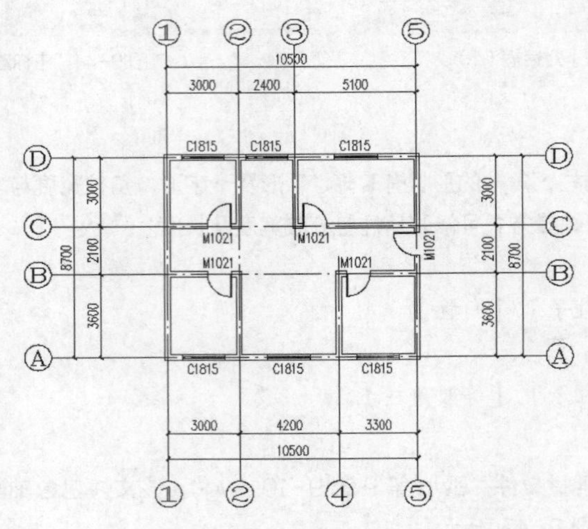

图 9-44　插入门窗

（1）启动【门窗】命令，打开【门窗参数】对话框，如图 9-45 所示。该对话框下部有一工具栏，分隔条左边是定位模式按钮，右边是门窗类型按钮，对话框上部是门窗的参数。单击工具栏中的按钮，选择普通平窗，设定窗户参数，再单击按钮，以轴线间距等分方式定位窗户。选择墙段，插入窗户，系统自动添加相应编号。

（2）用同样的方法插入其余窗户。

（3）在【门窗参数】对话框中修改参数，插入门，如图 9-46 所示。门的定位方式采用垛宽定距的方式，设定门与墙体边线距离为 200。在要插入门的墙体一端进行选择，就插入门。插入时，可单击命令提示行中的相关选项来改变门的开启方向。

图 9-45　【门窗参数】对话框（1）

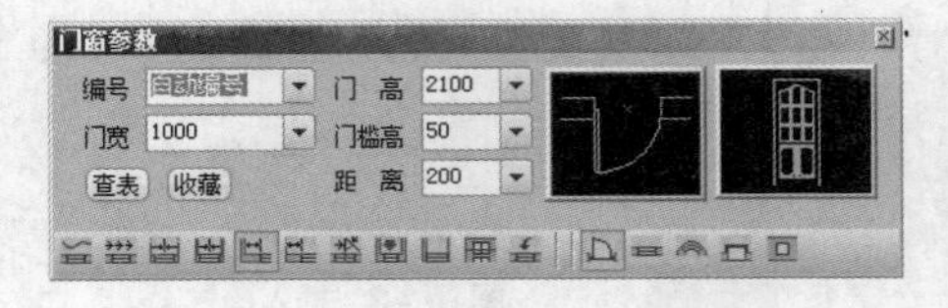

图 9-46　【门窗参数】对话框（2）

【门窗参数】对话框提供的门窗定位方式如下。

- 按钮：在墙段上单击一点插入门窗。
- 按钮：在墙段一端单击一点，显示测量基准点，输入距离值后插入门窗，再次显示第二测量点，重复同样操作继续插入门窗。
- 按钮：选择墙段，在两条轴线间等分插入门窗。

- 按钮：选择墙段，以该段墙体较短边线长度为准等分插入门窗。
- 按钮：选择墙段一端，按设定的距离墙边线距离值插入门窗。该距离值在【门窗参数】对话框的【距离】栏中输入。
- 按钮：选择墙段一端，按设定的偏离轴线的距离值插入门窗。
- 按钮：选择弧墙，再输入弧形窗中心所在的角度值插入窗户。
- 按钮：根据鼠标光标的选取位置居中或定距插入门窗。选择墙段中间，则在墙段短边中间位置插入门窗；选择墙段一端，则按设定的距离墙边线距离值插入门窗。
- 按钮：选择墙段，门窗将充满整个墙段插入。
- 按钮：在同一墙体已有的门窗上方再加一个宽度相同、高度不同的窗。厂房或大堂的墙体上常会出现这样的情况。
- 按钮：替换已有门窗。设置新的门窗参数，单选或窗选要替换的门窗。
- 门窗预览图片：单击图片，打开【图库管理】对话框，通过双击操作可以选择门窗的立面图形式。

对于门窗对象，可以使用 ERASE、MOVE、COPY 等命令进行编辑，也可以利用关键点编辑方式来修改。选中门窗，出现关键点，激活适当的关键点可调整门窗尺寸及开启方向，还能改变编号的位置。

双击门窗，弹出【门窗参数】对话框，如图 9-47 所示，利用此对话框可修改门窗的多项参数。设定参数后，单击命令窗口中的【全部】选项使此类门窗全部更新。也可修改一个门窗对象后，利用特性匹配命令修改其余门窗。

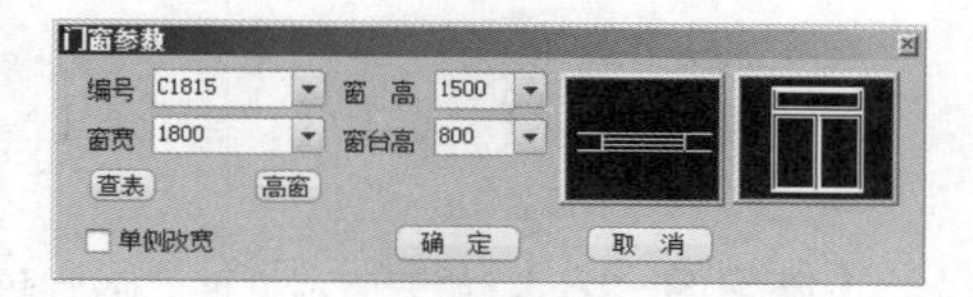

图 9-47　【门窗参数】对话框（3）

【门窗】命令的"替换"功能可一次编辑多个门窗的尺寸。

9.3.17　带形窗

【带形窗】命令用于创建窗高不变沿墙体布置的带形窗，如图 9-48 所示。启动该命令，指定带形窗的起点及终止点，再选择与窗关联的墙体，就创建出带形窗。该种类型窗户可布置在一段墙体上，也可经过多个转角分布在几段墙体上。

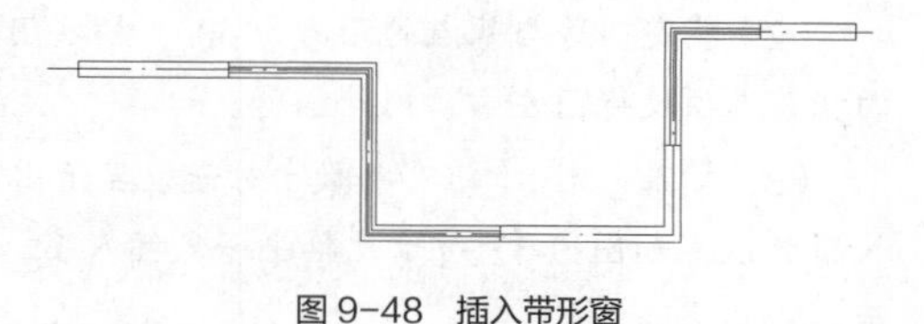
图 9-48　插入带形窗

命令启动方法如下。

- 屏幕菜单：【门窗】/【带形窗】。
- 命令：DXC。

9.3.18　转角窗

【转角窗】命令用于在墙体的转角处插入等高的转角窗，如图 9-49 所示。该窗只能经过一个墙体的转角，其起始点及终止点分别在转角处相邻的两个墙段上。

命令启动方法如下。

- 屏幕菜单：【门窗】/【转角窗】。
- 命令：ZJC。

启动该命令，在墙角处捕捉一点，弹出【转角窗】对话框，如图 9-49 所示。输入窗户的参数，其中外凸距离是指窗的外侧边与墙体外侧边间的距离。若转角窗两端是挡板而非窗，就选中【挡板 1】及【挡板 2】复选项。

在墙角处指定一点后，移动鼠标光标，转角窗一侧也跟随移动，输入长度值确定转角窗沿墙体方向的长度，该长度值是指从墙角内交点到转角窗内侧边线的距离。按 Enter 键后，再设定沿另一侧墙体的长度。

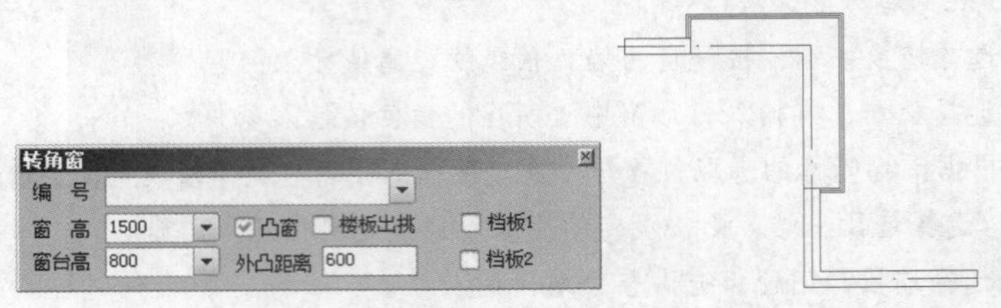

图 9-49 插入转角窗

9.3.19 组合门窗

利用【门窗组合】命令可方便地创建门联窗、子母门以及建筑物入口大门等。该命令不是直接在墙体上生成一个组合门窗对象，创建的方式有两种：一种是在墙体上不留缝隙地顺序插入门和窗；另一种是对已经存在的门窗进行合并组合。组合门窗是一个整体对象，在门窗表中作为单独构件进行统计。

命令启动方法如下。

- 屏幕菜单：【门窗】/【门窗组合】。
- 命令：MCZH。

【练习 9-18】：打开素材文件“dwg\第 9 章\9-18.dwg”，在平面图中插入门联窗，如图 9-50 所示。

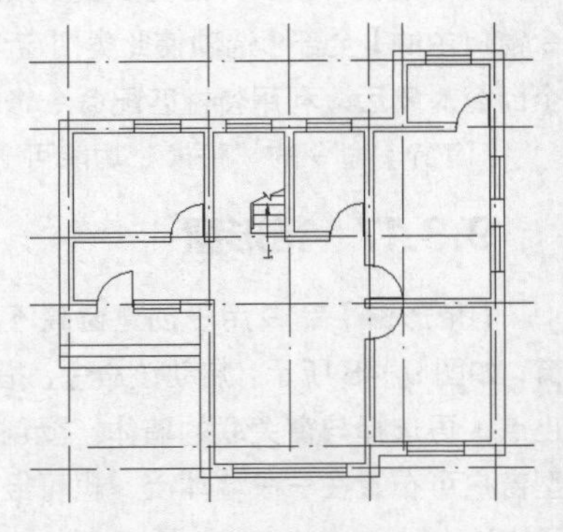

图 9-50 插入门联窗

（1）启动【门窗组合】命令，在墙体一端选取一点，打开【门窗参数】对话框，设定门的参数尺寸，如图 9-51 所示。若单击命令窗口的“更换门窗”选项，则对话框将显示窗的参数。

（2）指定门边与基点的距离为 600，插入门，可单击命令行中的相关选项使得门左右、内外翻转。

（3）插入门后，【门窗参数】对话框显示出窗的尺寸参数，输入新数值，如图 9-52 所示，单击一点插入窗，结果如图 9-50 所示。

图 9-51 【门窗参数】对话框（1）

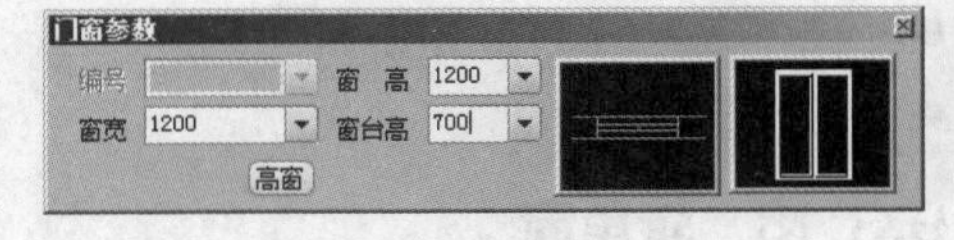

图 9-52 【门窗参数】对话框（2）

9.3.20 修改门窗号

利用【改门窗号】命令可以一次修改多个门窗的编号。启动该命令，单选或框选门窗对象，输入新的编号或是采用自动编号。自动编号由字母“C”或“M”及 4 位数字组成，如窗编号 C1215，前两个数字表示窗宽，后两个数字表示窗高。

命令启动方法如下。

- 屏幕菜单：【门窗】/【改门窗号】。
- 命令：GMCH。

9.3.21　综合练习——绘制门窗

【练习 9-19】：打开素材文件“dwg\第 9 章\9-19.dwg”，在平面图中插入门窗，门窗编号由系统自动生成，然后进行修改，如图 9-53 所示。门窗主要尺寸参数如表 9-2 所示，其余参数自定。

表 9-2　门窗编号及尺寸

窗　编　号	宽 高 尺 寸	门　编　号	宽 高 尺 寸
C1	2100×1800	M1	900×2100
C2	3600×2100	M2	800×2100
		M3	2000×2100

【练习 9-20】：打开素材文件“dwg\第 9 章\9-20.dwg”，在平面图中插入门窗，门窗编号由系统自动生成，然后进行修改，如图 9-54 所示。门窗主要尺寸参数如表 9-3 所示，其余参数自定。

表 9-3　门窗编号及尺寸

窗　编　号	宽 高 尺 寸	门　编　号	宽 高 尺 寸
C1	1200×1800	M1	900×2100
C2	1800×1800	M2	800×2100
C3	2100×2100		
C4	3600×2100		

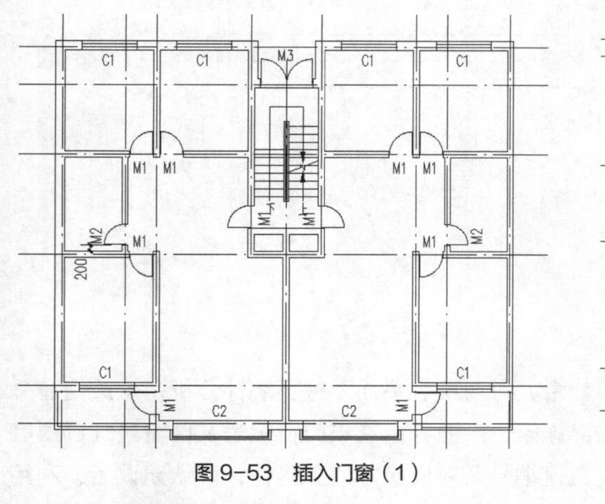

图 9-53　插入门窗（1）

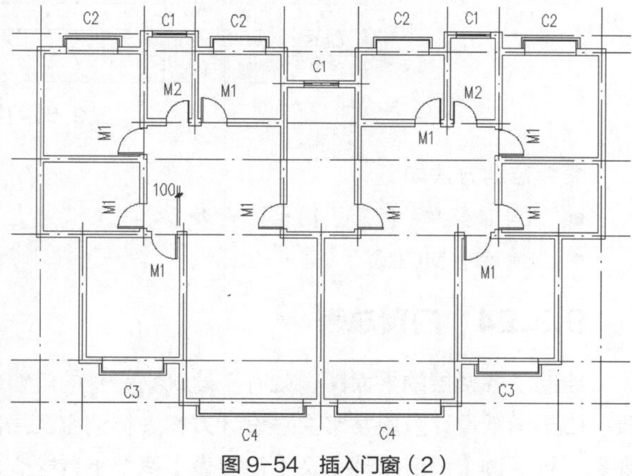

图 9-54　插入门窗（2）

9.3.22　整理门窗

【门窗整理】命令用于将当前图样中的门窗按编号排列在表格中，并显示门窗尺寸。启动该命令，打开【门窗整理】对话框，如图 9-55 所示。单击按钮，在该对话框中列出了所有门窗的编号及尺寸信息。也可单击选取按钮，选择要处理的门窗，则该对话框中仅仅显示所选对象的各类信息。

利用【门窗整理】命令可以完成以下工作。

（1）修改门窗编号及尺寸。在【门窗整理】对话框中选择门窗编号或几何尺寸值，与此同时，对应的门窗对象也在图中显示出来。修改门窗编号或其他参数，单击应用按钮，图中门窗按新数据进行更新。可单个修改，也可批量修改。

（2）检查相同编号的门窗尺寸是否一致。在图中修改某一编号的门窗尺寸后，启动【门窗整理】命令，单击按钮，显示出同编号不同尺寸的门窗，修改尺寸，单击 应用 按钮更新图中门窗。

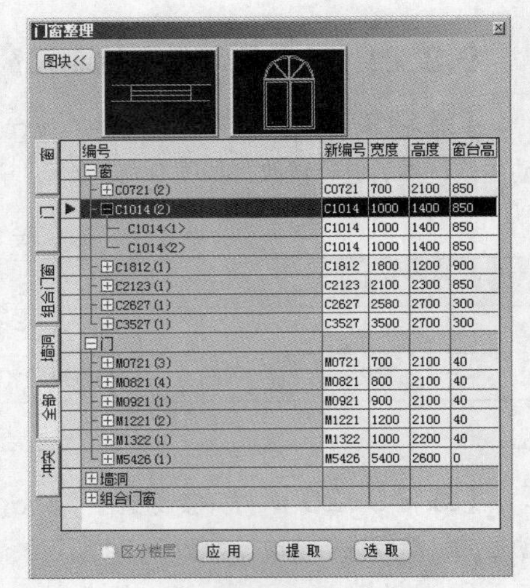

图 9-55 【门窗整理】对话框

命令启动方法如下。

- 屏幕菜单：【门窗】/【门窗整理】。
- 命令：MCZL。

9.3.23 门窗表

【门窗表】命令用于对选择的平面图或部分图形进行分析统计，生成门窗表。启动该命令，框选图形对象，单击一点指定表格位置，就生成门窗表，如图 9-56 所示。命令执行过程中，也可点选命令选项“选表头”，指定所需的表头文件，创建不同形式的门窗表。

门窗表

类型	设计编号	洞口尺寸(mm)		樘数	采用的标准图集及编号			备注
		宽	高		图集代号	页次	编号	
门	M0821	800	2100	2				
	M0921	900	2100	3				
	M2721	2700	2100	1				
窗	C0715	700	1500	4				
	C0721	700	2100	2				
	C0815	800	1500	1				
	C1215	1200	1500	1				

图 9-56 门窗表

命令启动方法如下。

- 屏幕菜单：【门窗】/【门窗表】。
- 命令：MCB。

9.3.24 门窗总表

绘制了各楼层的平面图，就有了建筑物完整的门窗信息，可对所有平面图进行统计分析，生成门窗总表。由于图纸设计阶段常常要对设计方案进行调整及局部修改，一般都会造成门窗编号及门窗尺寸错误等现象，可通过【门窗整理】及【门窗表】两个工具检查门窗编号及对应尺寸的正确性，确认无误后，利用【门窗总表】命令生成整个建筑物的门窗表。

命令启动方法如下。

- 屏幕菜单：【门窗】/【门窗总表】。
- 命令：MCZB。

创建总门窗表有两种方式。

- 将所有楼层平面图复制到新文件中，利用【文件布图】/【建楼层框】命令形成楼层表（表明楼层组合关系），然后启动【门窗总表】命令生成门窗表。
- 打开一个平面图，启动【门窗总表】命令，打开【楼层表】对话框，指定各楼层关联的 DWG 文件，形成楼层表，如图 9-57 所示。单击 确定 按钮生成门窗表。

【练习 9-21】：根据素材文件夹"dwg\第 9 章\9-21"中的"首层平面图.dwg""二层平面图.dwg""顶层平面图.dwg"生成门窗总表，如图 9-57 所示。

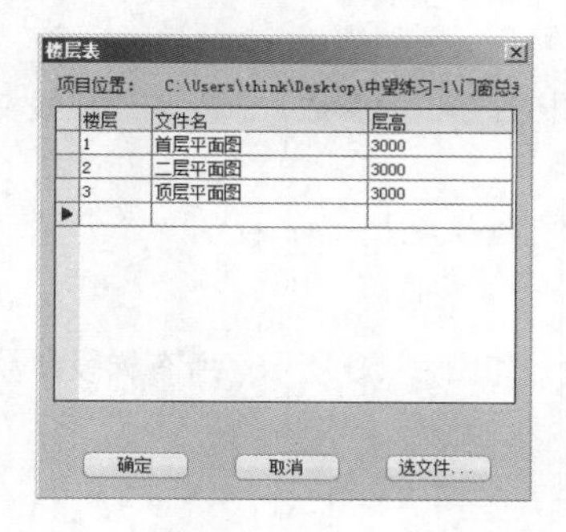

门窗表

类型	设计编号	洞口尺寸(mm)		樘数				采用的标准图集及编号			备注
		宽	高	1层	2层	3层	合计	图集代号	页次	编号	
门	M0921	900	2100	5	5	5	15				
	M1521	1500	2100	1			1				
窗	C1215	1200	1500	6	6	6	18				
	C1515	1500	1500	1	1	1	3				
	C2715	3000	1500		1	1	2				
	C3015	3000	1500	1			1				

图 9-57　生成门窗总表

（1）打开首层平面图。启动【门窗总表】命令，弹出【楼层表】对话框，指定各楼层关联的 DWG 文件，形成楼层表，如图 9-57 所示，单击 确定 按钮生成门窗表。也可点选命令选项"选表头"，指定表头文件，创建不同形式的门窗表。

（2）创建一个新文件，将所有平面图复制到新文件中。

（3）选择【文件布图】/【建楼层框】命令，指定一个矩形包围首层平面图，设定轴线Ⓐ与轴线①的交点为对齐点，再输入楼层号及层高，创建楼层框，如图 9-58 所示。继续创建其他两个楼层框。操作完毕后，系统自动形成楼层表。

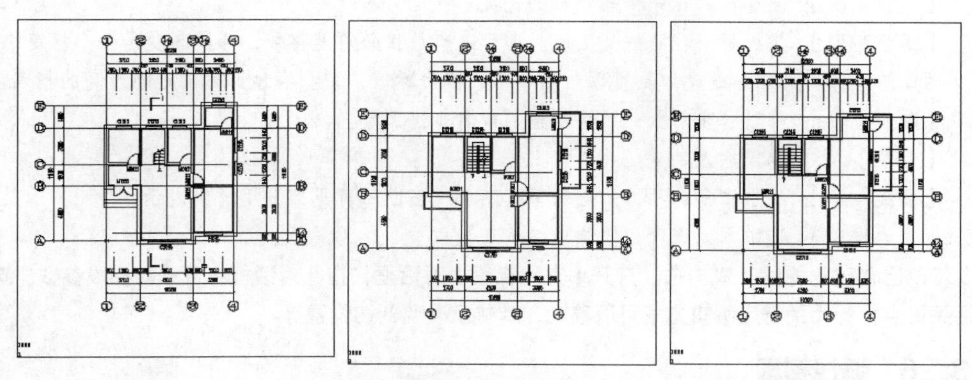

图 9-58　创建楼层框

（4）启动【门窗总表】命令，弹出【楼层表】对话框，单击 确定 按钮生成门窗表，如图 9-57 所示。

9.3.25 直线梯段

梯段是楼梯的构成单元，按平面形式分为直线梯段、圆弧梯段及任意梯段。梯段可以单独使用，也可组合成复杂的楼梯及坡道。

在【直线梯段】对话框中输入楼梯各部位的参数，就能创建直线梯段。

命令启动方法如下。

- 屏幕菜单：【建筑设施】/【直线梯段】。
- 命令：ZXTD。

【练习 9-22】： 创建直线梯段，如图 9-59 所示。所有梯段参数相同。

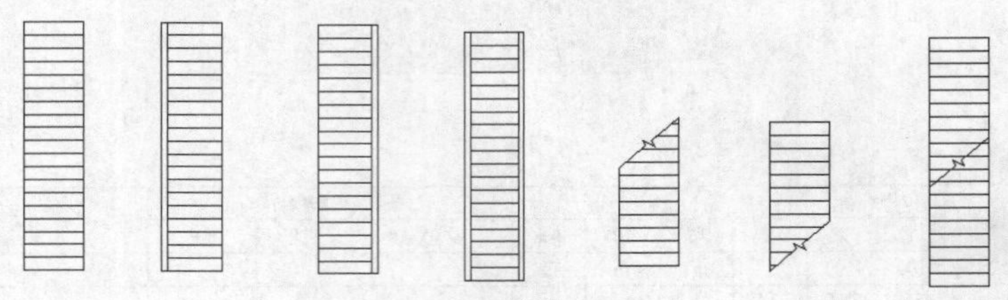

图 9-59 绘制直线梯段

（1）启动【直线梯段】命令，打开【直线梯段】对话框，在该对话框中设定梯段各部分的参数，如图 9-60 所示。

（2）对话框左边的按钮用于选择梯段的平面形式，包括无剖断、上剖断、下剖断、左边梁及右边梁等。单击一点，插入梯段，再单击一点指定梯段的方向即可。

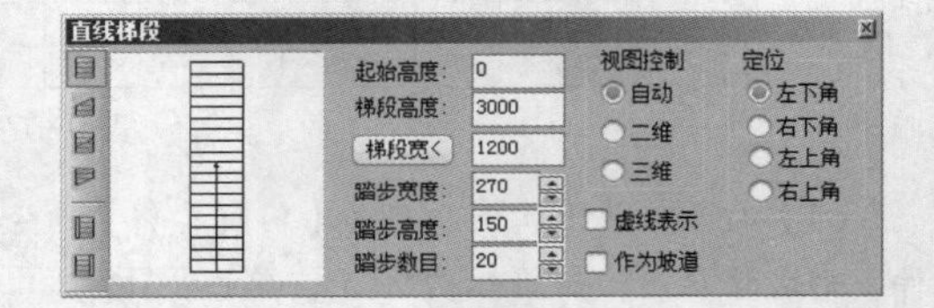

图 9-60 【直线梯段】对话框

【直线梯段】对话框中一些选项的功能介绍如下。

- 【起始高度】：楼梯第 1 个踏步起始处相对于地面的高度，梯段高从此处算起。
- 【梯段高度】：直段楼梯的总高。等于踏步高度的总和，如果改变梯段高度，系统自动按当前踏步高调整踏步数并取整，然后按新的踏步数重新计算踏步高。
- 【梯段宽】：梯段宽度。可直接输入或在图中点取两点获得梯段宽。
- 【踏步宽度】：楼梯段的每一个踏步板的宽度。
- 【踏步高度】：梯段每个台阶的高度值。由于踏步数目必须是整数，梯段高度是一个指定的整数，因此踏步高度并非总是整数。可以给定一个大概目标值，系统经过计算确定踏步高的精确值。
- 【踏步数目】：梯段踏步总数，可直接输入或者步进调整。
- 【定位】：指定梯段插入基点。
- 【虚线表示】：选中本复选项，首层的下剖断和上剖断不可见部分用虚线表示。
- 【作为坡道】：选中本复选项，楼梯段按坡道生成。

若要修改已创建的梯段，双击它，打开【直线梯段】对话框，在此对话框中可修改梯段参数。选中梯段，激活关键点，利用关键点编辑方式可以移动、旋转及改变剖切位置等。

9.3.26 弧线梯段

【弧线梯段】命令用于创建单段弧线型梯段，适合单独的圆弧楼梯，如图 9-61 所示。弧形梯段也可与直线梯段组合成复杂楼梯和坡道，如大堂的螺旋楼梯、入口的坡道等。

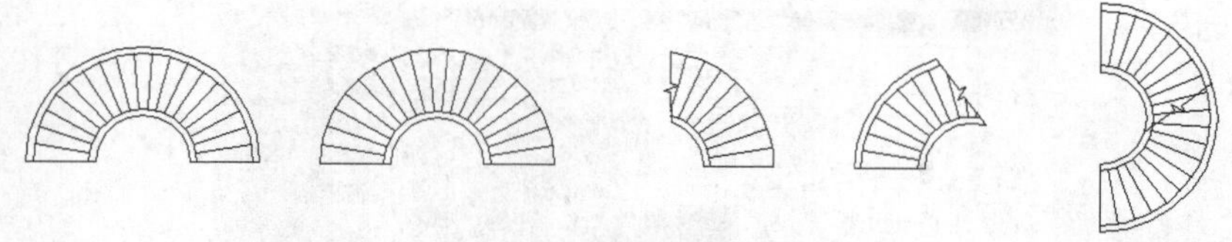

图9-61 弧线型梯段

命令启动方法如下。

- 屏幕菜单：【建筑设施】/【弧线梯段】。
- 命令：HXTD。

启动【弧线梯段】命令，打开【弧线梯段】对话框，在该对话框中设定梯段各部分的参数，如图9-62所示。单击一点，插入梯段，再单击一点指定梯段的方向即可。

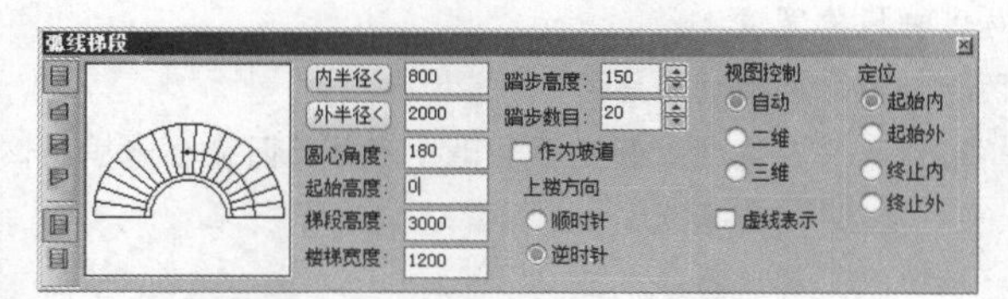

图9-62 【弧线梯段】对话框

【弧线梯段】对话框中的一些选项与【直线梯段】对话框中的相同，这里不再重复说明。

若要修改已创建的弧形梯段，双击它，打开【弧线梯段】对话框，在此对话框中可修改梯段参数。选中梯段，激活关键点，利用关键点编辑方式可以移动、旋转及改变剖切位置等。

9.3.27 双跑楼梯

双跑楼梯是最常见的楼梯形式，由两跑直线梯段、休息平台、扶手、栏杆等构成。双跑楼梯可分解（EXPLODE）为基本构件，即直线梯段、平板、扶手、栏杆等。

命令启动方法如下。

- 屏幕菜单：【建筑设施】/【双跑楼梯】。
- 命令：SPLT。

【练习9-23】：创建建筑物底层、标准层及顶层双跑楼梯，如图9-63所示。所有楼梯参数相同。

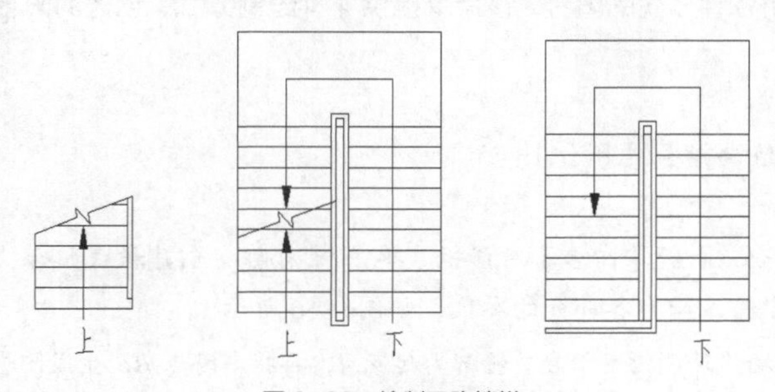

图9-63 绘制双跑楼梯

（1）启动【双跑楼梯】命令，打开【双跑平行梯】对话框，在该对话框中设定楼梯各部分的参数，如图9-64所示。双跑楼梯通过使用对话框中的相关选项，能够变化出多种形式，如楼梯是否剖断、两侧是否有扶手栏杆、梯段是否需要边梁、休息平台的形状等。

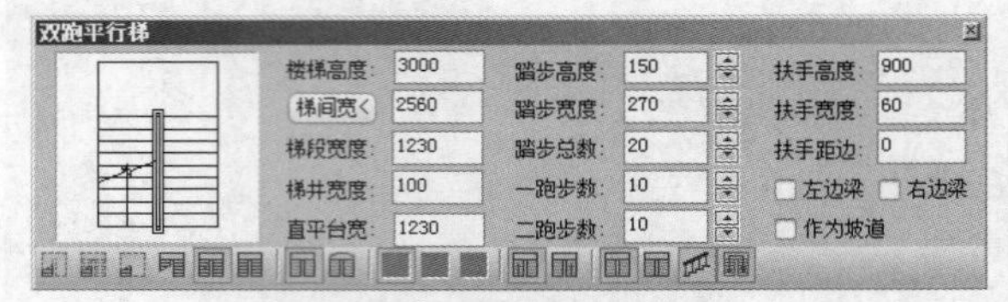

图 9-64 【双跑平行梯】对话框

（2）对话框下边的按钮用于选择楼梯的平面形式，包括无剖断、上剖断、下剖断及内外扶手等。在绘图窗口中单击一点，指定楼梯平台左侧点，再单击一点指定右侧点，就插入楼梯。

【双跑平行梯】对话框中的一些选项介绍如下。

- 【楼梯高度】：双跑楼梯的总高，默认为当前楼层高度。
- 【梯间宽】：双跑楼梯的总宽。
- 【梯段宽度】：每跑梯段的宽度。
- 【梯井宽度】：两跑梯段之间的间隙距离。
- 【直平台宽】：矩形休息平台宽度。圆弧平台由矩形台及圆弧台组成，该值为平直段部分的宽度，若其为 0，则休息平台为一个半圆形。
- 【扶手距边】：扶手边缘到梯段边缘的距离。
- 【左边梁】【右边梁】：在梯段两侧添加默认宽度的边梁。
- 【作为坡道】：双跑楼梯按坡道生成。

【双跑平行梯】对话框下方的按钮用于控制楼梯的平面图样式。

- 楼梯下剖断，双剖断，无剖断。
- 矩形或圆形休息平台。
- 一跑二跑不均等时梯段的对齐方式：梯段齐平台、梯段中间对齐、梯段齐楼板。
- 是否自动生成扶手和栏杆。
- 是否自动绘制箭头。

若要修改已创建的梯段，双击它，打开【双跑平行梯】对话框，在此对话框中可修改楼梯参数。选中楼梯，激活关键点，利用关键点编辑方式可以移动、旋转、修改梯段宽度及改变剖切位置等。

9.3.28 阳台

【阳台】命令用于绘制各种形式的阳台，该命令提供 4 种绘制方式，创建的阳台类型包括梁式与板式两种。

命令启动方法如下。

- 屏幕菜单：【建筑设施】/【阳台】。
- 命令：YT。

（1）启动【阳台】命令，打开【阳台】对话框。单击按钮，创建板式阳台，再指定生成方式为“向轮廓内”，然后在对话框中输入阳台各部分的参数，如图 9-66 所示。

（2）单击按钮，在墙体外侧指定阳台外轮廓的起点 A，再指定终点 B，生成阳台，如图 9-65 所示。

（3）单击按钮，在墙体外侧指定阳台外轮廓的起点 C，再指定终点 D，然后选择与阳台相关的墙体，生成阳台，如图 9-65 所示。

（4）单击按钮，选择事先绘制的阳台外轮廓线（多段线），再指定与阳台相关的墙体，生成阳台，如图 9-65 所示。

（5）单击按钮，从点 E 开始绘制阳台外轮廓，再指定与阳台相关的墙体，生成阳台，如图 9-65 所示。

【练习 9-24】：打开素材文件“dwg\第 9 章\9-24.dwg”，创建阳台，如图 9-65 所示。

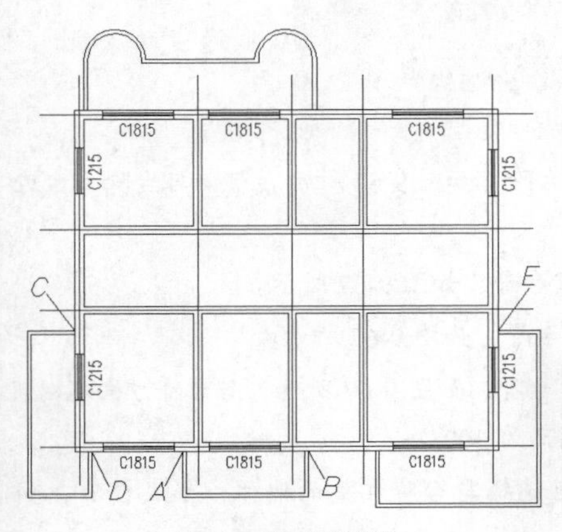

图 9-65　绘制阳台

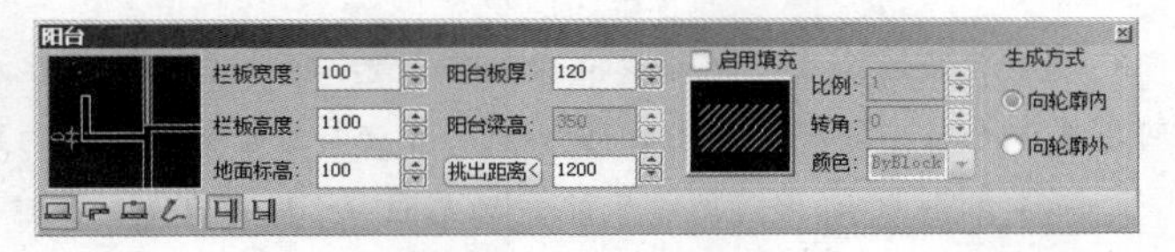

图 9-66　【阳台】对话框

若要修改已创建的阳台，双击它，打开【阳台】对话框，在此对话框中可修改阳台参数。选中阳台，激活关键点，利用关键点编辑方式可以移动、旋转及修改阳台尺寸等。

9.3.29　台阶

【台阶】命令可以用于创建多种形式的台阶，包括矩形单面台阶、矩形三面台阶、阴角台阶、沿墙偏移的台阶或把预先绘制好的多段线转成台阶、直接绘制平台创建台阶等。台阶可以自动遮挡用【散水】命令创建的散水。

命令启动方法如下。

- 屏幕菜单：【建筑设施】/【台阶】。
- 命令：TJ。

【练习 9-25】：打开素材文件“dwg\第 9 章\9-25.dwg”，创建台阶，如图 9-67 所示。

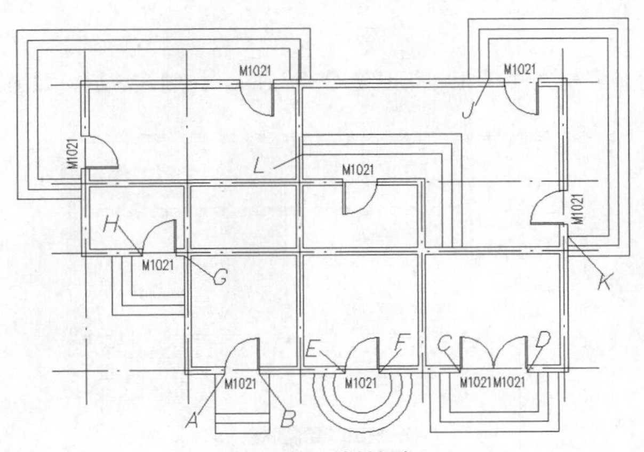

图 9-67　绘制台阶

（1）启动【阳台】命令，打开【台阶】对话框，单击按钮，创建普通台阶（另一种为下沉式台阶），再输入台阶各部分的参数，如图 9-68 所示。台阶长度的设置方式有【固定长度】和【两点外延】，若选择后者，则【外延长度】文本框中的数值表示台阶平台边线与选择点的距离。

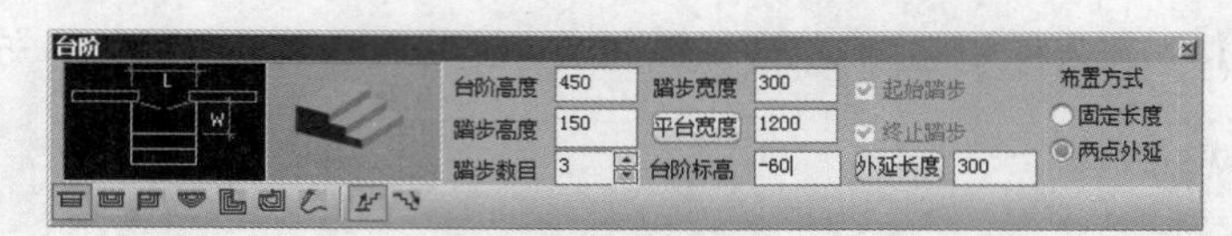

图 9-68 【台阶】对话框

（2）单击按钮，在墙体外侧指定点 A，再指定点 B，生成台阶，如图 9-67 所示。点 A 与台阶平台边线的距离为 300。

（3）单击按钮，在墙体外侧指定点 C，再指定点 D，生成台阶，如图 9-67 所示。

（4）单击按钮，在墙体外侧指定点 E，再指定点 F，生成台阶，如图 9-67 所示。

（5）单击按钮，在墙体角处指定点 G，再指定点 H，生成台阶，如图 9-67 所示。若台阶方向不对，可单击命令行中的相关选项翻转台阶。点 H 与台阶平台边线的距离为 300。

（6）单击按钮，在墙体外侧指定点 J，再指定点 K，然后选择与台阶相关的墙体，生成台阶，如图 9-67 所示。

（7）单击按钮，选择事先绘制的台阶平台轮廓线（多段线），再指定与台阶相关的墙体，生成台阶，如图 9-67 所示。

（8）单击按钮，从点 L 开始绘制台阶平台的轮廓线，再指定与台阶相关的 4 段墙体，生成台阶，如图 9-67 所示。

若要修改已创建的台阶，双击它，打开【台阶】对话框，在此对话框中可修改台阶参数。选中台阶，激活关键点，利用关键点编辑方式可以移动、旋转及修改台阶尺寸等。

9.3.30 坡道

【坡道】命令用于生成直线型单跑室外坡道，可设置或取消左右边坡及是否添加防滑条。多跑、圆弧等复杂坡道由梯段或楼梯命令中的“作为坡道”选项来创建。坡道可以自动遮挡用【散水】命令创建的散水。

命令启动方法如下。

- 屏幕菜单：【建筑设施】/【坡道】。
- 命令：PD。

【练习 9-26】： 打开素材文件“dwg\第 9 章\9-26.dwg”，创建坡道，如图 9-69 所示。

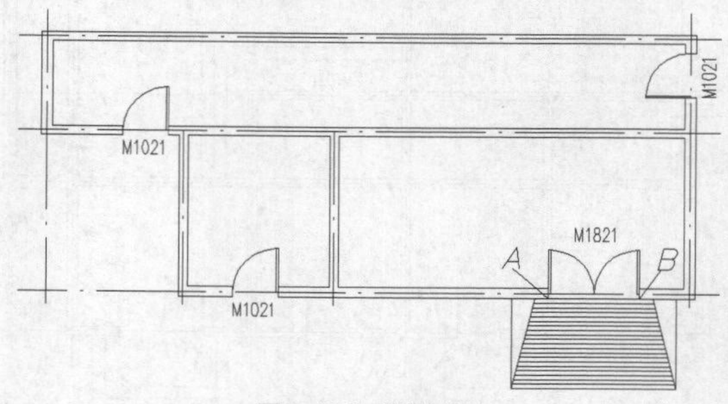

图 9-69 绘制坡道

（1）启动【坡道】命令，打开【坡道设置】对话框，如图 9-70 所示。输入坡道各部分的参数，坡道宽度方向的布置方式有【固定宽度】及【两点外延】，若选择后者，则【外延长度】文本框中的数值表示坡道边线与选择点的距离。

（2）在门的左侧指定点 A，再指定点 B，生成坡道，如图9-69所示。点 A 与坡道边线的距离为800。

若要修改已创建的坡道，双击它，打开【坡道设置】对话框，在此对话框中可修改坡道参数。选中坡道，激活关键点，利用关键点编辑方式可以移动、旋转及修改坡道各部分的尺寸等。

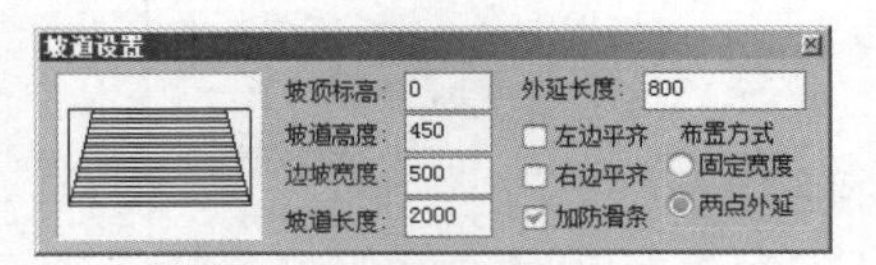

图9-70　【坡道设置】对话框

9.3.31　散水

【散水】命令是通过自动搜索外墙线生成散水对象，该对象与阳台、台阶、坡道、墙体造型以及柱子重叠时将自动被遮挡。各段散水的宽度可以通过关键点编辑方式调整。

命令启动方法如下。

- 屏幕菜单：【建筑设施】/【散水】。
- 命令：SS。

【练习9-27】： 打开素材文件“dwg\第9章\9-27.dwg”，创建散水，如图9-71所示。

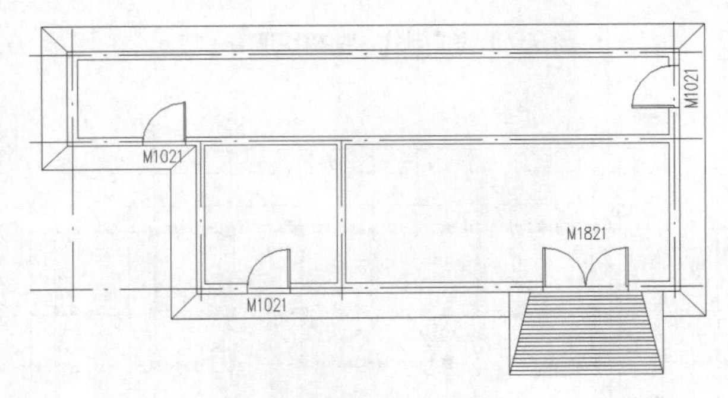

图9-71　绘制散水

（1）启动【散水】命令，打开【创建散水】对话框，输入散水各部分的参数，如图9-72所示。

（2）框选所有墙体，系统自动生成散水。选中散水，激活关键点改变散水宽度。

（3）双击散水，再单击命令窗口中的相应选项可增加、删除散水的顶点或改变散水的宽度。

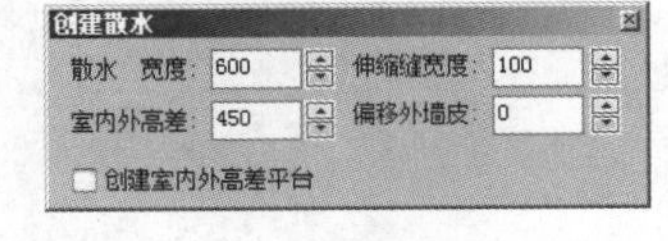

图9-72　【创建散水】对话框

9.3.32　综合练习——绘制轴线、墙体、门窗及楼梯等

【练习9-28】： 绘制墙体平面图，在平面图中插入柱子、门窗、台阶及楼梯等，门窗编号由系统自动生成，然后进行修改，如图9-73所示。门窗主要尺寸参数如表9-4所示，其余参数自定。

表9-4　门窗编号及尺寸

窗　编　号	宽高尺寸	门　编　号	宽高尺寸
TC1	1800×2100	M1	900×2100
TC2	2400×1800	M2	1800×2100

【练习9-29】： 绘制墙体平面图，在平面图中插入柱子、门窗、台阶、散水及楼梯等，门窗编号由系统自动生成，然后进行修改，如图9-74所示。门窗主要尺寸参数如表9-5所示，其余参数自定。

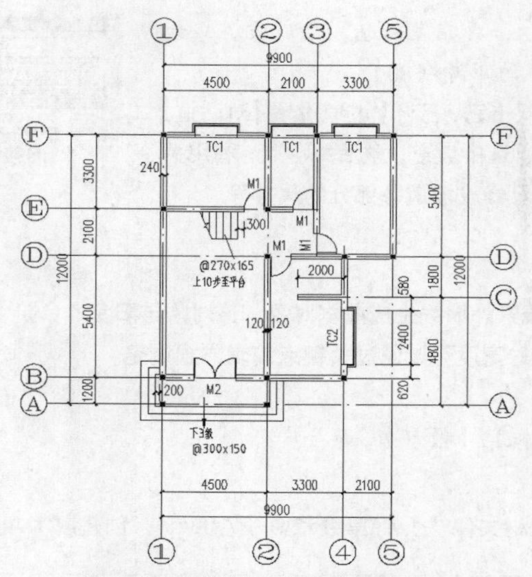

图 9-73　绘制轴线、墙体及门窗等（1）

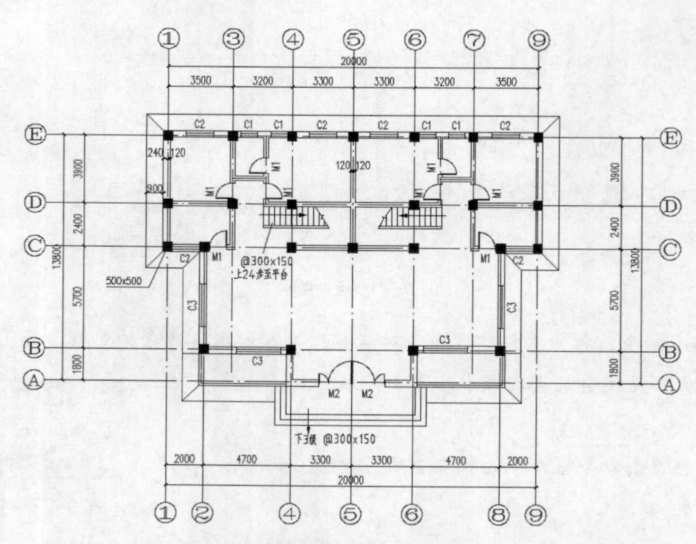

图 9-74　绘制轴线、墙体及门窗等（2）

表 9-5　门窗编号及尺寸

窗 编 号	宽 高 尺 寸	门 编 号	宽 高 尺 寸
C1	900×1200	M1	900×2100
C2	1500×1800	M2	3600×2100
C2	2400×2100		

9.4 房间与屋顶

下面介绍房间标注、洁具布置及形成屋顶平面图的方法。

9.4.1　房间标注

【搜索房间】命令用于批量搜索平面图中的房间，并在房间中心位置注写房间名称，标注室内使用面积等。如果编辑墙体改变了某个房间边界，房间面积不会自动更新，可通过对该房间再次执行本命令或拖动房间边界关键点更新房间信息。

命令启动方法如下。

- 屏幕菜单：【房间】/【搜索房间】。
- 命令：SSFJ。

启动【搜索房间】命令，打开【房间生成选项】对话框，如图 9-75 所示，在该对话框中设置相关选项，选择构成房间的墙体，系统就自动标注出房间信息。双击房间名称或是利用右键快捷菜单的【对象编辑】命令可修改房间名称等。

【练习 9-30】：打开素材文件“dwg\第 9 章\9-30.dwg”，标注房间信息，如图 9-76 所示。

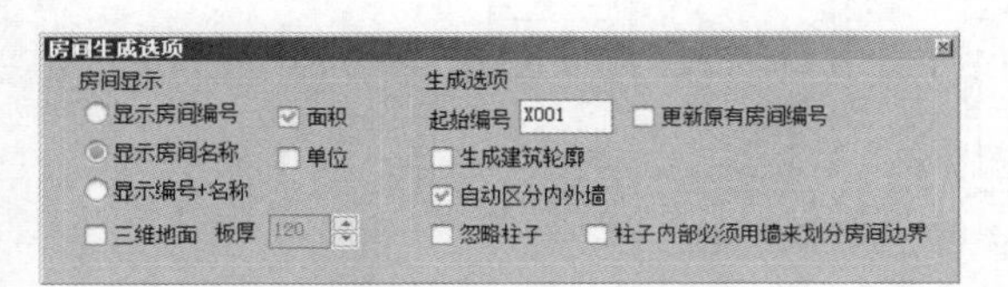

图 9-75　【房间生成选项】对话框

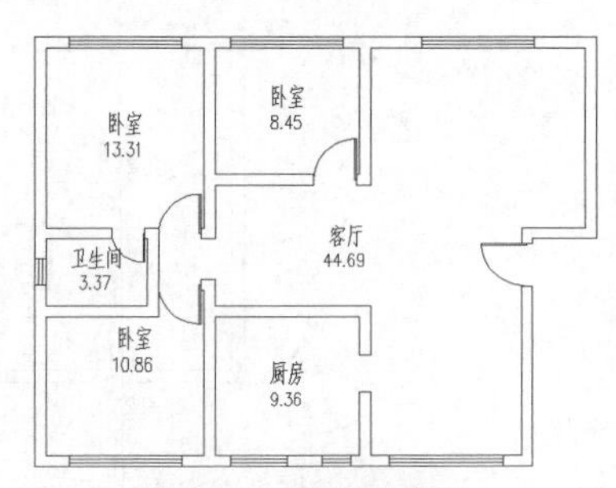

图 9-76　标注房间信息

9.4.2　布置洁具

启动【洁具管理】命令，打开【洁具管理】对话框，如图 9-77 所示，该对话框提供了以下洁具。

- 普通洗脸盆、大小便器、淋浴喷头及洗涤盆。
- 台式洗脸盆。
- 浴缸、拖布池。
- 地漏。
- 小便池。
- 盥洗槽。

选择所需洁具，双击它或是利用右键快捷菜单中的相关命令插入洁具。插入时，显示相应对话框，如图 9-78 所示，在该对话框中设定洁具大小尺寸及定位参数，然后选择墙边即可。操作完成后，若位置不对，可利用移动、旋转等命令进行调整。

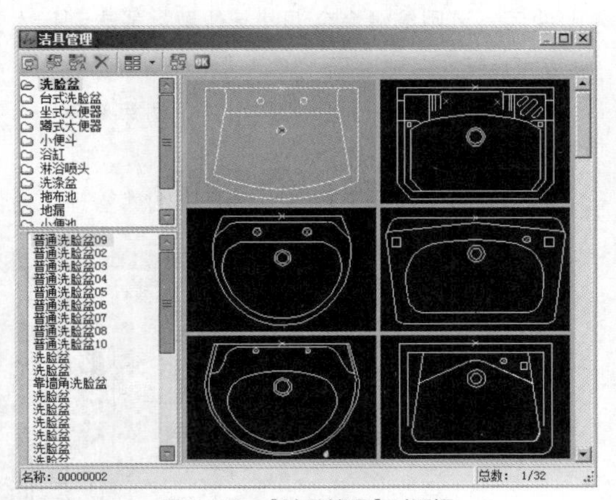

图 9-77　【洁具管理】对话框

【布置普通洗脸盆】对话框中的常用选项介绍如下。

- 【初始间距】：第 1 个洁具插入点与墙垛的距离。
- 【设备间距】：两个插入洁具间的距离。
- 【离墙间距】：洁具插入点距墙边的距离。

对于已插入的洁具，也可修改其尺寸。选择洁具，利用右键快捷菜单的【对象编辑】命令打开【图块参数】对话框，在此对话框中修改洁具的长、宽尺寸，如图 9-79 所示。

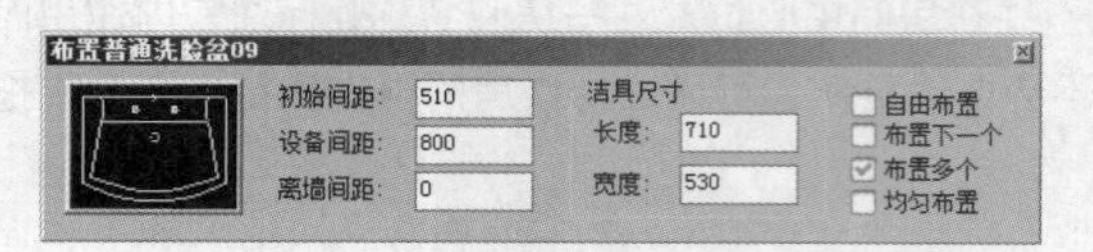

图 9-78　设定洁具大小尺寸及定位参数

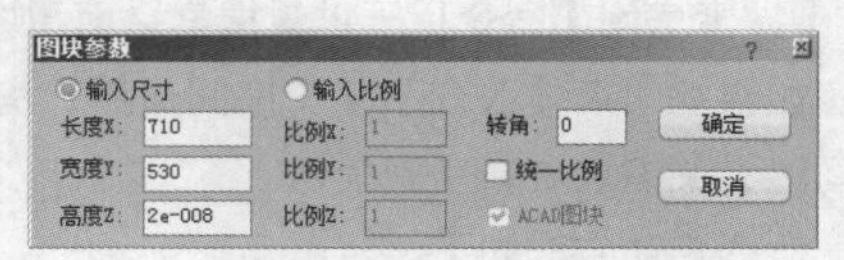

图 9-79　修改洁具尺寸

命令启动方法如下。

- 屏幕菜单：【房间】/【洁具管理】。
- 命令：JJGL。

【练习 9-31】：打开素材文件“dwg\第 9 章\9-31.dwg”，在平面图中布置洁具，洁具样式及尺寸自定，如图 9-80 所示。

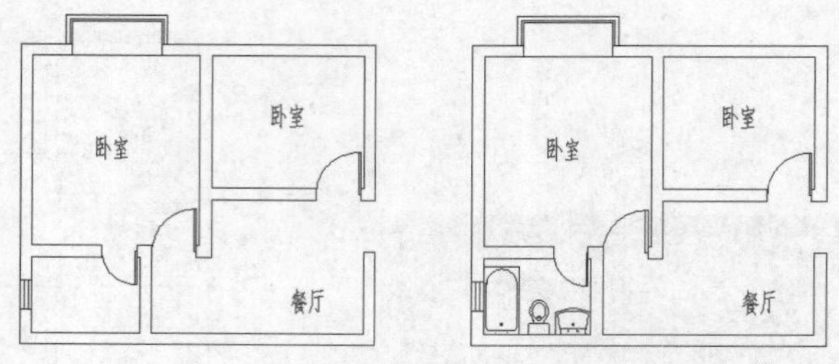

图 9-80　布置洁具

9.4.3　利用图库布置家具及厨房用具

客厅、卧室等房间的家具以及厨房中的炉具、洗涤盆等可以利用中望图库中的图块快速布置完成。插入图块后，可用编辑命令调整其位置，或者利用右键快捷菜单中的【对象编辑】命令来修改图块的尺寸。

命令启动方法如下。

- 屏幕菜单：【图块图案】/【图库管理】。
- 命令：TKGL。

启动【图库管理】命令，打开【图库管理】对话框，如图 9-81 所示，该对话框提供了以下图库。

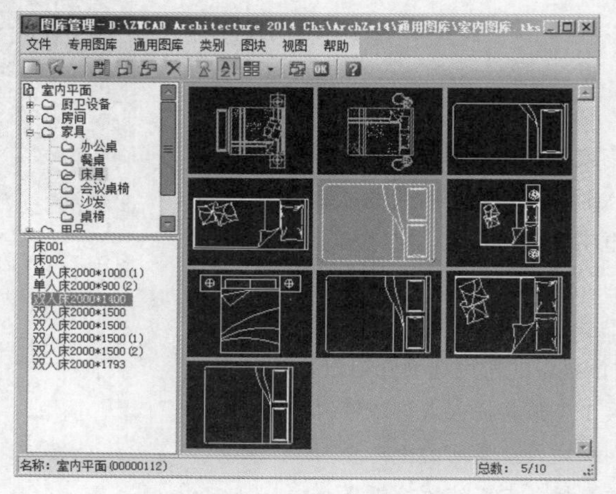

图 9-81　【图库管理】对话框

- 专用图库：包含立面阳台、门窗及总图图例等图块。
- 通用图库：包含建筑立面和平面、结构大样及室内立面和平面等图样中常用的图块。

在【图库管理】对话框中选择所需图块，双击它或是利用右键快捷菜单中的相关命令插入图块。插入时，显示【图块参数】对话框，如图 9-82 所示，在该对话框中设定图块大小尺寸，然后指定插入点，并选择命令行中的相关选项调整图块放置方位即可。

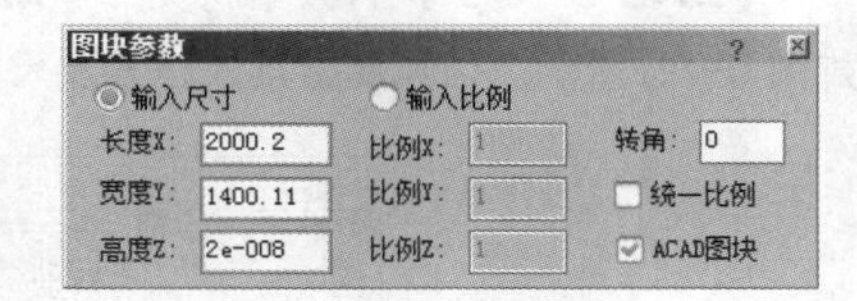

图 9-82　【图块参数】对话框

9.4.4　形成屋顶线

【搜屋顶线】命令可以根据建筑物外墙的外皮边界生成屋顶平面轮廓线。屋顶线是闭合的多段线，可以绘制，也可与其他闭合多段线进行布尔运算（右键快捷菜单命令），形成复杂屋顶线。以屋顶线为基础，加以细化可方便绘制出屋顶的平面施工图。

命令启动方法如下。

- 屏幕菜单：【屋顶】/【搜屋顶线】。
- 命令：SWDX。

【练习 9-32】： 打开素材文件“dwg\第 9 章\9-32.dwg”，如图 9-83（a）所示，创建屋顶轮廓线，该线与外墙偏移距离为 900，如图 9-83（b）所示。

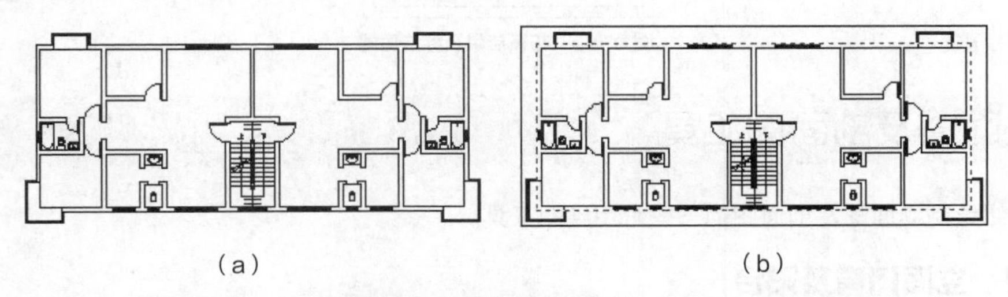

（a）　　　　（b）

图 9-83　创建屋顶轮廓线

9.4.5　任意坡顶

【多坡屋顶】命令可以根据任意封闭的多段线生成指定坡度的坡形屋顶。该多段线可与其他多段线进行布尔运算（右键快捷菜单命令），形成复杂形状。当然，也可分解后编辑其形状。双击屋顶或采用右键快捷菜单的相关命令可编辑修改每个边坡的坡度或是指定屋顶高度，使其顶部为平顶形式。

命令启动方法如下。

- 屏幕菜单：【屋顶】/【多坡屋顶】。
- 命令：DPWD。

继续前面的练习，根据屋顶线创建坡屋顶，坡角自定，如图 9-84 所示。

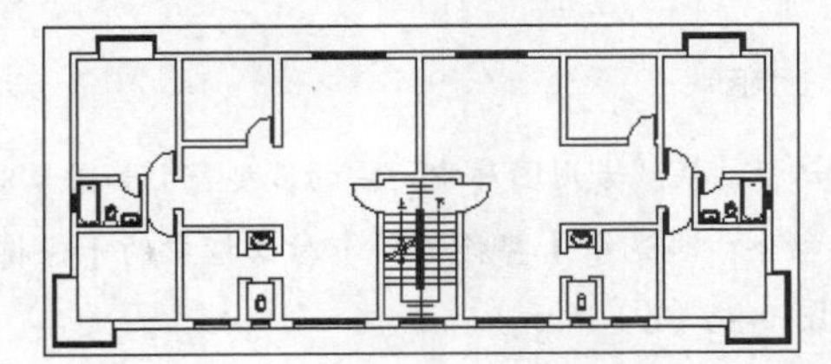

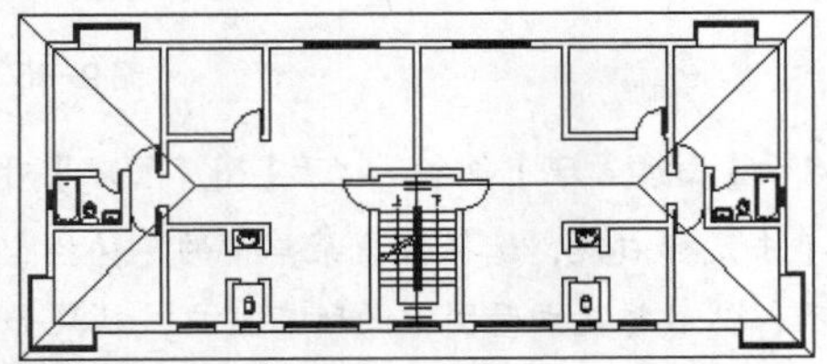

图 9-84　创建坡屋顶

9.4.6 综合练习——布置洁具及标注房间

【练习 9-33】: 打开素材文件“dwg\第 9 章\9-33.dwg”，在平面图中布置洁具及厨具，再标注房间，如图 9-85 所示。洁具和厨具的样式及尺寸自定。

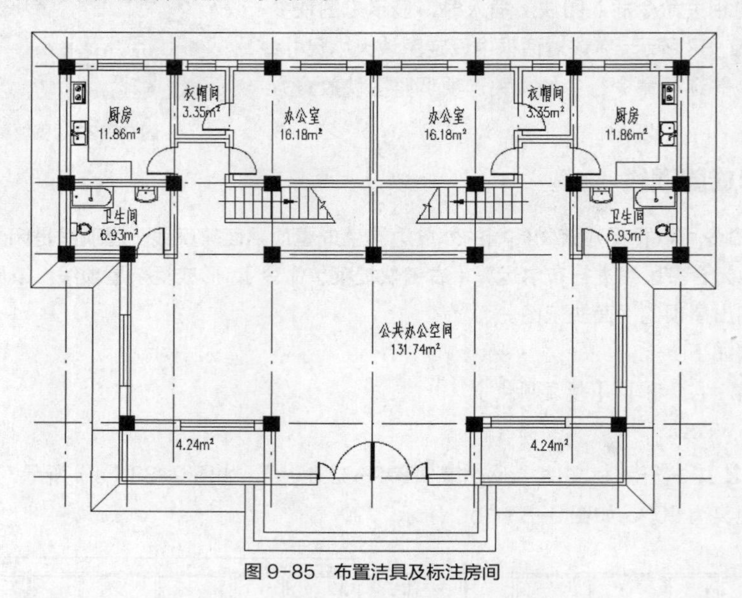

图 9-85 布置洁具及标注房间

9.5 立面图及剖面图工具

下面介绍绘制立面图及剖面图的一些常用绘图工具。

9.5.1 立面门窗及阳台

中望 CAD 提供了立面门窗及阳台图块，存储在专用图库中。启动【图块图案】/【图库管理】命令，可显示并选取所需图块，然后在当前图样中插入或是替换图块。

【练习 9-34】: 打开素材文件“dwg\第 9 章\9-34.dwg”，如图 9-86（a）所示，替换立面图中的所有窗户图块，如图 9-86（b）所示。

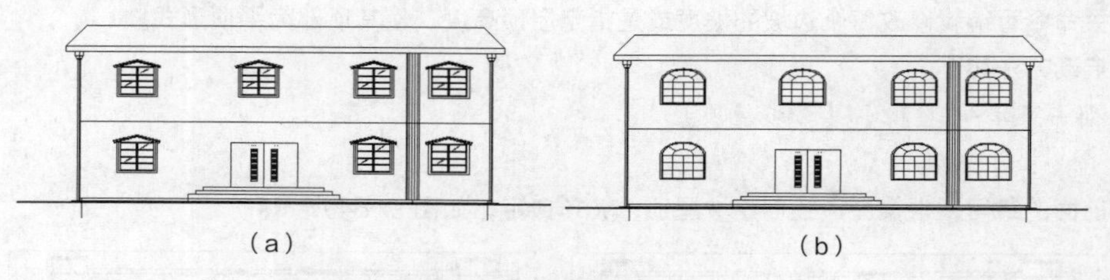

（a） （b）

图 9-86 替换图块

（1）启动【图库管理】命令，打开【图库管理】对话框，找到专用图库中所需的造型窗，如图 9-87 所示。

（2）单击鼠标右键，选择快捷菜单中的【替换】命令，再选中【替换选项】对话框中的【保持插入尺寸】单选项，然后替换立面图中的所有窗户，结果如图 9-86（b）所示。

（3）双击【图库管理】对话框中的图块可在当前图样中插入该块。

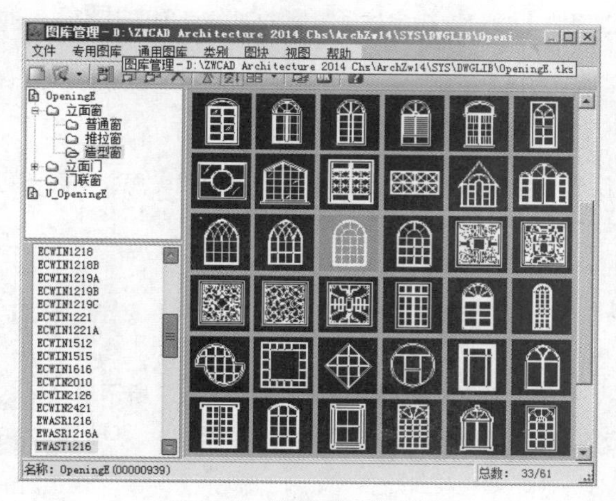

图9-87 【图库管理】对话框

9.5.2 新建门窗块及入库

用户可以通过【图库管理】命令新建门窗、阳台等图块，并将其放置在已有的图库类别或自定义的类别中。

新建图块并入库的过程如下。

（1）启动【图库管理】命令，打开【图库管理】对话框，指定新图块要放置的位置“立面窗/普通窗”，如图9-88（a）所示。也可通过该对话框的【类别】菜单创建新的图块类别，用于存储自定义图块。

（2）选择菜单命令【图块】/【新建图块】，选择构成图块的对象并指定插入基点等，即可创建新图块，该图块位于“立面窗/普通窗”的位置，如图9-88（b）所示。

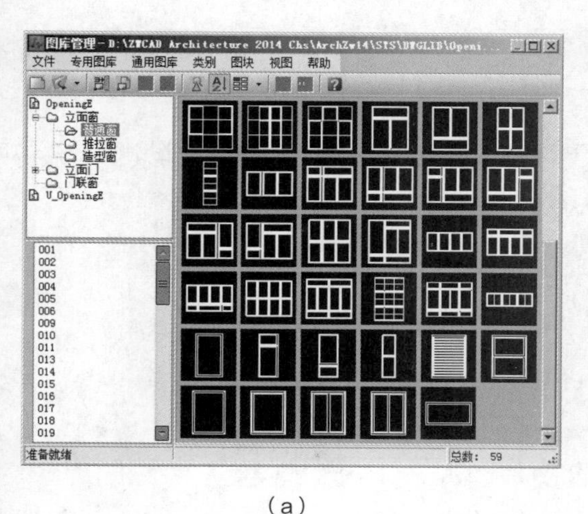

（a）

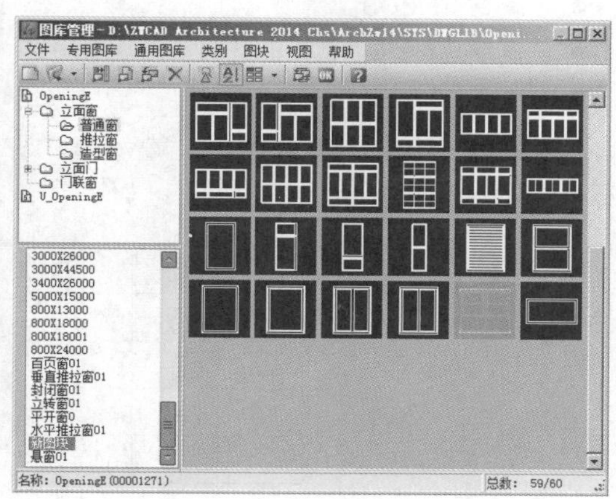

（b）

图9-88 【图库管理】对话框

（3）修改新图块名称，使之便于查找。

9.5.3 雨水管线及柱立面线

选择菜单命令【立剖面】/【雨水管线】，指定雨水管的起始点及终止点，创建竖直向下的雨水管投影。

启动【立剖面】/【柱立面线】命令，指定柱子投影的对角点创建其投影，并在柱子立面范围内画出有立体感的竖向投影线。

9.5.4 搜索轮廓

【搜索轮廓】命令用于创建闭合平面图形或是立面图的多段线轮廓，同时还可对其加粗或偏移。若图形不闭合，则可通过该命令的“闭合”选项创建闭合轮廓。

命令启动方法如下。

- 屏幕菜单：【工具二】/【搜索轮廓】。
- 命令：SSLK。

启动【搜索轮廓】命令，打开【搜索轮廓】对话框，如图 9-89 所示，选中【搜索立面轮廓】单选项，设定轮廓线宽，然后选择立面图，就可形成立面的外轮廓。

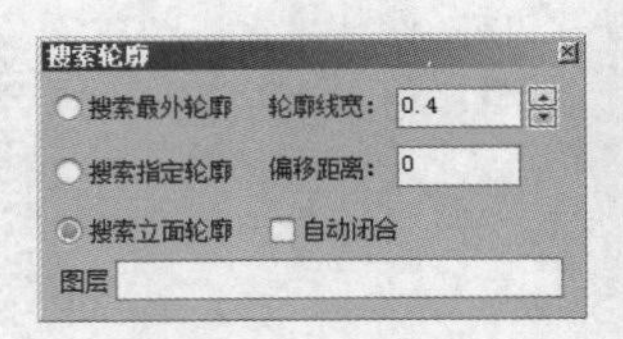

图 9-89 【搜索轮廓】对话框

9.5.5 剖面墙板及线生墙板

【剖面墙板】命令用于创建剖面图中的剖面墙体及双线楼板。启动该命令，设定墙体或楼板的相关参数，再指定墙体及楼板的起始点及终止点即可。

【线生墙板】命令可根据剖面图中的轴线及层线创建剖面墙体及双线楼板。启动该命令，设定墙体或楼板的相关参数，再选择轴线或层线即可。

墙体和楼板是完整的对象，可自动与剖面梁等对象进行合并。双击它们可修改多种属性，利用关键点编辑方式可调整其位置及长度。

命令启动方法如下。

- 屏幕菜单：【立剖面】/【剖面墙板】。
- 命令：PMQB。
- 屏幕菜单：【立剖面】/【线生墙板】。
- 命令：XSQB。

【练习 9-35】：打开素材文件“dwg\第 9 章\9-35.dwg”，如图 9-90（a）所示，在剖面图中添加楼板，如图 9-90（b）所示。

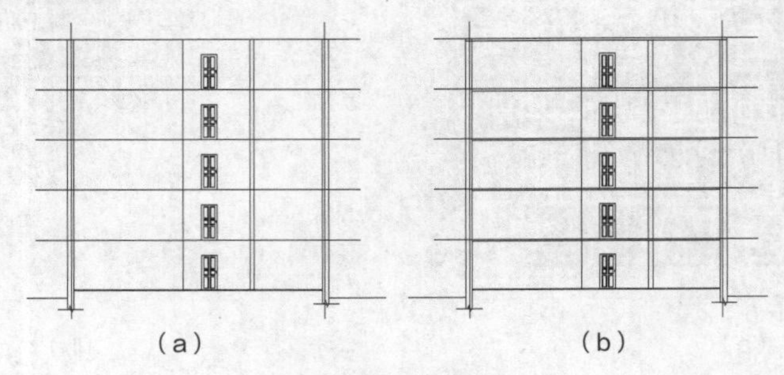

图 9-90 添加楼板

（1）启动【剖面墙板】命令，打开【剖面墙板】对话框，设置楼板参数，如图 9-91 所示。

（2）指定楼板起始点及终止点，创建双线楼板，结果如图 9-90（b）所示。也可启动【线生墙板】命令，然后选择层线生成楼板。

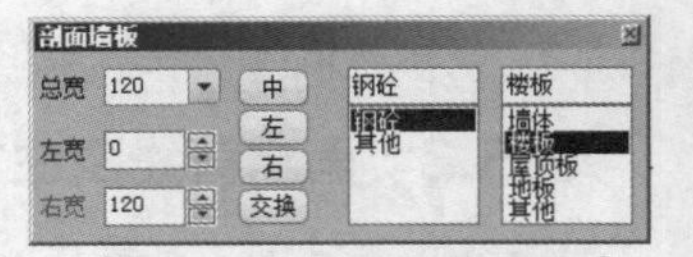

图 9-91 【剖面墙板】对话框

9.5.6　矩形剖梁

【矩形剖梁】命令用于创建剖面图中的矩形梁剖面。启动该命令，设定矩形梁的宽、高参数，再指定插入点即可。该对象可与墙体、楼板等对象自动合并，双击它可修改其属性，利用关键点编辑方式可调整其位置。

命令启动方法如下。

- 屏幕菜单：【立剖面】/【矩形剖梁】。
- 命令：JXPL。

继续前面的练习，在楼板与墙体相交处添加矩形梁剖面，其宽度、高度尺寸为 370×300、240×300，如图 9-92 所示。

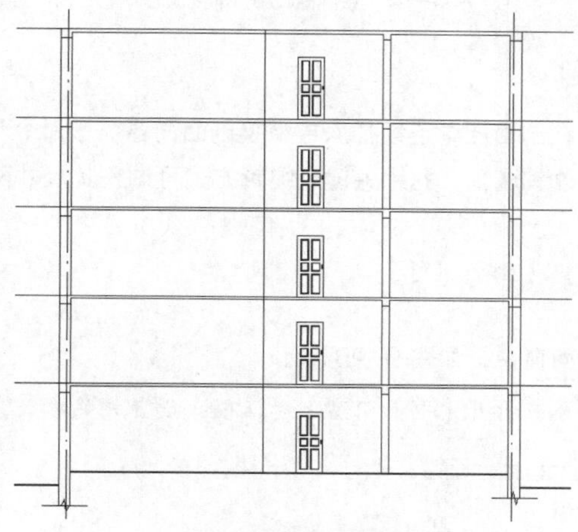

图 9-92　添加矩形梁剖面

（1）启动【矩形剖梁】命令，打开【绘制剖面梁】对话框，设置相关参数，如图 9-93 所示。

（2）指定矩形梁剖面位置，该剖面与楼板、墙体自动合并，再插入 240×300 的矩形剖面，结果如图 9-92 所示。

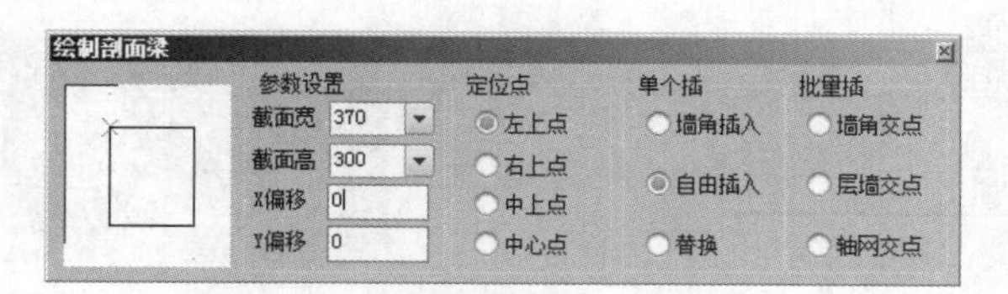

图 9-93　【绘制剖面梁】对话框

9.5.7　剖面造型

如果需要任意形状的剖面对象，可先利用多段线命令绘制其轮廓，然后利用【剖面造型】命令进行转化，此类对象可与楼板、墙体及剖梁等对象自动合并。

命令启动方法如下。

- 屏幕菜单：【立剖面】/【剖面造型】。
- 命令：PMZX。

继续前面的练习，用 PLINE 绘制檐口部分的剖面轮廓（闭合曲线），如图 9-94（a）所示，然后利用【剖面造型】命令的“点取图中曲线”选项将其创建成剖面对象，该对象自动与楼板合并，如图 9-94（b）所示。

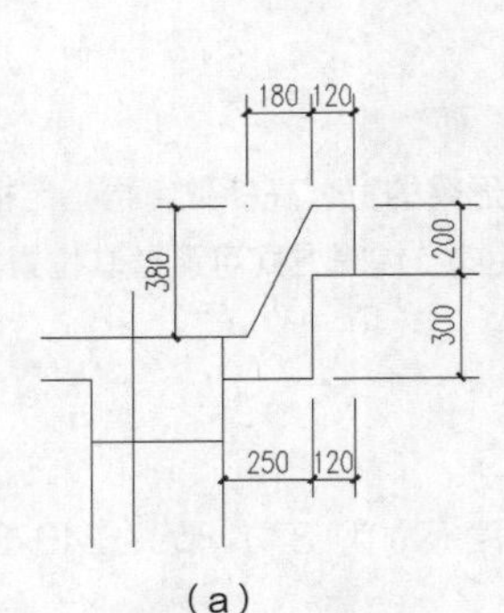

（a）

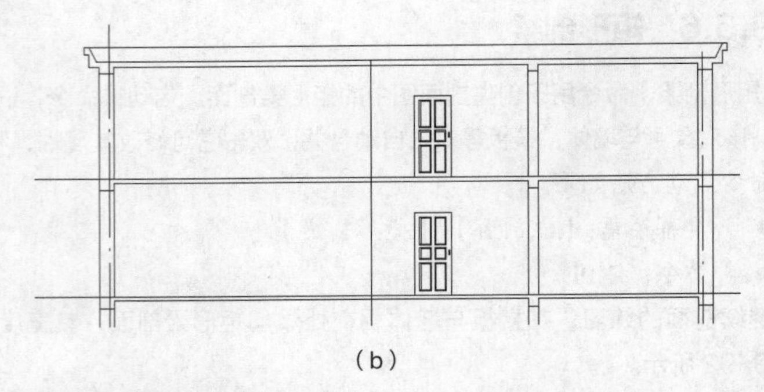
（b）

图 9-94　绘制檐口部分的剖面轮廓

9.5.8　剖面门窗

利用【剖面门窗】命令可在剖面图中连续插入或替换剖面门窗。该命令可设定门窗高度、窗台高度及是否添加过梁等。双击它可修改其属性，利用关键点编辑方式可调整其尺寸及位置。

命令启动方法如下。

- 屏幕菜单:【立剖面】/【剖面门窗】。
- 命令：PMMC。

继续前面的练习，添加剖面窗户，如图 9-95 所示。

（1）启动【剖面门窗】命令，打开【剖面门窗】对话框，设置相关参数，如图 9-96 所示。

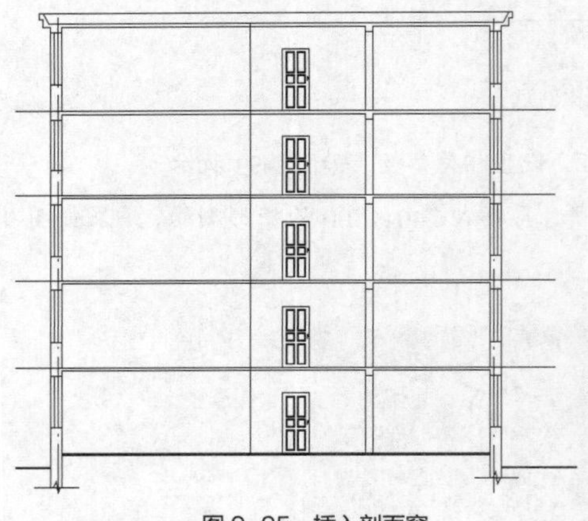
图 9-95　插入剖面窗

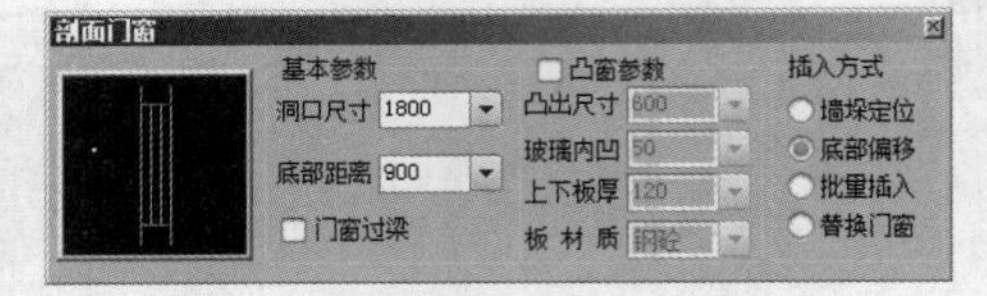

图 9-96　【剖面门窗】对话框

（2）指定窗户底部偏移的基点（墙体与层线交点），插入剖面窗，结果如图 9-95 所示。

9.5.9　剖面梯段及休息平台

【剖面梯段】命令用于创建剖面梯段的剖切部分和可见部分。【休息平台】命令用于创建梯段间的休息平台。梯段上下端各设一个点用于捕捉休息平台的端点。休息平台采用偏移距离的定位方式，即只需给出休息平台距下层楼板或层线的距离即可精确定位，平台会自动延伸至墙基线，并添加墙中梁，墙中梁的宽度锁定为墙宽，如果墙中已有梁则不插新梁。

命令启动方法如下。

- 屏幕菜单:【立剖面】/【剖面梯段】。

- 命令：PMTD。
- 屏幕菜单：【立剖面】/【休息平台】。
- 命令：XXPT。

【练习 9-36】：打开素材文件“dwg\第 9 章\9-36.dwg”，如图 9-97（a）所示，创建休息平台及楼梯梯段，如图 9-97（b）所示。

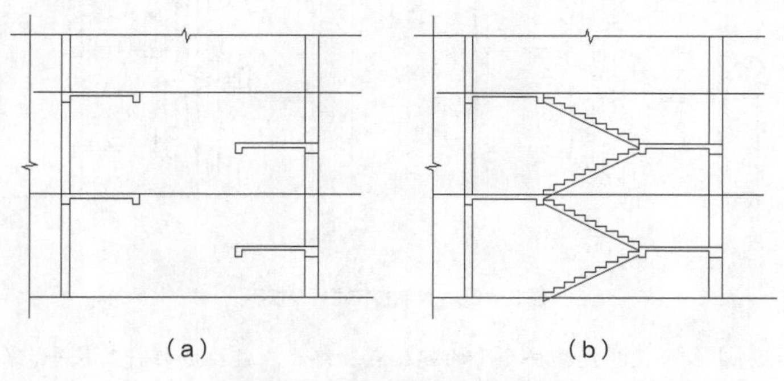

（a）　　　　（b）

图 9-97　绘制休息平台及楼梯梯段

（1）启动【休息平台】命令，打开【剖面楼梯梁板】对话框，设置相关参数，如图 9-98 所示。

（2）指定层线与墙体交点为插入基点，插入休息平台，结果如图 9-97（a）所示。楼梯左边休息平台与层线的偏移距离为 3000。

（3）启动【剖面梯段】命令，打开【剖面梯段】对话框，设置相关参数，如图 9-99 所示。

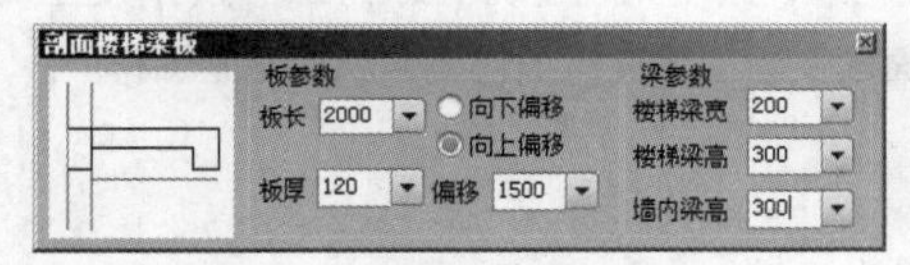

图 9-98　【剖面楼梯梁板】对话框

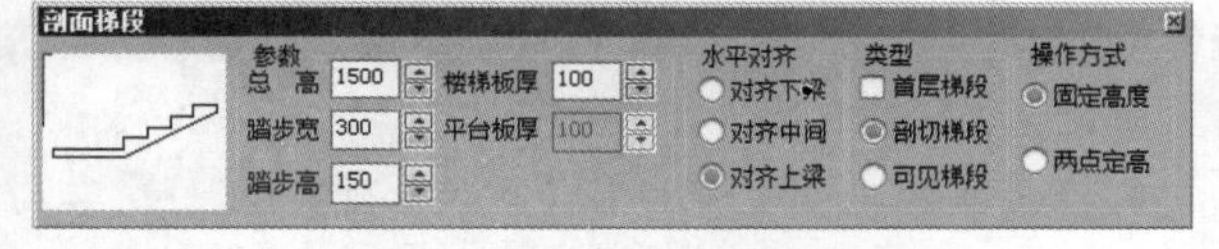

图 9-99　【剖面梯段】对话框

（4）单击一点生成剖切梯段，再单击一点生成可见梯段，利用移动及复制命令布置梯段，结果如图 9-97（b）所示。

9.5.10 楼梯栏杆、扶手接头及梯剪栏杆

【楼梯栏杆】命令根据楼梯剖断生成栏杆。启动该命令，指定楼梯台阶的起始点及终止点就生成栏杆及扶手，栏杆的高度可预先设定。

【扶手接头】命令用于生成两段扶手间的连接部分。启动该命令，选择两段扶手，系统就自动将其连接起来。

【梯剪栏杆】命令可使楼梯和栏杆间自动修剪，以符合投影关系。启动该命令，选择要编辑的楼梯和栏杆即可。

命令启动方法如下。

- 屏幕菜单：【立剖面】/【楼梯栏杆】。
- 命令：LTLG。
- 屏幕菜单：【立剖面】/【扶手接头】。
- 命令：FSJT。

- 屏幕菜单：【立剖面】/【梯剪栏杆】。
- 命令：TJLG。

继续前面的练习，添加楼梯栏杆及扶手，如图 9-100 所示。

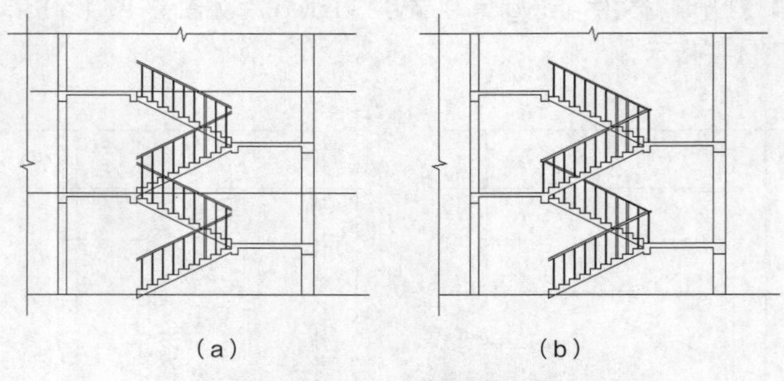

（a）　　（b）

图 9-100　绘制楼梯栏杆及扶手

（1）启动【楼梯栏杆】命令，指定楼梯台阶的起始点及终止点就生成栏杆及扶手，如图 9-100（a）所示。

（2）启动【扶手接头】命令，选择两段扶手，系统将其连接起来。

（3）启动【梯剪栏杆】命令，选择所有梯段、栏杆及扶手等，系统自动修剪栏杆及扶手，结果如图 9-100（b）所示。

9.5.11　根据平面图生成立面图、剖面图

中望 CAD 创建的墙体、门窗、台阶及阳台等对象都包含三维信息，绘制完成建筑平面图后，可利用这些三维信息，自动生成立面图及剖面图的主要对象，而后对立面、剖面图及屋顶等进行细化编辑获得完整图样。

命令启动方法如下。

- 屏幕菜单：【立剖面】/【建筑立面】。
- 命令：JZLM。
- 屏幕菜单：【立剖面】/【建筑剖面】。
- 命令：JZPM。

生成立面图、剖面图之前必须先确定各楼层之间的关系，中望 CAD 提供了两种方法。

- 多图模式：每层平面图是一个独立的 DWG 文件，放置于一个文件夹中，通过楼层表设置各楼层的组合关系。
- 单图模式：将各楼层平面图集成到一个 DWG 文件中，然后创建“楼层框”，利用“楼层框”确定各楼层的组合关系。

【练习 9-37】：根据素材文件夹“dwg\第 9 章\9-37”中的文件：“首层平面图.dwg”“二层平面图.dwg”和“屋顶平面图.dwg”，采用多图模式生成立面图、剖面图，如图 9-101 所示。

（1）打开每一个平面图，利用 BASE 命令将所有平面图的对齐点设定为轴线Ⓐ与轴线①的交点。

（2）打开首层平面图。启动【立剖面】/【建筑立面】命令，指定生成正立面图，选择出现在立面图中的轴线①和④，再填写楼层表，如图 9-102 所示。

（3）单击 确定 按钮，创建新的图形文件“正立面图.dwg”，如图 9-103 所示。

（4）切换到首层平面图，启动【文表符号】/【剖切符号】命令，创建剖切符号，如图 9-103 所示。

（5）启动【立剖面】/【建筑剖面】命令，选择剖切符号，指定出现在立面图中的轴线 Ⓐ、Ⓑ、Ⓓ和Ⓔ，

再填写楼层表。单击 确定 按钮，创建新的图形文件“1—1 剖面图.dwg”，结果如图 9-101 所示。

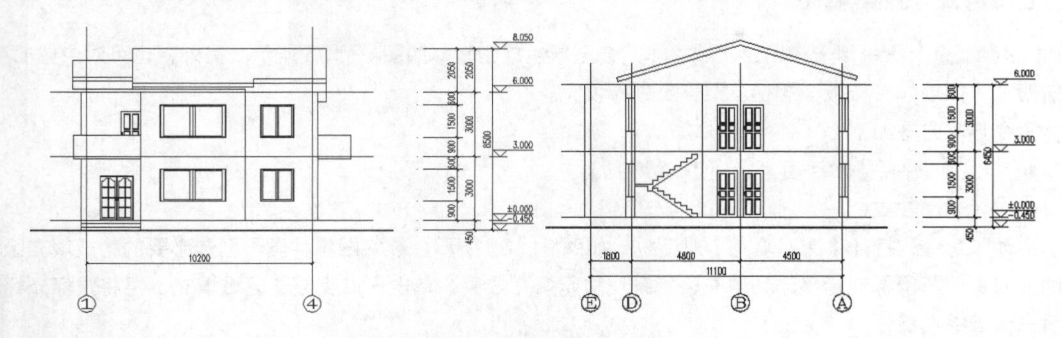

图 9-101 生成立面图及剖面图

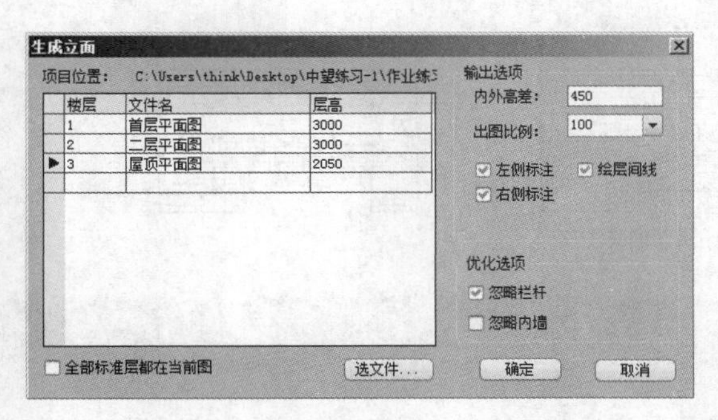

图 9-102 楼层表

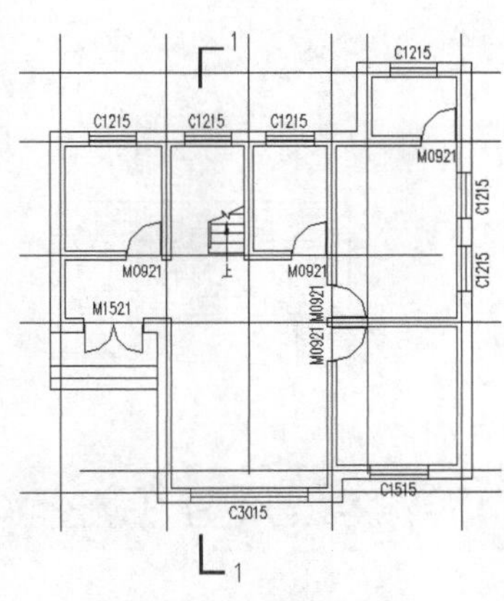

图 9-103 创建剖切符号

【练习 9-38】：根据素材文件夹“dwg\第 9 章\9-38”中的文件：“首层平面图.dwg”“二层平面图.dwg”和“屋顶平面图.dwg”，采用单图模式生成立面图、剖面图。

（1）创建一个新文件，将所有平面图复制到新文件中。

（2）启动【文件布图】/【建楼层框】命令，指定一个矩形包围首层平面图，设定轴线Ⓐ与轴线①的交点为对齐点，再输入楼层号及层高，创建楼层框，如图 9-104 所示。继续创建其他两个楼层框。操作完毕后，系统自动形成楼层表。

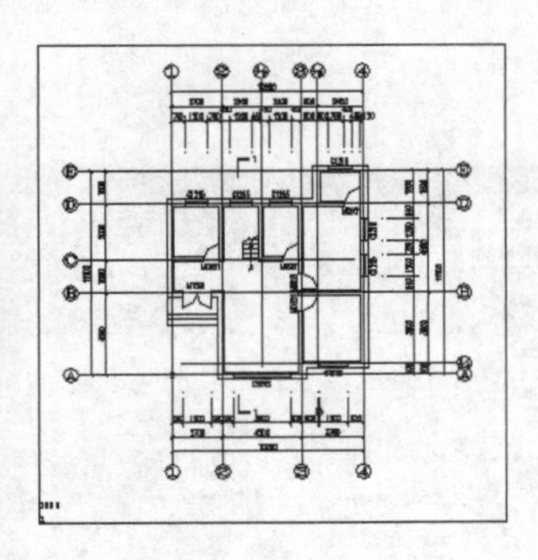

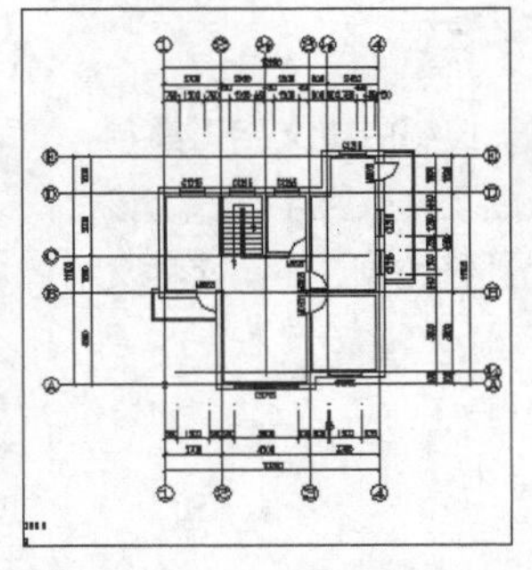

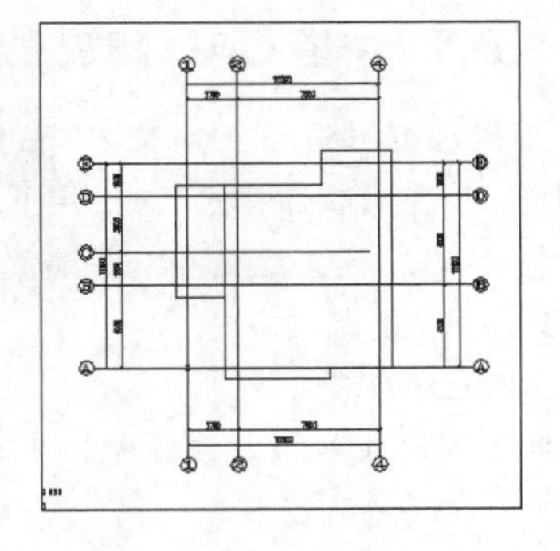

图 9-104 创建楼层框

（3）启动【建筑立面】【建筑剖面】命令，生成立面图及剖面图。过程与练习 9-37 相同。

9.5.12 图案填充

【图案填充】命令用于在闭合区域、非闭合区域生成图案，如图 9-105 所示。另外，也可对中望 CAD 建筑对象（如墙体、楼板、楼梯及梁等）进行填充。

命令启动方法如下。

- 屏幕菜单：【图块图案】/【图案填充】。
- 命令：TATC。

启动该命令，打开【图案填充】对话框，如图 9-105 所示，选取图案种类，框选必要的构成填充区域的图形对象，将鼠标光标移动到填充区，系统显示填充效果，单击一点完成该区域填充，再将鼠标光标移至另一区域继续操作。

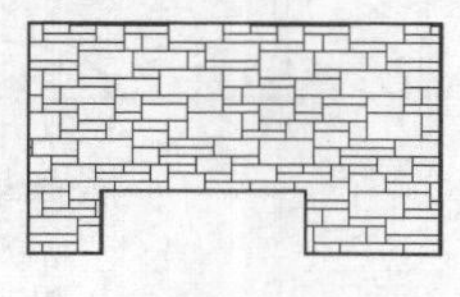

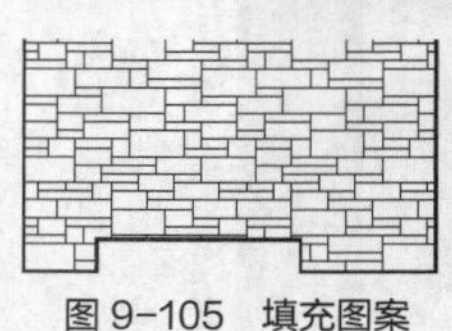

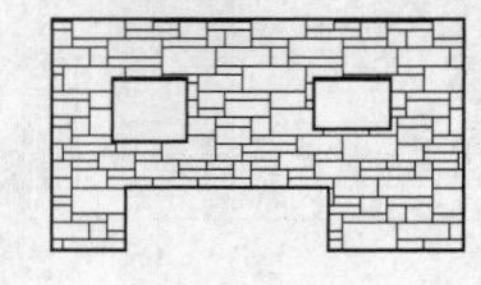

图 9-105 填充图案

9.6 文字及尺寸标注

建筑图纸中的文字及尺寸标注必须符合建筑制图国家标准中的有关规定，图纸绘制完成后，如果直接采用中望 CAD 建筑版 2014 本身提供的文字及尺寸工具添加注释，注释的形式往往不合标准，而且编辑起来也很不方便。

中望 CAD 建筑版 2014 提供了专门用于书写建筑图中文字及进行尺寸标注的工具，可完全取代中望 CAD 的相应功能。

中望建筑尺寸系统创建的尺寸都是一个整体对象，可用 X 命令进行分解，分解后退化为中望 CAD 的尺寸标注。

下面介绍中望 CAD 建筑版 2014 文字及尺寸工具。

9.6.1 中望 CAD 建筑文字样式

中望 CAD 建筑版 2014 文字样式用于控制中望文字工具创建的文字外观。【文字样式】命令用于新建及修改文字样式，该命令可对中文、西文 CAD 字体的高宽比进行控制，使得两种文字的外观更加协调。

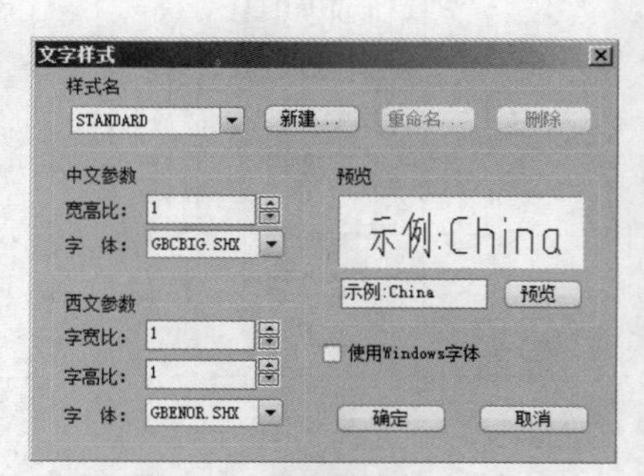

图 9-106 【文字样式】对话框

命令启动方法如下。

- 屏幕菜单：【文表符号】/【文字样式】。
- 命令：WZYS。

启动该命令，打开【文字样式】对话框，如图 9-106 所示。要创建符合国标规定的文字，应按图 9-106 所示选择字体文件及设定参数。中文字体选择“GBCBIG.SHX”，西文字体选择“GBENOR.SHX”或者“SIMPLEX.SHX”。若这些字体文件并未显示在对话框中，可先找到这些文件，然后将其复制到中望软件安装目录的“Fonts”文件夹中。

【文字样式】对话框中一些选项的功能介绍如下。

- 【宽高比】：中文字宽与字高之比。
- 【字宽比】：西文字宽与中文字宽的比。
- 【字高比】：西文字高与中文字高的比。
- 【使用Windows字体】：指定采用中望CAD建筑版2014的SHX字体，或者Windows的系统Truetype字体。

创建文字后，若修改文字样式关联的字体及宽高比参数，则采用该样式的文字外观将发生变化。

9.6.2 单行文字

利用【单行文字】命令可以一次在多个位置创建简短的文字说明。启动该命令，打开【单行文字】对话框，如图9-107所示。在文本框中输入文字，在绘图区域中单击一点，显示文字预览，再单击一点放置文字。继续输入新的文字，重复同样的操作，将文字放置在其他位置。

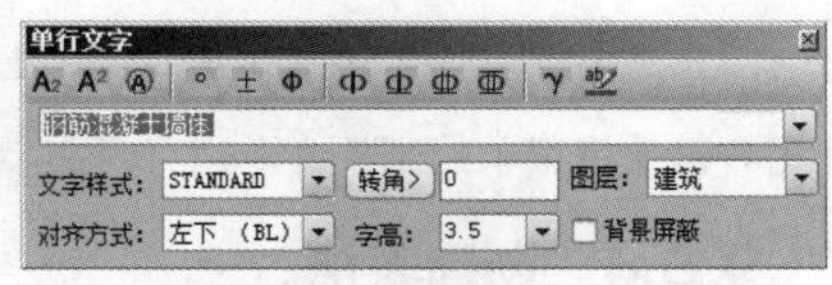

图9-107 【单行文字】对话框

命令启动方法如下。

- 屏幕菜单：【文表符号】/【单行文字】。
- 命令：DHWZ。

【单行文字】对话框上部布置了一系列按钮，可用于生成上下标、带圈文字、直径符号、钢筋代号及其他特殊字符等。

对于已有的单行文字，双击其中之一，可输入新内容，再直接单击其他文字可继续输入新内容。此外，利用右键快捷菜单的相关命令也可对文字进行编辑。

9.6.3 多行文字

【多行文字】命令用于生成指定宽度分布的段落文字，用户可以调整行间距，加入硬回车等。选中多行文字对象，出现两个关键点，左边关键点用于移动文字，右边关键点用于改变文字分布的宽度。

命令启动方法如下。

- 屏幕菜单：【文表符号】/【多行文字】。
- 命令：MTEXT。

启动该命令，指定两点设置文字分布宽度，弹出【多行文字】对话框，如图9-108所示，在文本框中输入文字，单击 确定 按钮完成。

【多行文字】对话框中一些选项的功能介绍如下。

- 上部的一系列按钮：可用于生成上下标、带圈文字、直径符号、钢筋代号及其他特殊字符等。
- 文字输入区：输入文字，也可从“剪切板”中粘贴其他文本内容。
- 【行距系数】：决定段落文字的行间距，该系数为1时，两行文字间相隔一空行。
- 【文字高度】：打印出图后的实际文字高度。
- 【自动编号】：输入数字或英文字母后，按Enter键，下一段开头自动加入一个顺序编号。
- 导入文档：插入保存的设计文档。
- 图中提取：将当前图中的一些注释提取出来，显示在文字输入区中。

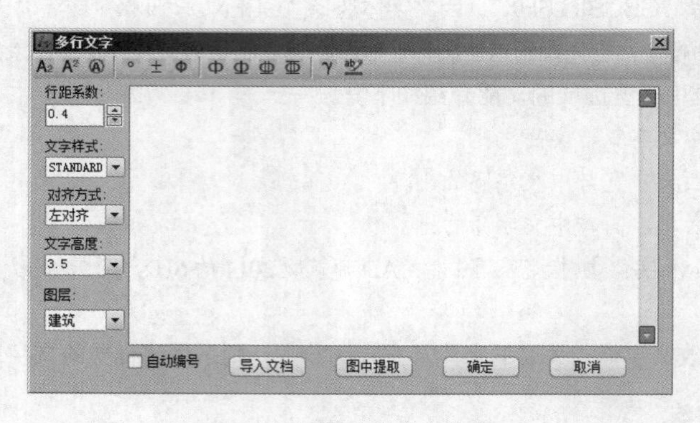

图 9-108 【多行文字】对话框

对于已有的多行文字，双击其中之一，输入新内容，再直接单击其他文字可继续输入新内容。此外，利用右键快捷菜单的相关命令也可对文字进行编辑。

9.6.4 创建表格

【新建表格】命令可依据设定的行、列数及总宽创建表格。另外，还可插入已有表头的表格，如工程做法表、标准图集表等。

命令启动方法如下。

- 屏幕菜单：【文表符号】/【新建表格】。
- 命令：XJBG。

启动该命令，打开【新建表格】对话框，如图 9-109（a）所示。设定表格的相关参数，单击 确定 按钮创建表格。

单击 选表头 按钮，可以选择已有表头的表格插入当前图形中，如图 9-109（b）所示。

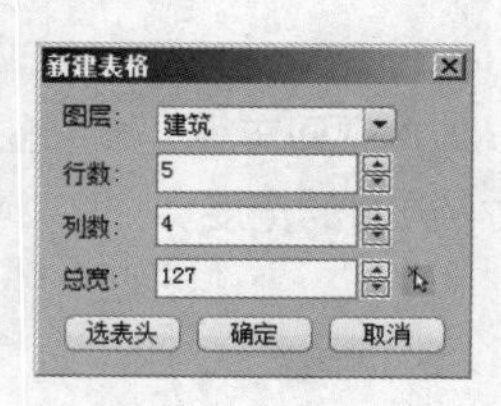

（a）

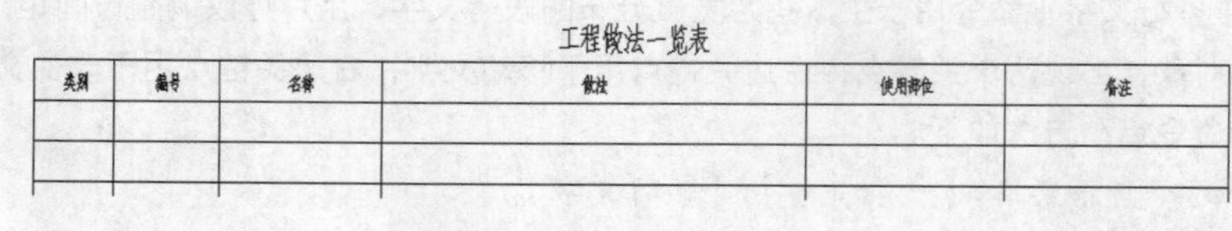

工程做法一览表

类别	编号	名称	做法	使用部位	备注

（b）

图 9-109 创建表格

在空白表格中填写文字可采用在位编辑方式。首先选中表格，再单击空白单元，出现红色光标标记，如果是表头单元则直接输入文字，若是表格单元，则利用右键快捷菜单命令【编辑单元】来填写文字。

双击表格文字可编辑文字，输入新文字后，再单击其他单元继续输入文字，或利用右键快捷菜单插入特殊字符。

双击表格线框，弹出【表格设定】对话框，利用该对话框可对表格单元的属性进行设置，如文字样式、对齐方式及文字编辑等。

如果要编辑表格的行、列单元，可先选中表格，再单击鼠标右键，通过快捷菜单的相关命令可插入及删除行、列等。

另一种编辑表格的方式为在位编辑方式。首先选中表格，再单击单元，出现红色光标标记，按住 Shift 键选其他单元，则所选单元间的区域将被选中，利用右键快捷菜单的相关命令可对该区域合并、求和或者插入、删除行列等。

9.6.5　中望 CAD 建筑标注样式

中望 CAD 建筑版 2014 中的各类尺寸标注外观由标注样式控制，这些标注样式是由系统自动生成的。若有其他的一些不同标注要求，如改变尺寸精度、调整标注数值比例因子等（缩放标注数值大小），可修改这些样式，以达到自己的目的。但需注意：修改标注样式的总体比例因子不会改变标注的整体外观，整体外观仍由当前绘图比例决定。

中望 CAD 建筑版 2014 按尺寸类型自动创建 5 种标注样式。

- _LINEAR：用于创建直线型的尺寸标注，如门窗标注和逐点标注等。
- _ANGULAR：用于创建角度标注。
- _ARC：用于创建圆弧对象的直径、半径和弧长标注。
- _WALL_THICK：用于创建墙厚标注。
- _DOTDIM：用于创建尺寸箭头为圆点的直线标注或角度标注。

9.6.6　标注门窗

【门窗标注】命令适合标注建筑平面图的门窗尺寸，启动该命令，单击点 *A* 和点 *B*，连线穿过墙体，则标注出该段墙体上的窗户尺寸，继续选择其他墙体完成同样标注，如图 9-110（a）所示。点 *B* 的位置决定了尺寸界线起点位置。

如果平面图中已经存在轴网标注的第一、二道尺寸线，则让 *AB* 连线（次序无关）穿过墙体及第一、二道尺寸线，再选择其他墙体就创建出门窗尺寸标注，且 3 道尺寸线等距，如图 9-110（b）所示。

命令启动方法如下。

- 屏幕菜单：【尺寸标注】/【门窗标注】。
- 命令：MCBZ。

【练习 9-39】：打开素材文件“dwg\第 9 章\9-39.dwg”，创建窗户尺寸，如图 9-110 所示。

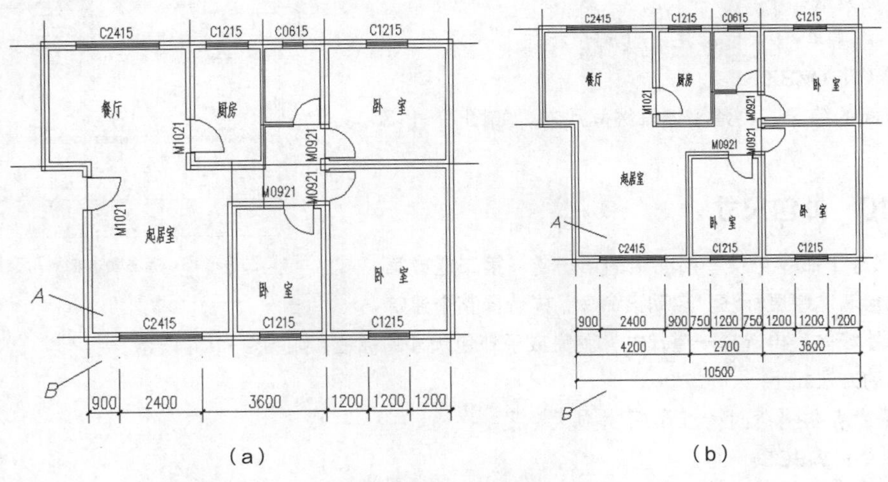

图 9-110　创建窗户尺寸

9.6.7 标注内门

【内门标注】命令用于创建平面图中门窗尺寸以及定位尺寸线，其中定位尺寸线与邻近的轴线或者墙垛相关。启动该命令，选择门或窗，再指定尺寸的位置即可，要注意的是：鼠标光标指定的位置决定了定位尺寸的位置，如图 9-111 所示。命令选项“垛宽定位”及“轴线定位”可用于设置门窗定位方式。

命令启动方法如下。

- 屏幕菜单：【尺寸标注】/【内门标注】。
- 命令：NMBZ。

继续前面的练习，创建内门尺寸，如图 9-111 所示。

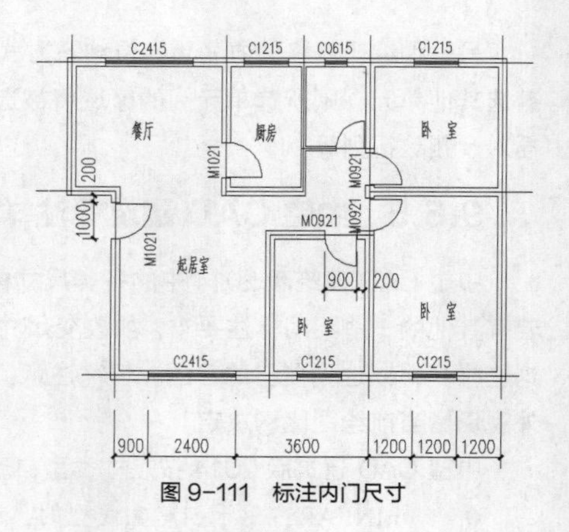

图 9-111 标注内门尺寸

9.6.8 标注墙体厚度

【墙厚标注】命令可用于一次创建平面图中多个墙体厚度尺寸。启动该命令，单击点 *A* 和点 *B*，则系统标出该连线穿过的所有墙体对象厚度尺寸，如图 9-112 所示。当墙体内有轴线时标注以轴线划分的左右墙宽，否则标注墙体的总宽。

命令启动方法如下。

- 屏幕菜单：【尺寸标注】/【墙厚标注】。
- 命令：QHBZ。

继续前面的练习，创建墙体厚度尺寸，如图 9-112 所示。

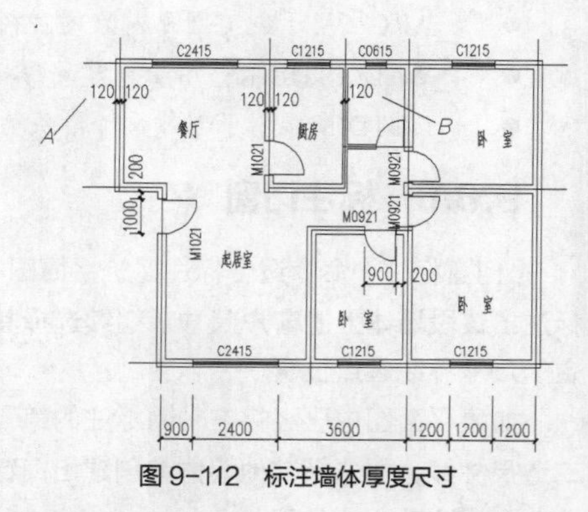

图 9-112 标注墙体厚度尺寸

9.6.9 墙中标注

【墙中标注】命令用于创建平面图中多个墙体轴线间尺寸。启动该命令，单击点 *A* 和点 *B*（*AB* 连线水平），则系统标出该连线穿过的所有墙体轴线间尺寸，尺寸线与 *AB* 连线平行，如图 9-110 所示。标注时，可指定要忽略的轴线或墙体。

命令启动方法如下。

- 屏幕菜单：【尺寸标注】/【墙中标注】。
- 命令：QZBZ。

继续前面的练习，创建墙体轴线间尺寸，如图 9-113 所示。

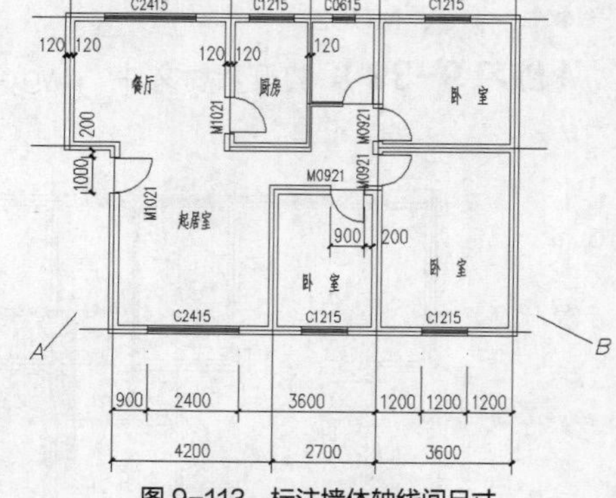

图 9-113 标注墙体轴线间尺寸

9.6.10 外包尺寸

【外包尺寸】命令可使平面图中的第一道、第二道或第三道尺寸包含墙体厚度标注。启动该命令，先选择整个建筑平面图或者外墙体，再选择一道尺寸，就完成了外包尺寸的标注，如图 9-114 所示。

命令启动方法如下。

- 屏幕菜单：【尺寸标注】/【外包尺寸】。
- 命令：WBCC。

继续前面的练习，利用【外包尺寸】命令创建外包尺寸，如图 9-114 所示。

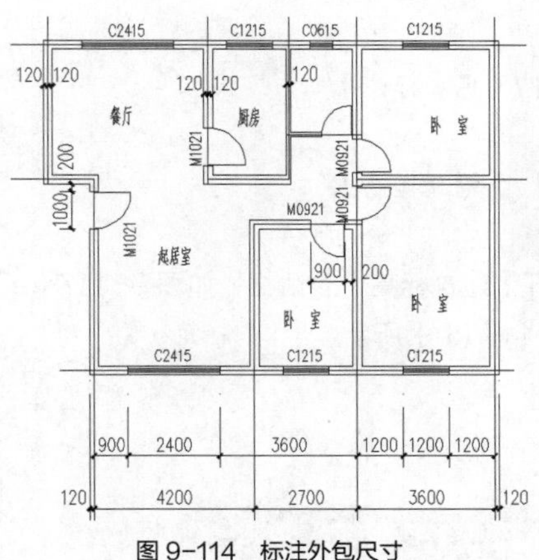

图 9-114　标注外包尺寸

9.6.11　逐点标注

【逐点标注】命令创建两点或一系列指定点间的距离尺寸。启动该命令，先选择两点创建尺寸，然后指定其他点形成连续尺寸标注，图 9-115 所示为外墙窗户细部尺寸。

命令启动方法如下。

- 屏幕菜单：【尺寸标注】/【逐点标注】。
- 命令：ZDBZ。

继续前面的练习，利用【逐点标注】命令创建外墙窗户细部尺寸，如图 9-115 所示。

图 9-115　标注外墙窗户细部尺寸

9.6.12　标注文字位置自动调整

标注尺寸时，由于尺寸区间较小，某些标注文字会拥挤重叠在一起。屏幕菜单中提供了尺寸自调控制开关，可使标注文字自动进行上下移位调整，该开关有 3 种状态“上调”“下调”及“自调关”，可循环切换，影响标注的结果，如图 9-116 所示。

命令启动方法如下。

屏幕菜单：【尺寸标注】/【上调】(【下调】【自调关】)。

除可使标注文字自动调整位置外，还可以启动【尺寸自调】命令并结合【上调】【下调】开关使已有尺寸标注文字的位置发生变化，消除文字重叠现象。

命令启动方法如下。

屏幕菜单：【尺寸标注】/【尺寸自调】。

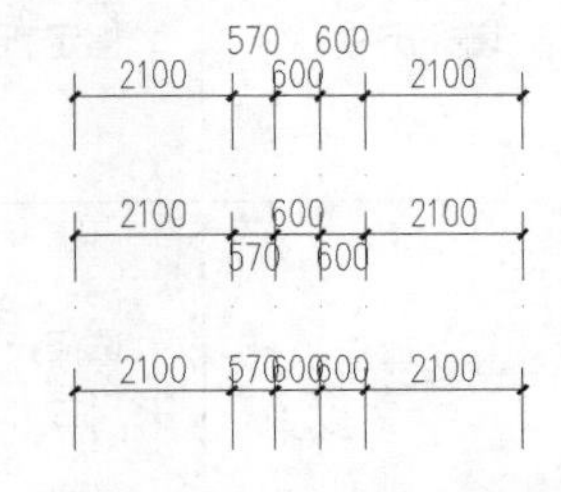

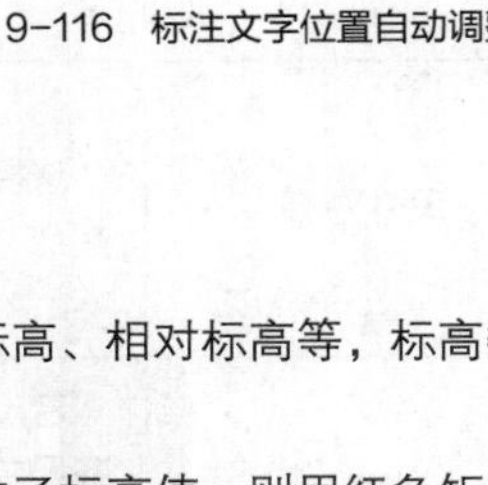

图 9-116　标注文字位置自动调整

9.6.13　标高标注及检查

【标高标注】命令用于生成平面图标高、立剖面图楼面标高以及总图地坪标高、相对标高等，标高数值可自动生成也可手工输入，标高值右方还可添加文字注释。

【标高检查】命令用于对立面图和剖面图上的标高值进行检查，若人为修改了标高值，则用红色矩形框标识出来。

命令启动方法如下。

- 屏幕菜单：【尺寸标注】/【标高标注】。
- 命令：BGBZ。
- 屏幕菜单：【尺寸标注】/【标高检查】。
- 命令：BGJC。

启动【标高标注】命令，打开【建筑标高】对话框，如图 9-117（a）所示，输入标高值，然后在平面图中指定标注位置，结果如图 9-117（b）所示。

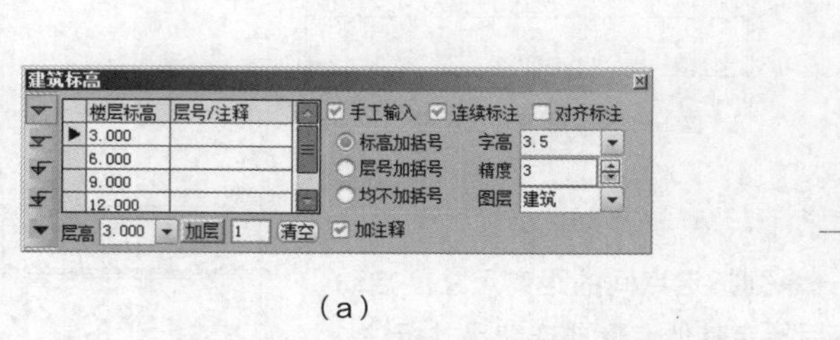

（a）　　（b）

图 9-117　标高标注

9.6.14　编辑尺寸标注

中望 CAD 建筑版 2014 的标注对象支持删除、合并、增补、延伸、裁剪及打断等操作，选中标注对象，单击鼠标右键，快捷菜单上列出了编辑尺寸标注的命令，其中常用命令的功能如表 9-6 所示。

表 9-6　编辑尺寸标注的常用命令选项的功能

选　项	功　能	图　例
取消尺寸	将选中的尺寸删除	
增补尺寸	指定新的标注点位置，增加尺寸标注	
合并区间	选择尺寸界线，或者选择任意两条尺寸线合并尺寸	
尺寸对齐	选择要对齐的多个尺寸，再指定尺寸界线的起点，就可将所有尺寸的尺寸线对齐	
连接尺寸	若尺寸标注有空缺，则可利用该命令选项补齐尺寸。 先选择基准尺寸，再选择要连接的尺寸，则创建与基准尺寸对齐的连续尺寸	

续表

选　项	功　能	图　例
尺寸打断	中望 CAD 建筑版 2014 标注对象是一个整体。启动该命令选项，选择尺寸界线，则标注对象以尺寸界线为界分为两部分	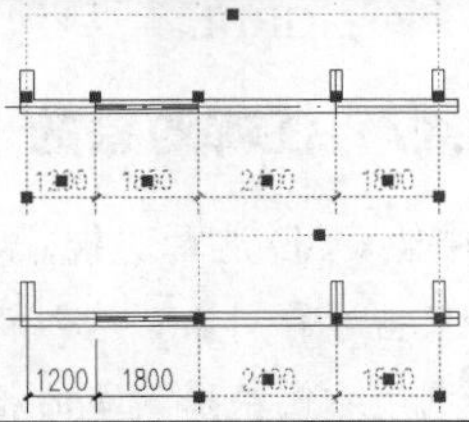
尺寸均布	使平行尺寸线间的距离相等。启动该命令选项，先选择基准尺寸，再选择要均布的尺寸	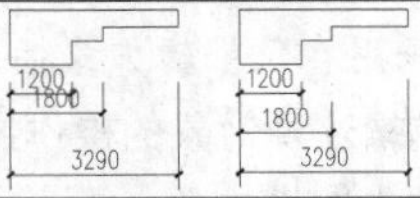
等分区间	将选择的尺寸等分成几段标注出来	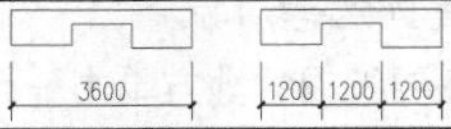
外包尺寸	选择平面图中的墙体，再选择已有尺寸，创建包含墙体厚度的外包尺寸	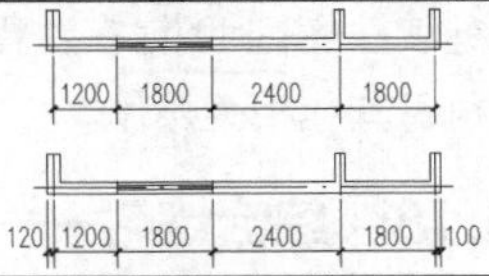
等式标注	选择尺寸标注，再输入等分的数目或等分距离，创建等式标注	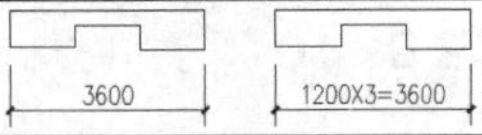
尺寸复值	将所选尺寸的标注值恢复到原始值	
切换角标	在角度标注、弦长标注与弧长标注 3 种模式之间切换	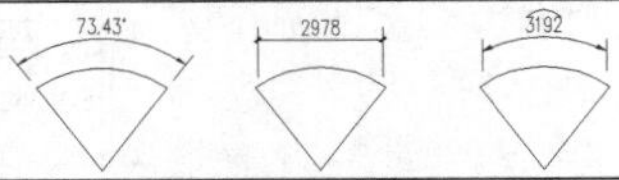
尺寸自调	将移动尺寸数字，避免标注值太拥挤。快捷菜单上还有【取消自调】【上调】及【下调】等命令配合该选项使用	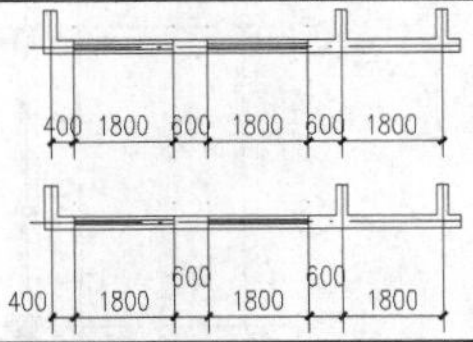
尺寸检查	将人为输入的尺寸值以加括弧的红色数字显示出来	

9.6.15　设定当前绘图比例

【当前比例】命令用于设定新的图形全局比例，该比例值将影响设置后新建对象的大小（图形对象不变），这些对象包括尺寸标注、文字、各类符号及建筑对象中加粗的线条等。

命令启动方法如下。

- 屏幕菜单：【设置】/【当前比例】。
- 命令：DQBL。

9.6.16　改变对象绘图比例

【改变比例】命令可改变尺寸标注、文字及各类符号等已有对象的绘图比例，使得这些对象的外观大小发生变化。启动该命令，首先设定新的比例值，选择要编辑的对象，再输入原有比例值，系统根据这两个比例值对编辑对象进行缩放。

命令启动方法如下。

- 屏幕菜单：【文件布图】/【改变比例】。
- 命令：GBBL。

9.6.17 注释对象的一般编辑及在位编辑方式

对于中望 CAD 注释对象，可以采用以下几种方法进行编辑。

- 双击注释对象，输入新内容，继续单击其他对象输入新内容。
- 利用右键快捷菜单的相关命令修改注释。
- 采用在位编辑方式插入符号或者修改文字等。

在位编辑注释对象的操作方式如下。

（1）首先选择对象。

（2）在要编辑的地方单击一点，出现红色标记指明鼠标光标所在的位置，单击鼠标右键可插入特殊符号。

（3）继续按住 Shift 键在注释对象的其他位置单击一点，则两点间的区域被选中，输入文字，或是单击鼠标右键执行其他相关操作。

9.6.18 综合练习——标注尺寸

【练习 9-40】：打开素材文件“dwg\第 9 章\9-40.dwg”，标注平面图，如图 9-118 所示。

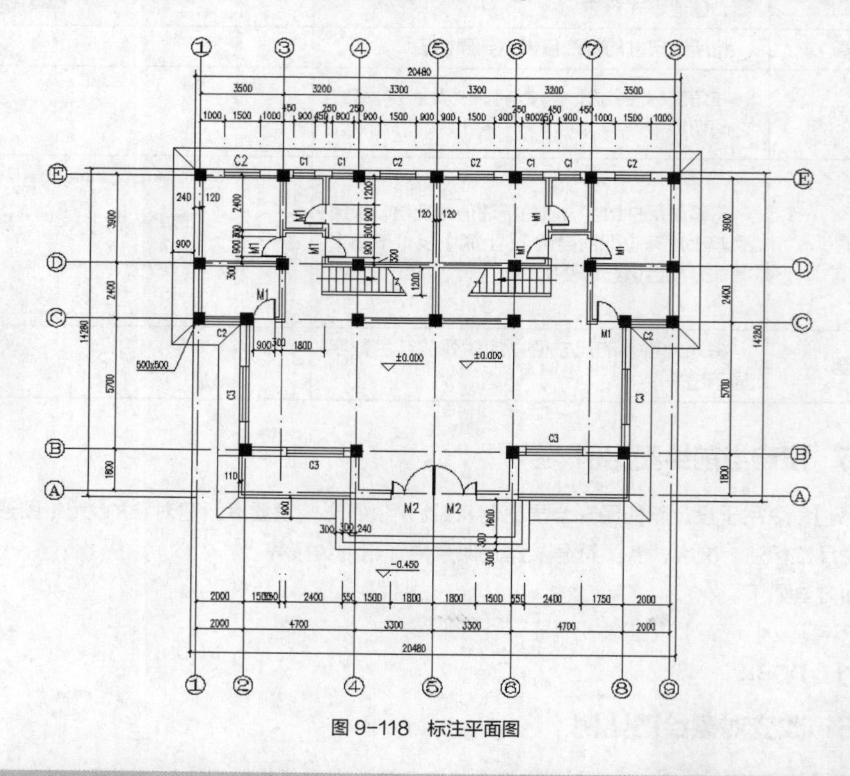

图 9-118 标注平面图

9.7 符号标注

中望 CAD 建筑版 2014 提供了一系列符合建筑制图国家标准规定的工程符号对象，包括剖切符号、指北针、引注箭头、详图符号及引出标注符号等。这些符号对象可以利用关键点编辑方式调整位置，双击符号文字可修改内容，还能通过右键快捷菜单的相关命令设定各类参数等。

9.7.1　添加折断线

【折断符号】命令用于绘制折断线，该对象大小可根据当前绘图比例进行更新，其形式符合建筑制图规范的要求。用户可以利用关键点编辑方式调整折断线的位置及长度。

命令启动方法如下。

- 屏幕菜单：【文表符号】/【折断符号】。
- 命令：ZDFH。

启动该命令，指定折断线的起点及终点创建该对象，如图 9-119 所示。

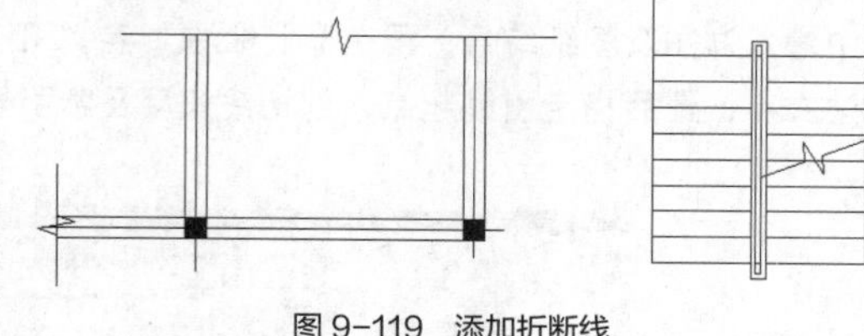

图 9-119　添加折断线

9.7.2　剖切符号

【剖切符号】命令用于生成剖面图及断面图的剖切符号。可以利用关键点编辑方式修改符号的位置，双击标注文字可修改文字内容。

命令启动方法如下。

- 屏幕菜单：【文表符号】/【剖切符号】。
- 命令：PQFH。

启动该命令，打开【剖切标注】对话框，如图 9-120（a）所示。先指定剖切符号经过的点，最后设定投影方向。绘制图 9-120（b）所示的转折形式剖切符号时，在中间转折处只单击一点（不要单击两点），然后移动鼠标光标到符号最后一点位置处单击即可。

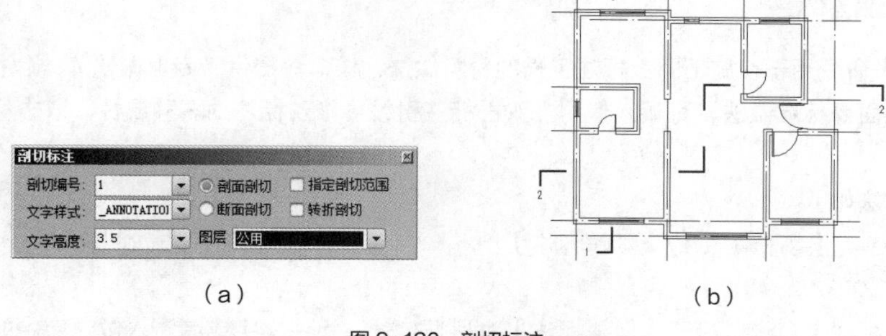

（a）　　（b）

图 9-120　剖切标注

9.7.3　索引符号及详图符号

【索引符号】命令用于生成某处详图的索引符号，索引符号包括“指向索引”和“剖切索引”两类。表明该处详图在哪张图纸上，可以利用关键点编辑方式修改符号中引线和剖切线的位置、长短以及剖视方向，双击符号图形可修改符号的多种属性，双击标注文字可修改文字内容。

详图符号表明详图编号及被引用的位置，【详图符号】命令用于创建该符号，并能标注详图比例值。用户可以利用关键点编辑方式移动该符号，双击符号图形可修改符号的多种属性，双击标注文字可修改文字内容。

命令启动方法如下。

- 屏幕菜单：【文表符号】/【索引符号】。
- 命令：SYFH。
- 屏幕菜单：【文表符号】/【详图符号】。
- 命令：XTFH。

启动【索引符号】命令，打开【索引文字】对话框，如图 9-121（a）所示。先在【索引编号/图号】栏中输入详图及图纸编号，再在【上标注文字】【下标注文字】栏中输入索引符号水平直径线上方或下方的标注文字，最后指定引线起点、剖切线长度及索引号位置就完成标注，如图 9-121（b）所示。

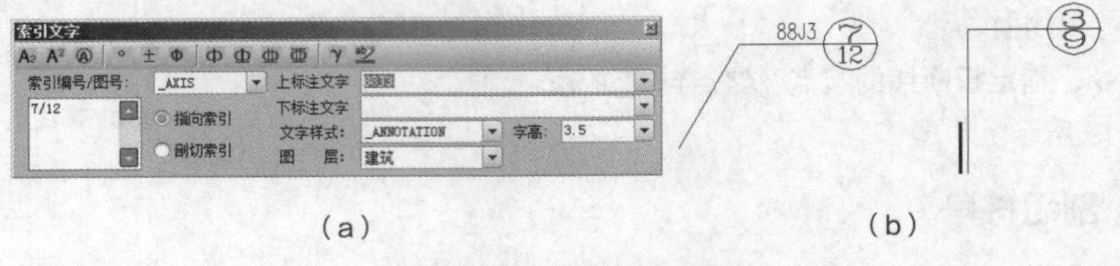

（a）　　　　　　　　　　　　（b）

图 9-121　索引符号

启动【详图符号】命令，打开【详图符号】对话框，如图 9-122（a）所示，在该对话框中输入标注文字，再指定标注位置即可，如图 9-122（b）所示。

（a）　　　　　　　　　　　　（b）

图 9-122　详图符号

9.7.4　做法标注

【做法标注】命令用于在施工图上标注工程的材料做法，该命令提供了专业做法库，包括墙面、地面、楼面、顶棚和屋面等标准做法，可调入使用。双击标注引线可修改标注的多种属性，双击标注文字可修改文字内容。

命令启动方法如下。

- 屏幕菜单：【文表符号】/【做法标注】。
- 命令：ZFBZ。

启动【做法标注】命令，打开【做法标注】对话框，输入标注文字或者调入做法库中的标准做法，如图 9-123（a）所示。先指定引线上的点，再设定标注文字的位置完成标注，如图 9-123（b）所示。

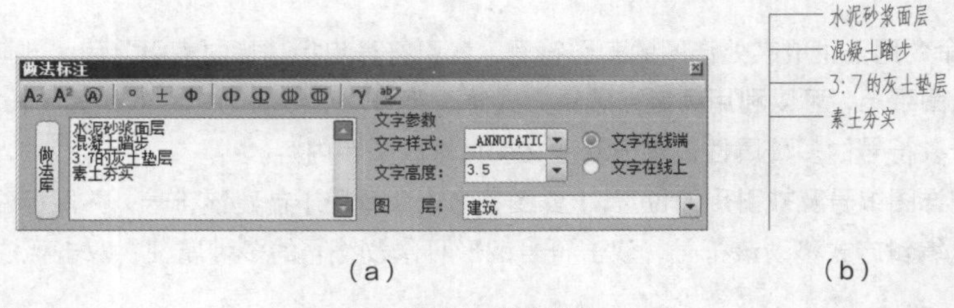

（a）　　　　　　　　　　　　（b）

图 9-123　做法标注

9.7.5 引出标注

【引出标注】命令用于生成单点或多点的说明性引线标注。双击标注引线可修改标注的多种属性，双击标注文字可修改文字内容，利用关键点编辑方式可调整引线位置及长度。

命令启动方法如下。

- 屏幕菜单：【文表符号】/【引线标注】。
- 命令：YXBZ。

启动【引线标注】命令，打开【引出标注文字】对话框，输入标注文字，如图9-124（a）所示。先指定引线上的点，再设定标注文字的位置完成对第一点的标注，还可继续设定其他标注点，最后按 Enter 键结束命令，如图9-124（b）所示。

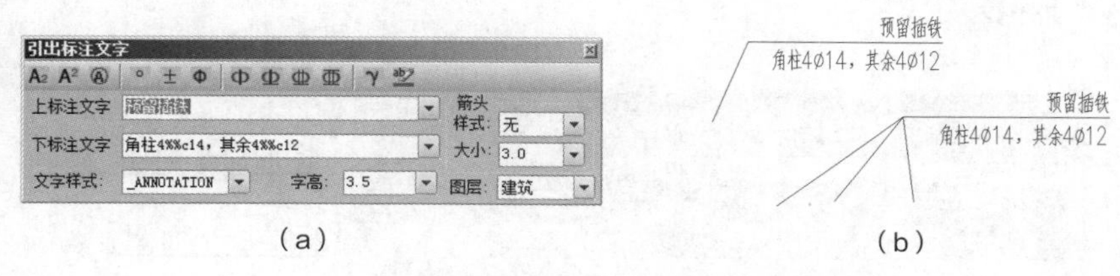

（a）　　（b）

图9-124 引出标注文字

9.7.6 箭头引注

【箭头引注】命令用于创建带箭头或半箭头的引线标注，文字可位于引线上部或端部，引线也可转折，常用于楼梯方向线、坡度等标注。双击标注引线可修改标注的多种属性，双击标注文字可修改文字内容，利用关键点编辑方式可调整引线位置及长度。

命令启动方法如下。

- 屏幕菜单：【文表符号】/【箭头引注】。
- 命令：JTYZ。

启动【箭头引注】命令，打开【箭头文字】对话框，输入标注文字，如图9-125（a）所示。指定引线上的起始点、终止点等，按 Enter 键生成第一个标注，可继续创建下一个箭头引注，按两次 Enter 键结束命令，如图9-125（b）所示。

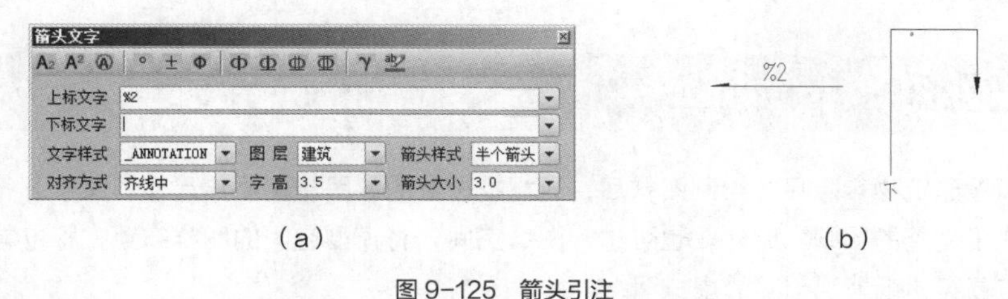

（a）　　（b）

图9-125 箭头引注

9.7.7 指北针

【指北针】命令用于创建指北针符号，如图9-126所示。启动该命令，首先指定符号的中心点位置，再指定文字“北”的方向就形成指北针符号。

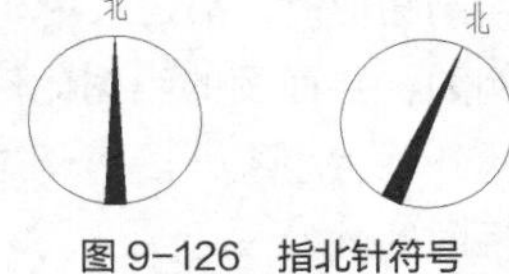

图9-126 指北针符号

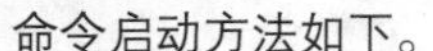

命令启动方法如下。

- 屏幕菜单：【文表符号】/【指北针】。
- 命令：ZBZ。

9.7.8 图名标注

【图名标注】命令用于创建出国标或传统样式的图名。启动该命令，打开【图名标注】对话框，如图 9-127（a）所示，输入图纸名称，选择【国标】或【传统】单选项，再指定图名插入点即可，结果如图 9-127（b）所示。该对话框上部有一系列按钮，可用于创建特殊形式的文字及插入特殊符号等。

命令启动方法如下。

- 屏幕菜单：【文表符号】/【图名标注】。
- 命令：TMBZ。

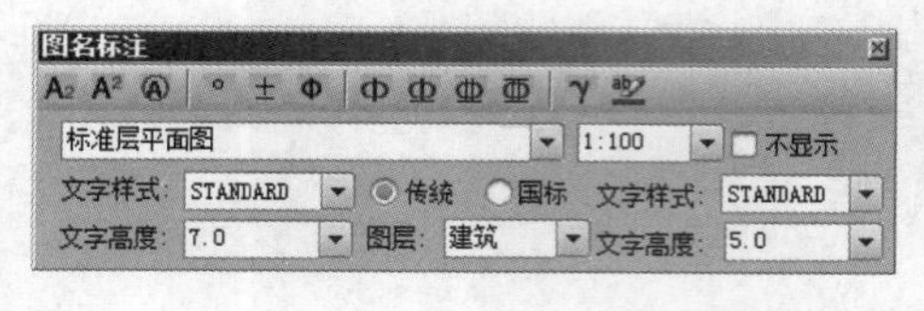

（a）

标准层平面图 1:100

标准层平面图 1:100

（b）

图 9-127 图名标注

9.7.9 插入图框

【插入图框】命令用于在模型空间或图纸空间插入标准图框或用户自定义的图框，并可进行预览。一般标准图框包含有标题栏和会签栏，双击标题栏可填写文字。启动该命令，打开【标准图框】对话框，如图 9-128 所示。选择所需的图幅，单击 插入 按钮即可插入图框。

命令启动方法如下。

- 屏幕菜单：【文件布图】/【插入图框】。
- 命令：CRTK。

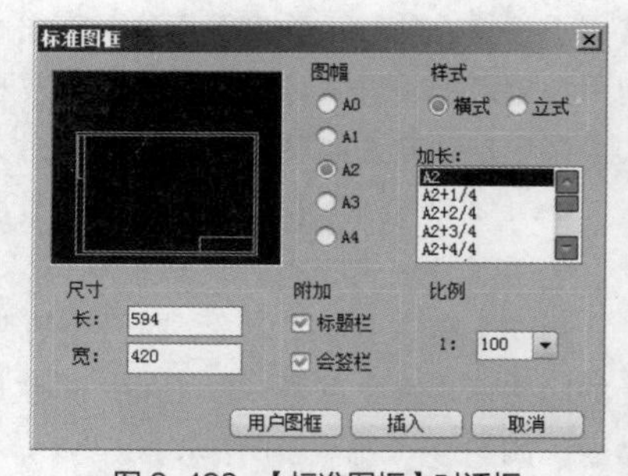

图 9-128 【标准图框】对话框

9.8 布置图纸

在模型空间按建筑物实际尺寸绘制图样后，再根据设置的绘图比例添加尺寸、文字及符号，插入标准图框等，就形成了完整的图纸。此外，也可进入图纸空间，将模型空间的图样布置在标准幅面的电子图纸上，形成一张与真实图纸外观相同的虚拟图纸。

9.8.1 将不同绘图比例的图样布置在一张图纸上

绘制图形时，都是采用 1∶1 的比例绘制，但在添加尺寸及文字时，不同图样往往采用不同的绘图比例。例如，平面图的绘图比例一般较小，而局部详图的绘图比例则较大，这样就导致了一张图纸上尺寸标注的外观大小不一。对于这种情况，可采用以下方式调整图样，使得一张图纸上所有尺寸的外观大小都是相同的。

【练习 9-41】：打开素材文件“dwg\第 9 章\9-41.dwg”，该文件包含平面图、楼梯大样图及卫生间大样图，平面图的绘图比例为 1：100，楼梯及卫生间大样图绘图比例分别为 1：50、1：30，这些图样已按不同比例进行了标注。下面设置出图比例为 1：100，插入 A1 幅面图框，并将所有图样布置在图框中，如图 9-129 所示。

（1）用 BLOCK 命令将楼梯大样图及卫生间大样图创建成图块。

（2）用 SCALE 命令的“参照”选项缩放楼梯大样图，计算比例因子的参考长度为 50，新长度为 100，缩放结果如图 9-130（a）所示。再缩放卫生间大样图，计算比例因子的参考长度为 30，新长度为 100，缩放结果如图 9-130（b）所示。缩放完成后，两个图样的标注外观及文字大小变成一致的，且都与平面图的相同。

（3）设置绘图比例为 1：100，插入 A1 幅面图框，再调整图样位置，结果如图 9-129 所示。

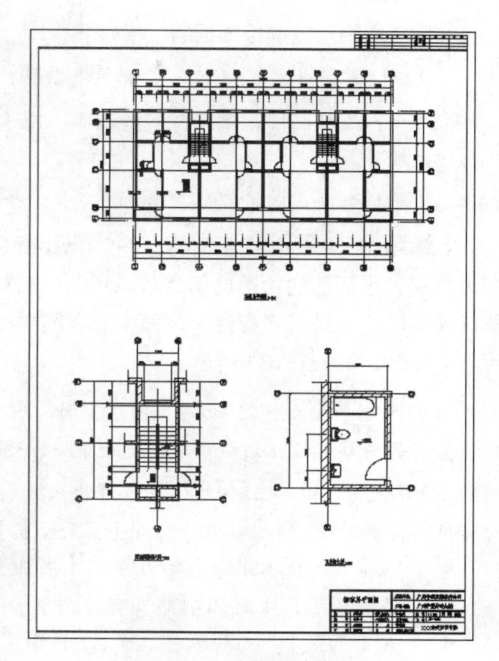

图 9-129　布置不同绘图比例的图样

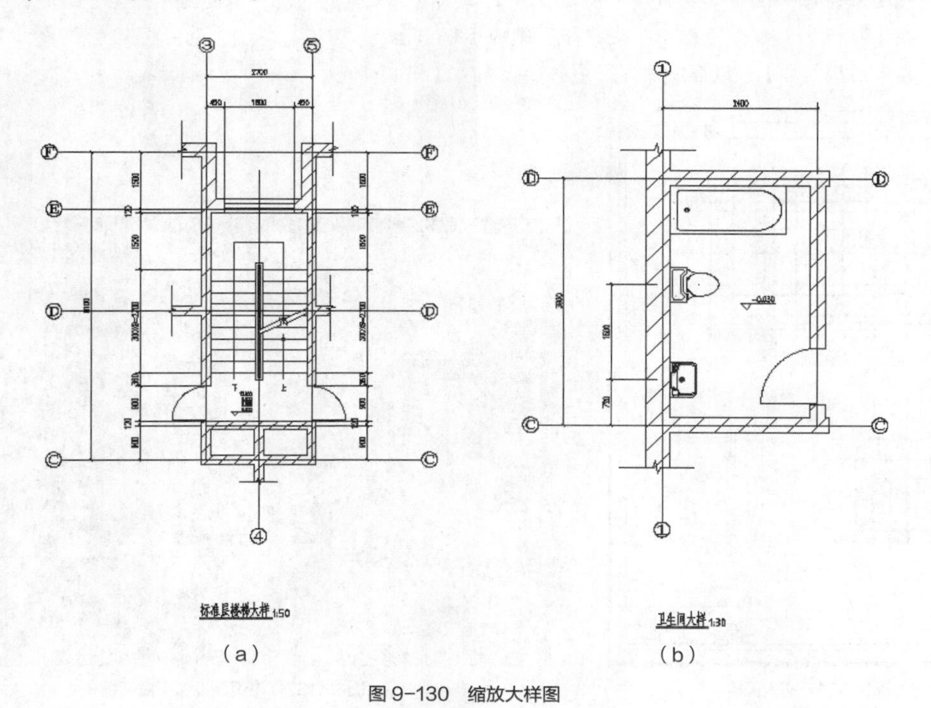

（a）　（b）

图 9-130　缩放大样图

9.8.2　在图纸空间中创建一张虚拟图纸

中望 CAD 建筑版 2014 提供了专门的布图工具，使用户可以很方便地将模型空间的图样按指定的绘图比例布置在图纸空间的虚拟图纸上。该图纸与真实图纸外观相同。

在图纸空间形成虚拟图纸的过程如下。

（1）在模型空间按 1∶1 比例绘制所有图样，然后根据不同的绘图比例添加尺寸、文字注释及各类符号。

（2）进入图纸空间，选择所需的图纸，插入对应图框，并对相关项目进行设置，如选择打印设备、指定打印区域等。

（3）根据绘图比例将模型空间的图样及注释等布置在虚拟图纸上，形成完整图纸。

【练习 9-42】：打开素材文件“dwg\第 9 章\9-42.dwg”，该文件包含平面图、楼梯大样图及卫生间大样图，平面图的绘图比例为 1∶100，楼梯及卫生间大样图绘图比例分别为 1∶50、1∶30，这些图样已按不同比例进行了标注。下面将所有图样布置在图纸空间的虚拟图纸上，图纸幅面为 A1，绘图比例为 1∶100，如图 9-131 所示。

（1）单击 布局1 按钮，切换至图纸空间，中望 CAD 建筑版 2014 显示一张虚拟图纸及表示视口的矩形。模型空间的图样显示在该视口中，删除视口，图样消失。

（2）用鼠标右键单击 布局1 按钮，弹出快捷菜单，选择【页面设置管理器】命令，打开【页面设置管理器】对话框，再单击 修改(M)... 按钮，打开【页面设置】对话框，如图 9-132 所示。在该对话框中完成以下设置。

- 在【打印机/绘图仪】分组框的【名称】下拉列表中选择打印设备【DWG To PDF.pc5】，该打印设备将图形打印成 PDF 格式文件。
- 在【纸张】下拉列表中选择 A1 幅面图纸。
- 在【打印范围】下拉列表中选择【布局】选项。
- 在【打印比例】分组框中指定打印比例为【1∶1】。
- 在【图形方向】分组框中设定图形打印方向为【纵向】。

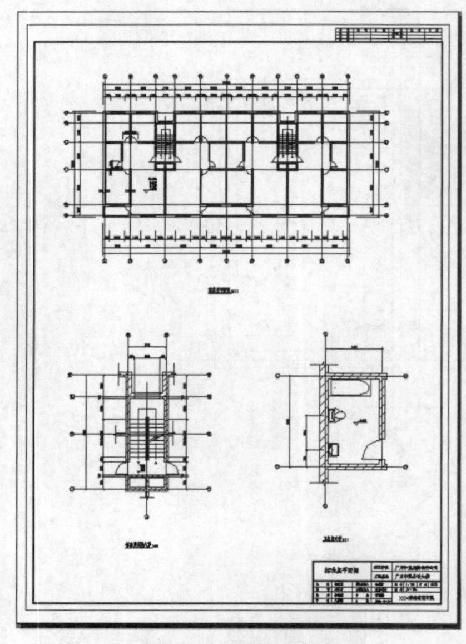

图 9-131　插入图框

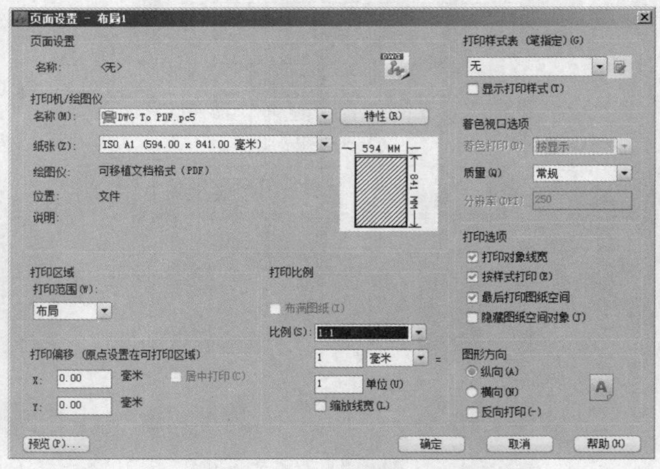

图 9-132　【页面设置】对话框

（3）单击 确定 按钮，再关闭【页面设置管理器】对话框，在屏幕上出现一张 A1 幅面的图纸。启动【文件布图】/【插入图框】命令，插入 A1 幅面图框（立向），并选择“图纸空间对齐(A)”选项，使图框与图纸边界对齐，如图 9-133（a）所示。图纸上的虚线框代表可打印区域，图框现在已经超过了可打印区域边界。

（4）再次打开【页面设置】对话框，在该对话框中完成以下设置。

- 在【打印范围】下拉列表中选择【窗口】选项，单击图框的两个对角点指定打印区域。
- 在【打印比例】分组框中选择【布满图纸】选项。
- 在【打印偏移】分组框中选择【居中打印】选项。

设置完成后，图框被放置在可打印区域范围内，如图 9-133（b）所示。

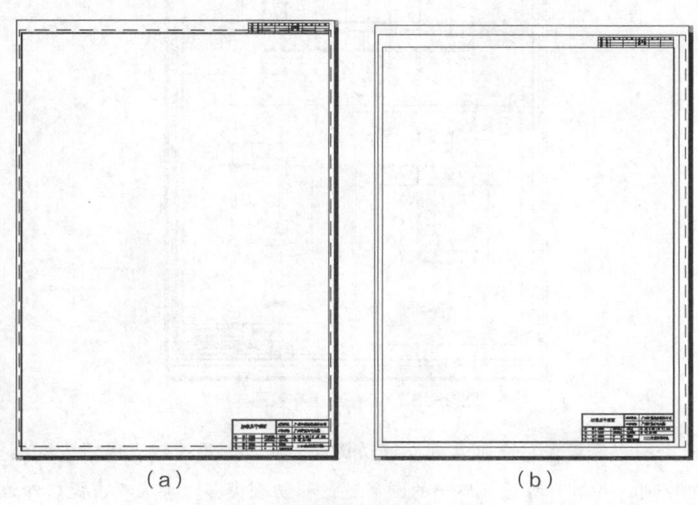

（a）　　（b）

图 9-133　将图框放置在可打印区域范围内

（5）启动【文件布图】/【布置图形】命令，返回模型空间，系统提示如下。

```
命令：S41_BZTX
输入待布置的图形的第一个角点<退出>:
输入另一个角点<退出>:                        //指定两个对角点，选择标准层平面图
出图比例<100>:100                            //指定绘图比例因子
是否布局旋转 90 度?[是(Y)/否(N)]<N>:
        //按 Enter 键，返回图纸空间，单击一点，指定矩形视口在图纸上的放置位置
命令：S41_BZTX                               //重复命令
输入待布置的图形的第一个角点<退出>:
输入另一个角点<退出>:                        //指定两个对角点，选择楼梯大样图
出图比例<30>:50                              //指定绘图比例因子
是否布局旋转 90 度?[是(Y)/否(N)]<N>:         //按 Enter 键
                                             //单击一点，指定矩形视口在图纸上的放置位置
命令:S41_BZTX                                //重复命令
输入待布置的图形的第一个角点<退出>:
输入另一个角点<退出>:                        //指定两个对角点，选择卫生间大样图
出图比例<30>:30                              //指定绘图比例因子
是否布局旋转 90 度?[是(Y)/否(N)]<N>:         //按 Enter 键
                                             //单击一点，指定矩形视口在图纸上的放置位置
```

结果如图 9-134 所示。

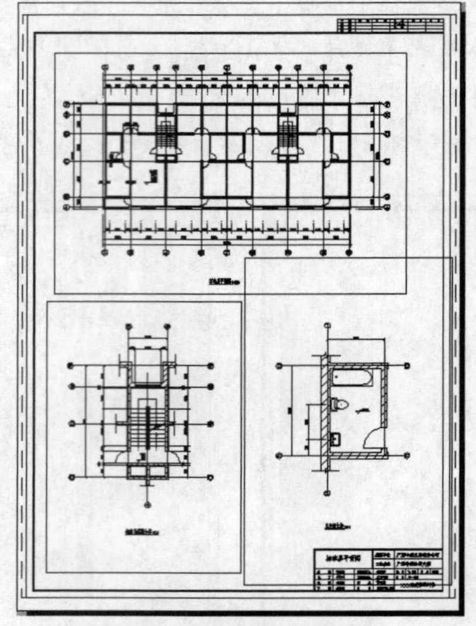

图 9-134　在图纸上布置图样

（6）矩形视口是一个图形对象，用户可复制或移动视口，还可利用关键点编辑方式调整其大小。双击视口激活它，就进入了模型空间，此时，可对视口中的图形进行移动或旋转。再次双击视口外边，就退出视口。

（7）按 1∶1 比例打印虚拟图纸时，视口边框不会被打印出来。在操作过程中，为使图面显示整洁，也可将视口所在图层关闭。

习题

1. 绘制轴网，然后进行标注，如图 9-135 所示。

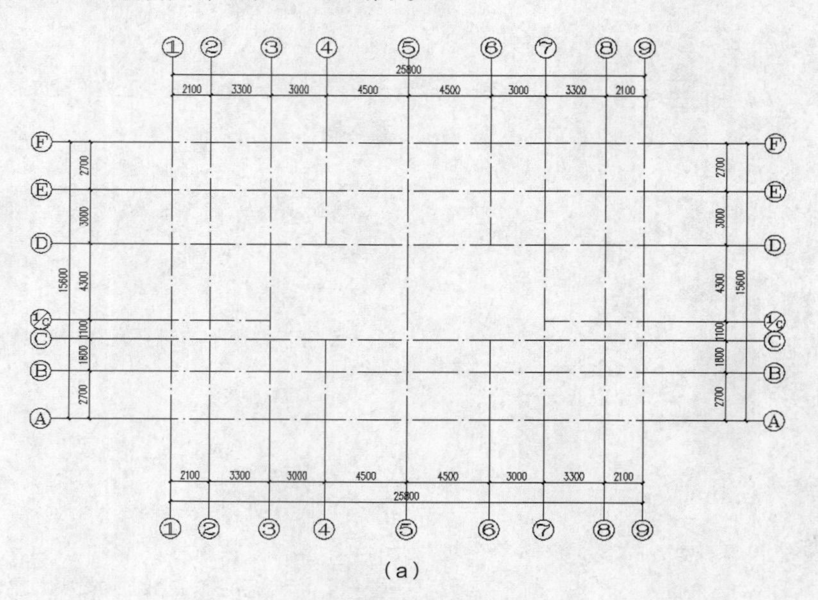

（a）

图 9-135　输入相对坐标画线

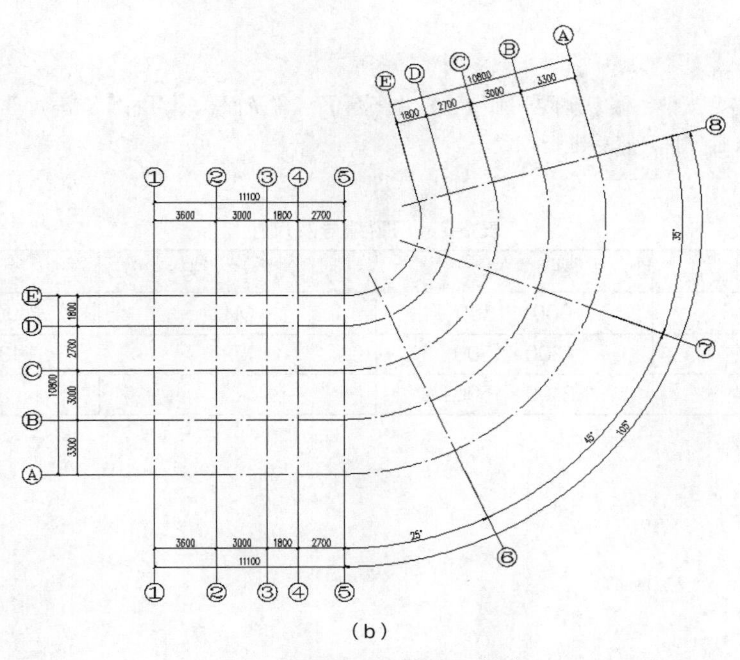

（b）

图 9-135　输入相对坐标画线（续）

2. 绘制墙体平面图，在平面图中插入柱子、门窗、台阶、散水及楼梯等，门窗编号由系统自动生成，然后进行修改，如图 9-136 所示。门窗主要尺寸参数如表 9-7 所示，图中一些细节尺寸自定。

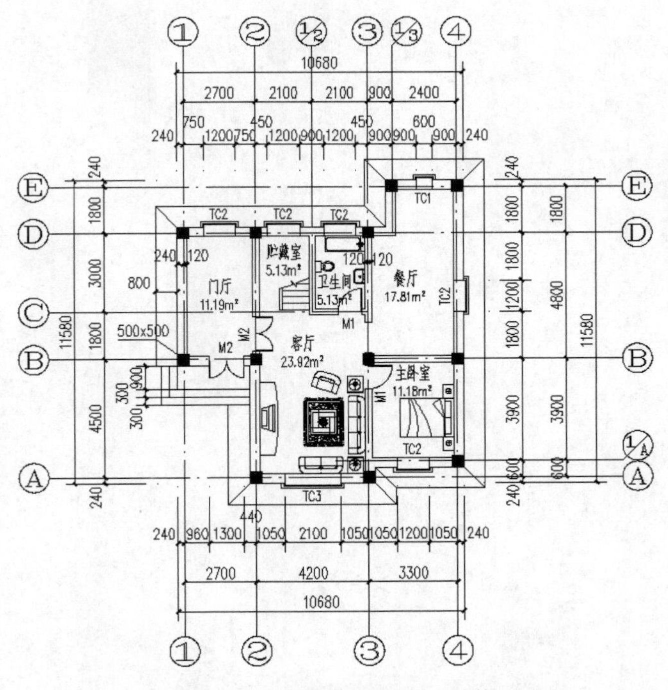

图 9-136　绘制轴线、墙体及门窗等

要点提示

可以在创建墙体后执行“搜索房间”命令，标注各房间名称及面积。可将【图库管理】对话框中“客厅”类图块插入后分解，然后进行布置。

表 9-7　门窗编号及尺寸

窗　编　号	宽 高 尺 寸	门　编　号	宽 高 尺 寸
C1	600×1500	M1	900×2100
C2	1200×1500	M2	1300×2100
C2	2100×1500		

Chapter 10

第10章 建筑施工图

通过本章的学习，读者要了解利用中望建筑绘图工具绘制总平面图、平面图、立面图、剖面图和建筑详图的一般步骤，掌握绘制建筑图的一些实用技巧。

【学习目标】

- 掌握绘制建筑总平面图的方法和技巧。
- 掌握绘制建筑平面图的方法和技巧。
- 掌握绘制建筑立面图的方法和技巧。
- 掌握绘制建筑剖面图的方法和技巧。
- 掌握绘制建筑详图的方法和技巧。

10.1 绘制建筑总平面图

在设计和建造一幢房屋前，需要一张总平面图说明建筑物的地点、位置、朝向及周围的环境等，总平面图表示了一项工程的整体布局。

建筑总平面图是一水平投影图（俯视图），绘制时按照一定的比例在图纸上画出房屋轮廓线及其他设施水平投影的可见线，以表示建筑物和周围设施在一定范围内的总体布置情况，其图示的主要内容如下。

- 建筑物的位置和朝向。
- 室外场地、道路布置、绿化配置等的情况。
- 新建建筑物与相邻建筑物、周围环境的关系。

10.1.1 绘制总平面图的步骤

绘制总平面图的主要步骤如下。

（1）将建筑物所在位置的地形图以块的形式插入到当前图形中，然后用 SCALE 命令缩放地形图，使其大小与实际地形尺寸相吻合。例如，若地形图上有一代表长度为 10m 的线段，将地形图插入中望 CAD 建筑版 2014 中后，启动 SCALE 命令，利用该命令的“参照（R）”选项将该线段由原始尺寸缩放到 10000（单位为 mm）个图形单位。

（2）绘制道路系统、建筑红线、原有建筑及绿化情况等。

（3）在地形图中绘制新建筑物轮廓。若已有该建筑物平面图，可将该平面图复制到总平面图中，删除不必要的线条，仅保留平面图的外形轮廓线即可。

（4）插入标准图框。

（5）标注新建筑物的定位尺寸、室内地面标高及室外整平标高等。

10.1.2 总平面图

【练习 10-1】：绘制图 10-1 所示的建筑总平面图，有一些细节尺寸自定。绘图比例 1：500，采用 A2 幅面图框。为使图面简洁，图中略去了一些细节对象及标注等。

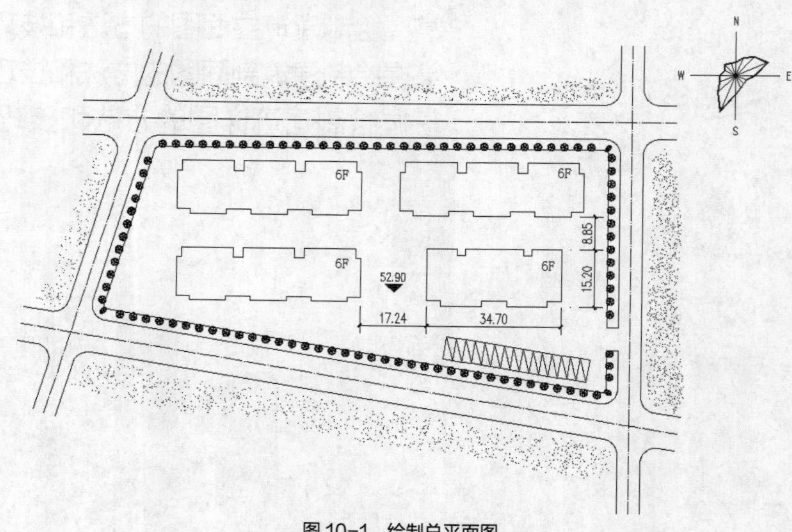

图 10-1 绘制总平面图

（1）启动【设置】/【全局设置】命令，打开【初始设置】对话框，如图10-2所示，输入当前绘图比例“500”。

（2）绘制辅助线，这些线条代表道路中心线，如图10-3（a）所示。启动【道路绘制】命令，依据辅助线创建宽度分别为9000、6000的道路，再用【道路倒角】命令生成圆角，圆角半径为5000，结果如图10-3（b）所示。最后删除辅助线。

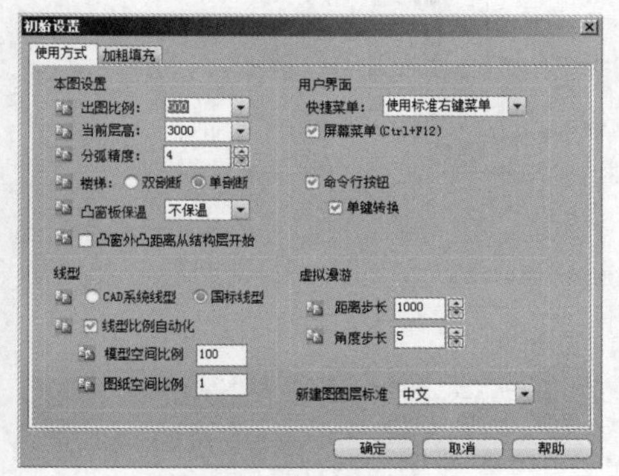

图10-2 【初始设置】对话框

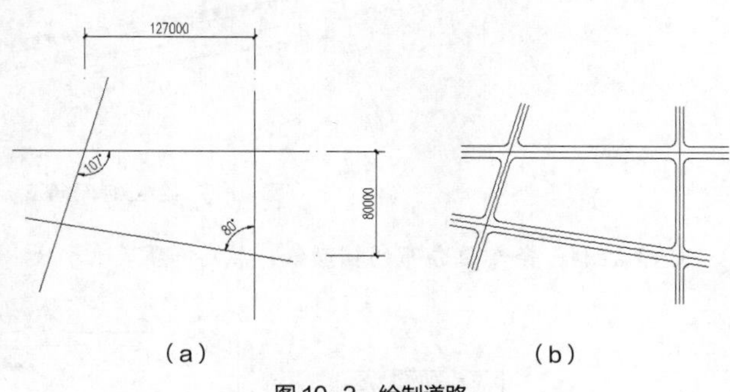

图10-3 绘制道路

（3）绘制绿化树木及小区入口。将道路内边界偏移3000，创建半径为3000的圆角，再绘制小区入口，如图10-4（a）所示。利用【工具二】/【线变PL】命令将树木分布路径创建成多段线，启动【树木布置】命令，选择树木“白玉兰”，设定树冠半径为1000，偏移距离为900，分布间距为3600，生成沿多段线分布的树木，结果如图10-4（b）所示。

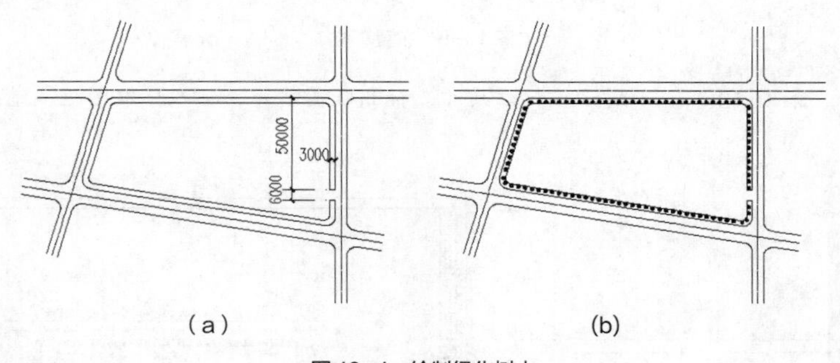

图10-4 绘制绿化树木

（4）绘制原有建筑及新建建筑，如图10-5所示。部分细节尺寸自定，新建建筑的轮廓线可从标准层平面图中获得。

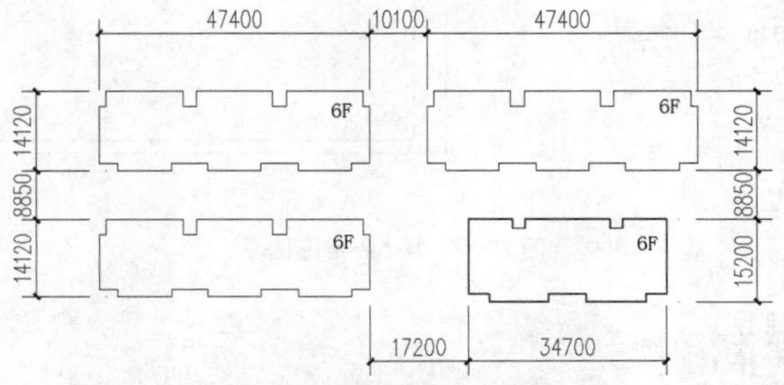

图10-5 绘制原有建筑及新建建筑

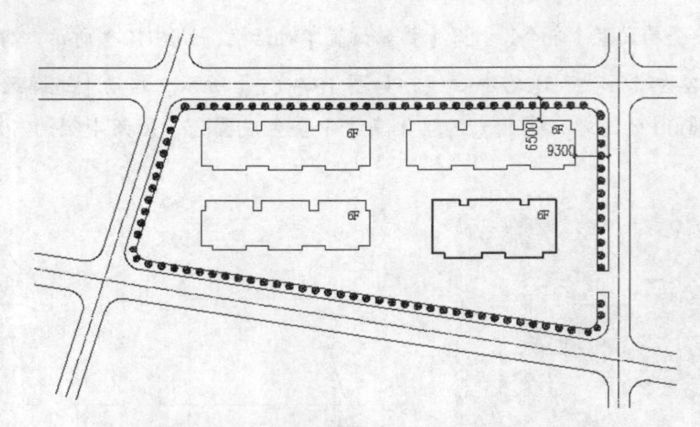

图 10-5 绘制原有建筑及新建建筑（续）

（5）绘制一条车位分布的辅助线，然后布置车位，如图 10-6 所示。

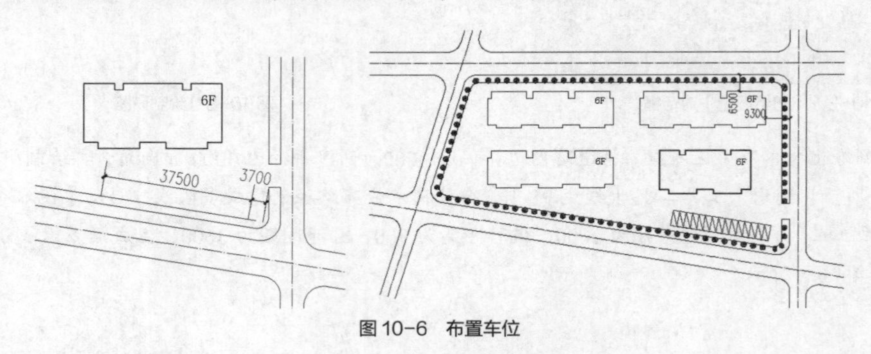

图 10-6 布置车位

（6）绘制草坪，如图 10-7（a）所示。标注尺寸、标高及图名等，插入标准图框，结果如图 10-7（b）所示。

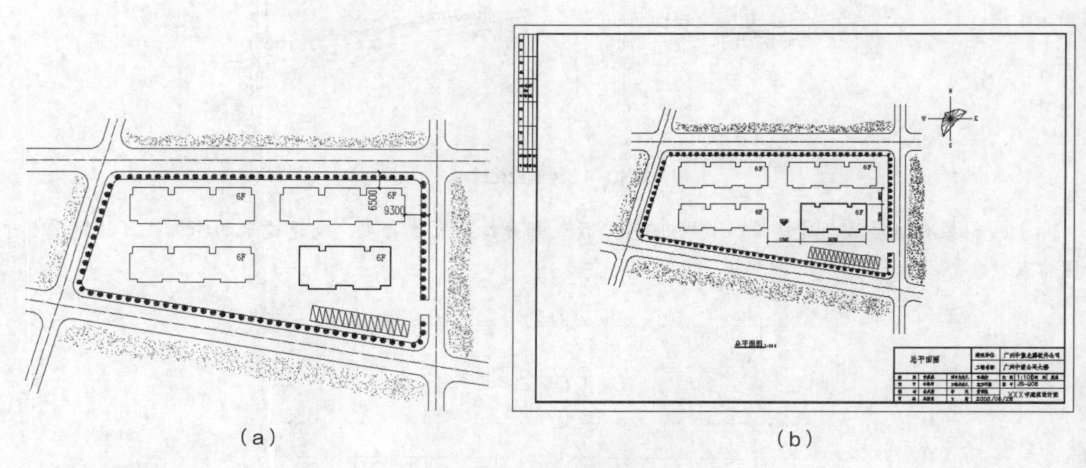

（a） （b）

图 10-7 插入标准图框等

10.2 绘制建筑平面图

假想用一个剖切平面在门窗洞的位置将房屋剖切开，把剖切平面以下的部分作正投影而形成的图样就是建筑平面图。该图是建筑施工图中最基本的图样之一，主要用于表示建筑物的平面形状以及沿水平方向的布置和组合关系等。

建筑平面图的主要图示内容如下。

- 房屋的平面形状、大小及房间的布局。
- 墙体、柱及墩的位置和尺寸。
- 门、窗及楼梯的位置和类型。

10.2.1 绘制平面图的步骤

绘制平面图的总体思路是先整体、后局部，主要绘制过程如下。

（1）初始设置绘图参数。

（2）绘制轴网及标注。

（3）绘制墙体。

（4）绘制各类柱子。

（5）插入门窗。

（6）绘制楼梯、阳台及散水等。

（7）标注尺寸、各类符号及图名。

（8）插入标准图框。

10.2.2 标准层平面图

建筑平面图通常包括底层平面图、标准层平面图、顶层平面图及屋顶平面图等，通常情况下先绘制标准层平面图，然后再对其进行修改，获得其他平面图。

【练习10-2】：绘制建筑物标准层平面图，如图10-8所示。绘图比例为1：100，采用A2幅面图框。为使图形简洁，图中仅标出了总体尺寸、轴线间距尺寸及部分细节尺寸。

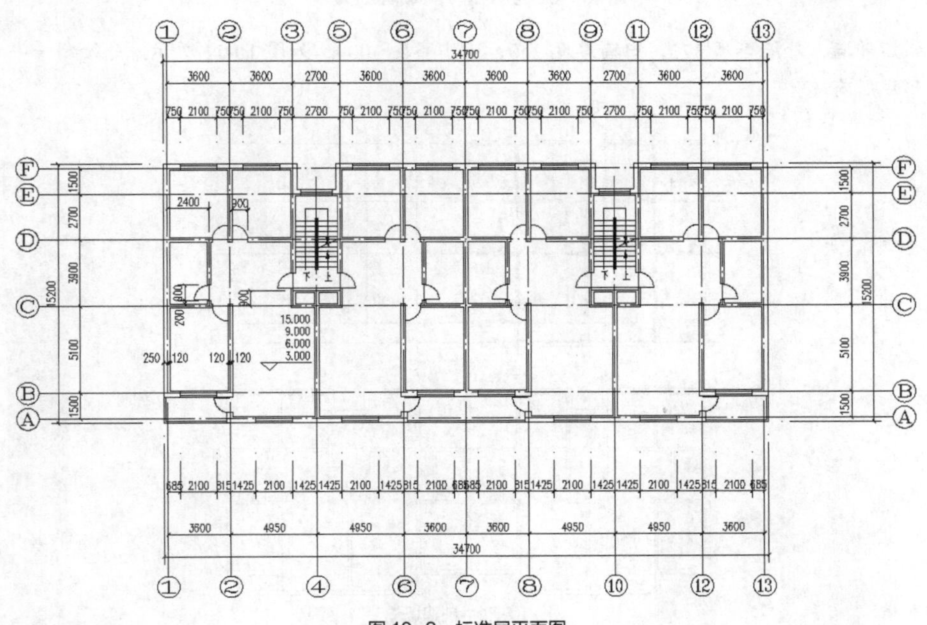

图10-8 标准层平面图

（1）利用中望 CAD 建筑版 2014 绘制建筑图前，需要对一些初始参数进行设置，如绘图比例、层高、墙柱的填充样式等。启动【设置】/【全局设置】命令（屏幕菜单命令），打开【初始设置】对话框，如图 10-9 所示，输入当前绘图比例“100”，设置当前层高为“3000”。

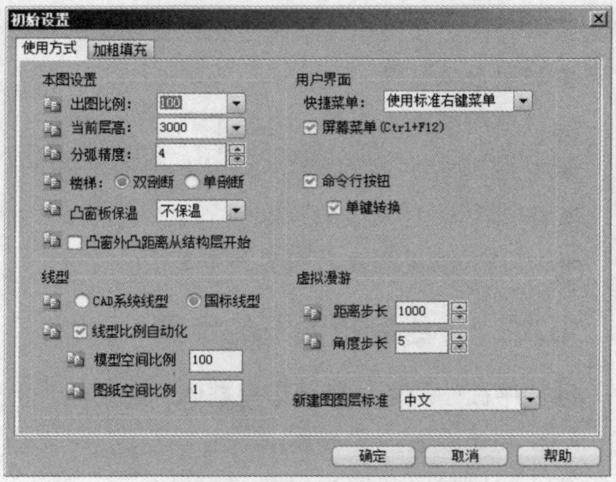

图 10-9 【初始设置】对话框

（2）绘制轴网并对轴网进行标注，如图 10-10 所示。该轴网包含的尺寸如下。

- 上开间尺寸：2 × 3600、2700、4 × 3600、2700、2 × 3600。
- 下开间尺寸：3600、2 × 4950、2 × 3600、2 × 4950、3600。
- 左进深尺寸：1500、5100、3900、2700、1500。

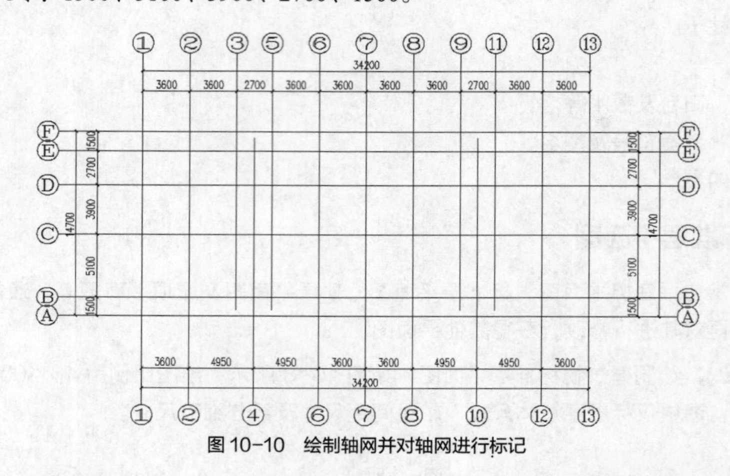

图 10-10 绘制轴网并对轴网进行标记

（3）创建砖墙，外墙厚度 370，内墙厚度 240，墙体高度 3000，如图 10-11 所示。先绘制一半墙体，然后镜像，形成所有墙体。

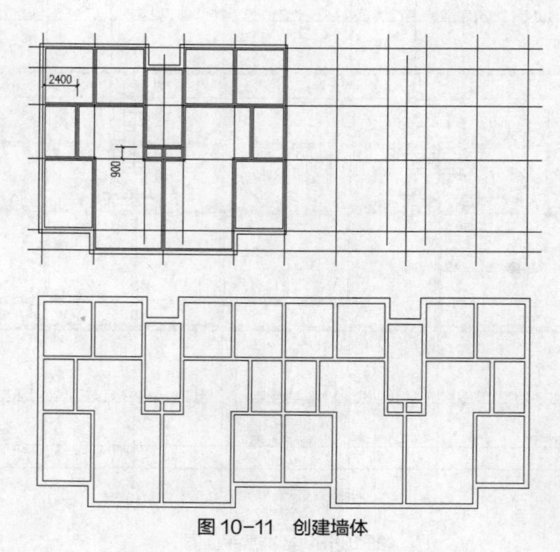

图 10-11 创建墙体

（4）插入门窗，可先绘制部分门窗，然后利用镜像命令形成所有门窗，如图 10-12 所示。门窗尺寸如下。

- 沿轴线 *A*、*B*、*F* 的窗尺寸：宽 2100、高 1800、窗台高 900。
- 沿轴线 *E* 的窗尺寸：宽 1800、高 1200、窗台高 1500。
- 门的尺寸：宽 900、高 2100、门槛高 0。

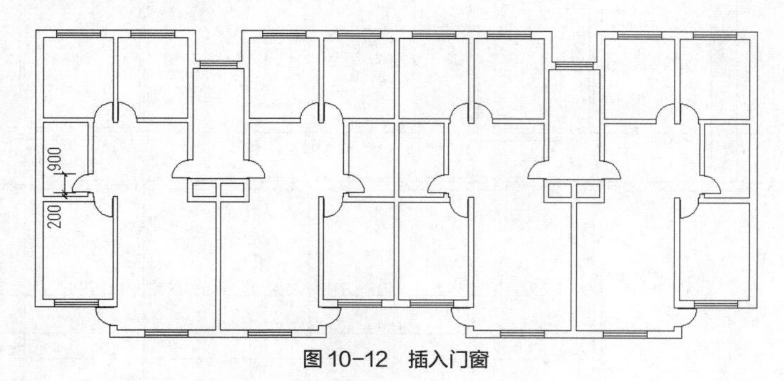

图 10-12 插入门窗

（5）绘制阳台，阳台各部分尺寸如图 10-13 所示。采用绘制阳台轮廓线的方式创建阳台。

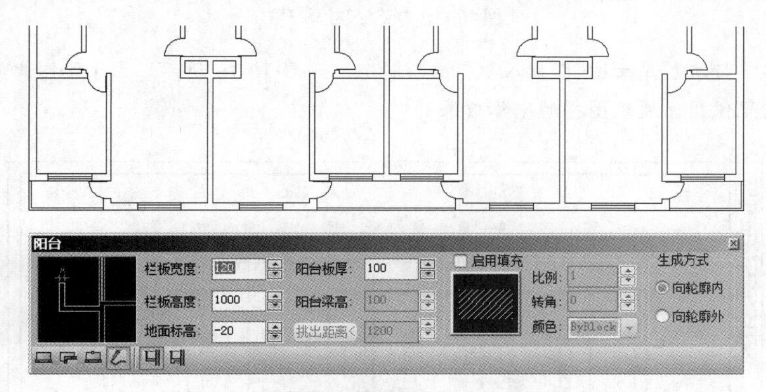

图 10-13 创建阳台

（6）创建楼梯，楼梯各部分尺寸如图 10-14 所示。

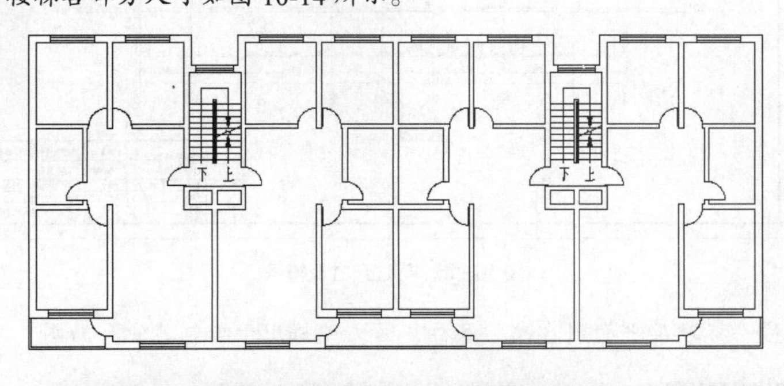

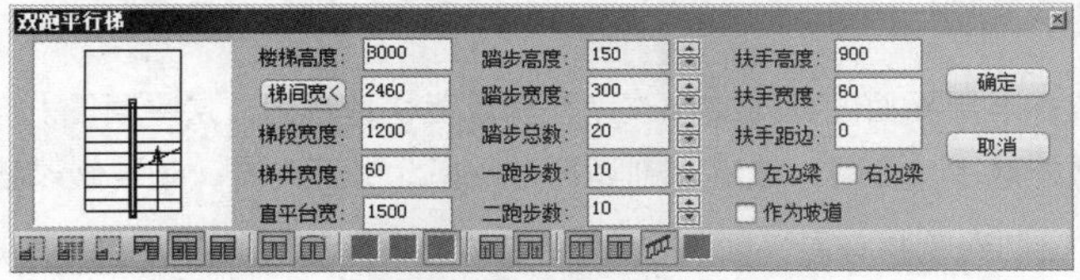

图 10-14 创建楼梯

（7）标注门窗细节尺寸及标高符号等，部分结果如图 10-15 所示。

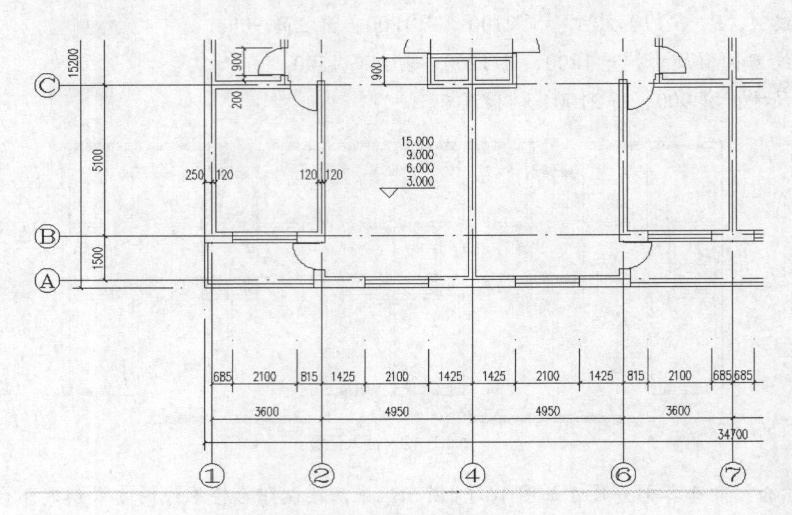

图 10-15　标注尺寸及符号

（8）书写图名“标准层平面图”，插入 A2 幅面图框，如图 10-16 所示。由于绘图比例太小，该图的细节显示不清楚，这里仅用于展现图样的整体效果。

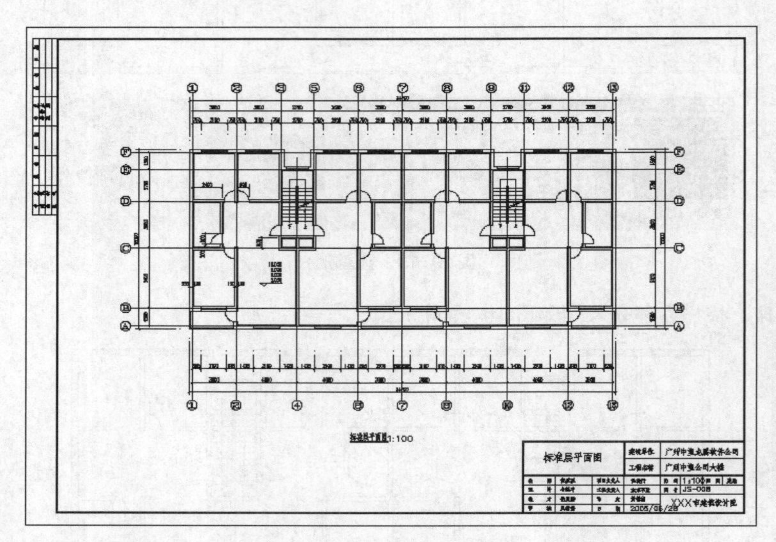

图 10-16　标注尺寸及符号

（9）将文件以名称“标准层平面图.dwg”保存，该文件将用于绘制其他平面图。

10.2.3　首层平面图

前面已经绘制完成标准层平面图，对其修改、补充就能快速得到首层平面图。与标准层平面图相比，首层平面图需要增加室外散水、台阶、坡道、剖切符号及指北针等内容，还需修改楼梯的平面投影。

【练习 10-3】：绘制建筑物首层平面图，如图 10-17 所示。绘图比例为 1：100，采用 A2 幅面图框。为使图形简洁，图中仅标出了总体尺寸、轴线间距尺寸及部分细节尺寸。

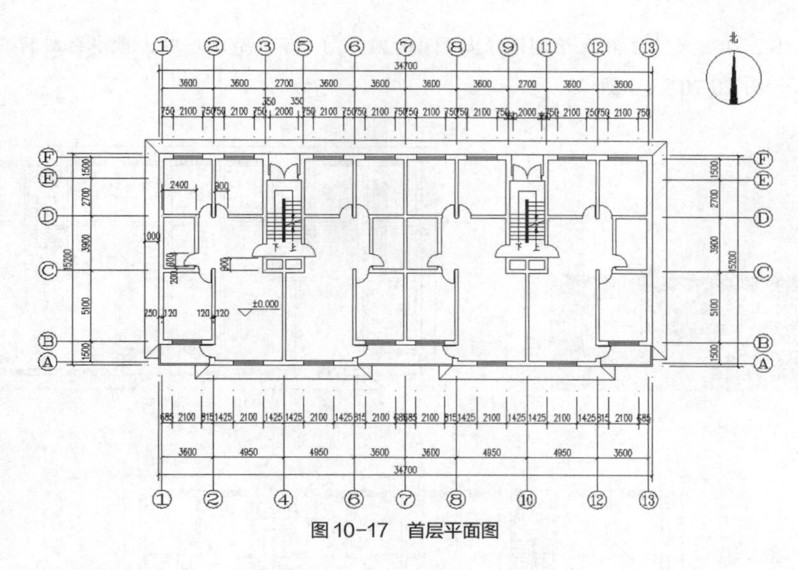

图 10-17 首层平面图

（1）打开“标准层平面图.dwg”，将其另存为“首层平面图.dwg”。

（2）删除楼梯间的窗户，插入双扇平开门，如图 10-18 所示。门的尺寸：宽 2000，高 2300、门槛高 0。

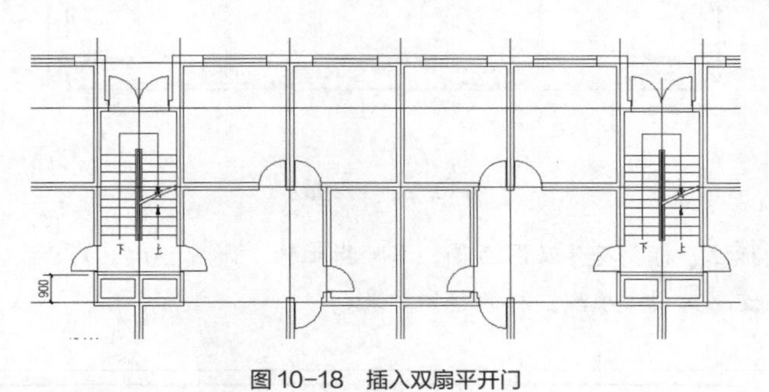

图 10-18 插入双扇平开门

（3）利用右键快捷菜单的【对象编辑】命令修改楼梯平面图，首层楼梯的参数及修改结果如图 10-19 所示。

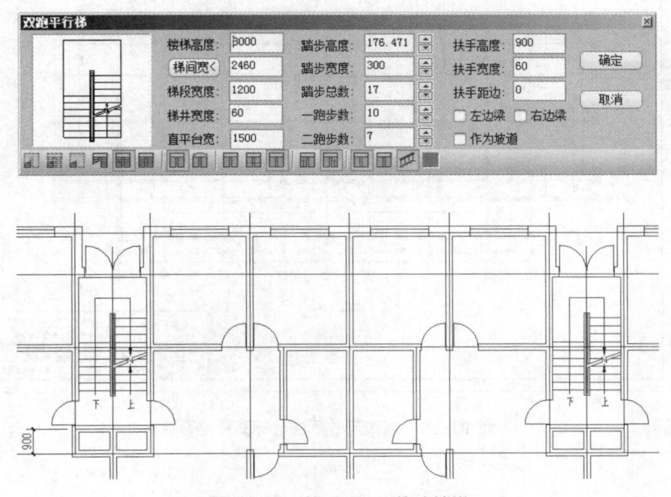

图 10-19 练习 10-3 修改楼梯

（4）绘制散水，相关尺寸参数及绘制结果如图 10-20（a）、（b）所示。双击散水，编辑它，删除不必要的墙端点，结果如图 10-20（c）所示。

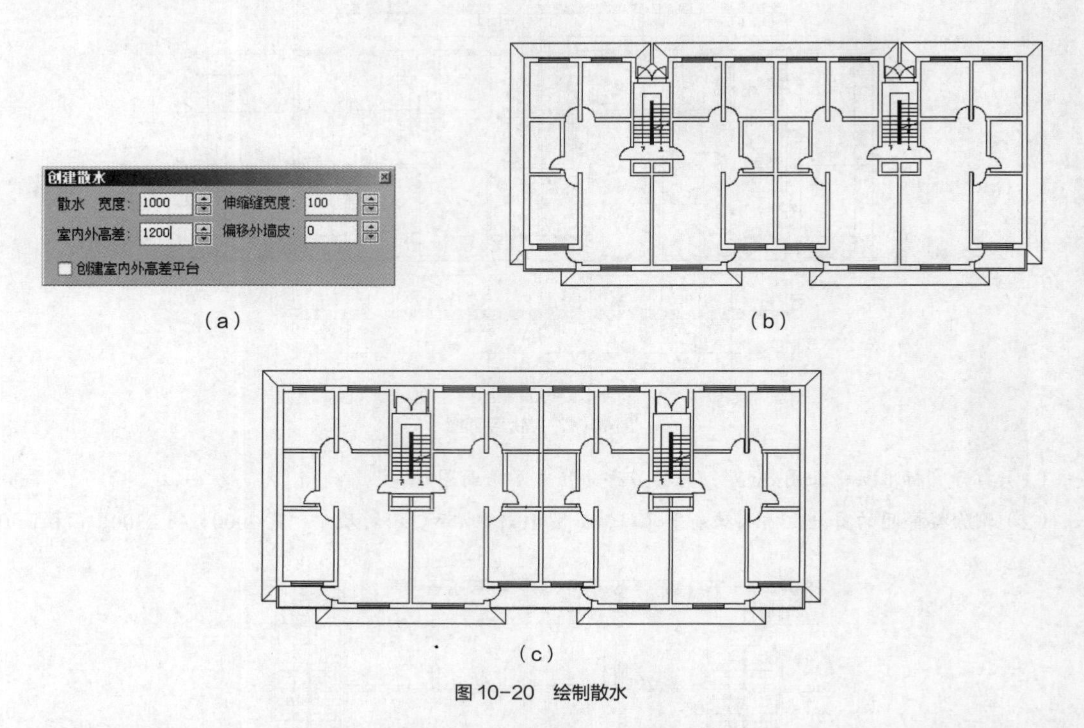

（a）　　　　（b）

（c）

图 10-20　绘制散水

（5）修改相关尺寸标注、标高符号及图名等，添加指北针，如图 10-21 所示。由于绘图比例太小，该图的细节显示不清楚，这里仅用于展现图样的整体效果。

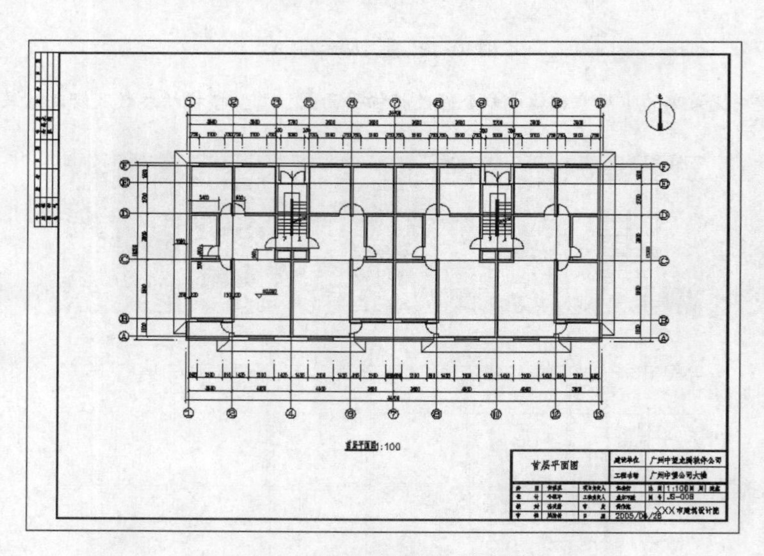

图 10-21　修改尺寸标注、标高符号等

（6）保存平面图形。

10.2.4　地下室平面图

绘制地下室平面图的过程与首层平面图类似。将首层平面图保存为地下室平面图，再修改墙体高度、窗及楼梯尺寸等，获得地下室平面图。

【练习 10-4】：绘制建筑物地下室平面图，如图 10-22 所示。绘图比例为 1∶100，采用 A2 幅面图框。为使图形简洁，图中仅标出了总体尺寸、轴线间距尺寸及部分细节尺寸。

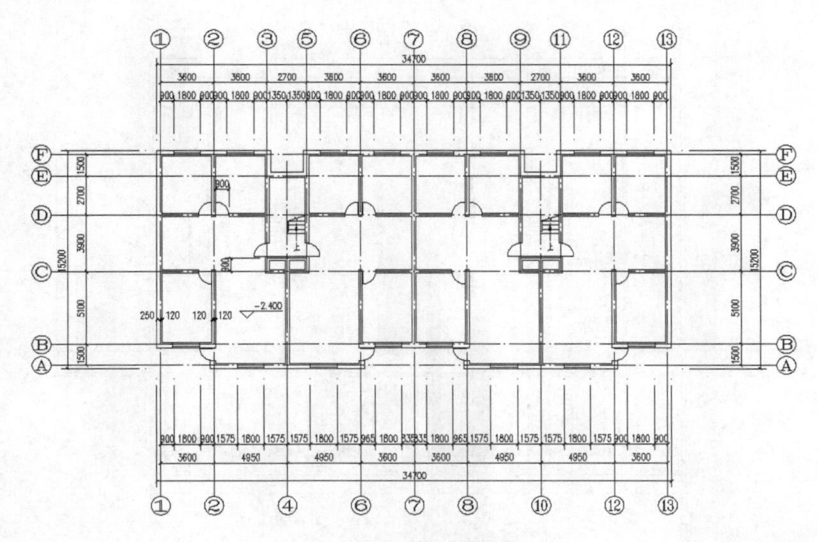

图 10-22　地下室平面图

（1）打开“首层平面图.dwg”，将其另存为“地下室平面图.dwg”。

（2）启动【墙梁板】/【改高度】命令，选择所有墙体，设定墙体新高度为 2400。

（3）删除散水、阳台及楼梯间的双扇门等。

（4）利用【门窗】命令的替换功能将所有窗户尺寸改为：宽 1800、高 400、窗台高 1700，再修改楼梯各部分参数，如图 10-23 所示。

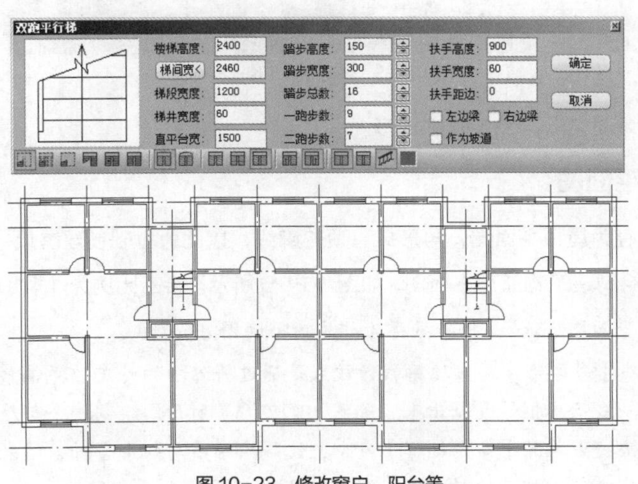

图 10-23　修改窗户、阳台等

（5）修改相关尺寸标注、标高符号及图名等，然后保存图形。

10.2.5 顶层平面图

将标准层平面图保存为顶层平面图，再修改楼梯、图名等获得顶层平面图。

【练习 10-5】：绘制建筑物顶层平面图，如图 10-24 所示。绘图比例为 1∶100，采用 A2 幅面图框。为使图形简洁，图中仅标出了总体尺寸、轴线间距尺寸及部分细节尺寸。

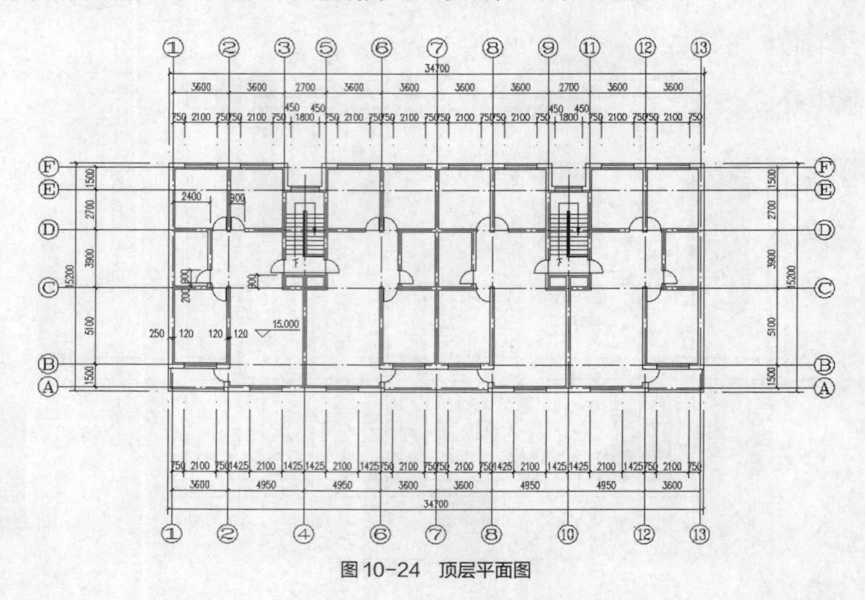

图 10-24　顶层平面图

（1）打开"标准层平面图.dwg"，将其另存为"顶层平面图.dwg"。

（2）将楼梯修改为顶层楼梯，楼梯参数如图 10-25 所示。

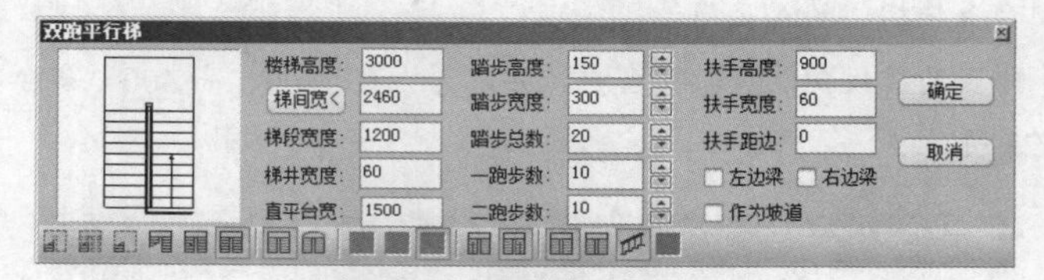

图 10-25　练习 10-5 修改楼梯

（3）修改标高符号及图名等，然后保存图形。

10.2.6 屋顶平面图

将标准层平面图保存为屋顶平面图，再形成屋顶轮廓线，以此为基础创建屋顶平面图。

【练习 10-6】：绘制建筑物屋顶平面图，如图 10-26 所示。绘图比例为 1∶100，采用 A2 幅面图框。

（1）打开"标准层平面图.dwg"，将其另存为"屋顶平面图.dwg"。

（2）利用【搜屋顶线】命令形成屋顶轮廓线，该线是通过将外墙的外皮边界偏移 300 的距离而形成的。把屋顶轮廓线、所需的轴线及图框等复制出来，如图 10-27（a）所示。绘制一个与屋顶轮廓线重合的矩形，选择轮廓线，利用右键快捷菜单的【布尔编辑】命令，使得轮廓线与矩形合并，结果如图 10-27（b）所示。此外，也可将屋顶轮廓线分解，然后经过必要的编辑形成矩形（闭合多段线）。

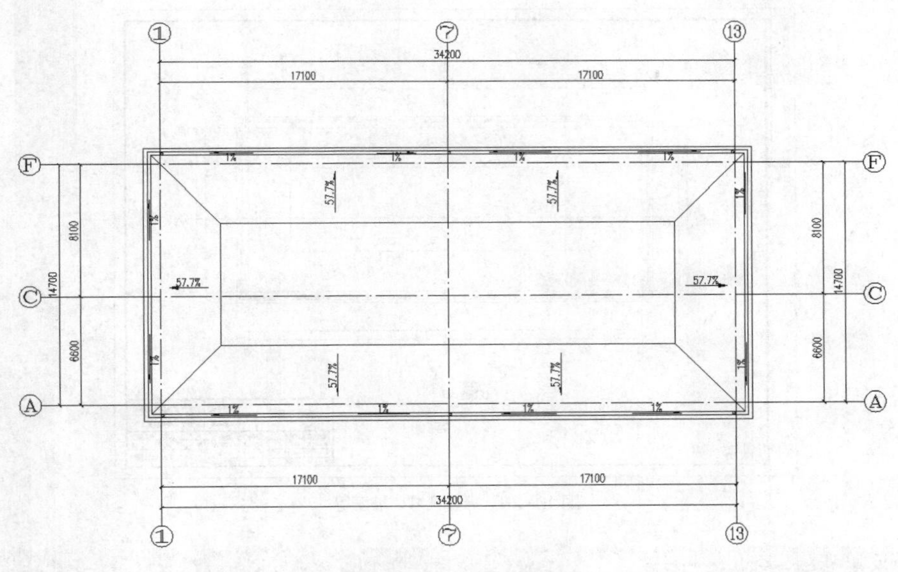

图10-26 屋顶平面图

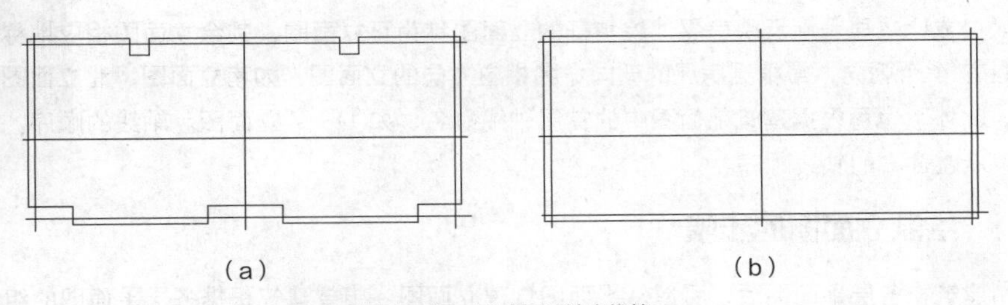

图10-27 形成屋顶轮廓线等

（3）将屋顶轮廓线向外偏移200，得到檐沟线，再将檐沟线向外偏移240，得到檐口最外侧轮廓线，如图10-28（a）所示。以屋顶轮廓线为基础形成坡屋顶，坡角为30°，再利用右键快捷菜单的【对象编辑】命令设定屋顶高为2400，结果如图10-28（b）所示。

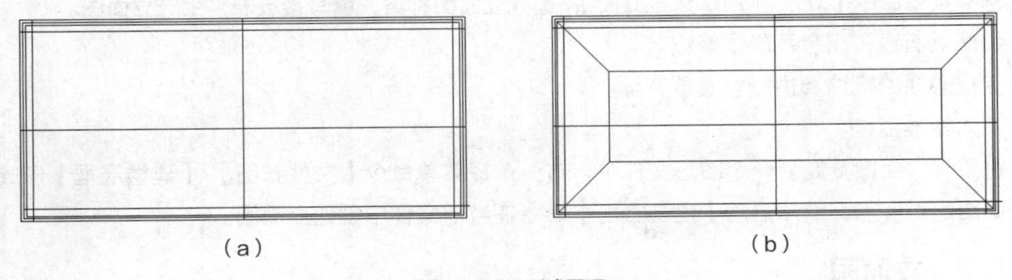

图10-28 形成屋顶

（4）绘制落水口平面投影，再标注屋顶和檐沟的坡度及轴网尺寸等，如图10-29所示，然后保存图形。由于绘图比例太小，该图的细节显示不清楚，这里仅用于展现图样的整体效果。

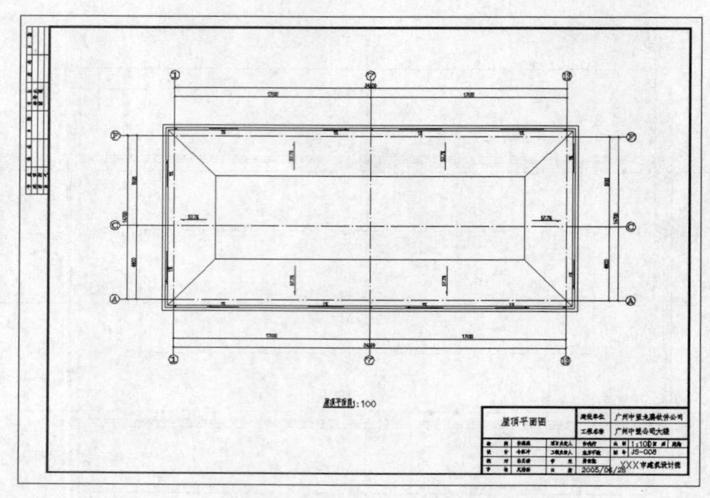

图 10-29　标注尺寸、坡度等

10.3 绘制建筑立面图

建筑立面图是按不同投影方向绘制的房屋侧面外形图，它主要表示房屋的外貌和立面装饰的情况，其中反映主要入口或比较显著地反映房屋外貌特征的立面图称为正立面图，其余立面图相应地称为背立面、侧立面。房屋有 4 个朝向，常根据房屋的朝向命名相应方向的立面图，如南立面图、北立面图、东立面图和西立面图。此外，也可根据建筑平面图中的首尾轴线命名，如①～⑦立面图。轴线的顺序：当观察者面向建筑物时，从左往右的轴线顺序。

10.3.1　绘制立面图的步骤

已经绘制建筑物各层平面图后，可以从平面图创建立面图。中望建筑根据各层平面图的组合关系以及平面图中墙体、门窗、阳台及楼梯的三维信息，经过投影和消隐运算形成立面图。

若建筑物每个平面图是一个单独的图形文件，则生成立面图的主要过程如下。

（1）利用 BASE 命令将各平面图的插入基点设定为相同点，例如为两条轴线的交点。

（2）打开一个平面图作为创建立面图的参考图形。

（3）选择菜单命令【立剖面】/【建筑立面】，选择立面图种类，填写楼层表，生成立面图。

（4）编辑立面窗、阳台及屋顶等细节。

（5）完成必要的标注及进行立面填充等。

（6）插入标准图框。

也可将所有平面图复制到一个图形文件中，首先选择菜单命令【文件布图】/【建楼层框】形成楼层表及各层平面图的对齐点，然后启动【建筑立面】命令在当前文件中创建立面图。

10.3.2　立面图

生成立面图时必须要确定各楼层之间的关系，并以任意一个打开的平面图为参考进行操作。

【练习 10-7】：绘制建筑立面图，如图 10-30 所示。绘图比例为 1∶100，采用 A2 幅面图框。为使图形简洁，图中省略了一些标注。

图10-30 绘制建筑立面图

（1）利用 BASE 命令将前面绘制的所有平面图的对齐点设定为轴线Ⓐ与轴线①的交点。

（2）打开标准层平面图。

（3）选择菜单命令【立剖面】/【建筑立面】，指定生成正立面图，选择出现在立面图中的轴线①和⑬，再填写楼层表，如图 10-31 所示。

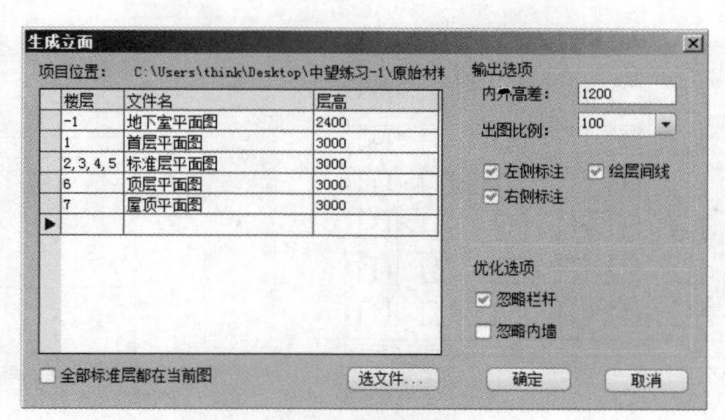

图10-31 楼层表

（4）单击 确定 按钮，创建新的图形文件“正立面图.dwg”，如图 10-32 所示。该立面图缺少地下室的正立面投影。

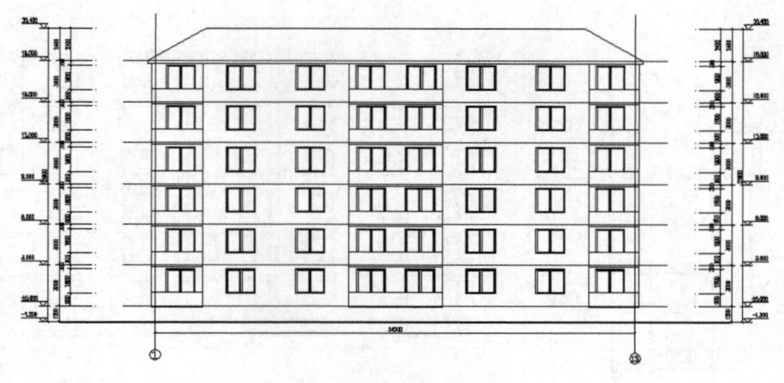

图10-32 正立面图

（5）打开地下室平面图，选择菜单命令【立剖面】/【局部立面】，指定生成正立面图，选择沿轴线Ⓐ、Ⓑ的墙体，生成墙体立面投影，如图 10-33 所示。

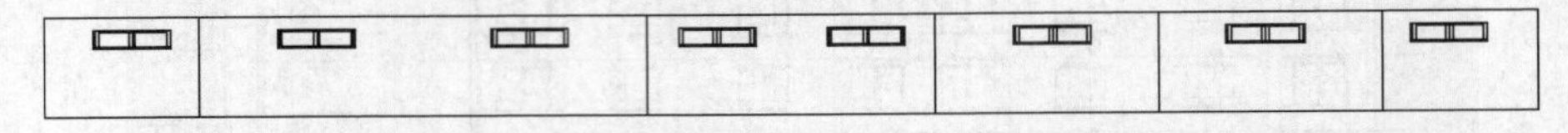

图 10-33　地下室立面图

（6）将地下室立面图复制到建筑物立面图中，再进行必要的编辑，结果如图 10-34 所示。

图 10-34　复制地下室立面图

（7）将屋顶向上移动 300，再绘制檐口投影线，如图 10-35 所示。

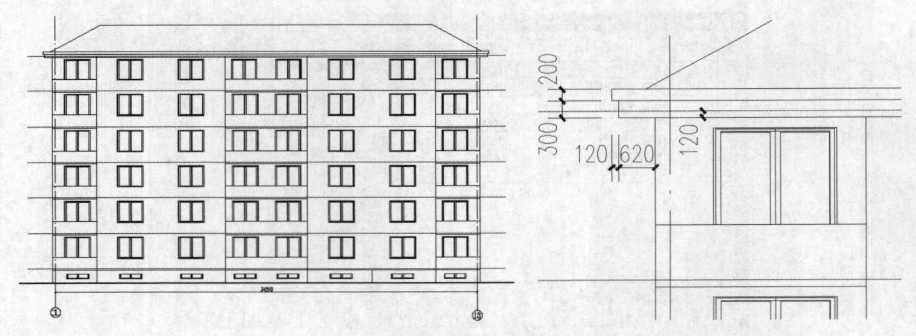

图 10-35　移动屋顶及绘制檐口投影线

（8）绘制立面窗并利用【图库管理】命令将其创建成新的窗块，用新窗块替换立面图中的部分窗块，如图 10-36 所示。

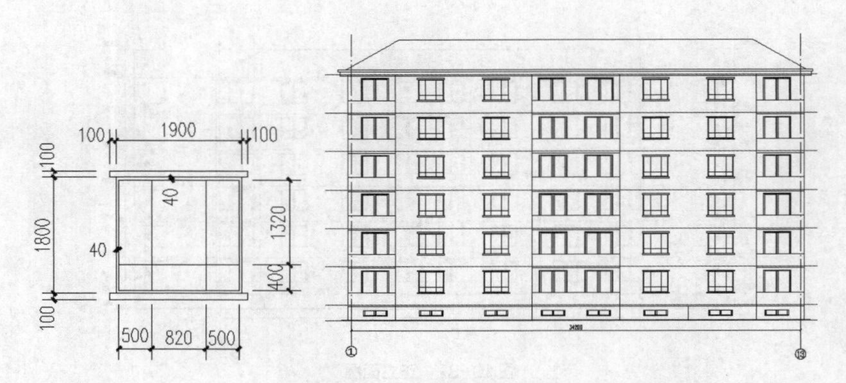

图 10-36　替换立面图中的窗块

（9）利用【工具二】/【搜索轮廓】命令形成立面轮廓多段线，将其宽度修改为40。选择菜单命令【图块图案】/【图案填充】，用“弯瓦屋面”填充屋顶，结果如图10-37（a）所示。

（10）修改与屋顶相关的尺寸、标高，标注图名，插入图框，结果如图10-37（b）所示。

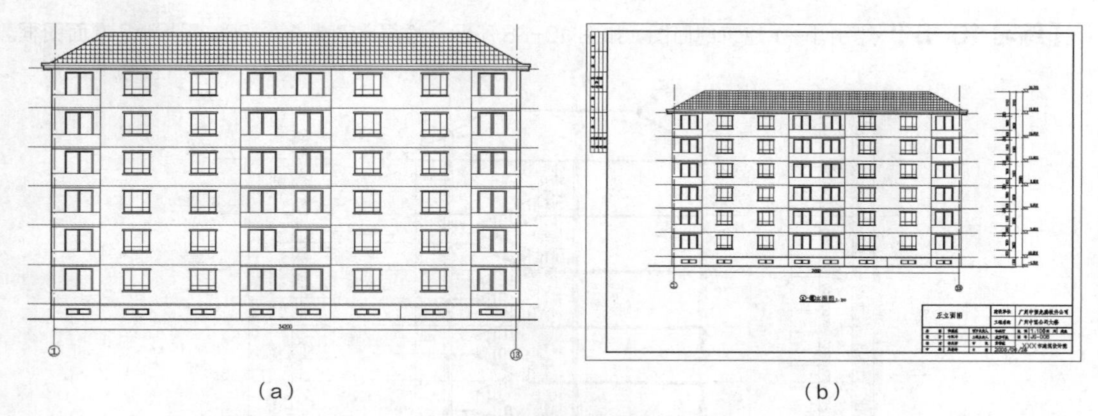

（a）　　（b）

图10-37　填充图案、插入图框等

（11）保存图形文件。

10.4 绘制建筑剖面图

剖面图主要用于表示房屋内部的结构形式、分层情况及各部分的联系等，它的绘制方法是假想一个铅垂的平面剖切房屋，移去挡住的部分，然后将剩余的部分按正投影原理绘制出来。

剖面图反映的主要内容如下。

- 在垂直方向上房屋各部分的尺寸及组合。
- 建筑物的层数、层高。
- 房屋在剖面位置上的主要结构形式、构造方式等。

10.4.1 绘制剖面图的步骤

绘制剖面图的过程与立面图类似，生成剖面图时也需要楼层表信息，此外，还需利用【剖切符号】命令在平面图中创建剖切符号表明剖切位置及方向。

若建筑物每个平面图是一个单独的图形文件，则生成剖面图的主要过程如下。

（1）利用BASE命令将各平面图的插入基点设定为相同点，如为两条轴线的交点。

（2）打开首层平面图作为创建剖面图的参考图形，用【剖切符号】命令创建剖切符号。

（3）启动【立剖面】/【建筑剖面】命令，选择剖切符号，填写楼层表，生成剖面图。

（4）绘制剖面图局部细节，如创建剖面楼板，添加剖断梁，绘制雨篷、栏杆及屋顶等。

（5）完成必要的标注及进行剖面填充等。

（6）插入标准图框。

也可将所有平面图复制到一个图形文件中，首先选择菜单命令【文件布图】/【建楼层框】形成楼层表及各层平面图的对齐点，然后启动【建筑剖面】命令在当前文件中创建剖面图。

10.4.2 剖面图

打开首层平面图并创建剖切符号，以该图为参考创建剖面图。生成剖面图时还需提供各楼层间的组合关系。

【练习 10-8】：绘制 1—1 建筑剖面图，如图 10-38 所示。绘图比例为 1：100，采用 A2 幅面图框。

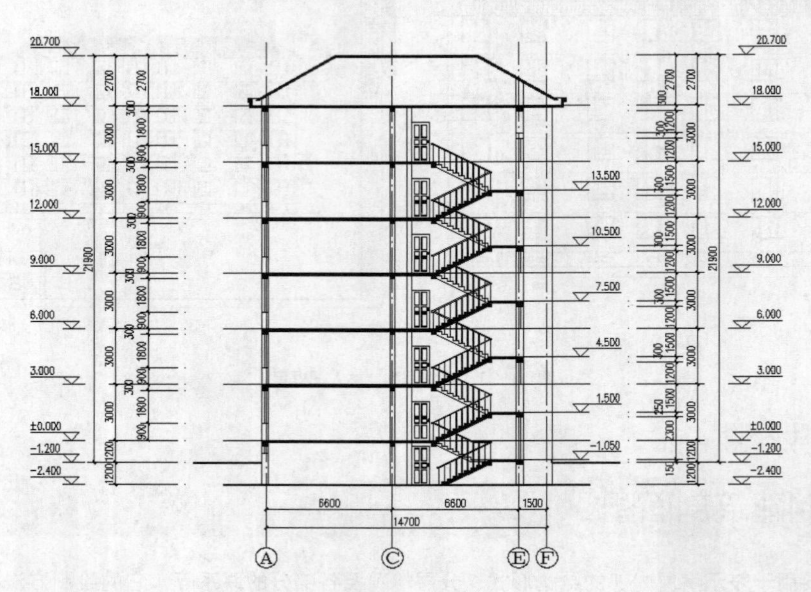

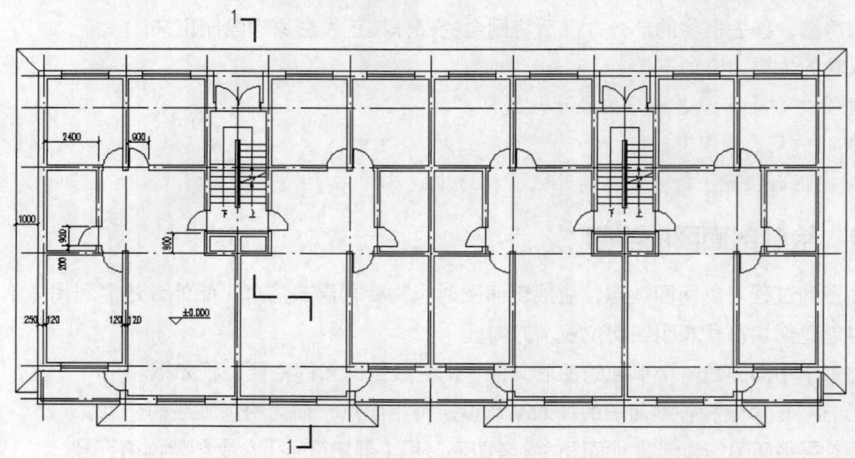

图 10-38　绘制建筑剖面图

（1）打开首层平面图，创建剖切符号，如图 10-38 所示。

（2）选择菜单命令【立剖面】/【建筑剖面】，选择剖切符号，指定出现在立面图中的轴线Ⓐ、Ⓒ、Ⓔ和Ⓕ，再填写楼层表，如图 10-39 所示。

（3）单击 确定 按钮，创建新的图形文件"1—1 剖面图.dwg"，如图 10-40 所示。该图是用 MOVE 命令移动后的结果，移动后，系统会更新图形。

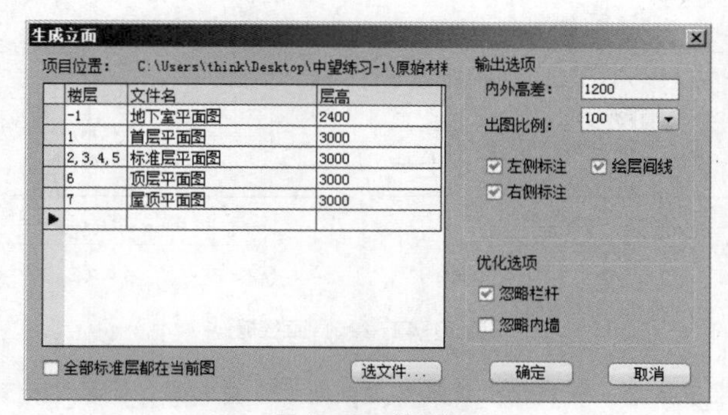

图 10-39　楼层表

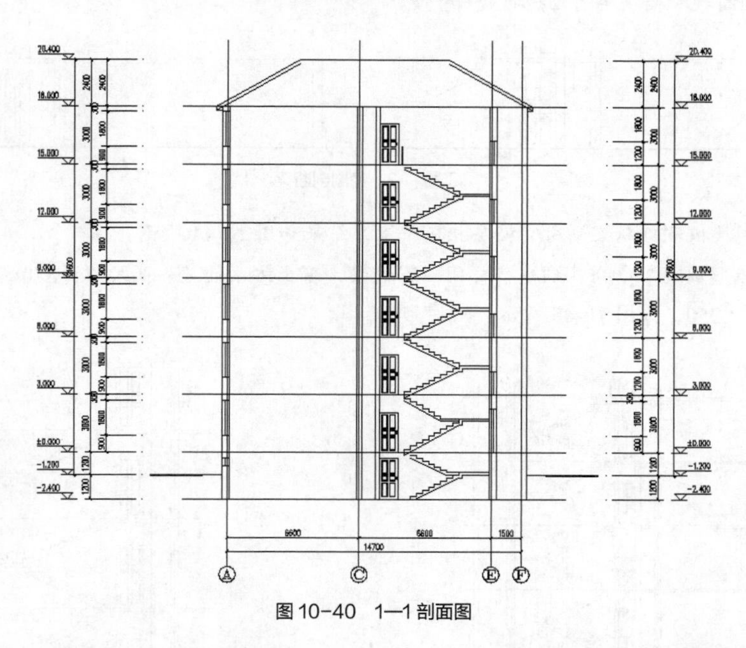

图 10-40　1—1 剖面图

（4）系统自动生成的首层楼梯不正确，将其删除，复制二层楼梯到一层。另外，楼梯间双扇门位置也有错误，将其下移，结果如图 10-41 所示。

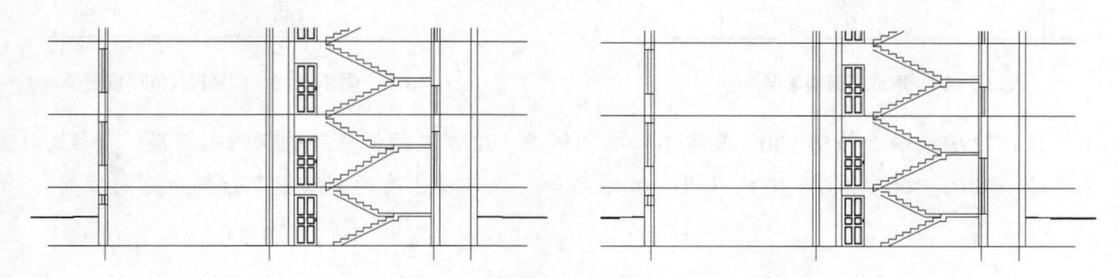

图 10-41　编辑楼梯及门

（5）添加剖面楼板。自动生成的剖面图中只有楼层线没有剖面楼板。启动剖面墙板命令，绘制厚度为 120 的楼板，如图 10-42 所示。剖面楼板的长度可以通过关键点编辑方式调整，与其相交的墙体部分将合并在一起。穿过楼板的线条可以删除。

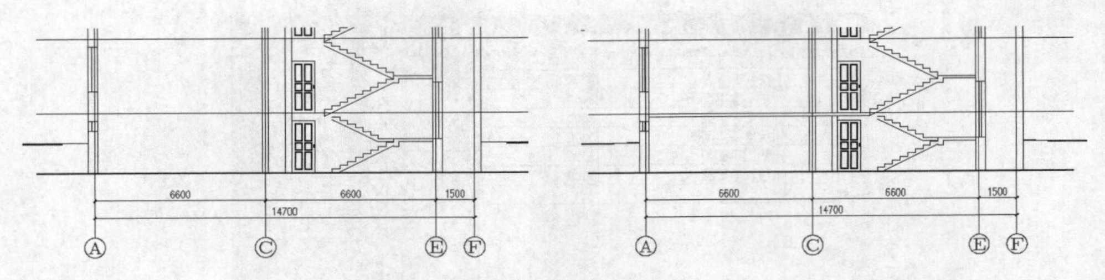

图 10-42 绘制剖面楼板

（6）启动【矩形剖梁】命令，创建楼板位置处的剖断梁，梁的宽、高尺寸：370×300、240×300，如图 10-43 所示。剖断梁和楼板会自动进行合并。

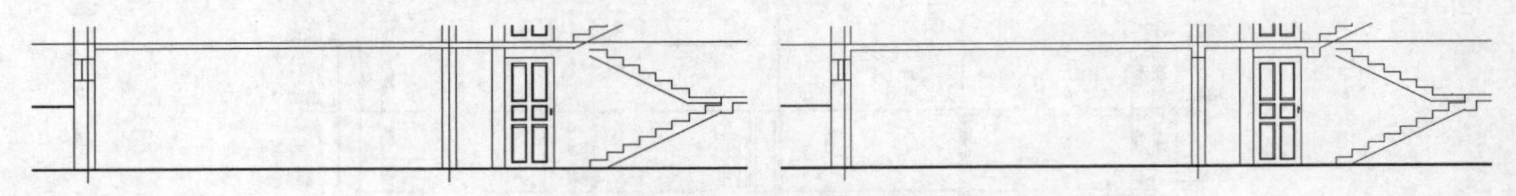

图 10-43 绘制剖断梁

（7）向上复制楼板及剖断梁到所有楼层相应位置，结果如图 10-44 所示。

（8）启动【矩形剖梁】命令，创建楼梯间门窗过梁，窗上方梁的宽、高尺寸：370×300，门上方梁的宽、高尺寸：370×250，如图 10-45 所示。

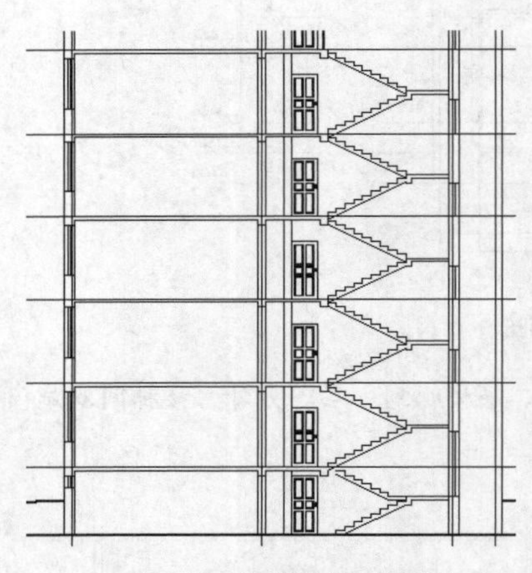

图 10-44 形成所有楼层楼板等

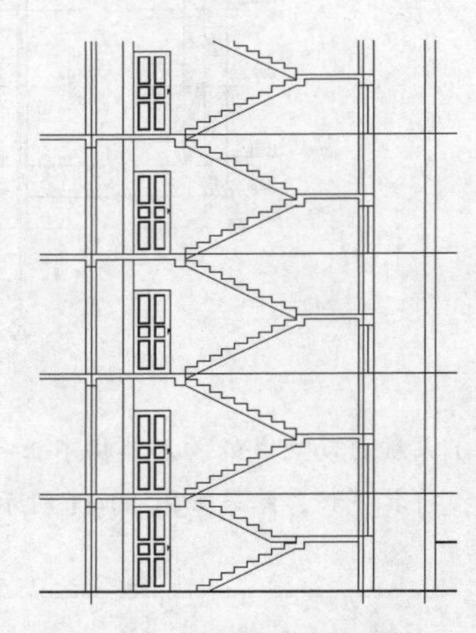

图 10-45 创建楼梯间门窗过梁

（9）将屋顶轮廓线向上移动 300，删除不必要的线条。绘制屋顶楼板及关联的剖断梁，楼板厚 120，梁的宽、高尺寸：370×300、240×300，如图 10-46 所示。也可将已有的剖断梁复制到所需的位置。

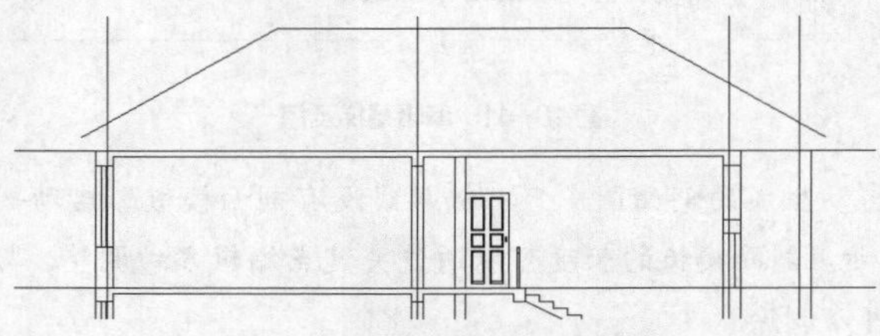

图 10-46 绘制屋顶楼板及梁

（10）用 PLINE 命令绘制檐口的剖面轮廓，该轮廓为闭合多段线。绘制完成后，将其沿屋顶宽度方向镜像，再利用关键点编辑方式调整形状，使其与墙体接触，如图 10-47 所示。启动【剖面造型】命令，将檐口闭合轮廓创建成剖面对象，该对象将自动与楼板合并。

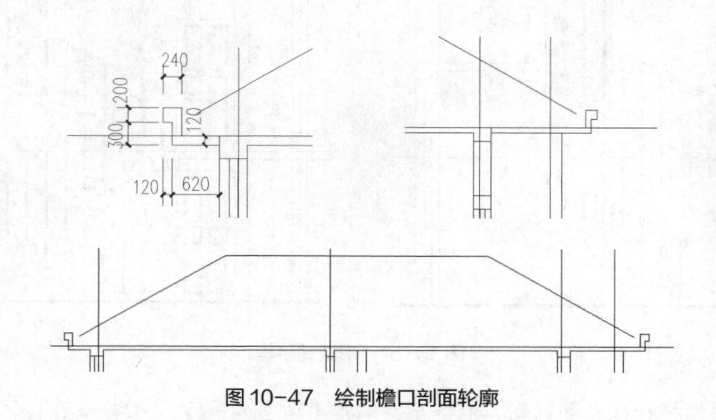

图 10-47　绘制檐口剖面轮廓

（11）选择菜单命令【工具二】/【线变 PL】，将屋顶轮廓线编辑为多段线，并向下偏移 100，再绘制支撑屋顶的墙体等，如图 10-48 所示。

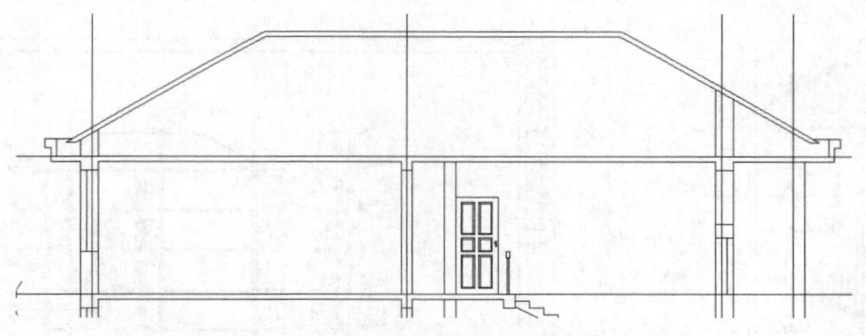

图 10-48　绘制屋顶及支撑墙体

（12）向左移动地下室楼梯短梯段的位置，使之与楼梯梁接触，再通过关键点编辑方式向右拉伸该梯段下部平台，使之与楼梯平台接触，如图 10-49 所示。

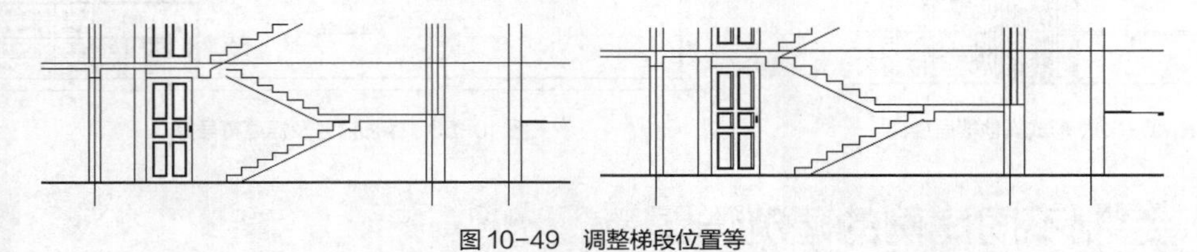

图 10-49　调整梯段位置等

（13）绘制地下室及建筑物首层的楼梯栏杆。启动【楼梯栏杆】命令，指定梯段台阶的最低点及最高点，生成栏杆。再调用【梯剪栏杆】命令，选择相关的所有梯段及栏杆，系统自动完成修剪，结果如图 10-50 所示。

（14）利用扶手接头命令将首层楼梯的扶手连接起来，再把连接部分复制到地下室楼梯的相应位置，进行适当编辑，形成完整的地下室楼梯栏杆及扶手，结果如图 10-51 所示。

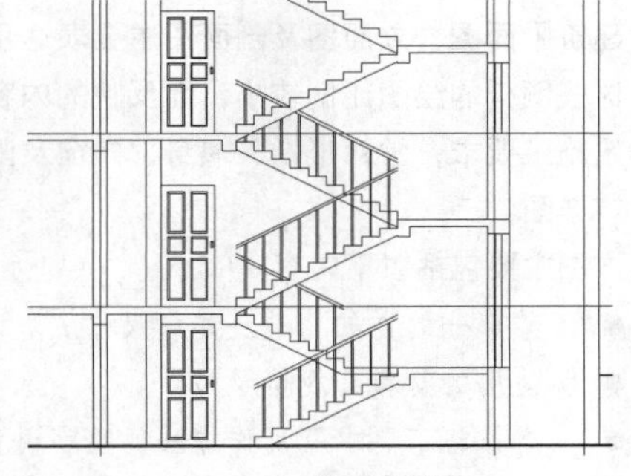

图 10-50　创建楼梯栏杆

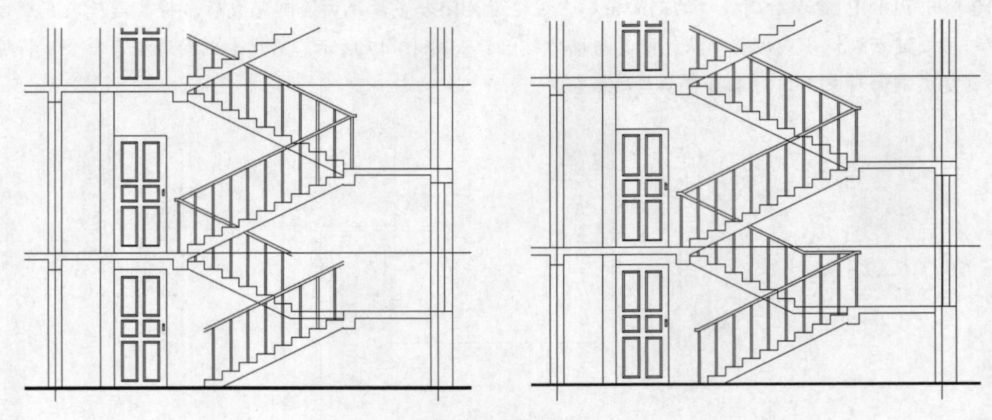

图10-51 形成扶手等

（15）将首层的楼梯栏杆和扶手复制到其他楼层，编辑不适当的地方，结果如图10-52所示。

（16）对剖面楼板、剖断梁等涂黑（用颜色填充），添加必要的尺寸及标高符号，书写图名，插入图框等，结果如图10-53所示。

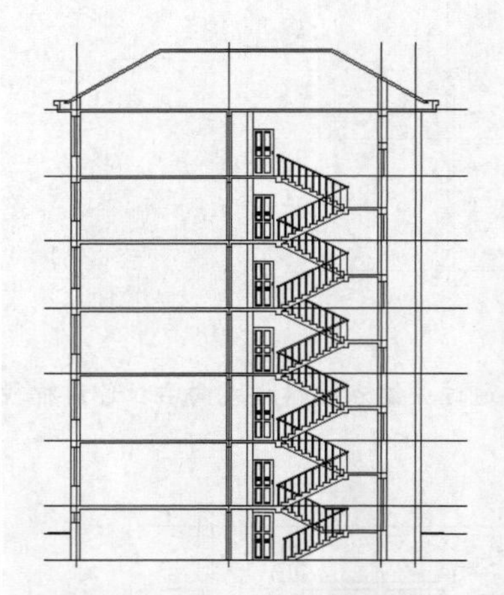

图10-52 形成其他楼层楼梯

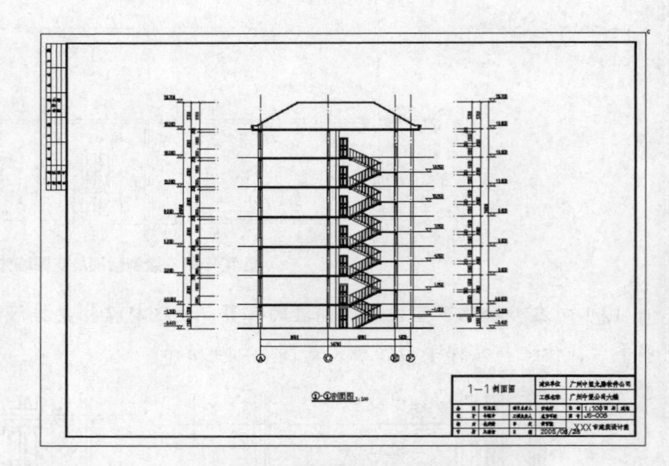

图10-53 添加尺寸及标高符号等

10.5 绘制不同比例的建筑详图

建筑平面图、立面图及剖面图主要表达了建筑物平面布置情况、外部形状和垂直方向的结构构造等。由于这些图样的绘图比例较小，而反映的内容范围却很广，因而建筑物的细部结构很难清晰地表示出来。为满足施工要求，常对楼梯、墙身、门窗及阳台等局部结构采用较大的比例详细绘制，这样画出的图样称为建筑详图。

详图主要包括以下内容。

- 某部分的详细构造及详细尺寸。
- 使用的材料、规格及尺寸。
- 有关施工要求及制作方法的文字说明。

10.5.1　绘制建筑详图的步骤

建筑详图的初始图形可利用【图形切割】命令从平面图、立面图或剖面图中获得，然后经过编辑形成完整的详图。这期间要注意的是：如何将不同绘图比例的详图布置在同一张图纸上。下面的练习演示了解决该问题的一种方法。

画建筑详图的主要过程如下。

（1）选择菜单命令【工具二】/【图形切割】从已有图样中获得所需的初始图形。

（2）编辑图形，创建完整详图。

（3）选择菜单命令【设置】/【当前比例】设定不同的绘图比例标注详图。

（4）将绘图比例与图纸比例不同的详图（包括尺寸标注等）创建成图块，并对其缩放，使其尺寸标注等的绘图比例与图纸比例相同，即缩放比例因子为详图比例与图纸比例的比值。这样所有详图的注释外观大小都一致了。

（5）插入图框并标注图名等。

10.5.2　建筑详图

绘制详图时，可以从前面已创建的平面图、立面图或剖面图中获得所需的几何对象或是图层信息等，以此为基础完成详图细节的绘制。

【练习 10-9】：绘制标准层楼梯及卫生间大样图，如图 10-54 所示。两个详图的绘图比例分别为 1：50 和 1：30，图幅采用 A2 幅面，图纸比例（出图比例）1：50。

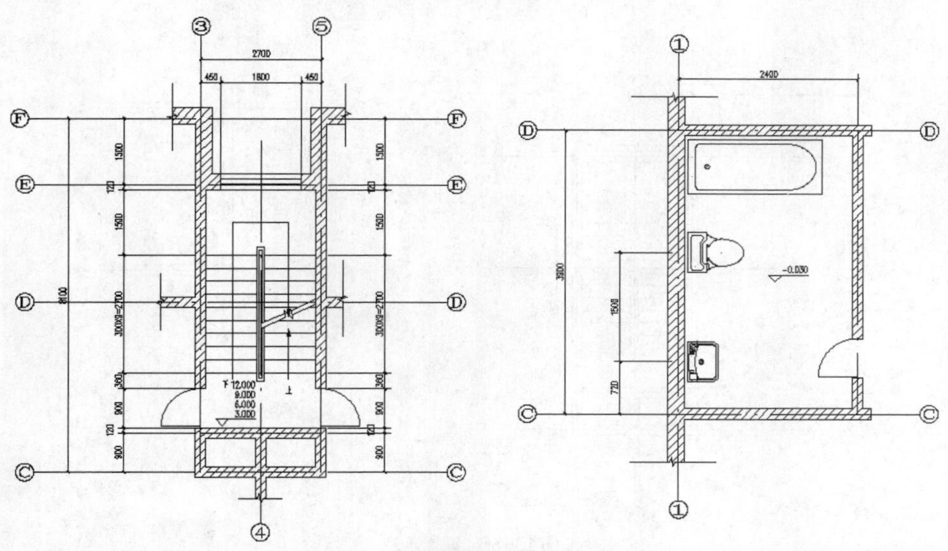

图 10-54　绘制详图

（1）打开“标准层平面图.dwg”，将其另存为“详图.dwg”。

（2）选择菜单命令【工具二】/【图形切割】从平面图中分割出楼梯平面图及卫生间平面图。操作时，设定这两个图的绘图比例分别为 1：50 和 1：30，如图 10-55 所示。两图的轴号标注外观大小不一样。

（3）利用右键快捷菜单中的【轴号隐显】命令使一些轴号隐藏。绘制折断符号，再修剪墙体长度，结果如图 10-56 所示。修剪墙体时，可移动折断符号利用直线边裁剪。

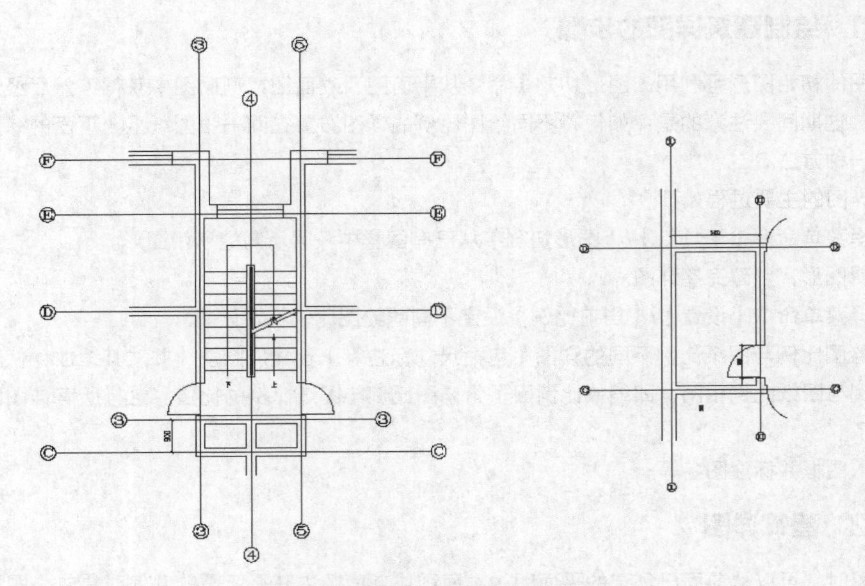

图 10-55　分割平面图得到详图

（4）选择菜单命令【房间】/【洁具管理】，在卫生间平面图中布置浴缸、洗脸盆等，形状尺寸自定，结果如图 10-56 所示。

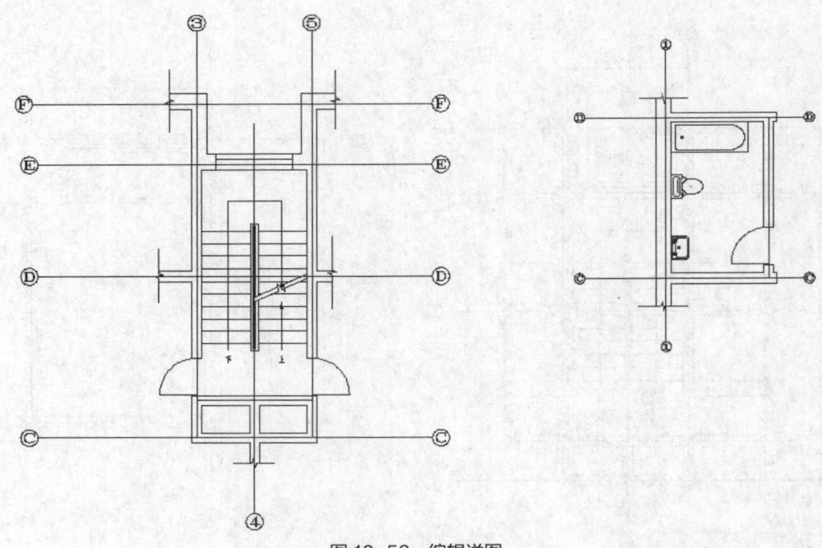

图 10-56　编辑详图

（5）选择菜单命令【设置】/【当前比例】，设定当前绘图比例为 1∶50，标注楼梯大样图并填充墙体，再设定当前绘图比例为 1∶30，标注卫生间大样图并填充墙体，结果如图 10-57 所示。为了标注清晰，仅选择了部分图样。

（6）将卫生间详图及相关标注创建成图块，用 SCALE 命令的“参照”选项缩放，计算比例因子的参考长度为 30，新长度为 50，缩放结果如图 10-58（a）所示。

（7）设置绘图比例为 1∶50，插入 A2 幅面图框，再调整图样位置，结果如图 10-58（b）所示。

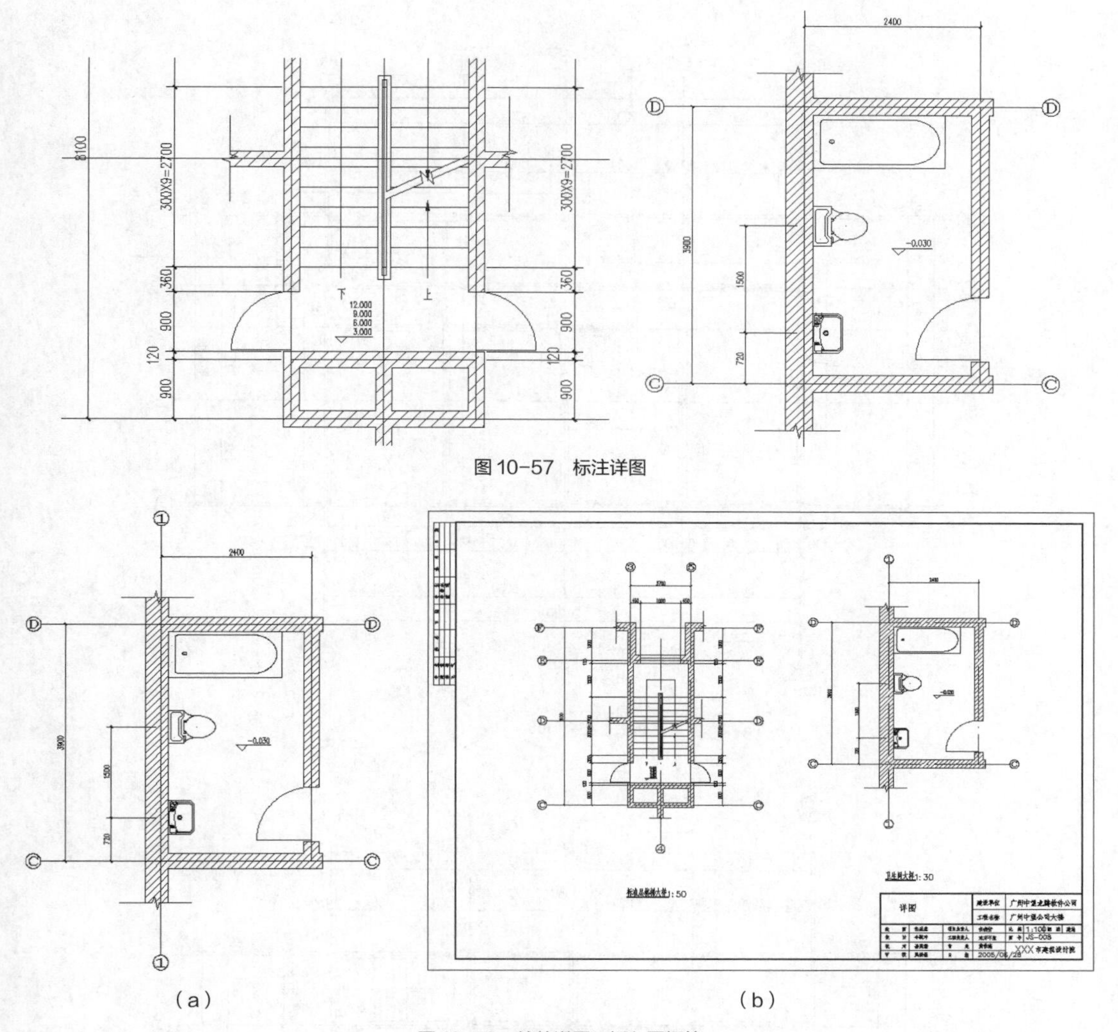

图10-57 标注详图

图10-58 缩放详图及插入图框等

习题

绘制建筑物首层平面图、二层平面图、顶层平面图及屋顶平面图，然后根据平面图生成立面图及剖面图，如图10-59所示。

建筑物每层墙体高度为3300，柱子尺寸为300×300。楼梯高为3300，梯间宽为2700，平台宽为1500，踏步高为165、宽为270，踏步总数为20。门窗主要尺寸参数如表10-1所示。图中其他细节尺寸自定。

表10-1 门窗编号及尺寸

窗 编 号	宽 高 尺 寸	门 编 号	宽 高 尺 寸
C1	3000×1800	M1	900×2100
C2	1800×1500	M2	1800×2700
C3	900×1500		

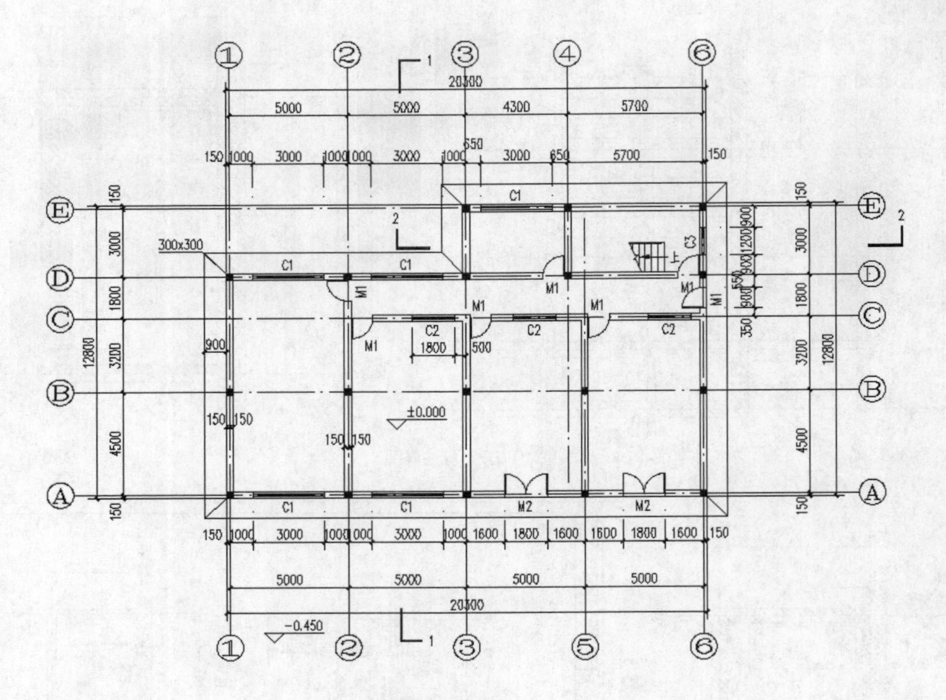

首层平面图1:100

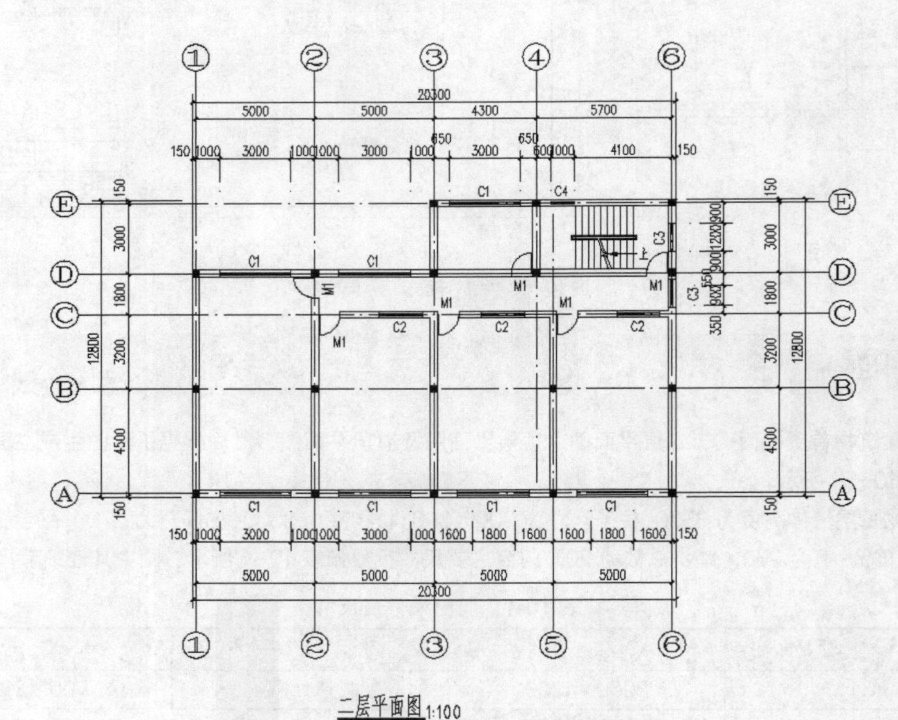

二层平面图1:100

图 10-59　绘制平面图、立面图及剖面图

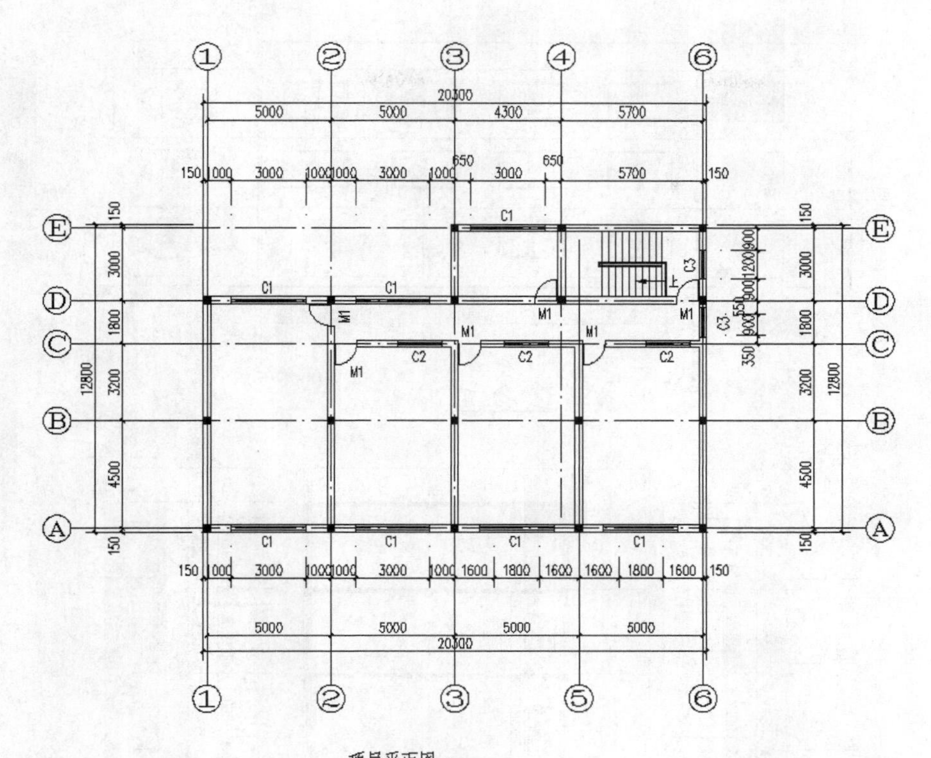

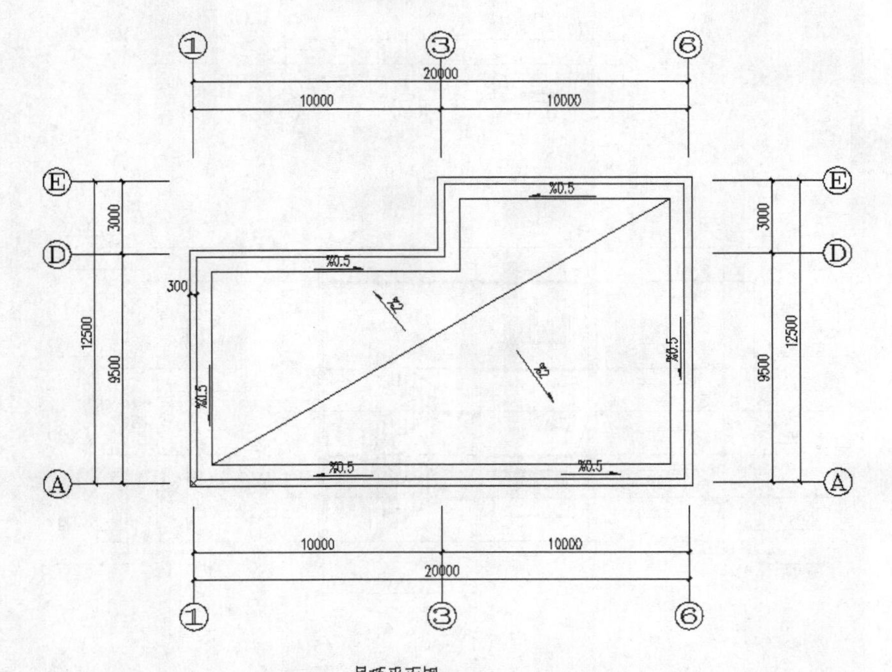

图 10-59　绘制平面图、立面图及剖面图（续 1）

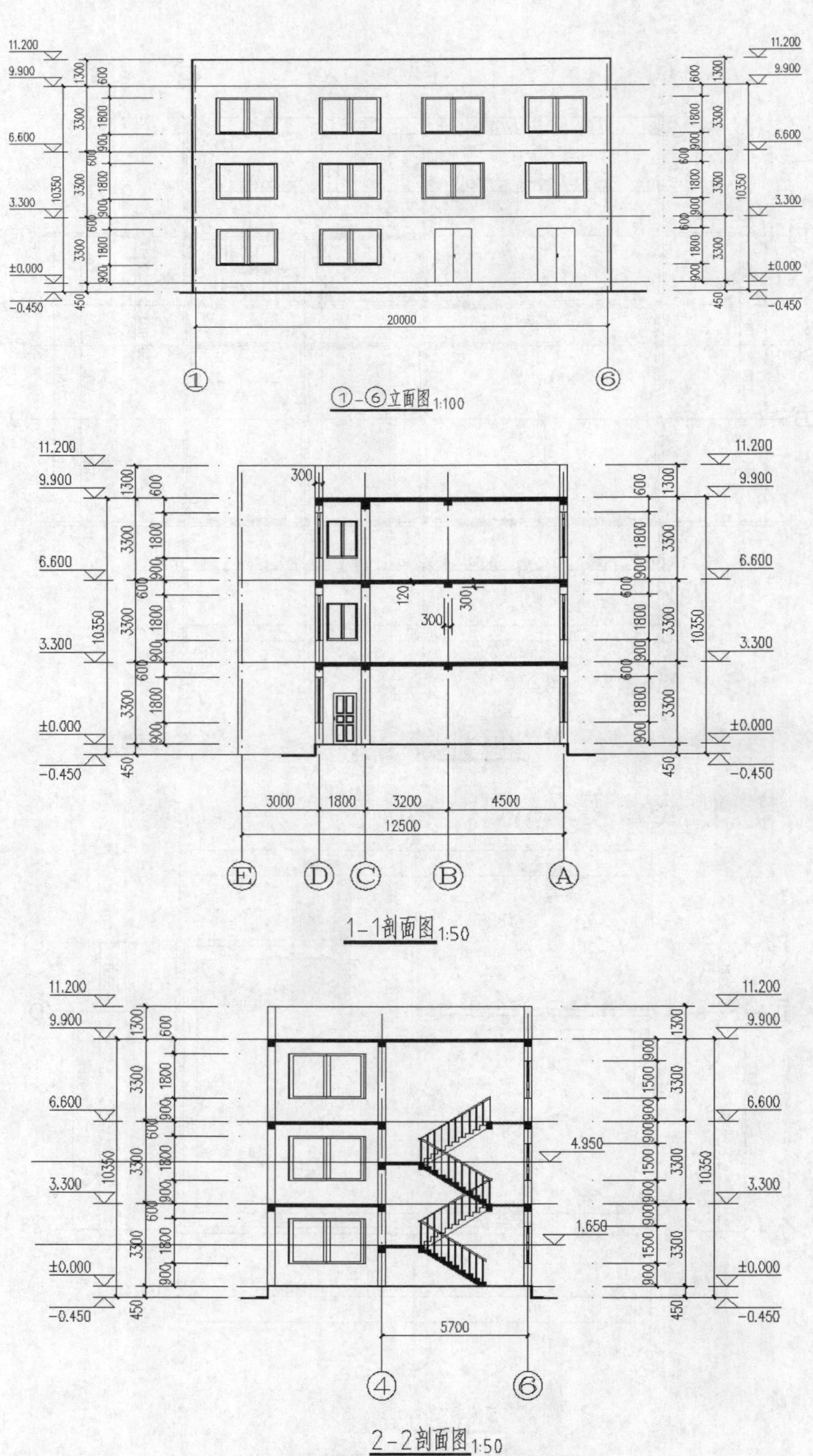

图 10-59　绘制平面图、立面图及剖面图（续 2）

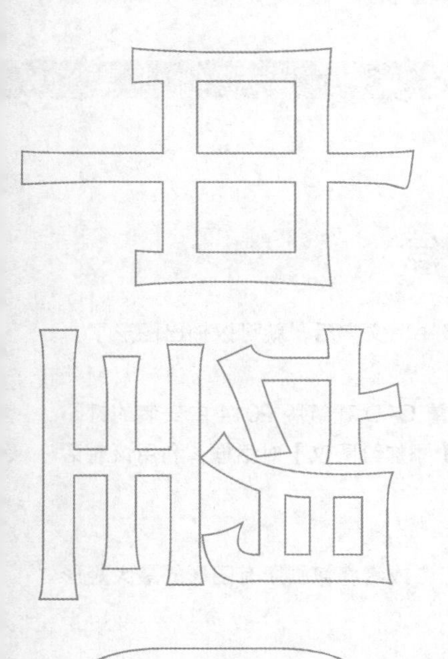

Chapter 11

第11章 打印图形

通过本章的学习，读者要掌握从模型空间打印图形的方法，并学会将多张图纸布置在一起打印的技巧。

【学习目标】

- 了解输出图形的完整过程。
- 学会选择打印设备及对当前打印设备的设置进行简单修改。
- 能够选择图纸幅面和设定打印区域。
- 能够调整打印方向、打印位置和设定打印比例。
- 掌握将小幅面图纸组合成大幅面图纸进行打印的方法。
- 掌握在图纸空间中布图及出图的方法。

11.1 课堂实训——从模型空间打印图形的过程

在模型空间中将工程图样布置在标准幅面的图框内，再标注尺寸及书写文字后，就可以输出图形了。输出图形的主要过程如下。

（1）指定打印设备，打印设备可以是 Windows 系统打印机或在中望 CAD 建筑版 2014 中安装的打印机。单击【输出】选项卡中【打印】面板上的绘图仪管理器按钮，打开【添加绘图仪】对话框，利用该对话框可添加一台中望 CAD 建筑版 2014 内部绘图仪。

（2）选择图纸幅面及打印份数。

（3）设定要输出的内容。例如，可指定将某一矩形区域的内容输出，或者将包围所有图形的最大矩形区域输出。

（4）调整图形在图纸上的位置及方向。

（5）选择打印样式，详见 11.2.2 小节。若不指定打印样式，则按对象的原有属性进行打印。

（6）设定打印比例。

（7）预览打印效果。

【练习 11-1】：从模型空间打印图形。

（1）打开素材文件“dwg\第 11 章\11-1.dwg”。

（2）单击程序窗口上部快速访问工具栏上的按钮，打开【打印-模型】对话框，如图 11-1 所示，在该对话框中完成以下设置。

- 在【打印机/绘图仪】分组框的【名称】下拉列表中选择打印设备【DWG To PDF.pc5】，该打印设备将图形打印成 PDF 格式文件。
- 在【纸张】下拉列表中选择 A2 幅面图纸。
- 在【打印范围】下拉列表中选择【窗口】选项，然后指定要打印的矩形窗口。
- 在【打印比例】分组框中选择【布满图纸】复选项。
- 在【打印偏移】分组框中选择【居中打印】选项。
- 在【图形方向】分组框中设定图形打印方向为【横向】。
- 在【打印样式表】分组框的下拉列表中选择打印样式【Monochrome.ctb】（将所有颜色打印为黑色）。

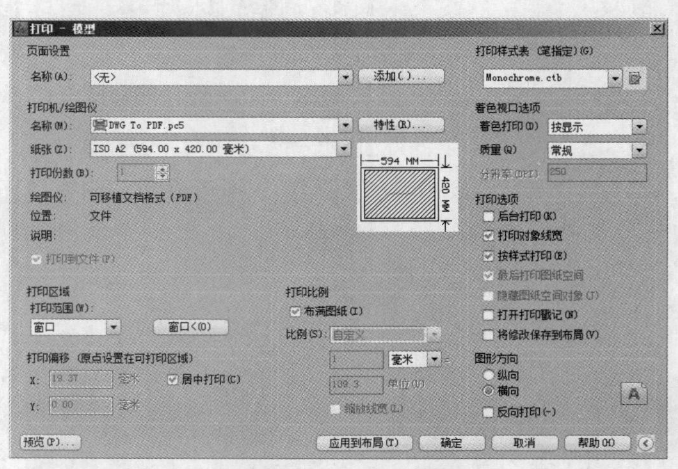

图 11-1 【打印-模型】对话框

（3）单击 预览(P)... 按钮，预览打印效果，如图 11-2 所示。若满意，单击 按钮开始打印；否则，按 Esc 键返回【打印】对话框，重新设定打印参数。

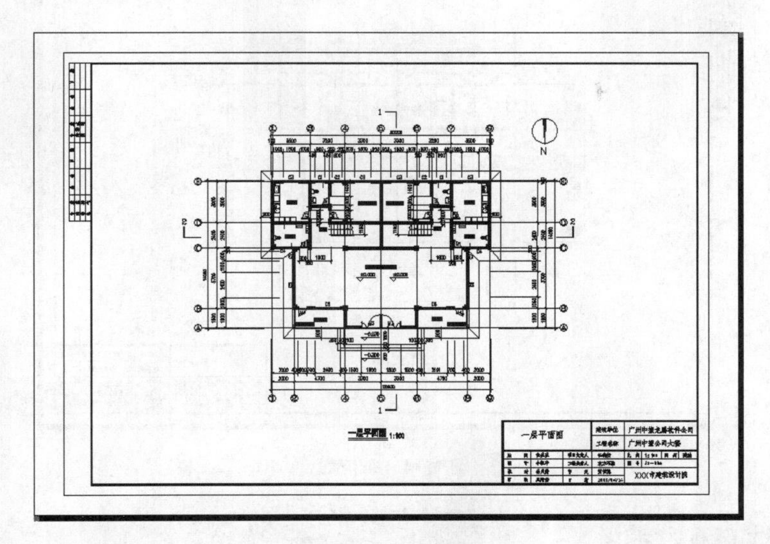

图 11-2 打印预览

（4）在【打印-模型】对话框的【打印机/绘图仪】分组框中单击 特性(R)... 按钮，打开【绘图仪配置编辑器-DWG To PDF.pc5】对话框，在【设备和文档设置】选项卡中选择【修改标准图纸尺寸（可打印区域）】选项，如图 11-3（a）所示。

（5）在【修改标准图纸尺寸】列表中选择要修改的 A2 幅面图纸，单击 修改(M)... 按钮，打开【自定义图纸尺寸-可打印区域】对话框，如图 11-3（b）所示，利用该对话框将打印区域边界与图纸边界间的距离设置为 0。

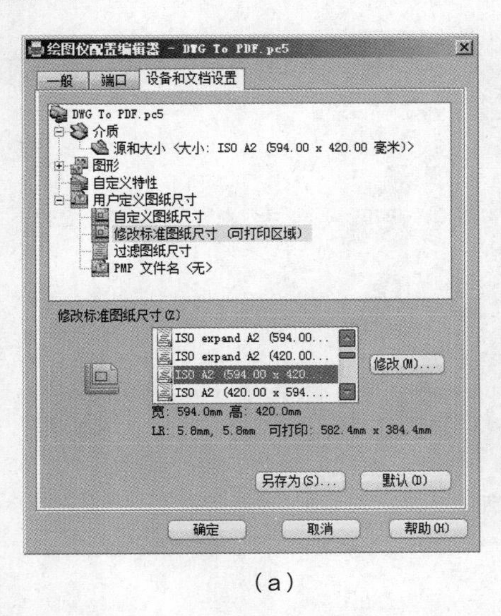

（a）

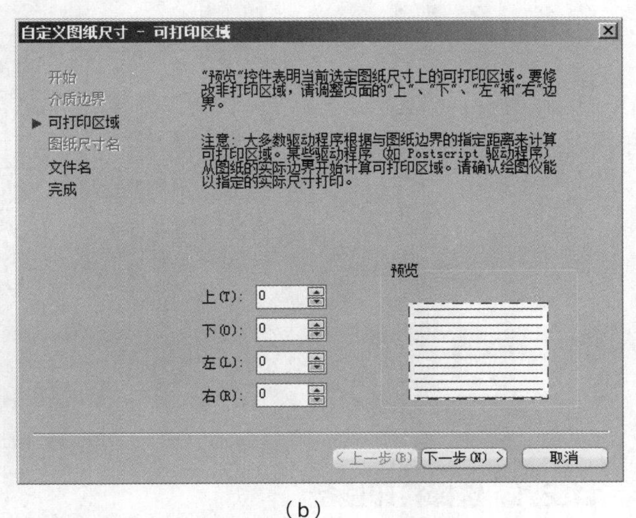

（b）

图 11-3 打印预览

（6）修改 A2 图纸之后，打印预览效果如图 11-4 所示。图框与图纸边界重合了。

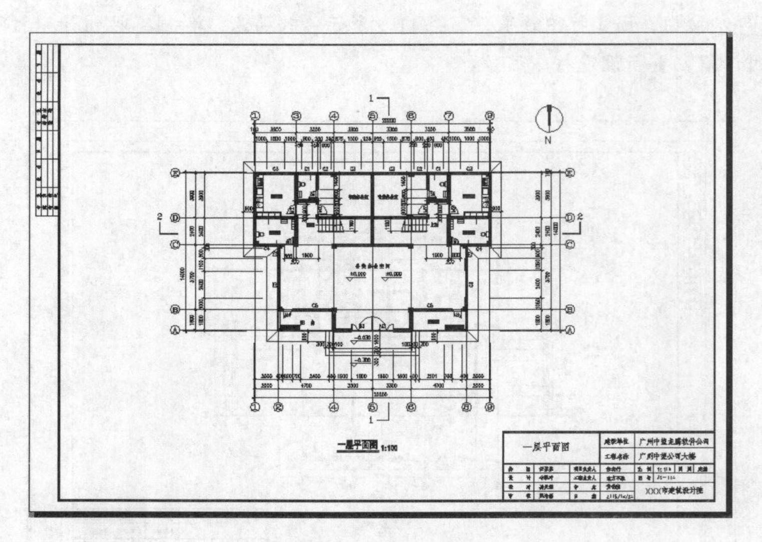

图 11-4　打印预览

11.2 设置打印参数

在中望 CAD 建筑版 2014 中，用户可使用内部打印机（".pc5" 文件）或 Windows 系统打印机输出图形，并能方便地修改打印机设置及其他打印参数。选择菜单命令【文件】/【打印】，系统打开【打印-模型】对话框，如图 11-5 所示。在该对话框中用户可配置打印设备及选择打印样式，还能设定图纸幅面、打印比例及打印区域等参数。下面介绍该对话框的主要功能。

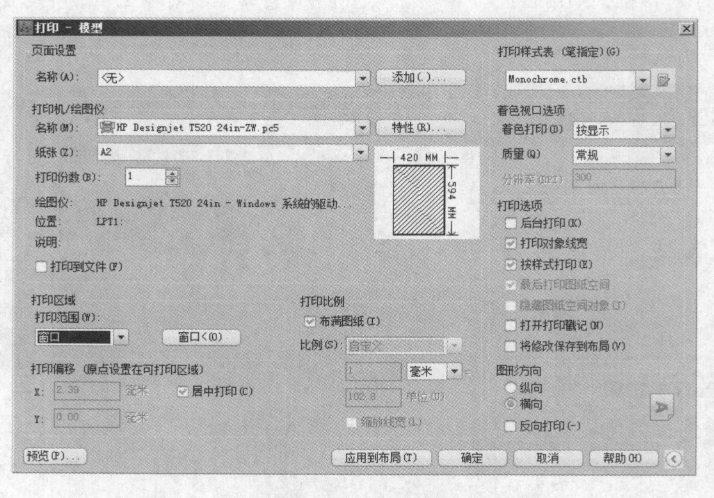

图 11-5　【打印-模型】对话框

11.2.1 选择打印设备

在【打印机/绘图仪】的【名称】下拉列表中，用户可选择 Windows 系统打印机或中望 CAD 建筑版 2014 内部打印机作为输出设备。当用户选定某种打印机后，【名称】下拉列表下面将显示被选中设备的名称、连接

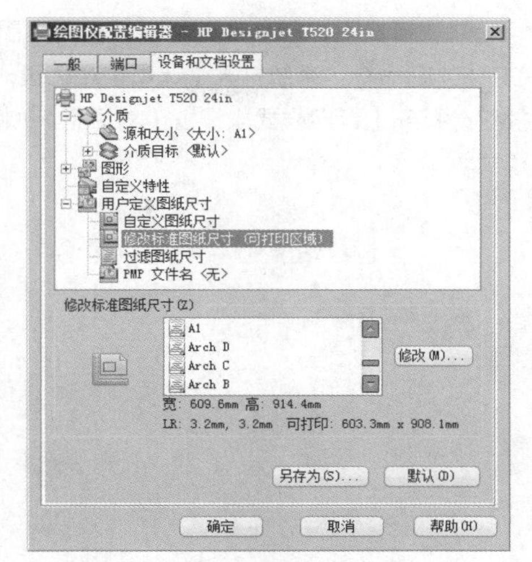

图 11-6 【绘图仪配置编辑器-HP Designjet T520 24in】对话框

端口及其他有关打印机的注释信息。

如果用户想修改当前打印机设置，可单击 特性(R)... 按钮，打开【绘图仪配置编辑器-HP Designjet T520 24in】对话框，如图 11-6 所示。在该对话框中用户可以重新设定打印机端口及其他输出设置，如打印介质、图形、物理笔配置、自定义特性、校准及自定义图纸尺寸等。

【绘图仪配置编辑器】对话框包含【一般】【端口】及【设备和文档设置】3 个选项卡，各选项卡的功能如下。

- 【一般】：该选项卡包含了打印机配置文件（".pc5"文件）的基本信息，如配置文件名称、驱动程序信息、打印机端口等。用户可在此选项卡的【说明】列表框中加入其他注释信息。
- 【端口】：通过此选项卡用户可修改打印机与计算机的连接设置，如选定打印端口、指定打印到文件、后台打印等。
- 【设备和文档设置】：在该选项卡中用户可以指定图纸来源、尺寸和类型，并能修改颜色深度、打印分辨率等。

11.2.2 使用打印样式

在【打印-模型】对话框【打印样式表（笔指定）】分组框的【名称】下拉列表中选择打印样式，如图 11-7 所示。打印样式是对象的一种特性，如同颜色和线型一样，它用于修改打印图形的外观。若为某个对象选择了一种打印样式，则输出图形后，对象的外观由样式决定。中望 CAD 建筑版 2014 提供了几百种打印样式，并将其组合成一系列打印样式表。

中望 CAD 建筑版 2014 中有以下两种类型的打印样式表。

- 颜色相关打印样式表：颜色相关打印样式表以".ctb"为文件扩展名保存。该表以对象颜色为基础，共包含 255 种打印样式，每种 ACI 颜色对应一个打印样式，样式名分别为"颜色 1""颜色 2"等。用户不能添加或删除颜色相关打印样式，也不能改变它们的名称。若当前图形文件与颜色相关打印样式表相连，则系统自动根据对象的颜色分配打印样式。用户不能选择其他打印样式，但可以对已分配的样式进行修改。
- 命名相关打印样式表：命名相关打印样式表以".stb"为文件扩展名保存。该表包括一系列已命名的打印样式，用户可修改打印样式的设置及其名称，还可添加新的样式。若当前图形文件与命名相关打印样式表相连，则用户可以不考虑对象颜色，直接给对象指定样式表中的任意一种打印样式。

【名称】下拉列表中包含了当前图形中的所有打印样式表，用户可选择其中之一。用户若要修改打印样式，可单击此下拉列表右边的按钮，打开【打印样式表编辑器】对话框，利用该对话框可查看或改变当前打印样式表中的参数。

选择菜单命令【文件】/【打印样式管理器】，打开"Plot Styles"文件夹，该文件夹中包含了所有打印样式文件。

默认情况下，若采用无样板方式新建图形，则新图形的打印样式模式是 “颜色相关”模式。发出 OPTIONS 命令，系统打开【选项】对话框，进入【打印和发布】选项卡，再单击 打印样式表设置(S)... 按钮，打开【打印样式表设置】对话框，如图 11-8 所示，通过该对话框可设置新图形的默认打印样式模式。

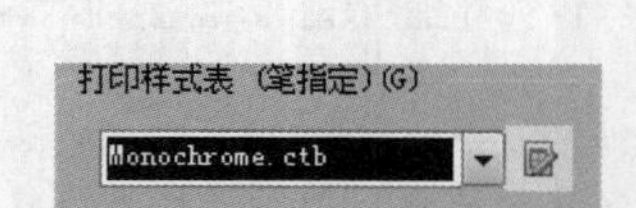

图 11-7 使用打印样式

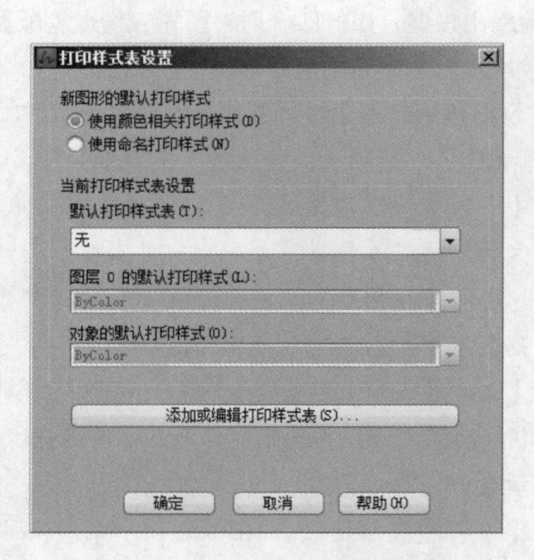

图 11-8 【打印样式表设置】对话框

11.2.3 选择图纸幅面

在【打印-模型】对话框的【纸张】下拉列表中指定图纸大小，如图 11-9 所示。【纸张】下拉列表中包含了选定打印设备可用的标准图纸尺寸。当选择某种幅面图纸时，该列表右上角出现所选图纸及实际打印范围的预览图像（打印范围用阴影表示出来）。将鼠标光标移到图像上面，在鼠标光标的位置就显示出精确的图纸尺寸及图纸上可打印区域的尺寸。

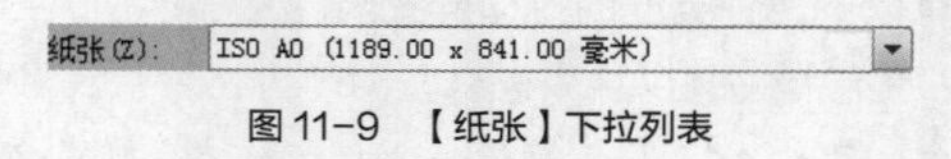

图 11-9 【纸张】下拉列表

除了从【纸张】下拉列表中选择标准图纸外，用户也可以修改及创建自定义的图纸。此时，用户需修改所选打印设备的配置。

【练习 11-2】: 修改及创建自定义图纸。

（1）在【打印-模型】对话框的【打印机/绘图仪】分组框中单击 特性(R)... 按钮，打开【绘图仪配置编辑器-DWG To PDF.pc5】对话框，在【设备和文档设置】选项卡中选择【修改标准图纸尺寸（可打印区域）】选项，如图 11-10 所示。

（2）在【修改标准图纸尺寸】下拉列表中选择要修改的图纸，单击 修改(M)... 按钮，打开【自定义图纸尺寸-可打印区域】对话框，如图 11-11 所示，利用此对话框可将打印区域边界与图纸边界间的距离设置为 0。

（3）不断单击 下一步(N) > 按钮，并根据中望 CAD 建筑版 2014 的提示设置图纸参数，最后单击 完成(F) 按钮结束。

（4）若要创建自定义图纸，可在【设备和文档设置】选项卡中选择【自定义图纸尺寸】选项，如图 11-10 所示，然后单击 添加(A)... 按钮新建一张图纸。

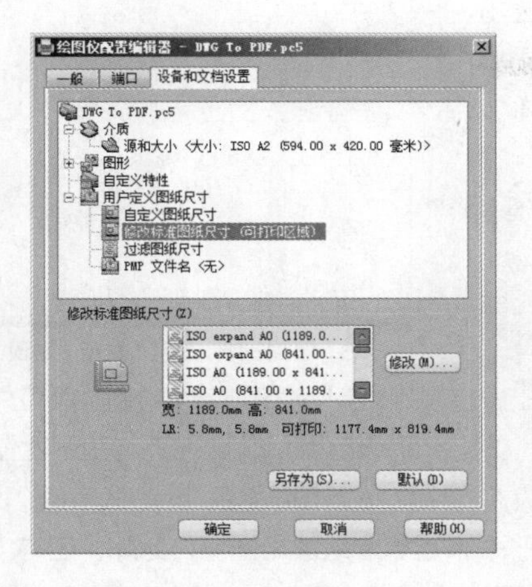

图 11-10　【绘图仪配置编辑器-DWG To PDF.pc5】对话框

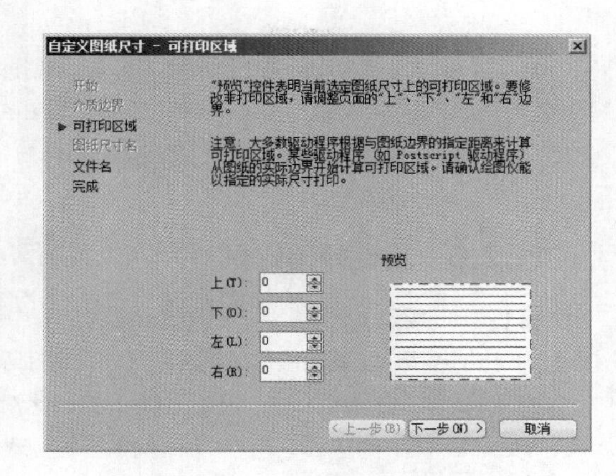

图 11-11　【自定义图纸尺寸-可打印区域】对话框

11.2.4　设定打印区域

在【打印】对话框的【打印区域】分组框中设置要输出的图形范围，如图 11-12 所示。

该分组框的【打印范围】下拉列表中包含 4 个选项，下面利用图 11-13 所示的图样讲解它们的功能。

图 11-12　【打印区域】分组框

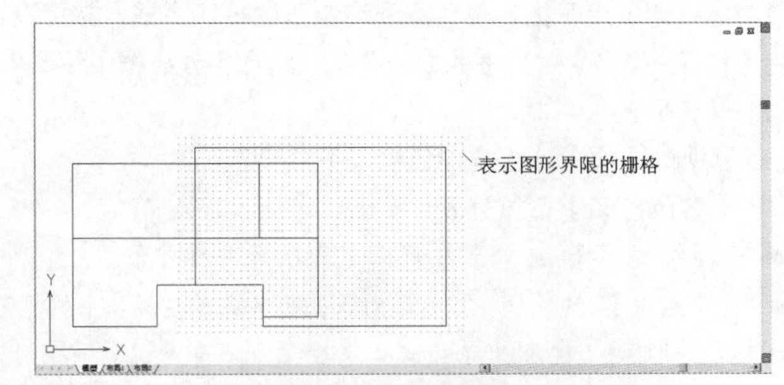

图 11-13　设置打印区域

- 【图形界限】：从模型空间打印时，【打印范围】下拉列表中将列出【图形界限】选项。选择该选项，系统就把设定的图形界限范围（用 LIMITS 命令设置图形界限）打印在图纸上，结果如图 11-14 所示。

  从图纸空间打印时，【打印范围】下拉列表中将列出【布局】选项。选择该选项，系统将打印虚拟图纸上的所有内容。

- 【范围】：打印图样中的所有图形对象，结果如图 11-15 所示。

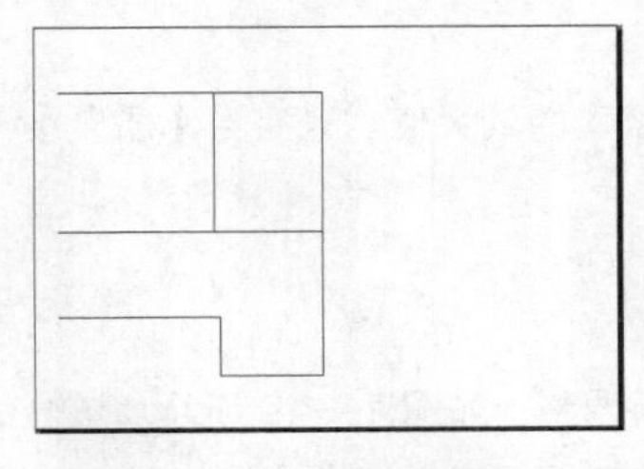

图 11-14　应用【图形界限】选项

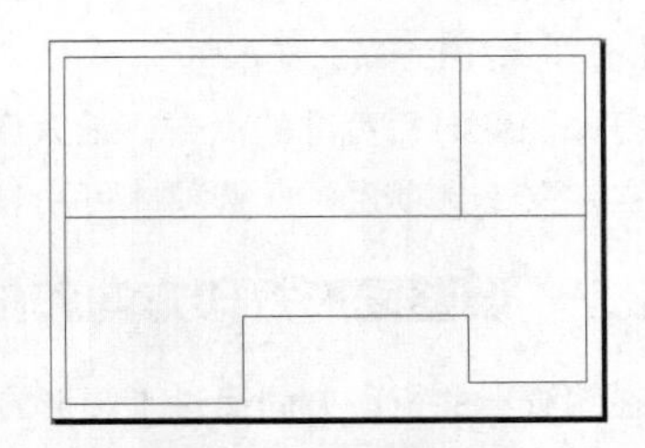

图 11-15　应用【范围】选项

- 【显示】：打印整个图形窗口，打印结果如图 11-16 所示。
- 【窗口】：打印用户自己设定的区域。选择此选项后，系统提示指定打印区域的两个角点，同时在【打印】对话框中显示 窗口<(O) 按钮，单击此按钮，可重新设定打印区域。

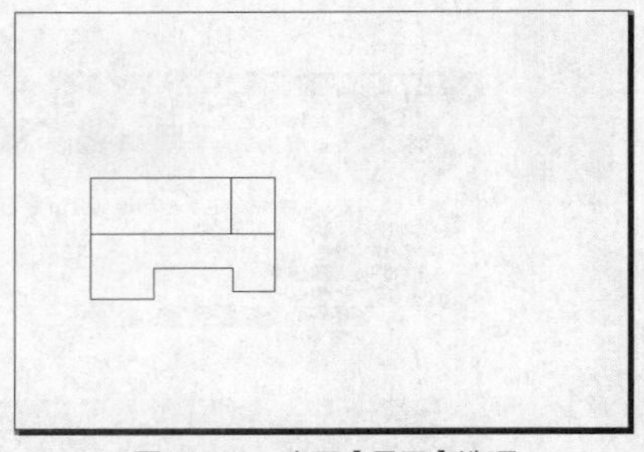

图 11-16　应用【显示】选项

11.2.5　设定打印比例

在【打印-模型】对话框的【打印比例】分组框中设置出图比例，如图 11-17 所示。绘制阶段用户根据实物按 1∶1 比例绘图，出图阶段需依据图纸尺寸确定打印比例，该比例是图纸尺寸单位与图形单位的比值。当测量单位是 mm，打印比例设定为 1∶2 时，表示图纸上的 1mm 代表两个图形单位。

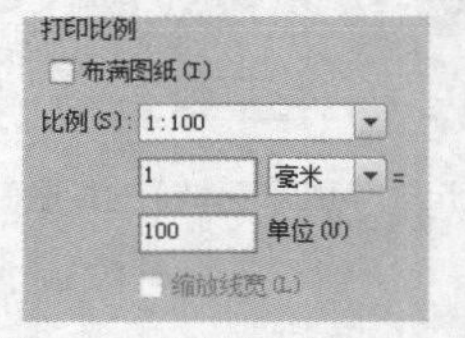

图 11-17　【打印比例】分组框

【比例】下拉列表包含了一系列标准缩放比例值，此外，还有【自定义】选项，该选项使用户可以自己指定打印比例。

从模型空间打印时，【打印比例】的默认设置是【布满图纸】。此时，系统将缩放图形以充满所选定的图纸。

11.2.6　设定着色打印

"着色打印"用于指定着色图及渲染图的打印方式，并可设定它们的分辨率。在【打印-模型】对话框的【着色视口选项】分组框中设置着色打印方式，如图 11-18 所示。

图 11-18　设定着色打印

【着色视口选项】分组框中包含以下 3 个选项。

（1）【着色打印】下拉列表

- 【按显示】：按对象在屏幕上的显示进行打印。
- 【线框】：按线框方式打印对象，不考虑其在屏幕上的显示情况。
- 【消隐】：打印对象时消除隐藏线，不考虑其在屏幕上的显示情况。

（2）【质量】下拉列表

- 【草稿】：将渲染及着色图按线框方式打印。
- 【预览】：将渲染及着色图的打印分辨率设置为当前设备分辨率的 1/4，DPI 的最大值为"150"。
- 【常规】：将渲染及着色图的打印分辨率设置为当前设备分辨率的 1/2，DPI 的最大值为"300"。
- 【演示】：将渲染及着色图的打印分辨率设置为当前设备的分辨率，DPI 的最大值为"600"。
- 【最大值】：将渲染及着色图的打印分辨率设置为当前设备的分辨率。
- 【自定义】：将渲染及着色图的打印分辨率设置为【DPI】文本框中用户指定的分辨率，最大可为当前设备的分辨率。

（3）【分辨率（DPI）】文本框

设定打印图像时每英寸的点数，最大值为当前打印设备分辨率的最大值。只有当【质量】下拉列表中选择了【自定义】选项后，此选项才可用。

11.2.7　调整图形打印方向和位置

图形在图纸上的打印方向通过【图形方向】分组框中的选项调整，如图 11-19 所示。该分组框包含一个图标，此图标表明了图纸的放置方向，图标中的字母代表图形在图纸上的打印方向。

【图形方向】分组框包含以下3个选项。

- 【纵向】：图形在图纸上的放置方向是水平的。
- 【横向】：图形在图纸上的放置方向是竖直的。
- 【反向打印】：使图形颠倒打印，此选项可与【纵向】和【横向】结合使用。

图形在图纸上的打印位置由【打印偏移（原点设置在可打印区域）】分组框中的选项确定，如图11-20所示。默认情况下，中望CAD建筑版2014从图纸左下角打印图形。打印原点处在图纸左下角位置，坐标是（0,0），用户可在【打印偏移】分组框中设定新的打印原点，这样图形在图纸上将沿x轴和y轴移动。

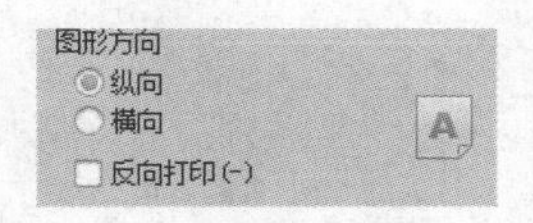

图11-19 【图形方向】分组框

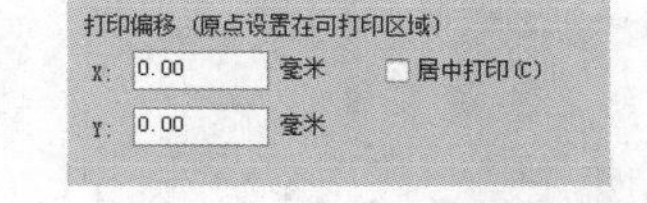

图11-20 【打印偏移（原点设置在可打印区域）】分组框

【打印偏移】分组框包含以下3个选项。

- 【居中打印】：在图纸正中间打印图形（自动计算x和y的偏移值）。
- 【X】：指定打印原点在x方向的偏移值。
- 【Y】：指定打印原点在y方向的偏移值。

要点提示

如果用户不能确定打印机如何确定原点，可试着改变一下打印原点的位置并预览打印结果，然后根据图形的移动距离推测原点位置。

11.2.8 预览打印效果

打印参数设置完成后，用户可通过打印预览观察图形的打印效果，如果不合适可重新调整，以免浪费图纸。

单击【打印-模型】对话框下面的 预览(P)... 按钮，系统显示实际的打印效果。由于系统要重新生成图形，因此对于复杂图形需耗费较多的时间。

预览时，鼠标光标变成"Q+"形状，利用它可以进行实时缩放操作。查看完毕后，按 Esc 键或 Enter 键，返回【打印】对话框。

11.2.9 保存打印设置

用户选择打印设备并设置打印参数（图纸幅面、比例和方向等）后，可以将所有这些保存在页面设置中，以便以后使用。

在【打印-模型】对话框【页面设置】分组框的【名称】下拉列表中显示了所有已命名的页面设置，若要保存当前页面设置，就单击该列表右边的 添加(.)... 按钮，打开【添加打印设置】对话框，如图11-21所示，在该对话框的【新页面设置名】文本框中输入页面名称，然后单击 确定(O) 按钮，存储页面设置。

用户也可以从其他图形中输入已定义的页面设置。在【页面设置】分组框的【名称】下拉列表中选择【输入】选项，打开【从文件选择页面设置】对话框，选择并打开所需的图形文件后，打开【输入页面设置】对话框，如图11-22所示。该对话框显示了图形文件中包含的页面设置，选择其中之一，单击 确定(O) 按钮完成。

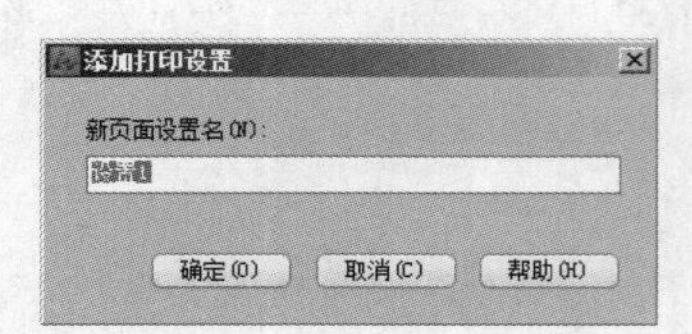

图11-21 【添加打印设置】对话框

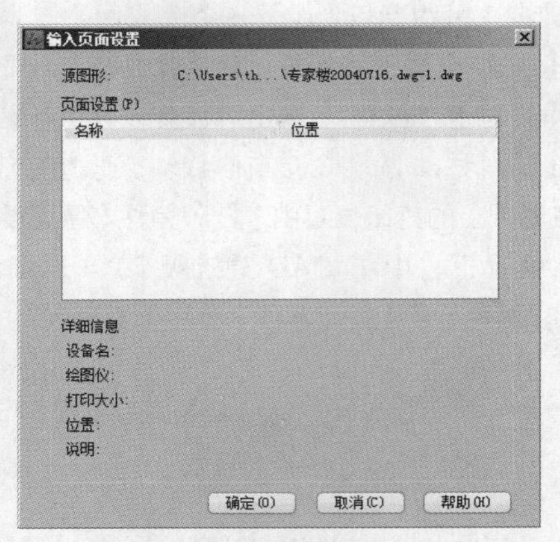

图11-22 【输入页面设置】对话框

11.3 打印单张图纸

前面几节介绍了有关打印方面的知识，下面通过一个实例演示打印图形的全过程。

【练习11-3】：打印图形。

（1）打开素材文件“dwg\第11章\11-3.dwg”。

（2）单击【输出】选项卡中【打印】面板上的绘图仪管理器按钮，打开【添加绘图仪】对话框，利用该对话框添加一台绘图仪“LHPGL.pc5”。

（3）单击程序窗口上部快速访问工具栏上的按钮，打开【打印-模型】对话框，如图11-23所示。

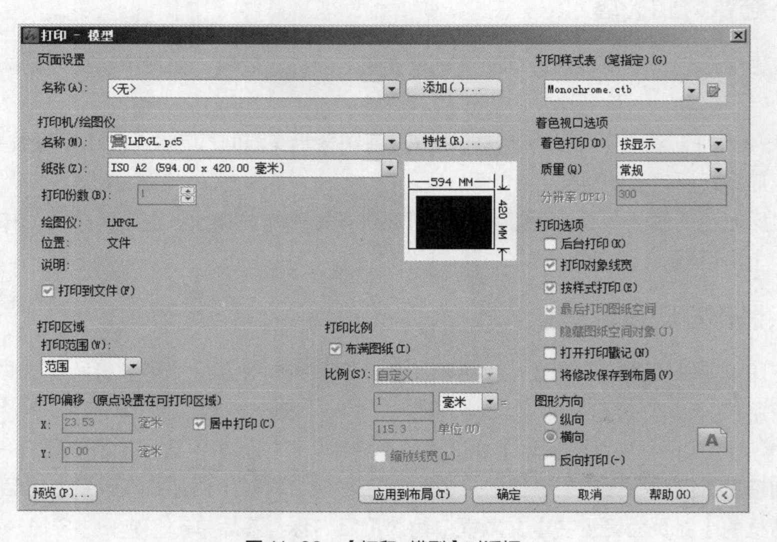

图11-23 【打印-模型】对话框

（4）在【打印机/绘图仪】分组框的【名称】下拉列表中指定打印设备“LHPGL.pc5”。若要修改打印机特性，可单击下拉列表右边的特性(R)...按钮，打开【绘图仪配置编辑器】对话框，通过该对话框修改打印机端口和介质类型，还可自定义图纸大小。

（5）在【打印份数】分组框的文本框中输入打印份数。

（6）如果要将图形输出到文件，则应在【打印机/绘图仪】分组框中选中【打印到文件】复选项。此后，当用户单击【打印-模型】对话框的 确定 按钮时，中望CAD建筑版2014就打开【浏览打印文件】对话框，通过此对话框指定输出文件的名称及地址。

（7）继续在【打印-模型】对话框中做以下设置。

- 在【纸张】下拉列表中选择A2图纸。
- 在【打印范围】下拉列表中选择【范围】选项，并设置为居中打印。
- 设定打印比例为"布满图纸"。
- 设定图形打印方向为【横向】。
- 在【打印样式表】分组框的下拉列表中选择打印样式【monochrome.ctb】（将所有颜色打印为黑色）。

（8）单击 预览(P)... 按钮，预览打印效果，如图11-24所示。若满意，按 Esc 键返回【打印-模型】对话框，再单击 确定 按钮开始打印。

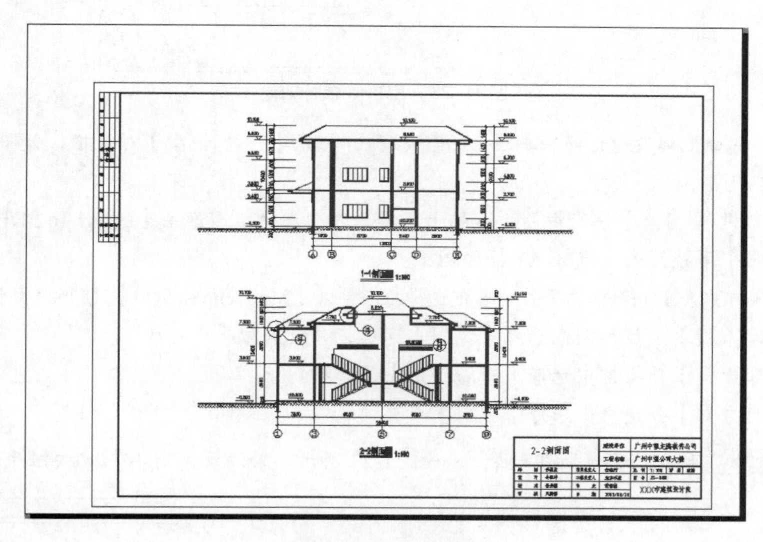

图11-24 预览打印效果

11.4 在模型空间将多张图纸布置在一起打印

为了节省图纸，用户常需要将几个图样布置在一起打印，示例如下。

【练习11-4】：素材文件"dwg\第11章\11-4-A.dwg"和"11-4-B.dwg"都采用A2幅面图纸，绘图比例为1∶100，现将它们布置在一起输出到A1幅面的图纸上。

（1）创建一个新文件。

（2）单击【插入】选项卡中【参照】面板上的 按钮，打开【选择参照文件】对话框，找到图形文件"11-4-A.dwg"，单击 打开(O) 按钮，打开【外部参照】对话框，利用该对话框插入图形文件，插入时的缩放比例为1∶1。

（3）用SCALE命令缩放图形，缩放比例为1∶100（图样的绘图比例）。

（4）用与步骤（2）、（3）相同的方法插入图形文件"11-4-B.dwg"，插入时的缩放比例为1∶1。插入图样后，用 SCALE 命令缩放图形，缩放比例为 1∶100。

（5）用 MOVE 命令调整图样位置，让其组成 A1 幅面图纸，结果如图 11-25 所示。

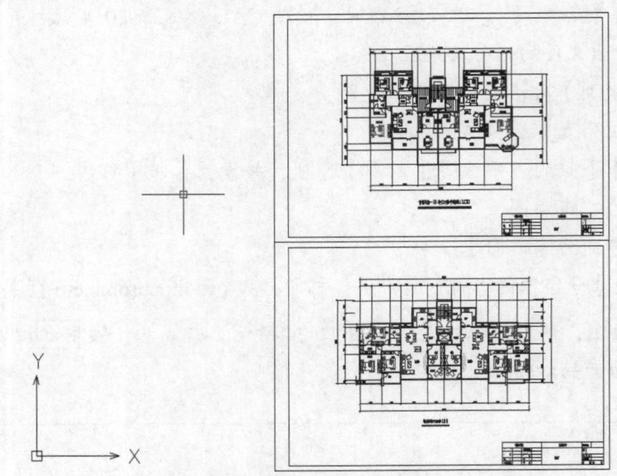

图 11-25　组成 A1 幅面图纸

（6）单击程序窗口上部快速访问工具栏上的按钮，打开【打印-模型】对话框，如图 11-26 所示，在该对话框中做以下设置。

- 在【打印机/绘图仪】分组框的【名称】下拉列表中选择打印设备【DWG To PDF.pc5】。
- 在【纸张】下拉列表中选择 A1 幅面图纸。
- 在【打印样式表】分组框的下拉列表中选择打印样式【Monochrome.ctb】(将所有颜色打印为黑色)。
- 在【打印范围】下拉列表中选择【范围】选项，并设置为居中打印。
- 在【打印比例】分组框中选择【布满图纸】复选项。
- 在【图形方向】分组框中选择【纵向】单选项。

（7）单击预览(P)...按钮，预览打印效果，如图 11-27 所示。若满意，则单击按钮开始打印。

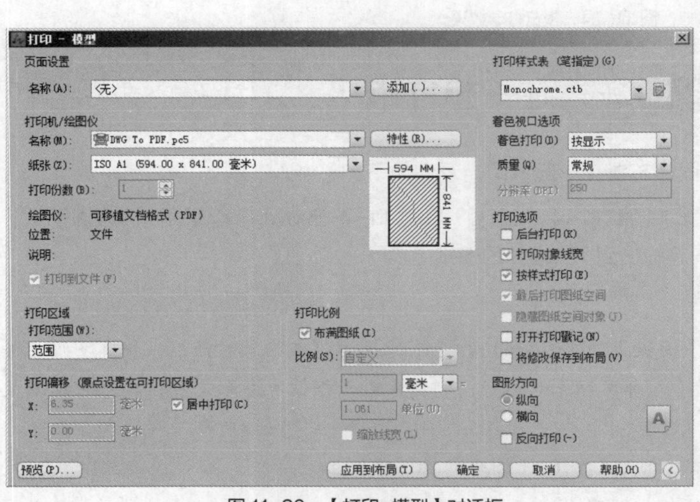

图 11-26　【打印-模型】对话框

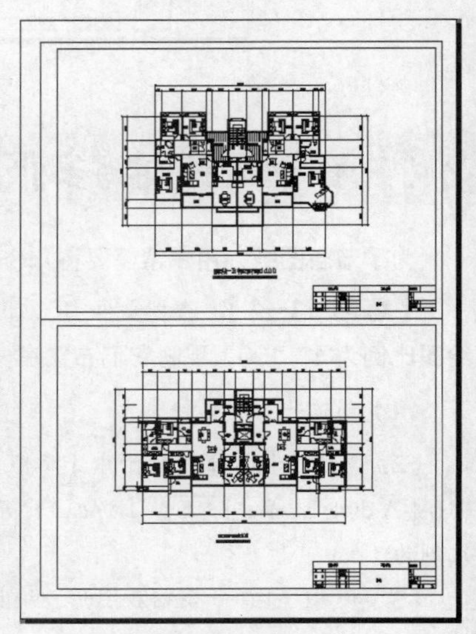

图 11-27　打印预览

11.5 在图纸空间创建虚拟图纸并出图

在模型空间按1：1比例绘制所有图样，并根据不同的绘图比例添加尺寸、文字注释及各类符号后，就可利用中望CAD建筑版2014提供的布图工具，将模型空间的图样快速地布置在图纸空间一张或多张虚拟图纸上（和真实图纸外观相同），然后将这些图纸按1：1比例打印出图。

在图纸空间形成虚拟图纸并打印的过程如下。

（1）进入图纸空间，选择所需的图纸，插入对应图框，并对相关项目进行设置，如选择打印设备、指定打印样式等。

（2）根据绘图比例将模型空间的图样及注释等布置在虚拟图纸上，形成完整图纸。

（3）按1：1比例打印虚拟图纸。

【练习11-5】： 打开素材文件"dwg\第11章\11-5.dwg"，该文件包含标准层平面图及楼梯、卫生间大样图，如图11-28所示。进入图纸空间，将标准层平面图布置在A2幅面图纸上，绘图比例为1：100。将楼梯及卫生间大样图布置在另一张A2幅面图纸上，绘图比例分别为1：50、1：30。

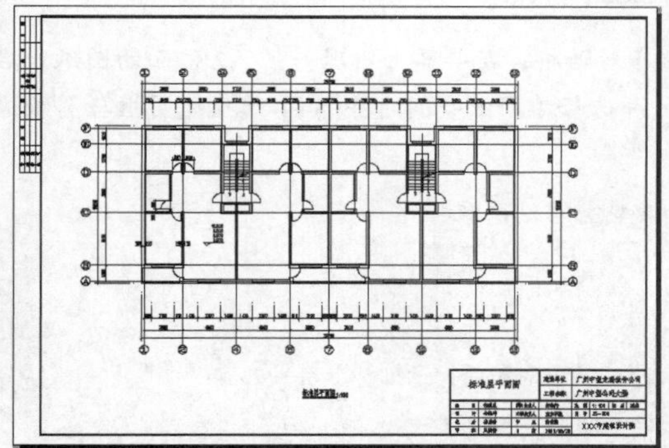
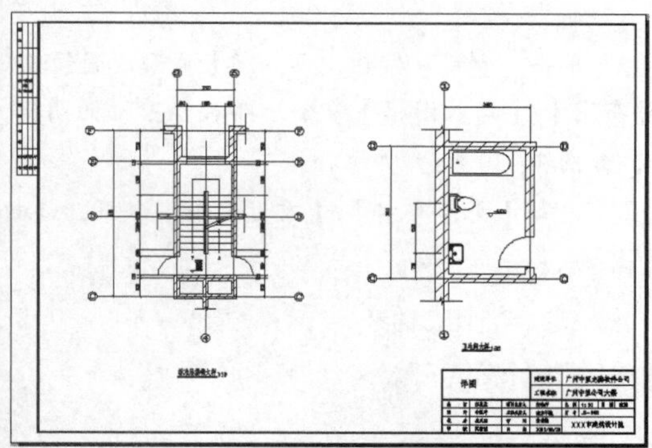

图11-28 插入图框

（1）单击布局1按钮，切换至图纸空间，中望CAD建筑版2014显示一张虚拟图纸及表示视口的矩形。模型空间的图样显示在该视口中，删除视口，图样消失。

（2）用鼠标右键单击布局1按钮，弹出快捷菜单，选择【页面设置管理器】命令，打开【页面设置管理器】对话框，再单击修改(M)...按钮，弹出【页面设置】对话框，如图11-29所示。在该对话框中完成以下设置。

- 在【打印机/绘图仪】分组框的【名称】下拉列表中选择打印设备【DWG To PDF.pc5】，该打印设备将图形打印成PDF格式文件。
- 在【纸张】下拉列表中选择A2幅面图纸。单击特性(R)...按钮，修改该图纸可打印区域大小，使之与图纸边界重合。
- 在【打印范围】下拉列表中选择【布局】选项。
- 在【打印比例】分组框中指定打印比例为1：1。
- 在【打印偏移】分组框中指定打印原点为（0，0）。
- 在【图形方向】分组框中设定图形打印方向为【横向】。
- 在【打印样式表】分组框的下拉列表中选择打印样式【Monochrome.ctb】（将所有颜色打印为黑色）。

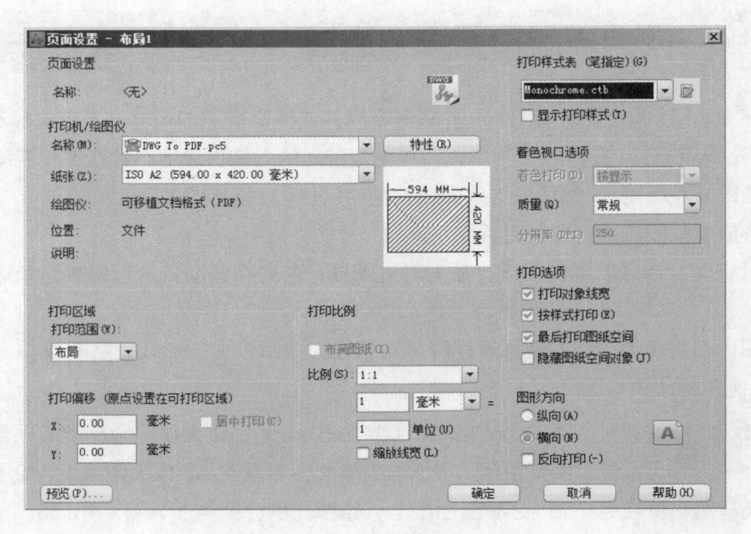

图 11-29 【页面设置】对话框

（3）单击 确定 按钮，再关闭【页面设置管理器】对话框，在屏幕上出现一张 A2 幅面的图纸。启动【文件布图】/【插入图框】命令，插入 A2 幅面图框，并选择【图纸空间对齐(A)】选项使图框与图纸边界对齐，如图 11-30（a）所示。

（4）启动【文件布图】/【布置图形】命令，返回模型空间，系统提示如下。

```
命令：S41_BZTX
输入待布置的图形的第一个角点<退出>:
输入另一个角点<退出>:                        //指定两个对角点，选择标准层平面图
出图比例<100>:                               //指定绘图比例因子
是否布局旋转 90 度?[是(Y)/否(N)]<N>:          //按Enter键，返回图纸空间
```

（5）单击一点，指定矩形视口在图纸上的放置位置，结果如图 11-30（b）所示。矩形视口是一个图形对象，用户可复制或移动视口，还可利用关键点编辑方式调整其大小。

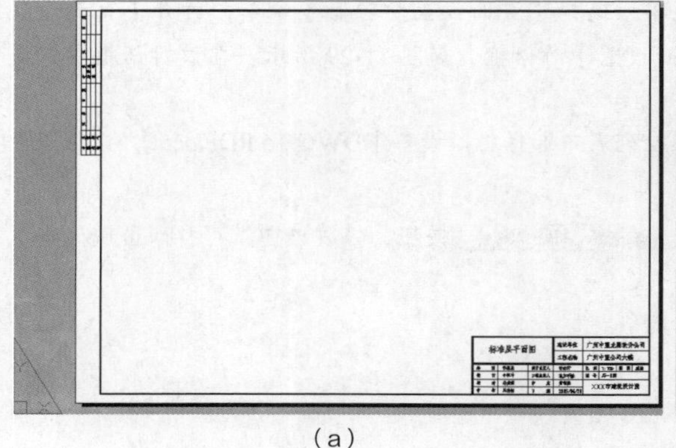

（a）

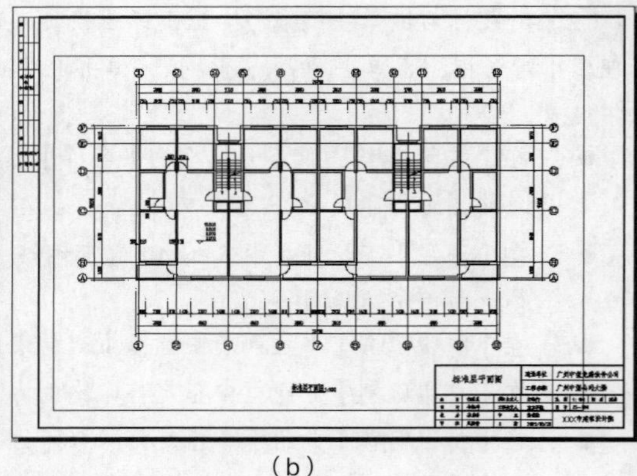

（b）

图 11-30 在图纸上布置图样

（6）用鼠标右键单击布局1按钮，选择【新建布局】命令，创建“布局 2”。进入该布局，采用与步骤（1）～步骤（4）相同的方法形成 A2 幅面图纸及图框。

（7）启动【文件布图】/【布置图形】命令，返回模型空间，系统提示如下。

```
命令: S41_BZTX
输入待布置的图形的第一个角点<退出>:
输入另一个角点<退出>:                         //指定两个对角点，选择楼梯大样图
出图比例<30>:50                               //指定绘图比例因子
是否布局旋转 90 度?[是(Y)/否(N)]<N>:          //按Enter键，返回图纸空间
                                              //单击一点，指定矩形视口在图纸上的放置位置
命令:S41_BZTX                                 //重复命令
输入待布置的图形的第一个角点<退出>:
输入另一个角点<退出>:                         //指定两个对角点，选择卫生间大样图
出图比例<30>:                                 //指定绘图比例因子
是否布局旋转 90 度?[是(Y)/否(N)]<N>:          //按Enter键，返回图纸空间
                                              //单击一点，指定矩形视口在图纸上的放置位置
```

结果如图 11-31 所示。图纸上矩形视口的位置及大小可以调整，双击视口激活它，就进入了模型空间，可对视口中的图形进行移动或旋转。再次双击视口外边，就退出视口。

（8）按 1∶1 比例打印布局中的图纸。打印时，视口边框不会被打印出来。在操作过程中，为使图面显示整洁，也可将视口所在图层关闭。

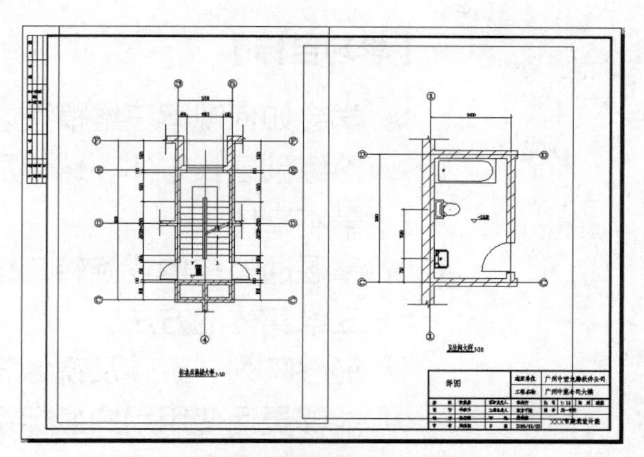

图 11-31　在图纸上布置图样

习题

1. 打印图形时，一般应设置哪些打印参数？如何设置？
2. 打印图形的主要过程是什么？
3. 当设置完打印参数后，应如何保存以便再次使用？
4. 从模型空间出图时，怎样将不同绘图比例的图纸放在一起打印？
5. 有哪两种类型的打印样式？它们的作用是什么？

Chapter 12

第12章 三维建模

通过本章的学习，读者要掌握创建及编辑三维实体模型的主要命令，了解利用布尔运算构建复杂模型的方法。

【学习目标】

- 学会如何观察三维模型。
- 熟练创建长方体、球体及圆柱体等基本立体。
- 掌握通过拉伸或旋转二维对象形成三维实体的方法。
- 能够阵列、旋转及镜像三维对象。
- 能够灵活使用用户坐标系。
- 学会利用布尔运算构建复杂模型。

12.1 课堂实训——创建组合体实体模型

实训的任务是创建图 12-1 所示组合体的实体模型。先将组合体分解成简单实体的组成，分别创建这些实体，并移动到正确的位置，然后通过布尔运算形成完整立体。

【练习 12-1】：绘制图 12-1 所示组合体的实体模型。

（1）创建一个新图形文件。

（2）切换到东南轴测视图。将坐标系绕 x 轴旋转 90°，在 xy 平面画二维图形，再把此图形创建成面域，如图 12-2（a）所示。拉伸面域形成立体，结果如图 12-2（b）所示。

（3）将坐标系绕 y 轴旋转 90°，在 xy 平面画二维图形，再把此图形创建成面域，如图 12-3（a）所示。拉伸面域形成立体，结果如图 12-3（b）所示。

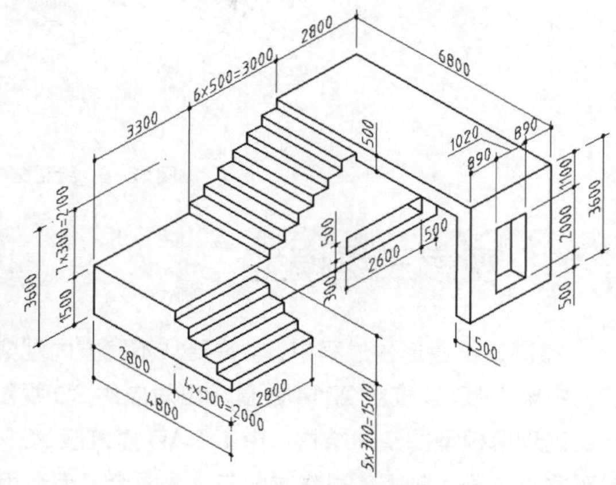

图 12-1　创建实体模型

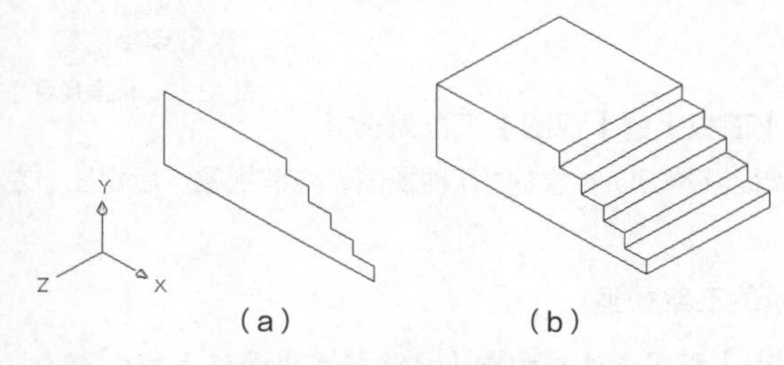

图 12-2　创建面域及拉伸面域（1）

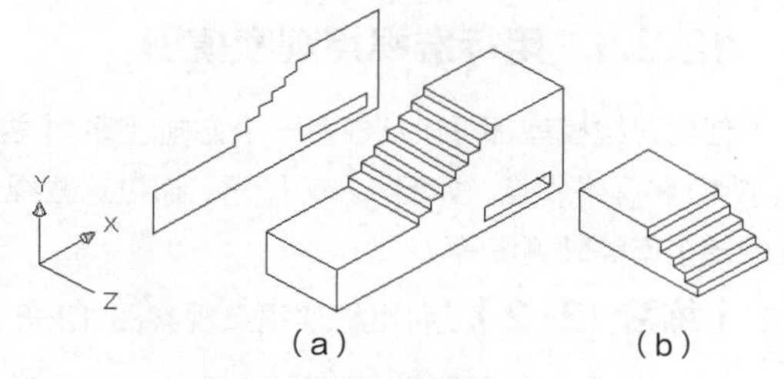

图 12-3　创建面域及拉伸面域（2）

（4）用 MOVE 命令把新建立体移动到正确位置。将坐标系绕 y 轴旋转−90°，在 xy 平面画二维图形，再把此图形创建成面域，如图 12-4（a）所示。拉伸面域形成立体，结果如图 12-4（b）所示。

（5）用 MOVE 命令将新建立体移动到正确位置，然后对所有立体执行“并”运算，如图 12-5 所示。

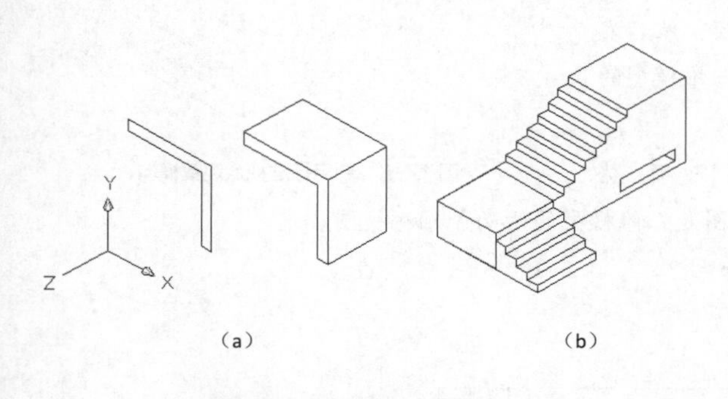

图 12-4　创建面域及拉伸面域（3）

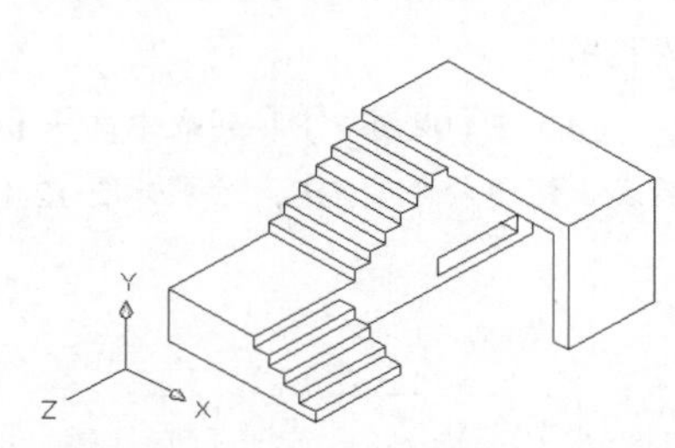

图 12-5　执行“并”运算

（6）利用 3 点创建新坐标系，然后绘制长方体，如图 12-6（a）所示。再利用“差”运算将长方体从模型中去除，结果如图 12-6（b）所示。

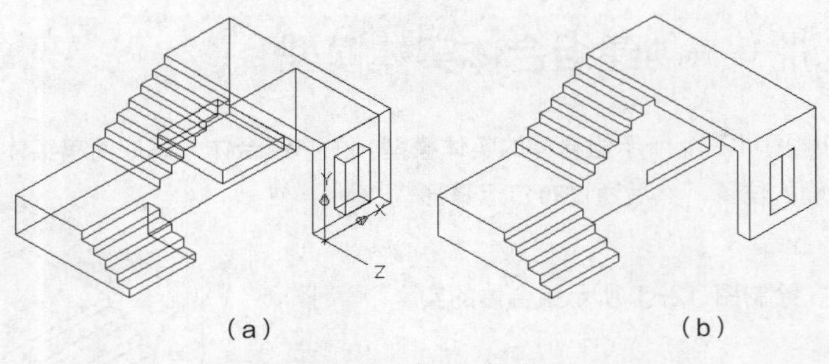

（a）　　　　　　　　　　（b）

图 12-6　绘制长方体及执行“差”运算

12.2 观察三维模型

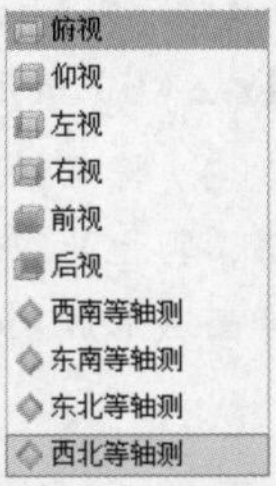

绘制三维图形的过程中，常需要从不同方向观察图形。当用户设定某个查看方向后，中望 CAD 建筑版 2014 就显示出对应的 3D 视图，具有立体感的 3D 视图将有助于正确理解模型的空间结构。中望 CAD 建筑版 2014 的默认视图是 *xy* 平面视图，这时观察点位于 *z* 轴上，观察方向与 *z* 轴重合，因而用户看不见物体的高度，所见的视图是模型在 *xy* 平面内的视图。

俯视
仰视
左视
右视
前视
后视
西南等轴测
东南等轴测
东北等轴测
西北等轴测

图 12-7　标准视点

12.2.1　用标准视点观察模型

任何三维模型都可以从任意一个方向观察，【视图】面板上的【视图】下拉列表提供了 10 种标准视点，如图 12-7 所示，通过这些视点就能获得 3D 对象的 10 种视图，如前视图、后视图、左视图及东南等轴测图等。

【练习 12-2】：利用标准视点观察图 12-8 所示的三维模型。

（1）打开素材文件“dwg\第 12 章\12-2.dwg”，单击【视图】选项卡中【视觉样式】面板上的按钮，启动消隐命令 HIDE，结果如图 12-8 所示。

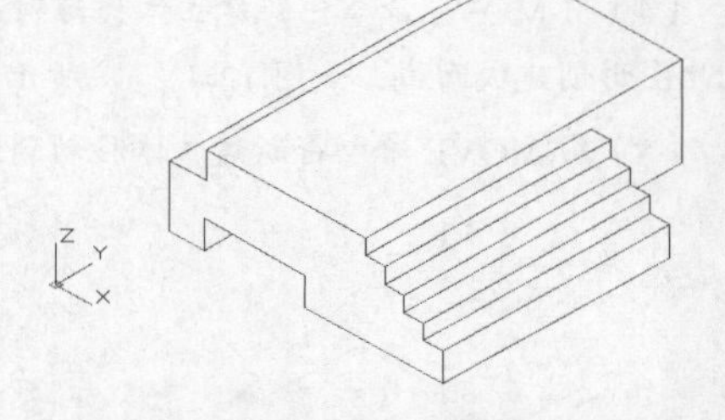

图 12-8　利用标准视点观察模型

（2）从【视图】下拉列表中选择【前视】选项，然后发出消隐命令 HIDE，结果如图 12-9 所示，此图是三维模型的前视图。

（3）在【视图】下拉列表中选择【左视】选项，然后发出消隐命令 HIDE，结果如图 12-10 所示，此图是三维模型的左视图。

（4）在【视图】下拉列表中选择【西南等轴测】选项，然后发出消隐命令 HIDE，结果如图 12-11 所示，此图是三维模型的西南等轴测视图。

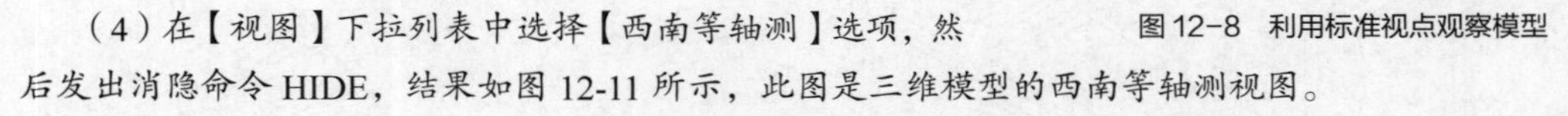

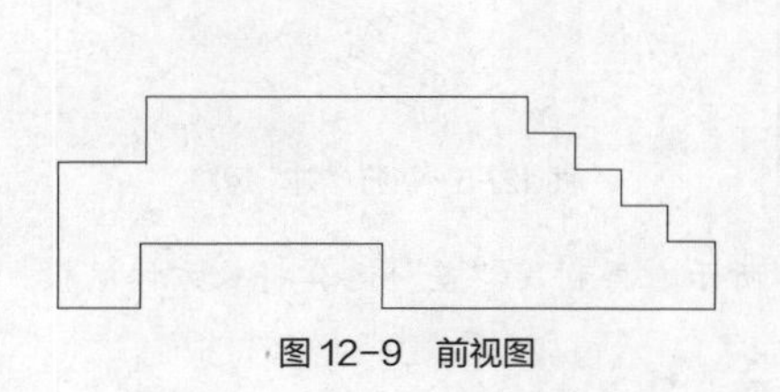

图 12-9　前视图

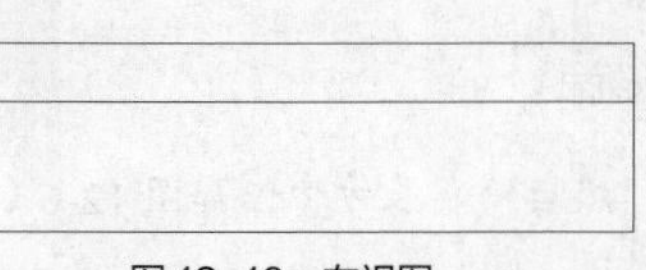

图 12-10　左视图

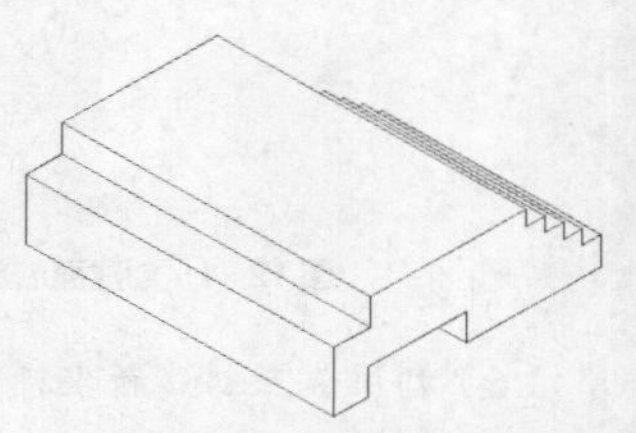

图 12-11　西南等轴测视图

12.2.2 三维动态旋转

单击【视图】选项卡中【定位】面板上的动态观察按钮，启动三维动态旋转命令（3DORBIT），此时，按住鼠标左键并拖动鼠标光标就能改变观察方向。

使用此命令时，可以选择观察全部对象或模型中的一部分对象，系统围绕待观察的对象形成一个大辅助圆，其圆心是观察目标点，该圆被4个小圆分成四等份，如图12-12所示。

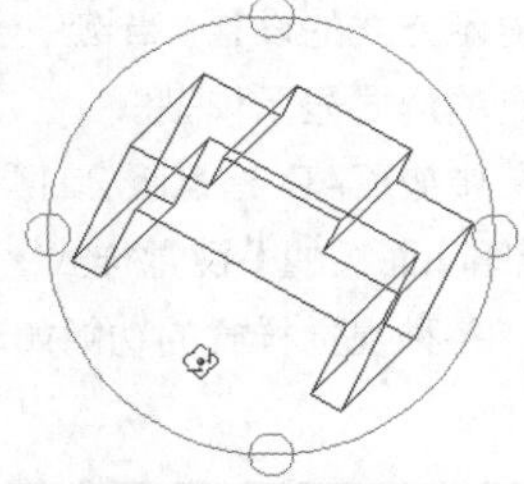

图12-12 三维动态旋转

当用户想观察整个模型的部分对象时，应先选择这些对象，然后启动3DORBIT命令，此时仅所选对象显示在屏幕上。若其没有处在动态观察器的大圆内，就单击鼠标右键，利用快捷菜单中的【平移】【缩放】等命令调整其位置。

当鼠标光标移至大辅助圆的不同位置时，其形状将发生变化，不同形状的光标表明了当前视图的旋转方向。

1. 球形光标

鼠标光标位于辅助圆内时，就变为这种形状，此时可假想一个球体将目标对象包裹起来。按住鼠标左键并拖动鼠标光标，就使球体沿鼠标光标拖动的方向旋转，因而模型视图也就旋转起来。

2. 圆形光标

移动鼠标光标到辅助圆外，鼠标光标就变为这种形状，按住鼠标左键并将鼠标光标沿辅助圆拖动，就使3D视图旋转，旋转轴垂直于屏幕并通过辅助圆心。

3. 水平椭圆形光标

当把鼠标光标移动到左、右小圆的位置时，其形状就变为水平椭圆。单击鼠标左键并拖动鼠标光标就使视图绕着一个铅垂轴线转动，此旋转轴线经过辅助圆心。

4. 竖直椭圆形光标

将鼠标光标移动到上、下两个小圆的位置时，它就变为该形状。单击鼠标左键并拖动鼠标光标将使视图绕着一个水平轴线转动，此旋转轴线经过辅助圆心。

当3DORBIT命令激活时，单击鼠标右键，弹出快捷菜单，如图12-13所示。

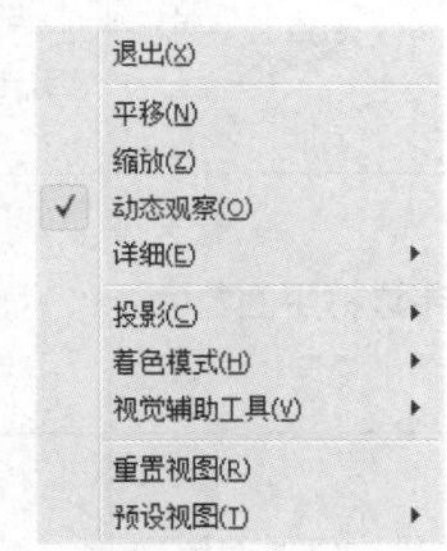

图12-13 快捷菜单

此菜单中常用命令的功能如下。

（1）【平移】【缩放】：对三维视图执行平移、缩放操作。

（2）【动态观察】：以三维动态旋转方式观察模型。

（3）【投影】：该选项包含【平行】和【透视】子选项，选择第1个子选项，就打开平行投影模式；选择第2个子选项，就激活透视投影模式。在透视模式下，不能绘制及编辑对象。

（4）【着色模式】：提供了以下渲染方法。

- 【线框】：三维线框显示。
- 【消隐】：三维消隐线框显示。
- 【平面着色】：用许多着色的小平面来显示对象，着色的对象表面不是很光滑。
- 【体着色】：与平面着色相比，“体着色”在着色的小平面间形成光顺的过渡边界，因而着色后对象表面很光滑。
- 【带边框平面着色】：显示平面着色效果的同时还显示对象的线框。
- 【带边框体着色】：显示体着色效果的同时还显示对象的线框。

12.2.3 视觉样式

视觉样式用于改变模型在视口中的显示外观，它是一组控制模型显示方式的设置。当选中一种视觉样式时，系统在视口中按样式规定的形式显示模型。

中望 CAD 建筑版 2014 提供了以下 7 种视觉样式，用户可在【视图】面板的【视觉样式】下拉列表中进行选择，如图 12-14 所示。各种视觉样式的功能如表 12-1 所示。

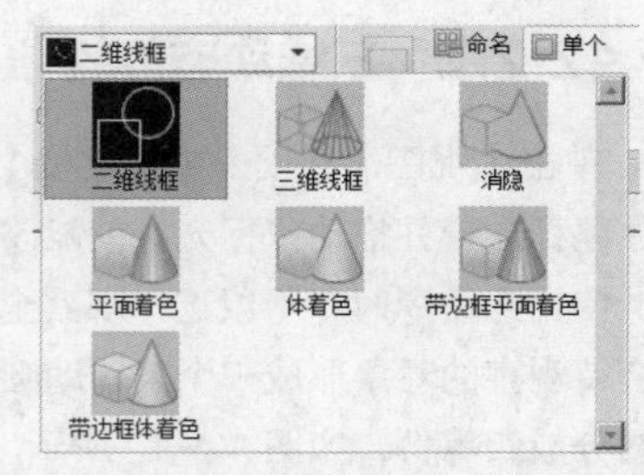

图 12-14 【视觉样式】下拉列表

表 12-1 视觉样式的功能

视 觉 样 式	功 能	效 果
二维线框	用表示边界的直线和曲线段显示对象。在二维线框视图中坐标系图标的 z 轴没有箭头	
三维线框	用表示边界的直线和曲线段显示对象，同时显示一个着色的三维坐标系图标	
消隐	用三维线框显示对象，被遮挡的线条将被隐藏	
平面着色	用许多着色的小平面来显示对象，着色的对象表面不是很光滑	
体着色	与平面着色相比，“体着色”在着色的小平面间形成光顺的过渡边界，因而着色后对象表面很光滑	
带边框平面着色	显示平面着色效果的同时还显示对象的线框	
带边框体着色	显示体着色效果的同时还显示对象的线框	

12.3 创建三维基本立体

中望 CAD 建筑版 2014 能生成长方体、球体、圆柱体、圆锥体、楔形体、圆环体等基本立体。【实体】选项卡的【图元】面板中包含了创建这些立体的命令按钮，表 12-2 所示为这些按钮的功能及操作时要输入的主要参数。

表 12-2 创建基本立体的命令按钮

按 钮	功 能	输 入 参 数
	创建长方体	指定长方体的一个角点，再输入另一对角点的相对坐标
	创建球体	指定球心，输入球半径
	创圆柱体	指定圆柱体底面的中心点，输入圆柱体半径及高度
	创建圆锥体	指定圆锥体底面的中心点，输入锥体底面半径及锥体高度
	创建楔形体	指定楔形体的一个角点，再输入另一对角点的相对坐标
	创建圆环	指定圆环中心点，输入圆环体半径及圆管半径

【练习 12-3】: 创建长方体及圆柱体。

（1）创建新文件，单击【视图】面板上【视图】下拉列表的【东南等轴测】选项，切换到东南等轴测视图，再通过【视觉样式】下拉列表设定当前模型的显示方式为【二维线框】。

（2）启动画线命令，单击一点作为线段的起点，再输入另一点的相对坐标“@0,0,600”。双击鼠标滚轮，使线段充满绘图窗口显示出来，这样就设定了绘图窗口的高度。

（3）单击【图元】面板上的按钮，系统提示如下。

```
命令: _box
指定长方体的角点或 [中心点(CE)] <0,0,0>:              //单击点 A，如图 12-15(a)所示
指定角点或 [立方体(C)/长度(L)]: @100,200,300
                                                       //输入另一角点 B 的相对坐标
```

单击【图元】面板上的按钮，系统提示如下。

```
命令: _cylinder
指定圆柱体底面的中心点或 [椭圆(E)] <0,0,0>:
                                                       //指定圆柱体底圆中心，如图 12-15(b)所示
指定圆柱体底面的半径或 [直径(D)]: 80                   //输入圆柱体半径
指定圆柱体高度或 [另一个圆心(C)]: 300                  //输入圆柱体高度
```

结果如图 12-15 所示。

（4）改变实体表面网格线的密度。

```
命令: _isolines
输入 ISOLINES 的新值 <4>: 40                          //设置实体表面网格线的数量
```

单击【视图】选项卡中【定位】面板上的按钮，重新生成模型，实体表面网格线变得更加密集。

（5）控制实体消隐后表面网格线的密度。

```
命令: _facetres
输入 FACETRES 的新值 <0.5000>: 5                      //设置实体消隐后的网格线密度
```

启动 HIDE 命令，结果如图 12-15 所示。

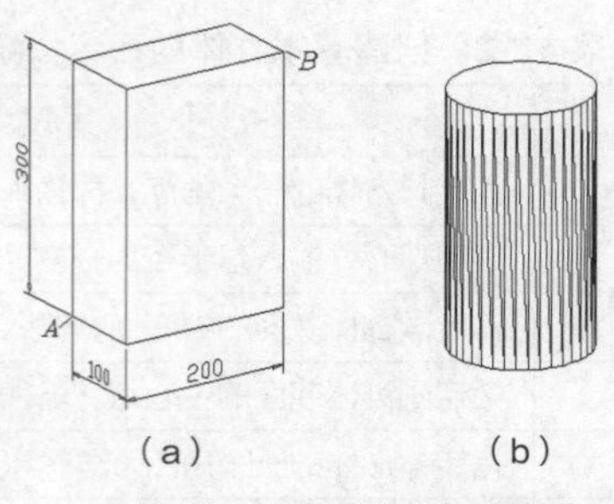

图 12-15　创建长方体及圆柱体

12.4 将二维对象拉伸成实体

EXTRUDE 命令可以拉伸二维对象生成 3D 实体。能拉伸的二维对象包括圆、多边形、面域及闭合样条曲线等。操作时，可指定拉伸高度值及拉伸对象的锥角，还可沿某一直线或曲线路径进行拉伸。

【练习 12-4】：练习 EXTRUDE 命令的使用。

（1）打开素材文件“dwg\第 12 章\12-4.dwg”，用 EXTRUDE 命令创建实体。

（2）将平面图形创建成面域，如图 12-16（a）所示。

（3）用 EXTRUDE 命令拉伸面域形成实体。

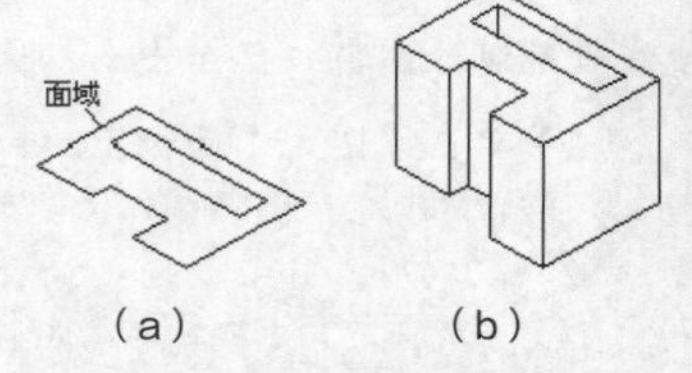

图 12-16　拉伸面域及多段线

单击【实体】面板上的按钮，启动 EXTRUDE 命令。

```
命令: _extrude
选择对象: 找到 1 个                                  //选择面域
选择对象:                                            //按 Enter 键
指定拉伸高度或 [路径(P)/方向(D)]: 500                 //输入拉伸高度
指定拉伸的倾斜角度 <0>:                               //按 Enter 键结束
```

再启动 HIDE 命令，结果如图 12-16（b）所示。

EXTRUDE 命令各选项的功能如下。

- 指定拉伸的高度：如果输入正的拉伸高度，则使对象沿 z 轴正向拉伸；若输入负值，则沿 z 轴负向拉伸。当对象不在坐标系 xy 平面内时，将沿该对象所在平面的法线方向拉伸对象。
- 路径（P）：沿指定路径拉伸对象以形成实体。拉伸时，路径被移动到轮廓的形心位置。路径不能与拉伸对象在同一个平面内，也不能具有较大曲率的区域，否则有可能在拉伸过程中产生自相交情况。
- 方向（D）：指定两点，两点的连线表明了拉伸的方向和距离。
- 指定拉伸的倾斜角度：当系统提示“指定拉伸的倾斜角度<0>:”时，输入正的拉伸倾角表示从基准对象逐渐变细地拉伸，而负角度值则表示从基准对象逐渐变粗地拉伸，如图 12-17 所示。用户要注意拉伸斜角不能太大，若拉伸实体截面在到达拉伸高度前已经变成一个点，那么系统将提示不能进行拉伸。

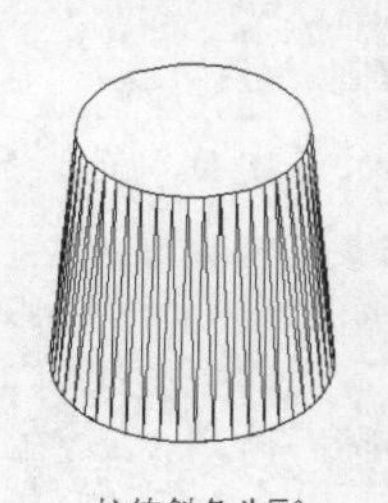

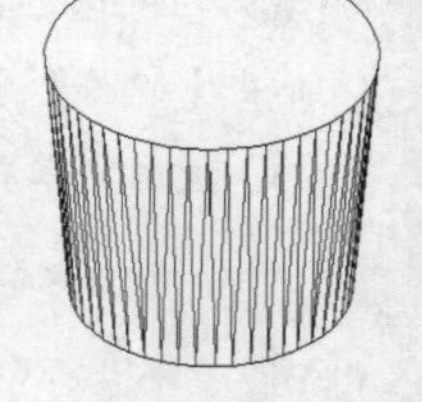

图 12-17　指定拉伸斜角

12.5 旋转二维对象形成实体

REVOLVE 命令可以旋转二维对象生成 3D 实体。用于旋转的二维对象可以是圆、椭圆、封闭多段线、封闭样条曲线及面域等。用户通过选择直线、指定两点或 *x*、*y* 轴来确定旋转轴。

【练习 12-5】：练习 REVOLVE 命令的使用。

打开素材文件"dwg\第 12 章\12-5.dwg"，用 REVOLVE 命令创建实体。

单击【实体】面板上的按钮，启动 REVOLVE 命令。

```
命令: _revolve
选择对象: 找到 1 个        //选择要旋转的对象，该对象是面域，如图 12-18(a)所示
选择对象:                                                  //按 Enter 键
指定旋转轴的起点或定义轴通过[对象(O)/X 轴 (X)/Y 轴(Y)]: end 于  //捕捉端点 A
指定轴的端点:end 于                                        //捕捉端点 B
指定旋转角度 <360>:150                                     //输入旋转角度
```

再启动 HIDE 命令，结果如图 12-18（b）所示。

若拾取两点指定旋转轴，则轴的正向是从第 1 点指向第 2 点，旋转角的正方向按右手螺旋法则确定。

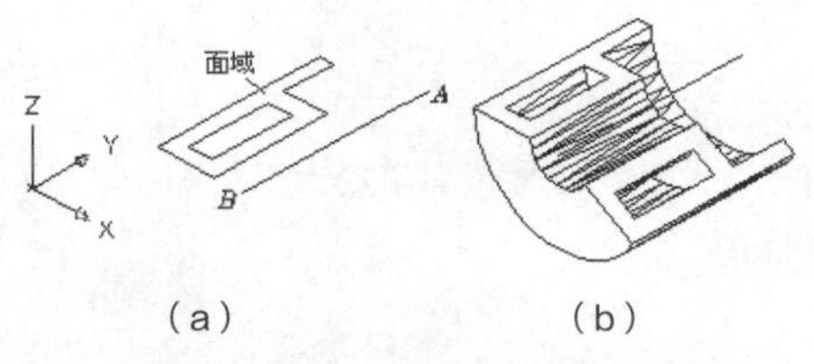

（a）　（b）

图 12-18　旋转面域形成实体

要点提示

若通过拾取两点指定旋转轴，则轴的正向是从第 1 点指向第 2 点，旋转角的正方向按右手螺旋法则确定。

REVOLVE 命令各选项的功能如下。

- 对象（O）：选择直线或实体的线性边作为旋转轴，轴的正方向是从拾取点指向最远端点。
- X 轴（X）：使用当前坐标系的 *x* 轴作为旋转轴。
- Y 轴（Y）：使用当前坐标系的 *y* 轴作为旋转轴。

12.6 利用平面或曲面切割实体

SLICE 命令可以切开实心体模型，被剖切的实体可保留一半或两半都保留。保留部分将保持原实体的图层和颜色特性。剖切方法是先定义切割平面，然后选定需要的部分。用户可通过 3 点来定义切割平面，也可指定当前坐标系 *xy*、*yz*、*zx* 平面作为切割平面。

【练习 12-6】：练习 SLICE 命令的使用。

打开素材文件“dwg\第 12 章\12-6.dwg”，用 SLICE 命令切割实体。

单击【实体编辑】面板上的 剖切 按钮，启动 SLICE 命令。

```
命令：_slice
选择对象：指定对角点：找到 1 个                    //选择实体对象，如图 12-19(a)所示
选择对象：                                        //按 Enter 键
指定切面上的第一个点，通过 [对象(O)/Z
轴(Z)/视图(V)/XY(XY)/YZ(YZ)/ZX(ZX)/三点(3)] <三点>：mid 于
                                                  //捕捉中点 A
在平面上指定第二点：mid 于                          //捕捉中点 B
在平面上指定第三点：cen 于                          //捕捉圆心 C
在需求平面的一侧拾取一点或[保留两侧(B)]：              //在要保留的那边单击一点
```

再启动 HIDE 命令，结果如图 12-19（b）所示。

SLICE 命令常用选项的功能如下。

- 对象（O）：用圆、椭圆、圆弧或椭圆弧、二维样条曲线或二维多段线等对象所在平面作为剖切平面。
- Z 轴（Z）：通过指定剖切平面的法线方向来确定剖切平面。
- 视图（V）：剖切平面与当前视图平面平行。
- XY 平面（XY）/ YZ 平面（YZ）/ ZX 平面（ZX）：用坐标平面 *xy*、*yz*、*zx* 剖切实体。

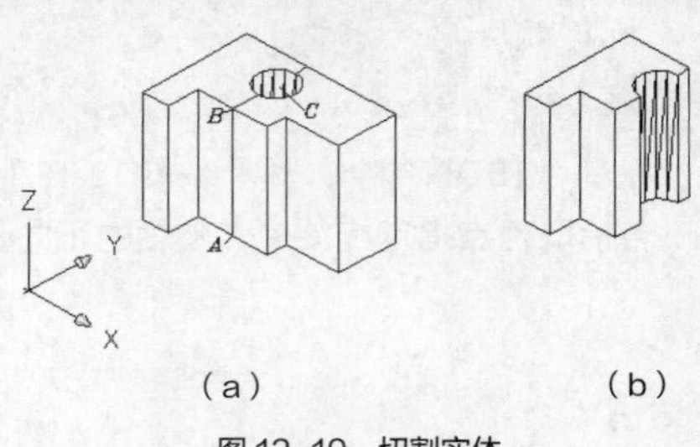

图 12-19　切割实体

12.7 3D 移动及复制

用户可以使用 MOVE 和 COPY 命令在三维空间中移动和复制对象，其操作方式与在二维空间中一样，只不过当输入距离来移动对象时，必须输入沿 *x*、*y*、*z* 轴的距离值。

键入“MOVE”或“COPY”命令后，系统提示如下。

```
选择对象：                              //选择要编辑的 3D 对象
指定基点或 [位移(D)] <位移>：100,200,300
                                        //指定第一点或输入 3D 对象沿 x、y、z 轴移动的距离
指定第二点的位移或者 <使用第一点当作位移>：
                                        //指定位移的另一点或按 Enter 键
```

如果用户指定了两个点，那么系统将沿两点的连线方向移动对象，移动距离等于线段的长度。若输入 3D 对象沿 *x*、*y*、*z* 轴移动的距离值，并在提示“指定第二点的位移”时按 Enter 键，则中望 CAD 建筑版 2014 把 3D 对象按指定的距离移动。

12.8 3D 旋转

使用 ROTATE 命令仅能使对象在 *xy* 平面内旋转，即旋转轴只能是 *z* 轴。ROTATE3D 命令是 ROTATE

的 3D 版本，该命令能使对象绕着 3D 空间中任意轴旋转。如图 12-20 所示，将 3D 对象绕 AB 轴旋转。

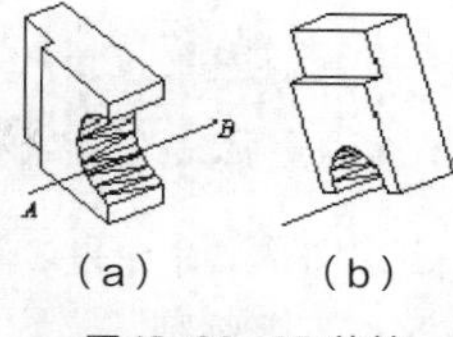

（a）（b）

图12-20 3D 旋转

【练习 12-7】：练习 ROTATE3D 命令。

打开素材文件“dwg\第 12 章\12-7.dwg”，用 ROTATE3D 命令旋转 3D 对象。

单击【实体编辑】面板上的 三维旋转 按钮，启动 ROTATE3D 命令。

```
命令: _rotate3d
选择对象: 找到 1 个                          //选择要旋转的对象
选择对象:                                    //按 Enter 键
指定轴上的第一个点或定义轴依据 [对象(O)/最近的(L)/视图(V)/X 轴(X)/Y 轴(Y)/Z 轴
(Z)/两点(2)]:                                //指定旋转轴上的第一点 A，如图 12-20(a)所示
指定轴上的第二点:                            //指定旋转轴上的第二点 B
指定旋转角度或 [参照(R)]: 60                 //输入旋转的角度值
```

再启动 HIDE 命令，结果如图 12-20（b）所示。

ROTATE3D 命令常用选项的功能如下。

- 对象（O）：系统根据选择的对象来设置旋转轴。如果用户选择直线，则该直线就是旋转轴，而且旋转轴的正方向是从选择点开始指向远离选择点的那一端。若选择了圆或圆弧，则旋转轴通过圆心并与圆或圆弧所在的平面垂直。
- 最近的（L）：该选项将上一次使用 ROTATE3D 命令时定义的轴作为当前旋转轴。
- 视图（V）：旋转轴垂直于当前视区，并通过用户的选取点。
- X 轴（X）：旋转轴平行于 x 轴，并通过用户的选取点。
- Y 轴（Y）：旋转轴平行于 y 轴，并通过用户的选取点。
- Z 轴（Z）：旋转轴平行于 z 轴，并通过用户的选取点。
- 两点（2）：通过指定两点来设置旋转轴。
- 指定旋转角度：输入正的或负的旋转角，角度正方向由右手螺旋法则确定。
- 参照（R）：选择该选项，系统将提示“指定参照角 <0>:”，输入参考角度值或拾取两点指定参考角度，当系统继续提示“指定新角度:”时，再输入新的角度值或拾取另外两点指定新参考角，新角度减去初始参考角就是实际旋转角度。常用“参照（R）”选项将 3D 对象从最初位置旋转到与某一方向对齐的另一位置。

要点提示

使用 ROTATE3D 命令的“参照(R)”选项时，如果是通过拾取两点来指定参考角度，一般要使 UCS 平面垂直于旋转轴，并且应在 xy 平面或与 xy 平面平行的平面内选择点。

使用 ROTATE3D 命令时，用户应注意确定旋转轴的正方向。当旋转轴平行于坐标轴时，坐标轴的方向就是旋转轴的正方向，若用户通过两点来指定旋转轴，那么轴的正方向是从第一个选取点指向第二个选取点。

12.9 3D 阵列

3DARRAY 命令是二维 ARRAY 命令的 3D 版本。通过这个命令，用户可以在三维空间中创建对象的矩形阵列或环形阵列。

【练习 12-8】： 练习 3DARRAY 命令。

打开素材文件“dwg\第 12 章\12-8.dwg”，用 3DARRAY 命令创建矩形阵列及环形阵列。

单击【实体编辑】面板上的 三维阵列 按钮，启动 3DARRAY 命令。

```
命令：_3darray
选择对象：找到 1 个                                   //选择要阵列的对象，如图 12-21 所示
选择对象：                                            //按 Enter 键
输入阵列类型 [矩形(R)/ 极轴(P)] <矩形>:               //按 Enter 键指定矩形阵列
输入行数 (---) <1>: 2                                 //输入行数，行的方向平行于 x 轴
输入列数 (|||) <1>: 3                                 //输入列数，列的方向平行于 y 轴
输入层数 (...) <1>: 2                                 //指定层数，层数表示沿 z 轴方向的分布数目
指定行间距 (---): 300                                 //输入行间距，如果输入负值，阵列方向将沿 x 轴反方向
指定列间距 (|||): 400                                 //输入列间距，如果输入负值，阵列方向将沿 y 轴反方向
指定层间距 (...): 800                                 //输入层间距，如果输入负值，阵列方向将沿 z 轴反方向
命令:_3DARRAY                                         //重复命令
选择对象：找到 1 个                                   //选择要阵列的对象
选择对象：                                            //按 Enter 键
输入阵列类型 [矩形(R)/ 极轴(P)] <矩形>: p             //指定环形阵列
输入阵列中的项目数目：6                               //输入环形阵列的数目
指定要填充的角度 (+=逆时针, -=顺时针) <360>:
        //输入环行阵列的角度值，可以输入正值或负值，角度正方向由右手螺旋法则确定
是否旋转阵列中的对象? [是(Y)/否(N)]<是>:              //按 Enter 键，则阵列的同时还旋转对象
指定阵列的圆心：     end 于                           //指定阵列轴的第一点 A
指定旋转轴上的第二点：end 于                          //指定阵列轴的第二点 B
```

再启动 HIDE 命令，结果如图 12-21 所示。

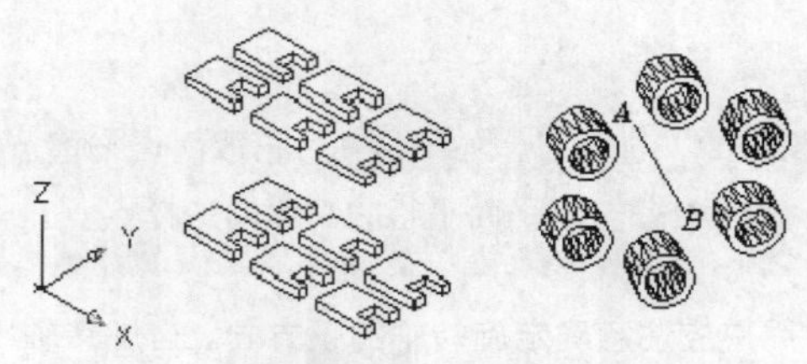

图 12-21 三维阵列

阵列轴的正方向是从第 1 个指定点指向第 2 个指定点，沿该方向伸出大拇指，则其他 4 个手指的弯曲方向就是阵列角度的正方向。

12.10 3D镜像

如果镜像线是当前坐标系 *xy* 平面内的直线，则使用常见的MIRROR命令就可对3D对象进行镜像复制。但若想以某个平面作为镜像平面来创建3D对象的镜像复制，就必须使用MIRROR3D命令。如图12-22所示，把*A*、*B*、*C*点定义的平面作为镜像平面，对实体进行镜像。

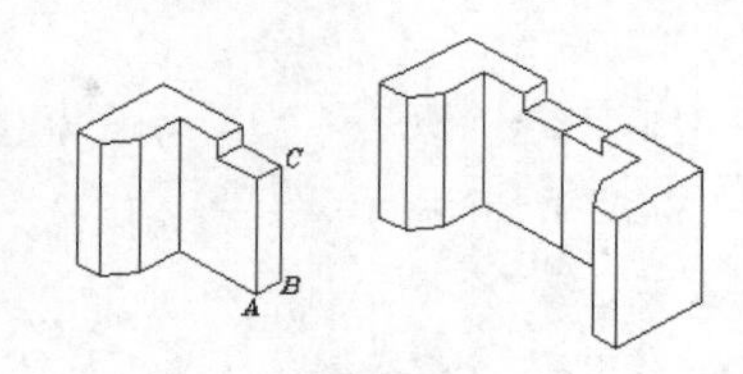

图12-22　三维镜像

【练习12-9】：练习MIRROR3D命令的使用。

打开素材文件“dwg\第12章\12-9.dwg”，用MIRROR3D命令创建对象的三维镜像。

单击【实体编辑】面板上的 三维镜像 按钮，启动MIRROR3D命令。

```
命令：_mirror3d
选择对象：找到 1 个                                //选择要镜像的对象
选择对象：                                        //按 Enter 键
指定镜像平面 （三点） 的第一个点或[对象(O)/最近的(L)/Z 轴(Z)/视图(V)/XY 平面
(XY)/YZ 平面(YZ)/ZX 平面(ZX)/三点(3)]<三点>:
                    //利用 3 点指定镜像平面，捕捉第一点 A，如图 12-22(a)所示
在镜像平面上指定第二点:                            //捕捉第二点 B
在镜像平面上指定第三点:                            //捕捉第三点 C
是否删除源对象? [是(Y)/否(N)] <否>:                //按 Enter 键不删除源对象
```

结果如图12-22（b）所示。

MIRROR3D命令有以下选项，利用这些选项就可以在三维空间中定义镜像平面了。

- 对象（O）：以圆、圆弧、椭圆及2D多段线等二维对象所在的平面作为镜像平面。
- 最近的（L）：该选项指定上一次MIRROR3D命令使用的镜像平面作为当前镜像面。
- Z轴（Z）：用户在三维空间中指定两个点，镜像平面将垂直于两点的连线，并通过第1个选取点。
- 视图（V）：镜像平面平行于当前视区，并通过用户的拾取点。
- XY平面/YZ平面/ZX平面：镜像平面平行于*xy*、*yz*或*zx*平面，并通过用户的拾取点。

12.11 3D对齐

ALIGN命令在3D建模中非常有用，通过这个命令，用户可以指定源对象与目标对象的对齐点，从而使源对象的位置与目标对象的位置对齐。例如，利用ALIGN命令让对象*M*（源对象）的某一平面上的3点与对象*N*（目标对象）的某一平面上的3点对齐，操作完成后，*M*、*N*两对象将重合在一起，如图12-23所示。

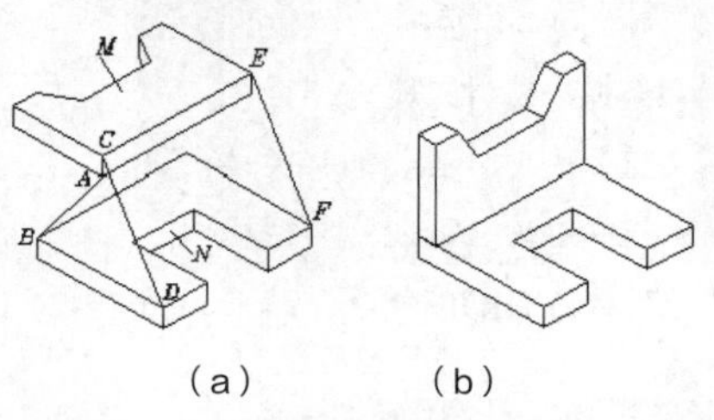

图12-23　3D对齐

【练习12-10】：练习ALIGN命令的使用。

（1）打开素材文件“dwg\第12章\12-10.dwg”，用ALIGN命令对齐3D对象。

（2）单击【常用】选项卡中【修改】面板上的按钮，启动 ALIGN 命令。

```
命令：_align
选择对象：找到 1 个                    //选择要对齐的对象
选择对象：                             //按Enter键
指定第一个源点：      //选择源对象上的一点 A，如图 12-23（a）所示，该点一般称为源点
指定第一个目标点：                     //选择目标对象上的点 B，该点一般称为目标点
指定第二个源点：                       //选择第 2 个源点 C
指定第二个目标点：                     //选择第 2 个目标点 D
指定第三个源点或 <继续>：              //选择第 3 个源点 E
指定第三个目标点：                     //选择第 3 个目标点 F
```

再启动 HIDE 命令，结果如图 12-23（b）所示。

使用 ALIGN 命令时，用户不必指定所有的 3 对对齐点。下面说明提供不同数量的对齐点时系统如何移动源对象。

① 如果仅指定一对对齐点，则系统就把源对象由第 1 个源点移动到第一目标点处。

② 若指定两对对齐点，则系统移动源对象后将使两个源点的连线与两个目标点的连线重合，并让第 1 个源点与第一目标点也重合。

③ 如果用户指定 3 对对齐点，那么命令结束后，3 个源点定义的平面将与 3 个目标点定义的平面重合在一起。选择的第 1 个源点要移动到第 1 个目标点的位置，前两个源点的连线与前两个目标点的连线重合。第 3 个目标点的选取顺序若与第 3 个源点的选取顺序一致，则两个对象平行对齐，否则相对对齐。

12.12 3D 倒圆角

FILLET 命令可以给实心体的棱边倒圆角，在 3D 空间中使用此命令时与在 2D 中有一些不同，用户不必事先设定倒角的半径值，中望 CAD 会提示用户进行设定。

【练习 12-11】：在 3D 空间使用 FILLET 命令。

打开素材文件“dwg\第 12 章\12-11.dwg”，用 FILLET 命令给 3D 对象倒圆角。

单击【常用】选项卡中【修改】面板上的按钮，启动 FILLET 命令。

```
命令：_fillet
选择第一个对象或 [多段线(P)/半径(R)/修剪(T)/多个(U)]：
                                          //选择棱边 A，如图 12-24(a)所示
输入圆角半径<10.0000>:15                  //输入圆角半径
选择边或 [链(C)/半径(R)]：                //选择棱边 B
选择边或 [链(C)/半径(R)]：                //选择棱边 C
选择边或 [链(C)/半径(R)]：                //按Enter键结束
```

再启动 HIDE 命令，结果如图 12-24（b）所示。

要点提示

对交于一点的几条棱边倒圆角时，若各边圆角半径相等，则在交点处产生光滑的球面过渡。

FILLET 命令的常用选项。

- 选择边：可以连续选择实体的倒角边。
- 链（C）：如果各棱边是相切的关系，则选择其中一个边，所有这些棱边都将被选中。
- 半径（R）：该选项使用户可以为随后选择的棱边重新设定圆角半径。

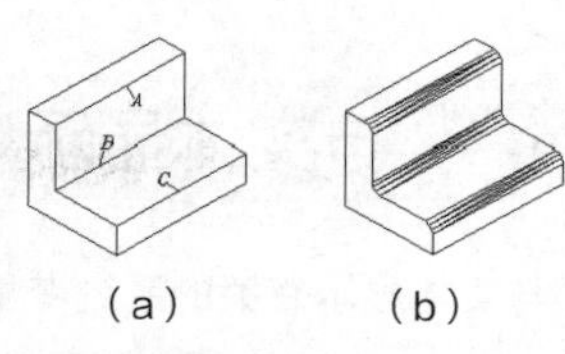

（a）　（b）

图12-24 倒圆角

12.13 3D 倒角

CHAMFER 命令可以给实心体的棱边倒角，在对 3D 对象应用此命令时，中望 CAD 的提示顺序与二维对象倒角时不同。

【练习 12-12】： 在 3D 空间应用 CHAMFER 命令。

打开素材文件“dwg\第 12 章\12-12.dwg”，用 CHAMFER 命令给 3D 对象倒角。

```
单击【常用】选项卡中【修改】面板上的按钮，启动 CHAMFER 命令。
命令: _chamfer
选择第一条直线或 [多段线(P)/距离(D)/角度(A)/修剪(T)/方式(E)/多个(M)]:
                                          //选择棱边 E，如图 12-25（a）所示
基准面选择...                                    //平面 A 高亮显示
输入曲面选择选项 [下一个(N)/当前(OK)] <当前(OK)>: n
                                    //利用“下一个(N)”选项指定平面 B 为倒角基面
输入曲面选择选项 [下一个(N)/当前(OK)] <当前(OK)>:      //按 Enter 键
指定基面的倒角距离 <15.0000>: 10                  //输入基面内的倒角距离
指定其他曲面的倒角距离 <15.0000>: 10              //输入另一平面内的倒角距离
选择边或[环(L)]:                                 //选择棱边 E
选择边或[环(L)]:                                 //选择棱边 F
选择边或[环(L)]:                                 //选择棱边 G
选择边或[环(L)]:                                 //选择棱边 H
选择边或[环(L)]:                                 //按 Enter 键结束
```

再启动 HIDE 命令，结果如图 12-25（b）所示。

实体的棱边是两个面的交线，当第一次选择棱边时，中望 CAD 将高亮显示其中一个面，这个面代表倒角基面，用户也可以通过“下一个(N)”选项使另一个表面成为倒角基面。

CHAMFER 命令的常用选项。

- 选择边：选择基面内要倒角的棱边。
- 环（L）：该选项使用户可以一次选中基面内的所有棱边。

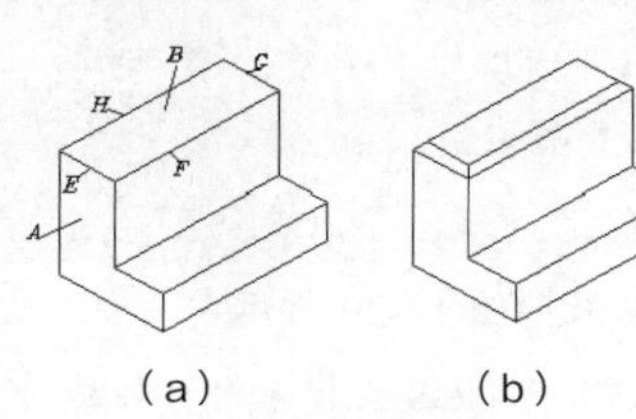

（a）　（b）

图12-25 3D 倒角

12.14 与实体显示有关的系统变量

与实体显示有关的系统变量有 3 个：ISOLINES、FACETRES 及 DISPSILH，分别介绍如下。

- ISOLINES：此变量用于设定实体表面网格线的数量，如图 12-26 所示。
- FACETRES：用于设置实体消隐或渲染后的表面网格密度。此变量值的范围为 0.01 ~ 10.0，值越大表明网格越密，消隐或渲染后的表面越光滑，如图 12-27 所示。
- DISPSILH：用于控制消隐时是否显示出实体表面网格线。若此变量值为 0，则显示网格线；为 1，则不显示网格线，如图 12-28 所示。

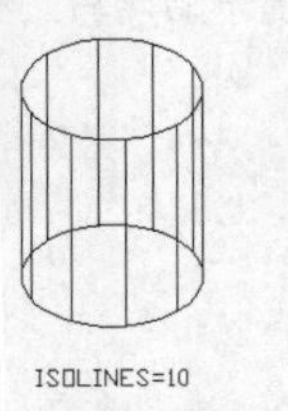

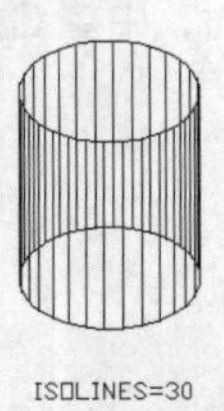

图 12-26 ISOLINES 变量

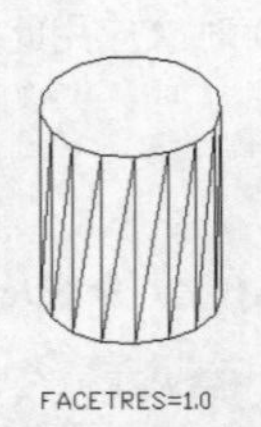

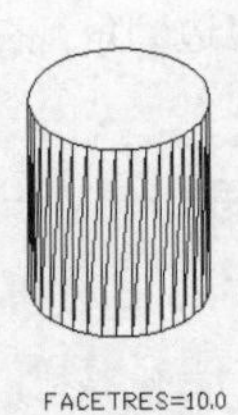

图 12-27 FACETRES 变量

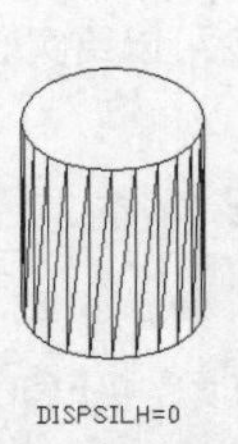

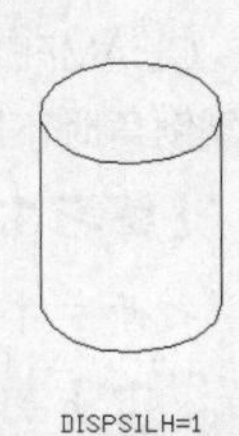

图 12-28 DISPSILH 变量

12.15 用户坐标系

默认情况下，中望 CAD 建筑版 2014 坐标系统是世界坐标系，该坐标系是一个固定坐标系。用户也可在三维空间中建立自己的坐标系（UCS），该坐标系是一个可变动的坐标系，坐标轴正向按右手螺旋法则确定。三维绘图时，UCS 坐标系特别有用，因为用户可以在任意位置、沿任意方向建立 UCS，从而使得三维绘图变得更加容易。

在中望 CAD 中，多数 2D 命令只能在当前坐标系的 *xy* 平面或与 *xy* 平面平行的平面内执行。若用户想在 3D 空间的某一平面内使用 2D 命令，则应在此平面位置创建新的 UCS。

【练习 12-13】：在三维空间中创建坐标系。

（1）打开素材文件“dwg\第 12 章\12-13.dwg”。

（2）改变坐标原点。单击【视图】选项卡中【坐标】面板上的按钮，或者键入 UCS 命令，系统提示如下。

```
命令：_ucs
指定 UCS 的原点或
[面(F)/命名(NA)/对象(OB)/上一个(P)/视图(V)/世界(W)/3点(3)/X/Y/Z/Z 轴(ZA)]
<世界>:                                   //捕捉点 A，如图 12-29 所示
指定 X 轴上的点或 <接受>:                  //按 Enter 键
```

结果如图 12-29 所示。

（3）将 UCS 坐标系绕 *x* 轴旋转 90°。

```
命令：_ucs
指定 UCS 的原点或
[面(F)/命名(NA)/对象(OB)/上一个(P)/视图(V)/世界(W)/3点(3)/X/Y/Z/Z 轴(ZA)]
```

```
<世界>: X                                    //使用"X"选项
指定绕 X 轴的旋转角度 <90>: 90              //输入旋转角度
```

结果如图 12-30 所示。

（4）利用 3 点定义新坐标系。

```
命令: _ucs
指定 UCS 的原点或
[面(F)/命名(NA)/对象(OB)/上一个(P)/视图(V)/世界(W)/ /X/Y/Z/Z 轴(ZA)]
<世界>: 3                                    //使用"3 点(3)"选项
指定新原点 <0,0,0>: end于                   //捕捉点 B，如图 12-31 所示
在正 X 轴范围上指定点:                      //捕捉点 C
在 UCS XY 平面的正 Y 轴范围上指定点:        //捕捉点 D
```

结果如图 12-31 所示。

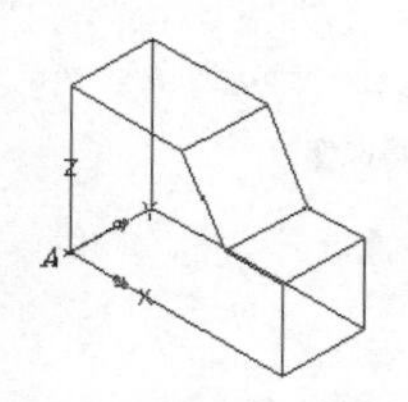

图 12-29 改变坐标原点

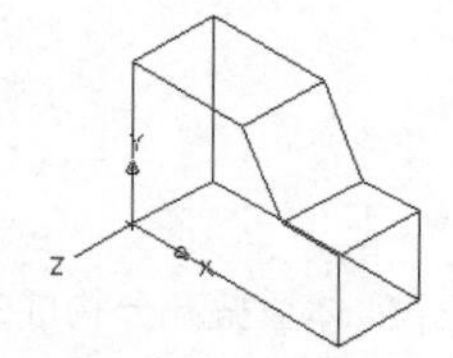

图 12-30 将坐标系绕 *x* 轴旋转

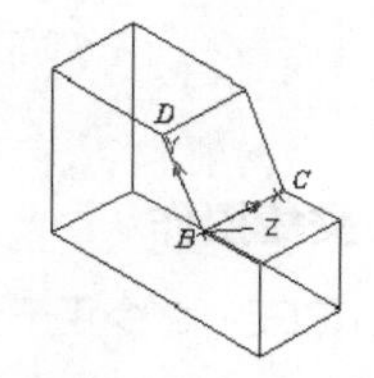

图 12-31 利用 3 点定义坐标系

12.16 利用布尔运算构建复杂实体模型

前面已经介绍了如何生成基本三维实体及由二维对象转换得到三维实体，将这些简单实体放在一起，然后进行布尔运算，就能构建复杂的三维模型。

布尔运算包括并集、差集和交集。

1. 并集操作

UNION 命令将两个或多个实体合并在一起形成新的单一实体，操作对象既可以是相交的，也可是分离开的。

【练习 12-14】：并集操作。

（1）打开素材文件"dwg\第 12 章\12-14.dwg"，用 UNION 命令进行并运算。

（2）单击【实体】选项卡中【布尔运算】面板上的按钮或键入 UNION 命令，系统提示如下。

```
命令: _union
选择对象: 找到 2 个                         //选择圆柱体及长方体，如图 12-32(a)所示
选择对象:                                   //按Enter键
```

结果如图 12-32（b）所示。

2. 差集操作

SUBTRACT 命令将实体构成的一个选择集从另一选择集中减去。操作时，用户首先选择被减对象，构成第 1 选择集，然后选择要减去的对象，构成第 2 选择集，操作结果是第 1 选择集减去第 2 选择集后形成的新对象。

【练习 12-15】：差集操作。

（1）打开素材文件“dwg\第 12 章\12-15.dwg”，用 SUBTRACT 命令进行差运算。

（2）单击【实体】选项卡中【布尔运算】面板上的按钮或键入 SUBTRACT 命令，系统提示如下。

```
命令：_subtract
选择对象：找到 1 个                    //选择长方体，如图 12-33(a)所示
选择对象：                             //按 Enter 键
选择对象：找到 1 个                    //选择圆柱体
选择对象：                             //按 Enter 键
```

结果如图 12-33（b）所示。

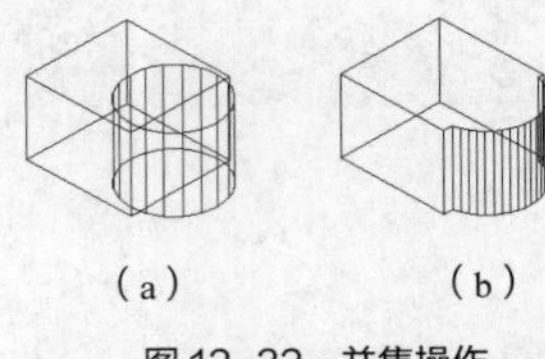

（a）（b）

图 12-32 并集操作

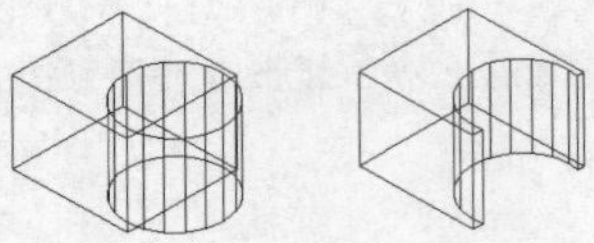

（a）（b）

图 12-33 差集操作

3. 交集操作

INTERSECT 命令用于创建由两个或多个实体重叠部分构成的新实体。

【练习 12-16】：交集操作。

（1）打开素材文件“dwg\第 12 章\12-16.dwg”，用 INTERSECT 命令进行交运算。

（2）单击【实体】选项卡中【布尔运算】面板上的按钮或键入 INTERSECT 命令，系统提示如下。

```
命令：_intersect
选择对象：                             //选择圆柱体和长方体，如图 12-34(a)所示
选择对象：                             //按 Enter 键
```

结果如图 12-34（b）所示。

【练习 12-17】：下面绘制图 12-35 所示组合体的实体模型，通过这个例子向读者演示三维建模的过程。

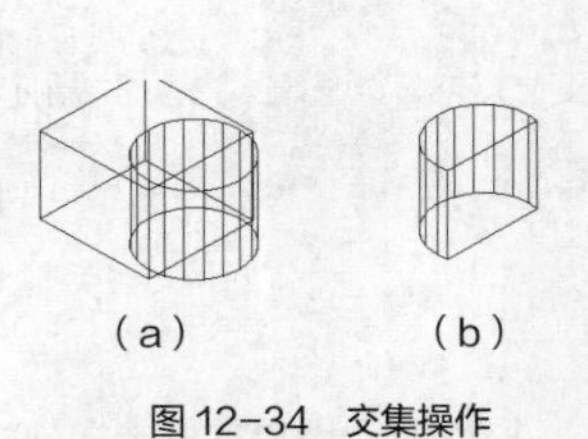

（a）（b）

图 12-34 交集操作

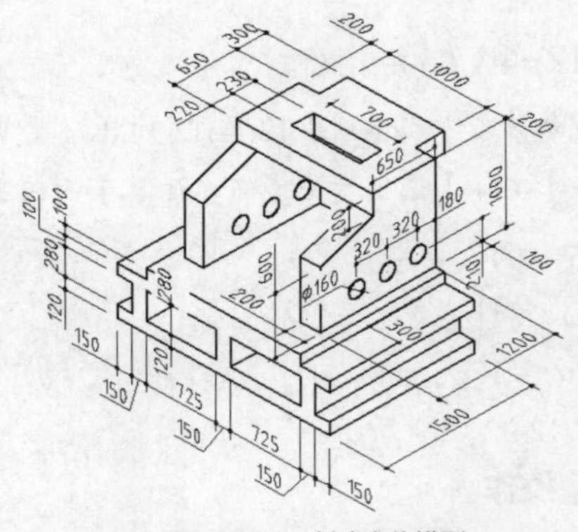

图 12-35 创建实体模型

（1）创建一个新图形文件。

（2）单击【视图】面板上【视图】下拉列表的【东南等轴测】选项，切换到东南轴测视图。将坐标系绕 x 轴旋转 90°。

（3）沿 y 轴方向绘制一条长度为 3000 的线段，双击鼠标滚轮，使线段充满绘图窗口显示出来，这样就设定了绘图窗口的高度。

（4）在 xy 平面画二维图形，再把此图形创建成面域，如图 12-36（a）所示。拉伸面域形成立体，结果如图 12-36（b）所示。

（5）将坐标系绕 y 轴旋转 90°，在 xy 平面画二维图形，再把此图形创建成面域，如图 12-37（a）所示。拉伸面域形成立体，结果如图 12-37（b）所示。

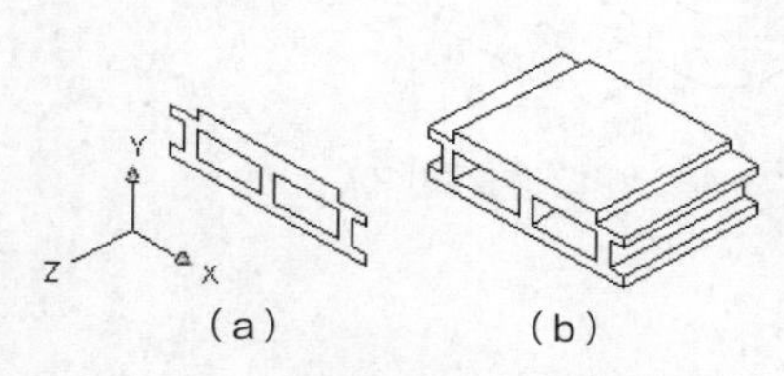

图 12-36 创建面域及拉伸面域（1）

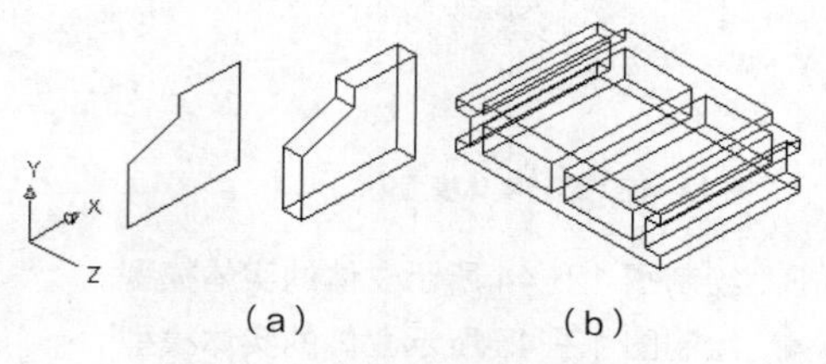

图 12-37 创建面域及拉伸面域（2）

（6）用 MOVE 命令将新建立体移动到正确位置，再复制它，然后对所有立体执行“并”运算，结果如图 12-38 所示。

（7）创建 3 个圆柱体，圆柱体高度为 1600，如图 12-39（a）所示。利用“差”运算将圆柱体从模型中去除，结果如图 12-39（b）所示。

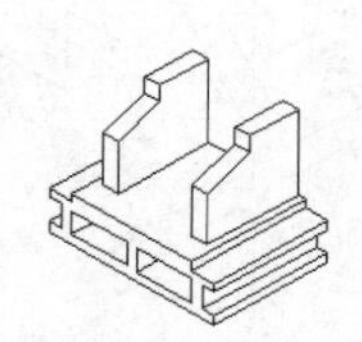

图 12-38 执行“并”运算

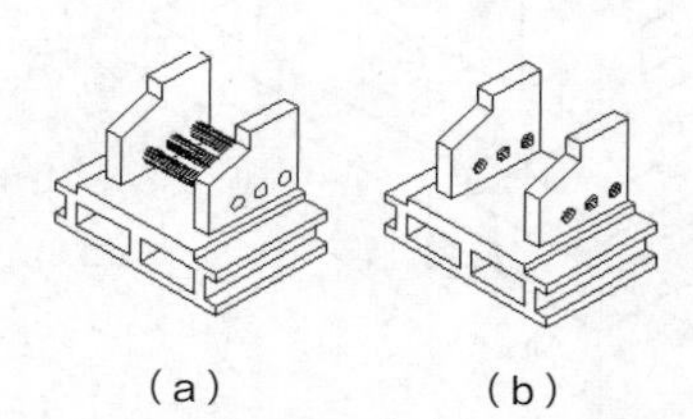

图 12-39 创建圆柱体及执行“差”运算

（8）返回世界坐标系，在 xy 平面画二维图形，再把此图形创建成面域，如图 12-40（a）所示。拉伸面域形成立体，结果如图 12-40（b）所示。

（9）用 MOVE 命令将新建立体移动到正确的位置，再对所有立体执行“并”运算，结果如图 12-41 所示。

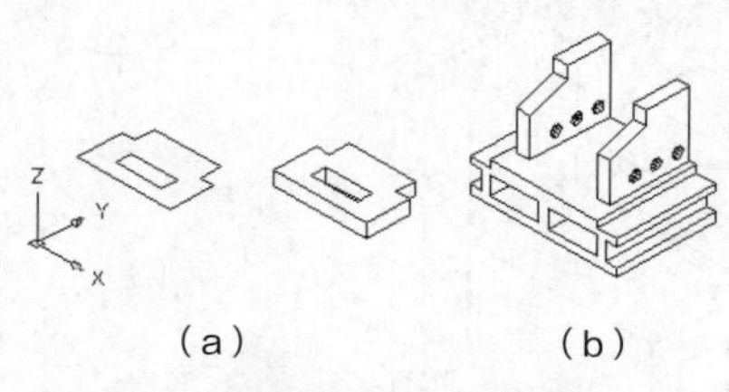

图 12-40 创建面域及拉伸面域（3）

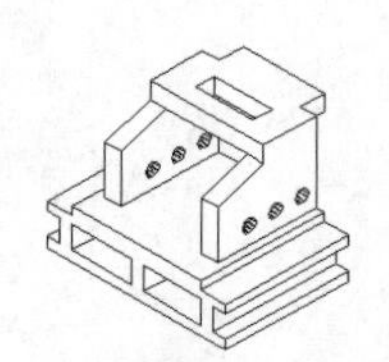

图 12-41 移动立体及执行“并”运算

习题

1. 绘制图 12-42 所示立体的实体模型。

2. 绘制图 12-43 所示立体的实体模型。

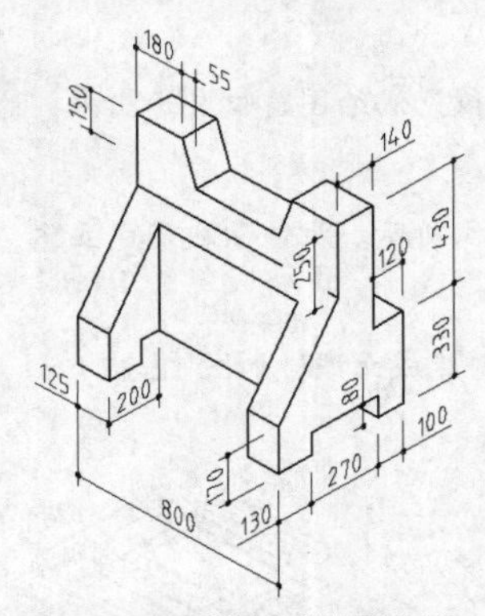

图 12-42 创建实体模型（1）

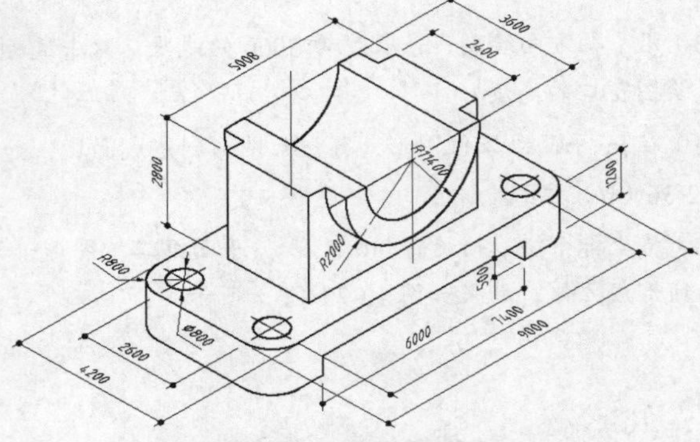

图 12-43 创建实体模型（2）

3. 绘制图 12-44 所示立体的实体模型。

4. 绘制图 12-45 所示立体的实体模型。

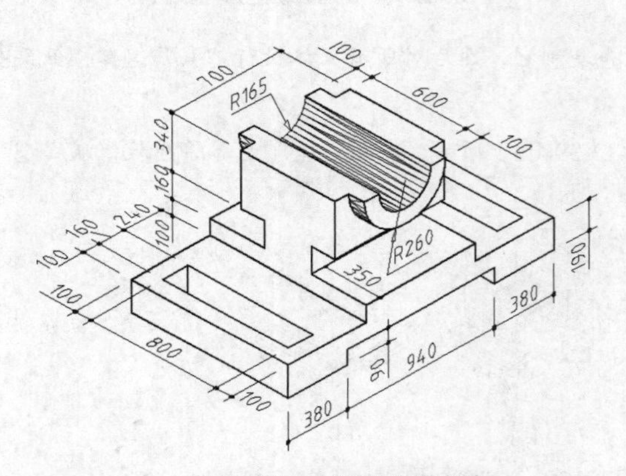

图 12-44 创建实体模型（3）

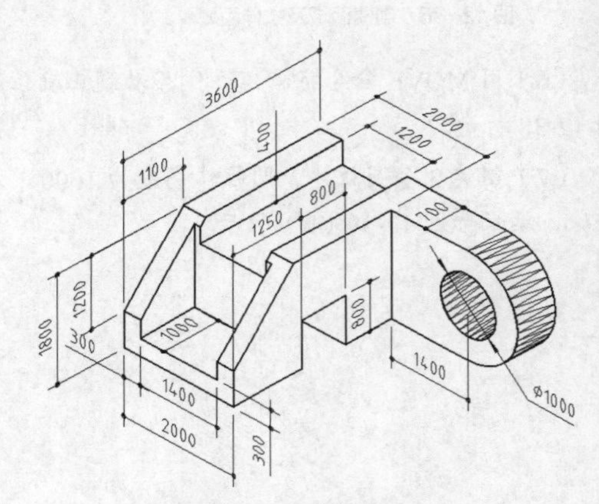

图 12-45 创建实体模型（4）

5. 绘制图 12-46 所示立体的实体模型。

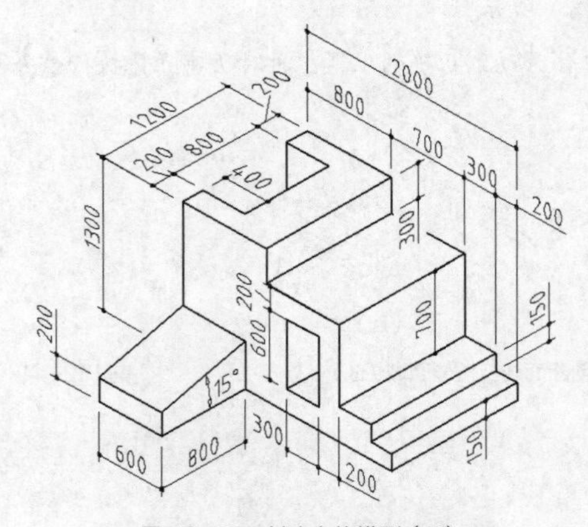

图 12-46 创建实体模型（5）